中 国 国 家 标 准 汇 编

2008 年修订-9

中国标准出版社　编

中 国 标 准 出 版 社

北　京

图书在版编目（CIP）数据

中国国家标准汇编：2008年修订.9/中国标准出版社编.—北京：中国标准出版社，2009

ISBN 978-7-5066-5392-3

Ⅰ.中…　Ⅱ.中…　Ⅲ.国家标准-汇编-中国-2008　Ⅳ.T-652.1

中国版本图书馆CIP数据核字（2009）第107705号

中国标准出版社出版发行
北京复兴门外三里河北街16号
邮政编码：100045
网址 www.spc.net.cn
电话：68523946　68517548
中国标准出版社秦皇岛印刷厂印刷
各地新华书店经销
*
开本 880×1230　1/16　印张 35.75　字数 1 058 千字
2009年8月第一版　2009年8月第一次印刷
*
定价 200.00 元

ISBN 978-7-5066-5392-3

目　录

出 版 说 明

1.《中国国家标准汇编》是一部大型综合性国家标准全集。自1983年起，按国家标准顺序号以精装本、平装本两种装帧形式陆续分册汇编出版。它在一定程度上反映了我国建国以来标准化事业发展的基本情况和主要成就，是各级标准化管理机构，工矿企事业单位，农林牧副渔系统，科研、设计、教学等部门必不可少的工具书。

2.《中国国家标准汇编》收入我国每年正式发布的全部国家标准，分为"制定"卷和"修订"卷两种编辑版本。

"制定"卷收入上年度我国发布的、新制定的国家标准，顺延前年度标准编号分成若干分册，封面和书脊上注明"20××年制定"字样及分册号，分册号一直连续。各分册中的标准是按照标准编号顺序连续排列的，如有标准顺序号缺号的，除特殊情况注明外，暂为空号。

"修订"卷收入上年度我国发布的、被修订的国家标准，视篇幅分设若干分册，但与"制定"卷分册号无关联，仅在封面和书脊上注明"20××年修订-1,-2,-3,……"字样。"修订"卷各分册中的标准，仍按标准编号顺序排列(但不连续)；如有遗漏的，均在当年最后一分册中补齐。需提请读者注意的是，个别非顺延前年度标准编号的新制定的国家标准没有收入在"制定"卷中，而是收入在"修订"卷中。

读者配套购买《中国国家标准汇编》"制定"卷和"修订"卷则可收齐上一年度我国制定和修订的全部国家标准。

3. 由于读者需求的变化，自1996年起，《中国国家标准汇编》仅出版精装本。

4. 2008年制修订国家标准共5946项。本分册为"2008年修订-9"，收入新制修订的国家标准43项。

中国标准出版社

2009年5月

ICS 19.040
K 04

中华人民共和国国家标准

GB/T 2423.25—2008/IEC 60068-2-40:1976
代替 GB/T 2423.25—1992

电工电子产品环境试验 第2部分:试验方法 试验Z/AM:低温/低气压综合试验

**Environmental testing for eletric and electronic products—
Part 2:Tests methods—
Test Z/AM:Combined cold/low air pressure tests**

(IEC 60068-2-40:1976, Basic environmental testing procedures—
Part 2:Tests Test Z/AM:Combined cold/low air pressure tests,IDT)

2008-12-30 发布 2009-10-01 实施

中华人民共和国国家质量监督检验检疫总局
中国国家标准化管理委员会 发布

前　言

GB/T 2423.25 是 GB/T 2423 标准的第 25 部分。GB/T 2423 标准的组成部分见资料性附录 NA。

本部分等同采用国际电工委员会 IEC 60068-2-40:1976(第一版)《基本环境试验规程　第 2 部分:试验　试验 Z/AM:低温/低气压综合试验》(英文版)及其修订 1:1983。为便于使用,本部分做了下列编辑性修改:

——为与新版 IEC 60068 的标题名称一致,本部分标题名称由“基本环境试验规程”改为“电工电子产品环境试验”;

——“IEC 60068-2-40:1976 本部分”修改为“GB/T 2423.25—2008 本部分”;

——删除了 IEC 60068-2-40:1976 的前言和序;

——增加了国家标准的前言;

——增加了规范性引用文件一览表的引导语;引用了与国际标准有对应关系的国家标准,并改变了排列顺序;

——增加了资料性附录“GB/T 2423 标准的组成部分”(见附录 NA)。

本部分代替 GB/T 2423.25—1992《电工电子产品基本环境试验规程　试验 Z/AM:低温/低气压综合试验》。本部分与 GB/T 2423.25—1992 相比主要变化如下:

——GB/T 2423.25—1992 是参照采用国际电工委员会 IEC 60068-2-40:1976(第一版)《基本环境试验规程　第 2 部分:试验　试验 Z/AM:低温/低气压综合试验》(英文版)及其修订 1:1983,本部分是等同采用;

——为与 IEC 原文一致,本部分将图 1 和图 2 改为图 1a)和图 1b),并置于正文最后;

——为与 IEC 原文编写格式一致,本部分将 4.1.1 和 4.1.2 合并在一起;5.1.1、5.1.2 和 5.1.3 合并在一起;8.1.1 和 8.1.2 合并在一起;

——本部分表 1 中没有列出与温度、气压对应的高度值,三者的关系见专门标准;并增加了以 mbar 为单位的气压值;

——本部分 8.2.8 压力升高期间不要求温度控制。

本部分的附录 NA 为资料性附录。

本部分由全国电工电子产品环境条件与环境试验标准化技术委员会(SAC/TC 8)提出并归口。

本部分由广州电器科学研究院起草。

本部分主要起草人:胡利芬。

本部分所代替部分的历次版本发布情况为:

——GB 2423.25—1981、GB/T 2423.25—1992。

电工电子产品环境试验
第2部分:试验方法
试验Z/AM:低温/低气压综合试验

1 引言

1.1 概述

GB/T 2423的本部分是关于散热和非散热试验样品低温(温度渐变或突变)和低气压综合试验,见8.2.2和8.2.8。

本试验目的是确定元件、设备和其他产品对其贮存和使用中遇到的低温-低气压综合环境的适应性。

本综合试验通常只有在试验样品进行单一环境试验不能揭示综合环境影响时使用。本部分规定的试验程序只适用于在试验期间能够达到温度稳定的试验样品。

本部分规定的试验方法一次只能试验一个散热试验样品。

1.2 低气压

本试验程序适用于气压大于1 kPa的压力试验。当气压小于或等于1 kPa时,可不必考虑试验程序的内容。

本部分没有指明高度、压力和温度的关系。三者的关系见专门标准。

1.3 温度

1.3.1 GB/T 2423.1试验A中有关非散热试验样品和散热试验样品试验应用对比的指导适用于本部分。

注:非散热试验样品的定义按GB/T 2421相关的规定,不应在低气压下测量其最热点的温度。

1.3.2 GB/T 2423.1试验A中散热试验样品应该优先在无强迫空气循环的试验箱中进行试验。

1.4 规范性引用文件

下列文件中的条款通过GB/T 2423的本部分的引用而成为本部分的条款。凡是注日期的引用文件,其随后所有的修改单(不包括勘误的内容)或修订版均不适用于本部分,然而,鼓励根据本部分达成协议的各方研究是否可使用这些文件的最新版本。凡是不注日期的引用文件,其最新版本适用于本部分。

GB/T 2421.1 电工电子产品环境试验 第1部分:总则(GB/T 2421.1—2008,IEC 60068-1:1988,IDT)

GB/T 2423.1 电工电子产品环境试验 第2部分:试验方法 试验A:低温(GB/T 2423.1—2001,IEC 60068-2-1:2007,IDT)

GB/T 2423.21 电工电子产品环境试验 第2部分:试验方法 试验M:低气压(GB/T 2423.21—2008,IEC 60068-2-13:2005,IDT)

GB/T 2423.22 电工电子产品环境试验 第2部分:试验方法 试验N:温度变化(GB/T 2423.22—2002,IEC 60068-2-14:1984,IDT)[1)]

GB/T 2424.1 电工电子产品环境试验 高温低温试验导则(GB/T 2424.1—2005,IEC 60068-3-1:1974,IDT)

GB/T 2424.15 电工电子产品基本环境试验规程 温度/低气压综合试验导则(GB/T 2424.15—2008,IEC 60068-3-2:1976,IDT)

---

1) IEC 60068-2-40引用文件中没有列出该标准,但正文中引用了,见8.2.2的注。

2 目的

提供标准试验程序以确定元件、设备或其他产品在低温/低气压综合环境使用和/或贮存的适应性。

3 一般说明

本试验是 GB/T 2423.1 试验 Ab 或试验 Ad 和 GB/T 2423.21 试验 M 的综合。

试验中,试验样品首先应经受相关规范规定的严酷度等级的低温试验。如果试验过程中试验样品要工作,则要对其进行检测,以保证试验样品能够正常工作。然后在温度保持规定值的情况下,将试验箱压力降到相关规范规定的试验压力。将此温度、压力条件保持规定时间。图 1a)和图 1b)是这一程序的曲线图。

4 试验设备

4.1 试验箱

试验箱应能保持 GB/T 2423.1 试验 Ab(非散热试验样品)或试验 Ad(散热试验样品)和 GB/T 2423.21试验 M 中规定的试验条件。但在温度和压力变化期间,对箱壁的温度要求不适用。

恢复压力时,应避免试验箱的辅助设备、装置和引入的空气对试验箱内空气产生污染。

4.2 安装

散热试验样品进行试验时,其安装应符合 GB/T 2423.1 试验 Ad 中规定的要求。

5 严酷度等级

5.1 一般要求

相关规范应规定由温度、气压和暴露持续时间表示的试验严酷度等级。

温度、低气压值及其容差和持续时间应符合 GB/T 2423.1 试验 Ab 或试验 Ad 和 GB/T 2423.21 试验 M 中的规定。

注:当空气压力低于 10 kPa 时,难以达到 GB/T 2423.1 试验 A 中规定的容差要求。此时,相关规范可规定更大的容差。

暴露持续时间应从试验样品在低气压条件下达到温度稳定时算起[(见图 1a)和图 1b)]。

5.2 温度、气压和持续时间的优选组合

见表 1。

表 1 温度、气压和持续时间的优选组合

温度/℃	气压		持续时间/h
	kPa	mbar	
−55	4	40	2
−55	15	150	2
−55	25	250	2
−55	40	400	2
−40	55	550	2;16
−25	55	550	2;16
−40	70	700	2;16

6 预处理

相关规范可要求进行预处理。

7 初始检测

按相关规范规定，对试验样品进行外观检查及电气和机械性能检测。

8 条件试验

8.1 一般规定

散热试验样品

应按 GB/T 2423.1 试验 Ad 规定优先在无强迫空气循环的试验箱中进行试验。如果用于试验的试验箱体积足够大，能够满足 GB/T 2423.1 试验 Ad 规定的条件，但试验箱的冷却只能通过强迫空气循环完成，则可以使用 GB/T 2423.1 试验 Ad 的方法 A 进行试验。

非散热试验样品

可以在有或无强迫空气循环的试验箱中进行试验。

8.2 无人工冷却的散热试验样品和非散热试验样品的试验程序

8.2.1 试验箱温度为试验室环境温度。

将处于不包装、不通电和准备使用状态的试验样品按其正常工作位置，或按相关规范规定装入试验箱。此时试验样品温度为试验室环境温度。

8.2.2 以不超过 1 ℃/min 的速率(不超过 5 min 时间的平均值)将试验箱内温度调到合乎严酷度等级的试验温度，并使试验样品在此温度下达到温度稳定。

试验温度应按 GB/T 2421 的关于散热试验样品的定义中相关注释进行测量。

注：1 ℃/min 这一最大变化速率不适用于能经受热冲击的试验样品，例如通常能经受 GB/T 2423.22 中的试验 Na 或试验 Nc 规定的快速温变的试验样品。

8.2.3 本条仅适用于试验过程中要求工作的试验样品：

试验样品通电并对其进行检测，看其能否按相关规范要求工作。然后试验样品断电并使其达到温度稳定。

相关规范可以规定低温常压下进行的其他检测程序。

8.2.4 以不超过 10 kPa/min 的速率将试验箱内压力降到符合严酷度等级的试验值。

8.2.5 本条仅适用于试验过程中要求工作的试验样品：

使试验样品通电或施加电负载，看其能否按相关规范要求工作。然后按相关规范规定，使试验样品保持工作状态或者断开电源。

如果相关规范有要求，可按照第 9 章进行中间检测。

8.2.6 保持此温度和压力条件到规定的时间。

8.2.7 本条仅适用于试验过程中要求工作的试验样品：

在低气压时间的最后 1 h 期间，按相关规范要求进行中间检测。气压恢复前切断电源或卸去负载。

8.2.8 试验箱内压力以不超过 10 kPa /min 的速率恢复至正常值，压力升高期间不要求温度控制。样品保留在试验箱内，试验箱温度以不超过 1 ℃/min 的速率(不超过 5 min 时间的平均值)逐渐升高至试验标准大气条件的温度范围。

注：1 ℃/min 这一最大变化速率不适用于能经受热冲击的试验样品，例如通常能经受 GB/T 2423.22 中的试验 Na 或试验 Nc 规定的快速温变的试验样品。

8.2.9 试验样品在试验箱内，或按相关规范规定进行恢复。

8.3 带人工冷却的试验样品进行试验时的注意事项

见 GB/T 2423.1 试验 Ad。

9 中间检测

见 GB/T 2423.1 试验 Ab 和试验 Ad。

10 恢复

见 GB/T 2423.1 试验 Ab 和试验 Ad。

11 最后检测

按相关规范规定，对试验样品进行外观检查及电气和机械性能检测。

12 相关规范中给出的资料

相关规范应用本试验方法时，应给出下列适用的细节：

a) 预处理；

b) 初始检测；

c) 安装架与支撑件详细要求(适用于散热试验样品)；

d) 试验样品状态(包括冷却系统)；

e) 严酷度等级：温度，压力，和暴露持续时间，……，温度变化是突变还是渐变；

f) 降压前低温下应进行的检测；

g) 低温/低气压条件试验期间检查，测量和加载要求；

h) 恢复期间载荷状况；

i) 最后检测。

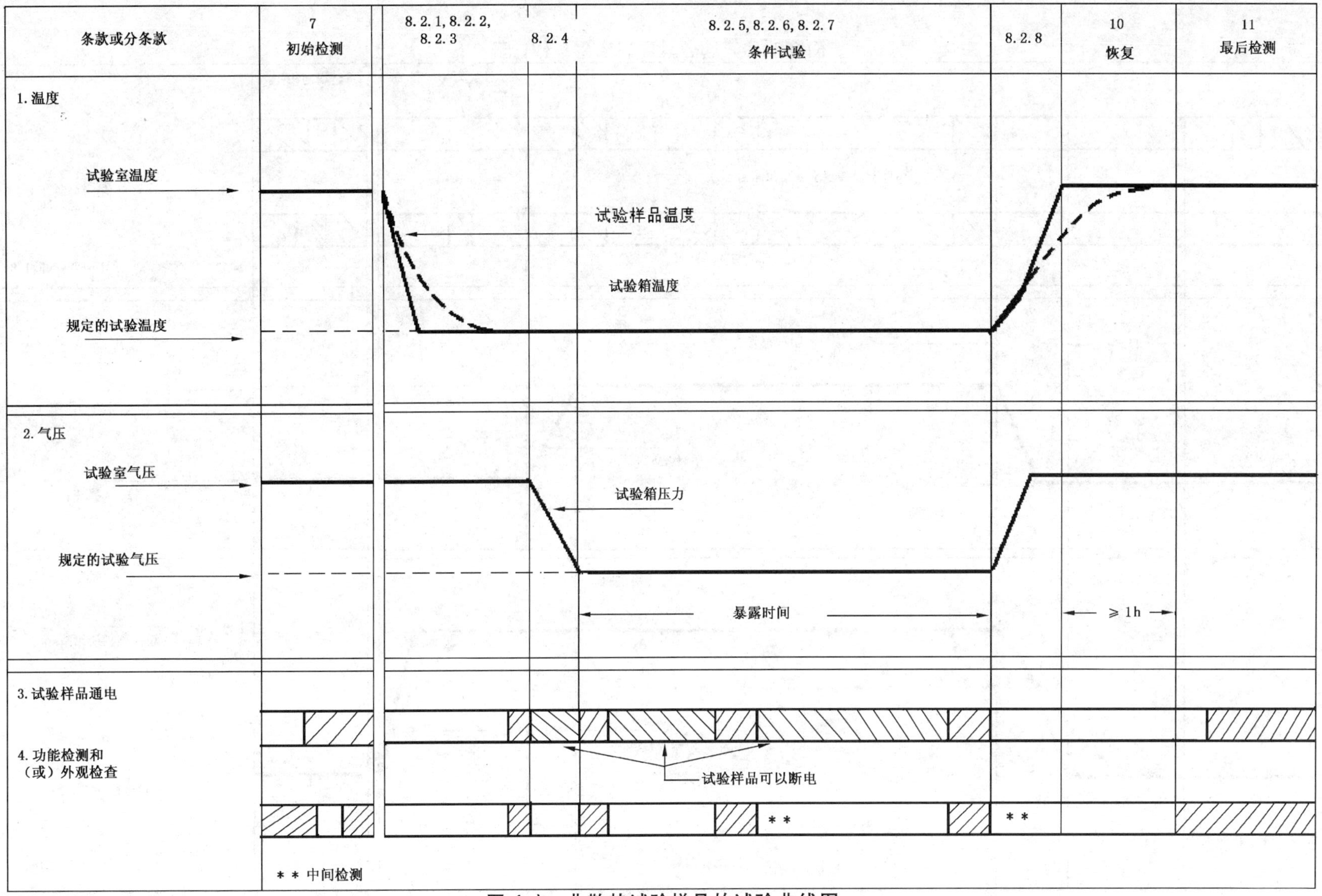

图 1a) 非散热试验样品的试验曲线图

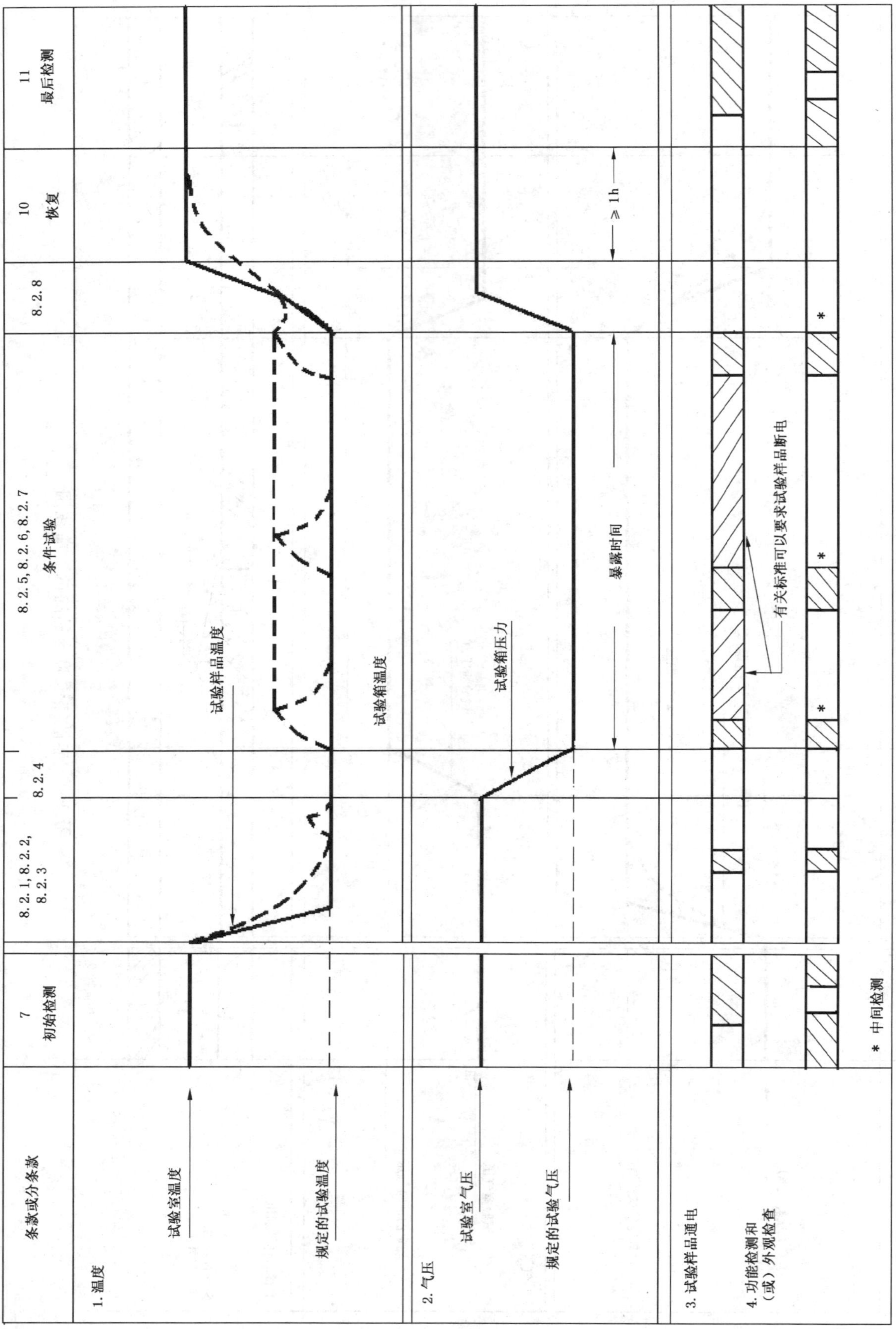

图 1b） 散热试验样品的试验曲线图

附　录　NA
（资料性附录）
GB/T 2423 标准的组成部分

除本部分外，GB/T 2423 标准的组成部分如下：

GB/T 2423.1—2008　电工电子产品环境试验　第 2 部分：试验方法　试验 A：低温(IEC 60068-2-1：2007，IDT)

GB/T 2423.2—2008　电工电子产品环境试验　第 2 部分：试验方法　试验 B：高温(IEC 60068-2-2：2007，IDT)

GB/T 2423.3—2006　电工电子产品环境试验　第 2 部分：试验方法　试验 Cab：恒定湿热试验(IEC 60068-2-78：2001，IDT)

GB/T 2423.4—2008　电工电子产品环境试验　第 2 部分：试验方法　试验 Db　交变湿热(12 h+12 h 循环)(IEC 60068-2-30：2005，IDT)

GB/T 2423.5—1995　电工电子产品环境试验　第 2 部分：试验方法　试验 Ea 和导则：冲击(idt IEC 60068-2-27：1987)

GB/T 2423.6—1995　电工电子产品环境试验　第 2 部分：试验方法　试验 Eb 和导则：碰撞(idt IEC 60068-2-29：1987)

GB/T 2423.7—1995　电工电子产品环境试验　第 2 部分：试验方法　试验 Ec 和导则：倾跌与翻倒（主要用于设备型样品）(idt IEC 60068-2-31：1982)

GB/T 2423.8—1995　电工电子产品环境试验　第 2 部分：试验方法　试验 Ed：自由跌落(idt IEC 60068-2-32：1990)

GB/T 2423.10—2008　电工电子产品环境试验　第 2 部分：试验方法　试验 Fc：振动(正弦)(IEC 60068-2-6：1995，IDT)

GB/T 2423.15—2008　电工电子产品环境试验　第 2 部分：试验方法　试验 Ga 和导则：稳态加速度(IEC 60068-2-7：1986，IDT)

GB/T 2423.16—1999　电工电子产品环境试验　第 2 部分：试验方法　试验 J 和导则：长霉(idt IEC 60068-2-10：1988)

GB/T 2423.17—2008　电工电子产品环境试验　第 2 部分：试验方法　试验 Ka：盐雾(IEC 60068-2-11：1981，IDT)

GB/T 2423.18—2000　电工电子产品环境试验　第 2 部分：试验方法　试验 Kb：盐雾，交变(氯化钠溶液)(idt IEC 60068-2-52：1996)

GB/T 2423.21—2008　电工电子产品环境试验　第 2 部分：试验方法　试验 M：低气压试验方法(IEC 60068-2-13：1983，IDT)

GB/T 2423.22—2002　电工电子产品环境试验　第 2 部分：试验方法　试验 N：温度变化(IEC 60068-2-14：1984，IDT)

GB/T 2423.23—1995　电工电子产品环境试验　试验 Q：密封

GB/T 2423.24—1995　电工电子产品环境试验　第 2 部分：试验方法　试验 Sa：模拟地面上的太阳辐射(idt IEC 60068-2-5：1975)

GB/T 2423.26—2008　电工电子产品环境试验　第 2 部分：试验方法　试验 Z/BM：高温/低气压综合试验(IEC 60068-2-41：1976，IDT)

GB/T 2423.27—2005　电工电子产品环境试验　第 2 部分：试验方法　试验 Z/AMD：低温/低气压/湿热连续综合试验(IEC 60068-2-39：1976，IDT)

GB/T 2423.28—2005 电工电子产品环境试验 第2部分:试验方法 试验T:锡焊(IEC 60068-2-20:1979,IDT)

GB/T 2423.30—1999 电工电子产品环境试验 第2部分:试验方法 试验XA和导则:在清洗剂中浸渍(idt IEC 60068-2-45:1993)

GB/T 2423.31—1985 电工电子产品基本环境试验规程 倾斜和摇摆试验方法

GB/T 2423.32—2008 电工电子产品环境试验 第2部分:试验方法 试验Ta:润湿称量法可焊性(IEC 60068-2-54:2006,IDT)

GB/T 2423.33—2005 电工电子产品环境试验 第2部分:试验方法 试验Kca:高浓度二氧化硫试验

GB/T 2423.34—2005 电工电子产品环境试验 第2部分:试验方法 试验Z/AD:温度/湿度组合循环试验(IEC 60068-2-38:1974,IDT)

GB/T 2423.35—2005 电工电子产品环境试验 第2部分:试验方法 试验Z/AFc:散热和非散热试验样品的低温/振动(正弦)综合试验(IEC 60068-2-50:1983,IDT)

GB/T 2423.36—2005 电工电子产品环境试验 第2部分:试验方法 试验Z/BFc:散热和非散热试验样品的高温/振动(正弦)综合试验(IEC 60068-2-51:1983,IDT)

GB/T 2423.37—2006 电工电子产品环境试验 第2部分:试验方法 试验L:沙尘试验(IEC 60068-2-68:1994,IDT)

GB/T 2423.38—2008 电工电子产品环境试验 第2部分:试验方法 试验R:水试验方法和导则 (IEC 60068-2-18:2000,IDT)

GB/T 2423.39—2008 电工电子产品环境试验 第2部分:试验方法 试验Ee:弹跳(IEC 60068-2-55:1987,IDT)

GB/T 2423.40—1997 电工电子产品环境试验 第2部分:试验方法 试验Cx:未饱和高压蒸汽恒定湿热(idt IEC 60068-2-66:1994)

GB/T 2423.41—1994 电工电子产品基本环境试验规程 风压试验方法

GB/T 2423.42—1995 电工电子产品环境试验 低温/低气压/振动(正弦)综合试验方法

GB/T 2423.43—2008 电工电子产品环境试验 第2部分:试验方法 振动、冲击和类似动力学试验样品的安装(IEC 60068-2-47:2005,IDT)

GB/T 2423.45—1997 电工电子产品环境试验 第2部分:试验方法 试验Z/ABDM:气候顺序(idt IEC 60068-2-61:1991)

GB/T 2423.47—1997 电工电子产品环境试验 第2部分:试验方法 试验Fg:声振(idt IEC 60068-2-65:1993)

GB/T 2423.48—2008 电工电子产品环境试验 第2部分:试验方法 试验Ff:振动-时间历程法(IEC 60068-2-57:1999,IDT)

GB/T 2423.49—1997 电工电子产品环境试验 第2部分:试验方法 试验Fe:振动——正弦拍频法(idt IEC 60068-2-59:1990)

GB/T 2423.50—1999 电工电子产品环境试验 第2部分:试验方法 试验Cy:恒定湿热主要用于元件的加速试验(idt IEC 60068-2-67:1996)

GB/T 2423.51—2000 电工电子产品环境试验 第2部分:试验方法 试验Ke:流动混合气体腐蚀试验(idt IEC 60068-2-60:1995)

GB/T 2423.52—2003 电工电子产品环境试验 第2部分:试验方法 试验77:结构强度与撞击(IEC 60068-2-27:1999,IDT)

GB/T 2423.53—2005 电工电子产品环境试验 第2部分:试验方法 试验Xb:由手的磨擦造成标记和印刷文字的磨损(IEC 60068-2-70:1995,IDT)

GB/T 2423.54—2005　电工电子产品环境试验　第2部分:试验方法　试验Xc:流体污染(IEC 60068-2-74:1999,IDT)

GB/T 2423.55—2006　电工电子产品环境试验　第2部分:环境测试　试验Eh:锤击试验(IEC 60068-2-75:1997,IDT)

GB/T 2423.56—2006　电工电子产品环境试验　第2部分:试验方法　试验Fh:宽带随机振动(数字控制)和导则(IEC 60068-2-64:1993,IDT)

GB/T 2423.57—2008　电工电子产品环境试验　第2-81部分:试验方法　试验Ei:冲击 冲击响应谱合成(IEC 60068-2-81:2003,IDT)

GB/T 2423.58—2008　电工电子产品环境试验　第2-80部分:试验方法　试验Fi:振动 混合模式(IEC 60068-2-80:2005,IDT)

GB/T 2423.101—2008　电工电子产品环境试验　第2部分:试验方法　试验:倾斜和摇摆

GB/T 2423.102—2008　电工电子产品环境试验　第2部分:试验方法　试验:温度(低温、高温)/低气压/振动(正弦)综合

ICS 19.040
K 04

中华人民共和国国家标准

GB/T 2423.26—2008/IEC 60068-2-41:1976
代替 GB/T 2423.26—1992

电工电子产品环境试验 第2部分:试验方法 试验 Z/BM:高温/低气压综合试验

**Environmental testing for electric and electronic products—
Part 2: Tests methods—
Test Z/BM: Combined dry heat/low air pressure tests**

(IEC 68-2-41:1976, Basic environmental testing procedures—
Part 2: Tests—Test Z/BM: Combined dry heat/low air pressure tests, IDT)

2008-12-30 发布 2009-10-01 实施

中华人民共和国国家质量监督检验检疫总局
中国国家标准化管理委员会 发布

前　言

GB/T 2423.26 是 GB/T 2423 标准的第 26 部分。GB/T 2423 标准的组成部分见资料性附录 NA。

本部分等同采用国际电工委员会 IEC 60068-2-41:1976(第一版)《基本环境试验规程　第 2 部分:试验　试验Z/BM:高温/低气压综合试验》(英文版)及其修订 1:1983。为便于使用,本部分做了下列编辑性修改:

——为与新版 IEC 60068 的标题名称一致,本部分标题名称由“基本环境试验规程”改为“电工电子产品环境试验”;

——“IEC 60068-2-41:1976 本部分”修改为“GB/T 2423.26—2008 本部分”;

——删除了 IEC 68-2-41:1976 的前言和序;

——增加了国家标准的前言;

——增加了规范性引用文件一览表的引导语;引用了与国际标准有对应关系的国家标准,并改变了排列顺序;

——增加了资料性附录“GB/T 2423 标准的组成部分”(见附录 NA)。

本部分代替 GB/T 2423.26—1992《电工电子产品基本环境试验规程　试验 Z/BM:高温/低气压综合试验》。本部分与 GB/T 2423.26—1992 相比主要变化如下:

——GB/T 2423.26—1992 是参照采用国际电工委员会 IEC 60068-2-41:1976(第一版)《基本环境试验规程　第 2 部分:试验　试验 Z/BM:高温/低气压综合试验》(英文版)及其修订 1:1983,本部分是等同采用;

——为与 IEC 原文一致,本部分将图 1 和图 2 改为图 1a)和图 1b),并置于正文最后;

——为与 IEC 原文编写格式一致,本部分将 4.1.1 和 4.1.2 合并在一起;5.1.1、5.1.2 和 5.1.3 合并在一起;8.1.1 和 8.1.2 合并在一起;

——本部分表 1 中没有列出与温度、气压对应的高度值,三者的关系见专门标准;增加了以 mbar 为单位的气压值;并改变了最后两行参数的排顺;

——本部分 8.2.8 压力升高期间不要求温度控制。

本部分的附录 NA 为资料性附录。

本部分由全国电工电子产品环境条件与环境试验标准化技术委员会(SAC/TC 8)提出并归口。

本部分起草单位:广州电器科学研究院。

本部分主要起草人:胡利芬。

本部分所代替部分的历次版本发布情况为:

——GB 2423.26—1981;GB/T 2423.26—1992。

电工电子产品环境试验
第2部分:试验方法
试验Z/BM:高温/低气压综合试验

1 引言

1.1 概述

GB/T 2423的本部分是关于散热和非散热试验样品高温(温度渐变或突变)和低气压综合试验,见8.2.2和8.2.8。

本试验目的是确定元件、设备和其他产品对其贮存和使用中遇到的高温-低气压综合环境的适应性。

本综合试验通常只有在试验样品进行单一环境试验不能揭示综合环境影响时使用。本部分规定的试验程序只适用于在试验期间能够达到温度稳定的试验样品。

本部分规定的试验方法一次只能试验一个散热试验样品。

1.2 低气压

本试验程序适用于气压大于1 kPa的压力试验。当气压小于或等于1 kPa时,可不考虑试验程序的内容。

本部分没有指明高度、压力和温度的关系。三者的关系见专门标准。

1.3 温度

1.3.1 GB/T 2423.2试验B中有关非散热试验样品试验和散热试验样品试验应用对比的指导适用于本部分。

注:非散热试验样品的定义按GB/T 2421中相关规定,不应在低气压下测量其最热点的温度。

1.3.2 GB/T 2423.2试验B中散热试验样品应该优先在无强迫空气循环的试验箱中进行试验。

1.4 规范性引用文件

下列文件中的条款通过GB/T 2423的本部分的引用而成为本部分的条款。凡是注日期的引用文件,其随后所有的修改单(不包括勘误的内容)或修订版均不适用于本部分,然而,鼓励根据本部分达成协议的各方研究是否可使用这些文件的最新版本。凡是不注日期的引用文件,其最新版本适用于本部分。

GB/T 2421 电工电子产品环境试验 第1部分:总则(GB/T 2421—1999,idt IEC 60068-1:1988)

GB/T 2423.2 电工电子产品环境试验 第2部分:试验方法 试验B:高温(GB/T 2423.2—2008,IEC 68-2-2:2007,IDT)

GB/T 2423.21 电工电子产品环境试验 第2部分:试验方法 试验M:低气压(GB/T 2423.21—2008,IEC 68-2-13:1983,IDT)

GB/T 2423.22 电工电子产品环境试验 第2部分:试验方法 试验N:温度变化(GB/T 2423.22—2002,IEC 68-2-14:1984,IDT)[1)]

GB/T 2424.1 电工电子产品环境试验 高温低温试验导则(GB/T 2424.1—2005,IEC 60068-3-1:1974,IDT)

GB/T 2424.15 电工电子产品基本环境试验规程 温度/低气压综合试验导则(GB/T 2424.15—2008,IEC 68-3-2:1976,IDT)

---

1) IEC 60068-2-41引用文件中没有列出该标准,但正文中引用了,见8.2.2的注。

2 目的

提供标准试验程序以确定元件、设备或其他产品在高温/低气压综合环境使用和/或贮存的适应性。

3 一般说明

本试验是 GB/T 2423.2 试验 Bb 或试验 Bd 和 GB/T 2423.21 试验 M 的综合。

试验中，试验样品首先应经受相关规范规定的严酷度等级的高温试验。如果试验过程中试验样品要工作，则要对其进行检测，以保证试验样品能够正常工作。然后在温度保持规定值的情况下，将试验箱压力降到相关规范规定的试验压力。将此温度、压力条件保持规定时间。图 1a)和图 1b)是这一程序的曲线图。

4 试验设备

4.1 试验箱

试验箱应能保持 GB/T 2423.2 试验 Bb（非散热试验样品）或试验 Bd（散热试验样品）和 GB/T 2423.21 试验 M 中规定的试验条件。但在温度和压力变化期间，对箱壁的温度要求不适用。

恢复压力时，应避免试验箱的辅助设备、装置和引入的空气对试验箱内空气产生污染。

4.2 安装

散热试验样品进行试验时，其安装应符合 GB/T 2423.2 试验 Bd 中规定的要求。

5 严酷度等级

5.1 一般要求

相关规范应规定由温度、气压和暴露持续时间表示的试验严酷度等级。

温度、低气压值及其容差和持续时间应符合 GB/T 2423.2 试验 Bb 或试验 Bd 和 GB/T 2423.21 试验 M 中的规定。对于这一综合试验，不管试验箱大小如何，温度的容差允许更大些（$T \leqslant 100$ ℃时为 ±3 ℃，100 ℃ $< T \leqslant 200$ ℃时为 ±5 ℃）

暴露持续时间应从试验样品在低气压条件下达到温度稳定时算起（见图 1a)和图 1b)）。

5.2 温度、气压和持续时间的优选组合

见表 1。

表 1 温度、气压和持续时间的优选组合

温度/℃	气压		持续时间/h
	kPa	mbar	
155	4	40	2
85	4	40	2
155	15	150	2
85	15	150	2
55	15	150	2
55	25	250	2
55	40	400	2
55	55	550	2;16
55	70	700	2;16
40	55	550	2

6 预处理

相关规范可要求进行预处理。

7 初始检测

按相关规范规定，对试验样品进行外观检查及电气和机械性能检测。

8 条件试验

8.1 一般规定

散热试验样品

应按 GB/T 2423.2 试验 Bd 规定优先在无强迫空气循环的试验箱中进行试验。如果用于试验的试验箱体积足够大，能够满足 GB/T 2423.2 试验 Bd 附录 A 规定的条件，但试验箱的加热只能通过强迫空气循环完成，则可以使用 GB/T 2423.2 试验 Bd 的方法 A 进行试验。

非散热试验样品

可以在有或无强迫空气循环的试验箱中进行试验。

8.2 无人工冷却的散热试验样品和非散热试验样品的试验程序

8.2.1 试验箱温度为试验室环境温度。

将处于不包装、不通电和准备使用状态的试验样品按其正常工作位置，或按相关规范规定装入试验箱。此时试验样品温度为试验室环境温度。散热试验样品应通电或加电负载。

8.2.2 以不超过 1 ℃/min 的速率(不超过 5 min 时间的平均值)将试验箱内温度调到合乎严酷度等级的试验温度，并使试验样品在此温度下达到温度稳定。

试验温度应按 GB/T 2421 的关于散热试验样品的定义相关注释进行测量。

注：1 ℃/min 这一最大变化速率不适用于能经受热冲击的试验样品，例如通常能经受 GB/T 2423.22 中的试验 Na 或试验 Nc 规定的快速温变的试验样品。

8.2.3 本条仅适用于试验过程中要求工作的试验样品：

检查试验样品，看其能否按相关规范要求工作。然后按相关规范规定使试验样品保持此工作状态或断开电源。

注：试验样品可能在没有散热的情况下运行或加负载，导致其温度高于环境温度，此时有必要根据 GB/T 2421 中相关规定的散热试验样品的定义进行散热。

相关规范可以规定高温常压下进行的其他检测程序。

8.2.4 以不超过 10 kPa/min 的速率将试验箱内压力降到符合严酷度等级的试验值。

8.2.5 本条仅适用于试验过程中要求工作的试验样品：

对试验样品进行检测，看其能否按相关规范要求工作(如果此时试验样品已不处于工作状态，则此检测前应先通电或施加负载)。检测后，散热试验样品应保持工作状态；非散热试验样品应按相关规范规定保持此工作状态，或切断电源。

如果相关规范有要求，可按照第 9 章进行中间检测。进行中间检测前，散热试验样品应先达到温度稳定。

8.2.6 保持此温度和压力条件到规定的时间。

8.2.7 本条仅适用于试验过程中要求工作的试验样品：

在低气压时间的最后 1 h 期间，按相关规范要求进行中间检测。气压恢复前切断电源或卸去负载。

8.2.8 试验箱内压力以不超过 10 kPa/min 的速率恢复至正常值，压力升高期间不要求温度控制。样品保留在试验箱内，试验箱温度以不超过 1 ℃/min 的速率(不超过 5 min 时间的平均值)逐渐降低至试验标准大气条件的温度范围。

注：1 ℃/min 这一最大变化速率不适用于能经受热冲击的试验样品，例如通常能经受 GB/T 2423.22 中的试验 Na 或试验 Nc 规定的快速温变的试验样品。

8.2.9 试验样品在试验箱内，或按相关规范规定进行恢复。

8.3 带人工冷却的试验样品进行试验时的注意事项

见 GB/T 2423.2 试验 Bd。

9 中间检测

见 GB/T 2423.2 试验 Bb 和试验 Bd。

10 恢复

见 GB/T 2423.2 试验 Bb 和试验 Bd。

11 最后检测

按相关规范规定，对试验样品进行外观检查及电气和机械性能检测。

12 相关规范中给出的资料

相关规范应用本试验方法时，应给出下列适用的细节：

a) 预处理；

b) 初始检测；

c) 安装架与支撑件详细要求(适用于散热试验样品)；

d) 试验样品状态(包括冷却系统)；

e) 严酷度等级：温度、压力和暴露持续时间，……，温度变化是突变还是渐变；

f) 降压前高温下应进行的检测；

g) 高温/低气压条件试验期间检查，测量和加载要求；

h) 恢复期间载荷状况；

i) 最后检测。

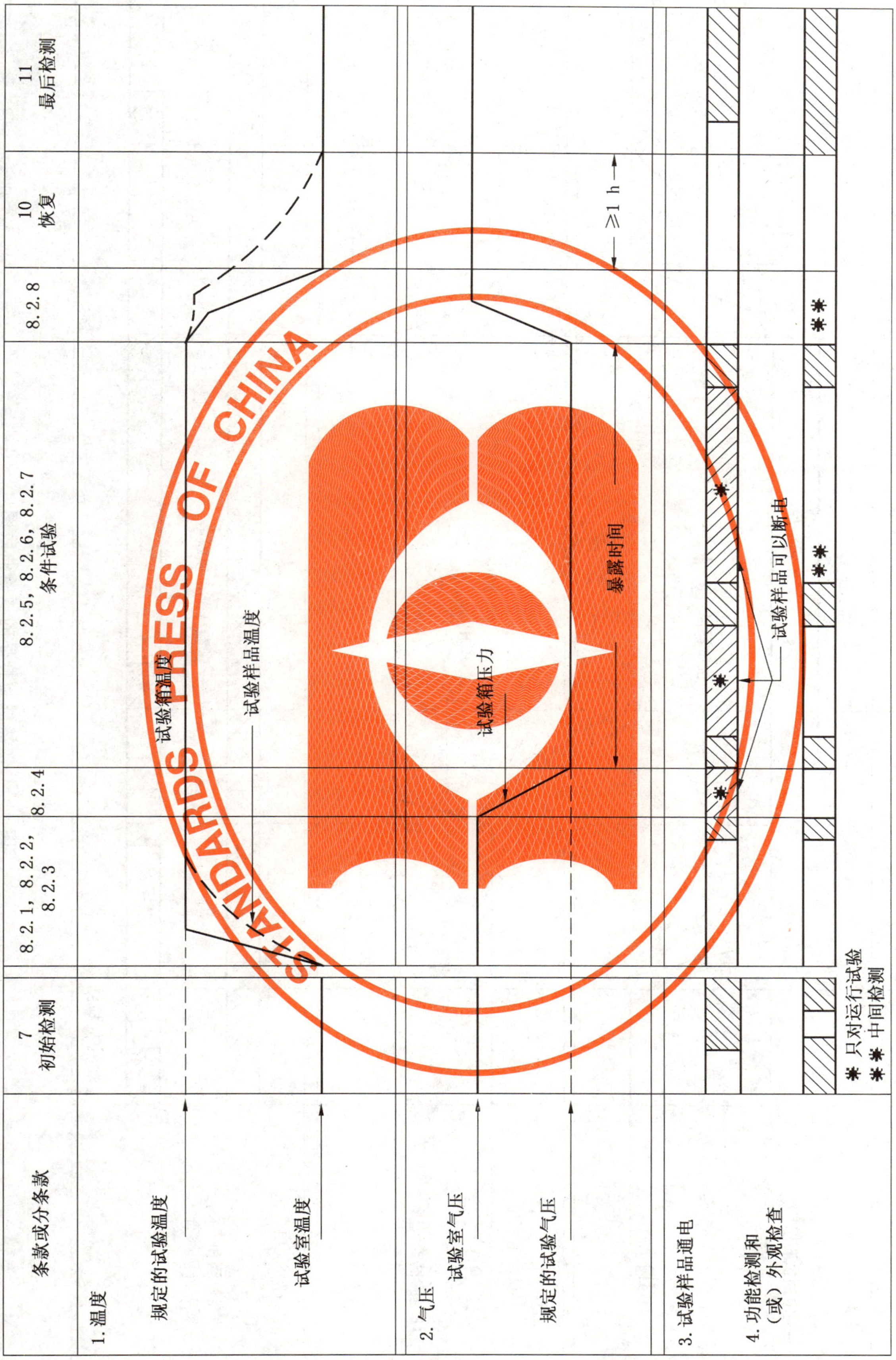

图 1a） 非散热试验样品的试验曲线图

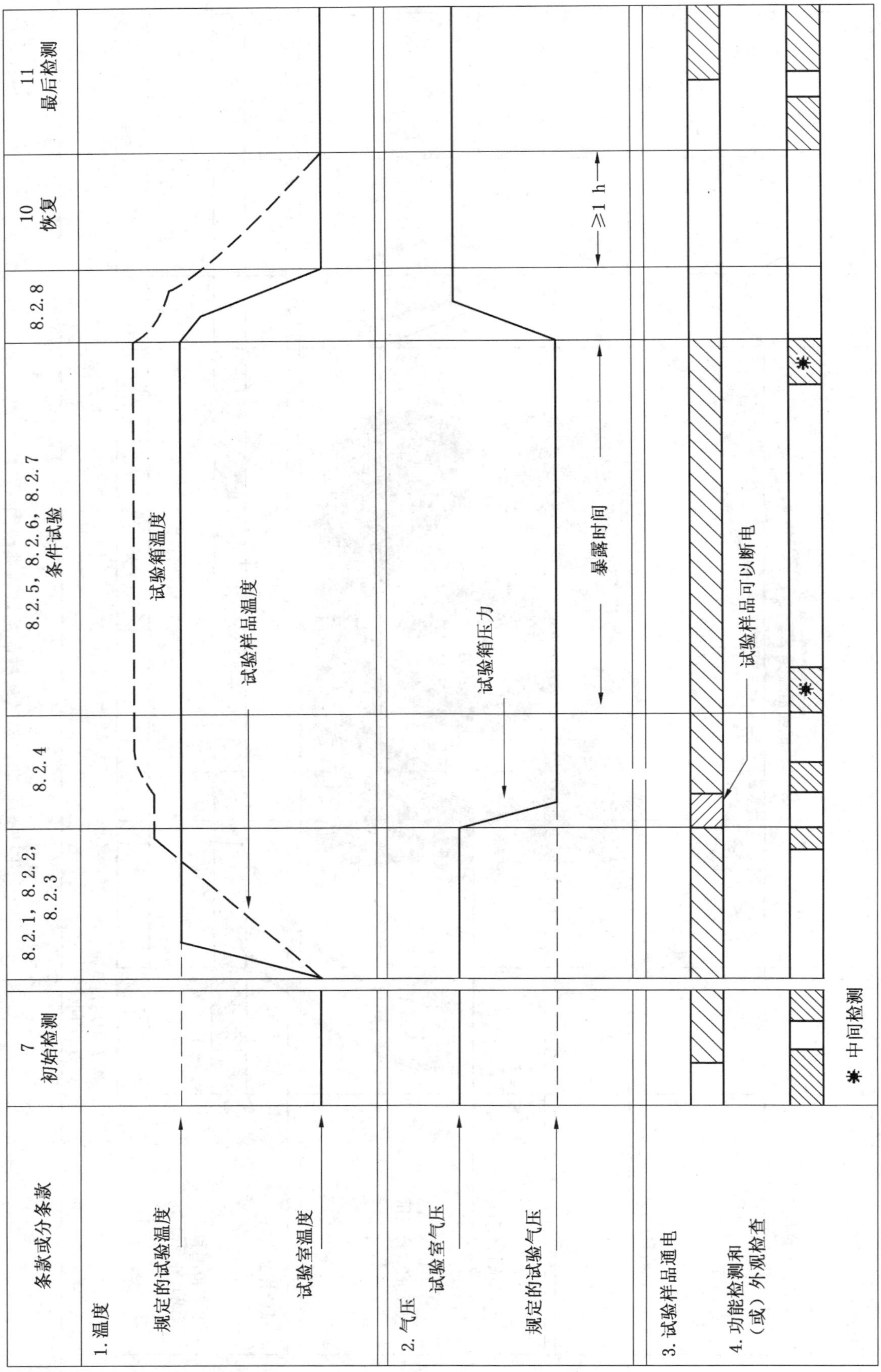

图 1b）散热试验样品的试验曲线图

附 录 NA
（资料性附录）
GB/T 2423 标准的组成部分

除本部分外，GB/T 2423 标准的组成部分如下：

GB/T 2423.1—2008 电工电子产品环境试验 第2部分：试验方法 试验A：低温（IEC 60068-2-1:2007，IDT）

GB/T 2423.2—2008 电工电子产品环境试验 第2部分：试验方法 试验B：高温（IEC 60068-2-2:2007，IDT）

GB/T 2423.3—2006 电工电子产品环境试验 第2部分：试验方法 试验Cab：恒定湿热试验（IEC 60068-2-78:2001，IDT）

GB/T 2423.4—2008 电工电子产品环境试验 第2部分：试验方法 试验Db 交变湿热（12 h+12 h 循环）（IEC 60068-2-30:2005，IDT）

GB/T 2423.5—1995 电工电子产品环境试验 第2部分：试验方法 试验Ea 和导则：冲击（idt IEC 60068-2-27:1987）

GB/T 2423.6—1995 电工电子产品环境试验 第2部分：试验方法 试验Eb 和导则：碰撞（idt IEC 60068-2-29:1987）

GB/T 2423.7—1995 电工电子产品环境试验 第2部分：试验方法 试验Ec 和导则：倾跌与翻倒（主要用于设备型样品）（idt IEC 60068-2-31:1982）

GB/T 2423.8—1995 电工电子产品环境试验 第2部分：试验方法 试验Ed：自由跌落（idt IEC 60068-2-32:1990）

GB/T 2423.10—2008 电工电子产品环境试验 第2部分：试验方法 试验Fc：振动（正弦）（IEC 60068-2-6:1995，IDT）

GB/T 2423.15—2008 电工电子产品环境试验 第2部分：试验方法 试验Ga 和导则：稳态加速度（IEC 60068-2-7:1986，IDT）

GB/T 2423.16—2008 电工电子产品环境试验 第2部分：试验方法 试验J 和导则：长霉（IEC 60068-2-10:2005，IDT）

GB/T 2423.17—2008 电工电子产品环境试验 第2部分：试验方法 试验Ka：盐雾（IEC 60068-2-11:1981，IDT）

GB/T 2423.18—2000 电工电子产品环境试验 第2部分：试验方法 试验Kb：盐雾，交变（氯化钠溶液）（idt IEC 60068-2-52:1996）

GB/T 2423.21—2008 电工电子产品基本环境试验规程 试验M：低气压试验方法（IEC 60068-2-13:1983，IDT）

GB/T 2423.22—2002 电工电子产品环境试验 第2部分：试验方法 试验N：温度变化（IEC 60068-2-14:1984，IDT）

GB/T 2423.23—1995 电工电子产品环境试验 试验Q：密封

GB/T 2423.24—1995 电工电子产品环境试验 第二部分：试验方法 试验Sa：模拟地面上的太阳辐射（idt IEC 60068-2-5:1975）

GB/T 2423.25—2008 电工电子产品环境试验 第2部分：试验方法 试验Z/AM：低温/低气压综合试验（IEC 60068-2-40:1976，IDT）

GB/T 2423.27—2005 电工电子产品环境试验 第2部分：试验方法 试验Z/AMD：低温/低气压/湿热连续综合试验（IEC 60068-2-39:1976，IDT）

GB/T 2423.28—2005 电工电子产品环境试验 第2部分:试验方法 试验T:锡焊(IEC 60068-2-20:1979,IDT)

GB/T 2423.30—1999 电工电子产品环境试验 第2部分:试验方法 试验XA和导则:在清洗剂中浸渍(idt IEC 60068-2-45:1993)

GB/T 2423.31—1985 电工电子产品基本环境试验规程 倾斜和摇摆试验方法

GB/T 2423.32—2008 电工电子产品环境试验 第2部分:试验方法 试验Ta:润湿称量法可焊性(IEC 60068-2-54:2006,IDT)

GB/T 2423.33—2005 电工电子产品环境试验 第2部分:试验方法 试验Kca:高浓度二氧化硫试验

GB/T 2423.34—2005 电工电子产品环境试验 第2部分:试验方法 试验Z/AD:温度/湿度组合循环试验(IEC 60068-2-38:1974,IDT)

GB/T 2423.35—2005 电工电子产品环境试验 第2部分:试验方法 试验Z/AFc:散热和非散热试验样品的低温/振动(正弦)综合试验(IEC 60068-2-50:1983,IDT)

GB/T 2423.36—2005 电工电子产品环境试验 第2部分:试验方法 试验Z/BFc:散热和非散热试验样品的高温/振动(正弦)综合试验(IEC 60068-2-51:1983,IDT)

GB/T 2423.37—2006 电工电子产品环境试验 第2部分:试验方法 试验L:沙尘试验(IEC 60068-2-68:1994,IDT)

GB/T 2423.38—2008 电工电子产品环境试验 第2部分:试验方法 试验R:水试验方法和导则(IEC 60068-2-18:2000,IDT)

GB/T 2423.39—2008 电工电子产品环境试验 第2部分:试验方法 试验Ee:弹跳(IEC 60068-2-55:1987,IDT)

GB/T 2423.40—1997 电工电子产品环境试验 第2部分:试验方法 试验Cx:未饱和高压蒸汽恒定湿热(idt IEC 60068-2-66:1994)

GB/T 2423.41—1994 电工电子产品基本环境试验规程 风压试验方法

GB/T 2423.42—1995 电工电子产品环境试验 低温/低气压/振动(正弦)综合试验方法

GB/T 2423.43—2008 电工电子产品环境试验 第2部分:试验方法 振动、冲击和类似动力学试验样品的安装(IEC 60068-2-47:2005,IDT)

GB/T 2423.45—1997 电工电子产品环境试验 第2部分:试验方法 试验Z/ABDM:气候顺序(idt IEC 60068-2-61:1991)

GB/T 2423.47—1997 电工电子产品环境试验 第2部分:试验方法 试验Fg:声振(idt IEC 60068-2-65:1993)

GB/T 2423.48—2008 电工电子产品环境试验 第2部分:试验方法 试验Ff:振动-时间历程法(IEC 60068-2-57:1999,IDT)

GB/T 2423.49—1997 电工电子产品环境试验 第2部分:试验方法 试验Fe:振动——正弦拍频法(idt IEC 60068-2-59:1990)

GB/T 2423.50—1999 电工电子产品环境试验 第2部分:试验方法 试验Cy:恒定湿热主要用于元件的加速试验(idt IEC 60068-2-67:1996)

GB/T 2423.51—2000 电工电子产品环境试验 第2部分:试验方法 试验Ke:流动混合气体腐蚀试验(idt IEC 60068-2-60:1995)

GB/T 2423.52—2003 电工电子产品环境试验 第2部分:试验方法 试验77:结构强度与撞击(IEC 60068-2-27:1999,IDT)

GB/T 2423.53—2005 电工电子产品环境试验 第2部分:试验方法 试验Xb:由手的磨擦造成标记和印刷文字的磨损(IEC 60068-2-70:1995,IDT)

GB/T 2423.54—2005 电工电子产品环境试验 第2部分:试验方法 试验 Xc:流体污染(IEC 60068-2-74:1999,IDT)

GB/T 2423.55—2006 电工电子产品环境试验 第2部分:环境测试 试验 Eh:锤击试验(IEC 60068-2-75:1997,IDT)

GB/T 2423.56—2006 电工电子产品环境试验 第2部分:试验方法 试验 Fh:宽带随机振动(数字控制)和导则(IEC 60068-2-64:1993,IDT)

GB/T 2423.57—2008 电工电子产品环境试验 第2-81部分:试验方法 试验 Ei:冲击 冲击响应谱合成(IEC 60068-2-81:2003,IDT)

GB/T 2423.58—2008 电工电子产品环境试验 第2-80部分:试验方法 试验 Fi:振动 混合模式(IEC 60068-2-80:2005,IDT)

GB/T 2423.101—2008 电工电子产品环境试验 第2部分:试验方法 试验:倾斜和摇摆

GB/T 2423.102—2008 电工电子产品环境试验 第2部分:试验方法 试验:温度(低温、高温)/低气压/振动(正弦)综合

ICS 19.040
K 04

中华人民共和国国家标准

GB/T 2423.32—2008/IEC 60068-2-54:2006
代替 GB/T 2423.32—1985、GB/T 2424.21—1985

电工电子产品环境试验 第2部分:试验方法 试验Ta:润湿称量法可焊性

Environmental testing for electric and electronic products—Part 2:Test methods—Test Ta:Solderability test by the wetting balance method

(IEC 60068-2-54:2006,IDT)

2008-03-24 发布　　2008-10-01 实施

中华人民共和国国家质量监督检验检疫总局
中国国家标准化管理委员会　发布

前　言

GB/T 2423《电工电子产品环境试验　第2部分:试验方法》按试验方法分为若干部分。

本部分为GB/T 2423的第32部分,等同采用了国际标准IEC 60068-2-54:2006,跟国际标准相比,本部分主要做了以下编辑性修改:

a) 删除了国际标准的前言和引言;

b) 增加了国家标准前言;

c) 引用了采用国际标准的国家标准;

d) 删除了附录A中的标号A.1～A.11,将内容直接转换为段。

与前一版本的标准相比,主要的不同之处有:

a) 本部分合并了GB/T 2423.32—1985与GB/T 2424.21—1985;

b) 增加了无铅焊料;

c) 试验温度根据焊料成分设定了不同的温度;

d) 力—时间曲线的力的极性;

e) 力—时间曲线上的代表点和参数;

f) 把GB/T 2424.21—1985变为附录B;

g) 增加了参考文献。

本部分附录A为规范性附录,附录B为资料性附录。

本部分由全国电工电子产品环境技术标准化委员会(SAC/TC 8)提出并归口。

本部分起草单位:广州电器科学研究院。

本部分主要起草人:颜景莲。

本部分所代替标准的历次版本发布情况为:

——GB/T 2423.32—1985;

——GB/T 2424.21—1985。

电工电子产品环境试验
第2部分:试验方法
试验Ta:润湿称量法可焊性

1 范围

GB/T 2423的本部分适用于确定元器件任何形状的引出端锡焊的可焊性,特别适用于仲裁试验和不能用其他方法做定量试验的元器件引出端锡焊的可焊性评定。对于表面贴装设备,如果合适应选用IEC 60068-2-69。

2 规范性引用文件

下列文件中的条款通过GB/T 2423的本部分的引用而成为本部分的条款。凡是注日期的引用文件,其随后所有的修改单(不包括勘误的内容)或修订版均不适用于本部分,然而,鼓励根据本标准达成协议的各方研究是否可使用这些文件的最新版本。凡是不注日期的引用文件,其最新版本适用于本部分。

GB/T 2421—1999 电工电子产品环境试验 第1部分:总则(idt IEC 60068-1:1988)

GB/T 2423.28—2005 电工电子产品环境试验 第2部分:试验方法 试验T:锡焊(IEC 60068-2-20:1979,IDT)

IEC 61190-1-3:2002 电子组装件用连接材料 第1-3部分:电子锡焊用电子级锡焊合金及带焊剂与不带焊剂整体焊锡的要求

3 术语和定义

GB/T 2421—1999和GB/T 2423.28—2005中规定的术语和定义适用于本部分。

4 试验描述

将元器件的引出端从灵敏的秤(通常是一个弹簧系统)的秤杆上悬吊下来,使其浸入保持规定温度的熔融焊料中至规定深度,与此同时,作用于浸渍的试样上的浮力和表面张力在垂直方向上的合力由传感器测得并转换成信号,该信号由一个高速的特性曲线记录仪将它作为时间的函数记录下来,然后将此曲线与一个具有相同性质和尺寸并能完全润湿的试样所得到的曲线进行比较。

试验的两种模式:

固定模式,主要用于研究试样上特定部位的可焊性。这是本部分所规定的内容。

扫描模式,主要用于研究试样表面引出部位的可焊性的均匀性。这部分内容还在研究中。

5 试验设备

5.1 试验系统

图1给出了一个适合本试验的系统。

只要符合附录A的要求,允许采用其他能够测量作用于试样上在垂直方向上合力的任何设备。

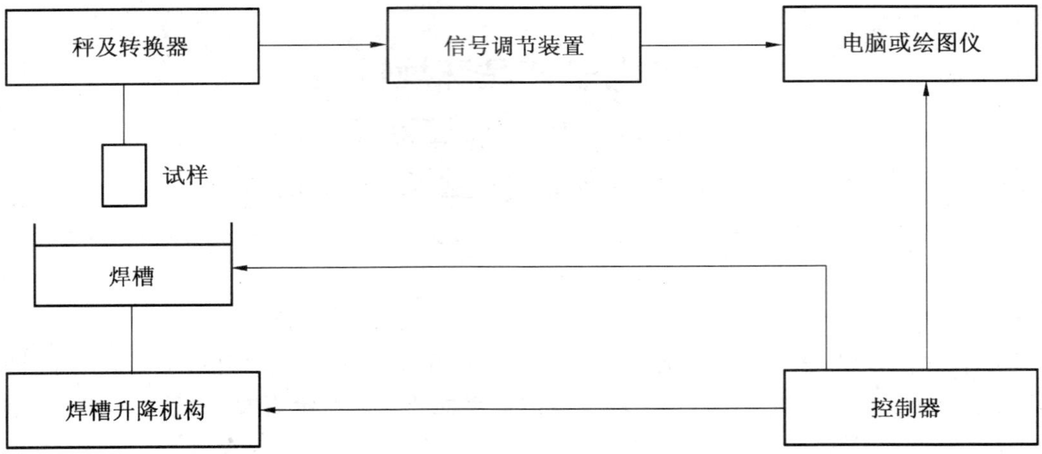

图 1 试验布置图

5.2 焊槽

焊槽尺寸应当符合附录 A 的要求，焊槽的材料应当跟熔融的焊料合金不反应。

6 条件试验

6.1 试样的准备

除非相关标准另有规定，试样表面应维持收样时的状况。注意不能受手触摸或其他方式的污染。

只有当相关标准要求时，才允许将试样浸渍在室温下的中性有机溶剂中进行清洗；不允许其他类型的清洗。

6.2 老化

相关标准要求加速老化时，应当采用 GB/T 2423.28—2005 中 4.5 中的老化方法。

7 材料

7.1 焊料

7.1.1 概述

焊料组成应当符合相关标准的规定。

7.1.2 含铅焊料

所用焊料应符合 GB/T 2423.28—2005 附录 B 的规定，即为 60％的锡和 40％的铅(质量百分比)(Sn60Pb40A，IEC 61190-1-3)，或者 63％的锡和 37％的铅(Sn63Pb37A，IEC 61190-1-3:2002)。

7.1.3 无铅焊料

除非有相反规定，焊料组成应当为 3.0％的银，0.5％的铜其余为锡(Sn96.5Ag3.0Cu0.5)(质量百分比)，或者 0.7％的铜其余为锡(Sn99.3Cu0.7)。

注：合金组成为 3.0％～4.0％的银，0.5％～1.0％的铜，其余为锡的焊料可以代替 Sn96.5Ag3.0Cu0.5。合金组成为 0.45％～0.9％的铜，其余为锡的焊料可以代替 Sn99..3Cu0.7。

7.2 焊剂

焊剂应当为松香类的非活性或者松香为主的活性焊剂，如下：

a) 松香为主的非活性焊剂：组成为质量百分比 25％的松香，75％的异丙醇或者乙醇(符合 GB/T 2423.28—2005附录 C 的规定)。

b) 松香为主的活性焊剂：活性焊剂是在上述焊剂中加入 0.2％～0.5％(用自由氯离子在松香含量中占的比例表示)氯化二乙基铵(分析纯)。

相关标准应当给出所用的焊剂类型。

8 试验程序

8.1 试验温度

8.1.1 含铅焊料

试验前和试验中的焊料温度为(235±3)℃。

8.1.2 无铅焊料

除非相关标准有相反规定,Sn96.5Ag3.0Cu0.5 焊料的温度为(245±3)℃,Sn99.3Cu0.7 焊料的温度为(250±3)℃。

8.2 浸焊剂

将试样安装在夹具上,把要求试验的全部表面浸渍到室温条件下的焊剂中去,随后立即把试样垂直地竖立在清洁滤纸上 1s～5s 以除去多余的焊剂。

8.3 焊剂干燥

将试样垂直地固定在试验夹具上,使其下部边缘离焊料表面(20±5)mm,并停留(30±15)s,以便在试验开始之前使焊剂中的绝大部分溶液挥发掉。在此期间应调节悬吊着的试样至要求的零位,并将记录仪也调节到零位;紧接在试验开始之前,用由合适材料做成的刮板刮去焊料表面的氧化物。

8.4 试验

将试样以(5±1)mm/s～(20±1)mm/s 的速度浸入熔融焊料中至规定的深度,并保持规定的时间,然后取出。这样就得到了力—时间曲线。

注:试样应在 0.2 s 内浸渍到规定的深度。

记录应当从浸入熔融焊料之后马上开始,贯穿整个试验过程。

表 1 试验的时间顺序

过　程	时间/s	持续时间/s
浸焊剂	0	≈5
焊剂干燥	≈10	1～5
将样品悬挂在设备上	≈15	
预热	≈20	30
刮去焊料表面的氧化物	≈60	
开始试验	≈65	1～5
浸焊料	最多 70	5
注:时间是指从浸焊剂开始的时间。持续时间是指相关过程的持续时间。		

9 试验结果描述

9.1 记录曲线

曲线可以有两种形式,唯一的区别是力的读数的极性不同。

在图 2 中,向上的力(不润湿)表示为负值,向下的力(润湿)表示为正值。一般情况下,E 点的力与 D 点的力相同表明了稳定的润湿状况。如果在 E 点的力小于 D 点,则表明润湿中存在不稳定因素(见 B.6.1.3)。

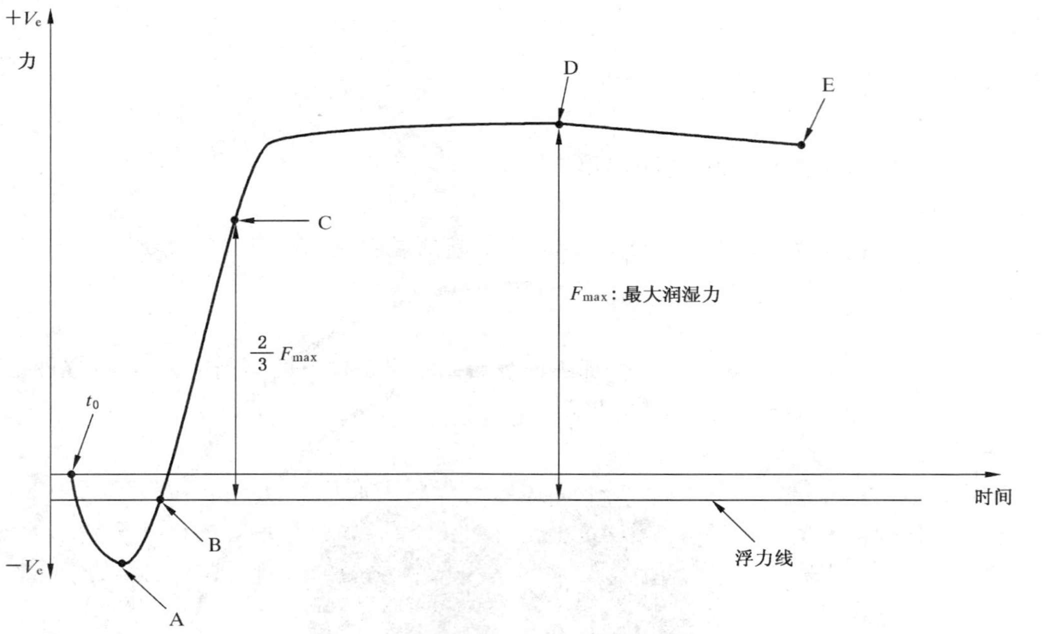

图 2　润湿状况

9.2　**曲线上各点**

9.2.1　t_0 是焊料表面与试样开始接触的时间，以记录仪从零力线开始运动为标志。

9.2.2　在 A 点，弯液面开始承托试样端部，此时的特征就是润湿力显著增加。

9.2.3　在 B 点，接触角为 90°，此时测得的力是由于浮力引起的。

9.2.4　在 C 点，润湿力等于最大润湿力的 2/3。在 C 点，润湿力在规定的时间内应超过规定值。

9.2.5　D 点是在规定的浸渍阶段达到的最大的润湿力。

9.2.6　E 点是规定的浸渍阶段的结束点。对于同一个试样，D 点和 E 点的值可能相同(见 B.6.1.3)。

9.2.7　对于取出试样时的曲线在静止模式中不予考虑。

9.3　**基准润湿力**

为了获得一个可以比较试验结果的基准值，对于每一类试样，可以采取下列方法：

从试样中取一个试样，在使用活性焊剂(见 7.2)的最佳条件下预上焊锡，预上焊锡可以在试验条件下在润湿称量设备上进行。预上锡焊的过程应在同一试样上重复进行直至所读出的最大力不再进一步增加，基准润湿力就是这个最大的力。

为了评定样品的可焊性，应将基准润湿力跟理论润湿力进行比较，此理论润湿力是在本标准规定的试验条件下熔融焊料的表面张力常数以及在完全润湿的条件下获得的。

理论润湿力由下式求得：

$$F = -g\rho V + \gamma P$$

式中：

g——重力加速度；

ρ——焊料在试验温度下的密度；

γ——焊料的表面张力常数；

F——润湿力，单位为毫牛顿(mN)；

V——试样浸渍部位的体积，单位为立方毫米(mm^3)；

P——试样浸渍部位的周长，单位为毫米(mm)。

注：只有弯液面附近试样的横截面在长度方向上不变时，本公式才适用。公式中的常数仅适用于本部分规定的条件，该常数取决于合金类型、温度和焊剂(见 B.6.2)。

9.4 试验要求

可焊性要求可以采用下列参数来表示：

——在润湿开始阶段：时间间隔的最大值（t_0～B）；

——在润湿过程中：时间间隔的最大值（t_0～C）；

——在润湿稳定阶段：$\frac{\text{E 点的力}}{\text{D 点的力}}$的最小值。

10 在相关标准中应规定的细节

当相关标准中规定采用润湿称量法进行可焊性试验时，应规定以下细节：

	条款
1） 是否要求清洗试样	6.1
2） 加速老化方法，若需要	6.2
3） 所使用的焊料组成	7.1
4） 所使用的焊剂类型	7.2
5） 试验温度	8.1
6） 在试样上进行测试的部位	8.2
7） 浸渍深度	8.4
8） 浸渍持续时间	8.4
9） 浸渍速度	8.4
10） 在曲线上测量的参数	9.4
11） 测量参数可接受的值	9.4

附 录 A
（规范性附录）
设备要求

为了标准化的目的，整个试验设备包括图形记录仪应当看作一个设备，且具有以下特点：

图形记录仪的响应时间应满足以下要求：移除最大负荷时记录仪能在 0.3 s 内返回中间零点，且过冲量不超过相应的最大读数的 1%。

试验设备应具备若干灵敏度档位。在最灵敏档位，中心点的最大偏差应通过在试验夹具上悬挂一个质量不超过 200 mg 的砝码测得。

绘图速度应不小于 10 mm/s。

电气和机械噪声当量不应超过 0.04 mN。

记录仪的偏差应跟所测的力成正比，全量程精确度应大于 95%。

机械秤的弹簧系统的刚度应满足以下要求：10 mN 的负载引起的试样的垂直位移不超过 0.1 mm。

焊槽的尺寸应满足以下要求：样品的任何部分离焊槽壁不得小于 15 mm，焊槽深度不得小于 15 mm。

焊料温度应维持在 8.1 规定的温度。

试样最低点的浸渍深度应能在 2 mm～5 mm 之间任意调节，且最大误差为±0.2 mm。

静态模式下，浸渍速度应为(5±1)mm/s～(20±1)mm/s。

在最大深度的停留时间应在 0 s～10 s 之间可调。

附 录 B
（资料性附录）
润湿称量法可焊性试验导则

B.1 可润湿性测量的定义

当试样浸渍在熔融的焊料内时，润湿称量法可以把作用于试样上的垂直力作为时间的函数表示出来（见图1），并以达到给定润湿程度的时间或给定时间内达到的润湿程度的方式，从上面函数关系中导出试样的可润湿能力。

可润湿性的标准一般要求力—时间曲线上的若干个点符合于规定的数值，可以使用本导则所建议的那些点和数值。

若要求得到可以再现的和定量的结果，试验设备必须符合特定的要求，本导则中给出了这些要求和基于这些要求的鉴定方法。

B.2 试样的形状

试样可以具有任何形状，但如果浸渍部位具有均匀的截面积（例如矩形或圆形）则可以简化曲线分析和力的计算，为了减少计算误差，试样浸渍时，其试验表面与铅垂线的夹角应在±15°范围之内，试样的浸渍端截面应与轴线成90°，且不应有毛刺。

本试验可用于具有很大的不能被焊料所润湿的区域的片状电容器或印制电路板等试样，然而，这些区域对力—时间曲线可能产生影响。因此，现行的试验标准主要适用于元、器件的引线，而且这种元、器件的引线的整个截面的周边能够被焊料所润湿。

B.3 试样的准备

试样采用浸焊剂和去除多余焊剂的标准程序是非常重要的，其目的是为了确保在试验过程中测得的曲线不受焊剂挥发或焊剂滴落影响的干扰。

B.4 试验设备的特性

B.4.1 记录装置

B.4.1.1 零点调节

在试验周期中，当从不润湿情况变为润湿情况时，作用在试样上的力改变方向。在某些情况下，浮力可导致润湿曲线的相当大的垂直偏移。为了在最高灵敏度条件下记录到整个润湿曲线，有必要使曲线记录仪的零位位于图纸的中间，或者将零位偏置使整个曲线都在图纸上。

B.4.1.2 响应时间

响应时间必须足够小，以保证记录装置能精确地再现润湿力的快速变化，特别是在润湿的开始阶段，虽然在理论上应该无穷小，但实践证明最大响应时间小于0.3 s即可满足试验要求，因此记录装置可以采用曲线记录仪。

测量试验设备的响应时间和零点的稳定性的程序如下，测量时使用一质量已知的砝码（应能够使记录仪从中间零点开始全量程偏转）和形状适于携带该砝码的试验夹具。

a) 在装上试验夹具的情况下，将记录仪调节到零位；

b) 在最高速度档位开始作图；

c) 将砝码放在夹具上；

d) 在2 s或3 s后取下砝码，让记录仪仍在自由运行；

e) 再过 2 s 或 3 s 后，重新将砝码放在夹具上；

f) 重复 d)～e)的程序至少 5 次到 6 次，然后关闭记录仪。

图纸上所得曲线即给出了设备在所选档位的灵敏度、记录仪的响应时间和它返回零位的一致性。

B.4.1.3 灵敏度调节

提供多个档位的灵敏度设置就可以测试不同尺寸的试样，使用具有多档位放大器的曲线记录仪可以很方便地达到这一目的。如果这些档位能够表示 20 mN～1 mN 之间的力(相当于加上 2 g 到 100 mg 的质量)即可适应周长在 20 mm 到 1 mm 之间的试样。

B.4.1.4 绘图速度

为了对力—时间曲线上重要的点有足够的鉴别力，需要 10 mm/s 的最小绘图速度。

B.4.2 秤

B.4.2.1 弹簧的刚度

秤用来测量作用于试样上的力引起的弹簧组件的位移，这一位移导致试验在焊料中的浸渍深度发生变化，从而引起浮力发生变化。因此要求弹簧系统要有足够的刚度以使在试验中弹簧的偏离和由此引起浮力的变化与测量中的其他力相比可以忽略不计。

B.4.2.2 噪声电平

天平与放大器系统的电气和机械噪声电平应不超过最灵敏的试验量程内的信号电平的 10%。

B.4.3 焊槽

焊槽应具有足够大的热容量，以便能够按规定的精度要求维持试验温度，试样应离槽壁足够远以使作用在试样上的力不受焊料表面边缘弯液面的影响。为了提高试验的鉴别力，焊槽温度按照 8.1 的规定。某些镀层在试验过程中会溶解在焊料中形成杂质或者改变了焊料合金的组成，焊料中的杂质或者改变的焊料组成会影响焊料合金的可焊性，并影响力的曲线。因此确保焊槽中的焊料合金组成在规定范围内非常重要。

B.4.4 槽的升降机构和控制

B.4.4.1 浸渍深度

必须规定试样在熔融焊料中的浸渍深度，浸渍深度必须满足下列条件：

a) 在润湿过程中，上升的焊料弯液面要跨过所关心的区域，同时，试样与焊槽底部又要保持一定距离，必要时需修剪试样的端部。

b) 弯液面所跨过的区域最好应具有均匀的截面积。

c) 浸渍深度在 0.2mm 内应可以再现，以保证在最差的情况下浮力的修正量在±10%以内。

注：浸渍得越深，浮力线偏离中心零位越大，即使在完全润湿的情况下，最后信号可能仍保持在初始平衡点之上。

浸渍得越深，从焊料到试样热传输的有效界面越大。因此润湿过程被热传输效应延迟得越小。

B.4.4.2 浸渍速度

对于标准的操作方法而言，浸渍速度控制在 16 mm/s～25 mm/s 范围内为宜。速度太快在焊槽中可能产生冲击波、它会干扰力的测量，而速度太慢又会使在弯液面升起的重要起始阶段，焊槽仍在移动中。

B.4.4.3 浸渍持续时间

试样的锡焊过程时间大于 10 s 通常是不允许的，然而对不好焊的或热容量大的试样，小于 10 s 的停留时间可能不足以收集足够的信息，对于小的试样(例如引线)通常停留 5 s 的时间已经足够。

比较在试验周期初期阶段所记录的力的数值与在停留时间的末尾所记录的力的数值，可以了解焊料和试样之间界面的稳定性情况(见 B.6.1.3)。

B.5 一些典型的力—时间曲线

力—时间曲线上，作用试样上的力，向上的那一部分曲线表示不润湿，用负值表示；向下的那一部分曲线表示润湿，用正值表示。

虚线表示在抵消了试样重量的情况下试验周期开始时的情况，水平实线表示润湿力等于零时的浮力偏移。

试样的浮力可由其浸渍部分的体积和熔融焊料的密度计算出来，在235℃的规定试验温度下，对于60%的锡和40%的铅的熔融焊料的密度值采用8 g/cm³，对于SnAgCu以及SnCu合金焊料，熔融焊料的密度采用7.1 g/cm³。

典型的力—时间曲线如图B.1所示。

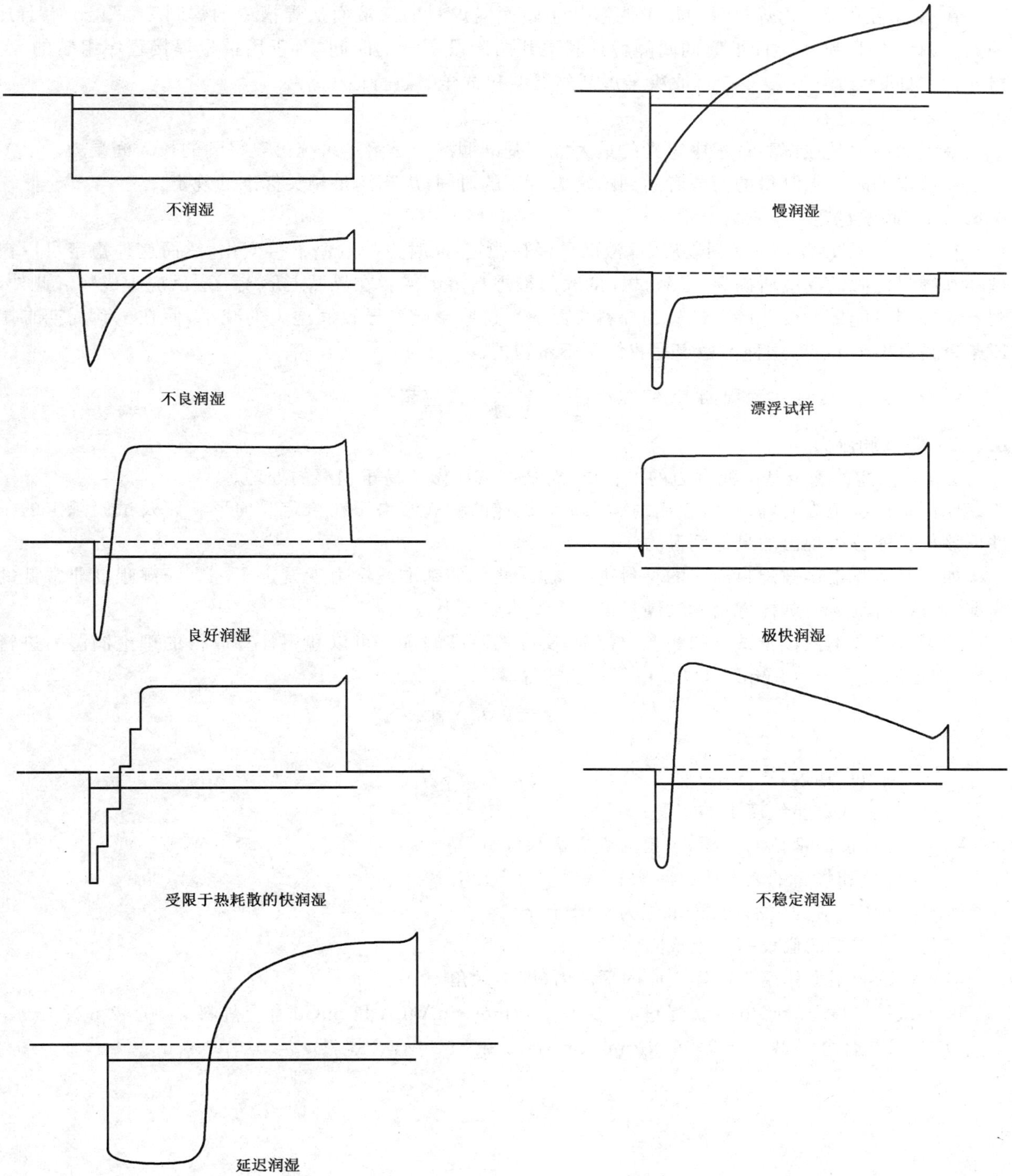

图 B.1 典型的力—时间曲线

B.6 从力—时间曲线上测量参数

B.6.1 试验标准的选择

润湿称量法可焊性试验的优点之一是检查了整个润湿过程，当判定是否符合试验要求时，宜采用在9.2所列的参数中1个以上的参数。

B.6.1.1 润湿开始的时间

在点B(见图2)，锡焊过程中从不润湿状态转而向焊料的弯液面从焊槽中的焊料表面上开始上升的点。因此在B和t_0之间的时间间隔就是润湿开始阶段所需的时间，对于用批量焊接程序组装的元、器件，此时间大约为1 s～2.5 s，取决于焊剂的类型和试样的热特性。

B.6.1.2 润湿过程

最大润湿力是在试验过程中得到的最大值。基准润湿力是给定系统可以得到的最大润湿力。

在给定的时间点测得的力或者达到给定力所用的时间，应当满足相关标准的规定。

B.6.1.3 润湿稳定

在D点的最大力的值得到以后，弯液面可保持稳定，同时力的数值不再变化，然而这种稳定可以被试样和焊料之间的反应所破坏，导致试样的表面被焊料溶解或者在界面上形成一层反应生成物。此外，剩余的焊剂可能挥发或分解或迁移到焊料表面上。这些影响可导致润湿力的减小，使在试验周期末尾E点润湿力小于D点，这种不稳定是我们所不希望的。

对于5 s～10 s的试验周期，我们推荐：$\frac{\text{E点的力}}{\text{D点的力}}$的值应超过0.8。

B.6.2 基准润湿力

9.3所描述的确定基准润湿力的过程中，对被测表面做了易于润湿的处理。

使用基准润湿力时，就是将表面情况未知的试样的试验结果跟在给定几何形状以及试验规定的条件下该材料能够表现出的最好润湿力进行比较。

如果对本身很难被焊料润湿的材料进行试验，测得的基准润湿力就设定了一个润湿程度非常低的标准，在这种情况下，试样肯定无法满足第一个要求：t_0～B。

为了有一个不依赖于试样的润湿力标准，实际的基准润湿力可以和用计算取得的理论润湿力进行比较，理论润湿力 $F_{理}$(F(mN))可以用下列公式计算：

$$F(\text{mN}) = -g\rho V + \gamma P$$

式中：

g——重力加速度；

ρ——焊料在试验温度下的密度；

V——试样浸渍部位的体积，单位为立方毫米(mm^3)；

γ——焊剂和焊料的表面张力常数；

P——试样浸渍部位的周长，单位为毫米(mm)。

该公式在以下的假设基础上成立：

a) 理论润湿力作用于试样表面的平面内(即接触角为0)；

b) 试验温度下，SnPb合金焊料 γ=0.4 mN/mm，SnAgCu和SnCu合金焊料 γ=0.47 mN/mm；

c) SnPb合金焊料 $g\rho$=0.08 N/cm^3，SnAgCu和SnCu合金焊料 $g\rho$=0.07 N/cm^3。

参 考 文 献

[1] IEC 60068-2-44:1995, Environmental testing—Part 2: Tests—Guidance on test T: Soldering

[2] IEC 60068-2-58:2004, Environmental testing—Part 2: Tests—Test Td: Test methods for solderability, resistance to dissolution of metallization and to soldering heat of surface mounting devices(SMD)

[3] IEC 60068-2-69:1995, Environmental testing—Part 2: Tests—Test Te: Solderability testing of elecctronic components for surface mount technology by the wetting balance method

[4] IEC 61190-1-1:2002, Attachment materials for electronic assembly—Part 1-1: Requirments for soldering fluxes for high-quality interconnections in electronics in electronics assembly

[5] IEC 61190-1-3:2002, Attachment materials for electronic assembly—Part 1-3: Requirements for electronic grade solder alloys and fluxed and non-fluxed solid solders for electronic soldering applications

ICS 19.040
K 04

中华人民共和国国家标准

GB/T 2423.38—2008/IEC 60068-2-18:2000
代替 GB/T 2423.38—2005

电工电子产品环境试验　第2部分：试验方法　试验R：水试验方法和导则

Environmental testing for electric and electronic products—Part 2: Test methods—Test R: Water test method and guidance

(IEC 60068-2-18:2000, Environmental testing—Part 2-18: Tests—Test R and guidance: Water, IDT)

2008-06-16 发布　　2009-03-01 实施

中华人民共和国国家质量监督检验检疫总局
中国国家标准化管理委员会　发布

前　　言

GB/T 2423《电工电子产品环境试验　第2部分:试验方法》按试验方法分为若干部分。

本部分为GB/T 2423的第38部分。

本部分等同采用IEC 60068-2-18:2000(英文版)。

本部分与IEC 60068-2-18:2000相比,主要做了以下编辑性修改:

——删除了IEC 60068-2-18:2000中的“前言”和“引言”的内容。

——引用了采用国际标准的国家标准代替了相应的国际标准。

本部分代替GB/T 2423.38—2005《电工电子产品环境试验　第2部分:试验方法　试验R:水试验方法和导则》。

本部分与GB/T 2423.38—2005的差异主要有:

——根据GB 4208中的规定,将GB/T 2423.38—2005中对IP等级的写法,由“IP×X”改为“IPXX”(例:IP×1改为IPX1);

——将GB/T 2423.38—2005中的“流速”、“水流速度”、“供水速率”修改为“流量”、“水流量”、“供水流量”。

本部分的附录A、附录B、附录C、附录D和附录E都是资料性附录。

本部分由全国电工电子产品环境条件与环境试验标准化技术委员会(SAC/TC 8)提出并归口。

本部分起草单位:中国电器科学研究院。

本部分主要起草人:王俊、颜景莲。

本部分所代替标准历次版本发布情况为:

——GB/T 2423.38—2005。

电工电子产品环境试验　第2部分：试验方法　试验R：水试验方法和导则

1　范围

GB/T 2423 的本部分规定了适用于在运输、贮存或使用期间可能遭受滴水、冲水或浸水的电工电子产品的试验方法，是考核电工电子产品的外壳和遮盖物等密封件在水试验后或在试验期间能否保证设备和元件良好的工作性能。

本部分所规定的试验方法不适用于腐蚀试验。

本部分不模拟水和试件之间的大温差作用，例如由于压力变化和热冲击而引起的进水增多。

本部分包括了以自然条件为基础的人工淋雨试验，但通常情况下不考虑有强风速的自然降雨。

本部分对所选择的试验和严酷等级的应用给出了导则。

本部分可作为产品技术标准的引用依据。

2　规范性引用文件

下列文件中的条款通过 GB/T 2423 的本部分的引用而成为本部分的条款。凡是注日期的引用文件，其随后所有的修改单（不包括勘误的内容）或修订版均不适用于本部分，然而，鼓励根据本部分达成协议的各方研究是否可使用这些文件的最新版本。凡是不注日期的引用文件，其最新版本适用于本部分。

GB 4208　外壳防护等级（IP 代码）　（GB 4208—2008，IEC 60529：2001，IDT）

3　术语和定义

下列术语和定义适用于本部分。

3.1

雨　rain

以水滴形式的降水，水滴的降落量和实际的降落运动两者通称为降雨。

3.2

细雨　drizzle

以可随气流漂浮的大量细小均匀散布的水滴形式的降水。

3.3

雨滴　raindrop

通过大气降落的直径大于 0.5 mm 的水滴。

3.4

细雨滴　drizzledrop

通过大气降落的直径为 0.2 mm～0.5 mm 的水滴。

3.5

降雨强度　rainfall or drizzle intensity

R

单位时间内的降雨量。以毫米每小时(mm/h)为单位，1 $dm^3/(m^2 \cdot h)$ 等于 1 mm/h。

3.6

中值体积直径　median volume diameter

D_{50}

指某一特定水滴的直径，在降至地面的水量中有50%水滴的直径小于(或大于)此水滴直径。

$$D_{50} = 1.21R^{0.19}\ (\mathrm{mm})$$

式中：

R——降雨强度。

4　水试验概况

4.1　概述

图1描述了本部分所包括的各种试验的一般结构。

4.2　水试验R的说明

水试验由三组构成：

——试验Ra：滴水——用人工降雨和模拟由冷凝或泄漏形成降水的方法进行。

——试验Rb：冲水——以一定的压力将水流冲击试件，并可以假定从任何角度冲向试件。

——试验Rc：浸水——将试件浸入到规定深度或相应压力的水中。

其中设备的防护要求应符合GB 4208规定，具体防护要求见图1。

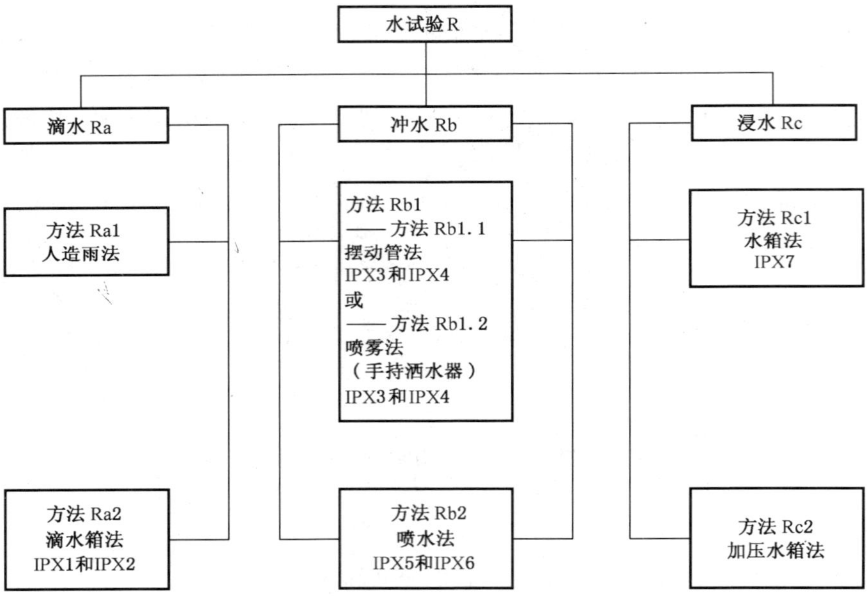

图1　水试验方法的构成

5　试验Ra：滴水

5.1　目的

本试验适用于在运输、贮存或使用期间可能遭受垂直降水的电工电子产品，这些降水来源于如自然降雨、渗漏或冷凝水。有关规范中应详细说明电工电子产品是否必须在试验期间正常工作还是仅能经受降雨条件而保持完好。在上述任何一种情况下，有关规范都应说明允许的性能容差。

5.2　方法Ra1：人造雨法

5.2.1　试验的一般说明

试件应安装在一个合适的固定装置或支撑架上，然后让试件承受模拟自然降雨的降水。

试验设备的基本要求：

——人造雨法的滴水试验设备是由产生水滴的一个或多个喷嘴组成(见C.2.1和图C.1)。

——试件的固定装置：固定装置应尽可能地模拟试件在使用中的安装状态，例如：对于安装在墙上的试验设备，则固定装置应模拟一堵墙。

——试件的支架：支架的底座面积应小于试件的底座面积，支架座是一个有1 r/min旋转速度和约100 mm偏心度的转动台(旋转台轴线和试件轴线之间的距离)，也可以是一个不转动的台子。支架应能在任何试验位置上夹住试件，并能根据需要从垂直面倾斜最大至90°。

——供水控制：试验用水应是清洁优质的自来水，为避免喷嘴堵塞，水应经过滤并软化。水的详细特性按附录A的规定。试验期间，水与试验情况下试件的温差不应超过5 K，如果水温低于试件温度5 K以上，则应对试件进行压力平衡。

5.2.2 严酷等级

由降雨强度(并结合水滴尺寸分布)、持续时间和试件的倾斜角度表示的严酷等级应由有关规范规定，其值应从以下给出的数值中选择。由于风速不是本试验的参数，所以本试验不模拟风吹雨。

——降雨强度R，mm/h(结合水滴尺寸分布，mm)

10±5(D_{50}=1.9±0.2)；100±20(D_{50}=2.9±0.3)；400±50(D_{50}=3.8±0.4)。

——持续时间，min

10，30，60，120。

注：有关规范可以规定更长的持续时间。

——倾斜角α，(°)

0，15，30，60，90。

5.2.3 预处理

如有关规范中有规定，则应对试件和密封进行预处理。

5.2.4 初始检测

应按有关规范规定，对试件进行外观检查、尺寸检查和功能检测。可能影响试验结果的试件的所有性能，例如表面处理，外壳、盖或密封都应检查以保证符合有关规范的规定。

5.2.5 条件试验

试件应按以下两种方法中的任一种方法固定在支架上：

——按有关规范规定，按其正常的工作位置。

——从正常的工作位置倾斜并使试件在垂直于倾斜轴线的平面内转动。旋转可通过转动支撑台或通过试验期间以有规律的间隔时间复位试件来达到。除此之外，为避免需要滑环接触，试件能通过270°的圆弧摆动。

有关规范应规定一个或多个倾斜角度。暴露于滴水场的一个或多个表面和每一面暴露的持续时间，或试件是否应连续地转动或是否摆动通过270°，见图2。

试件应承受从5.2.2中选择的和按有关规范规定的严酷等级的人工降雨。

有关规范应说明试件在条件试验期间是否工作和是否应进行中间检测。

在通电情况下对试件进行试验时应采取适当的安全预防措施。

5.2.6 恢复

除非在有关规范中另有规定外，应采用擦拭或在室温下采用低速强制气流对试件彻底地进行干燥处理。

5.2.7 最后检测

应检查试件进水的情况，并按有关规范的规定进行外观检查、尺寸检查和功能检测。

如果可能则应测定进水量，并记录。

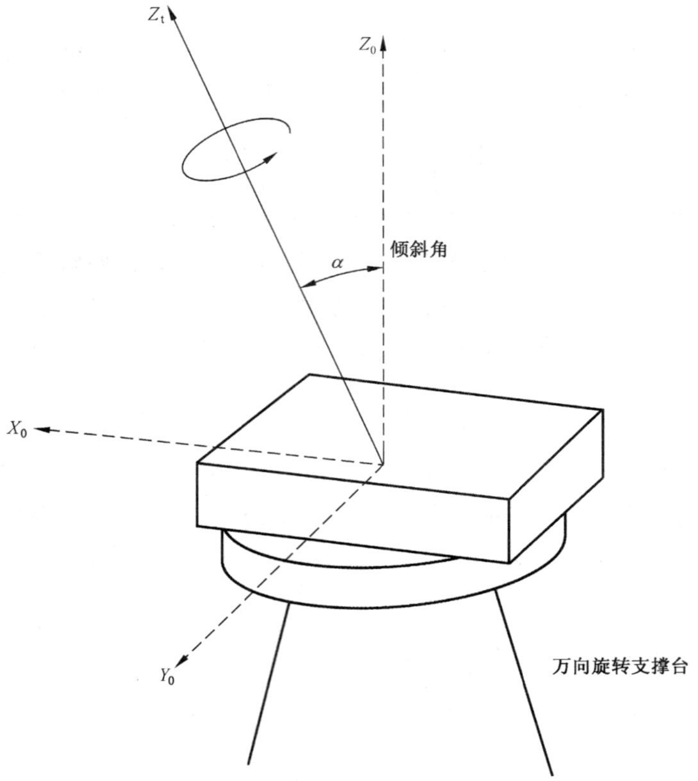

图 2 试验 Ra,倾斜角和轴系的定义

5.2.8 引用本部分时应规定的细则

有关规范中包含本试验时,应就其应用规定以下细则,并按以下所列条款的要求提供资料,特别应注意带有星号(*)标记的项目,因为这些资料始终是需要的。

	条款号
a) 严酷等级*	5.2.2
b) 预处理	5.2.3
c) 初始检测*	5.2.4
d) 试件的安装*	5.2.5
e) 条件试验期间试件的位置*	5.2.5
f) 试验期间试件的状态*	5.2.5
g) 中间检测	5.2.5
h) 恢复	5.2.6
i) 最后检测*	5.2.7

5.3 方法 Ra2:滴水箱法

5.3.1 试验的一般说明

试件安装在滴水箱下方的一个合适的固定装置上,试件应承受模拟因冷凝或渗漏而形成降雨的滴水试验。

试验设备的基本要求:

——滴水箱:滴水箱通常应有一个大于试件投影面积的底面积。如果滴水箱的底面积小于试验情况下试件的底面积,则可将试件分成几个部分,每个部分的面积的大小足以被滴水覆盖。试验连续进行直至在规定的时间内试件的全部面积被淋到。滴水箱应能提供一个具有规定强度的降雨量的均匀滴水场。

以方格网状排列的滴嘴间距应当是 20 mm 或 25 mm，滴水箱底部至试件最高点的距离应能调节到 0.2 m 或 2 m。一个合适的滴水箱的配置按 C.2.2 和图 C.2 中的规定。

——试件的固定装置：试件的固定装置应尽可能地模拟试件在使用时的安装状态；例如，设备安装在墙上，则固定装置应模拟一堵墙。

——试件的支撑架：试件的支撑架的底面积应小于试件的底面积。支撑架可以是一个有 1 r/min 转动速度和约 100 mm 的偏心度(旋转台轴线和试件轴线之间的距离)的旋转台，也可以是一个不转动的台子。支撑架应能在任何试验位置上夹住试件，并可从垂直平面倾斜最大至 45°。

——供水控制：试验用水应是清洁优质的自来水，为避免滴嘴堵塞，水应当经过滤并软化，水的详细特性按附录 A 的规定。试验期间，水与试验情况下试件的温差不应超过 5 K。如果水温低于试件 5 K 以上，则应对试件进行压力平衡。

5.3.2 严酷等级

由降雨高度、试件倾斜角度、持续时间和降雨强度表示的严酷等级应由有关规范规定。其值从以下给出的数值中选取。

——降雨高度 h，m：0.2，2

——倾斜角度 α，(°)：0，15，30，45

——持续时间，min：3，10，30，60

注：3 min 的持续时间仅在规定倾斜角是 0°时应用。

——降雨强度，mm/h：60^{+30}_{0}，180^{+30}_{0}

5.3.3 预处理

按 5.2.3 的规定。

5.3.4 初始检测

按 5.2.4 的规定。

5.3.5 条件试验

试件应按其正常的工作位置安装在滴水箱下方的支撑架上。然后，支撑架应转动，或按四种倾斜位置之一倾斜至规定的角度。这些位置在两个相互垂直的竖直面的任一侧。如果要求特别的安装条件(例如，墙或天花板)，应由有关规范规定。

在两种情况下，本试验应按 5.3.1 中规定的条件进行，其严酷等级应从 5.3.2 中选取。

在支撑架倾斜的情况下，持续时间应在四种位置之间均分。

有关规范应说明试件在条件试验期间是否工作以及是否进行中间检测。试件在通电情况下进行试验时，应采取适当的安全预防措施。

5.3.6 恢复

除非有关规范另有规定，应对试件采用擦拭和在室温下采用低速强制气流彻底地进行干燥处理。

5.3.7 最后检测

应检查试件进水的情况，并按有关规范的规定进行外观检查、尺寸检查和功能检测。

如果可能则应测定进水量，并记录。

5.3.8 引用本部分时应规定的细则

有关规范中包含本试验时，应就其应用规定以下细则，并按以下所列条款的要求提供资料，特别应注意带有星号(*)标记的项目，因为这些资料始终是需要的。

	条款号
a) 严酷等级*	5.3.2
b) 预处理	5.3.3
c) 初始检测*	5.3.4
d) 试件的安装*	5.3.5

e) 条件试验期间试件的位置* 5.3.5
f) 试验期间试件的状态* 5.3.5
g) 中间检测 5.3.5
h) 恢复 5.3.6
i) 最后检测* 5.3.7

6 试验 Rb:冲水

6.1 目的

本试验适用于在运输、贮存或使用期间可能遭受冲水的电工电子产品。这些水来源于大暴雨、风吹大雨、洒水系统、车轮溅水、冲水或猛烈海浪。有关规范应详细说明电工电子产品是否必须在试验期间正常工作,还是仅能经受冲水条件而保持完好。在上述任何一种情况下,有关规范始终应规定可接受的性能容差。

6.2 方法 Rb1:摆动管法和喷雾法

6.2.1 试验的一般说明

本试验是模拟喷雾或溅水,例如,洒水系统作用结果。附录 D 给出了本试验的导则。本试验应根据有关规范的规定采用图 D.1 或图 D.3 规定的试验装置。试件安装在一个合适的固定装置上,并承受从半圆型管子中或滴嘴中产生的水的冲击。

6.2.2 方法 Rb1.1:摆动管法

6.2.2.1 试验设备要求

试验设备的基本要求:

——摆动管

三种类型的管子可以使用,类型 1 和类型 2 的管子带有 0.4 mm 直径的滴嘴,类型 3 的管子带有0.8 mm直径的滴嘴,滴嘴中心间距为 50 mm,类型 1 管子滴嘴分布在垂直面两侧的 60°圆弧上,类型 2 和类型 3 滴嘴分布在垂直面两侧的 90°圆弧上。类型 1 管子应能向垂直面的任何一侧摆动 60°角,类型 2 和类型 3 管子应能向垂直面的任何一侧摆动 180°角。

类型 1 和类型 2 摆动管的最大适用半径是 1 600 mm,类型 3 摆动管的半径应不超过 800 mm。半径的选择方法应是试件与管子内侧之间的间隙不超过 200 mm。

每个具有 0.07 L/min 或 0.6 L/min 平均流量的滴嘴的数目与总流量之间的关系由表 1 给出。合适的试验设备如图 D.1 所示。

——试件的固定装置

固定装置应尽可能地模拟电工电子产品在实际使用中的安装结构,例如,安装在墙上的设备,则固定装置应模拟一堵墙。

——试件的支撑架

对类型 1 管子,试件的支撑架不应钻孔。对类型 2 和类型 3 管子,试件的支撑架应适当地钻孔。

——供水控制

本试验用水应是清洁优质的自来水。为避免滴嘴堵塞,水应当经过过滤并软化。水的详细特性按附录 A 的规定。试验期间,水与试验情况下试件的温差不应超过 5 K。如果水温低于试件温度 5 K 以上,则应对试件进行压力平衡。

6.2.2.2 严酷等级

由滴嘴角度、每个孔中的水流量、管子的摆动角度和持续时间表示的严酷等级应由有关规范规定,其值应从以下给出的数值中选择。

水试验严酷等级的任何组合能单独地选择,在这种情况下,这样地一种组合应在有关规范中说明。

类型1管

——滴嘴角度 α,(°)	±60
——每个孔中水的流量,L/min	0.07(1±5%)
——管子的摆动角 β,(°)	±60
——持续时间,min	5 min×2

类型2管

——滴嘴角度 α,(°)	±90
——每个孔中水的流量,L/min	0.07(1±5%)
——管子的摆动角 β,(°)	±180(近似)
——持续时间,min	10,30,60

类型3管

——滴嘴角度 α,(°)	±90
——每个孔中水的流量,L/min	0.6±0.03
——管子的摆动角 β,(°)	±180(近似)
——持续时间,min	5 min×2

注:某些情况下,有关规范可以规定较长的持续时间。

6.2.2.3 预处理

如果在有关规范中有规定,则试件和密封应进行预处理。

6.2.2.4 初始检测

应按有关规范规定,对试件进行外观检查、尺寸检查和功能检测。可能影响试验结果的试件的所有性能,例如表面处理,外壳、盖和密封都应检查以保证符合有关规范的规定。

6.2.2.5 条件试验

规定了三种类型的试验:

类型1:

试件应系紧在一个固定装置上,如有规定,则应按其正常的工作状态安装在支撑架上。对本试验,支撑架不应钻孔。图D.1所示的在垂直面的任一侧60°弧度上带有滴嘴的摆动管半径的选择应满足试件的尺寸要求。最大半径是1 600 mm。如果试件太大则应用喷雾法进行试验,应使管子向垂直面的任一侧产生摆动至60°角。对一次完整的摆动+60°～−60°～+60°需要的时间应是4 s。

应按表1中规定的流速调整水流。

试验持续时间应是5 min。

试件应水平转动90°角,再继续进行5 min。

如果不能淋湿试件的所有部分,则支撑架应上下移动或应采用喷雾法试验。

有关规范应说明试验期间试件是否工作和是否应进行中间检测。

当试验在通电情况下进行时,应采取适当的安全预防措施。

表1 摆动管——喷嘴数和总的水流量与管子半径的关系

管子半径 R/mm	管子类型					
	类型1		类型2		类型3	
	打开的滴嘴数 N^a	总的水流量/(L/min)	打开的滴嘴数 N^a	总的水流量/(L/min)	打开的滴嘴数 N^a	总的水流量/(L/min)
200	8	0.56	12	0.84	12	7.2
400	16	1.1	25	1.8	25	15

表 1（续）

管子半径 R/mm	管子类型					
	类型 1		类型 2		类型 3	
	打开的滴嘴数 N^a	总的水流量/(L/min)	打开的滴嘴数 N^a	总的水流量/(L/min)	打开的滴嘴数 N^a	总的水流量/(L/min)
600	25	1.8	37	2.6	37	22.2
800	33	2.3	50	3.5	50	30
1 000	41	2.9	62	4.3	—	—
1 200	50	3.5	75	5.3	—	—
1 400	58	4.1	87	6.1	—	—
1 600	67	4.7	100	7	—	—
a 根据滴嘴中心按规定距离实际排列，打开的滴嘴数 N 可以增加 1。						

类型 2：

试验与类型 1 基本相同，只有以下差异：

——除非有关规范中另有规定，支撑架应被钻孔；

——摆动管在垂直面任一侧 90°弧度上应有滴嘴；

——管子摆动应通过 360°，向垂直面的每一侧摆动 180°的角；

——一次完整的摆动，+180°～−180°～+180°所需时间大约应是 12 s；

——试验持续时间应从 6.2.2.2 中选取；

——试件不需水平转动 90°，也不需继续进行。

注：如果试件的安装方向影响了试验的严酷等级，有关规范应对其加以说明。

有关规范应说明试验期间试件是否应工作以及是否应进行中间检测。

在通电情况下进行试验时，应采取适当的安全预防措施。

类型 3：

本试验与类型 2 基本相同，只有以下差异：

——本试验持续时间是 5 min×2，即试验 5 min 后。试件水平转动 90°，试验继续进行 5 min。

有关规范应说明在试验期间试件是否工作和是否应进行中间检测。

在通电情况下进行试验时，应采取适当的安全预防措施。

6.2.2.6 恢复

除非在有关规范中另有规定外，应对试件采用擦拭和在室温下采用低速强制气流彻底地进行干燥处理。

6.2.2.7 最后检测

应检查试件进水的情况，并按有关规范的规定进行外观检查、尺寸检查和功能检测。宜测定进水量，并记录。

6.2.2.8 引用本部分时应规定的细则

有关规范中包含本试验时，应就其应用规定以下细则，并按以下所列条款的要求提供资料，特别应注意带有星号(*)标记的项目，因为这些资料始终是需要的。

	条款号
a) 严酷等级*	6.2.2.2
b) 预处理	6.2.2.3
c) 初始检测*	6.2.2.4

d) 试件的安装* 6.2.2.5
e) 条件试验期间试件的位置* 6.2.2.5
f) 试验期间试件的状态* 6.2.2.5
g) 中间检测 6.2.2.5
h) 恢复 6.2.2.6
i) 最后检测* 6.2.2.7

6.2.3 方法 Rb1.2:喷雾法

6.2.3.1 试验设备

试验设备的基本要求:

滴嘴(也称手持洒水器)

——手持洒水器是由一个具有78°喷雾锥体的滴嘴和一个能限制喷射锥体上部与水平或30°角的活动挡板组成。挡板可按规定转动,手持洒水器应有10(1±5%) L/min的喷水量,其水压力必须达到50 kPa~150 kPa(0.5 bar~1.5 bar)。

——试件的固定装置

固定装置应尽可能地模拟电工电子产品在实际使用中所采用的安装结构,例如:设备安装在墙上,则固定装置应模拟一堵墙。

——试件的支撑架

支撑架应有一个比试件底面积小的底面积或适当地钻孔。

——供水控制

供水应能以稳定的流量供给至少10 L/min的水量。试验用水应是清洁、优质的自来水,为了避免孔的堵塞,水应经过滤并可软化,水的详细特性由附录A给出。试验期间,水与试验情况下试件的温差不应超过5 K,如果水温低于试件温度5 K以上,则应对试件进行压力平衡。

6.2.3.2 严酷等级

如果不需对试件的每个表面都喷雾,则应规定需喷雾的表面。由是否使用挡板和持续时间表示的严酷等级应从以下规定的数值中选取。

——移动挡板:使用;不使用

——试验持续时间,(min/m^2)试验表面,用±10%的容差计算(承受的最短持续时间,min)

1(5),3(15),6(30)

注:在某些情况下,有关规范可以规定较长的持续时间。

6.2.3.3 预处理

如有关规范中有规定,则应对试件和密封进行预处理。

6.2.3.4 初始检测

应按有关规范规定对试件进行外观检查、尺寸检查和功能检测。可能影响试验结果的试件的所有性能,例如表面处理、外壳、盖或密封都应检查以保证符合有关规范的规定。

6.2.3.5 条件试验

试件应按摆动管法试验程序(6.2.2.5类型1或类型2)的规定安装。水压应调节到能提供10(1±5%) L/min的流量。并应在整个试验过程中保持稳定。应按规定的持续时间,以(0.4±0.1) m的距离对规定的表面喷雾,当采用喷雾嘴取代类型2摆动管时,移去活动挡板,并从垂直方向±180°的方向喷雾。

有关规范应说明在条件试验期间试件是否工作和是否应进行中间检测。

在通电条件下进行试验时,应采取适当的安全预防措施。

6.2.3.6 恢复

除非在有关规范中另有规定外,应对试件采用擦拭和在室温下采用低速强制气流彻底地进行干燥处理。

6.2.3.7 最后检测

应检查试件进水的情况，并按有关规范的规定进行外观检查、尺寸检查和功能检测。宜测定进水量，并记录。

6.2.3.8 引用本部分时应规定的细则

有关规范中包含本试验时，应就其应用规定以下细则，并按以下所列条款的要求提供资料，特别应注意带有星号(*)标记的项目，因为这些资料始终是需要的。

	条款号
a) 严酷等级*	6.2.3.2
b) 预处理	6.2.3.3
c) 初始检测*	6.2.3.4
d) 试件的安装*	6.2.3.5
e) 条件试验期间试件的位置*	6.2.3.5
f) 试验期间试件的状态*	6.2.3.5
g) 中间检测	6.2.3.5
h) 恢复	6.2.3.6
i) 最后检测*	6.2.3.7

6.3 方法 Rb2:喷水法

6.3.1 试验的一般说明

试件应安装在一个固定装置上，承受模拟车轮溅水或猛烈海浪的喷水。标准试验喷嘴按 D.2.2 和图 D.4 中的规定。

试验设备的基本要求：

——软管滴嘴

软管滴嘴应能喷出一股紧密的水柱，小滴嘴口径为 6.3 mm，大滴嘴口径为 12.5 mm(见图 D.4)。

——试件的固定装置

固定装置应尽可能地模拟电工电子产品在实际使用中所采用的安装结构，例如设备安装在墙上，则固定装置应模拟一堵墙。

固定装置的底面积应小于试件的底面积或应被适当地钻孔。

固定装置必须有足够的强度和稳性，能承受喷水的水动力。

——供水控制

供水应是清洁优质的自来水，并能以至少 100 L/min 的流量输送，水压在这个流量下，水压力至少应为 100 kPa，即在使用小滴嘴时，水压可达 1 000 kPa，试验期间，水与试验中试件的温差不应大于5 K，如果水温低于试件温度5 K 以上，则应对试件进行压力平衡。

6.3.2 严酷等级

由选择的软管滴嘴尺寸，流量和试验持续时间表示的严酷等级应按有关规范的规定，其值从以下给出的数值中选取。

6.3 mm 滴嘴

——水流量，L/min(相应的供水压力近似值，kPa)

75(1±5%)(1 000)

——持续时间，min/m^2 试验表面，用±10%的容差计算(承受的最短持续时间，min)

0.3(1)

6.3 mm 滴嘴

——水流量，L/min(相应的供水压力近似值，kPa)

12.5(1±5%)(30)

——持续时间,min/m^2 试验表面,用±10%的容差计算(承受的最短持续时间,min)

1(3),3(10)

12.5 mm 滴嘴

——水流量,L/min(相应的供水压力近似值,kPa)

100(1±5%)(100)

——持续时间,min/m^2 试验表面,用±10%的容差计算(承受的最短持续时间,min)

1(3),3(10),10(30)

6.3.3 预处理

如有关规范中有规定,则应对试件和密封进行预处理。

6.3.4 初始检测

应按有关规范规定对试件进行外观检查、尺寸检查和功能检测。可能影响试验结果的试件的所有性能,例如表面处理、外壳、盖或密封都应检查以保证符合有关规范的规定。

6.3.5 条件试验

试件应按其正常的工作状态安装在固定装置上。

滴嘴至试件的距离应是 2.5 m±0.5 m,当向上喷洒时,如果必须保证适当的潮湿,这个距离可以减少,在离滴嘴 2.5 m 的情况下,喷水的实体部分对 6.3 mm 滴嘴应在 40 mm 的圆周内,对 12.5 mm 的滴嘴应在 120 mm 的圆周内。

除非在有关规范中另有规定,应采用从图 D.4 所示的标准试验喷嘴中喷出的水流从所有实际使用中可能的方向上向上冲洗。

滴嘴大小、流速和试验持续时间应按有关规范规定,从 6.3.2 中选取。

有关规范应说明试件在条件试验期间是否工作以及是否应进行中间检测。

在通电情况下试验时,应采取适当的安全预防措施。

6.3.6 恢复

除非在有关规范中另有规定外,应对试件采用擦拭和在室温下采用低速强制气流彻底地进行干燥处理。

6.3.7 最后检测

应检查试件进水的情况,并按有关规范的规定进行外观检查、尺寸检查和功能检测。宜测定进水量,并记录。

6.3.8 引用本部分时应规定的细则

有关规范中包含本试验时,应就其应用规定以下细则,并按以下所列条款的要求提供资料,特别应注意带有星号(*)标记的项目,因为这些资料始终是需要的。

	条款号
a) 严酷等级*	6.3.2
b) 预处理	6.3.3
c) 初始检测*	6.3.4
d) 试件的安装*	6.3.5
e) 条件试验期间试件的位置*	6.3.5
f) 试验期间试件的状态*	6.3.5
g) 中间检测	6.3.5
h) 恢复	6.3.6
i) 最后检测*	6.3.7

7 试验 Rc:浸水

7.1 目的

本试验适用于防水并在运输或使用期间可能遭受浸水的电工电子产品。有关规范应详细说明电工电子产品在条件试验期间是否必须正常运行或仅需承受浸水条件而保持完好。在任何情况下有关规范都应规定允许的性能容差。通常情况下,应使用清洁的自来水,如果用海水进行试验,则应在有关规范中说明,并同时说明所用海水的特性。

有关规范可要求对电阻率和 pH 值进行测量。

7.2 方法 Rc1:水箱法

7.2.1 一般说明

试件浸入到规定深度的水箱中承受规定的压力,条件试验后应检查水进入的情况并检测性能的可能变化。

7.2.2 严酷等级

由浸水深度和持续时间表示的严酷等级应在有关规范中规定,其值应从以下给出的数值中选取:

——浸水深度,m

0.15,0.4,1,2,5

浸水深度指从水面至试件最高点的距离。

注:在 GB 4208 中的 IP 代码对浸水深度有不同的定义。

——持续时间,h

0.5,2,24

7.2.3 预处理

如有关规范中有规定,则应对试件和密封进行预处理。

7.2.4 初始检测

应按有关规范规定对试件进行外观检查、尺寸检查和功能检测。可能影响试验结果的试件的所有性能,例如表面处理、外壳、盖或密封都应检查以保证符合有关规范的规定。

7.2.5 条件试验

试件应固定在按有关规范中规定的位置上,并应完全浸入到水箱中,为了便于发现泄漏,在水中可加入水溶性染料,如荧光素。

试件应按有关规范的规定承受从 7.2.2 中选取的浸水深度和持续时间。

初始水温应在试件温度和低于其 5 K 之间,水温不应超过 35 ℃。

有关规范应说明试件在试验期间是否工作和是否应进行中间检测。

试件在通电情况下试验时应采取适当的安全预防措施。

7.2.6 恢复

除非在有关规范中另有规定外,应对试件采用擦拭或在室温下采用低速强制气流彻底地进行干燥处理。

7.2.7 最后检测

应检查试件进水的情况,并按有关规范的规定进行外观检查、尺寸检查和功能检测。

如果可能测定进水量,并记录。

7.2.8 引用本部分时应规定的细则

有关规范中包含本试验时,应就其应用规定以下细则,并按以下所列条款的要求提供资料,特别应注意带有星号(*)标记的项目,因为这些资料始终是需要的。

	条款号
a) 如规定采用海水时,应说明海水的成分	7.1

b) 水(试验设备)的电阻率和 pH 值 7.1 E.1

c) 严酷等级* 7.2.2

d) 预处理 7.2.3

e) 初始检测* 7.2.4

f) 试件的安装* 7.2.5

g) 试验期间试件的安装状态* 7.2.5

h) 中间检测 7.2.5

i) 恢复 7.2.6

j) 最后检测* 7.2.7

7.3 方法 Rc2:加压水箱法

7.3.1 试验的一般说明

试件应完全浸入到加压水箱中承受规定的压力。试验后,试件应检查水进入的情况及其性能的可能变化。

7.3.2 严酷等级

由水箱压力和持续时间表示的严酷等级应在有关规范中规定,其值应从以下给出的数值中选取。

——压力,kPa(等效浸水深度,m)

20(2),50(5),100(10),200(20),500(50),1 000(100),2 000(200),5 000(500),10 000(1 000)

——持续时间,h

2,24,168

7.3.3 预处理

如有关规范中有规定,则应对试件和密封进行预处理。

7.3.4 初始检测

应按有关规范规定对试件进行外观检查、尺寸检查和功能检测。可能影响试验结果的试件的所有性能,例如表面处理、外壳、盖或密封都应检查以保证符合有关规范的规定。

7.3.5 条件试验

试件应放置在有关规范规定的位置上,并应完全地浸入到加压水箱中。为了便于发现泄漏,可在水中加入水溶性的染料,如荧光素。

试件应按有关规范的规定承受从 7.3.2 中选取的压力值和持续时间。

试验期间,水与试验情况下试件的温差不应超过 5 K。水温不应超过 35 ℃。

有关规范应说明在试验期间试件是否应当工作和是否应进行中间检测。

试件在通电情况下试验时,应采取适当的安全预防措施。

7.3.6 恢复

除非在有关规范中另有规定外,应对试件采用擦拭和在室温下采用低速强制气流彻底地进行干燥处理。

7.3.7 最后检测

应检查试件进水的情况,并按有关规范的规定进行外观检查、尺寸检查和功能检测。宜测定进水量,并记录。

7.3.8 应用本部分时应规定的细则

有关规范中包含本试验时,应就其应用规定以下细则,并按以下所列条款的要求提供资料,特别应注意带有星号(*)标记的项目,因为这些资料始终是需要的。

条款号

a) 如规定采用海水时,应说明海水的成分 7.1

b) 水(试验设备)的电阻率和 pH 值 7.1 E.1

c) 严酷等级* 7.3.2

d) 预处理 7.3.3

e) 初始检测* 7.3.4

f) 试件的安装* 7.3.5

g) 试验期间试件的安装状态* 7.3.5

h) 中间检测 7.3.5

i) 恢复 7.3.6

j) 最后检测* 7.3.7

附 录 A
（资料性附录）
试 验 用 水

A.1 概述

标准中试验用水的某些特性在本试验方法中有规定，例如，水滴大小、降雨强度、水滴速度和对试件的喷洒角度。此外，试验用水的其他特性可能影响试验设备的正常功能或对试件产生某些直接或间接的影响。

大多数水试验用水可能来自当地的供水，因而，这样的供水可能在压力、温度和纯度方面差别很大。因此，必须考虑与本试验有关的这些特性，例如水进入试件或表面特性的变化。并需评价供水的适用性，如供水不适用，则需对水作进一步处理，如果这不可行，则应提供替换的水源。

A.2 水的纯度

主要供水系统中的水通常含有各种可能来自于水源的杂质，例如，在它通过河流期间矿物质的吸收；或在用氯气消毒时，可能通过化学处理过程被作为消毒剂而加入。

A.2.1 对试件的影响

某种试件的水试验可能要求对试件在试验期间或紧接着在喷雾后进行电气测量。电气测量可以包括直接暴露于水的外表面或那些被经过通风孔或缝隙进入的水而弄湿的内表面，在这些情况下，必须保证来自试验设备的水是不导电的，这意味着需要蒸馏水或去离子水。

需要考虑的水的另一个特性是水对试件的腐蚀。本部分中的试验的意图是不产生腐蚀的，但可能在某些条件下，一不注意就发生了。如果要避免腐蚀，可以适当地使用去离子水或蒸馏水；然而，也应注意纯净水最终可能被空气中或试件表面的污染物质所污染。

在化学作用或电化学作用产生时，试件在水试验后一段时间比在试验期间更可能出现腐蚀。

A.2.2 对试验设备的影响

试验设备所供水中的杂质可能会导致水流量的降低或不稳定，当试验设备在较低水压下运行时，这种影响的严酷程度变得更为重要。试验 Ra（滴水法）对滴水口的阻塞问题特别敏感。这需对供水进行过滤或软化处理。

A.2.3 试件内的进水

在水试验 R 的方法中，射向试件的水的某些性能影响了水的进入，例如：温度、水滴大小、水流速度和入射角度等，但是水的成分也影响水进入试件的任何孔或缝隙。如在孔口处有水，流过该孔的水的流量与该孔两端的压力差（通常是由较凉的水引起的温差造成的）成正比而与水的黏度成反比。水的表面张力通过降低压差抵抗水的流动并防止水流过很小的孔。

表 A.1 给出了水的这些特性的近似值。

A.3 试验 R 的水质

A.3.1 试验 Ra：滴水

试验用水应是清洁优质的自来水，为了避免滴嘴堵塞，水应经过滤或软化处理。

经软化或蒸馏的水应有 6.5～7.2 的 pH 值和不低于 500 Ωm 的电阻率。

A.3.2 试验 Rb：冲水

试验用水应是清洁优质的自来水，为了避免喷嘴的堵塞，水应经过滤并可作软化处理。

A.3.3 试验 Rc：浸水

试验用水通常是清洁的自来水，但也能用海水，水温应是(25±10) ℃。为了便于发现泄漏，可在水中加入水溶性染料，如荧光素。

表 A.1　水的典型特性的近似值

相对介电常数	纯水	80，在 25 ℃时
电阻率	超纯水	200 000 Ωm
	去离子水	500 Ωm～5 000 Ωm
	总管供水	2.5 Ωm
表面张力　在 20 ℃时		75×10^{-5} N/cm
表面张力　在 20 ℃时	具有 0.1 g/L 润湿剂	43×10^{-5} N/cm
表面张力　在 20 ℃时	具有 0.5 g/L 润湿剂	30×10^{-5} N/cm

附 录 B
（资料性附录）
一 般 导 则

B.1 概述

本部分中的水试验方法，既可作为空气中滴水场的水试验（试验 Ra 和 Rb），也可作为产品在大量均匀液体中的水试验（试验 Rc），可用于确定其对电工电子产品的影响。这些试验包括了所有各种以液态水作为电工电子产品周围微气候一部分的情况，例如，雨、喷水、浇水、浸水，但不包括由高速降雨引起的浸蚀。

进行水试验主要考虑的是水进入产品外壳或对产品表面特性的变化所造成的影响，例如，电气绝缘体闪络电压的降低。一般情况下，产品在水试验期间或水试验后是否合格的判据将根据产品本身的特性确定，必须在有关规范中规定。对某些电工电子产品，决不允许有一点水浸入它的防护外壳内，而另一些电工电子产品，可能允许有些水渗入。尽管外壳可能有除防水以外的多种作用，但在产品设计时，外壳要求的防护等级可能取决于密封部分对水的敏感度。

试件在通电情况下试验时，应采取适当的安全预防措施。

B.2 影响试验严酷等级的要素

a) 雨或降水场的降水强度；
b) 水滴速度；
c) 降水场对试件的倾斜角度；
d) 水压（试验 Rc）；
e) 水和试件之间的温差；
f) 水质。

附　录　C
（资料性附录）
试验 Ra 导则

C.1　概述

试验 Ra:滴水,包括两种试验方法。

方法 Ra1:人造雨法,适用于放置在户外,对自然降雨无防护的电工电子产品。

方法 Ra2:滴水箱法,适用于通常对自然降雨有防护,但可能暴露于因上表面冷凝或泄漏所造成的滴水。

在决定应采用的试验方法前,必须对试验方法和试验条件的合适性进行评价,而且选择的试验方法和严酷等级代表了预期用广泛试验项目的正常使用中最严酷的暴露条件。

C.2　试验设备的实例

C.2.1　方法 Ra1:人造雨法

人造雨法的试验设备是调整一个或多个"实性锥体"型滴嘴,使其滴水能达到规定的强度(见图 C.1),"实性锥体"型滴嘴在其整个锥体区域内有十分均匀的强度分布。这是它与喷洒形状为空芯锥体的普适滴嘴的区别。

C.2.2　方法 Ra2:滴水箱法

滴水箱法的试验设备是一个有足够大平面尺度的贮水容器,其底部有许多按方格网状排列的滴嘴,间距为 20 mm 或 25 mm,能让水按规定强度从每个小孔中自由地滴落。容器的尺寸取决于试件的平均面积,如果有关规范允许的话可将容器的尺寸限制为能覆盖大型试件上所选择的关键性面积。图 C.2 给出了广泛用于本试验的试验设备的详细资料。

这种试验设备能产生直径为 3 mm～5 mm 的水滴。

C.3　试验设备的校验

C.3.1　降雨强度

测量人造雨法和滴水箱法的降雨强度可用若干排成一列的杯子,该杯子应配备可转动的盖子(见图 C.1)。

任何一个杯子处的降雨强度是:

$$R = \frac{V \times 6}{A \times t}$$

式中:

R——降雨强度,单位为毫米每小时(mm/h);

V——取样杯中水的体积,单位为立方厘米(cm^3);

A——杯子面积,单位为平方分米(dm^2);

t——测量时间,单位为分(min)。

C.3.2　水滴大小

从一张对一通过滴水场的薄截片拍摄的照片,可以确定水滴的大小。为了清晰地显现水滴,可使用短时电子闪光灯和一个菲涅耳透镜(见图 C.1)。适合的闪光时间应不超过 10 μs,例如,在振动试验中使用的优质闪光侧频仪类型的单闪触发装置在整个试验期间是相当稳定的。

在首次认可后,试验设备仅在如由于杂质堵塞了滴嘴并经修复后才需重新校验。

C.3.3 电阻率和 pH 值

见 A.3.1。

单位为毫米

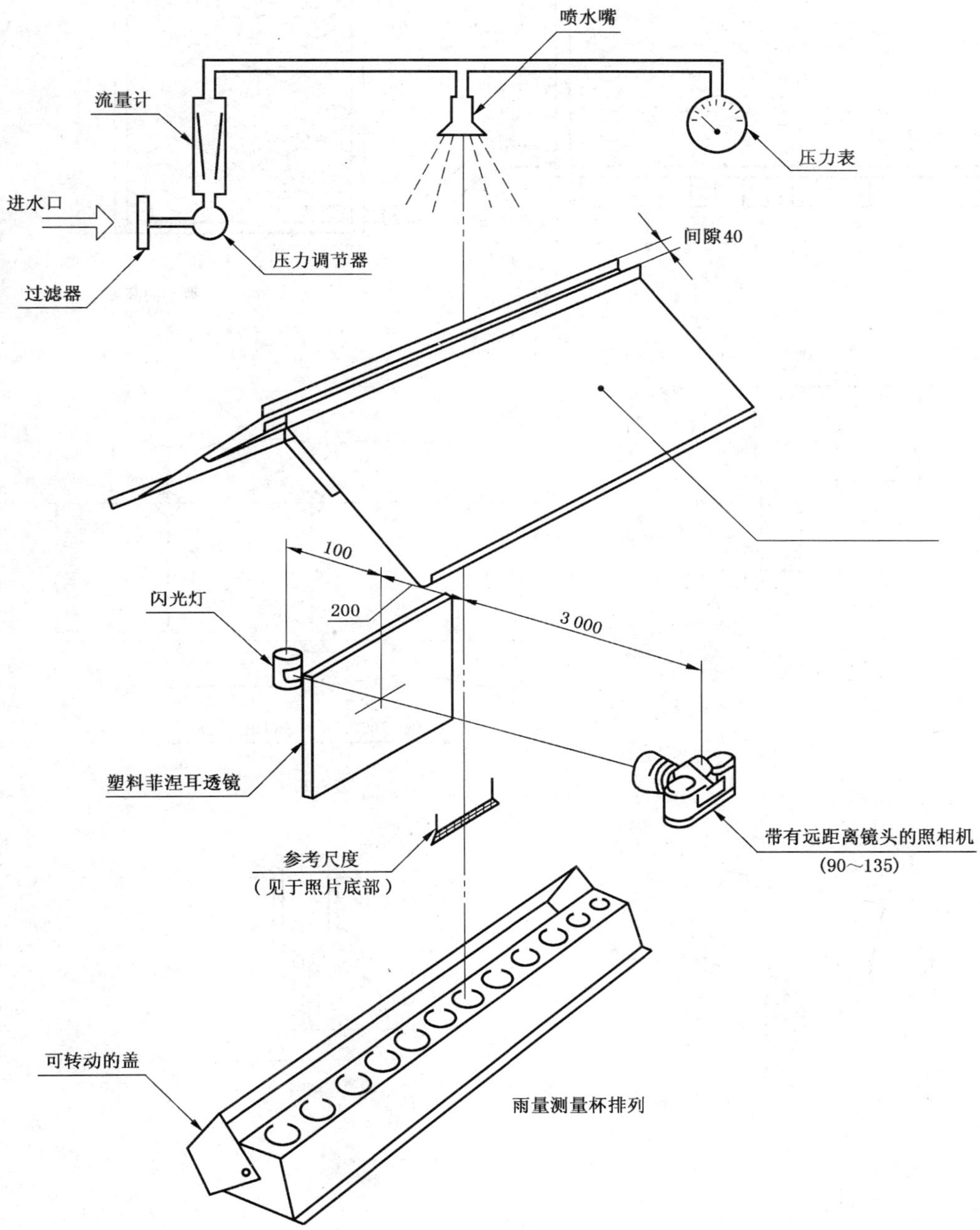

注1：喷水嘴和杯子表面之间的距离约为 2 500 mm。

注2：图中所示的装置是一种认可的装置。

图 C.1 试验 Ra1，人造雨法的试验设备及水滴直径和降雨强度测量装置

单位为毫米

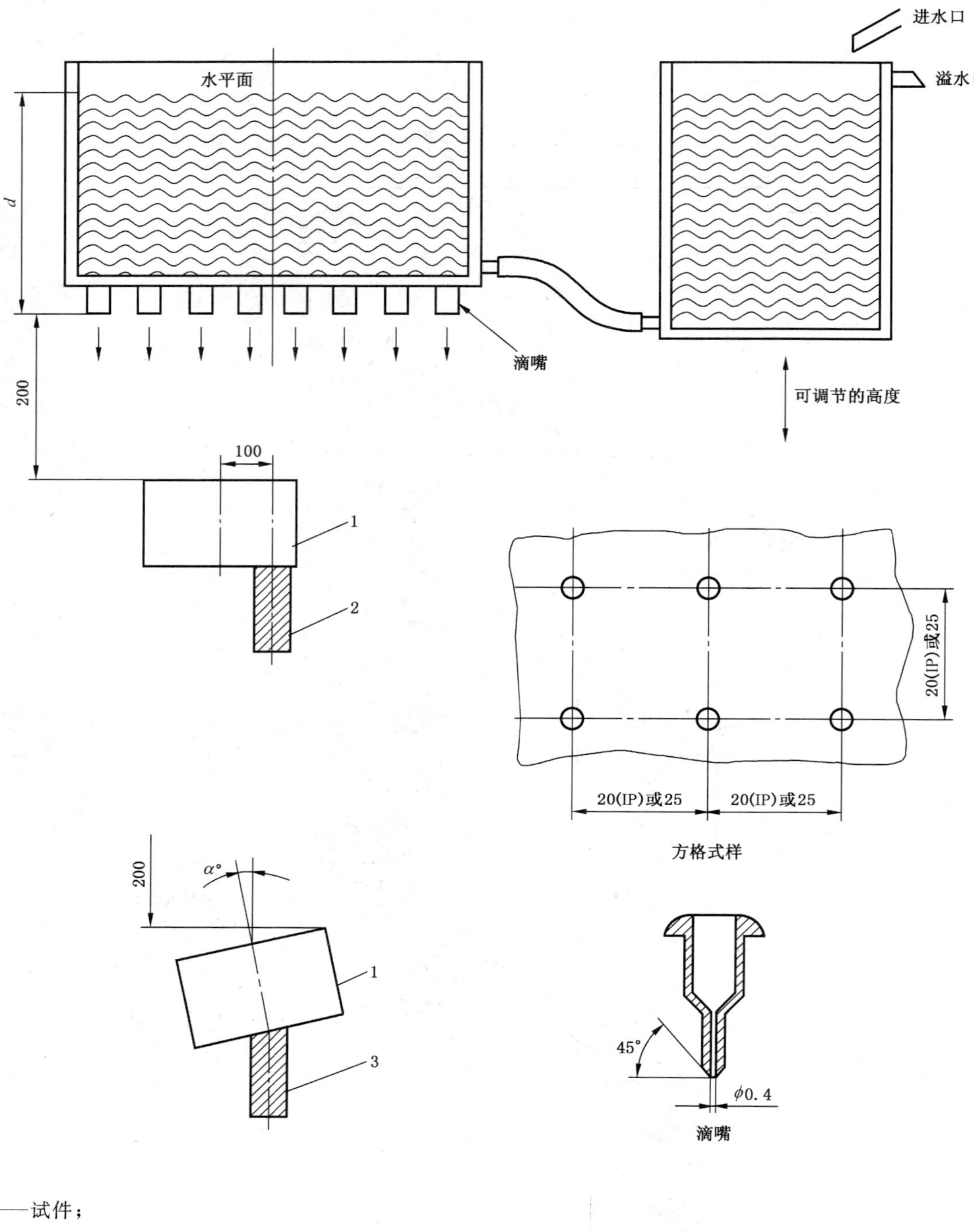

1——试件；

2——转动台；

3——支架。

注 1：调节水平面控制降雨强度。

注 2：这是可在市场上买到的通用设备，如能证明可获得相同的试验结果，则也可采用包括滴嘴在内的不同的试验设备。

图 C.2　试验 Ra2，推荐的滴水箱法试验设备

附　录　D
（资料性附录）
试验 Rb 导则

D.1　概述

试验 Rb:冲水,包括两种试验方法。

方法 Rb1:摆动管法和喷雾法知适用于可能暴露在由洒水系统或车轮溅水产生的水中的电工电子产品。

方法 Rb2:喷水法适用于可能暴露在冲洗、泄水或海水撞击中的电工电子产品。

选择的试验方法和严酷等级应代表在该试验项目在正常使用中所面临的最严酷的环境条件。应对试件的固定和安装采取措施,例如,采用人造顶、天花板或墙,也应对排水孔和通风孔采取措施。

如果选择方法 Rb1,只要试件的尺寸和形状满足半径不能超过 1.6 m 的条件。就应选择摆动管法作为试验方法,如不满足,则应采用喷雾法。

D.2　试验设备的实例

D.2.1　方法 Rb1:摆动管法和喷雾法

D.2.1.1　方法 Rb1.1:摆动管法

取决于选择的严酷等级和摆动管的类型。

——摆动管应具有直径为 0.4 mm 或 0.8 mm,中心间距为 50 mm 的滴嘴。

这些滴嘴应分布在摆动管中心点两侧 60°或 90°(α)范围内。通过每个滴嘴的平均流量为 0.07 L/min 或0.6 L/min。

——摆动管应以 30°/s 的速度向垂直中心平面的两侧摆动 60°或 180°(β)(近似)。

——支架应放置在摆动管半圆的圆心,并应能上下移动以便在试验期间,能淋湿到试件的有关部件。

——支架应能锁定在一个规定的位置上,或可调节使其在转过 90°水平角的两个位置上。

——支架不应穿孔(例如,IPX3 试验)或应适当地钻孔(例如 IPX4 试验)。

——试件安装在大约位于摆动管半圆圆心的支架上。

图 D.1 所示为适用于 Rb1.1 的试验设备的原理设计。

注:当进行 IPX3 或 IPX4 试验时。试件放置在一个规定的位置上,同时摆动管在规定的角度内摆动,只有对 IPX3 试验试件试验 5 min 后转动一次经一90°水平角至第二个固定位置,然后继续试验剩下的 5min 试验持续时间。

对于一组规定的测量条件,图 D.2 给出了在一特定的试验空间(摆动管的半径:1 000 mm)内可预期的降雨强度分布值。

D.2.1.2　方法 Rb1.2:喷雾法

较大型的试件试验时应使用喷雾法。试验期间活动挡板可按规定位置放置或移去。在必须对试件的所有方向上进行喷雾时,挡板应从滴嘴处移开(见图 D.3)。

D.2.2　方法 Rb2:喷水法

喷水法是用从标准试验滴嘴中喷出的水流从规定的方向喷向试件。试件应安装在一个钻孔的固定装置上并应能更好地转动。

本试验有内径为 6.3 mm 和 12.5 mm 两种尺寸的喷嘴可供使用。小型滴嘴的供水流量应当是 12.5(1±5%) L/min,这要求大约 30 kPa(0.3 bar)的压力,或 75(1±5%) L/min,这要求大约 1 000 kPa (10 bar)的压力;大型滴嘴应有 100(1±5%) L/min 的供水流量,这要求大约 100 kPa(1 bar)的压力(见图 D.4)。

单位为毫米

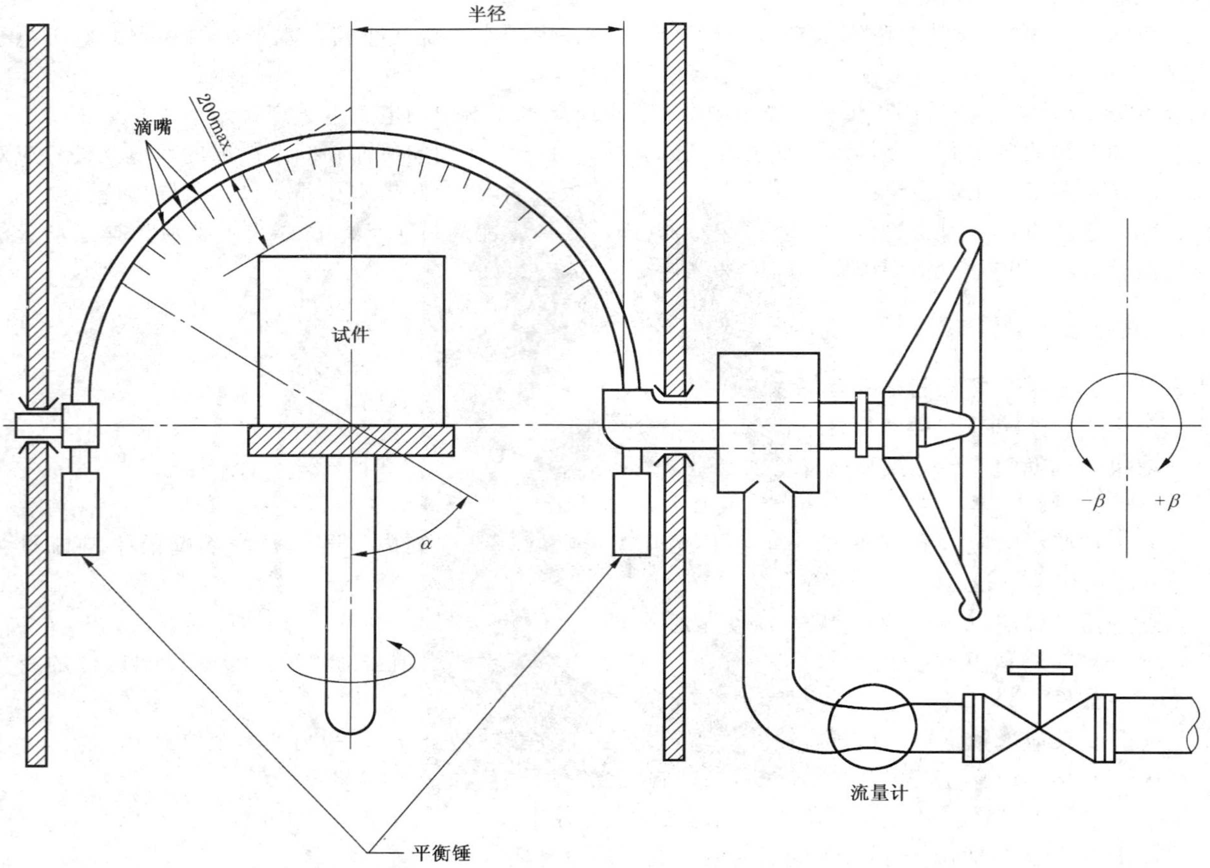

注 1：滴嘴中心至中心的距离是 50 mm。

注 2：当喷水管的弯管半径超过 1 600 mm 时，此法试验效果不佳。

注 3：α 是摆动管在垂直面两侧带有滴嘴部分圆弧的角度。β 是摆动管从垂直面向两侧转动的角度。

注 4：这是可在市场上买到的通用设备，如能证明可获得相同的试验结果则也可采用包括滴嘴在内的不同的试验设备。

图 D.1　试验 Rb1.1，推荐的摆动管法试验设备

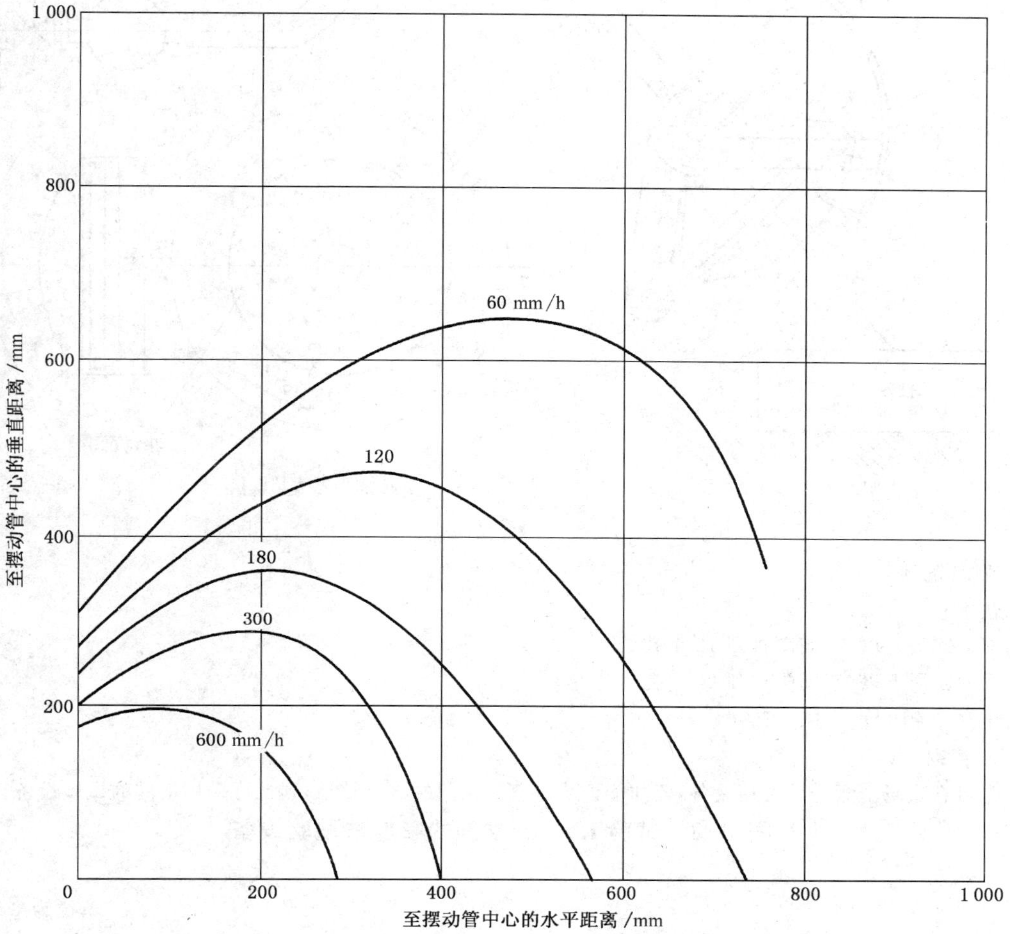

测量条件

喷嘴直径：0.4 mm

摆动管半径：1 000 mm

进水口水压：80 kPa，相当于每个喷嘴约 0.1 L/min 的水流量

滴嘴角度：$\alpha=60°$

管子摆动角度：$\beta=60°$

测量时间：20 min

图 D.2　在上述规定测量条件下，在摆动管范围内的降雨强度平均值分布曲线

单位为毫米

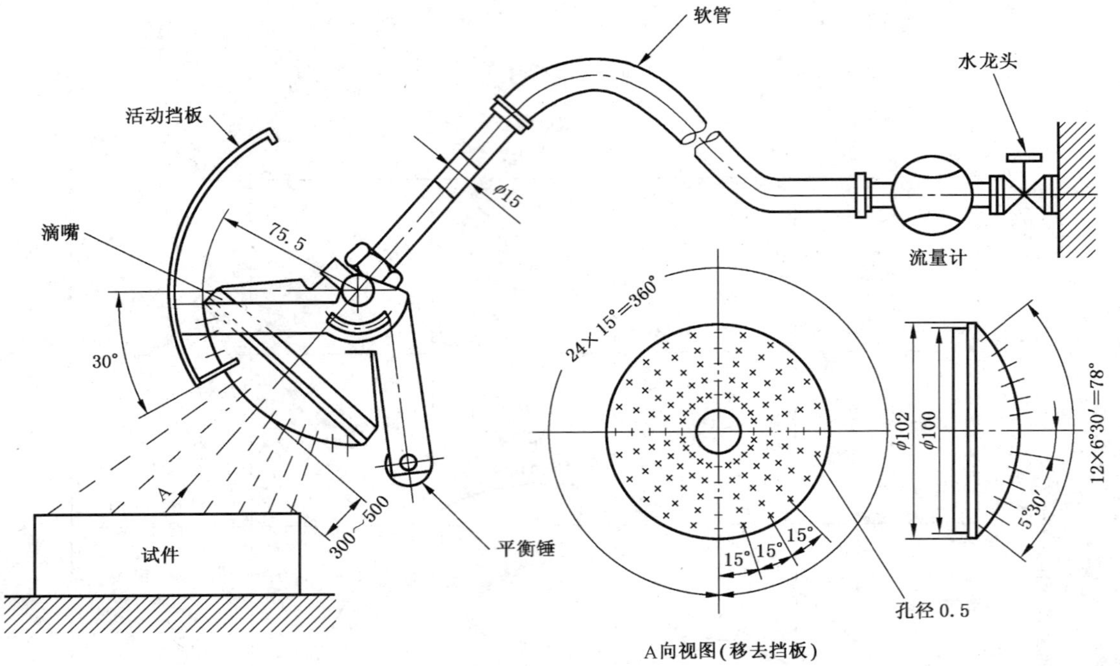

121 个 ϕ0.5 的孔

1 个孔在中心

2 个内圆的圆周上以 30°间隔排列 12 个孔

4 个外圆的圆周上以 15°间隔排列 24 个孔

活动挡板——铝

滴嘴——黄铜

注：这是可在市场上买到的通用设备，但如能证明可获得相同的试验结果，则也可采用不同的试验设备。

图 D.3　试验 Rb1.2，推荐的喷雾法试验设备

单位为毫米

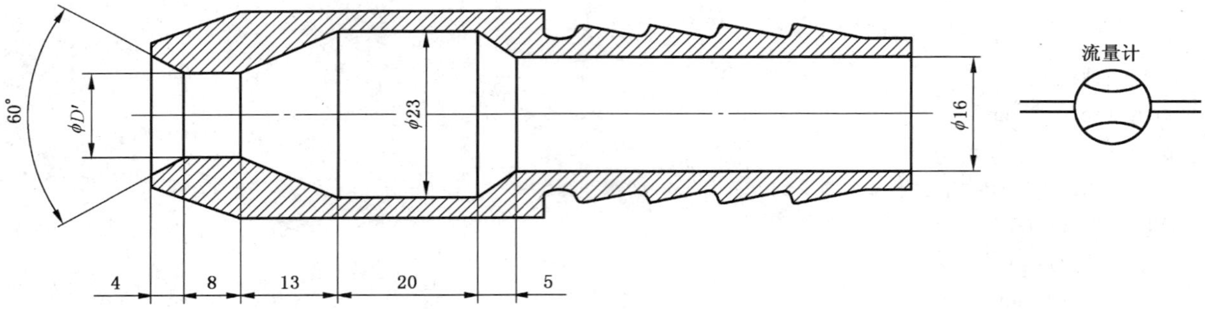

图 D.4　标准的喷水法(软管法)试验滴嘴

附 录 E
（资料性附录）
试验 Rc 导则

E.1 概述

试验 Rc:浸水试验包括两种试验方法。

方法 Rc1:水箱法和方法 Rc2:加压水箱法，适用于在运输或使用中可能遭受浸水的电工电子产品。

E.2 试验设备的实例

E.2.1 方法 Rc1:水箱法

要求的试验设备应包括一个贮水容器，该贮水容器中的水应能达到在试件最高点上方 1 m（或其他要求的深度）的覆盖深度并将试件保持在这个深度。

在水中可加入水溶性的染料如荧光素，这有助于确定水泄漏的部位和对泄漏的分析，应遵照制造厂商的指示。

E.2.2 方法 Rc2:加压水箱法

要求的试验设备是一个正压力容器，它包括一个能固定试件并将其覆盖在水中的水箱。

在水中可加入水溶性染料如荧光素，有助于确定水泄漏的部位和对泄漏的分析，应遵照制造厂商的指示。

E.3 试验设备的校验

试验 Rc1 试验设备的校验可通过测量浸水的深度来进行，试验 Rc2 试验设备的校验可通过测量水压来进行。如果有关规范有要求，应测量电阻率和 pH 值。

ICS 19.040
K 04

中华人民共和国国家标准

GB/T 2423.39—2008/IEC 60068-2-55:1987
代替 GB/T 2423.39—1990

电工电子产品环境试验 第2部分:试验方法 试验Ee:弹跳

Environmental testing for electric and electronic products—Part 2:Test methods—Test Ee:Bounce

(IEC 60068-2-55:1987,Basic environmental testing procedures—Part 2:Tests—Test Ee and guidance:Bounce,IDT)

2008-06-16 发布　　2009-03-01 实施

中华人民共和国国家质量监督检验检疫总局
中国国家标准化管理委员会　发布

前　言

GB/T 2423《电工电子产品环境试验　第2部分:试验方法》按试验方法分为若干部分。

本部分为 GB/T 2423 的第39部分。

本部分等同采用 IEC 60068-2-55 Ed.1:1987(英文版)。

本部分技术内容与 IEC 60068-2-55 Ed.1:1987(英文版)完全相同。为便于使用,对于 IEC 60068-2-55 Ed.1:1987,本部分做了下列编辑性修改:

——删除了 IEC 60068-2-55 Ed.1:1987 的前言、引言;

——增加了国家标准的前言,其内容对应 IEC 60068-2-55 Ed.1:1987 第0章"介绍"和第1章"目的";

——将 IEC 60068-2-55 Ed.1:1987 前言中有关的引用标准编入 GB/T 2423.39—2008 第2章"规范性引用文件"中,并把"规范性引用文件"引用的 IEC 文件用相应的国家标准代替;

——将 IEC 60068-2-55 Ed.1:1987 第2章"概述"编入 GB/T 2423.39—2008 第4章"一般要求";

——将 IEC 60068-2-55 Ed.1:1987 中表示每分钟转速的 rev/min,改用国内通行的 r/min;

——用小数点"."代替作为小数点的逗号","。

本部分代替 GB/T 2423.39—1990《电工电子产品基本环境试验规程　试验 Ee:弹跳试验方法》。

本部分与 GB/T 2423.39—1990 的差异主要有:

——本部分的编写结构与 GB/T 2423.39—1990 相比,发生较大变化,按 IEC 60068-2-55 Ed.1:1987 的技术内容和 GB/T 1.1—2000 的格式要求进行了编辑性的修改。

本部分将 GB/T 2423.39—1990 与 IEC 60068-2-55 Ed.1:1987(英文版)的偏移和背离进行了修改,恢复并保持与 IEC 60068-2-55 Ed.1:1987(英文版)一致:

——将 GB/T 2423.39—1990 中附录 A2 内容恢复为附录 B(不同冲击试验的比较);

——更正了 GB/T 2423.39—1990 图 A3 中横坐标单位的错为 m/s^2,恢复为 g_n;

——将部分技术参数和图示按 IEC 60068-2-55 Ed.1:1987 进行了恢复:

a) 偏心机构在驱动轴之间的区域测得其最大的峰—峰值:GB/T 2423.39—1990 为(25±1) mm,本部分按照 IEC 60068-2-55 Ed.1:1987 恢复为(25.5±0.5) mm;

b) 同步圆周运动直径:GB/T 2423.39—1990 为(25±1) mm,本部分按照 IEC 60068-2-55 Ed.1:1987 恢复为(25.5±0.5) mm;

c) 非同步运动两驱动点驱动频率之比:GB/T 2423.39—1990 为 0.9±0.03,本部分按照 IEC 60068-2-55 Ed.1:1987 恢复为(0.9～1)±0.03;

d) 样品堆积高度:GB/T 2423.39—1990 为不超过 1 m,本部分按照 IEC 60068-2-55 Ed.1:1987 恢复为不超过 600 mm;

e) 图2恢复到与 IEC 60068-2-55 Ed.1:1987 图2一致。

本部分附录 A 和附录 B 为资料性附录。

本部分由机械工业联合会提出。

本部分由全国电工电子产品环境条件与环境试验标准化技术委员会(SAC/TC 8)归口。

本部分起草单位:信息产业部电子第五研究所、上海市质量监督检验技术研究院、广州大学、苏州试验仪器总厂、西安光新科技发展有限公司、西安捷盛电子技术有限责任公司。

本部分主要起草人:高军、阳川、卢兆明、徐忠根、时钟、徐立义、沈晓媛、冯睿。

本部分所代替标准的历次版本发布情况为:

——GB/T 2423.39—1990。

电工电子产品环境试验
第2部分:试验方法
试验Ee:弹跳

1 范围

GB/T 2423的本部分规定了弹跳试验方法与弹跳试验机的特性。适用于模拟构件、设备和其他电工技术产品(即下文中所说的“样品”)运输时,在机动车辆的载重平台上未被固定或具有几个自由度,可能受到随机冲击条件产生动应力的环境条件,也适用于评价样品的结构完好性。

注:本部分规定的弹跳试验主要适用于设备型样品。

有关规范的编写应按本部分第11章和附录A中包含的详细列表选用。

本部分的目的是为测定样品承受规定的弹跳严酷等级的试验提供标准的程序。

2 规范性引用文件

下列文件中的条款通过GB/T 2423的本部分的引用而成为本部分的条款。凡是注日期的引用文件,其随后所有的修改单(不包括勘误的内容)或修订版均不适用于本部分,然而,鼓励根据本部分达成协议的各方研究是否可使用这些文件的最新版本。凡是不注日期的引用文件,其最新版本适用于本部分。

GB/T 2421—1999 电工电子产品环境试验 第1部分:总则(idt IEC 60068-1:1988)

GB/T 2423.5—1995 电工电子产品环境试验 第二部分:试验方法 试验Ea和导则:冲击(idt IEC 60068-2-27:1987)

GB/T 2423.6—1995 电工电子产品环境试验 第二部分:试验方法 试验Eb和导则:碰撞(idt IEC 60068-2-29:1987)

GB/T 2423.7—1995 电工电子产品环境试验 第二部分:试验方法 试验Ec和导则:倾斜与翻倒(主要用于设备型样品)(idt IEC 60068-2-31:1982)

GB/T 2423.8—1995 电工电子产品环境试验 第二部分:试验方法 试验Ed:自由跌落(idt IEC 60068-2-32:1990)

ISO 2041 振动与冲击术语

3 术语和定义

ISO 2041和GB/T 2421—1999确定的以及下列术语和定义适用于本部分。

3.1

重力加速度 g_n acceleration of gravity

因为地球引力产生的标准加速度,重力加速度随海拔高度和地理纬度而变化。

注:对本部分来说,重力加速度可近似取值10 m/s^2。

4 一般要求

本部分规定的弹跳试验主要适用于准备运输的样品,包括将运输包装作为样品本身的一部分考虑时(见A.7.2)。

只要可能,用于样品的试验严酷度应与样品在运输期间经历的环境相关。有关规范应说明样品拒收或接收的标准。通常,样品在试验中不工作,经过弹跳试验后应保持完好。

本部分与GB/T 2421—1999一起使用。

5 试验设备的描述

5.1 弹跳试验机的特性

a) 弹跳试验机由水平工作台组成，工作台与偏心驱动轴连接。（见图 1）。

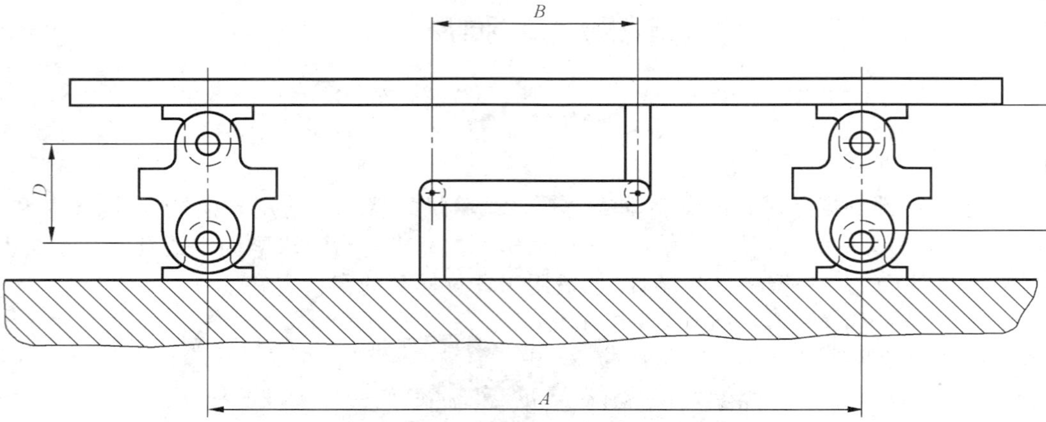

尺寸：

600 mm≤A≤1 700 mm

B≥250 mm

C=0.25A(1±5%)

D=0.08A(1±5%)

A 是两个垂直驱动器之间的标称距离。

图 1 非同步运动基本驱动机构

b) 工作台面应由（25±1）mm 厚的胶合板制成，并被紧固在钢架上，周围有适合的围栏（见 5.6）。

c) 偏心机构应使工作台产生垂直位移，在驱动轴之间的区域测得其最大的峰－峰值为（25.5±0.5）mm。

d) 当弹跳试验机装载有样品和试验需要的其他装置时，也应满足在对应的方法中所规定的特性（见 5.2）。

5.2 工作台的运动

5.2.1 概述

工作台的运动应是同步圆周运动（方法 A）或非同步运动（方法 B），在 5.2.2 和 5.2.3 中对此分别有描述。产生所需运动的机构见 A.3 和图 1。

5.2.2 方法 A：同步圆周运动

弹跳试验机的工作台的运动应使台面上的每个点在垂直平面内作直径为（25.5±0.5）mm 的圆周运动（见 5.3）。

工作台面的峰值加速度应在 1.1 g_n～1.2 g_n 之间，可以通过（285±3）r/min 的平均转速来达到。

无论准备运输的样品带或不带有关规范描述的运输包装，都应不加固定地放置在两个驱动轴之间的台面的中心。

围栏所允许的水平运动的总距离可调整到（50±5）mm，即当样品以正常的位置放置在台面中心时，样品应可在任何水平方向上作标称值为 25 mm 的自由运动（见 5.6）。

5.2.3 方法 B：非同步运动

弹跳试验机工作台的运动应在线性垂直运动和摆动之间循环变化。非同步运动是由工作台所用的两个相距最小为 600 mm，最大为 1 700 mm 的标称垂直驱动器产生的。在工作台面上驱动点产生峰—峰值位移应是（25.5±0.5）mm。

两个驱动点，即低频驱动点和高频驱动点的驱动频率之比应为（0.9～1）±0.03，较高转速轴应以（285±5）r/min 的平均速度转动。

除了驱动机构的误差，在所需运动的横向方向的位移原则上应为零。

工作台上两个驱动点之间的距离一般应大于受试样品的最大底部尺寸，试验设备的尺寸应按照该尺寸选择。

注：当设备不能完全满足要求时，另提供的适用的设备应在测试报告中注明。

无论准备运输的样品带或不带有关规范描述的运输包装，都应不加固定地放置在两个驱动轴之间的台面的中心。

围栏所允许的水平运动的总的距离可调整到 100 mm～150 mm 之间，即当样品以正常的位置放置在台面中心时，样品应可在任何水平方向上作标称值为 50 mm～75 mm 之间的自由运动（见 5.6）。

5.3 工作台的水平精度

弹跳试验机的安装应满足一定条件，即当偏心机构位于最低点时，包括驱动机构的容差的工作台的水平精度应在以下容差范围内：

a) 方法 A：纵轴和横轴方向上的水平精度在 ±0.5°之间。

b) 方法 B：纵轴的水平精度在 10′～0.5°之间，横轴的水平精度在 ±0.5°之间。

5.4 控制

工作台的加速度由驱动轴的转速决定，样品的加速度值不需测量。

5.5 安装

为了达到本试验的目的，在条件试验期间，样品应不加固定地放置在弹跳试验机工作台面的中心。

5.6 样品的水平运动

样品的水平运动应根据要求的适合的方法（见 5.2）采用适合的木制的围栏加以限制，这些围栏应模拟 50 mm 厚松木板的弹性特性。

无论对方法 A 还是方法 B，围栏的顶边到工作台面的高度都不应超过 600 mm，并应符合下面的附加要求：

a) 方法 A：围栏至少应达到样品的高度；

b) 方法 B：围栏应比样品的顶部低 25 mm～75 mm。

围栏的适合的排列方式见 A.2 和图 2 所示。

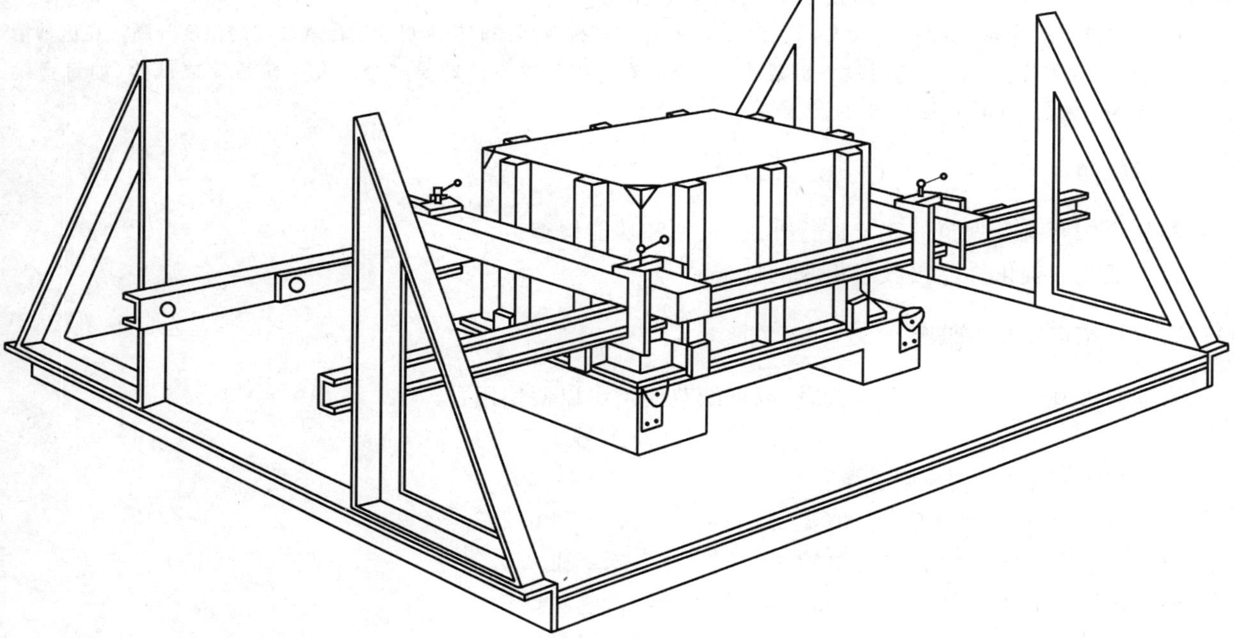

图 2 围栏的典型排列

6 严酷等级

弹跳的严酷等级由试验的持续时间确定，试验的持续时间应从下面给定的严酷等级中选取。这些严酷等级代表名义的试验的持续时间，不包括恢复时间：

180 min

60 min

15 min

5 min

试验的持续时间应在每一规定的方向上平均分配(见 A.4 和 A.5)。

7 预处理

有关规范可要求对样品进行预处理。

8 初始检测

样品应按照有关规范的规定进行外观、尺寸和功能检查。

9 条件试验

当样品的纵横比(最长边与最短边之比)不超过 3∶1，并且重量不超过 50 kg 时，样品的每一面都应经受弹跳(例如，圆柱形样品为 3 个面，长方体样品为 6 个面)。当样品以某一面放置时，样品应经受 2 种摆放样式的弹跳。在 2 种摆放样式的弹跳之间，样品应在工作台面上转动 90°，以使样品与弹跳试验机的围栏沿着样品的两条正交轴发生碰撞。如果放置面有一条长边，与围栏的碰撞的其中的一个轴应与此长边平行。

对质量或纵横比较大的，或有不同的外形的样品，试验应根据有关规范的要求进行。只有有限个面放置运输的样品，有关规范应规定样品受试的方位(见 A.5)。

如果有关规范有要求，只要总高度不超过 600 mm，任何纵横比的样品可堆码。为了限制最上面的样品，如果围栏有特殊的排列，则在有关规范中应注明。

注：除严酷等级为 5 min 的试验之外，具有高回弹特性的结构或部件的样品可能会出现过度的温度升高。在这种情况下，为了防止样品内部过度的温度升高，有必要按照有关规范的要求分成几个阶段完成试验(如每弹跳 5 min，恢复 5 min 或更长时间)。

10 最后检测

样品应按照有关规范的规定进行外观、尺寸和功能检查。

有关规范应提供样品接收或拒收的标准。

11 有关规范应给出的信息

当在有关规范中包含弹跳试验时，以下细节应给出以便使用：

	章节号
a) 接收和拒收标准(见 A.7)	第 4 章
b) 试验方法/工作台的运动(见 A.3)	5.2.2 和 5.2.3
c) 带或不带运输包装进行试验	5.2.2 和 5.2.3
d) 试验设备的尺寸	5.2.3
e) 严酷等级(见 A.4)	第 6 章
f) 预处理	第 7 章

g) 初始检测(见 A.7) 第 8 章

h) 样品的位置和方向(见 A.5) 第 9 章

i) 堆码要求(见 A.6) 第 9 章

j) 最后检测(见 A.7) 第 10 章

图 3 在卡车运输期间和在弹跳试验期间样品的加速度分布

附 录 A
（资料性附录）
导 则

A.1 概述

样品作为非固定货物通过陆路运输时，可能会受到来自于样品在运输车箱底板上的碰撞、弹跳、摩擦或样品与车箱挡板或其他货物的碰撞而产生的严重的和重复的冲击。即使当样品系紧在车箱底板上，如果约束仍允许样品自由运动，样品也可能经受类似的冲击。

上述这些冲击的严酷等级取决于样品在车箱中的位置、运输路面的类型(例如，坑洼路、等级外道路)、累积的运输时间、特别是产品的动态特性。具有高回弹特性的样品与车箱底板碰撞时将会弹跳，并且更有可能与车箱挡板或其他货物相碰撞。无回弹特性的样品能和车箱底板紧密地结合，通常将不会经受这样严酷的碰撞。

弹跳试验能实现类似于碰撞试验的功能，但由于样品不固定在试验台面上，所以能更真实地模拟当样品在散装运输时，可能经受的碰撞和冲击产生的应力(见 A.7.2)。

A.2 围栏的排列(5.2.2、5.2.3、5.6)

弹跳试验机的工作台需要安装围栏，这样就可以模拟样品与车箱挡板的冲击。围栏的安装应保证围栏与样品之间保持规定的间距，围栏应由木墙，带木质饰面的槽钢，或方形截面的木材制成。典型的围栏排列方式见图 2 所示。

A.3 试验设备(第 5 章)

本部分给出了进行弹跳试验的两种方法，有关规范应明确将使用哪种方法。方法 A 规定了圆周运动的位移幅值和转速，足以在垂直平面内产生超过 1 g_n 的加速度。垂直运动产生弹跳，水平运动产生与围栏壁的偶然碰撞。方法 B 是以工作台的非同步运动为基础，这种运动是由两个驱动点以不同的转速驱动而产生的，由此不断产生线性垂直运动和横向倾斜运动，线性垂直运动使样品产生弹跳，横向倾斜运动使样品与围栏壁产生碰撞。产生这两种方法要求的运动的机构见图 1 所示。在目前的技术状态下，根据使用者的经验，认为这两种方法在模拟运输环境时具有同样的效果。但是，为了在试验时对样品产生同样的效果，严酷等级需要根据使用的试验方法进行选择(见 A.4)。同样，对于这两种试验方法，由于试验机工作台的运动是不同的，必须规定样品和围栏之间的距离。

当用方法 B 进行试验时，样品所经受的运动在严酷程度上几乎可以和产品散装在四轮卡车的后轴部位上，在坑洼路面上以 10 km/h～15 km/h 的速度运输的情况相似。

A.4 试验严酷等级(第 6 章)

弹跳试验的严酷等级由试验持续时间确定，规定为 4 个严酷等级。60 min 和 180 min 这两个较长的试验持续时间适用于经受来自等级外公路运输，或在严重坑洼路运输，或轮式车辆的拖车上运输的样品，以及长途运输或多种路面条件的组合的情况。

5 min 和 15 min 这两种较短的持续时间适用于散装在轮式车辆上进行短途运输的产品，包括从普通高速公路到坑洼路、铺砌路、搓板路运输的情况。

研究表明，样品在未铺装路上来回运输的环境与在弹跳试验中的环境类似。但是，弹跳试验使时间压缩。对方法 A，2.5 min 持续时间的试验，或对方法 B，1 min 的持续时间的试验，相当于轮式车辆在未铺装路和坑洼路上经历 5 min 的运输。图 3 表示，当轮式车辆在未铺装路面的道路上运输时，在样品上测得的加速度峰值,同时给出了使用这两种试验方法获得的结果。

试验持续时间通常适用于按规定方式运输的产品。

A.5 样品弹跳的轴线和方向(第9章)

样品条件试验弹跳的轴线和方向的选择应代表样品在运输期间的情况。始终在专用基座上运输的样品仅需经受用该基座支承的弹跳试验。对有一个以上支承面的运输样品,应按照相关规范的要求对每一个相应的支承面进行条件试验。为了模拟与车箱挡板或其他货物的碰撞,在用每一个支承面放置时,样品需在水平面内旋转90°,以便样品与试验机的围栏产生的碰撞施加到每一个垂直面。按照有关规范的要求,对应每一轴向和每一方向的试验时间应相同。

A.6 堆码的样品(第9章)

当产品在轮式车辆中堆码时,顶层和底层经受的环境存在很大的差别。运输情况是,样品在底层时最容易损坏,在顶层时相对安全。在这种情况下,有必要改变样品堆码的位置。

A.7 功能检查(第8章和第10章)

A.7.1 元器件和设备

样品的损坏,虽然可以随着性能的变化检测到,但通常是机械性质的,如螺丝松动、机械零件和/或连接失效。在完成试验时,应特别注意这种类型的损伤及其对性能的影响。

A.7.2 带运输包装的样品

在评估带运输包装的样品的性能时,应注意任何螺丝或紧固件的松动、包装和填料的损坏,负荷传递零件的强度和位置,任何缓冲或填充材料的垫层的沉降等。试验还能导致某些气候防护结构的破坏,如防护罩的擦伤和损坏。

附　录　B
（资料性附录）
不同冲击试验的比较

a)　试验 Ea:冲击(GB/T 2423.5—1995)

该试验用来模拟设备和元件在运输期间或使用中可能受到的非重复性冲击的影响。

b)　试验 Eb:碰撞(GB/T 2423.6—1995)

该试验用来模拟设备和元件在运输期间或安装在不同类型的车辆中可能受到的重复性冲击的影响。

c)　试验 Ec:倾跌与翻倒(GB/T 2423.7—1995)

该试验用来确定设备型样品在维修中或在工作台上粗率搬运时可能受到的敲击、撞击影响的简单试验。

d)　试验 Ed:自由跌落(GB/T 2423.8—1995,方法一)

该试验用来确定产品在粗率搬运时可能受到跌落影响的简单试验。

e)　试验 Ed:重复自由跌落(GB/T 2423.8—1995,方法二)

该试验用来模拟某些元件型样品,如使用中的连接器,可能受到的重复性冲击的影响。

f)　试验 Ee:弹跳(GB/T 2423.39—2008)

该试验用来模拟样品作为散装货物,在轮式车辆上,在不规则路面上运输时,可能受到的随机冲击条件的影响。

在进行冲击和碰撞试验时,样品固定在冲击试验设备上。在进行倾跌与翻倒试验、自由跌落试验、重复自由跌落试验、弹跳试验时,样品自由放置在工作台上。

ICS 19.040
K 04

中华人民共和国国家标准

GB/T 2423.43—2008/IEC 60068-2-47:2005
代替 GB/T 2423.43—1995

电工电子产品环境试验
第 2 部分:试验方法 振动、冲击和类似动力学试验样品的安装

Environmental testing for electric and electronic products—Part 2: Test methods—Mounting of specimens for vibration, impact and similar dynamic tests

(IEC 60068-2-47:2005, Environmental testing—Part 2-47: Test methods—Mounting of specimens for vibration, impact and similar dynamic tests, IDT)

2008-05-19 发布　　　　2009-01-01 实施

中华人民共和国国家质量监督检验检疫总局
中国国家标准化管理委员会　发布

前　言

GB/T 2423《电工电子产品环境试验　第2部分:试验方法》按试验方法分为若干部分。

本部分为GB/T 2423的第43部分。

本部分等同采用IEC 60068-2-47:2005(Ed.3.0)《环境试验　第2-47部分:试验方法　振动、冲击和类似动力学试验中样品的安装》。

为便于使用,本部分做了下列编辑性修改:

a) "IEC 60068-2的本部分"一词改为"GB/T 2423的本部分"或"本部分";

b) 用小数点"."代替作为小数点的逗号",";

c) 删除国际标准的前言;

d) 为了与现有GB/T 2423其他各部分的名称一致,将本部分改为当前名称。

本部分代替GB/T 2423.43—1995《电工电子产品环境试验　第2部分:元件、设备和其他产品在冲击(Ea)、碰撞(Eb)、振动(Fc和Fb)和稳态加速度(Ca)等动力学试验中的安装要求和导则》(IEC 60068-2-47:1982 Ed.1.0)。

本部分与所代替标准版本的差异主要有:

a) 本部分增加了包装产品的安装和单自由度体系受半正弦脉冲的响应方面的技术内容。对原有的内容也有删改和补充;

b) 增加第7章　包装产品的安装;

c) 增加附录B　包装产品导则;

d) 增加附录C　单自由度系统对半正弦脉冲的响应;

e) 附录A有较大修改。

本部分附录A、附录B、附录C均为资料性附录。

本部分由中国电器工业协会提出。

本部分由全国电工电子产品环境条件与环境试验标准化技术委员会(SAC/TC 8)归口。

本部分起草单位:广州大学、信息产业部电子第五研究所、上海市质量监督检验技术研究院、北京航空航天大学、苏州试验仪器总厂、北京中元微型仪器公司。

本部分主要起草人:徐忠根、纪春阳、卢兆明、李传日、徐立义、张越、邱霓、何文滔。

本部分所代替标准的历次版本发布情况为:

——GB/T 2423.43—1995。

引　　言

本部分对构件、设备、其他元器件和包装产品等样品在进行振动、冲击和类似动力学试验时的安装要求作了规定，并给出了相关信息。

在所有情况下，元件样品可根据有关规范规定的要求进行安装，否则应选用本部分提供的几种标准方法安装。

设备类样品除在有关规定中有规定外，应按其使用或运输的方法安装。

首先把样品分类，不论是归于元件类还是设备类，然后按照相应的步骤进行试验。如果不好归类，例如安装元件，还应参考本部分，但必须与包装相关，而不是与其内容相关。应该提出的是，本部分不适于空包装的试验。

附录A给出的导则既适用于规范的编者也适用于试验工程师。附录B给出了包装产品试验的具体导则。附录C提供了关于修正半正弦脉冲测试方法的指导原则，适用于找不到包装的包装过的样品。

在某些情况下，在安装方面的要求和导则全部或部分包含于GB/T 2423各部分中，比如试验Fh。相关规范有引用本部分时，则应把它像标准一样研究。

电工电子产品环境试验 第2部分:试验方法 振动、冲击和类似动力学试验样品的安装

1 范围

GB/T 2423 的本部分提供了不论有无包装的产品安装的方法以及设备和元器件在 GB/T 2423 冲击(试验 E)、振动(试验 F)和稳态加速度(试验 G)等动力学试验中的安装要求。当与试验设备安装并进行这些试验时,不论有无包装,均视为样品。

2 规范性引用文件

下列文件中的条款通过 GB/T 2423 的本部分的引用而成为本部分的条款。凡是注日期的引用文件,其随后所有的修改单(不包括勘误的内容)或修订版均不适用于本部分,然而,鼓励根据本部分达成协议的各方研究是否可使用这些文件的最新版本。凡是不注日期的引用文件,其最新版本适用于本部分。

GB/T 2421—1999 电工电子产品环境试验 第1部分:总则(idt IEC 60068-1:1988)

GB/T 2423.39—1990 电工电子产品基本环境试验规程 试验 Ee:弹跳试验方法

GB/T 2298—1991 机械振动与冲击 术语(neq ISO 2041:1990)

3 术语和定义

GB/T 2298—1991 和 GB/T 2423 所用的术语与定义适用于本部分。

3.1

包装件 package

包装的结果,包括外包装及内装物,例如待运输的电器设备。

3.2

包装 packaging

用于包裹、保护、处理和运输的任何材料的产品,例如瓦楞纸箱。

4 概述

有关规范应说明重力影响是否重要。如果重力影响重要的话,则样品的安装应使其重力作用的方向与实际使用时的重力方向一致。否则,样品可任意安装。

如果下列因素对试验结果的影响是重要的,则有关规范也应规定:

a) 试验中的温度限制;

b) 可以加于样品的最大干扰磁场值和(或)样品相对于磁场(例如接近电动振动台)的方位;

c) 试验中的相对湿度限值。

5 元件的安装

元件应按有关规范规定的安装方法进行安装。

如果有关规范没有规定,但根据设计是很清楚的,如图1所示的那样来自样品本身的结构的安装方法,则就应该采用这种方法。如果根据设计其安装方法并不明确,则应尽可能地选择与图2、图3或图4

所示的原理相一致的安装方法。但应考虑试验的目的是打算将动态应力加于引线和(或)加于样品本身,还是为了确定样品的内部结构强度。

当受试样品带有附加的连接引线进行试验时,这些引线的配置应能使所加的应力和质量与样品在正常状态使用时相同。

在任何情况下,元件应固定在刚性试验夹具上或直接紧固在试验台的安装表面上。如图1、图2和图3所示电子元件的最常见的失效模式并不是元件本身的失效,而是由于印刷电路板的柔性引起焊点的失效。因此有必要对整个印刷电路板进行试验。

注:"刚性试验夹具"是指在试验过程中不发生共振或在所有固定点上满足试验容差要求的夹具。

6 设备及其他产品的安装

如图5所示,样品应直接或借助于刚性试验夹具(如上所述)机械地紧固在试验台的安装表面上,或按有关规范的规定进行安装。

注:声振的安装技术完全不同,应参考GB/T 2423.47进行安装。

当设备的正常安装结构可以利用时,有关规范应说明是否应该利用这种正常安装结构(参见A.2)。

应避免使用任何附加的支架和缚带。与样品的任何连接,例如电缆、导管等,应使其所加的应力或质量与样品在其工作位置时所受到的应力相同。为了做到这一点,必须将电缆、导管等固定到夹具上。

有关规范应规定安装螺栓的尺寸、扭矩和相应的容差。

与减震器一起使用的样品通常应带减震器进行试验。如果带合适的减震器进行试验有困难,则样品应去除减震器,按有关规范的规定在不同的试验严酷等级上进行试验。

有关规范可以要求对去除或锁闭外部减震器的样品进行附加的试验,以便确定样品是否已达到最低可接受的结构强度。在这种情况下,所采用的严酷等级应在有关规范中给出。

如果在操作过程中减震器受温度影响显著,则在试验过程中应考虑这种影响。

7 包装产品的安装

应满足以上第5章、第6章的所有有关要求。

一般来说,为了再现运输过程的影响,一个产品如果在此期间通常带包装,那么就应该带包装进行试验。但是应考虑下列情况。

7.1 包装可用(见B.2)

除有关规范另有规定,如果包装可用,那么在试验中就应使用它。

如果包装产品和运输工具的紧固方法已知,只要可行,就应重复使用这些方法。其细节应在有关规范中说明并记录在试验报告中。

有关规范应规定固定螺栓的尺寸、紧固扭矩及其容差。

如果已知样品与运输工具的紧固方法有多种,那么应根据产品动力学特性的工程判断选择最恶劣的情况,以便最大可能地找出缺陷。

如果样品准备或可能以非紧固方式进行运输,此样品应按照GB/T 2423.39—1990进行试验,也可见B.4.3。

如果包装产品准备与运输工具紧固,但是事实上很可能并没有紧固,则有关规范可能要求应用前一章所述的试验方法。这可能是需要在进行产品紧固试验后补充适当试验。这可能需要在进行产品紧固试验后补充适当试验。

7.2 通常采用包装的产品,但包装不可用(见B.3)

如果产品通常有包装,但包装不可用,则一般不可能用以再现实际的方式安装在试验装置上,而试验成了一种带有经验性的试验。然而,可以通过调整试验的严酷等级来考虑元件在有包装时受保护的状态。需要很谨慎地解释这种情况下的试验结果,而且这类试验应作为研发试验而不是验证试验。强烈推荐再次进行样品带包装试验。

存在两种情况：第一，包装性能已知；第二，包装性能未知。对此分别处理如下。

7.2.1 包装性能已知

如果包装性能已知或者是可以计算，通常可以修正严酷等级。包装的传递函数或传递率可以调整振动或冲击的试验量级，见 B.3 和附录 C。

如果包装设计定义了运输状态，则内部产品的状态也是已知的。它应以再现这种状态的方式固定在试验装置的安装表面。除有关规范另有规定，应采用修正的严酷等级(见前段)。

如果运输过程中包装的状态是变化的，因此产品的状态也可能变化，试验应能代表最恶劣的情况。如果单凭工程判断无法选择，有关规范应说明几种可能的最恶劣状态。除有关规范另有规定，应采用修正的试验严酷等级。

尽管包装性能可能已知，但包装是或可能是以未与运输工具紧固的方式进行运输，那么包装的缺失可能导致实际试验无法进行。见 B.3 和 B.4.3。

7.2.2 包装性能未知

如果包装不可用，或其性能未知，图 B.1 所示的总的传递率曲线可以用来修正振动试验的严酷等级。有关规范应明确选用其中的一条传递率曲线。附录 C 给出了半正弦冲击严酷等级的修正方法。

8 有关规范应给出的内容

当有关规范采用 GB/T 2423 的本部分时，只要它们可用，就应给出如下细节：

	对应章号
a) 试验的安装和形式，重力影响	第 4 章
b) 最高或最低温度	第 4 章
c) 最大干扰磁场	第 4 章
d) 最高和最低相对湿度	第 4 章
e) 样品的安装(元件)	第 5 章
f) 样品的安装(设备及其他产品)	第 6 章
g) 包装安装(堆码)	第 7 章
h) 用于修正试验严酷等级的传递率曲线	第 7 章

安装方法	示例
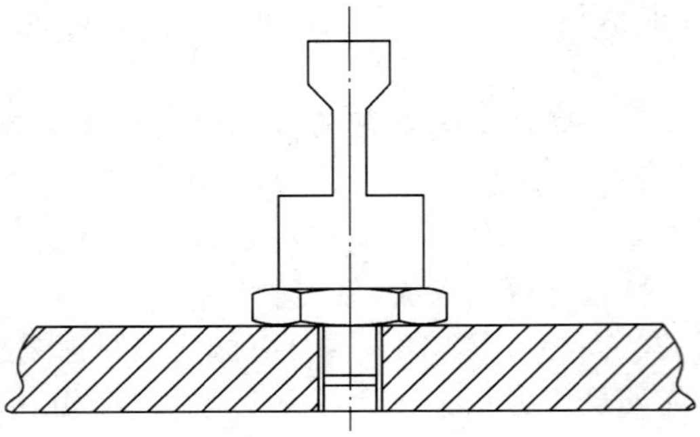 a) 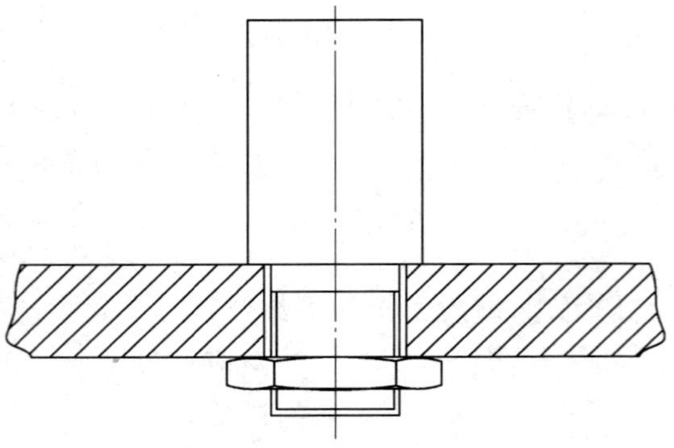 b) 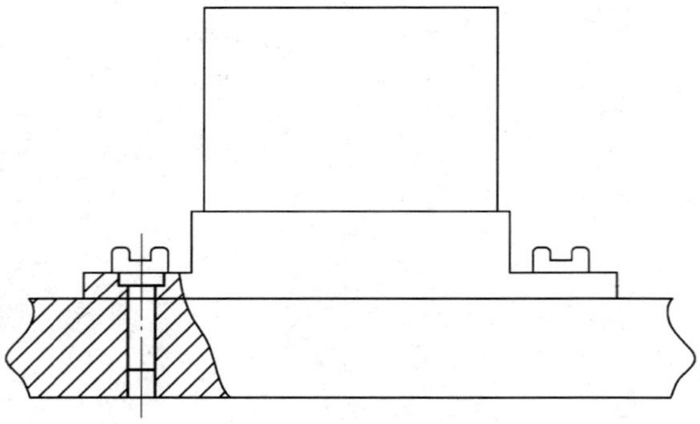 c)	有明显安装方法的元件，例如：二极管、电解电容器、整流器、开关、连接器、继电器、变压器、大功率晶体管

图 1　有明显安装结构元件的安装示例

安装方法	示例
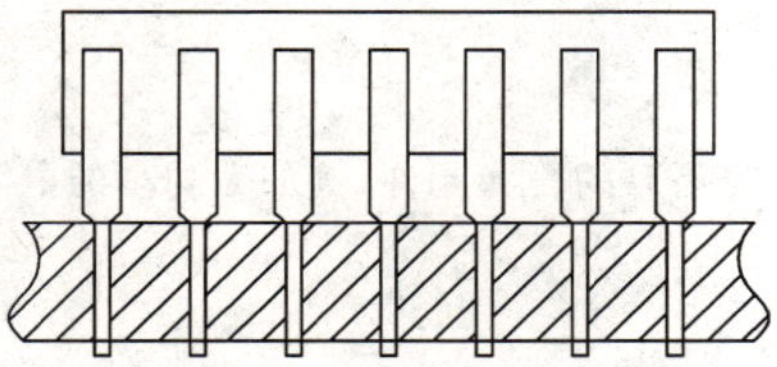 a)	晶体管、集成电路、继电器以及到夹具的距离受设计限制的其他元件
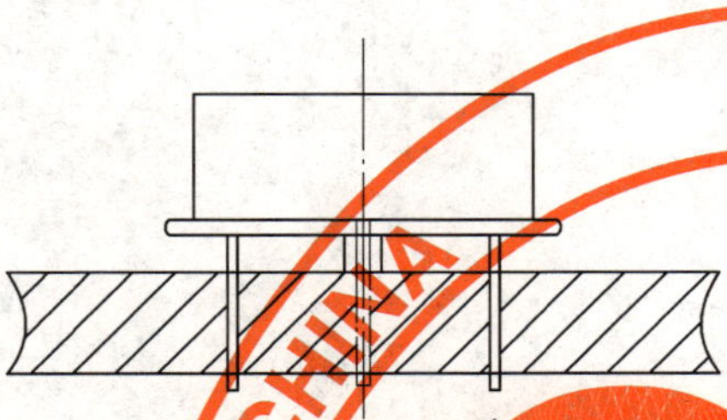 b)	
 c)	电阻器、电容器
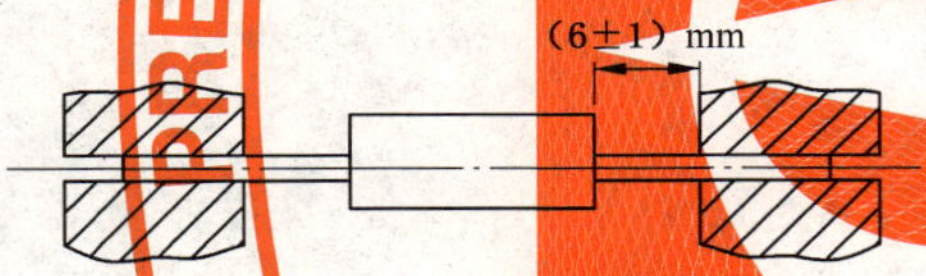 d)	电阻器、电容器、电感器、二极管
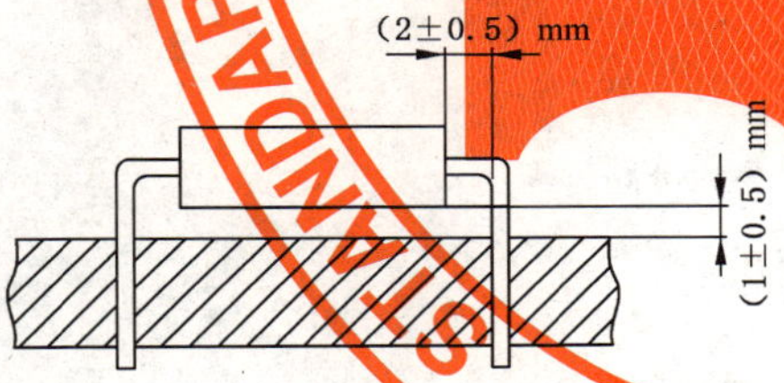 e)	
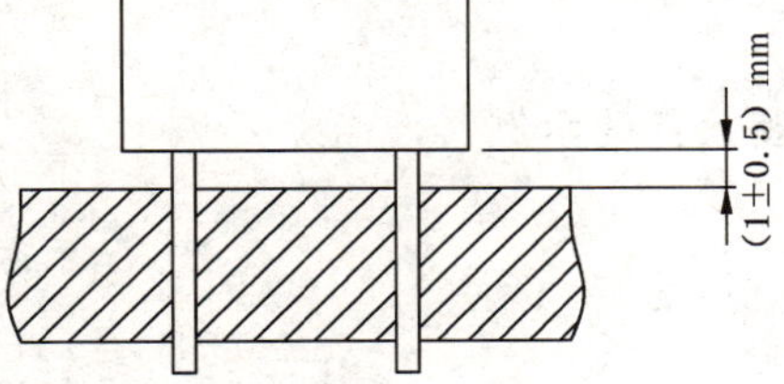 f)	电阻器、电容器、电感器、二极管、晶体管 注：重要的是有关规范应规定元件是否与安装表面接触。

图 2　仅用元件引线安装元件的示例

安装方法	示例
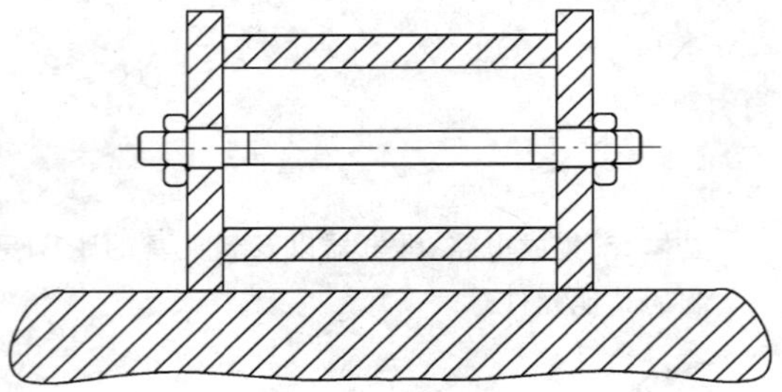 a)	外壳易碎的管状元件，例如大功率的电阻器
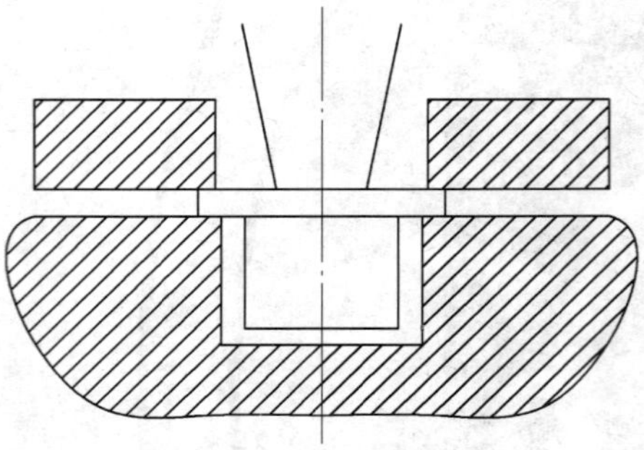 b)	晶体管、二极管
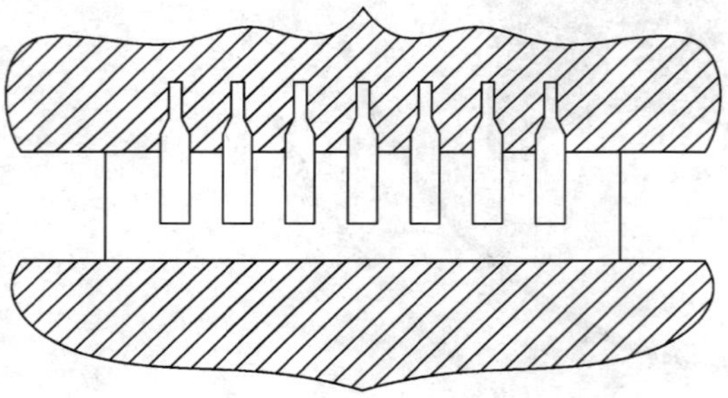 c)	集成电路

图 3　只用元件本身安装元件的示例

安装方法	示例
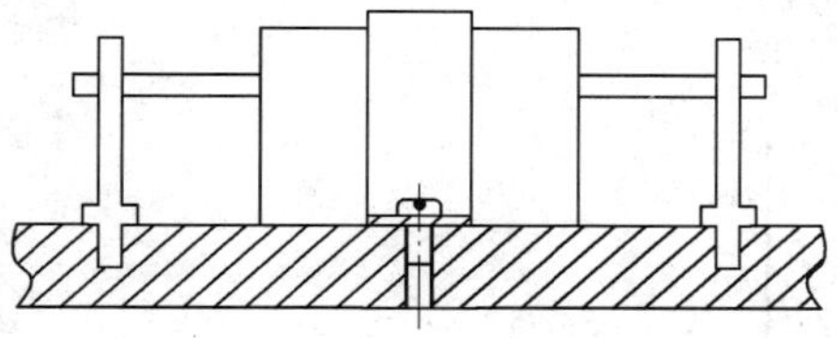 a)	由于元件的质量和试验严酷等级必须附加固定(例如额外支架)的电容器、继电器
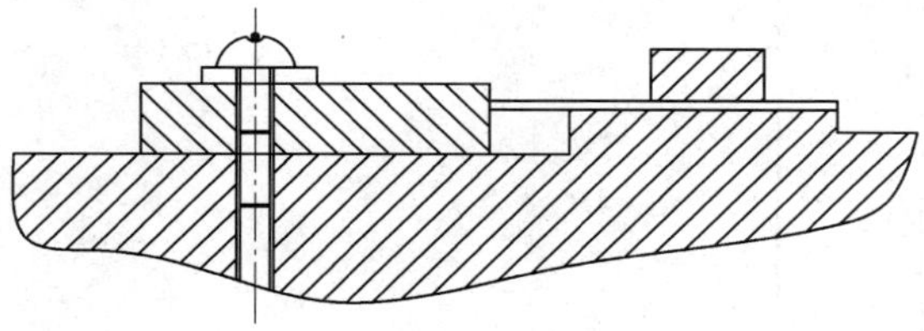 b)	安装在散热器上的晶体管
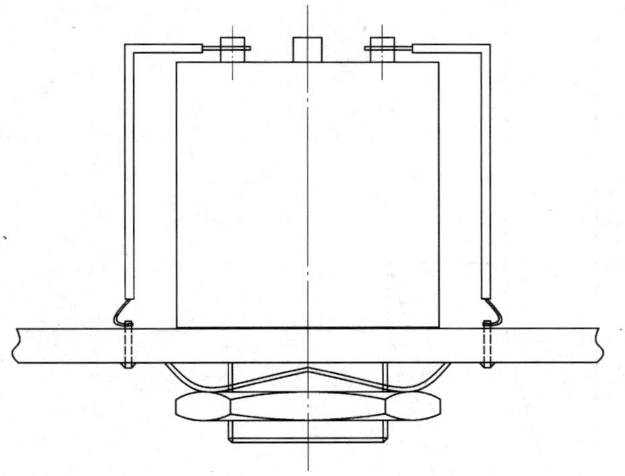 c)	变压器、扼流圈
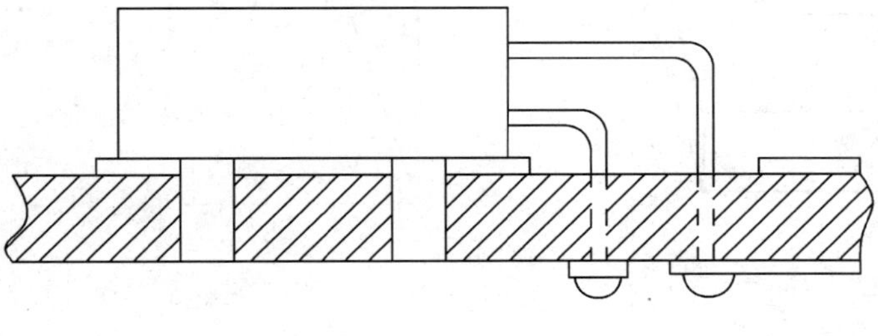 d)	继电器

图 4　用元件本身及引线安装元件的示例

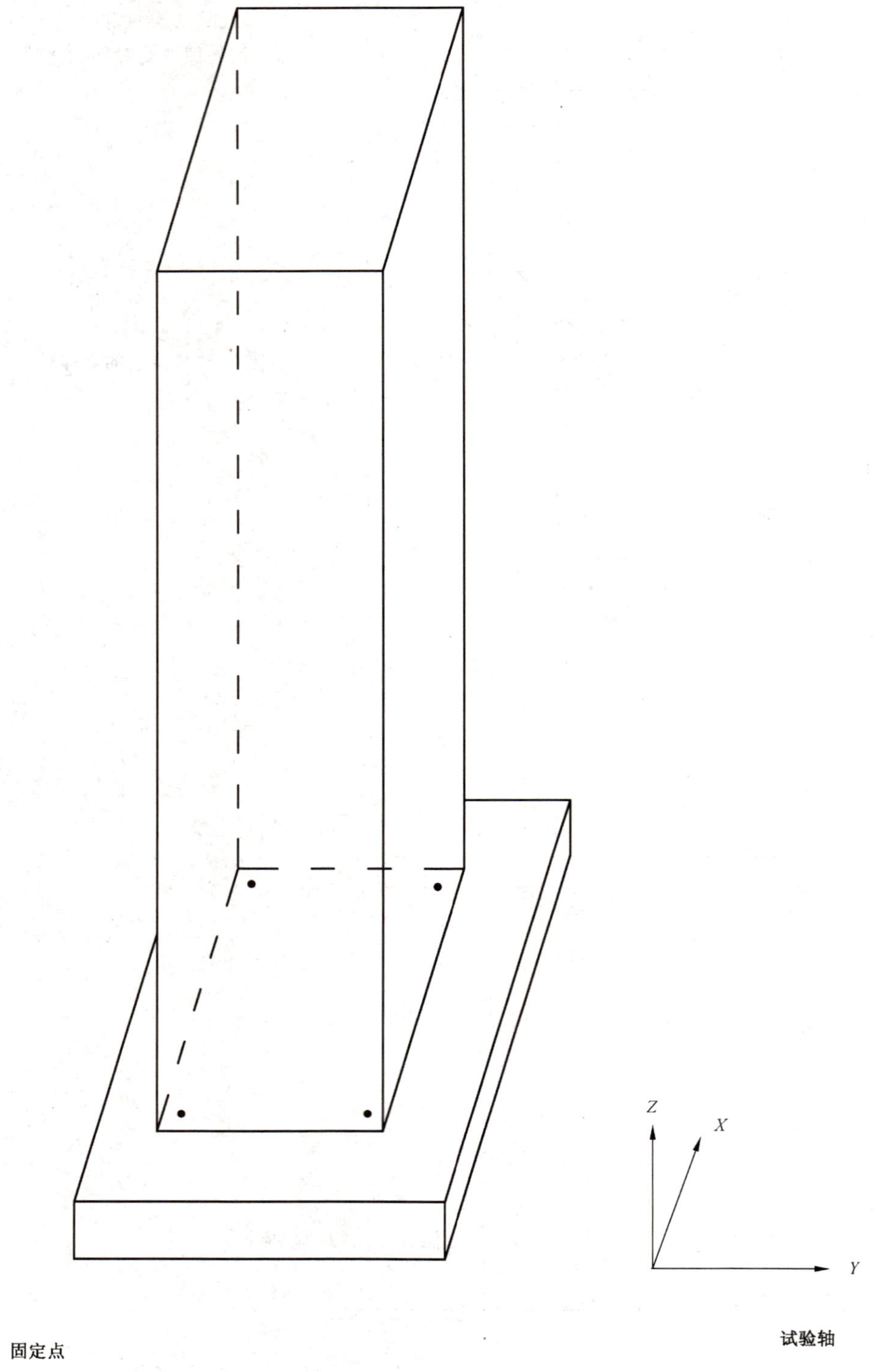

图 5　电子机柜的安装示例

附 录 A
（资料性附录）
导 则

A.1 元件的安装

当试验的目的是用来确定元件对其工作环境的适应性时，有关规范应保证元件以模拟实际使用中的方式安装。当元件的质量超过有关规范规定值时，元件在实际使用环境中和在试验中都应该加支撑，但也不应过分强调这一点。

重要的是安装方式要符合制造商的要求。如果制造商没有提出这些要求，可采用图1～图4所给出的详细资料。

具有特殊几何形状的某些元件，例如圆盘形、球形、灯泡形以及要求特殊固定装置的元件在图中没有表示。对这些元件的安装方式，有关规范必须给出详细资料。

如果一个样品设计有几种安装方法，则所有的方法都应考虑。在每一次试验中建议都用新的元件。

无论规定何种或选择何种方法，重要的是应把元件刚性地紧固到试验夹具上或试验台的安装表面上。这可以通过合适的夹紧、焊接、嵌入或胶粘合元件体和/或引出端的方法来达到。元件固定在标准尺寸的印刷电路板上通常不能给出足够的刚性，并且用这种方法不可能达到试验要求。此外，再现性也随之降低。但是使用小块的印刷电路板，只要注意它的动态特性，是可以满足试验要求的。

当进行内部强度试验时，重要的是应注意这种安装方法在使用环境中很少采用。因而必要的是把动应力传递给内部结构。这一般通过安装元件本身以及其引线实现。

如果需要在动力学试验之后进行“引出端强度试验”(IEC 60068-2-21)，在动力学试验中引线既不能弯折，也不能产生与元件体有相对的位移。如果不可避免，有关规范必须说明每种试验采用不同的元件。

此外必须考虑在夹具材料中声音传播的速度。应该注意尽可能保证传播路径远小于1/4波长。大型元件或同时进行几个元件试验的夹具应专门考虑，可参照设备夹具的通用原则(见第A.3章)。

对于包装产品的导则见附录B。

A.2 设备及其他产品的安装

重要的是设备及其产品要以其在工作环境中使用的那种典型的安装方式进行安装。例如通常用面板固定的样品，在试验时就应该用面板进行安装(见图5)。

如果原有的部分安装结构可用，就应该用作夹具，因为这种安装结构更能代表设备的安装条件。此时固定点是安装结构的固定点而不是样品的固定点。有关规范必须说明是否利用安装结构上的固定点作为控制试验的控制点。

如果正常的安装结构不适用，或者在特殊情况下，这种安装结构可用，而且知道这种安装结构对设备特性没有影响，因此，还是应采用设计得能满足试验要求的夹具。

预定带减震器使用的样品，如果该样品和其他样品一道安装在一个公共系统中，或如果减震器的动态特性变化很大(例如随温度而变化)情况下，有时必须去掉减震器进行试验。因此，此时试验严酷等级将需要修正。对于振动试验，新的严酷等级必须考虑减震器系统沿各个轴向传递曲线的包络线来确定。如果知道试验严酷等级随施加应力的方向而改变，则这种情况也应考虑到。

如无传递特性曲线可用利用，则需要人为地选择新的试验严酷等级，但最好经供、需双方讨论后确定。

注：在GB/T 2423.10—2008的A.5.1.中给出了在正弦振动试验的情况下一些通用的传递特性曲线。这些通用曲线可适用于GB/T 2423的其他振动试验。

对稳态加速度试验,应注意在某些情况下,如果样品带减震器进行试验,可能存在安全问题。因此支架和缚带的使用是不可避免的。对这种试验,尤其重要的是计算连结螺栓将受到的应力以避免安全问题。

有关包装的导则见附录 B。

A.3 试验夹具

样品的安装和定向离不开夹具。因此,夹具的设计必须着重考虑可能妨碍到达试验要求和可能影响再现性方面的问题。然而本附录没有提出解决这方面问题的方法,因为这方面的方法可在技术文献中找到。

试验夹具的基本作用是将试验台所产生的机械激励如实地传递给测试样品,并且确保在样品的固定点上满足规范的要求。

应根据样品的形状、质量、试验要求的严酷等级、试验台的能力等主要参数来设计试验夹具。其中后二项参数取决于所需进行的试验。此外,对于冲击和稳态加速度试验,由于要沿每个试验轴的正向和负向进行试验,使夹具设计更为复杂。

在夹具的设计中要考虑在 A.3.5 和 A.4 中所给出的一些参数。

A.3.1 冲击和碰撞

试验台所容许的总质量和最高的试验严酷等级通常由制造商规定。对某一给定质量的样品,如果试验台的能力明显地大于试验所必需的能力,则试验夹具的设计通常是容易的。因为此时夹具可设计得较重而又比较简单。

考虑刚性和尺寸的影响仍然是冲击和碰撞试验夹具设计的一个重要问题(见 A.3.5)。

A.3.2 振动

限制样品及其夹具总质量的主要参数是振动台的推力。振动台的推力数据通常由制造商给出。就试验严酷等级而言,最重要的参数是所规定的试验频率范围以及位移和/或加速度值大小。然而在振动台的性能中,大推力和宽频带通常是不能兼容的。因此,不能象冲击和碰撞试验那样,使用大推力的振动台就可以了。所以振动试验的夹具比其他试验所要求的夹具更复杂,为了达到满意的结果,将需要更丰富的经验。而且,当夹具和样品固定到振动台上时,可能影响频率响应。应记住动态质量要比静态质量更重要。

A.3.3 声振

用于安装声振试验样品的安装夹具的型式和设计很大程度上取决于试验样品的尺寸和质量。对最简单的情况,在混响室测试电子机箱,样品应弹性悬挂在混响室的中心区域。

悬挂装置,例如橡皮绳,必须与电子箱的固定点相连。大试验样品,例如反射器或太阳能系统,应尽可能采用与工作状态相同的方式安装。

通常根据声学环境,试验夹具应尽可能透波。但在特殊情况下需要模拟样品在工作环境中所受的屏蔽或反射条件。这些情况包括进行声振试验的通常安装在卫星侧壁模拟器上的太阳帆板。很大的样品,如整个卫星,通常用真实的有效负载附件装置作为试验夹具。

在所有情况下,整个受试组件应与混响室的地板或天花板的振动隔开。悬挂的频率应低于 25 Hz 或样品所关注最低频率的 25%。

A.3.4 稳态加速度

对稳态加速度试验,夹具的设计最简单,因为稳态加速度是逐步施加到样品上的,并且夹具和样品的动态特性是可以忽略的。因此,夹具仅需足够的刚性来抵御所涉及到的静力负荷,以及能方便地调节样品的方位就行了。然而,应当记住的是,稳态加速度试验机的最大能力是由制造商规定的。不应忽视样品与离心机半径之比,因为在样品中存在加速度梯度。

应该注意的是,在很高的加速度值上,特别是高于 10 000 m/s^2 时的试验元件会产生很多困难。

A.3.5 材料的选择

在设计试验夹具时，材料的选择主要是考虑夹具的质量和刚性。上述每一种试验都要考虑与质量限制有关的若干问题。而刚性仅在需要考虑夹具的动态特性时才是重要的，并且在夹具设计中有严格的限制。

材料的刚性是物理特性的函数。现有各种金属和塑料的刚性的变化范围很宽。对任何一种给定的材料，刚性将随着它的尺寸和支撑方式(例如刚性固定的单梁或双梁)而变化，而且在略小的程度上随制造方式而变化。某些材料具有较高的刚度—质量比，即使用相同质量的材料时，它可以制造成刚性更高的夹具，这是最理想的材料。

材料的另一个特性是内部阻尼，它也是基本特性的函数。例如，铝的内部阻尼比钢大 4 倍。阻尼主要对振动夹具的性能有影响。

试验夹具设计的主要目的是避免在试验所规定的频率范围内发生共振。否则会影响从试验台到样品之间的振动传递特性。其影响的程度直接与阻尼有关。最常用金属的阻尼因材料而异，对夹具总的性能的影响相对来说还是比较小的，但在某些情况下需要加以利用。

对要求快速上升时间的冲击试验，或对要求一个高的上限频率的振动试验，必须考虑的另一个特性是声音在所选材料中的传播速度。

沿任何固定点和振动台面之间传播通道的距离在夹具材料中应尽可能远小于 1/4 波长。

计算波长 λ 必须考虑与最低声速有关的振动模式，通常是横向模式。

例如：铝制试验夹具可用到高达 2 000 Hz。

声音在铝中的传播速度大约是：

纵波：$v_1=5\ 100\ \mathrm{m/s}$

横波：$v_2=3\ 200\ \mathrm{m/s}$

因此，所考虑的波长是：

$$\lambda=\frac{3\ 200}{2\ 000}=1.6\ \mathrm{m}$$

所以传播通道的最大距离是：

$$L=\lambda/4=0.4\ \mathrm{m}$$

试验夹具不必全用同一种材料制作。由于种种原因(例如电或热绝缘)而要增加阻尼时，可能需要使用金属和塑料，或甚至金属和陶瓷相结合的材料来制作夹具。

A.4 夹具设计的一般建议

有许多种制作夹具的方法。它们包括螺栓连接、铆接、焊接、铸造及使用胶粘合等。这些方法的选择取决于满足试验要求时的困难和使用的材料等。试验夹具应尽可能的简单，例如一坚实的块状物经常是必须的。应当指出，螺栓连接结构的刚性一般不如其他连接方法那么好，而铆接结构则比螺栓连接结构的刚性还要差。当涉及到大体积和(或)高频率试验的样品时，这一因素就显得更加重要。

考虑到价格低廉、加工制作容易和较高的内部阻尼特性，经常采用铝合金。

当试验频率超过一定值，如 500 Hz 时，所有的接触面应达到所需的平整度，以保证良好的机械接触。另外，应视夹具的大小使用试验台安装表面上最多数目的安装孔。

设计一个对不同样品能多次使用的夹具通常是有利的。如果使用螺纹孔，而且材料易出现过度磨损，则建议使用钢质螺纹孔套嵌入。然而，应该注意的是，它们的装配一定要满足要求，并且不能出现损坏。如果使用螺栓，应选择高强度型。切实可行的是，即使安装表面不是很平，在各螺栓连接面的中心去除一些材料以保证表面较好地接触和具有较大半径(为具有较大的转动刚度)。

当把样品固定到夹具上时，重要的是夹具和样品都不能出现变形。如果出现变形，则多半是夹具的刚性不够，并且会妨碍所要求的试验严酷等级施加到样品的各固定点上。连接预加力或螺栓强度不足会大大降低夹具的刚性。

实际操作时，所有螺栓都应拧紧到最大容许扭矩。这个值是由系统中最弱的连接部件决定的，如螺栓螺杆强度、夹具材料的抗压强度或螺栓强度。

夹具连接应采用连续焊接。应尽量避免螺栓连接和点焊。如果不可避免采用螺栓连接或点焊，接缝线应采用胶粘材料填充。但是，如果阻尼的影响很显著，应当指出的是螺栓连接和铆接结构的阻尼要比焊接的大。

当固有频率在振动规范规定值之外的夹具很难制造时，在设计时应采用尽可能大的阻尼；因为当频率超过夹具的自振频率时，传输率的降低明显减小。此外，在自振频率上，通过阻尼来减小功率下降的速度以维持恒定加速度水平，从而控制系统和功率放大器的响应按比例减小。

A.5 平衡

平衡问题通常仅是振动和稳态加速度试验中的问题，但对冲击和碰撞试验也必须加以考虑。

A.5.1 振动

在振动情况下，与样品一齐加载时，必须保证夹具的重心尽可能低，原则上保持在与运动单元的表面垂直的通过整个振动台运动单元的重力中心线上。在某些情况下，要保证装上样品后的夹具和样品的重力中心线处于振动台的推力轴线上是不可能的。由于传播通道的长度和摇动，将产生变形和驻波图形，所有这些都限制了可用的频率范围和限制了在样品固定点上达到试验的要求。因此必须使用配重技术，但非必要时这种技术应尽量避免采用。由于频率增加，样品(也许夹具)可能会产生共振，如果这样，将会引起动态重心的连续运动的相对位移。此时如果采用配重技术，这种位移将会加剧，因此也就造成了一个上述目前对这个问题并没有实际解决的局面。这种影响通常是允许的，但如果不是这样，则可通过使用较大功率的振动台来减轻这种影响，其前提条件是只要试验规范的要求仍得到满足。

使用与振动台连接在一起的滑台是很普遍的，特别是在样品对重力很敏感的情况下，否则必须进行复杂的夹具设计。虽然这样，仍然会遇到上述类似的问题。

A.5.2 稳态加速度

对稳态加速度试验，通常使用离心机。为了防止损坏试验台的支承部分，样品和夹具相对于试验台要保持静态平衡和动态平衡。允许的不平衡度通常由制造商规定。最好是保持样品和重心在所有的试验中在同一位置以避免反弹。

A.6 加速度计的位置

试验夹具的设计应考虑将加速度计安装在有关试验所要求的位置上，安装的方法是多种多样的，通常由加速度计的制造商推荐，其中包括螺栓连接、特种胶粘结等。在振动试验中，有时可允许安装几个附加的加速度计，以检查夹具的动态特性，尽管在试验规范中通常不规定这么做(参见 GB/T 14412)。

A.7 试验夹具的性能检查

在进行振动试验前，当夹具是装上，还是未装上具有动态代表特性的样品或是装上真实样品时，检查规定点上的试验要求是否达到是有用的。在后一种(指装上真实样品)情况下，在较低的振幅上进行检查比按所规定的振幅进行检查更为合适。

对本部分所包括的其他动力学试验进行这种检查也是合适的。

A.8 大的和/或复杂的样品

对“大的”和“复杂的”样品这两个术语下定义是困难的。为某种设备所设计的夹具对通常仅试验元件的试验室来说可能是大的。这不是本部分所考虑的情况。“大的”系指样品与夹具组合在一起在设备实验室内处理起来通常比较困难，由于它的质量、物理尺寸、连接的复杂性和所规定和频率范围等要求超出了目前工程技术水平的解决能力。

当不可避免要求这样的夹具时，将会发现常规方法很难完全满足试验要求，因为夹具和样品的共振性能不好控制。经考察其他技术，其中可能包括使用多台同步的振动台，最后必须参考试验要求以确定采取何种措施。在这种情况下，试验程序通常要求记录所达到的各种参数值，并且要取得供需双方的一致同意。

附 录 B
（资料性附录）
包装产品导则

B.1 概述

产品从设计、运输到工作循环期间，处在全寿命期的特殊时段，它将经受严酷等级变化的不同环境。当产品预计安装在良好的环境中，例如计算机房，其动态环境条件处于低等级上，运输环境通常是在产品的全寿命期中最严酷的。这对规范制订者和实验工程师来说也许是不清楚的。

再现产品全寿命期中运输阶段的影响会遇到一些困难。用于在运输期间保护产品的包装设计可能无法取得。包装与运输工具紧固的方法通常是未知的，甚至可能是无法控制的。包装固定于试验装置的方法也会出现问题。当与被包装的产品相比时，包装的刚度通常较低，而且会很容易变形。同样重做和再现试验条件是很重要的，而编写满足此两项要求的规范是相当困难的。

此附录的目的是列出存在问题、提供可以用于克服问题的建议和通用原则。规范制定者和试验工程师都应有高水平的工程判断。因此在这动力学环境工程领域经验更丰富的人员会更好地作出这种判断。

附录B应当与附录A一起使用。

B.2 安装——包装可用

当试验要求包装与试验装置牢固连接时，外包装的刚性会引起问题。如果包装具有合理的刚性，例如由金属或者是木材制成，安装的接触表面不会产生明显的变形，那么将其连接于试验装置就不会太困难。若在运输过程中包装的方法是已知的，在试验中采用这种连接方法。

一个刚性足够的包装件可能用已知或未知的方式固定在运输工具上，关键在于确定其中一种。运输过程动态试验前产品的结构特性，应通过设计和进一步试验、从相似设计中推断、或者是通过包装保护抗运输环境规定环境试验取得。缺少这些数据，会严重降低置信度水平，而有经验的环境试验工程师的判定也是需要的。

当有多种固定包装的方法时，应根据产品的特性（已知的或者估计的）来选择最薄弱的一种。如果这是未知的且称职的人员也无法判定，则可能会影响运输过程动态试验的效果。

上述内容同样适用于软包装，外部容器的刚性比产品的刚性低得多。外部容器的刚性太低，如纸基材料，将包装牢接到试验装置上的方法是很重要的。

如果满足试验要求，只要可行，应尽可能模拟包装在运输工具中连接固定的方法。如果使用绑带时，其材料、位置和拉力应与实际使用相似。另外，绑扎应始终保持包装件安装表面与试验装置相接触，避免出现弹跳现象（弹跳试验除外），必要时使用仪器确认。控制传感器的信号可能足够，当样品的质量大于测试装置运动部件的质量时也可能需要在包装件上另外安装传感器。

如果在试验过程中包装件发生弹跳和绑带拉力增加可能使包装变形，实际上无法满足GB/T 2423动态试验的要求，特别是振动要求。如果振动试验的上限频率或严酷度等级降低到停止弹跳，这种情况会得到很大改善。需要降低的程度会影响试验的真实性，并应把此信息记录在试验报告里。

应调查实际是否发生了包装变形。如果发生，制作刚性更好的包装，将是在试验和实际情况中最为切实可行的解决方法。

当产品很昂贵或者易损时，在包装件中可采用动态特性等效的模拟件进行试验。这是研究包装性能的有效方法，它主要用于包装研制试验。

有时，无论外包装软或硬，包装件未紧固于交通工具内。在这种情况下，取决于振动量级的取值是

高于 $1g_n$，有关规范应说明是否附加弹跳试验。见 B.4.3。

包装件也许会按固定连接或非固定连接的方法运输，有关规范应说明是否进行两种试验，见 7.1。根据产品的动态特性可能预见最不利的情况，例如，当固定连接时，振动可能是最严酷的动态环境；当非固定连接时，撞击可能导致最严重的破坏。这样可能免去固定连接和非固定连接二次试验。

B.3 安装——包装不可用

如果包装不可用，会有三种可能。其一，包装的性能仍可知或可估计。其二，包装的性能未知且无法估计。其三，使用非专门为产品设计的包装，但其性能可以从相似设计估计。在此种情况下要谨慎分析研究得到的结论，该试验应作为研制试验而不是验证试验。建议样品包装后重做试验。

在上述前两种情况下，产品需要做一次无包装的试验。在确定产品试验的试验轴和方向时，仍需要考虑用运输工具运载包装件的方式。

将产品紧固于试验装置的方法与产品在包装内紧固的方法不可能完全一样，但是，来自试验装置的振动或者冲击激励点应同于实际。试验的控制点宜采用新输入点。如果产品仅放在包装材料上，也应注意此因素，就像注意与产品相接触的任何其他包装和内部支撑或者加强设备那样。

当包装不可用时，试验的严酷等级将需要修正。

如果包装不可用而且通常非紧固装载于运输工具中，进行的试验将无多大意义。一些专家认为基于 GB/T 2423.6 中关于刚性安装的产品碰撞试验，对于相似速度变化量时，可认为等效于相同包装产品的弹跳试验（GB/T 2423.39—1990）。需要更多的数据才能证明其等效性，但作为增加可信度的一种方式，很值得做这个试验。当所有相关硬件条件具备时，应做验证试验。

偶然地，虽然初始生产者尽最大可能地去包装产品，但并不知道包装性能，且没有充分的信息可应用于估计。特别是产品是转包给第二生产商时，产品会加入到一个更大的包装和运载的联合体中。在这种情况下，应进行工程判断。在没有更好和更真实的资料时，一般会提供通用传递率曲线，该曲线用于校正试验的严酷等级（见图 B.1）。有关规范应说明采用相应曲线。传递率是振动水平（位移、速度或加速度幅）的比率，例如，在包装内产品响应和在包装件外表面的输入之比，以相同单位和相同振动方向上表达。安装方法见前文。

图 B.1 中给出四条曲线，各自代表不同刚性的包装材料的传递率，具有较强刚性的材料产生较高的共振频率。需要根据材料的刚性选择相应的曲线。如果采用 GB/T 2423.10 正弦试验方法，规定的振动量级应按各频率点上相应的值进行修正。

在采用 GB/T 2423.56（试验 Fh）宽带随机振动试验方法时，从图 B.1 选取合适的传递率曲线后，规定的加速度谱密度量级应在每个频率点上乘以从曲线上取得值的平方。

对上述的两种情况，结果可能致使在有些试验室无法再现其试验量级。在这种情况下，如果有关规范有说明，可能需要调整试验量级，以使在整个频率范围内总可以达到最大容许值。最重要的是在试验报告中记录实际使用的试验量级。

附录 C 提供了单自由度系统在半正弦脉冲作用下的响应导则。如果采用冲击试验（试验 Ea）方法或者是碰撞试验（试验 Eb），可以用来调整试验的严酷等级。

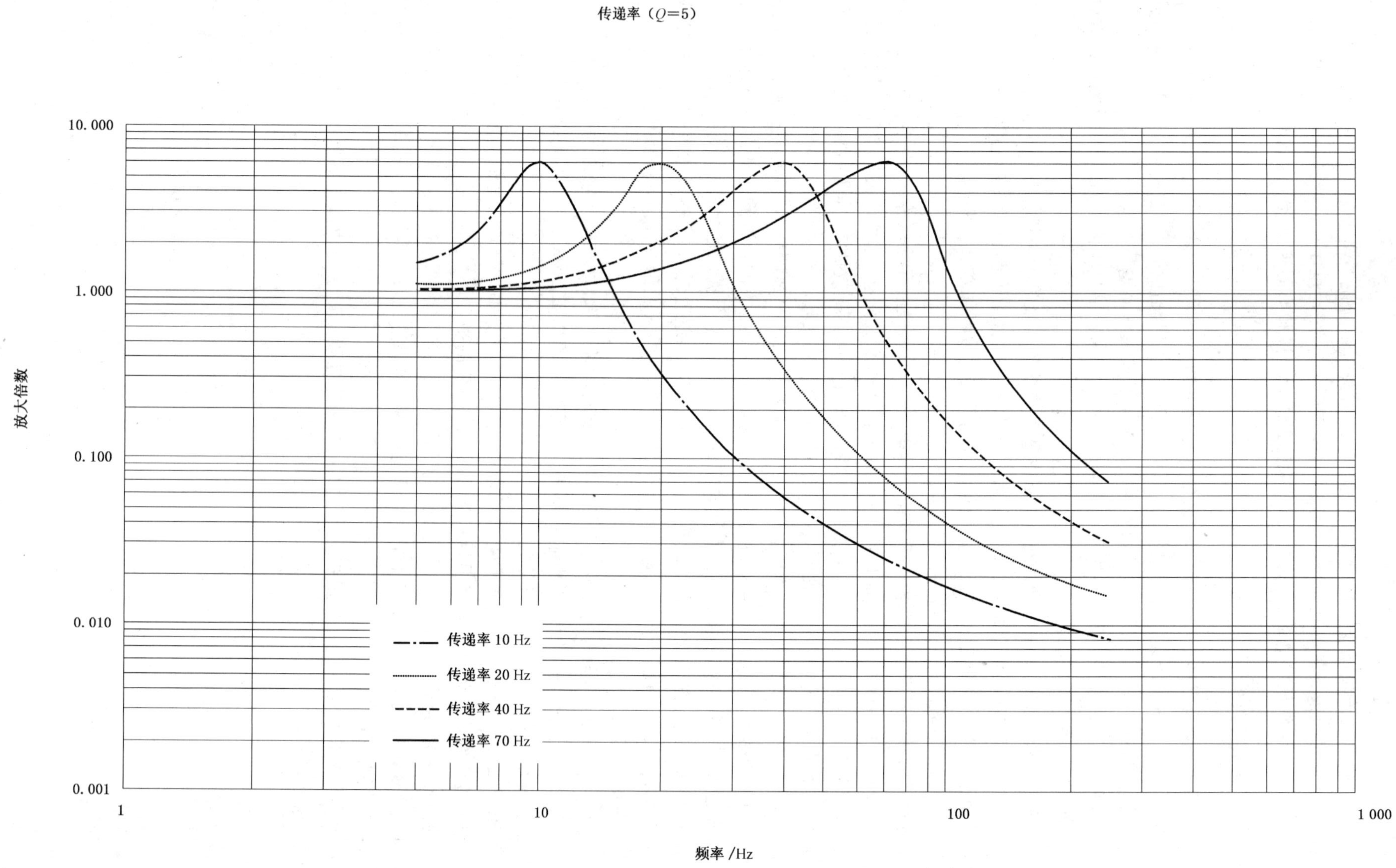

图 B.1 包装材料的通用传递率

B.4 动态条件

B.4.1 冲击

冲击试验(试验 Ea)模拟在运输和工作期间样品可能受到的非重复性冲击的效应。当运输环境的冲击响应谱已知时,需要从冲击试验给出的三种脉冲波形中选出最合适的波形。如果冲击响应谱未知,在冲击试验中应给出参考导则。但是,对于已包装的产品,在处置和运输期间所受到的冲击通常性质简单,通常选用从观察到的速度变化得到的半正弦脉冲。

尽管冲击试验三轴中的每一轴上有两个方向进行试验而增加难度,需要进行冲击试验的包装件的安装问题与振动试验相同。试验方向和固定方式的选择同样需要进行上述的工程考虑。

与振动试验相比,冲击试验更需要考虑与试验装置的运动部件相关的样品的质量。在冲击试验中,对于反作用比较明显的样品,有必要限制样品的质量,以满足试验的容差要求。

当适于进行对已包装产品进行试验冲击试验而包装又不可用时,可以根据某些已知或假定的参数去预测单自由度系统在其基座受冲击脉冲激励后的响应,以便用这些信息来修改冲击试验的严酷等级。附录 C 以半正弦波为例给出了进行该项工作的方法。

撞击试验(试验 Eb)模拟在运输或者安装过程中可能受到的重复冲击的效应。运输环境通常比工作环境更为严酷,出于这些原因,试验的严酷等级的选择应参考前者。

撞击试验基本上是强度试验,其目的是为了给出样品经受运输振动后生存的置信度。如同冲击试验一样,撞击试验应使包装件与夹具或者是撞击试验台面刚性连接。如果知道撞击试验中包装件未与试验装置牢固连接那就未达到碰撞试验的目的;而对于运输过程包装件非紧固于运输工具中或存在一定的自由度情况,合适的环境试验方法应采用弹跳试验(试验 Ec)。见条款 B.3 和 B.4.3。

试验轴线和方向的选取应尽可能代表在运输期间样品会经受到的撞击。因为相对于路面的垂直方向上撞击是最严酷的,在普通基座上运输的样品仅经受安装在该基座上的撞击试验。如果在运输期间,放置面可能多于一个,有关规范中应规定沿每个轴和方向都需要进行试验。但是,应记住,在这些情况下,进行三个相互垂直方向的试验就足够了。

既然碰撞试验使用半正弦脉冲,在无包装情况下可以考虑采用附录 C。

应注意的是包装产品的冲击和碰撞试验会遇到困难。受冲击的样品可能会与试验装置或者是夹具的表面分开,见条款 B.2。此外,冲击脉冲的高频分量和 GB/T 2423 试验规定的控制和容差带会很难得到满足。试验中需要专门的知识和经验,最重要的是在试验报告中记录试验完成时的最后条件。

为了对包装产品进行试验,将会对 GB/T 2423 系列的其他碰撞试验进行修订。

B.4.2 振动

对一个在温和环境中工作的产品,运输振动试验模拟其所可能遇到的最主要的动态环境的效应。对于一个产品大型、昂贵、精致、稀少或者特别是具有这些组合特性的产品,生产商通常会感到有必要采用有独特安装方法的坚固的包装。只要是在生产商的直接控制之下,可确保满足其特定的运输要求和条件。在这些条件下,情况是显而易见的,而且只要产品和包装的设计满足环境要求,这将不会遇到问题。

但是在大多数时候,生产商无法控制其包装件与运输工具的固定方式以及运往目的地的方式。

生产商会采取一些基本措施以减小在运输期间可能的振动破坏。他会了解到其产品在寿命期内可能会遇到的振动范围和量级。生产商需要自己检查可靠的振动数据来源,在某些情况下甚至要进行测试。为了保证满足这安全要素的要求,需要在他们所能获得的最完善的环境数据的基础上进行产品设计和研发试验。如果有必要在运输振动环境中进行包装件保护,应该在早期提出。为了提高置信度,有必要对包装产品进行后续试验。

规范编制人员,无论是制造商还是客户,需要为最终产品的高性价比的解决方案提供要求的数据。设计/研发小组应有充分的数据和经验,只要可行,就利用它来做概念设计。环境测试工程师应用其经验来进行前期设计，通常负责验证产品和包装产品的环境性能。

如前所述，生产商实际很难控制其包装产品的运输条件。因此，试验工程师的任务是再现这些环境条件的效应以便证实产品能否经受住运输的环境。这项任务是最困难的，同样试验规范的编制也一样。

总之，最终需要作出决定。应通过设计/研发试验给出产品的最易损坏的轴向。如果这些试验受到限制或无法进行，则这些轴向需要由判断决定。此外，把包装件紧固到试验装置上的方法和绑带或者缆线的张力都是很重要的因素。这些因素通常是无法定量的，并与实际运输条件相关。但是，当样品的惯性力比其约束力大时，样品会在试验机上弹跳。同样，由于样品的大小或者质量，甚至是它们紧固到试验装置的方式，通常有必要根据惯性力减小试验的上限频率或试验量级以满足试验方法对固定点的要求。

在试验阶段作出这些决定和其他决定需要丰富的经验和广博的知识。在这种情况下，重要的是在试验报告中记录最终的试验条件。

B.4.3 弹跳

弹跳试验(试验 Ee)是用来模拟在崎岖路面行驶的轮式车辆中散装的包装产品所经受到的随机冲击。

由陆路运输的包装件会经受严酷的反复冲击，这些冲击由撞击、反弹以及与运输工具表面的拖曳产生；或者由与运输工具侧壁或者是其他货物碰撞产生。即使固定在运输工具的平台上，如果约束存在一定的自由移动，也会经受类似的撞击。

弹跳试验实现撞击试验的类似功能，但是由于样品没有紧固在试验平台上，它更接近于模拟在运输过程中非紧固时受到冲击时产生的应力。弹跳试验所选的试验轴和试验方向应能代表在运输期间所处状态。在专用基座进行运输的包装件只需在该基座上进行弹跳试验。如果在运输期间，放置面可能多于一个，有关规范中应规定沿每个轴和方向都需要进行试验。

试验中需要考虑运输平台侧壁或其他货物撞击的效应，由于顶层和底层的环境明显不同，也需考虑包装件在运输工具中的效应。

弹跳试验机可以有两种类型，其一是同步的圆周运动，其二是非同步的圆周运动。对于这两种情况，严酷度的改变只能通过改变试验的持续时间来实现。这对不带包装的试验而言是不够的，因此弹跳试验只适用于已包装的产品。

需要注意的是目前弹跳试验只限于路面运输条件。

附　录　C
（资料性附录）
单自由度系统对半正弦脉冲的响应

C.1　概述

在应该模拟运输冲击环境条件时，如果包装不可用且其特性未知，用通常的方式考虑这些因素仍是有可能的。

注：组合后的样品和包装的响应可能不是简单地象单自由度系统的响应。因此，在使用本技术时应多加注意，并且它不能作为对样品的最终鉴定试验。建议采用已包装的样品进行最终试验。

C.2　样品的响应

为预测包装中产品的冲击响应，包装的动态特性可假定为单自由度系统的特性。如果这个系统在其基座上经受半正弦脉冲激励，其计算响应可以认为是产品的响应。为了计算产品的响应，需要提供如下四条信息：

1)　所用半正弦脉冲的振幅，如图 C.1 所示。
2)　所用半正弦脉冲的持续时间，如图 C.1 所示。
3)　传递特性中的衰减共振频率 f_n(Hz)，如图 C.2 所示。
4)　传递特性的动力放大系数 Q，如图 C.2 所示。

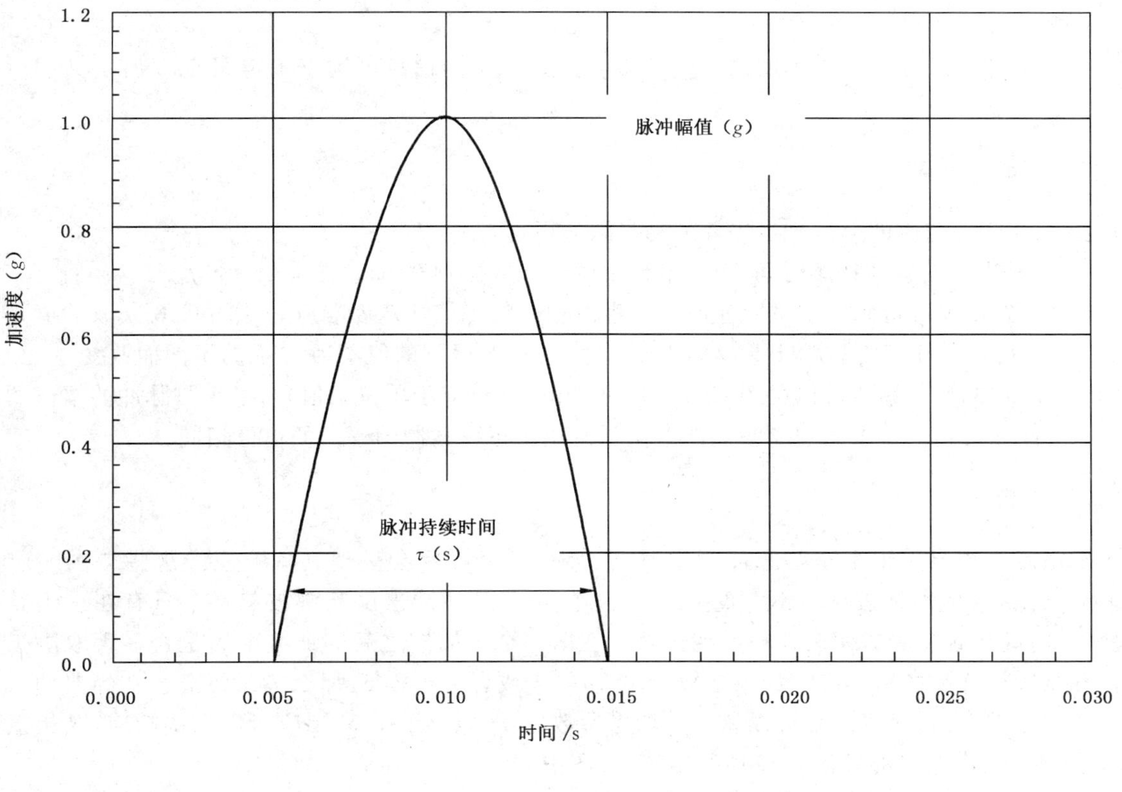

图 C.1　半正弦脉冲的典型特性

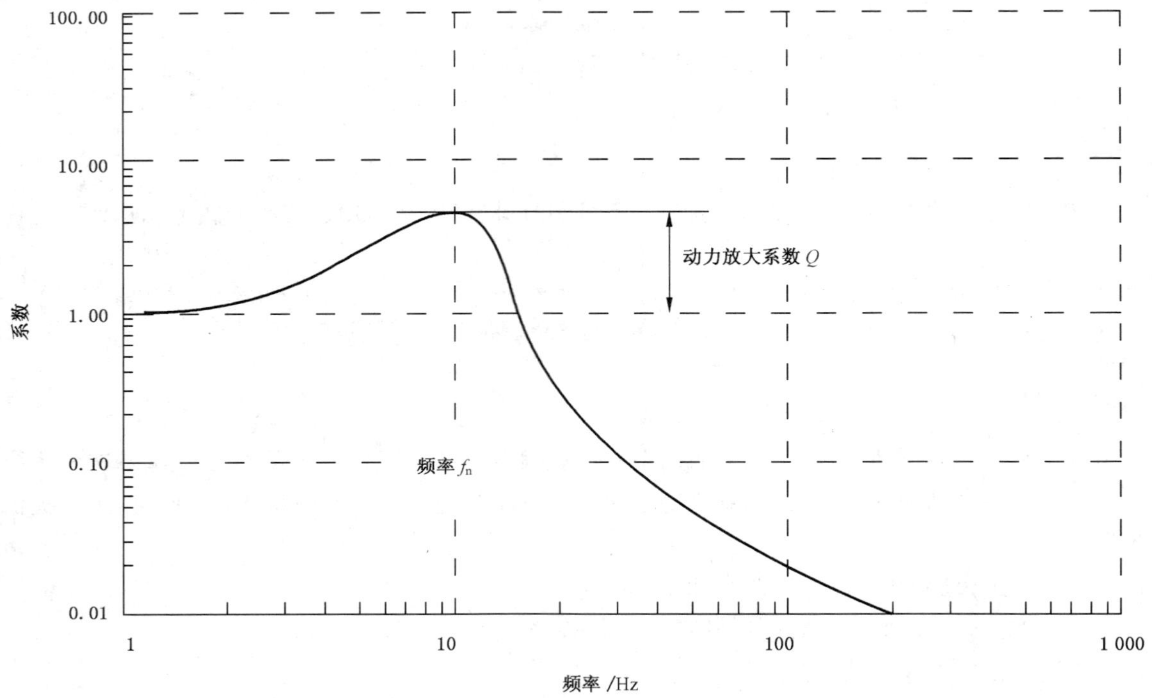

图 C.2　单自由度系统的典型传递特征

C.3　峰值

图 C.3 是用于获得第一个半周期响应的峰值。图 C.4 的信息可用于确定图 C.5 所定义的后续的半周幅值是否显著。

C.4　初始峰值的计算

用图 C.3 获得响应的第一个半周峰值的步骤如下：

(i)　计算半正弦脉冲持续时间(s)和单自由度系统共振频率(Hz)的乘积($\tau\times f_n$)。

(ii)　从图 C.3 可得到由单位脉冲波形产生的相应的峰值加速度响应。从图 C.3 获取的值是对应于 Q 值等于 5。但是只要 Q 值大于 2，由图 C.3 得到的值不因 Q 值的不同而改变。

(iii)　所求的响应幅值可以由图 C.3 中所获得的值(对应于单位幅值)与半正弦脉冲的幅值的乘积计算得到。所求的响应幅值的单位与所用半正弦脉冲的幅值的单位相同。

C.5　二次响应

单自由度系统当受到半正弦脉冲激励时，在第一个半周后会呈现衰减响应。这些二次响应如图 C.5所示。二次响应通常被认为不太重要，在经典的单向脉冲冲击试验中被忽略。只有在采用其他试验方法，如时间历程试验方法时才被使用。发生在第一个半周期之后的那些半周是否显著取决于它们的幅值和试验中样品的敏感度。如果参数($\tau\times f_n$)等于或者大于 1.5，那么第二幅值会在经典的单向脉冲试验的容差带以内，而且通常可以忽略。如果参数($\tau\times f_n$)小于 1.5，则应考虑二次响应，其幅值可由图 C.4 获得。二次响应的峰值对 Q 值很敏感，此图中 Q 等于 5。

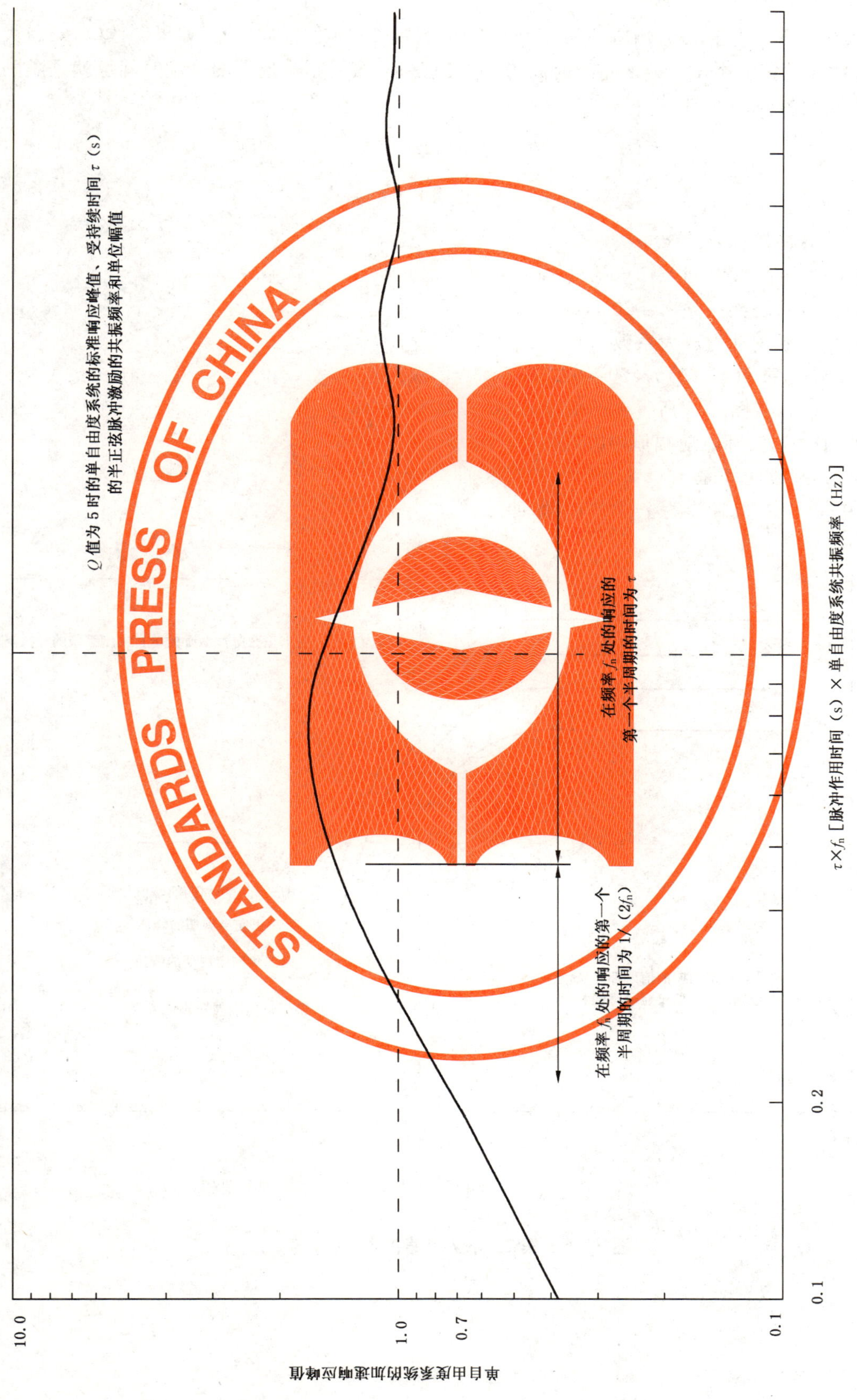
Q 值为 5 时的单自由度系统的标准响应峰值、受持续时间 τ（s）
的半正弦脉冲激励的共振频率和单位幅值
在频率 f_n 处的响应的
第一个半周期的时间为 τ
在频率 f_n 处的响应的第一个
半周期的时间为 1/（$2f_n$）
10.0
1.0
0.7
0.1
单自由度系统的加速响应峰值
0.1
0.2
τ×f_n [脉冲作用时间（s）× 单自由度系统共振频率（Hz）]

图 C.3　加速度响应峰值

C.6 脉冲持续时间

如果参数($\tau\times f_n$)小于0.5,响应的第一个半周期的持续时间为$1/(2f_n)$。如果参数($\tau\times f_n$)大于或者等于0.5,响应的第一个半周期的持续时间为τ,也就是说,第一正半周期的持续时间也就是激励脉冲的持续时间,也可参见图C.3。

C.7 完成实例

例:假定如下:

半正弦脉冲振幅=10 g

半正弦脉冲持续时间=10 ms,即0.010 s

单自由度系统共振频率=20 Hz

单自由度系统动力放大系数=5

则,由C.4(i),乘积=0.010×20=0.2

由C.4(ii),从图C.3所得到的值是0.70

由C.4(iii),实际响应幅值=0.7×10 g=7.0 g

由C.6,持续时间是1/(2×20)=0.025 s,即25 ms

因此,10g,10 ms脉冲变为7g,25 ms脉冲(近似)。

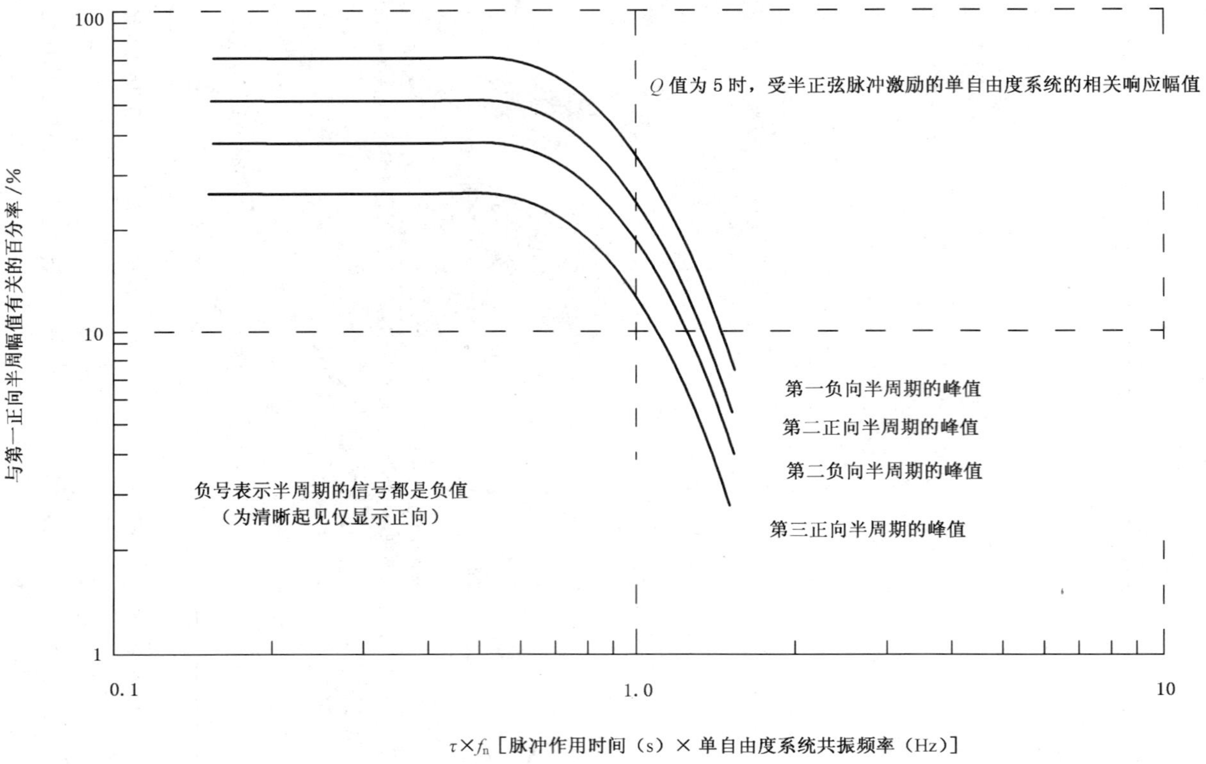

图C.4 第二响应峰值的相关峰值

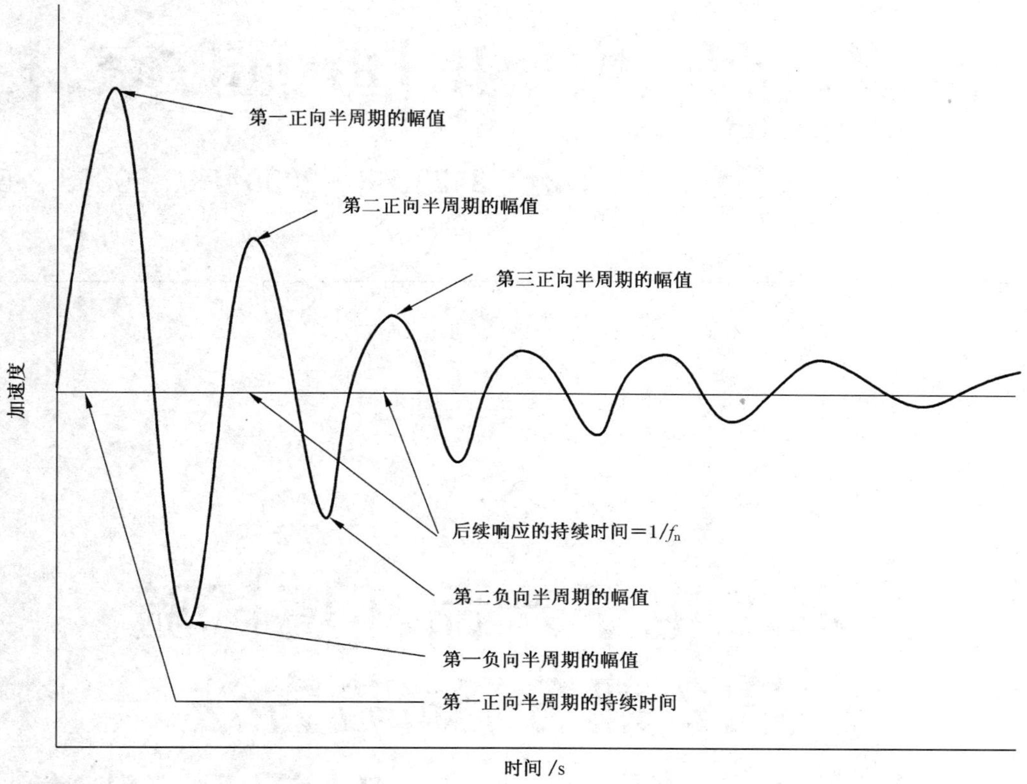
第一正向半周期的幅值
第二正向半周期的幅值
第三正向半周期的幅值
加速度
后续响应的持续时间＝1/f_n
第二负向半周期的幅值
第一负向半周期的幅值
第一正向半周期的持续时间
时间 /s

图 C.5　响应特性的记录

ICS 19.040
K 04

中华人民共和国国家标准

GB/T 2423.48—2008/IEC 60068-2-57:1999
代替 GB/T 2423.48—1997

电工电子产品环境试验
第2部分:试验方法
试验 Ff:振动——时间历程法

**Environmental testing for electric and electronic products—
Part 2:Test methods—
Test Ff:Vibration—Time-history method**

(IEC 60068-2-57:1999,Environmental testing—Part 2-57:Tests—
Test Ff:Vibration—Time-history method,IDT)

2008-06-16 发布 2009-03-01 实施

中华人民共和国国家质量监督检验检疫总局
中国国家标准化管理委员会 发布

前　言

GB/T 2423《电工电子产品环境试验　第2部分:试验方法》按试验方法分为若干部分。

本部分为GB/T 2423的第48部分。

本部分等同采用IEC 60068-2-57:1999 Ed2.0《电工电子产品环境试验　第2-57部分:试验方法　试验Ff:振动——时间历程法》。

为便于使用,本部分做了下列编辑性修改:

——"IEC 60068-2的本部分"一词改为"GB/T 2423的本部分"或"本部分";

——用小数点"."代替作为小数点的逗号",";

——删除国际标准的前言;

——为了与现有GB/T 2423其他各部分的名称一致,将本部分名称改为当前名称。

本部分代替GB/T 2423.48—1997《电工电子产品环境试验　第二部分:试验方法　试验Ff:振动——时间历程法》(IEC 60068-2-57:1989 Ed1.0)。

本部分与GB/T 2423.48—1997的差异主要有:

——增加了试验要求的信号容差、试验响应谱的计算的技术内容,对原有的内容也有删改和补充;

——增加附录B试验频率范围;

——附录A有较大修改。

本部分引用的规范性文件中有一部分目前尚未转化为等同采用的国家标准,在引用这些规范性文件时仍以IEC/ISO的编号列出。

本部分附录A、附录B均为资料性附录。

本部分由机械工业联合会提出。

本部分由全国电工电子产品环境条件与环境试验标准化技术委员会(SAC/TC 8)归口。

本部分起草单位:信息产业部电子第五研究所、广州大学、上海市质量监督检验技术研究院、西安捷盛电子技术有限责任公司、苏州试验仪器总厂。

本部分主要起草人:解禾、纪春阳、徐忠根、卢兆明、常少莉、李劲、冯睿、徐立义。

本部分所代替标准的历次版本发布情况为:

——GB/T 2423.48—1997。

引　言

GB/T 2423 的本部分详细阐述了元器件、设备和其他电工电子产品（下文称样品）的试验方法，因为这些在其使用期间可能会受到短持续时间的随机形式的动力作用，典型的例子是地震、爆炸、运输和在不同类型运输工具中运行时在设备中产生的应力。

这些力的特性和样品的阻尼使样品的振动响应达不到稳态条件。

在当用正弦或随机振动进行了初始振动响应检查之后，本试验将使样品经受由具有模拟动态应力特性的响应谱规定的振动时间历程。

时间历程可以用下列方法产生或获得：

——自然事件（自然时间历程）；

——随机样本（人工时间历程）；

——合成信号（人工时间历程）。

为了达到所规定的试验严酷等级，通常必须作一些修正。

采用时间历程时允许用单一试验波来包络宽带响应谱。

在激励轴（一条或几条）方向中样品的所有模态可能同时被激励，因此由耦合模态的合成效应而产生的应力一般都要加以考虑。

本部分描述了操作试验和在指定点上进行振动测量的试验程序。同时详细给出了振动要求、根据不同频率范围进行的严酷等级选择规定响应谱、响应高峰个数及时间历程的持续时间和个数。

在第 13 章中列出了有关规范需考虑的细节的详细清单，并在附录 A 中给出了导则，在附录 B 中给出了推荐的试验频率范围。

应当强调的是，振动测试通常需要一定程度的工程判断，供需双方都应充分认识到这点。有关规范的编写者选择符合样品及其用途的试验方法和严酷等级。

电工电子产品环境试验 第2部分:试验方法 试验 Ff:振动——时间历程法

1 范围

GB/T 2423 的本部分目的在于提供一个用时间历程法来确定样品抵抗规定的严酷等级的瞬时振动能力的标准方法。

2 规范性引用文件

下列文件中的条款通过 GB/T 2423 的本部分的引用而成为本部分的条款。凡是注日期的引用文件,其随后所有的修改单(不包括勘误的内容)或修订版均不适用于本部分,然而,鼓励根据本部分达成协议的各方研究是否可使用这些文件的最新版本。凡是不注日期的引用文件,其最新版本适用于本部分。

GB/T 2421—1999 电工电子产品环境试验 第1部分:总则(idt IEC 60068-1:1988)

GB/T 2423.5—1995 电工电子产品环境试验 第二部分:试验方法 试验 Ea 和导则:冲击(idt IEC 60068-2-27:1987)

GB/T 2423.10—2008 电工电子产品环境试验 第2部分:试验方法 试验 Fc:振动(正弦)(IEC 60068-2-6:1995,IDT)

GB/T 2423.43—2008 电工电子产品环境试验 第2部分:试验方法:元器件、设备和其他产品在冲击(Ea)、碰撞(Eb)、振动(Fc 和 Fd)和稳态加速度(Ga)试验中的安装和导则(IEC 60068-2-47:1995,IDT)

GB/T 2423.56—2006 电工电子产品环境试验规程 第2部分:试验方法 试验 Fh:宽频带随机振动(数控)和导则(IEC 60068-2-64:1993,IDT)

GB/T 2424.25—2000 电工电子产品环境试验 第3部分:试验导则 地震试验方法(IEC 60068-3-3:1991,IDT)

ISO 266:1997 声学 优选频率

ISO 2041:1990 振动和冲击 词汇

3 术语和定义

ISO 2041,GB/T 2421—1999,GB/T 2423.10—2008,GB/T 2423.56—2006 中及下列术语与定义适用于本部分。

3.1

危险频率 critical frequency

试验样品由于振动而出现故障和(或)性能下降的频率。或者出现机械共振和(或)其他效应,例如颤振的频率。

3.2

阻尼 damping

阻尼是描述系统中各种机理产生的能量损失的一种通用术语。实际中,阻尼取决于许多参数,例如结构系统、振动模态、变形、外加力、速度、材料、连结滑移等。

3.3

临界阻尼　critical damping

允许一个已移位的系统在允许的最短时间内无振荡地回到初始位置的最小粘性阻尼。

3.4

阻尼比　damping ratio

粘性阻尼系统中，实际阻尼与临界阻尼的比。

3.5

信号容差　signal tolerance

信号容差：　$T=\left(\frac{NF}{F}-1\right)\times 100$　（以百分比计算）

式中：

NF——未过滤信号的均方根值；

F——过滤信号的均方根值。

3.6

固定点　fixing point

样品与夹具或振动台面接触的部分，在使用中通常是固定样品的点。

注：如果实际安装结构的一部分作为夹具使用，则应取安装结构和振动台面接触的部分作固定点，而不应取样品和振动台面接触的部分作固定点。

3.7

重力加速度 g_n　acceleration of gravity

由于地球重力而引起的标准加速度，该加速度本身随着高度和地理纬度而变化。

注：在本部分中，重力加速度值取整数 10 m/s^2。

3.8

响应高峰　high peaks of the response

单自由度系统（振荡器）在高于规定阈值的时间历程激励下计算到的响应峰值（见图 2）。

注 1：实际中，提到响应高峰是由于瞬态激励（时间历程）而难以确定完全反应周期。

注 2：峰值是连续与零轴交叉的两点间偏移零轴的最大正值或最小负值（见图 3）。

3.9

测量点　measuring points

为进行试验而收集数据的特殊点，这些点具有两种主要形式，其定义如下：

注：为了评价样品的性能，可在样品中的许多点上进行测量，但在本部分中这些点不做测量点对待。

3.9.1

检测点　check point

位于夹具、振动台台面或样品上的点，该点尽可能接近其中一个固定点，而且在任何情况下，都要和固定点刚性连接。

注 1：一些检测点是用来保证满足试验要求的。

注 2：如果存在 4 个或 4 个以下的固定点，则每个固定点都用作检测点。如果存在 4 个以上的固定点，则有关规范应规定 4 个具有代表性的固定点做检测点用。

注 3：在特殊情况下，例如对大的或复杂的样品，如果不要求检测点紧靠固定点，则检测点应在有关规范中规定。

注 4：当大量的小样品安装在一个夹具上时，或在一个小样品有许多固定点的情况下，为了导出控制信号，可选用单个检测点（即参考点）。因此，控制信号与夹具有关，而与试验样品固定点无关。这种方法仅当加载后夹具的最低共振频率大大超过试验的上限频率时才是可行的。

3.9.2

参考点　reference point

从检查中选出来的点，它的信号是用来控制试验以满足本部分要求的。

3.10

固有频率　natural frequency

由自身物理特性(质量，刚度和阻尼)决定的有阻尼或无阻尼自由振动频率。

3.11

自然时间历程　natural time-history

由给定事件导致的加速度、速度或位移等随时间而变化的记录。

3.12

振荡器　oscillator

用来产生或保持机械振荡的单自由度系统。

3.13

间隔时间　pause

两相邻时间历程之间的间隔。

注：间隔应使样品的响应运动无显著叠加，可从以下表达式得到：

$$T > \left(\frac{1}{f} \times \frac{100}{d}\right)$$

式中：

T——间隔时间，单位为秒(s)；

f——最低无阻尼自然频率，单位为赫兹(Hz)；

d——最小自然频率时间的阻尼比，(以百分比计算)。

3.14

优选试验轴向　preferred testing axes

样品最易受损的三个互相垂直的轴向。

3.15

随机运动样本　random motion sample

为产生规定的响应谱，对记录频率范围和振幅进行修正的随机运动样本。

3.16

规定响应谱　required response spectrum

有关规范规定的响应谱。

3.17

响应谱　response spectrum

一系列单自由度物体以自振频率函数的形式按规定阻尼比作规定输入运动的最大响应曲线。

3.18

采样频率　sampling frequency

为以数字形式记录或代表时间历程每秒采集离散量值的数目。

3.19

规定响应谱的强部　strong part of the required response spectrum

响应加速度高于规范响应谱－3 dB 带宽的那部分频谱(见图 4)。

注：一般情况下对地震来说，规定响应谱的强烈部分位于频率带宽的前 1/3。

3.20

时间历程的强部　strong part of the time-history

从曲线开始达到最大值 25％到最后下降到 25％的这段时间的时间历程(见图 5)。

3.21

扫频循环　sweep cycle

在规定频率范围内，在每个方向上来回一次，例如从 1 Hz 到 35 Hz 再到 1 Hz。

3.22

合成时间历程　synthesized time-history

人工产生的时间历程，其响应谱包络规定的响应谱。

3.23

试验量值　test level

试验波形的最大峰值。

3.24

试验响应谱　test response spectrum

通过分析或频谱分析仪导出的振动台实际运动响应谱。

3.25

时间历程　time-history

加速度、速度或位移随时间变化函数的记录。

注：数学术语"时间历程"在 ISO 2041 中给出，并与以时间为函数的量值有关。

3.26

零周期加速度　zero period acceleration

响应谱加速度的高频渐近值(见图 6)。

注：零周期加速度具有实际意义，因为它代表时间历程中加速度的最大峰值，但不要和响应谱中加速度峰值相混淆。

4　一般要求

本试验的目的是按规定的性能确定样品的机械薄弱环节和(或)规定性能的降低情况，并使用这些信息结合有关规范来确定样品是否被接收。在某些情况下，本试验也可以用来确定样品的机械强度和(或)研究它们的动态特性。

有关规范应规定样品在振动时的工作程度或仅仅是在经受振动后保持功能。

在本试验中，样品一直紧固在振动台上。

为促进本部分的应用，在正文中给出了参考流程图图 1 和附录 A，附录 A 中也提及了正文的段落编号。

5　试验要求

5.1 规定了对振动响应检查的要求，5.2 规定了对时间历程试验的要求，而 5.3 规定了对试验安装的要求。

5.1　振动响应检查

当有关规范有要求时，振动响应检查应按 GB/T 2423.10—2008 中的方式进行。特别要考虑以下 5.1.1～5.1.9 的要求，以便确定危险频率和必要时确定阻尼比。

随机振动试验也可用作振动响应检查的另一种替代方法(见 GB/T 2423.56—2006 的 4.3 和 A.3)。

5.1.1　基本运动

基本运动应为时间的正弦函数，按有关规范的要求样品在振动台上各固定点应基本同相，并以平行直线运动，且满足 5.1.2 和 5.1.3 中规定的限值要求。

5.1.2　寄生运动

5.1.2.1　横向运动

在检测点上垂直于规定轴向上的最大振幅应不超过规定振幅的 50%(频率小于 500 Hz)或者不超

过100%(频率大于500 Hz)。试验测试需要覆盖规定的频率范围。在特殊情况下,例如小样品,如果有关规范有规定,允许横向运动幅值限制在25%以内。

在某些频率上,大尺寸或高质心样品可能难以达到这些值。在这种情况下,有关规范应规定采用下列二者之一。

a) 超过上述规定的横向运动应记录在试验报告中;

b) 确知对样品无危害的横向运动可不必监控。

5.1.2.2 旋转运动

大尺寸或高质心样品可能引起振动台的寄生旋转运动,对此有关规范应规定其容差量级。达到的量级应记录在试验报告中。

5.1.3 信号容差

除非有关规范另有规定,应进行加速度信号容差测量。在参考点上进行,并应覆盖到5 000 Hz的频率或者为驱动频率的5倍,取较小值。然而,如果有关规范有上限试验频率的规定,此最大分析频率可能达到甚至超出扫频的上限试验频率。

除非有关规范另有规定,信号容差不应超过5%。某些情况下,它可能达不到此值,此时允许信号容差大于5%。如果有规定,使用跟踪滤波器可使基本驱动频率上控制信号的加速度幅值恢复到规定值。

当样品很大或复杂时,在某些频率点上无法满足规定信号容差值且无法使用跟踪滤波器,此时信号加速度幅值不必恢复,但其信号容差应记录在试验报告中。

注:如果无法使用跟踪滤波器且信号容差超过5%,再现性可能会受到选择数字的或模拟控制系统显著影响。

不管是否使用跟踪滤波器,如上所述,有关规范可要求把信号容差和受影响的频率范围记录在试验报告中。

5.1.4 振动幅值容差

沿规定轴向在检测点和参考点的基本运动应在以下容差内等于规定值。这些容差包括仪器误差。有关规范可能要求把用于评价测量不确定度的置信度水平记录在试验报告中。

低频或大尺寸或高质心样品时,难以达到容差要求。此时,有关规范应规定采用更大容差或采用另一评价方法,并记录在试验报告中。

5.1.4.1 参考点

参考点上控制信号的容差应为基本运动的±15%。

5.1.4.2 检测点

每一检测点上的容差:

500 Hz及以下:加速度的±25%;

500 Hz以上:加速度的±50%。

5.1.5 频率容差

应用下列频率容差:

小于或等于0.25 Hz:±0.05 Hz;

0.25 Hz～5 Hz:±20%;

5 Hz～50 Hz:±1 Hz;

50 Hz以上:±2%。

当要求比较试验前后的危险频率时,采用以下容差:

小于0.5 Hz:±0.05 Hz;

0.5 Hz～5 Hz:±10%;

5 Hz～100 Hz:±0.5 Hz;

100 Hz 以上：±0.5%。

5.1.6 扫频

扫频应是连续的，并且以每分钟不超过一个倍频程的速率随时时间按指数规律变化。

注：对数字控制系统，讲扫频是"连续的"严格来说不是很准确，但这种差别毫无实际意义。

5.1.7 阻尼比

一般根据振动响应检查确定阻尼比。这种确定取决于所用试验装置，并且需要工程判断。如试验报告认为正确，可采用其他方法。

5.2 时间历程试验

时间历程试验应考虑下列要求：

5.2.1 基本运动

时间历程可从以下方法中获得：

a) 自然时间历程，或

b) 对在规定频率范围内频率的综合得到的合成时间历程。在这种情况下，合成时间历程应该以下列适当的方法产生。

——当样品阻尼小于或等于 2%时，不超过 1/12 倍频程频带；

——当样品阻尼为 2%～10%时，一般情况下不超过 1/6 倍频程频带；

——当样品阻尼大于或等于 10%时，不超过 1/3 倍频程频带。

阻尼比的值(见 3.4)可由有关规范个规定或由其他方法得到，如振动响应检查(见 5.1)。通常选用 5%的值。

5.2.2 横向运动

除有关规范另有规定外，垂直于规定轴向的任何轴向上检测点的最大加速度或位移最大峰值应不超过时间历程所规定的峰值的 25%。记录测量仅需覆盖到所规定的频率范围。

在某些频率上，大尺寸或大质量样品可能难以达到这些值(见 A.1)。在这种情况下，有关规范应指出下列哪一项要求适用：

a) 超过上述规定的横向运动应记录在试验报告中；

b) 横向运动不需监测。

5.2.3 旋转运动

当振动台的寄生旋转运动可能很重要时，有关规范可规定容差水平，并将其记录在试验报告中。

5.2.4 规定响应谱的容差带

适用于规定响应谱的容差带应在 0%～到+50%的范围内(见图 6)。

如果试验响应谱有一小部分单个点在容差带之外，该试验仍可接受，只要提供的这些点与样品的共振频率不一致。

试验响应谱至少要受以下检查：

——如果样品的阻尼小于或等于 2%，按 1/12 倍频程频带检查；

——如果样品的阻尼在 2%和 10%之间(一般情况)，按 1/6 倍频程频带检查；

——如果样品的阻尼大于或等于 10%时，按 1/3 倍频程频带检查。

注：在某些情况下，由于规定响应谱是人工使其成形和加宽的，以致使试验响应谱无法在该容差带内产生。此时，有关试验规范的容差可能要修正。

5.2.5 频率范围

除试验装置和样品产生的频率外，参考点上的信号不应包括试验频率范围以外的任何频率。试验装置产生的试验频率范围外的最大信号值，在无样品情况下不应超过参考点规定信号最大值的 20%。如果上述值不可能达到，所获得的值应记录在试验报告中。

在评价试验响应谱时，频率范围以外的频率不予考虑。

5.2.6 试验响应谱的计算

为计算试验响应谱时把误差降低至最小，在评价时，时间历程的取样和滤波应给予特别考虑。

对响应计算，时间历程的采样频率至少高于上限频率 f_2 的 10 倍。

注：采用这种方法，最大上限频率(f_2)振荡器的响应时间历程的计算具有小于 5%的量级误差。如果取常用频率分析的 2.56f_2 的采样频率，最大上限频率(f_2)振荡器的最大响应可达到超过 60%的误差。

为避免重叠误差，估值时总先用低通滤波器滤波，然后将时间历程数字化。推荐半功率点抗混淆滤波器的截止频率为 1.5 f_2。截止比率至少应为 −60 dB/oct。采用以上推荐值以确保最大上限频率(f_2)振荡器能获得完整响应。由抗混滤波器导致的相变引起的最大振荡器误差同样得到控制。

如果在估值或振荡器的响应时间历程下的时间历程在为了试验响应谱计算的帧内衰减不够时，可能会产生截断误差，这对低阻尼振荡器进行计算时尤为重要。通过采用长时帧可避免截断误差。

注：本问题的基本原理记录在 GB/T 2423.5—1995 的附录 B，后者给出了初始响应谱和残余响应谱的定义。对试验响应谱的估值应考虑到一个"总"的响应谱，然后考虑振荡器响应的总的"强部"。

5.3 安装

样品应按 GB/T 2423.43—2008 的要求进行安装。

如果样品通常安装在减震器上，而在进行试验时，又必须去除减震器，则应考虑修改规定的激励值。

安装样品时应考虑连接件、电缆、导管等的影响。

注：只要可行，试验应包括样品在实际中正常使用的安装结构。

有关规范应规定试验时样品的方位和安装方法，并应作为样品符合本部分要求是唯一条件，可给出充分的理由说明方位和安装对试验没有影响者除外(例如，能证明重力效应不影响样品的性能)。

6 严酷等级

试验严酷等级由下列参数的组合确定：

——试验频率范围；

——规定响应谱；

——时间历程的数目和持续时间；

——响应高峰值数目(见 A.3)。

有关规范应根据 6.1～6.4 中给出的资料规定每一参数值。

6.1 试验频率范围

有关规范应从表 1 中选取一个下限频率和从表 2 中选取一个上限频率来给出试验频率范围。推荐的频率范围示于表 3；适用于不同应用的常用试验频率范围的例子在附录 B 中给出。

表 1 下限频率

f_1/Hz
0.1
1
5
10
55
100

表 2 上限频率

f_2/Hz
10
20
35
55
100
150
300
500
2 000

表 3 推荐频率范围

从 f_1/Hz	到	f_2/Hz
0.1	到	10*
1	到	35
1	到	100
5	到	35*
10	到	100*
10	到	150
10	到	500
10	到	2 000
55	到	2 000
带*标记的频率范围不在 GB/T 2423.10—2008 的推荐频率范围中。		

6.2 规定响应谱

有关规范应规定试验所需用的响应谱的形状与量值，包括零周期加速度值。若样品所有轴向不相同时，还应规定施加响应谱的样品轴向。

在完全不知环境条件的情况下，A.2 章提供了制定规定响应谱的导则。

6.3 时间历程的数目和持续时间

6.3.1 时间历程的数目

有关规范应规定对样品所施加的时间历程数目和有关轴向。

除非另有规定，对每条轴向和每一时间历程量级所施加的时间历程数目应从下列系列中选取：

……1，2，5，10，20，50……

当所施加的时间历程量级有一个以上时，条件试验总是应从最低值开始，继续升到较高值，每一时间历程之后应有一个时间间隔。

6.3.2 时间历程的持续时间

有关规范应规定每一时间历程的持续时间。以秒为单位的推荐值以下列系列给出：

……1，2，5，10，20，50……

6.3.3 时间历程强部的持续时间

在某些情况下，有关规范可以规定时间历程强部以占总的持续时间的百分比给出。此外，除应满足6.4要求外，应从下列总持续时间的百分比中选择时间历程强部的值：

25%、50%、75%

所选定的值应记录在试验报告中。

6.4 响应高峰值的数目

有关规范可以规定导致大于规定应力值的高应力循环次数(见 A.3 章)。

响应高峰值是适用的附加严酷等级,尤其是在固有频率落在规定响应谱强部时。

响应高峰值应以在规定固有频率下规定响应谱值的百分比表示。

除非有关规范另有规定,对阻尼比为 2%~10%,响应高峰值数目应在 3~20 内,建议阈值为 70%。正峰值和负峰值应近似为均匀分布,如图 2 所示。

7 预处理

有关规范可要求预处理,并给出条件。

8 初始检测

应根据有关规范的要求对样品进行外观、尺寸和功能检查。

9 试验

9.1 概述

除非有关规范另有规定,样品应沿三条优选试验轴向中的每条轴向进行激励,如果有关规范没有规定,沿着这些轴向的试验次序是不重要的。

当有关规范有规定时,规定试验量值的控制应该用施加于振动台最大驱动力的上限来补充。限制力的方法也应在有关规范中规定。

9.2 振动响应检查

当有关规范有规定时,在规定频率范围内应对样品进行动态响应检查。

振动响应检查应按有关规范规定的试验量级,在试验频率范围内按正弦振动或随机振动进行。

试验量级的选择应使样品的响应保持小于时间历程的响应,但保持在一个足够高的量级上,以便发现危险频率。

以正弦激励的响应检查应以不高于每分钟一个倍频程的对数扫频来进行,但如果要求获得更高精度的响应特性,扫频速率可放慢,但应避免不适当的停顿。

进行随机振动响应检查应考虑到为试验时间应足够长以使响应的随机波动最小。应该注意的是,频率分辨率应足够高以便能充分地确定响应峰值(最小-3 dB 带宽),并且建议在最小-3 dB 带内至少包含 5 条谱线。

如果有关规范有要求,振动响应检查期间样品应工作。如果因样品工作而不能评价其机械振动特性时,则应在样品不工作的情况下进行附加的振动响应检查。在这阶段,为了确定危险频率,应对样品进行检查,然后把检查情况写在试验报告中。

在某些情况下,有关规范可以要求在完成了时间历程试验后再进行附加的振动响应检查,以便比较危险频率。

有关规范应规定如果危险频率出现任何变化时所采取的措施。最重要的是应以同样的方式和相同的试验量级进行两种振动响应检查。

9.3 时间历程试验

对于时间历程试验,有关规范应根据第 6 章的规定给出严酷等级。

试验响应谱应被包络在规定响应谱按 5.2.4 给出的容差带内。

在相邻时间历程之间应有足够时间间隔,以使样品的响应运动不发生明显的叠加。有关规范还应规定是需要单轴向试验、双轴向试验还是三轴向试验。

注:双轴向、三轴向试验方法通常用在地震领域(类别 1,见 A.2.1),参考 GB/T 2424.25—2000。

9.3.1 **单轴向试验**

试验连续地沿着每条优选轴向进行。

9.3.2 **双轴向试验**

对每个系列试验，沿着样品的两条优选轴向同时施加两个时间历程。如果两个时间历程不是独立的，则先以相位角 0°，然后以 180°重复每一试验。

注：当规定双轴向试验时，可在单斜轴安装下进行试验，但沿两个轴向的运动总是相关的。应调整每条轴向的试验响应谱，以便包络该轴向的规定响应谱。

9.3.3 **三轴向试验**

对每个系列试验，沿样品的三条优选轴向同时施加时间历程。对这种试验方法，用单轴向或双轴向的安装是不合适的。

10 中间检测

当有关规范有规定时，在所规定的时间历程试验期间，样品应工作，并检测其性能。

11 恢复

有关规范有规定时，在试验之后、最后检测之前，有时需要提供一段时间让样品达到与初始检测时相同的条件，例如温度条件。

12 最后检测

应按有关规范的规定对样品进行外观、尺寸和功能检查。

有关规范应提供接受或拒收样品的判据。

13 有关规范应做出的规定

当有关规范包括本实验时，只要适用应规定下列细节，应特别注意带星号标记的项目，因为这些项目总是不可少的。

	章节
a) 基本运动*	5.1.1 和 5.2.1
b) 横向运动	5.1.2.1 和 5.2.2
c) 旋转运动	5.1.2.2 和 5.2.3
d) 信号容差	5.1.3
e) 振幅容差	5.1.4
f) 阻尼比	5.1.7
g) 样品的安装*	5.3
h) 试验频率范围*	6.1
i) 规定响应谱*	6.2，A.2
j) 时间历程数目*	6.3.1
k) 时间历程持续时间*	6.3.2
l) 时间历程强部的持续时间	6.3.3
m) 响应高峰值数目和阈值	6.4，A.3
n) 预处理	第 7 章
o) 初始检测*	第 8 章
p) 优选试验轴向	9.1
q) 驱动力限制	9.1

r） 振动响应研究 9.2

s） 性能和功能检查 9.2

t） 单轴向、双轴向三轴向试验* 9.3

u） 恢复 第 11 章

v） 最后检测* 第 12 章

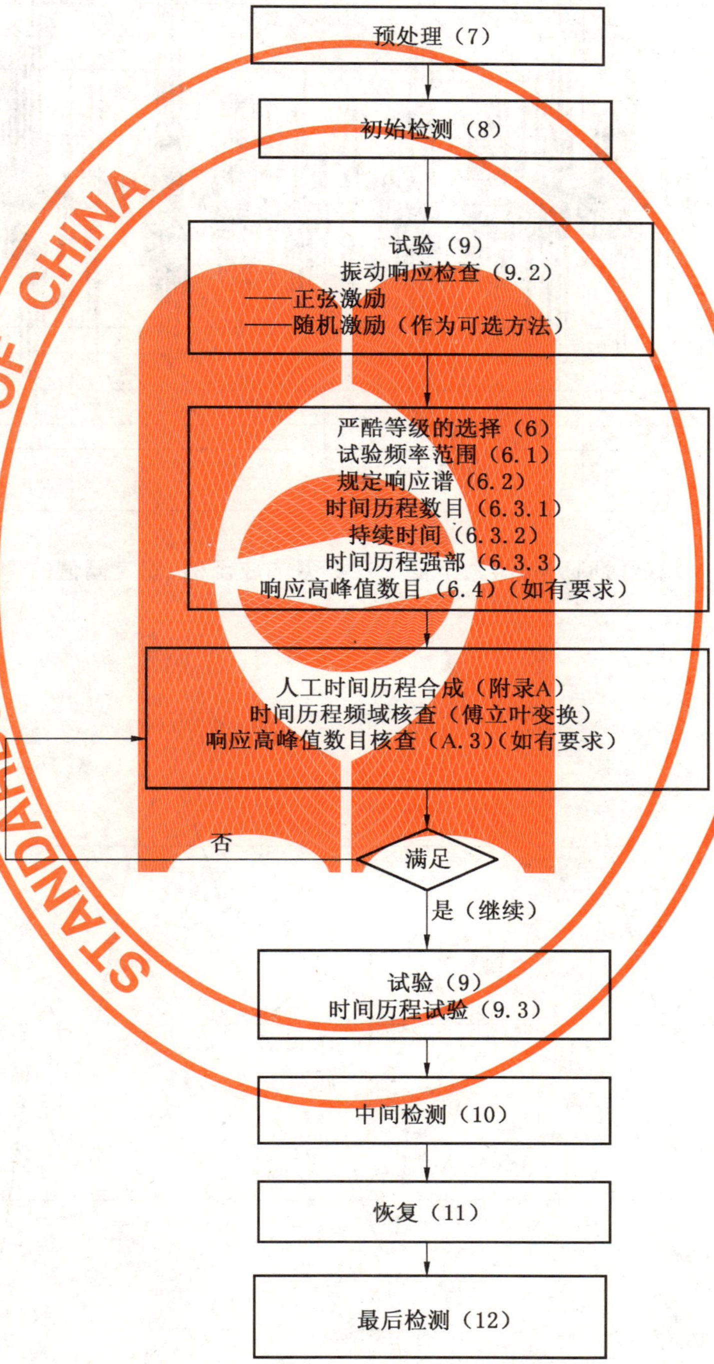

图 1 振动、时间历程流程图

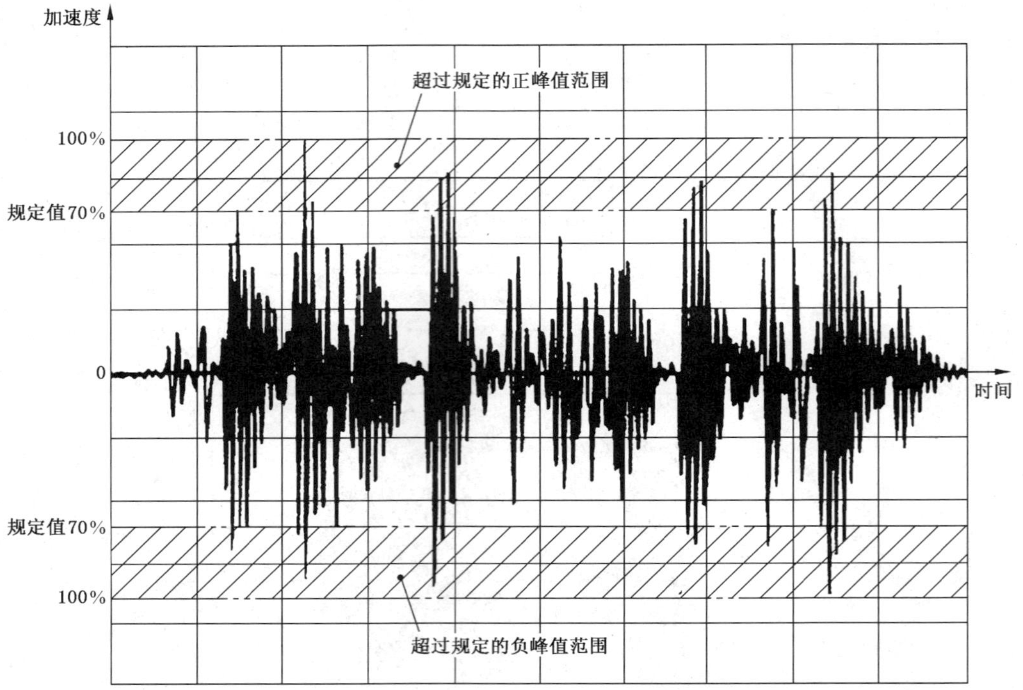

图 2 规定时间历程激励下振荡器典型响应示例(规定阈值的 70%)

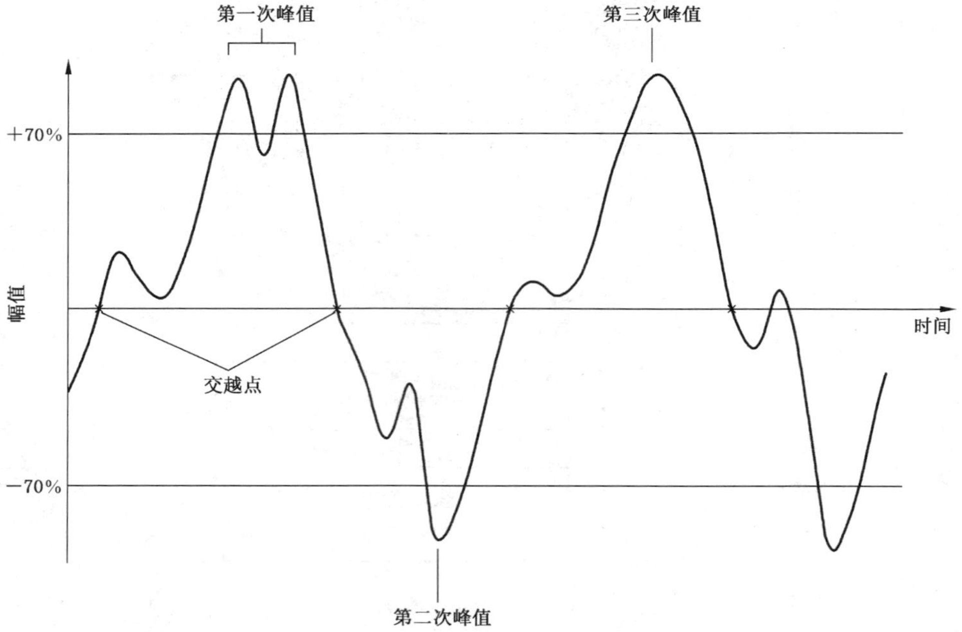

图 3 高于规定阈值(70%)的响应峰值鉴别示例

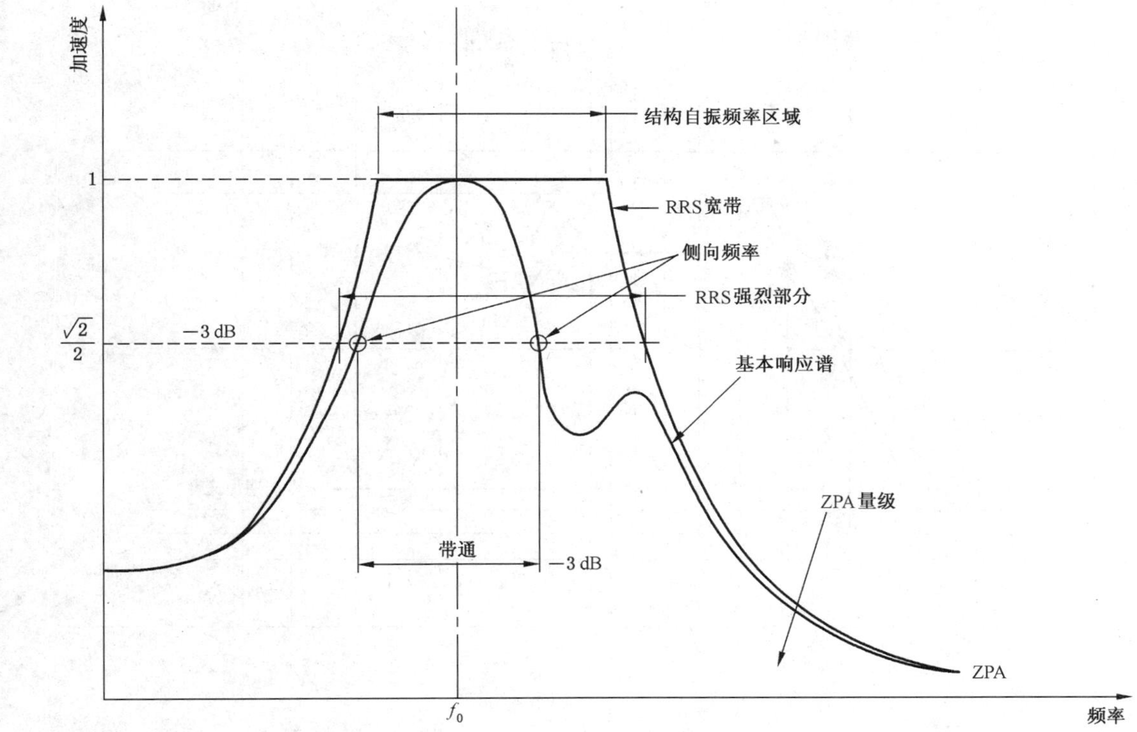

注：RRS：规定响应谱；

ZPA：零周期加速度。

图 4　包络的典型响应谱

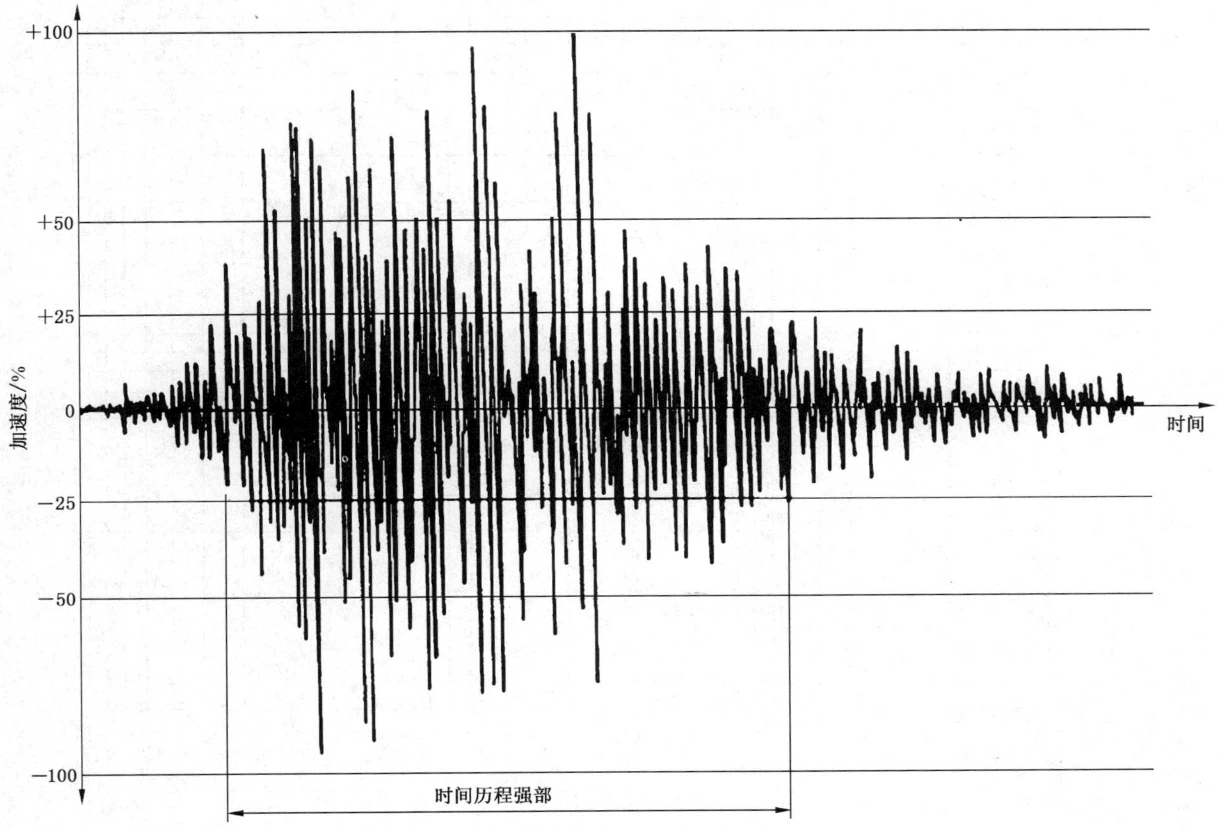

图 5　典型时间历程

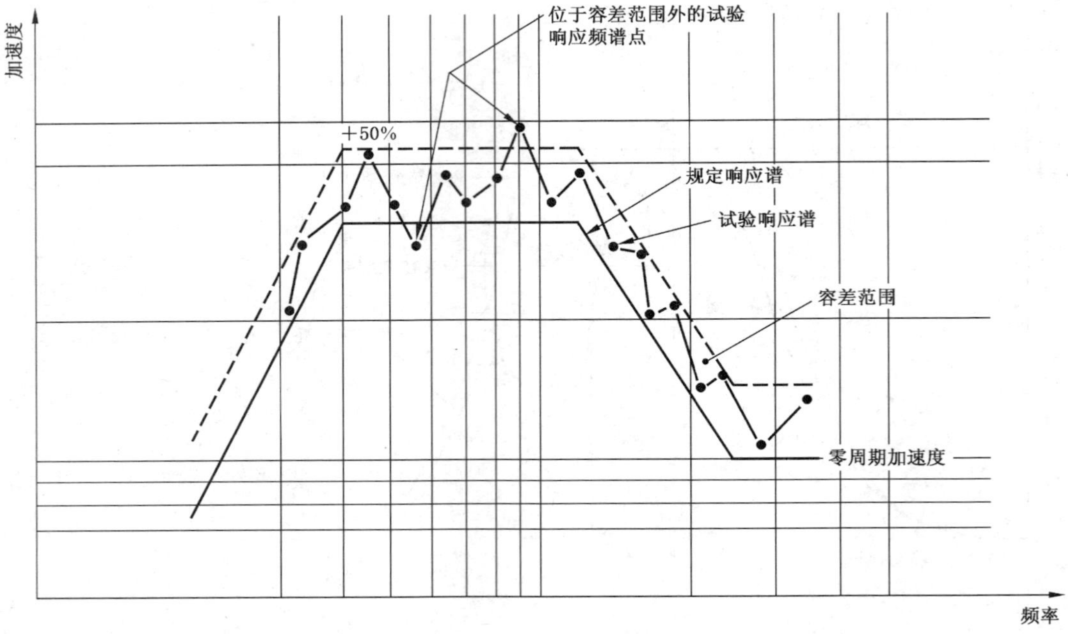

图 6 规定响应谱典型图

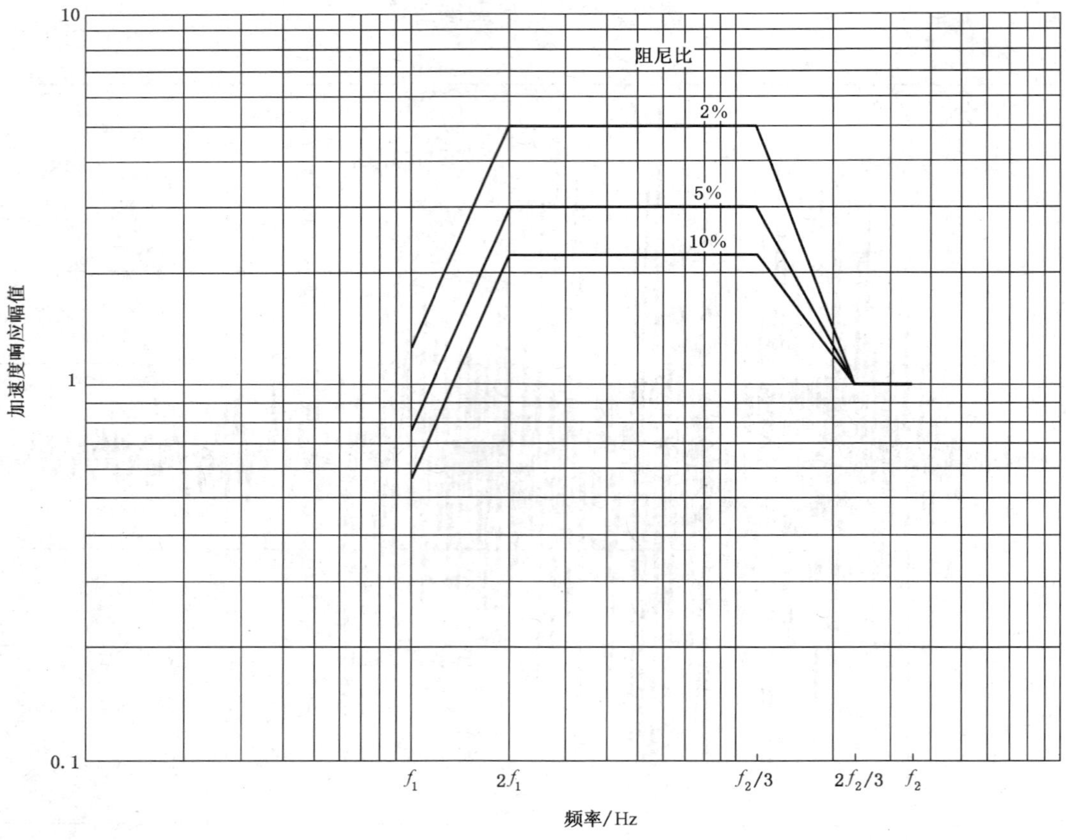

图 7 通用型规定响应谱推荐形状(类别 1)

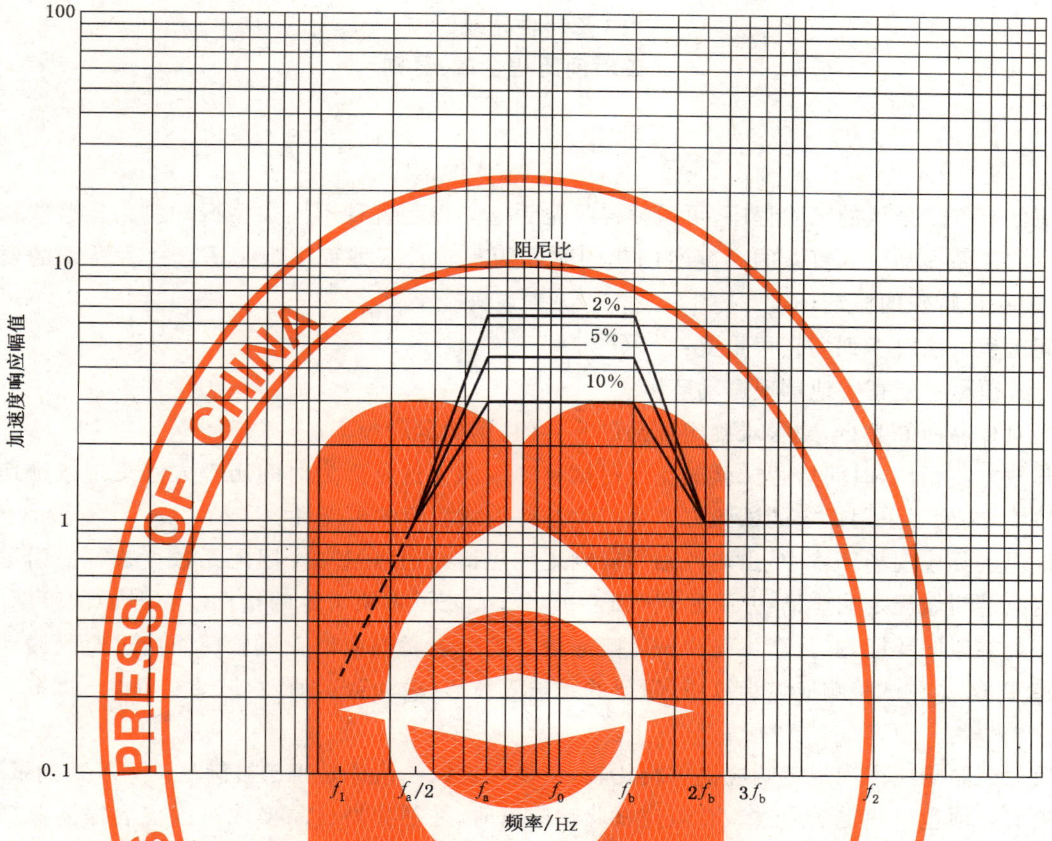

图 8　通用型规定响应谱推荐形状(类别 2)

附 录 A
（资料性附录）
人工时间历程合成:导则

A.1 引言

目前已有许多公认的试验程序,可验证样品是否经受得起各种不同类型振动应力。这些程序从简单的连续的正弦振动法到复杂的高度专门化的时间历程法。每种程序都是适合一种特殊的要求或环境,或代表一种特殊的振动环境。

时间历程方法对下列场合很重要:

a) 必须尽可能真实地重现振动环境;

b) 对样品所知甚少,或很难确定样品的临界值,例如危险频率。

与其他方法相比,时间历程试验避免了过试验的倾向。这是因为时间历程方法重现或密切地代表了实际环境,减少了采用保守的试验方法而产生过应力或疲劳的可能性。

在重现实际或现场环境中,由规范编写者制定响应谱。通常给一个阻尼系数代表样品阻尼。这样制定的响应谱叫做规定响应谱,并且是规范的一部分,代表了必须满足的指标。在样品试验期间,试验室产生一个类似的环境,并且产生一个试验响应谱。这个试验响应谱在试验期间通过监测振动台的运动产生(5.2.6)。在试验响应谱计算中,重要的是输入波形(振动台运动)的记录要考虑5.2.6中规定的推荐值。

然后把试验响应谱和规定响应谱进行比较,以便确定试验指标是否已被满足。为了达到试验指标,试验响应谱必须包络规定响应谱。在制定试验响应谱时,往往先把样品换成可以代表样品典型动力学特性的等效质量进行尝试性试验或预先运行,这样试验室可以调整试验值,而避免样品不必要的疲劳和过试验。

适用于规定响应谱的容差将在规范中规定,但若少部分的单个点落在容差带之外(见图6),试验仍可接受。在某些情况下,当试验尺寸大或高质心的样品时,在某些频率上达到要求的容差是不可能的,在这种情况下,规范允许一个更宽的容差(见5.2.4)。

时间历程试验要求试验室采用复杂精密的仪器以及控制和分析用的数字计算机设备。所给的参数是标准化的,并且选择合适的容差,以便在不同的地点进行试验时获得类似的结果。数值的标准化也可帮助设备按经受给定振动的严酷等级的能力来分类。

A.2 对获得规定响应谱的建议(见6.2)

当不了解使用范围或环境时,为定义规定响应谱,给出以下建议。由于其用途有很多种(地震、航空器、运输及其他等),需要为两类规定响应谱给出建议。

A.2.1 类别1

类别1是有关于:

——应用于地震;

——应用于在宽频带范围上分布有多个频率的时间历程;

——需要包络不同频率的时间历程集合的情况;

——要求不考虑应用而以宽频激励设备的情况。

根据以下列出的因素,类别1的规定响应谱如图7所示。

a） 应从表 3 中选取试验频率范围（f_1 到 f_2），其常用值如附录 B 所示。

b） 零周期加速度值（g_n）通常从以下系列中选取：…0.2，0.5，1，2，5，10，20…

c） 在 f_1 和 $2f_1$ 之间，用 12 dB/oct 的斜率规定加速度。

注：当选择了一个低于 0.8 Hz 的 f_1 频率时，频率 $2f_1$ 应固定为 1.6 Hz 且小于 1.6 Hz 的斜率应为 12 dB/oct。

d） $2f_1$ 和 $1/3f_2$ 之间加速度最大值等于：

对 10％的阻尼比，零周期加速度的 2.24 倍；

对 5％的阻尼比，零周期加速度的 3 倍；

对 2％的阻尼比，零周期加速度的 5 倍。

e） $1/3f_2$ 和 $2/3f_2$ 之间加速度按对数-对数的比例线性达到零周期加速度。

注：当样品的典型阻尼比在 2％～10％之间时，推荐用 5％的规定响应谱。如果样品的典型阻尼比小于或等于 2％，仅推荐用 2％的规定响应谱；如果样品的阻尼比大于或等于 10％，则推荐用 10％的规定响应谱。

A.2.2 类别 2

类别 2 是有关于那些确知时间历程在相当窄的频带内包含一个或几个的主要频率时的应用。

根据以下列出的因素，类别 2 的规定响应谱如图 8 所示。

a） 基于对用途或环境的主频有丰富了解而选取中心频率 f_0。和 ISO 266 一致，通过以下系列选取 f_0 的推荐值（间隔为 1/3 倍频程）…16，20，25，31.5，40，50，63，80，100，125，160，…

b） 对于一般要求，f_0，f_a 和 f_b 之间关系如下：

$$f_a = f_0/2;\ f_b = 2f_0$$

注：对某些用途上，因为响应谱强部需要更窄的频率范围。在这种情况下，推荐 2/3 倍频程带宽的限制（$f_a = f_0/\sqrt[3]{2} = 0.794f_0$，$f_b = f_0 \cdot \sqrt[3]{2} = 1.26f_0$）。

c） 为达到 6.1 或附录 B 中给出的值，$f_a/2$ 和 $3f_b$ 频率范围应做调整。

d） 零周期加速度值 g_n 通常从以下系列中选取：…1，2，5，10，20…

e） 在 $f_a/2$ 和 f_a 之间，及在 f_b 和 $2f_b$ 之间加速度按对数-对数比例线性按图 8 达到零周期加速度。在 f_1 和 $f_a/2$ 之间，推荐用 12 dB/oct 的斜率；在 $2f_b$ 和 f_2 之间，加速度等于零周期加速度。

f） f_a 和 f_b 之间加速度最大值等于：

——对 10％的阻尼比，零周期加速度的 3 倍；

——对 5％的阻尼比，零周期加速度的 4.5 倍；

——对 2％的阻尼比，零周期加速度的 6.5 倍。

注：当样品典型阻尼比在 2％～10％之间时，推荐用 5％的规定响应谱；如果样品的典型阻尼比小于或等于 2％，仅推荐用 2％的规定响应谱；如果样品的阻尼比大于或等于 10％，则推荐用 10％的规定响应谱。

A.3 响应高峰值数目（见 6.4）

重现由振动产生的影响（例如地震、爆炸）要求以一定的安全系数尽可能准确地模拟特定的环境。当不能充分知道环境时或难以模拟时，考虑安全系数时必须包括最坏的情况。

上述的第一个指标在于保证试验响应谱包络所要求的响应谱。这种包络保证已经达到每个振荡器响应的最大规定量级。

第二个指标在于保证时间历程强部的持续时间等于或大于要考虑的现象所产生的时间。

然而，上述这两种方法由于没有完全考虑高量值交变激励的影响，所以是不够的。的确这种激励在危险频率上出现时，对设备是非常重要的，并产生对样品有害的非弹性变形。

对经过模拟所考虑现象的信号分析，允许考虑这些响应高峰值。这在人工时间历程合成的过程可以做到（见流程图 1）。

a） 核查时间历程的频率成分以确保以样品自振频率来激励样品（傅立叶变换分析）；

b） 计算以覆盖规定响应谱强部的频率为中心频率的每个振荡器超过规定量级的响应高峰值的个数。

时间历程的损坏力直接跟其能量成分成正比，而由时间历程传输的能量直接跟振荡器响应中产生的高峰值个数相关。因此，如果两个不同时间历程在同样的振荡器响应中产生同样数目的高峰值，二者则有着相同的损坏力。然而，要考虑的是样品产生的损坏数量不仅跟响应高峰值个数有关还跟这些峰值的大小有关。于是，响应高峰值数目的选择应注意到阈值。

由于疲劳损坏随振幅的减少而迅速下降，考虑峰值超过以覆盖了规定响应谱强部的频率为中心频率的每个振荡器响应阈值就足够了（见 6.4 和图 2 和图 3）。

对每一用途（如地震、爆炸等），在安装样品的位置上阈值量级和峰值数目之间存在一定关系。因此，为尽可能全面地体现疲劳效应，应选择阈值量级和相应的峰值数目。一般地，从低周疲劳观点看，低于 50％的峰值影响较小。高于 90％的阈值量级会导致只有很少的没能代表疲劳效应的峰值。因此，对于每一用途的峰值典型数目推荐采用 70％的阈值量级。经验表明，对地震的应用，至少要考虑到 5 个具有 70％阈值的峰值。无论如何，对响应高峰值数目选择上要求工程判断。

为得到足够的响应高峰值个数，在人工时间历程合成中应特别细心。根据经验，当应用以下三个条件能得到规定的响应谱高峰值个数：

——样品固有频率位于响应谱强部以内；

——样品特性为线性；

——试验响应谱覆盖规定响应谱。

附　录　B
（资料性附录）
试验频率范围

不同用途的常用频率范围举例如下：

* 应用于地震 （安装于地面和楼板的设备）	从	1 Hz	到	35 Hz
注：设备的自振频率低于 1 Hz 时，建议频率范围为 0.1 Hz～35 Hz。				

* 应用于运输	从	1 Hz	到	100 Hz
	从	10 Hz	到	100 Hz
	从	10 Hz	到	150 Hz
	从	10 Hz	到	500 Hz

* 应用于航空器	从	10 Hz	到	500 Hz
	从	10 Hz	到	2 000 Hz

ICS 19.040
K 04

中华人民共和国国家标准

GB/T 2423.57—2008/IEC 60068-2-81:2003

电工电子产品环境试验
第2部分:试验方法
试验Ei:冲击 冲击响应谱合成

**Environmental testing for electric and electronic products—
Part 2:Tests—Test Ei:Shock—Shock response spectrum synthesis**

(IEC 60068-2-81:2003,IDT)

2008-05-19 发布 2009-01-01 实施

中华人民共和国国家质量监督检验检疫总局
中国国家标准化管理委员会 发布

前　言

GB/T 2423《电工电子产品环境试验　第2部分:试验方法》按试验方法分为若干部分。

本部分为GB/T 2423的第57部分。

本部分等同采用IEC 60068-2-81:2003(Ed.1.0)《环境试验　第2部分:试验方法　试验Ei:冲击　冲击响应谱合成》。

为便于使用,本部分做了下列编辑性修改:

a) “IEC 60068的本部分”一词改为“GB/T 2423的本部分”或“本部分”;

b) 用小数点“.”代替作为小数点的逗号“,”;

c) 删除国际标准的前言;

d) 为了与现有GB/T 2423其他各部分的名称一致而将本部分改为当前名称。

本部分引用的规范性文件中有一部分目前尚未转化为等同采用的国家标准,在引用这些规范性文件时仍以IEC/ISO的编号列出。

本部分的附录A、附录B、附录C、附录D为资料性附录。

本部分由 中国电工电子产品环境条件与环境试验标准化技术委员会(SAC/TV 8)提出并归口。

本部分起草单位:上海市质量监督检验技术研究院、信息产业部电子五所、中元微型仪器公司、上海工业自动化仪表研究所、广州大学、北京航空航天大学、上海航天精密机械研究所、上海航天808所。

本部分主要起草人:卢兆明、解禾、王永强、史晓雯、徐忠根、李传日、胡伟欣、阳川、曹雪峰、王群健。

引　言

GB/T 2423的本部分适用于合成的冲击响应谱(SRS)试验,为需要进行复杂特性瞬态响应模拟的元件、设备和其他产品(后文称"样品")提供了通用的试验方法。试验方法的重点在于SRS及其相关技术的应用。

试验的目的是验证受试样品承受规定瞬态激励的能力,不发生功能和/或结构特性无法接受的降低。当在工作环境中可获得测量数据时,对冲击响应进行剪裁非常有用。然而,在试验设备能力所及的范围内,冲击响应谱试验适用于所有的瞬态激励。

本试验方法主要采用基于计算机的控制系统和电动的或液压的振动台组成的冲击试验系统。

只要满足本部分的要求,其他冲击试验设备也可使用。

需要强调的是,SRS合成试验总会需要一定程度的工程判断。供需双方都应充分考虑到这一因素。有关规范的编写者应选择与样品使用情况相适应的试验程序及严酷等级。

电工电子产品环境试验
第2部分:试验方法
试验Ei:冲击 冲击响应谱合成

1 范围

GB/T 2423的本部分规定了合成冲击响应谱(SRS)试验。适用于需要模拟复杂特性瞬态激励的样品。

2 规范性引用文件

下列文件中的条款通过GB/T 2423的本部分的引用而成为本部分的条款。凡是注日期的引用文件,其随后所有的修改单(不包括勘误的内容)或修订版均不适用于本部分,然而,鼓励根据本部分达成协议的各方研究是否可使用这些文件的最新版本。凡是不注日期的引用文件,其最新版本适用于本部分。

GB/T 2421—1999 电工电子产品环境试验 总则(idt IEC 60068-1:1988)

GB/T 2423.10—2008 电工电子产品环境试验 第2部分:试验方法 试验Fc:振动(正弦)(IEC 60068-2-6:1995,IDT)

GB/T 2423.5—1995 电工电子产品环境试验 第2部分:试验方法 试验Ea和导则:冲击(idt IEC 60068-2-27:1987)

GB/T 2423.43—2008 电工电子产品环境试验 第2部分:试验方法 振动、冲击和类似动态试验样品的安装(IEC 60068-2-47:1999,IDT)

GB/T 2423.56—2006 电工电子产品环境试验规程 第2部分:试验方法 试验Fh:宽频带随机振动(数控)和导则(IEC 60068-2-64:1993,IDT)

IEC 60068-2-57:1999 环境试验 第2部分:试验方法 试验Ff:振动 时间历程法

ISO 266:1997 声学 优选频率

ISO 2041:1990 振动和冲击 词汇

3 术语和定义

在ISO 2041:1990,GB/T 2421—1999,GB/T 2423.10—2008,GB/T 2423.5—1995和GB/T 2423.56—2006中给出的术语和定义,与以下定义一起使用。

3.1

−3 dB带宽 −3 dB bandwidth

在频率响应函数中对应于一个共振峰值的最大响应0.707倍的两点间的频带宽度。

3.2

临界阻尼 critical damping

在可能的最短时间内允许位移系统返回其起始位置并且不产生振荡的最小粘性阻尼。

3.3

危险频率 critical frequency

下列情况下的频率:

——由于振动，样品呈现出功能失效和/或性能降低，和/或

——机械共振和/或其他响应效应，如颤动。

3.4

阻尼　damping

一般的术语解释为在一个系统中的能量耗散的许多机械作用。在实际应用中，阻尼取决于许多参数，诸如结构类型、振型、应变、外加力、速率、材料、连接滑移等。

3.5

阻尼比　damping ratio

在具有粘滞阻尼的系统中，实际阻尼和临界阻尼的比值。

3.6

分贝　decibel

dB

以对数形式表达的量值关系：

$$L = 20\lg\left(\frac{X}{X_0}\right) \quad (\mathrm{dB})$$

式中：

L——以 dB 为单位的对数值；

X/X_0——X 与 X_0 间的比值。

3.7

固定点　fixing point

样品与夹具或振动台面接触的部分，在使用中通常是固定样品的点。

注：如果是实际安装结构的一部分作夹具使用，则应取安装结构和振动台面接触的部分作固定点，而不应取样品和振动台面接触的部分作固定点。

3.8

$\boldsymbol{g_n}$

由地球引力产生的标准加速度，它是随海拔高度和地理纬度而变化的。

注：本部分为了便于使用，将 g_n 值圆整到 10 m/s^2 的整数值。

3.9

汉宁窗　Hanning window

时间历程的权函数，在选取的时间窗里迫使时间历程的起始和终止值为零，其形状为余弦钟。

注：详细定义见 ISO 18431-2。

3.10

高频渐近线　high-frequency asymptote；HFA

SRS 曲线的高频渐近线值（见图 3）。

注 1：SRS 高频渐近线由于表示了激励时间历程的最大峰值，因此非常重要。不要与 SRS 中的峰值混淆。

注 2：SRS 高频渐近线的另一个名称是零周期加速度（ZPA）。

3.11

测量点　measuring points

试验中采集数据的一些特定点。具有 3 种类型，定义如下。

3.11.1

检测点　check point

位于夹具、振动台面或样品上的尽可能接近于固定点的点，检测点在任何情况下都要和样品刚性

连接。

注1：检测点的数量应满足试验的要求。

注2：如果存在4个或4个以下的固定点，则每个都用作检测点。如果存在4个以上的固定点，则有关规范应规定4个具有代表性的固定点作检测点用。

注3：在特殊情况下，例如对大型或复杂的样品，如果要求检测点在其他地方（不紧靠固定点），则应在有关规范中规定。

注4：当大量小样品安装在一个夹具中时，或当一个小样品具有许多固定点时，为了导出控制信号，可选用单个检测点（即参考点）。该信号与夹具相关而不是与样品的固定点相关。这种情况只有在夹具装上样品等负载后的最低共振频率充分高过试验频率的上限时才是可行的。

3.11.2

参考点　reference point

从检测点中选定的点，为了满足本部分的要求，该点上的信号用于控制试验。

3.11.3

响应点　response point

样品上在振动响应检查或试验中用于测量的点。该点不是检测点或参考点。

注：可以有多于一个响应点。

3.12

固有频率　natural frequency

由自身物理特性（质量、刚度和阻尼）决定的有阻尼或无阻尼自由振动频率。

3.13

响应时间历程的高峰值个数　number of high peaks of the response time-history

时间历程中超过规定阈值的高峰值个数，时间历程可以由响应点测量得到，或者由受到激励的单自由度系统（振荡器）计算响应得到（见图1）。

注1：由于在瞬态激励中确定完整的响应周期是困难的，应用中以响应时间历程的峰值为参考。

注2：峰值是由指两个连续的过零点（见图2）间偏离零线的最大正值或负值。

注3：由于并不一定能从响应时间历程中获得测量峰，在本部分中，首选计算峰值替代测量峰值。

3.14

振荡器　oscillator

用于产生或能够维持机械振荡的单自由度系统。

3.15

间隔时间　pause

两个连续的时间历程之间的间隔。

注：时间间隔应使样品的运动响应避免明显的重叠，可按下式计算：

$$T > \frac{1}{f} \times \frac{100}{d}$$

式中：

T ——间隔时间，单位为秒(s)；

f——最低无阻尼自然频率，单位为赫兹(Hz)；

d——最低自然频率阻尼比，%。

3.16

优先试验轴向　preferred testing axes

样品最易受损的三个互相垂直的轴向。

3.17

品质因子　Q-factor

Q 值因子

用于衡量共振峰的陡度或单自由度机械振荡系统频率选择性的量值。品质因子等于阻尼比倒数的二分之一。

3.18

冲击响应谱规定值(SRS 规定值)　required SRS

有关规范规定的 SRS(见图 3)。

注：对于某一试验，有关规范可包含多个对应不同 Q 值的 SRS。

3.19

冲击响应谱　shock response spectrum

SRS

基于受到规定运动激励的一系列单自由度系统中最大响应(位移、速度或加速度)，作为这些单自由度系统的无阻尼自然频率和对特定 Q 值的函数的曲线。

注 1：除非另有规定，为了计算，可假定系统为固定在基座上、线性的、具有粘滞阻尼的单自由度系统。

注 2：对于某一试验，有关规范可包含多个对应不同 Q 值的 SRS，应按受试样品的品质因子选择规定的 SRS 值。

3.20

采样频率　sampling frequency

用数字形式记录或表述时间历程时，每秒钟内获取的离散值的个数。

3.21

信号容差　signal tolerance

用百分比表示的信号容差 S_t 定义为：

$$S_t = \left(\frac{NF}{F} - 1\right) \times 100\%$$

式中：

NF——未经滤波的信号的 r. m. s. 值；

F——经滤波的信号的 r. m. s. 值。

注 1：此参数适用于控制试验的所有信号，如加速度，速度或位移。

注 2：此参数仅用于正弦振动激励。

3.22

时间历程的强部　strong part of the time-history

时间历程曲线中第一次达到最大值的 25 %到最后回落到最大值的 25 %时之间的部分。

3.23

合成时间历程　synthesized time-history

人为产生的时间历程，其 SRS 包络了 SRS 的规定值。

3.24

试验频率范围　test frequency range

试验频率范围的选择取决于 SRS 规定值的合成和加载样品后试验设备的能力。试验频率的下限频率(f_1)和上限频率(f_2)分别对应于可能用到的最低和最高小波的频率。

注：SRS 的频率范围大于试验频率范围并延伸到无限(见 3.10)。

3.25

试验 SRS　test SRS

由振动台参考点上实际运动导出的 SRS，既可以通过解析方式计算得到，也可以使用 SRS 分析设备得到(见图 3)。

3.26

时间历程　time-history

作为时间函数记录的加速度、速度或位移值。

注：ISO 2041 给出了数学名词“时间历程”的定义，将其表述为用时间的函数表达的一个量值。

3.27

时间窗　time window

包含所有小波的合成的试验时间历程的持续时间。

注：对某些试验控制系统，时间窗的长度为双倍的持续时间，合成的时间历程位于新的时间框的中间。

3.28

小波　wavelet

单一频率的时间历程，是 SRS 试验合成时间历程的一个分量。

注：本部分使用的术语“小波”不应与小波理论和小波分析相混淆。

4　试验设备的要求

对于性能的要求适用于完整的试验设备，就电动振动试验系统而言，包括控制系统、功率放大器、振动台、夹具和试验中装载的样品。液压伺服系统的组成与此类似。

4.1 至 4.3 对试验设备的要求，应通过正弦激励的方法验证。

4.1　基本运动

验证过程中的基本运动应为时间的正弦函数，样品的各固定点应基本上同相位并沿平行直线运动，并符合 4.2 和 4.3 限定的要求。

4.2　横向运动

在检测点上与规定轴向垂直的每个轴向上的加速度或位移的最大振幅，在 1 000 Hz 以下不应超过基本运动的 50 %，在 1 000 Hz 以上允许到 100%。测量仅需覆盖规定的频率范围。在特殊情况下（如小样品），若有关规范有规定，最大允许横向运动可限于 25%。

当振动台的旋转运动比较重要时，有关规范应规定一个容差范围。并记录在试验报告中。

在某些情况下，例如大尺寸或高质心样品，或在某些频率下，很难满足上述要求。此时，有关规范应说明适用下列哪条：

a)　在试验报告中指出并记录超过上述要求的横向运动；或

b)　已知横向运动无害于样品，不需监测。

4.3　信号容差

除非有关规范另有规定，应对加速度容差进行测量。测量应在参考点进行，其频率应达到5 000 Hz 或试验上限频率 f_2 的 5 倍，取较小者。有关规范若有规定，此最高分析频率可以达到或超过上限试验频率。除非有关规范另有规定，信号容差应不超过 5%。

若样品较大、较复杂，在一些频率段内不满足信号容差要求时，则应在试验报告中说明。

4.4　测量系统

测量系统的性能应能保证在参考点规定轴向上测得的时间历程信号满足试验的容差要求。

对包括传感器、信号调理器和数据采集和处理装置在内的整个测量系统，其频率响应对测量精度的影响不可忽略。

测量系统的频率范围至少应从试验频率范围内最低小波频率 f_1 的 0.67 倍，延伸至最高小波频率 f_2 的 1.5 倍，（见 GB/T 2423.5—1995）。在此频率范围内，测量系统的频率响应应平坦，并在±5%以内。

5　试验要求

5.1　试验控制

试验的时间历程应是包括在规定时间窗口内的小波组成的一个合成时间历程。按 9.3 中所述的过程可获得与规定的SRS相应的时间历程。

除非有关规范另有规定，应采用5%（品质因子为10）的阻尼比。通过振动响应检查（见9.2）可以获得可供选择的值。如果有关规范中指定了若干个SRS（对应不同的品质因子），通过振动响应检查也可以选择相应的品质因子。

小波的频率间隔应根据下述试验采用的Q值因子选择：

——当品质因子小于或等于5时，选择1/3 oct带宽；

——当品质因子在5～25之间时，选择1/6 oct带宽；

——当品质因子大于或等于25时，选择1/12 oct带宽；

注：ISO 266给出了倍频程带宽的首选频率。

5.2 SRS的容差

在参考点测量试验SRS，应在SRS规定值的±1.5 dB内（见图3）。

如果试验SRS的一小部分，即在小于整个频率范围20%的频段内，处于±3 dB的容差带内，只要这些点不与试验频率范围内样品的共振频率重合，试验仍是可以接受的。在试验报告中应记录相对于SRS规定值的偏离值。

至少应按5.1根据品质因子选取同样的频率间隔检查试验SRS。

5.3 试验SRS的计算

为了使计算试验SRS误差最小，应特别注意参考点信号的采样和滤波。

如果在后续的SRS计算中不采用插值算法，用于响应计算的时间历程的采样频率建议至少应是或高于试验上限频率f_2的10倍。

注1：按照上述做法，最高频率f_2振荡器响应时间历程的幅值计算误差将小于5%。如果按照常规频率分析那样，采用$2.56f_2$的采样频率，则得到的最高频率f_2振荡器的最大相应误差可能超过60%。

如果SRS计算中使用插值算法，则采样频率最低可为上限频率f_2的4倍。

为了防止混淆误差，在对于被分析的时间历程进行数字化之前，总要使用低通滤波器。推荐抗混淆滤波器的半功率截止频率为$1.5\ f_2$。衰减率至少为-60 dB/oct。使用这些推荐值以确保获得最高频率f_2振荡器的完整响应。由抗混淆滤波器引入的相位改变而导致的最高频率振荡器处的误差，也须抑制。滤波器的相位与频率之间应具有线性关系。

如果低频误差或直流偏移影响试验，应使用高通滤波器。进行响应计算时推荐使用的滤波器的半功率截止频率不高于频率下限f_1的0.1倍或2 Hz，取较高者。

若被分析的时间历程或是振荡器响应时间历程在用于计算的时间窗内未衰减，则会产生截断误差。这一点对于小阻尼振荡器计算特别关键。可以用较长的时间窗避免截断误差。

注2：问题的基本原理可参见GB/T 2423.5—1995附录B，其中给出了“初始”和“剩余”SRS的定义。在计算试验SRS值时，应计算绝对最大SRS。

5.4 SRS算法

SRS有多种算法，不同的算法可以产生不同的结果，尤其在低频和高频时。因此重要的是采用一个至少可以在试验频率范围内正确地计算SRS的算法。

5.5 试验频率范围

试验频率范围的选择取决于要模拟的冲击环境的最高频率分量和加载样品后试验设备实际能够产生的频率范围。

5.6 安装

样品应按GB/T 2423.43—2008的要求进行安装。

有关规范应规定试验过程中样品的安装方向和方式，作为判定样品是否符合标准要求的唯一条件，除非能给出合理且充分的解释（如，表明样品特性不受重力影响）。

如果一个样品通常安装减震器,但是进行试验时又必须去掉减震器,则应考虑修改规定的激励量级(见 GB/T 2423.43—2008)。

当安装样品时,应考虑连接、电缆、管线等的影响。

6 严酷等级

试验的严酷等级由下列参数组合而成:

a) 必选参数

——SRS 规定值,包括品质因子;

——试验轴和方向;

——合成时间历程的持续时间;

——重复次数;

——试验频率范围。

b) 可选参数

——SRS 规定值的高频渐近值;

——合成时间历程的强部持续时间;

——响应时间历程的高峰值个数;

——傅立叶谱;

——能量谱密度;

——合成时间历程的时域均方根(见 B.2);

——合成时间历程的频域均方根(见 B.4)。

注:所列可选参数并不完全,见附录 B。

有关规范应按 6.1～6.5 的推荐给出每个参数的数值。

如果样品受试不仅是为了检查在规定响应下生存能力,也为了检查低周疲劳(重复响应)下生存能力时,需要确定可选参数。

6.1 规定 SRS

有关规范应为每个试验规定 SRS 的量值和形状,包括品质因子、容差和可选的 SRS 高频渐近值(HFA)。SRS 应按最大绝对谱定义。当各轴线情况不同时,有关规范也应规定样品每个轴线和方向上所用的谱。

注:有关规范可以为某些试验情况规定多个不同品质因子的SRS。

6.2 合成时间历程的持续时间

有关规范应规定时间历程的持续时间值,以…1;2;3;5;10…序列数以毫秒表示。

注:合成时间历程的持续时间的选择取决于 SRS 合成的采样频率和时间窗口。因此并不一定总与上面的序列数吻合。

在某些情况下,有关规范可能需要给出时间历程的强部占持续时间的百分比。除 6.5 的要求外,应按下列数值选择强部占持续时间的百分比:25%、50%、75%。

选择的值应记录在报告中。

6.3 重复次数

有关规范应按样品的有关轴线和方向规定时间历程的重复次数。

除非另有规定,根据试验情况按样品的每个试验轴线和方向规定时间历程的重复次数应按下列数系选择:1,2,5,10,20,50…

当使用的时间历程量值多于一个时,试验总是从最低者开始,接着使用较高量值。每个时间历程后应有一个时间间隔。

6.4 试验频率范围

有关规范应给出试验的频率范围，频率极限值应尽可能按下列数系选择：1，2，5，10，20，50…。频率下限(f_1)最低值应从 0.1 Hz 起，频率上限(f_2)最高值不应超过 5 000 Hz。

注：频率范围值取决于 SRS 合成的采样频率和时间窗口。因此并不一定总与上面的序列数吻合。

6.5 单自由度系统计算响应时间历程的高峰值个数

有关规范可以说明在计算的一个单自由度系统的响应时间历程中值大于规定阈值的高峰值个数。

响应时间历程的高峰值个数是可选严酷等级，更适合于低周疲劳试验。

响应高峰值个数的计算应根据由合成时间历程激励的特定的单自由度系统的完整的时间响应历程进行的。无阻尼自然频率和系统的品质因子应选自振动响应检查的结果或对这些参数的估计。

响应时间历程的峰值应表示为在对试验样品有影响的固有频率上所要求的 SRS 规定值的百分数。

除非有关规范另有规定，对应 70%阈值、2 %～10 % 阻尼比(品质因子 5～25)，响应时间历程的高峰值个数应在 3～20 之间。交替出现的正、负峰值应大致为均匀分布。

7 预处理

有关规范应要求预处理，并规定条件。

8 初始测量

有关规范应要求对样品进行外观，尺寸和功能检查以及规范规定的其他检查。

除非有关规范另有规定，应进行初始响应检查见(9.2)。

9 试验

9.1 总则

除非有关规范另有规定，试验样品应在首选的三个轴线上经受激励。除非有关规范另有规定，轴线的试验顺序不重要。

用于激励样品的振动台的运动应满足规定 SRS 的要求。几乎所有电动振动台控制系统都可以采用专用软件提供相应的驱动信号。

9.2 振动响应检查

除非有关规范另有规定，必须检查样品的动力学特性。

响应检查应采用正弦或随机激励，检查的频率范围为试验频率范围，或至少 5 倍于一阶无阻尼固有频率，两者中取较小者，量值按照有关规范选取。

可以参考 GB/T 2423.10—2008 正弦振动和 GB/T 2423.56—2006 随机振动的有关内容。

进行响应检查时，所用的量级应该使样品的响应小于 SRS 试验，但又足够高以便找出危险频率。

响应检查时，正弦对数扫频激励的速率不应高于 1 oct/min，如果需要更精确的确定响应特性，可降低扫描速率。但应避免不应有的驻留。

用随机振动进行响应检查时，试验时间应足够长以减小响应中的随机变化。频率分辨率应足够高以确定响应的峰值(－3 dB 带宽最窄的峰值)。建议在最窄的－3 dB 带宽内应至少包含 5 条谱线。

如果有关规范有规定，样品在检查期间应工作。如果样品在工作时无法进行响应检查，则样品在检查期间可以不工作。为了确定危险频率应对样品进行检查，并记录在试验报告中。

除非有关规范另有规定，在 SRS 试验后应附加响应检查，以对比 SRS 试验前后危险频率的变化。两次振动响应检查的方法和试验量级应该相同。

应在试验报告中记录试验前后的危险频率。

有关规范应规定当危险频率发生变化时应采取的措施。

9.3 时间历程试验的合成

合成试验时间历程的各个步骤归纳如下(见附录C)。

需按如下步骤并选择合适的参数,为每一项SRS试验合成一个试验时间历程:

a) 用小波合成时间历程的试验

有几种小波类型可供选择。最常见的有:

1) 指数衰减正弦波;

2) 等幅正弦波;

3) 带汉宁(Hanning)窗的猝发正弦波。

b) 试验频率范围

选择试验频率范围,要考虑到可供使用的采样频率(见5.3、5.5和6.4)。

c) 时间窗口

选择时间窗口时需将步骤b)的因素考虑在内。

d) 小波的频率间隔

按5.1选择小波的频率间隔。

e) 品质因子

根据有关规范或振动响应检查的结果选择品质因子(见5.1和9.2)。

f) 小波的持续时间

按6.2调整小波的持续时间。

g) SRS规定值

按SRS规定值设置每个小波的峰值。

h) 合成试验时间历程其他参数的初始值,如:

——延时(小波的起始时间);

——极性(小波起始的正或负极性);

——半周期数(对a)中2)和3)类的小波)。

i) 控制系统中的时间历程合成

控制系统合成一个初始的时间历程,该时间历程不用于激励振动台;

j) 将初始的试验SRS和SRS规定值进行比较

应按有关规范中的容差和参数进行比较(见5.2和第6章);

k) 参数的调整

如有需要在步骤f)中调整时间历程的参数,并重复步骤g)和h)直至合成的时间历程满足SRS规定值的容差和参数,并符合振动台有关力、位移、速度和加速度的限制条件。

l) 保存合成的时间历程

按9.4保存合成的时间历程并开始试验。在此阶段重复进行时间历程试验。

m) 其他的激励轴线和方向

如果在各轴线和方向上的严酷等级不同,沿其他轴线和方向上重复上述步骤。轴线和方向改为轴和方向。

注:此步骤也可以在某些轴向满量级试验后进行(见9.4步骤e))。

9.4 用合成时间历程进行试验

用合成时间历程进行试验的各个步骤如下(见图5和附录C):

a) 试验样品或模拟负载的安装

按相关的激励轴线和方向,在振动台上安装样品(或动态特性相同的模拟负载)。

b) －18 dB 低试验量级激励样品

用 9.3 l)项的合成时间历程的试验信号，以－18 dB 的量级激励样品。试验系统至多可重复 6 次，直至 SRS 规定值的形状和参数在相应的低量级试验上得到满足。保存驱动信号。

注 1：在有些场合下，也可采用步骤 c)的－12 dB 为开始的试验量级。

c) －12 dB 低试验量级激励样品

使用在－18 dB 试验阶段(9.4，步骤 a)和 b))保存的驱动信号，以－12 dB 的低量级激励样品。可令控制系统重复做最多达 6 次，至使 SRS 规定值的形状和参数在相应的低量级试验上得到满足。保存驱动信号。

注 2：在有些场合下，也可作为开始的试验量级。

d) 增加试验量级

首先按 6 dB，然后按 3 dB 增加试验量级。每个量级至少重复做两次激励，直至达到满量级，在每个量级均保存驱动信号。每次激励后，试验系统都要进行叠代计算，将试验控制在 SRS 规定值的容差范围之内。

注 3：如果需要，从－3 dB 至满量级，可以按 1 dB 的步长增加。在这种情况下，激励次数应减至 1 次。

e) 满量级试验

在满量级试验时，在同一轴线和方向上重复相关规范规定的次数。由试验系统叠代控制 SRS。两次连续的时间历程间应留有足够的时间间隔，以保证样品的运动响应，无显著的重叠。

f) 下一试验轴线

按照有关规范参照 9.3 步骤 m)所作出的规定，重复步骤 a)至步骤 e)，进行下一试验轴向的试验。

注 4：由试验的操作者确定是以步骤 b)还是步骤 c)开始新的轴线上的试验。

g) 试验记录

对于满量级试验，应记录 SRS 和其他有用的参数。如果重复次数在 1 和 10 之间，每次激励都应记录；如果次数大于 10，每三次激励记录一次。有关规范可以规定不同的要求。

10 中间检测

如果有关规范有规定，在规定数量的 SRS 试验期间样品应工作并应检查其性能。

11 恢复

有关规范若有规定，有时应允许样品在试验结束后和最终测量前有一段的时间以使样品恢复到与初始测量相同的条件，如温度条件。

12 最终测量

若有关规范没有规定，应进行最终响应检查(见 9.2)。

有关规范应规定对样品进行外观、尺寸和功能检查以及其他规定的检查。

有关规范应规定接收或者拒收样品的判据。

13 有关规范应给出的信息

当有关规范采用本试验时，只要适用，规范的编写者就应提供下列资料。要特别注意有星号(*)标记的项目，因为该项资料是必需的。

	条款
a) 横向运动	4.2

b） 信号容差	4.3
c） SRS规定值容差*	5.2
d） 试验频率范围*	5.5，6.4
e） 样品的安装*	5.6
f） SRS规定值*	5.1，6.1
g） 试验轴线和方向*	6.1，9.1
h） 试验时间历程持续时间*	6.2
i） 试验时间历程的强部持续时间	6.2
j） 重复次数*	6.3
k） 计算响应时间历程的高峰值个数	6.5
l） 预处理	第7章
m） 初始测量*	第8章
n） 振动响应检查	第9.2章
o） 中间测量	第10章
p） 恢复	第11章
q） 最终测量*	第12章

14 在试验报告应给出的信息

试验报告至少应给出如下信息：

a） 客户(名称和地址)

b） 试验室(名称和地址)

c） 试验日期

d） 试验类型(SRS合成试验,振动等)

e） 试验目的(研发试验,验证试验等)

f） 试验标准,版本（有关试验的程序)

g） 样品描述(唯一标识号,图片,照片,数量等)

h） 样品的安装(夹具,图片,照片等)

i） 试验设备的性能(信号容差,横向运动等)

j） 测量系统,传感器位置(描述，图片,照片等)

k） 测量系统不确定度(校准数据,上次日期和下次日期)

l） 初始,中间或最终测量

m） 严酷等级（来自试验规范)

n） 试验文件(检测点,试验谱等)

o） 试验情况记录

p） 试验摘要

q） 发送(报告分送清单)

注：试验应做记录,内容应包括如带试验参数的试验运行记录的时间列表,试验期间观察及实施情况和测量数据表。试验记录可作为试验报告的一部分。

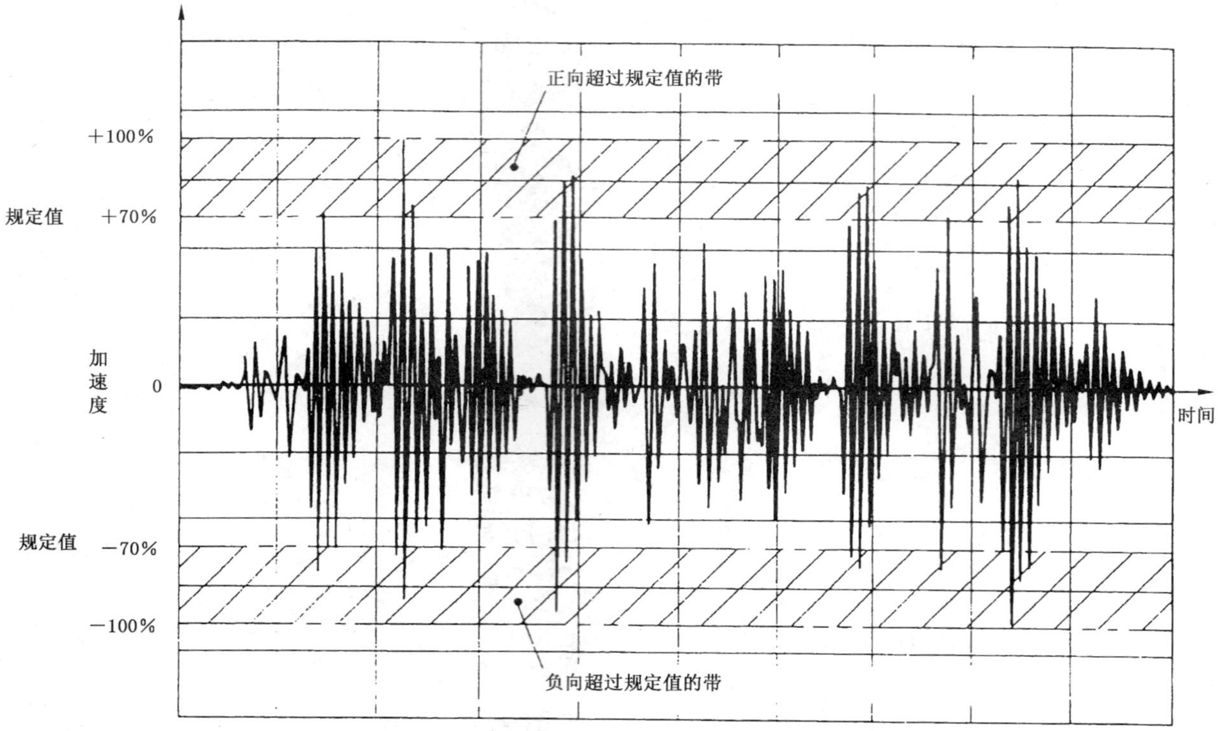

图 1 典型的由特定时间历程激励的响应示例(规定阈值 70%)

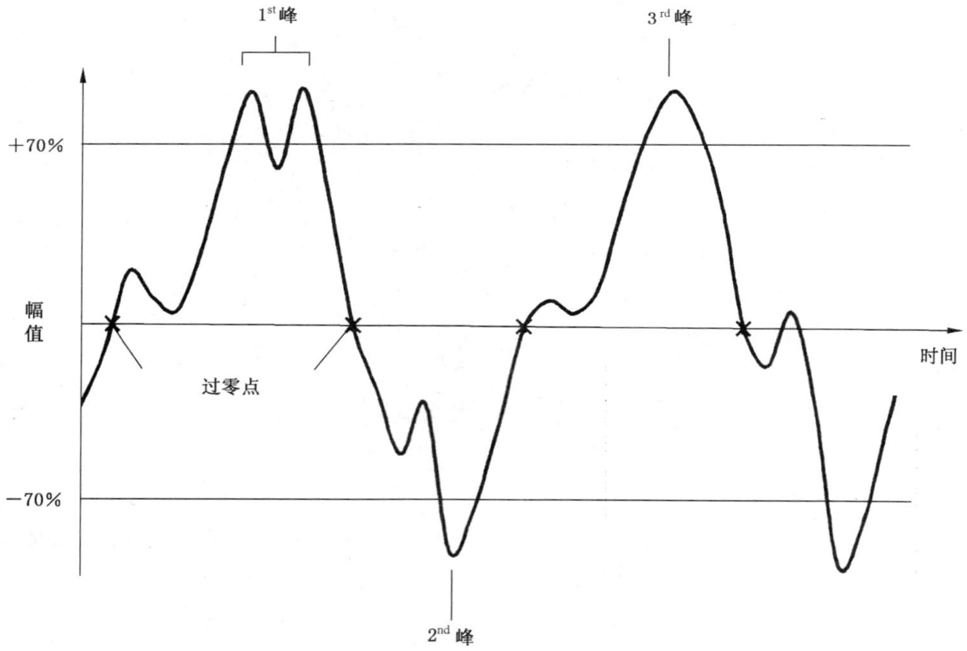

图 2 高于规定阈值(70%)峰识别的示例

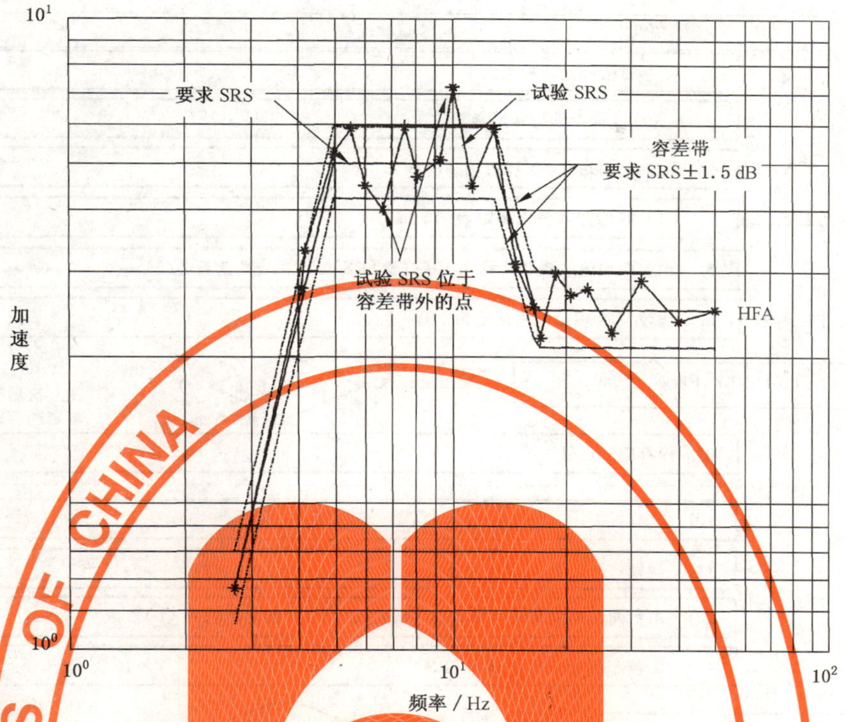

图 3　要求响应谱的典型对数图

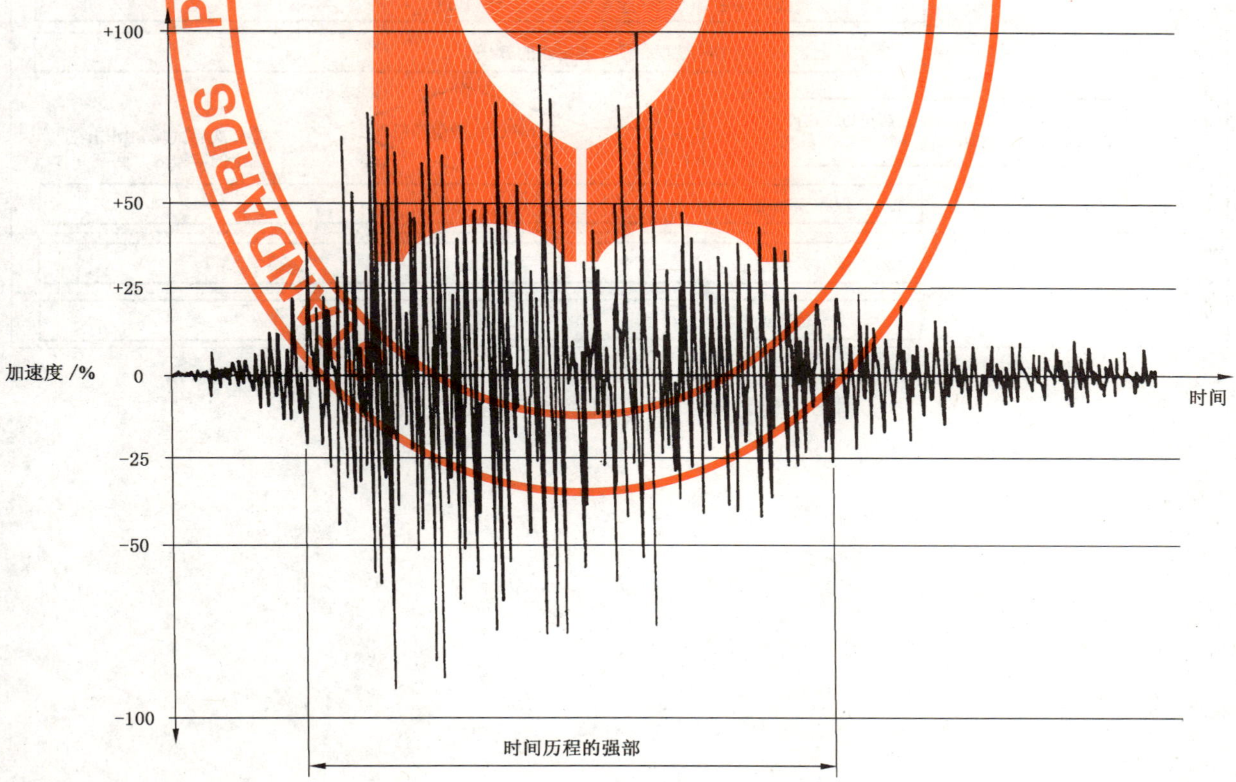

图 4　典型时间历程

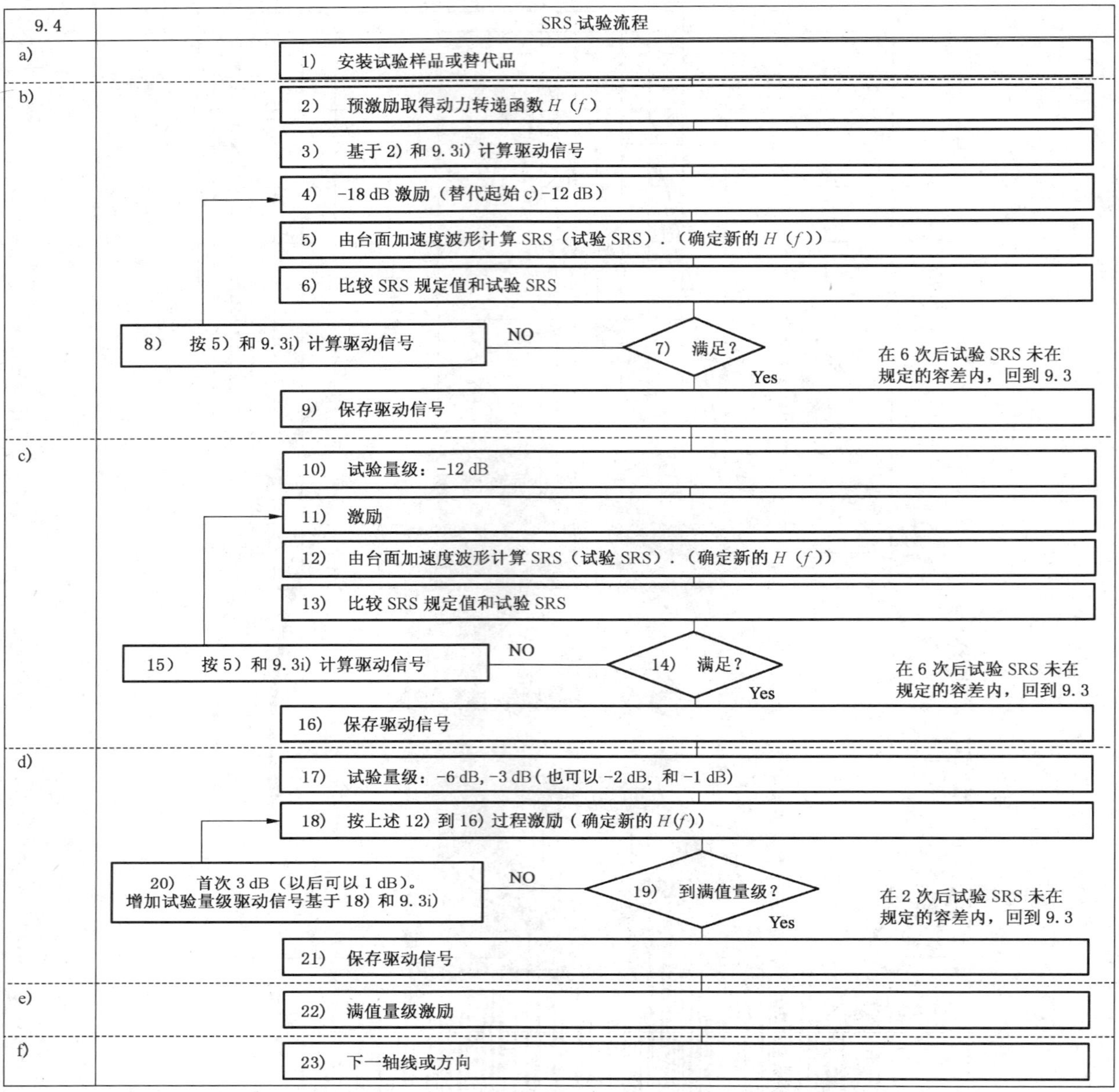

图 5　合成时间历程试验的流程图(9.4)

附 录 A
（资料性附录）
试验时间历程——一般背景资料

A.1 概述

从SRS到试验时间历程的推导不是数学上精确的或唯一的过程。由单一的SRS可以导出多个时间历程。此外，实际受试验设备极限的约束通常意味着SRS不能严格匹配。因此单由SRS方式定义的特定冲击时程的再现性不太可能可靠的重复再现。因此推荐，每一个导出的试验时间历程，总应该得到该试验规范(方案)制定者的认可。

根据SRS导出试验时间历程有多种方法。通常用不同方法产生的试验时间历程具有不同的特性，对实际试验设备极限的限制的处理方式也不同。此外，不同计算机的不同实施方法都可能有其自身的限制和假定。往往这些限制和假定是为了使导出的试验时间历程达到一定的可靠性和重复性。

选择从SRS导出试验时间历程的合适的方法的第一个准则是考虑所要求时间历程的特性。通常，要根据用于导出相关规范中SRS的原始时间历程的特性进行选择。然而，由于不大可能再现原始时间历程的全部特性，须对于需要在试验中再现的某些特性进行识别。通常，原始时间历程特性取决于引起冲击的工作条件和样品相对于冲击源的位置。在许多情况下，试验时间历程再现冲击的关键也取决于试验样品的敏感性。

选择从SRS导出试验时间历程的合适的方法的第二个准则是考虑试验设备实际能力的限制。用于电动振动台或液压振动台的冲击时间历程，开始的和最终的加速度和速度必须为零。同样，对于任何试验设备，加速度、速度和位移最大值必须在试验设备的额定能力内。所有这些因素都是将时间历程实际施加到振动台上的重要制约。通常，当尝试再现冲击源或近冲击源处的冲击时，振动台是最大的制约。当再现受结构响应支配的时间历程时，一般在离开冲击源有一定距离的地方测量的时间历程，可能不会受振动台显著制约。

A.2 再现经典的时间历程

由于试验设备能力的制约，用振动台再现半正弦波或后峰锯齿波等经典的时间历程通常有困难。然而，用经典冲击脉冲波形的SRS合成的试验时间历程进行试验通常是合理的、可信的和可重复的。这是因为经典脉冲波形的SRS在很大范围内有唯一性，倘若要求的SRS值很好地代表了原始脉冲，则导出的试验时间历程应与原始脉冲等效。可以通过引用更多的信息，如峰值、典型持续时间等，进一步提高再现性。把经典时间历程作用于振动台的主要困难是需要确保试验时间历程的初始和最终的加速度和速度为零。这通常需要附加脉冲补偿，即一个典型的补偿脉冲为峰值比名义脉冲低、持续时间比名义脉冲长的负脉冲。补偿脉冲通常置于规定脉冲的前面和后面，其峰值、形状和持续时间应设置成能够保证试验时间历程的初始和最终的加速度和速度为零。

A.3 正弦响应的衰减

很少有样品会经历到经典脉冲那样波形的冲击。许多样品经历的是经过受结构的动力学特性改变的冲击效应。这些响应以振荡和瞬态的时间历程为特征。最简单的情况是，响应为单一频率的衰减正弦波。而更为常见的是，响应由多个单一响应成分混合而成。一般而言，时间历程振荡器和混合的成分越多，越易于在振动台上实现。

衰减正弦是冲击源附近设备经历的典型响应。一个单频率衰减正弦波的SRS是原始时间历程的一个特点鲜明的描述，且由该SRS导出的试验时间历程与原始时间历程很好地等效。然而，当响应包含一个以上单频率成分时，导出的试验时间历程不太可能和原始时间历程很好地等效，除非提供附加的信息。在这种情况下，典型的附加信息会包括每个分量的总峰值、频率和阻尼或者是每个频率分量的相对幅值。当重视脉冲的响应峰值和"发生时间"的情况下，通常会用综合衰减正弦再现试验时间历程。

有大量基本类似的文献，论述了从SRS导出衰减正弦时间历程的方法。虽然方法类似，但都会有一些局限，对于保证最终试验时间历程的可重复性产生制约。这些制约经常会妨碍导出的试验时间历程与原始响应的良好等效。实际上，所有的方法都只在衰减正弦波所在的频率上，将试验时间历程的SRS与SRS规定值进行拟合。有若干种方法可用于改善中间频率的拟合，但没有一种可以确保良好的匹配。通常，在衰减正弦波所在的频率上，可以获得良好匹配，而在中间频率上，则需要较宽的容差。在实际应用中，可使用的衰减正弦波的数量往往受到限制。

衰减正弦响应几乎总是需要附加一个合适的补偿脉冲以保证试验时间历程的初始和最终时的加速度和速度为零。虽然对这个补偿脉冲的要求不如对经典冲击时间历程补偿脉冲的要求严格，但还是会影响试验时间历程的SRS。在振动台实际能力的范围内，补偿脉冲频率的选择具有一定灵活性。通常补偿脉冲的频率越低越好。

A.4 综合振荡响应

受中间结构的动力特性支配的瞬态和振荡时间历程是许多冲击响应的典型情况。当冲击源的特性不重要时，可以用多种方法从SRS导出试验时间历程。无论用哪一种方法，导出的试验时间历程不太可能很好地与原始的时间历程等效，除非提供附加的信息。在这种情况下，典型的附加信息会包括每个分量的总峰值、频率和阻尼或者是每个频率分量的相对幅值。如果关注的是设备在源冲击作用后的即时峰值响应，则通常采用综合振荡的形式再现试验时间历程。

有多种方法可以从SRS导出综合振荡响应。这些方法及其应用所针对的是充分利用振动台的能力和保证最终试验时间历程的可重复性。在实践中，振动台的能力通常会妨碍试验时间历程与原始时间历程的良好等效。实际上，所有的方法都在特定的频率上将试验时间历程的SRS与SRS规定值进行拟合。通常，在特定的频率上可以获得良好匹配，而在中间频率上，则需要较宽的容差。

一些用于由SRS规定值确定综合振荡响应的方法需要附加补偿脉冲，以保证试验时间历程的初始和最终的加速度、速度为零。然而，有些方法被设计成为其产生的初始和最终的加速度和速度为零，无需附加补偿。对于需要补偿脉冲的情况，与经典冲击时间历程和衰减正弦时间历程对于补偿脉冲的需要相比，其重要性较低。

附 录 B
（资料性附录）
合成试验时间历程所使用的参数

B.1 概述

受试样品的环境要求来自下列数据：

——样品现场在测量得到的数据中反映的问题；

——根据类似应用已有的现场数据，预估的冲击环境；

——计算的冲击环境。

由于在测量中通常需要很大的动态范围，所以在对冲击环境现场数据的测量和分析时应特别注意。在测量中通常需要大的动态范围。参考书目[1]给出了有价值的帮助和介绍。

前面提到的要求 SRS 试验的要求由来，应从上述来源导出。这些要求包含了一应包括一些描述冲击试验环境特定参数。这些参数包括：

——冲击的持续时间；

——冲击的峰值；

——冲击的中心频率成分；

——冲击响应谱。

试验所需的参数取决于试验的目的。一些参数对幅值试验很重要，但另一些对低周期疲劳试验也是有用的。

B.2 参数与冲击持续时间的联系相关的参数

下列参数可用于描述冲击持续时间 T：

——时间历程的强部；

——有效冲击/瞬态振动持续时间。

时间历程的强部必须定义为信号达到最大值 25%延续到信号最后下落到 25%经历的时间历程。

时间历程的频率范围必须仔细规定，因为其对于时间历程的特性，即最大值和强部有相当大的影响。也应规定与频率范围相关的采样频率以及滤波器在频率范围低端和高端的衰减。

有效冲击/瞬态振动有效持续时间定义如下（MIL-STD-810F，试验方法 516.5）：

——最小持续时间应至少包括 90%以上幅值超过有关冲击的时间历程均方根值曲线（也是时间历程）的峰值 10%的部分。

此方法对尖峰状噪音不敏感，但对频率范围和其他参数必须作如上规定，用于计算时间历程均方根值曲线的参数也应规定。

B.3 参数与冲击峰值的联系相关的参数

下列参数可用于描述冲击峰值：

——时间历程的最大值和最小值；

——时间历程的概率密度；

——时间历程的峰值（正的和负的）等级评定；

——时间历程的流量计数。

时间历程的频率范围和其他参数必须按如上述规定定义，因为它对的时间历程具有重要影响的特性及最大值和最小值有显著影响。

所有方法给出时间历程的最大值和最小值，最大值和最小值应等于SRS的高频渐近值(HFA)。

当使用第二和第三种方法时,时间历程的对称性是最好的。后两种方法则是疲劳效应的最好指标,且可用于用“响应的高峰值”研究响应时间历程,见下文。

峰值等级评定的一个替代方法是水平交叉计算。

B.4 参数与冲击结果的频率要素的联系相关的参数

下列参数可用于描述冲击结果的频率要素:

——频率范围;

——傅立叶谱(FS);

——能量谱密度(ESD);

——由FS或ESD计算出的多重累积均方根值。

为了获得良好的试验再现性,必须规定时间历程的频率范围。因此,同样重要的是,规定试验需要的频率范围相关的时间历程采样频率和滤波器特性。

FS和ESD描述了时间历程的频率分量并且指出了突出的频率分量。ESD同时规范了用于时间历程的频率分辨率和持续时间。分析的统计误差可以通过在频谱上相邻频率分量的平均的方法减小。

FS或ESD的累积均方根值以累计的方式反映了谱的频率分量,并提供了直观的数值说明。

B.5 SRS的参数

下列参数可用于描述SRS要素:

——SRS计算的品质因子;

——SRS的强部;

——SRS峰的类型。

最常见的SRS是绝对最大加速度SRS。一个替代的形式为绝对最大伪速度响应谱或相对位移响应谱。

计算SRS的算法也应予以规定。

在根据测量或计算得到的数据计算SRS时,建议使用多个Q值因子,例如,5,10和25(阻尼比为10%、5%和2%)。这些曲线由取决于试验样品内部谐振频率和阻尼确定的可能的内部响应。

SRS的强部定义(IEC 60068-2-57)为谱的响应加速度高于SRS带通−3 dB部分(见图B.1)。

SRS峰值的特性可以通过冲击不同Q值因子的响应谱的比较来描述。这一比较可以表明冲击的类型是属于脉冲型的还是偏向于振荡型的。可定义如下因子:

$$A = (\text{峰值 SRS})_{Q=20} / (\text{峰值 SRS})_{Q=10}$$

$$B = \text{峰值 SRS/HFA}$$

这些因子数值低时,表示冲击为脉冲类型(例如,半正弦波);这些因子数值高时,表示冲击为带极限值的连续正弦振动的振荡冲击。

B.6 描述冲击特性的其他参数

可用于描述冲击特性的其他参数如下:

——在所为选定的自然频率而上算出的SRS的响应时间历程的峰值个数;

——概率分布的矩,如偏度、峰度。

可以在SRS选定的Q值因子的频率范围内选定的自然频率内上算出SRS响应时间历程的峰值个数,以选择SRS的Q值因子。

Q值因子是最具代表性的试验参数。Q值因子的默认值是10。

峰值个数定义为通过计算得到、受到时间历程激励的一个单自由度系统(振荡器)超过规定阈的响应峰的个数。除非有关规范另有规定，按 2%～10%阻尼率、70%的阈值，高峰值个数应在 3～20 范围内。

响应峰可通过等级评定、水平交叉计算和疲劳损伤谱(FDS)等进行进一步分析。

偏度、峰度等概率分布矩可用于描述冲击事件。概率分布矩也可表示为连续平均。偏度是时间历程对称性的一个指标。

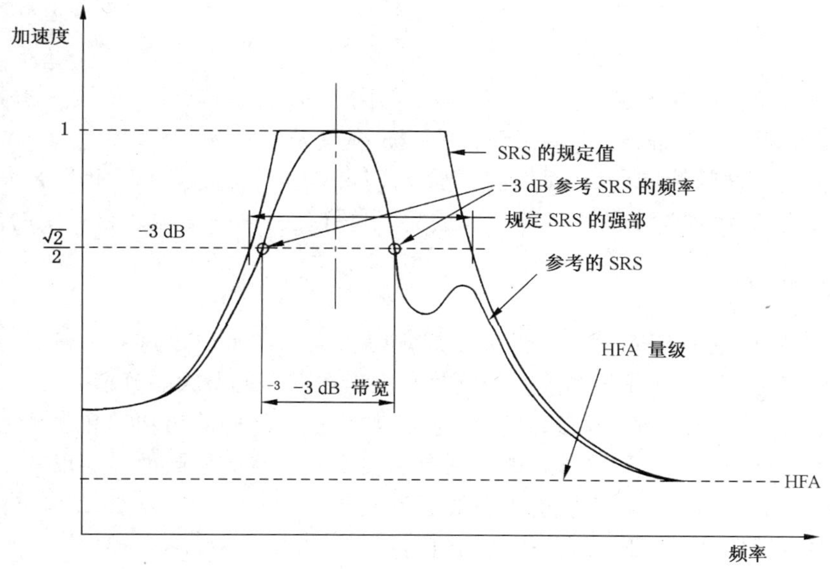

图 B.1 SRS 的强部

附 录 C
（资料性附录）
试验时间历程的合成

C.1 引言

几乎所有电动振动台控制系统的供应商都提供专用的SRS试验软件。用这一工具，操作者能够产生一个随时间变化的瞬态电压信号，驱动振动台的功放率放大器。

在经过若干次迭代以后，振动台台面上的试验SRS将与SRS规定值匹配。驱动信号是一个规定时间窗内的不同形状、频率和长度的小波混合而成的。这样就必须考虑振动台系统的能力限制因素。

C.2 振动试验设备的制约

许多情况下，有关规范将SRS规定值的频率规定得很高。经常出现这样的情况，是因为SRS的频率没有限制、可延伸到无穷高。SRS将接近相应时间历程在高频的最大峰峰值。

参考有关规范，试验设备的最大制约是频率范围、功率放大器的输出功率和表现为最大允许峰值加速度的振动台动圈的机械强度。制约参数因振动台和功率放大器的不同而异。以一个96 kVA驱动的80 kN推力的标准电动振动台为例，其最高频率限制为2 500 Hz～3 000 Hz，最大响应在350 g_n～400 g_n之间。特殊设计的电动振动台，可以达到更高的值。

C.3 SRS控制软件的特性

当合成SRS时间历程时，大部分控制软件可以选择下列参数：

a) 小波的类型(最常用的)

  1) 指数衰减的正弦波；

  2) 等幅值的猝发正弦波(矩形窗中的正弦波)；

  3) 变幅值的猝发正弦波(汉宁窗中的正弦波)。

  操作者必须决定选择哪一种小波。由于每一种小波类型都可能在一定程度上符合所需要的SRS，故本规范不能推荐具体采用哪一种类型。不同类型的小波不能混合使用。

b) 时间窗

  所有小波在时间窗中混合，并限制合成试验时间历程的持续时间。

c) 小波的频率间隔

  从SRS的最低频率开始，每个小波的频率将按照1/n倍频程间隔自动确定。这里“n”是变量，每个时间历程都应选定此参数。

d) 每个小波的持续时间

  ——类型1)：不选择持续时间，但需要选择小波阻尼因子；

  ——类型2)：选择一个偶数为半周期个数；

  ——类型3)：选择一个非平均数偶数为在汉宁窗中小波的半周期个数。

e) 每个小波的开始时间

  必须规定小波相对于时间窗起始点的延迟时间，使小波的整个持续时间处于规定时间窗内的某个位置。

f) 阻尼因子系数

  仅用于类型1)小波。

g) 起始极性

每个子波可以由正或负两个方向起始。

C.4 如何产生冲击瞬变

有关规范应规定 SRS 及 Q 值因子和其他可用的参数。作为相关规范中 SRS 基础的原始时间历程，并不一定是已知的。如有可能，将此时间历程与合成的时间历程进行比较，对于操作者是有意义的。

合成时间历程的合理步骤概述并说明如下：

a) 小波的类型

每一种类型的小波都能在一定程度得到要求的结果。

小波起始为高量值的指数衰减正弦(类型 1))，在模拟爆脱冲击时非常有用，但经常会导致合成时间历程产生极高的加速度峰值。

当使用等幅值正弦猝发(类型 2))的小波时，每个小波最容易对合成信号产生影响。

变幅值正弦猝发(类型 3))的小波总是以随着汉宁窗的形状平滑增加的方式开始，并在时间窗的中间达到最大值。

使用类型 2)或类型 3)的小波，最容易控制合成时间历程的持续时间。

b) 频率范围

选择试验频率范围要考虑可用的采样频率。试验频率范围的选择取决于要模拟的冲击环境的最多频率成分和安装样品后的试验设备实际能产生的频率。

c) 时间窗

时间窗的持续时间应覆盖要合成的时间历程持续时间。决定持续时间的其他因素还有选定的频率范围和采样频率。

在一些试验控制系统中，时间窗的持续时间被加倍，合成时间历程的中心在新的时间窗的中间位置。

d) 小波的频率的间隔

在整个频率范围内，选择的频率间隔是固定的。选择最低频率以满足 SRS 的增加部分。后续小波的频率间隔数值不应小于 1/3 倍频程。对于这样的间隔，SRS(相邻两个小波间的间隔)的精度可以达到－2.5 dB。对于 1/6 倍频程的间隔，精确度超过－0.5 dB。要处理的小波越多，调整起来就越复杂。

e) 小波的持续时间

除衰减的正弦波以外，小波的持续时间由其周期数或半周期数决定。那些频率成分为低频的小波，其持续时间受到选定的合成时间历程的时间窗限制。

每个小波的周期数应在 3～10 间选择。

当 Q 值因子为 10 时，一个 3 个周期的小波在 SRS 上的实际放大倍数为 60%，5 个周期小波放大倍数为 81%，12 个周期小波放大倍数为 97%。然而，还有另外一个效应。两个相邻频率(1/3 倍频程)会相互作用，当小波为 10 个周期时，总放大倍数已经达到 10。若频率间隔为1/6倍频程时，7 个周期的放大倍数就可以达到 10。

f) 小波的峰值

在瞬态信号生成阶段，每个小波的加速度的峰值可以设置为 SRS 规定值的 $1/Q$。在迭代过程中，这些峰值将通过控制软件自动进行调整。

g) 小波的起始时间

在选定的时间窗内，每个小波的起始时间(延迟)可以单独选择。在实践中，由于持续时间较长，频率在最低的 2 个倍频程内的小波的延时应从零或接近零开始。具有最大峰值的小波应被一个接一个无重叠地排列在时间窗的前半部分。这样做可以避免在合成的时间历程中有过高的峰值，并获得一个衰减形状的时间历程。所有其余的小波应置于时间窗内，以避免长的重叠区段。

在试验时，了解不同小波在时间窗内所处的位置很有用，因为有时需要改变它们的位置。出现这种情况，可能是因为小波混合后产生了高加速度峰值，或者其他对于试验设备而言过高的参数值。

h) 小波的起始极性

小波的起始极性可选择为正的或负的，规定小波的第一个峰的试验方向为正的或为负的。推荐最初所有小波使用同一极性，为了避免合成时间历程出现极端的峰时单独加以调整。

i) 小波的阻尼

只有当使用指数正弦小波类型(类型 1)时，才有必要进行这项选择。当使用衰减正弦时，正弦的阻尼比推荐在 2%～10%范围内选择。

C.5 进行试验

由于 SRS 试验是一个开环过程，而且首次合成的时间历程并没有将振动台包括加载的样品的动力学传递函数计算在内，均衡迭代过程的试验量级应在最终合成量级的－12 dB 开始。

典型的试验要求是每条轴线试验一次。因此，在此阶段，推荐使振动台处于“空夹具”状态，或更好的是夹具上装载一个“动力特性等效的模拟负载”。

在均衡迭代过程中，逐步增加试验量级，开始 3 dB，接近满试验量级时，每次 1 dB。然后，用真实样品替换“模拟负载”，再按合成时间历程的最终参数进行一次试验。如果达到了试验设备的极限，可能有必要重新排列小波的位置或修改他们的特性。若这样做了以后，必须重新进行均衡迭代过程。在激励轴线改变以后，也应重复这个过程。

附 录 D
（资料性附录）
试验 SRS 的推荐频率范围

常见不同应用的试验频率范围示例如表 D.1。

表 D.1 试验频率范围示例

应用类型	频率范围/Hz
地震（地面或安装在楼板的设备）	1～35
注：这种设备的情况的自然频率低于 1 Hz，建议频率范围 0.1 Hz～35 Hz	
运输	1～100 10～100 10～150 10～500
飞机	10～500 10～2 000
空间	100～5 000

参考文献

[1] GJB/Z 222—2005 动力学环境数据采集和分析指南

[2] ISO/DIS 15261 振动和冲击发生系统 词汇

[3] ISO/CD 18431-2 机械振动和冲击 信号处理过程 第2部分:时域窗傅立叶转换信号处理过程

[4] MIL-STD-810F 环境工程研究与实验室试验(美国国防部试验方法标准)

ICS 19.040
K 04

中华人民共和国国家标准

GB/T 2423.58—2008/IEC 60068-2-80:2005

电工电子产品环境试验 第2部分:试验方法 试验Fi:振动 混合模式

Environmental testing for electric and electronic products—Part 2:Tests methods—Test Fi:Vibration—Mixed Mode

(IEC 60068-2-80:2005 Ed.1.0,IDT)

2008-05-19 发布　　2009-01-01 实施

中华人民共和国国家质量监督检验检疫总局
中国国家标准化管理委员会 发布

前　言

GB/T 2423《电工电子产品环境试验　第2部分:试验方法》按试验方法分为若干部分。

本部分为GB/T 2423的第58部分。

本部分等同采用IEC 60068-2-80:2005(Ed.1.0)《环境试验　第2-80部分:试验方法　试验Fi:振动　混合模式》。

本部分引用的规范性文件中有一部分目前尚未转化为等同采用的国家标准,在引用这些规范性文件时仍以IEC/ISO的编号列出。

为便于使用,本部分做了下列编辑性修改:

a) “IEC 60068的本部分”一词改为“GB/T 2423的本部分”或“本部分”;

b) 用小数点“.”代替作为小数点的逗号“,”;

c) 为了与现有GB/T 2423其他各部分的名称一致而将本部分改为当前名称。

本部分的附录A、附录B是资料性附录。

本部分由中国电工电子产品环境条件与环境试验标准化技术委员会(SAC/TC 8)提出并归口。

本部分起草单位:上海市质量监督检验技术研究院、信息产业部电子第五研究所、广州大学、北京航空航天大学、北京中元微型仪器公司、上海工业自动化仪表研究所、航天511所、苏州试验仪器总厂。

本部分主要起草人:卢兆明、纪春阳、徐忠根、吴飒、张越、史晓雯、朱子宏、忻龙、常少莉、徐立义、林嘉怡。

引　言

本部分描述的混合模式振动试验方法要求采用数字控制的宽带随机技术和以宽带随机为背景的正弦和/或规定的窄带随机的混合技术。

本部分描述的混合模式振动试验方法通常应用于元件,设备和其他产品(下文称样品)的复杂特性的宽带响应模拟。

本部分描述的混合模式振动试验方法基于采用计算机控制的电动或液压振动试验系统。

本部分描述的混合模式振动试验方法一般需要某种程度的工程判断,供需双方都应充分意识到这一点。应该由有关规范的编写者选定试验方法和适合于样品及其用途的严酷等级。

电工电子产品环境试验
第2部分:试验方法
试验 Fi:振动　混合模式

1　范围

本部分提供的试验方法,适用于需要经受模拟复杂以及混合激励振动试验的样品。

本部分的目的是要验证在经受规定的混合模式激励后,样品在功能和/或结构上不会产生不可接受的降低。当实际环境的振动测量数据具有混合模式时,用本方法剪裁振动环境特别适合。

本部分也适用于揭示随机与正弦和/或随机混合振动应力累积效应,以及由此导致的样品机械缺陷和规定性能的降低,这些信息结合有关规范可评定样品的可接受性。在某些情况下,本试验方法也适用于验证样品的机械强度。

本部分也适用于在运输或实际使用环境中可能经受随机和/或随机与确定特性组合的振动的样品,如在航空器,航天器以及运输中将被装在运输容器内,并将运输容器作为样品本身的一部分。

本部分适用于电工电子产品,也适用于其他需要的领域。

2　规范性引用文件

下列文件中的条款通过 GB/T 2423 的本部分的引用而成为本部分的条款。凡是注日期的引用文件,其随后所有的修改单(不包括勘误的内容)或修订版均不适用于本部分,然而,鼓励根据本部分达成协议的各方研究是否可使用这些文件的最新版本。凡是不注日期的引用文件,其最新版本适用于本部分。

GB/T 2421—1999　电工电子产品环境试验　总则(idt IEC 60068-1:1988)

GB/T 2423.10—2008　电工电子产品环境试验　第2部分:试验方法　试验 Fc:振动(正弦)(IEC 60068-2-6:1995,IDT)

GB/T 2423.43—2008　电工电子产品环境试验　第2部分:试验方法　振动、冲击和类似动态试验样品的安装(IEC 60068-2-47:1995,IDT)

GB/T 2423.56—2006　电工电子产品环境试验　第2部分:试验方法　试验 Fh:宽频带随机振动(数控)和导则(IEC 60068-2-64:1993,IDT)

IEC 60050-300:2001　国际电工词汇　电气和电子测量和测量仪器

IEC 60050-311　国际电工词汇　与测量有关的通用术语

IEC 60050-312　国际电工词汇　与电气测量有关的一般术语

IEC 60050-313　国际电工词汇　电气测量仪器的类型

IEC 60050-314　国际电工词汇　根据仪器类型用的特殊术语

IEC 60068-3-8:2003　环境试验　第3-8部分:振动试验选择

IEC 60068-5-2:1990　环境试验　第5部分:起草试验方法导则　术语与定义

ISO 2041:1990　振动和冲击　词汇

3　术语和定义

下面定义的本部分使用的术语一般在 ISO 2041—1990,IEC 60050-300:2001、GB/T 2421—1999、GB/T 2423.10—2008、GB/T 2423.56—2006 和 IEC 60068-5-2:1990 中已有定义。为了方便读者,这里采用了出自上述标准的某一个定义,并指出了出处和差异。

此外,下面增加的术语和定义也是适用的。

3.1

横向运动 cross axis motion

非激励方向的运动,通常规定为二个正交的轴向。

3.2

实际运动 actual motion

从参考点传感器返回的宽带信号所表示的运动。

3.3

固定点 fixing point

样品与夹具或振动台台面接触的部分,在使用中通常是固定样品的点。

注:如果是实际安装结构的一部分作夹具使用,则固定点应取安装结构上的点,而不应取来自样品上的点。

3.4 **控制点**

3.4.1

单点控制 single point control

通过使用来自参考点上的信号,使该点的振动保持在规定的量级上的控制方法。

3.4.2

多点控制 multipoint control

将来自各检测点上的信号,按有关规范的要求,进行连续的算术平均或采用比较技术处理来实现的控制方法,参见3.9。

3.5

g_n

由地球引力产生的标准加速度值,它是随海拔高度和地理纬度而变化的。

注:本部分为了便于使用,将 g_n 圆整到 10 m/s^2 整数值。

3.6

测量点 measuring points

试验中采集数据的一些特定点。有3种类型,定义如下。

3.6.1

检测点 check point

位于夹具、振动台台面或样品上的尽可能接近于固定点的点,检测点在任何情况下都要和样品刚性连接。

注1:检测点的数量应满足试验的要求。

注2:如果存在4个或4个以下的固定点,则每个都用作检测点。如果存在4个以上的固定点,则有关规范应规定4个具有代表性的固定点作检测点用。

注3:在特殊情况下,例如对大型或复杂的样品,如果要求检测点在其他地方(不紧靠固定点),则应在有关规范中规定。

注4:当大量小样品安装在一个夹具中时,或当一个小样品具有许多固定点时,为了导出控制信号,可选用单个检测点(即参考点)。该信号与夹具相关而不是与样品的固定点相关。这种情况只有在夹具装上样品等负载后的最低共振频率充分高过试验频率的上限时才是可行的。

3.6.2

参考点 reference point

从检测点中选定的点,为了满足本部分的要求,该点上的信号用于控制试验。

3.6.3

虚拟参考点 fictitious reference point

用手动或自动方式从多个检测点中导出的点,其结果用于控制试验,以满足本部分的要求。

3.6.4

响应点　response points

样品上为了振动响应分析而采集数据的特定点。

注：不同于检测点和参考点。

3.7

优选试验轴　preferred testing axes

在样品中最易受损的三个互相垂直的轴线。

3.8

采样频率　sampling frequency

每秒采集离散量值的数量，用于以数字方式记录或表示一个时间历程。

3.9

多点控制策略　multipion control strategy

采用多点控制时参考控制信号的计算方法。可选择下列频域控制策略，参见3.4.2。

3.9.1

平均　averaging

由一个以上检测点的每个频率的信号值的算术平均值得到控制值的处理方法，参见3.31。

3.9.2

极值　extremal

由一个以上检测点的每个频率线上的信号值的最大或最小值形成控制值的处理方法，参见3.31。

3.10

MAX/SUM

定义窄带 *ASD* 值(见3.14)的随机叠加随机严酷等级。

注：MAX意为本底或窄带 *ASD* 的较大值，SUM意为两 *ASD* 值之和。

3.11

峰值因子　crest factor

合成的混合波形的峰值和均方根(r.m.s.)值之比。

3.12

叠加策略　super positional strategy

定义正弦分量和随机 *ASD* 在每条频率线上的参考加速度谱密度计算方法的策略。

3.13

−3 dB带宽　−3 dB bandwidth

B

在频率响应函数中对应于一个共振峰值的最大响应0.708倍的两点间的频带宽度。

3.14

加速度谱密度　acceleration spectral density

ASD

当带宽趋向于零和平均时间趋于无穷时，各单位带宽上通过中心频率窄带滤波器那部分加速度信号的均方值。

3.15

偏移误差　bias error

对于随机信号，由于实际有限的频率分辨率引起计算加速度谱密度的系统误差。对于正弦信号，由于平均时间在混合模式信号中计算正弦分量幅值的系统误差。

3.16

控制加速度谱密度　control acceleration spectral density

在参考点或虚拟点上测得的加速度谱密度。

3.17

控制系统回路　control system loop

包括下列步骤：

——对参考点混合模式波形模拟信号进行数字化处理；

——进行必要的数据处理；

——产生更新后的模拟混合模式驱动波形输出到振动系统的功率放大器(参见第B.1章)。

3.18

驱动信号削波　drive signal clipping

驱动信号最大值的限制，用峰值因子表达。

3.19

有效频率范围　effective frequency range

从频率低于 f_1 斜谱前端到高于 f_2 斜谱后端的实际频率范围(参见图1)。

3.20

加速度谱密度误差　error acceleration spectral density

规定加速度谱密度值和控制加速度谱密度值之差。

3.21

均衡　equalization

加速度谱密度误差的最小化。

3.22

最终斜谱　final slope

高于 f_2 的加速度谱密度的部分(参见图1)。

3.23

频率分辨率　frequency resolution

以赫兹为单位的加速度谱密度中频率间隔的宽度。

注：在数字分析中为了计算指定的加速度谱密度，将采样记录划分为若干部分，每个部分采样长度的倒数为分辨率。在频率范围内，频率线数等于频率间隔数。

3.24

加速度谱密度示值　indicated acceleration spectral density

从分析仪读出的真实加速度谱密度，受仪器误差、随机误差和系统偏差的影响。

3.25

初始斜谱　initial slope

低于 f_1 的加速度谱密度的部分(参见图1)。

3.26

仪器误差　instrument error

由控制系统输入的每个模拟环节和控制系统的各模拟环节关联的误差。

3.27

随机误差　random error

由实际平均时间有限与滤波器带宽的限制导致加速度谱密度估计变化而带来的误差。

3.28

记录　record

用于快速傅立叶变换计算的时域上等间隔数据点的集合。

3.29

可再现性　reproducibility

对同一值相同的测量次数的测量结果之间的一致性程度，按如下方式进行个别测量：

不同的测试方法；

——不同的测量仪器；

——不同的观察人员；

——不同的实验室；

——相对于单次测量的持续时间较长的时间间隔后；

——不同的使用仪器习惯。

注：术语“可再现性”也可应用于满足上述部分条件的情况。

[IEC 60050(300):2001]

3.30

均方根值　root-mean-square value

在 f_1 与 f_2 之间平直谱的均方根值(r. m. s. 值)，见图 1，是在时间间隔内函数值的平方的平均值再开平方。

注：在此试验方法中，单独随机或正弦加随机(SoR)和随机加随机(RoR)混合模式的加速度、速度和位移的均方根可以按 B. 2. 4 计算。

3.31

信号值　signal value

混合模式信号的随机分量用加速度谱密度值表示，正弦分量用幅值表示。

3.32

标准差　standard deviation

σ

在振动理论中，振动的均值等于零。因此对一个随机时间历程的标准差等于均方根值。

3.33

统计精度　statistical accuracy

真实加速度谱密度与加速度谱密度示值的比。

注：仅针对混合模式信号中的随机部分。

3.34

统计自由度　statistical degrees of freedom

用时间平均技术来估算随机数据的加速度谱密度时，统计自由度的有效数取决于频率分辨率和有效平均时间。

3.35

扫频循环　sweep cycle

在规定的频率范围往返扫频一次，例如，5 Hz 到 500 Hz 到 5 Hz。

注：与“扫频循环”对应，单向扫频表示仅在向上或向下的一个方向扫频。

[GB/T 2423.10—2008]

3.36

扫频速率　sweep rate

正弦频率的变化速率，可以用倍频程/分钟或赫兹/秒表示。

3.37

真实加速度谱密度　true acceleration spectral density

作用于样品上的随机波形的加速度谱密度。

4 试验要求

4.1 总则

这些特征适用于完整的振动试验系统，对于电动的和液压伺服的试验系统，该系统包括功放、振动台、试验加载夹具及控制系统。

下述基本运动和横向运动应在试验开始前或在试验中采用控制器的附加输入监视通道进行检查。有关规范应给出检查试验量级和所用的程序。

标准的试验方法由下列的试验顺序构成，并且可以用于样品的每个互相垂直的轴线上：

a） 用低量级的正弦或随机激励进行初始振动响应检查，见5.4和9.2。

b） 混合模式激励作为负载或应力试验。

c） 最终响应检查(见9.5)，与初始情况比较并找出因动态性能变化引起的可能的机械失效。

但是如果样品的动态性能已知或不要求，有关规范可以放弃对响应检查的要求。

4.2 控制系统

控制系统需要专用控制软件包，该系统应具有对随机加随机或正弦加随机混合试验的控制和分析能力。

4.3 基本运动

样品各固定点应由有关规范规定，它们的运动应是大致相同的，其基本运动呈直线运动。如果运动大致相同难以实现，应采用多点控制。

基本运动的特征，随机波应符合高斯分布；周期成分为正弦。

4.4 横向运动

应在试验前按有关规范规定的量级进行正弦或随机的横向运动检查或在试验过程中采用附加的监测通道进行横向运动检查。

在检查点上沿与规定轴垂直的任一轴的每个频率点的信号值，在500 Hz以上不应超过规定的信号值；在500 Hz以下不应超过规定值的－3 dB。沿与规定轴垂直的任一轴总的加速度均方根不应超过规定轴的均方根值的50％。例如对于小样品，如果有关规范规定，横向运动容许的信号值应加以限制以保证不超过基本运动的－3 dB。

在某些频率上或大尺寸或高质心的样品要获得这些值是困难的。另外，有关规范规定的严酷等级有较大的动态范围时，也可能难以达到这些值。在这些情况下，有关规范应规定采取如下何种方式：

a） 对超出上述给定值的横向运动应进行监测，并记录在报告中；

b） 横向运动不需监测。

4.5 安装

样品应按GB/T 2423.43—2008的要求安装。所有情况下，在GB/T 2423.43—2008中选择的曲线时必须先平方后乘以加速度谱密度(*ASD*)或直接乘以正弦振幅。

4.6 测量系统

测量系统的特性应能使从参考点给定轴向测得振动的实际值在试验所要求的容差范围内。

整个测量系统包括传感器、信号调节器和数据采集器及数据处理器，其频率响应对测量精度有显著影响。测量系统的频率范围应从试验最低频率 f_1 的0.5倍延伸到最高频率 f_2 的2.0倍，参见图1。测量系统在该频率范围内的频率响应应该平坦，并在±5％以内。

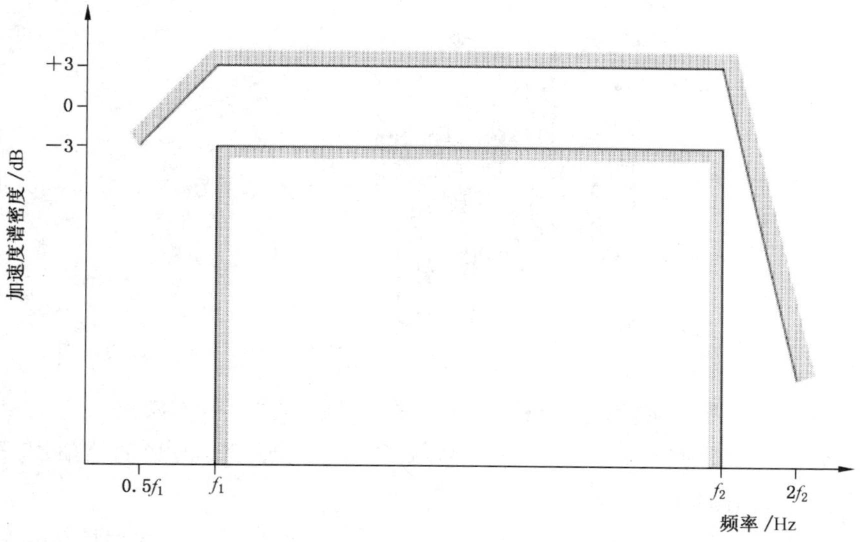

图1　加速度谱密度的边界(参见5.1.1)

5　混合模式试验要求

本部分提供了随机振动与窄带随机，随机振动与正弦振动或随机振动与二者叠加组合的试验方法。窄带随机和正弦振动的成分可在有关规范规定的频率范围内扫描。混合模式试验应作下列考虑。

有关规范应规定窄带随机包络是最大的谱值(MAX)还是应把它叠加到背景谱值(SUM)上。

加速度谱可以是：

a)　由宽带随机、窄带随机和在傅立叶(Fourier)谱线上的正弦分量叠加的，或

b)　由宽带随机、窄带随机叠加和一个独立的、在频域内连续产生的正弦分量。

5.1　随机振动容差

5.1.1　检测点和参考点

加速度谱密度示值在规定方向上参考点与检测点在图1中f_1和f_2间相对规定的加速度谱密度包括仪器误差为±3 dB。随机误差和系统误差不包括在容差内。随机误差是可以计算的。

在f_1和f_2间，计算或测量得到的加速度均方根(r.m.s.)值相对于规定的加速度谱密度的均方根值的容许误差应在±10%内。对参考点和虚拟参考点，这些值都是有效的。

在某些频率上或大尺寸或高质心的样品要满足这些要求是困难的。在这种情况下，有关规范应规定较宽的容差。

初始斜谱不应小于+6 dB/oct；最终斜谱应为−24 dB/oct或更陡。(见B.2.3)

对试验的窄带随机扫频部分的容差应和宽带部分的容差相同。然而，在某些扫频速率下不能满足这个要求。因此，有关规范应对这些部分容差予以规定。

5.1.2　分布

参考点的瞬间加速度值应为近似正态(高斯)分布，如图2。在常规系统校准时应予以确认。有正弦波的混合模式的信号见图4。

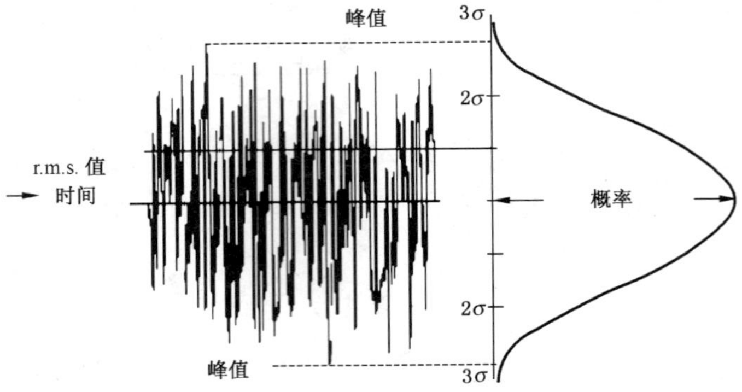

图 2　随机激励，信号的削波和高斯（正态）概率密度

驱动信号削波值至少应为 2.5（参见 3.18）。检测参考点的加速度波形的峰值因子，确保该信号包含规定 r. m. s. 值至少 3 倍的峰值，除非有关规范另有规定。

如果采用虚拟参考点控制，要求的峰值因子适用于所有形成加速度谱密度控制的检测点。

在开始、中间和结束试验时计算参考点的概率密度函数应各持续 2 min。

5.1.3　统计精度

统计精度由统计自由度 N_d 和置信度（见图 3）决定。统计自由度按下式计算：

$$N_d = 2B_e \times T_a \qquad \cdots\cdots(1)$$

式中：

B_e——频率分辨率；

T_a——有效平均时间；

N_d——除有关规范另有规定，应不小于 120（见表 B.2 和图 B.4）。

如果有关规范规定在试验中应满足置信度，应用图 3 来计算统计精度。

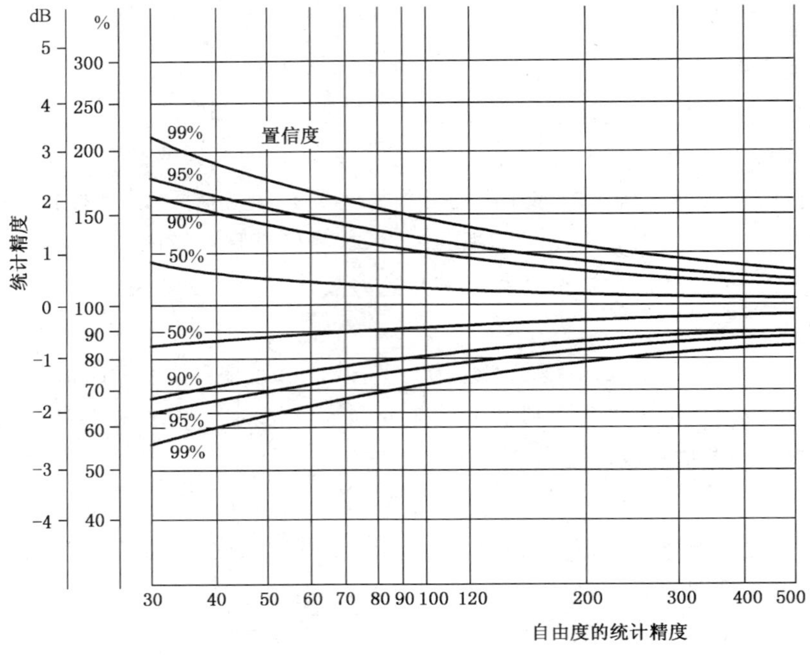

图 3　不同置信度下自由度的加速度谱密度统计精度（见 5.1.3）

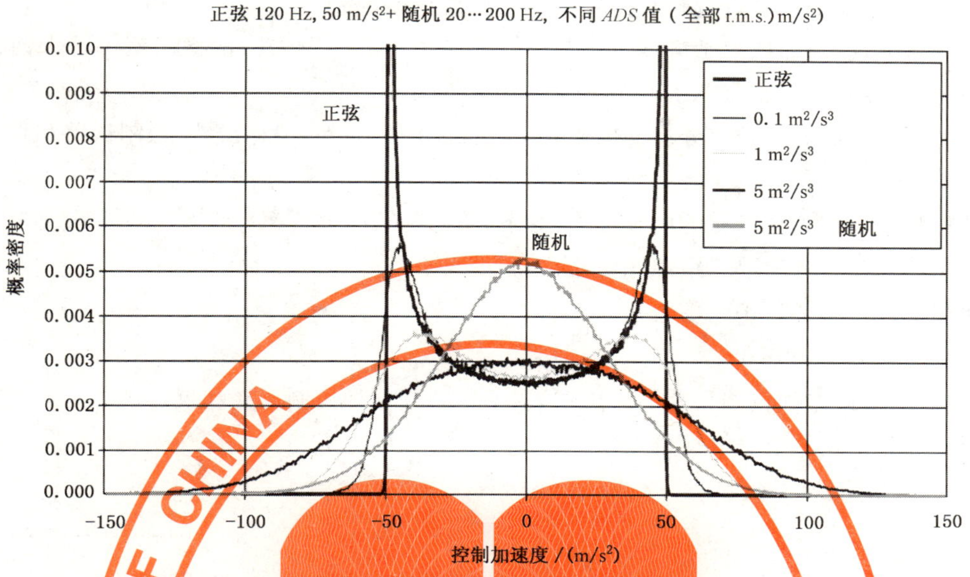

图 4 正弦、正弦加随机和随机信号的分布(概率密度)

5.1.4 频率分辨率

选择频率分辨率 B_e(Hz)使加速度谱密度的实际值和示值误差最小化,频率分辨率等于数字式控制器的频率范围除以谱线数(n)。

$$B_e = f_{high}/n \qquad \cdots\cdots(2)$$

式中:

f_{high}——数字式振动控制器的频率范围,Hz;它应大于 $2f_2$,即,$f_{high} \geqslant 2f_2$,参见图 1;

n——f_{high} 频率带宽等分的谱线数。

有关规范应给出频率分辨率,(参见第 13 章,h)项)。

5.1.4.1 随机加随机

应如此选择 B_e,以使:

——有 1 条谱线能与图 1 中的 f_1 频率重合,第 1 条频率线不大于 $0.5f_1$ 频率;

——有两条频率线确定了第 1 个窄带扫描的初始斜谱。

如果给出了二个不同的值,应选择最小的 B_e。

注:在用更精确的 B_e,导致更长的循环控制时间和更高的 RoR 谱精度定义之间需要折衷。而且为了保持控制所有扫频带宽,扫频带要有更快的扫频速率就需要降低频率的分辨率。

5.1.4.2 正弦加随机

应如此选择 B_e,以使:

——有 1 条谱线能与图 1 中的 f_1 频率重合,第 1 条频率线不大于 $0.5f_1$ 频率;

——正弦扫频在可能的情况下选择连续。对于从一条频率线跳到下一条频率线产生正弦波的控制系统,B_e 应小于 $0.1\% f_{high}$。

5.2 正弦振动容差

5.2.1 参考点

对正弦扫频加随机试验,通常使用数字跟踪滤波器估算正弦波幅值。跟踪滤波器通常也会降低随机部分的信号。

但是正弦幅值的估算包含了正弦频率周围的随机信号分量。同样,随机信号 *ASD* 值与正弦 r.m.s. 的平方之比(下文称功率比)越大,产生的随机误差越大。减小跟踪滤波器的带宽随机引起的误差会变小。但是，跟踪滤波器带宽越窄需要平均的次数越多。

当样品具有尖锐、高品质因子谐振时，更多的平均次数引起更大的偏移误差。这个偏移误差就是平均正弦幅值和实际响应值之差。

正弦扫频加随机试验中正弦分量的振动容差应大于随机误差、偏移误差、控制误差和仪器误差的合成误差。

图5把扫频速率作为功率比的函数推荐，有下列假定条件：

——使用傅立叶积分的数字跟踪滤波器；

——使用指数平均估计正弦幅值；

——样品的阻尼比为0.01；

——E_{sor}是随机误差和偏移误差的合成误差，不包括其他如控制误差和仪器误差；

——假定综合误差示值是标准偏差。

总误差E_t如式(3)所示。

$$E_t = K\sqrt{E_{sor}^2 + E_i^2 + E_c^2} \qquad \cdots\cdots(3)$$

式中：

K——当采用2倍标准差时选2；

E_i——仪器误差，为标准偏差；

E_c——控制误差，为标准偏差。

5.2.2 频率容差

适用于下列频率的容差：

——扫频

5 Hz～50 Hz	±1 Hz
>50 Hz	±2%
——定频	±2%

5.3 控制策略

5.3.1 单点或多点控制

当明确或必须采用多点控制时，必须规定控制策略。

有关规范应规定采用单点控制还是多点控制。如果规定采用多点控制，有关规范应规定是采用检测点信号的平均值还是将选定点的信号值(例如，最大幅值)控制在规定的量级。

注：如果单点控制达不到，应采用检测点信号的多点平均或者极值控制。在这两种情况的多点控制中的控制点是虚拟参考点。采用的方法应记录在试验报告中。

以下策略可供选择。

5.3.1.1 平均策略

在这种方法中，控制值由各检测点的信号计算。每个频率点上的控制值是从检测点的该频率点下的信号值的算术平均。并在每个频率点上将此算术平均控制值与规定的信号值进行比较。

5.3.1.2 加权平均策略

检测点的信号值a_1至a_n按照w_1至w_n加权后平均合成每个频率的控制值a_c：

$$a_c = (w_1 \times a_1 + w_2 \times a_2 + \cdots + w_n \times a_n)/(w_1 + w_2 + \cdots + w_n) \qquad \cdots\cdots(4)$$

这种控制策略为不同检测点的信号对每个频率上的控制值贡献不同提供了可能。

5.3.1.3 极值策略

在这种控制方式中，合成的控制值取自由各检测点的每一条频率线测量的信号值的最大(MAX)或最小(MIN)极值计算。这个策略以各检测点的频率函数信号值的包络构成每个频率点的控制值(MAX)或频率函数信号值的下限构成每个频率点的控制值(MIN)。

5.3.2 多参考控制

有关规范若有规定,可对不同的检测点或测量点规定多个参考谱或不同类型的控制变量,比如力限振动试验。

当规定采用多参考控制时,控制策略由下列之一来描述:

——限制:所有的控制信号均须处于其对应的参考谱的下方;

——替代:所有的控制信号均须处于其对应的参考谱的上方。

5.4 振动响应检查

正弦激励的要求在试验 Fc(GB/T 2423.10—2008)中给出,随机激励的要求在试验 Fh(GB/T 2423.56—2006)中给出。也可参见 IEC 60068-3-8:2003。

6 严酷等级

试验的严酷等级由下列的参数组合来确定:

——试验频率范围;

——宽带加速度谱密度;

——加速度谱密度曲线的形状;

——窄带随机;

——正弦分量;

——扫频速率;

——试验持续时间。

有关规范应规定每个参数。它们是:

a) 从 6.1 到 6.3 给出的值中选取,或

b) 如果给出明显不同的值时,则应从已知环境求得。

注:如果由实际测量的数据来决定随机和正弦的量级时需特别注意,所采用的数据处理技术可能严重的影响不同的信号的幅值。参见 IEC 60068-3-8:2003。

6.1 宽带随机振动

6.1.1 试验频率范围

有关规范所选取的试验频率范围选择的频率限值应尽可能按照数列:…1;2;5;10;20;50……下限频率 f_1 最低起始于 1 Hz,上限频率 f_2 最高达到于 5 000 Hz。

6.1.2 宽带加速度谱密度

下列数据以$(m/s^2)^2/Hz$ 或 m^2/s^3 按有关规范给出在 f_1 和 f_2 之间的加速度谱密度(图 1)值应尽可能按照数列:…1;2;5;10…,最低 0.01,最高 100。

注:本部分延用 g_n,值取 10 m/s^2。

6.1.3 加速度谱密度曲线的形状

本试验规定的加速度谱密度具有一段平直谱,参见图 1。在特殊情况下,可以规定曲线形加速度谱密度,有关规范应以频率的函数的形式规定曲线的形状。不同量级及其相对应的频率范围,即间断点,应尽可能从 6.1.1 和 6.1.2 给出值中选择,另外,有关规范应规定量级间的斜率。

6.1.4 持续时间

有关规范规定的试验持续时间以分钟(或小时或天)计,应尽可能接近数列:…1;2;5;10;…给出,容差为+5%。

6.2 窄带随机

有关规范应规定叠加在背景加速度谱密度上窄带随机的数量。

对每个窄带随机都应作以下规定:

a） 窄带随机的带宽，最小值应为0.5%背景随机带宽并不超过10%。其下限不小于2倍频率分辨率；

b） 扫描的起止频率；

c） 给出以倍频程/分钟(oct/min)或 Hz/s 定义的扫频速率；或给出一次扫描循环的时间；

d） 窄带的扫描次数或持续时间；

e） 以对数或线性扫描；

f） 每个扫描段的起始方向，向上或向下；

g） 在 f_1 和 f_2 的带宽内规定每条窄带谱；

h） 对所有窄带和背景加速度谱密度值组合时，选择求和(SUM)或者选择最大(MAX)策略。

6.3 正弦波分量

有关规范应规定叠加在宽带加速度谱密度上的正弦分量的数量。

应指出：

a） 相互之间是否存在谐波关系，以及它们的相位关系；

注：相位关系针对控制器的输出；加速度信号的相位关系因激振器和/或夹具及样品的传递函数而改变。

b） 扫频的起止频率；

c） 给出以 oct/min(倍频程/分钟)或 Hz/s 定义的扫频速率；或给出一次扫频循环的时间；

注：推荐按5.2.1和图5使用使用尽可能低的扫频速率。高的扫频速率将导致对正弦分量控制不够精确。

d） 每个正弦分量的起始方向向上或向下，开/关时间；

e） 对应频率下的每个正弦分量的幅值；

f） 正弦分量的扫频循环的次数或试验持续时间；

g） 以对数或线性扫频；

h） 定频正弦的频率；

i） 定频正弦的幅值。

在某些情况下，正弦是以定频形式出现，此时6.3的b)、c)、d)、f)和g)的参数不需要规定。有关规范应规定采用哪一种方法。

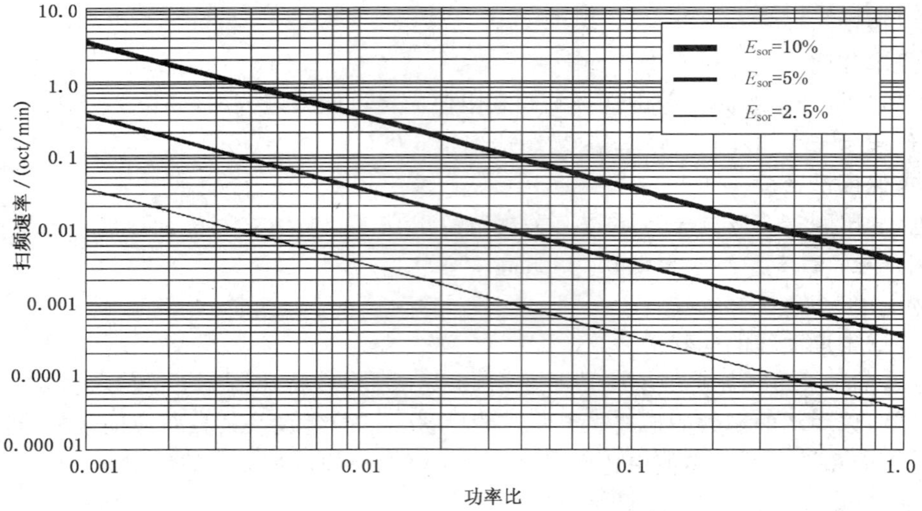

图5 基于 E_{sor} 推荐的正弦加随机中正弦扫频速率的功率比函数

7 预处理

有关规范应要求预处理，并规定条件。

8 初始测量

有关规范应要求对样品进行外观、尺寸和功能检查以及规范规定的其他检查。

9 试验

9.1 总则

试验按有关规范规定的顺序进行。不同的步骤如下：

——如有规定，进行初始振动响应检查；

——试验前为均衡而进行低量级激励；

——混合模式振动试验；

——如有规定，进行最终振动响应检查。

除有关规范另有规定，样品应依次在各优选轴上进行激励。除有关规范另有规定，受试轴的顺序并不重要。如果样品只能以常规工作状态经受试验，应在有关程序中加以规定。

在参考点上每个频率的控制值，当采用单点控制时应来自单个检测点；当采用多点控制时应来自多个检测点。

对后一种情况，有关规范应规定下列中哪个：

——每个检测点信号的平均值(平均控制)；

——检测点上信号的加权平均值(加权平均控制)；

——还是所有检测点每个频率上最大值或最小极值(极值控制)。

应控制在规定的量级。

在多点控制的这些情况中，控制谱变成脱离存在的检测点的虚拟谱。

如果通常使用中带减震器的样品，在试验时必须去掉减震器时应采取一些特殊的处理方法。见GB/T 2423.43—2008。

9.2 初始振动响应检查

有关规范若有规定，在规定的频率范围内在样品上应至少对一个点进行动态响应检查。有关规范应明确地定义响应点的数量和位置。

用正弦或随机振动进行振动响应检查，应按有关规范规定的频率范围和试验量级进行。正弦振动参阅 GB/T 2423.10—2008，随机振动参阅 GB/T 2423.56—2006。更多关于每种方法的优缺点的信息可参阅 IEC 60068-3-8:2003。

进行响应检查所选用试验量级应保证此时样品的响应小于混合模式试验，但又足够高可以找出危险频率。

用对数扫频速率不超过 1 oct/min 的正弦激励进行响应检查，为了获得更精确的响应特性有时可能需要降低扫频速率。但应避免不适当的驻留。

进行随机振动响应检查应考虑用足够长的时间使振动响应的随机变化最小。必须指出，频率分辨率应充分高以准确确定响应峰(最窄－3 dB 带宽)，并推荐在最窄－3 dB 带宽至少包含 5 条谱线。

有关规范若规定样品在振动响应检查中需工作。若样品工作时无法评估机械振动特性，就需要附加不工作的样品做振动响应检查。在此阶段应对产品进行检查以确定危险频率，并应记录在报告中。

9.3 试验前低量级激励均衡

在规定量级的混合振动试验前，需要先用信号进行带实际样品的较小量级的随机激励以进行信号均衡和初始分析。在此阶段所施加的加速度谱密度值应保持到最小。

初始随机激励允许的持续时间如下：

低于规定加速度 r.m.s. 量级－12 dB：无时间限制。

规定加速度 r.m.s. 量级的 －12 dB 至 －6 dB：不大于规定的试验时间的 1.5 倍。

规定加速度 r.m.s.量级的 −6 dB 至 0 dB：不大于规定的试验时间的 10%。

初始随机激励的持续时间不应从规定的混合振动试验中扣除。

9.4 混合模式振动试验

9.4.1 总则

在某些情况下，环境振动的特征由往复或旋转结构和机构，如旋转叶片，齿轮，螺旋浆，活塞，枪械等准周期性振动所决定。当这些激励形式为主时，源驻留振动是合适的。源驻留振动受宽带振动、高量级的窄带随机或叠加的正弦振动影响。

9.4.2 随机加随机试验

在宽带随机振动上的扫描窄带随机的定义为一个或多个在扫描覆盖的频率范围内的窄带随机和作为叠加背景的宽带随机振动。

叠加在宽带随机上窄带振动扫描的合成振动严酷等级由 6.1 和 6.2 的参数确定。

在某些情况下，窄带随机可以不必在某个定义的带宽内扫描，在这种情况下，此类振动实质上与 GB/T 2423.56—2006 规定的宽带随机振动相同。有关规范应规定使用的方法。

9.4.3 正弦加随机试验

在宽带随机振动上的扫频正弦振动定义为在随机振动上叠加一个或多个覆盖某个频率范围的正弦扫频。

包含叠加在随机背景上的正弦扫频部分的合成振动严酷等级参数由 6.1 和 6.3 中的参数确定。

在某些情况下，可以不必在某个定义的带宽内扫描，在这种情况下 6.3 的 b)、c)、d)、f)和 g)的参数不需要规定。有关规范则应规定所采用的方法。

9.4.4 正弦加随机加随机试验

实际上这是 9.4.2 和 9.4.3 的某种组合。有关规范则应规定所需的组合。

9.5 最后振动响应检查

有关规范若规定进行初始响应检查，在混合模式振动试验后也可能要求进行振动响应检查，以确定在初始响应检查后是否发生了变化或失效。最终响应检查应按初始响应以相同的方式，使用初始响应检查相同的参数检查相同的响应点。如果两次响应检查结果不同，有关规范则应规定的相应的处理方法。

10 中间检测

有关规范若有规定，样品在混合试验中应处于工作状态并进行功能检查。

11 恢复

有关规范若有规定，有时应允许样品在试验结束后和最终测量前有一段的时间以使样品恢复到与初始测量相同的条件，如温度条件。

12 最终测量

有关规范应规定对样品进行外观、尺寸和功能检查以及其他规定的检查。

有关规范应规定接收或者拒收样品的判据。

13 有关规范应提供的信息

当有关规范包含本试验时，只要可用应给出下列细节，特别注意带(*)的条款总是必需的。

	对应章条号
a) 基本运动*	4.3
b) 固定点*	4.3
c) 横向运动	4.4
d) 安装	4.5
e) 容差	5.1 和 5.2
f) 峰值因子/驱动信号的削波*	5.1.2
g) 统计精度	5.1.3
h) 频率分辨率	5.1.4
i) 试验频率范围*	6.1.1
j) 宽带加速度谱密度*	6.1.2
k) 加速度谱密度曲线的形状*	6.1.3
l) 持续时间*	6.1.4
m) 窄带随机	6.2
n) 正弦波和扫频速率	6.3
o) 预处理	第 7 章
p) 初始测量*	第 8 章
q) 多点控制	9.1
r) 优先试验轴线	9.1
s) 初始和最终振动响应检查	9.2 和 9.5
t) 特性和功能检查	9.4
u) 中间测量	第 10 章
v) 恢复	第 11 章
w) 最终测量*	第 12 章

14 在试验报告中应给出的信息

试验报告至少应给出下列信息：

a) 客户(名称和地址)
b) 试验室(名称和地址)
c) 试验报告标识(发布日期,唯一编号)
d) 试验日期
e) 试验类型(正弦加随机,随机加随机,正弦加随机加随机)
f) 试验目的(研发试验,验证试验等)
g) 试验标准,版本(有关的试验程序)
h) 试验样品描述(唯一标识,图片,照片,数量等)
i) 样品的安装(夹具,图片,照片等)
j) 试验设备的性能(横向运动等)
k) 测量系统,传感器位置(描述, 图片,照片等)
l) 测量系统不确定度(校准数据,上次日期和下次日期)
m) 控制策略(多点控制,多参考控制,SUM 或 MAX 策略)
n) 初始,中间或最终检测
o) 要求的严酷等级(根据试验规程)
p) 试验严酷等级文件 (检测点,自由度,试验谱)

q) 试验结果(试验样品状态的评价)

r) 试验情况记录

s) 试验摘要

t) 试验负责人(姓名和签字)

u) 发送(报告分送清单)

注:试验应做记录,内容应包括如带试验参数的试验运行记录的时间列表,试验期间观察及实施情况和测量数据表。试验记录可作为试验报告的一部分。

附　录　A
（资料性附录）
混合模式的一般资料

A.1　随机加随机和正弦加随机

A.1.1　一般讨论

在 GB/T 2423.10—2008（正弦）、GB/T 2423.56—2006（宽带随机）和 IEC 60068-3-8:2003 已经分别讨论了许多多信号处理问题，而有许多已知的信号特性是包含了混合的随机与静态的或扫频状态的随机和/或正弦分量。目前已商品化的数字式控制系统有能力完成除随机和正弦加随机外的更多组合策略，此外，扫描正弦分量可能互相交会，并可能同时与扫描随机带交会。为实现这些功能除了所需的复杂的数学外，在整个处理过程中还有一些基本限制，对此要作综合考虑。

A.1.2　定频窄带随机加宽带随机

此类型的振动本质上与 GB/T 2423.56—2006 中讨论的宽带随机振动相同，不需要额外的特殊技术。

宽带部分与窄带部分容差是相同的。如果这只涉及一或二条谱线，而且此 2 个 *ASD* 值之间范围太大，则必须修正容差以使试验得以进行，这必须记录在试验报告中。

A.1.3　窄带随机扫频加宽带随机

主要问题发生在如果窄带扫频速率过快而控制回路时间过长造成谱的混淆，如果这样，一条谱线的能量将被分布到毗连的谱线，同时扫频带的矩形形状将会丢失。这时控制有可能会变差，如果太多谱线超过容差，还有可能会引起试验的中断。

在控制系统更新控制 *ASD* 时，用一定数量的时间帧进行平均，例如，为了稳定控制系统对早期值的指数处理。所考虑的自由度一般由平均因素确定，并且该数值取得越大，任何变化的响应时间越长就越稳定（被控制的加速度谱密度除外）。

当窄带扫描时，早先的值进行数据处理时是被考虑进来的。由于这些值落在终止条件中，这可能导致失控。可以通过减少平均因子以更少的平均次数和更短的控制回路响应时间来克服此类问题。然而，如果平均因子减少过多，那么控制回路可能变得不稳定或再次失控。

因此，必须为每种情况找到适当折衷的参数。

同样，如果在实验室有合适的数据采集系统，把控制点的时域信号记录下来，可以使用有效的技术和程序进行离线分析，如重叠处理。这不会改变已做试验量级但是能提供更多的试验细节，这些试验细节也可以体现在试验报告中。

A.1.4　固定频率正弦振动加宽带随机

从正弦和随机的复杂混合中分离出正弦信号会有困难。如果正弦幅值对随机 r.m.s. 值的比率大也许并不困难。如果这个比率减小，正弦信号的提取会有困难，以下的结果会验证这一点。

为了验证这一点，使用了三种不同的数字控制系统。每一控制系统的试验参数如下：

随机

频率范围：	10 Hz～2 000 Hz；
ASD 等级：	0.005 / 0.01 / 0.05 g_n^2/Hz（平坦）；
频率分辨率：	1 Hz（或最大可能值）；
自由度：	120（或最大可能值）。

正弦

量值：　　　　　　5 *g*；

频率：　　　　　　20/160/380 Hz。

每个 *ASD* 等级和正弦频率的组合在恒定正弦频率时至少被记录 60 s。

控制系统的输出(闭环状态工作)连接到数字磁带机并以 12.5 kHz 的频率取样记录。数据传送到计算机,计算出 *ASD* 谱。分析参数如下：

频率范围：　　　　10 Hz～2 000 Hz；

频率分辨率：　　　1 Hz；

自由度：　　　　　120；

时间间隔：　　　　60 s。

某一控制系统处于不同正弦频率的 *ASD* 谱示例于图 A.1 和图 A.2。

每次测量围绕中心频率的 3 个 *ASD* 值列表如表 A.1。这些值的 r.m.s.(均方根)值已经计算，最后一列是与理论值偏移误差的百分比。偏差可用作正弦信号量级的品质因子。在这种情况下没有要求去关心正弦波的"形状",因为仅以 r.m.s. 值比较。

为了获得一些关于在出现信号中正弦波周期的信息,自相关函数应用于每个信号的 5 秒段。图 A.3是两个不同量级的随机背景的例图。

5 个正弦周期精确地读自于自相关函数,然后将幅值平方,每次测量值列在表 A.2。最后一列是与理论值偏差的百分比。

当正弦频率被准确固定在快速傅立叶变换(FFT)线时,这些值是适用的。在正弦频率处于 FFT 线之间一半时,谱泄漏会高达正弦峰值的 17%。不过泄漏是一种系统误差,尽管复杂还是有办法予以修正的。

A.1.5　正弦扫频振动加宽带随机

这组合同样存在于 A.1.4 中讨论的问题。此外当正弦分量是扫频时，可能会导致附加的显著的误差,这是由于 *ASD* 平均算法主要是用于随机信号的处理。实际上用此技术是不可能估计正弦扫频幅值的。因此有必要分析和单独地显示正弦分量。

A.1.6　定频和扫频正弦振动和窄带随机加宽带随机

这种模式的试验表现出的情况非常复杂，复杂到了不仅正弦分量会相互交会,而且与窄带随机扫频成分也会交会。

建议本试验方法作为最后的手段,并由非常有经验和知识丰富试验的工程师进行,以保证试验的有效性和再现性。

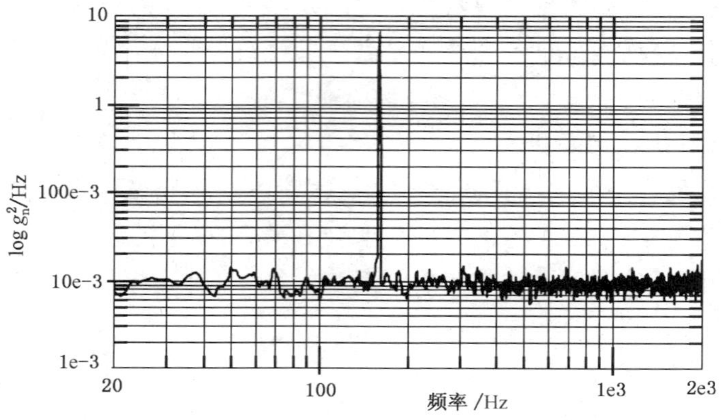

图 A.1　正弦 160 Hz

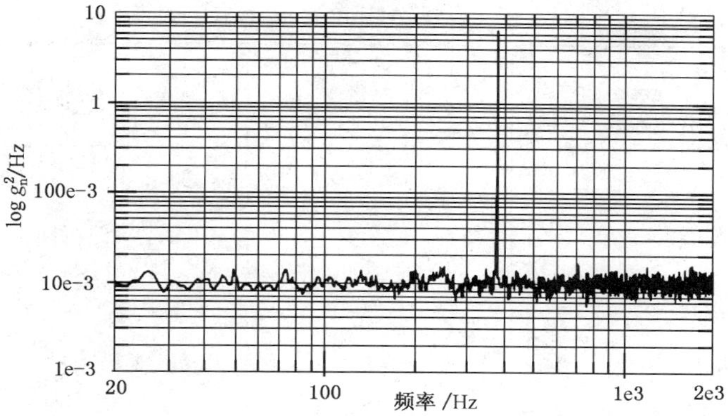

图 A.2 正弦 380 Hz

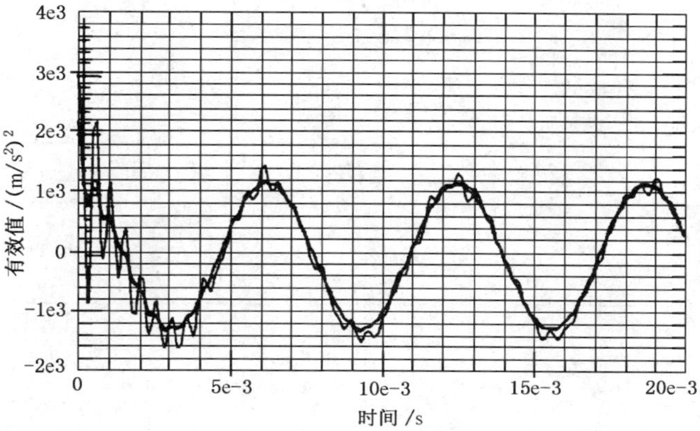

图 A.3 自相关-正弦 160 Hz

表 A.1 正弦波的 APD 计算结果

控制系统	信号类型 正弦 5 g_n 峰值加随机/(g_n^2/Hz)	f/(Hz)	g_n(r. m. s.)	偏差背离/%
1	0.005	20	3.56	0.6
1	0.005	160	3.56	0.7
1	0.005	380	3.56	0.6
1	0.01	20	3.54	0.1
1	0.01	160	3.57	0.9
1	0.01	380	3.54	0.2
1	0.05	20	3.6	1.8
1	0.05	160	3.58	1.1
1	0.05	380	3.56	0.6
2	0.005	20	3.49	−1.2
2	0.005	160	3.52	−0.4
2	0.005	380	3.51	−0.7
2	0.01	20	3.49	−1.3
2	0.01	160	3.52	−0.4
2	0.01	380	3.53	−0.3
2	0.05	20	3.55	0.5
2	0.05	160	3.53	0

表 A.1（续）

控制系统	信号类型 正弦 5 g_n 峰值加随机/(g_n^2/Hz)	f/(Hz)	g_n(r. m. s.)	偏差背离/%
2	0.05	380	3.51	−0.7
3	0.005	20	3.51	−0.8
3	0.005	160	3.53	−0.2
3	0.005	380	3.54	0.1
3	0.01	20	3.5	−1
3	0.01	160	3.54	0.2
3	0.01	380	3.52	−0.5
3	0.05	20	3.52	−0.4
3	0.05	160	3.51	−0.6
3	0.05	380	3.58	1.4
	正弦 5 g_n 峰值，合成的		3.53	−0.2
	正弦 5 g_n 峰值，理论的		3.54	0.0

表 A.2　正弦波的自相关计算结果

控制系统	信号类型 正弦 5 g_n 峰值加随机/(g_n^2/Hz)	f/Hz	T/s	在 5 倍 T 时 A^2 的值/(g_n^2)	偏移误差/%
1	0.005	20	0.05	12.45	−0.4
1	0.005	160	0.006 24	12.71	1.7
1	0.005	380	0.002 64	12.65	1.2
1	0.01	20	0.05	12.67	1.4
1	0.01	160	0.006 24	12.88	3.0
1	0.01	380	0.002 64	13.11	4.9
1	0.05	20	0.05	13.37	7.0
1	0.05	160	0.006 24	11.98	−4.2
1	0.05	380	0.002 64	13.23	5.8
2	0.005	20	0.05	12.0	−4.0
2	0.005	160	0.006 24	12.32	−1.4
2	0.005	380	0.002 64	12.19	−2.5
2	0.01	20	0.05	11.97	−4.2
2	0.01	160	0.006 24	12.85	2.8
2	0.01	380	0.002 64	12.3	−1.6
2	0.05	20	0.05	12.33	−1.4
2	0.05	160	0.006 24	11.69	−6.5
2	0.05	380	0.002 64	13.23	5.8
3	0.005	20	0.05	12.14	−2.9
3	0.005	160	0.006 24	12.3	−1.6
3	0.005	380	0.002 8	12.33	−1.4
3	0.01	20	0.05	12.21	−2.3
3	0.01	160	0.006 24	12.47	−0.2
3	0.01	380	0.002 8	12.07	−3.4
3	0.05	20	0.05	12.01	−3.9
3	0.05	160	0.006 24	13.63	9.0

表 A.2（续）

控制系统	信号类型 正弦 5 g_n 峰值加随机/(g_n^2/Hz)	f/Hz	T/s	在 5 倍 T 时 A^2 的值/(g_n^2)	偏移误差/%
3	0.05	380	0.002 8	10.71	−14.3
	正弦 5 g_n 峰值，合成的	20	0.05	12.37	−1.0
	正弦 5 g_n 峰值，合成的	160	0.006 24	12.48	−0.2
	正弦 5 g_n 峰值，合成的	360	0.002 77	12.49	−0.1
	正弦 5 g_n 峰值，合成的	380	0.002 62	12.49	−0.1
	正弦 5 g_n 峰值，理论的	20	0.05	12.5	0
	正弦 5 g_n 峰值，理论的	160	0.006 25	12.5	0
	正弦 5 g_n 峰值，理论的	360	0.002 78	12.5	0
	正弦 5 g_n 峰值，理论的	380	0.002 63	12.5	0

附 录 B
（资料性附录）
导 则

B.1 一般介绍

要实现再现性不是一件容易的事。由于随机信号的统计特性、样品的复杂响应和分析过程中出现的误差，不可能确定地预估样品的随机输入真实加速度谱密度是否与在设定的容差带内的加速度谱密度显示值匹配。因为不可能进行在线计算，只能是在试验后进行复杂耗时的分析。

大多数数字振动控制设备在随机和混合方式振动试验使用中的表现大致相同。使用振动控制设备的某些可选参数，可以通过先期计算来估算真实加速度谱密度和显示值间差异的统计精度。不考虑按ISO/IEC 17025 引用 ENV 13005 测量的不确定度的表达导则的定义的其他不确定度来源。这些参数彼此之间相互耦合。这两个值的最优相似。

规定的加速度谱密度的均衡要求有一些控制循环的重复，持续时间取决于一些因素，例如硬件配置，整个系统的传递函数，规定的加速度谱密度的形状，控制算法和试验参数，这些都是在试验之前被调整好的。相关的试验参数是到底最大分析频率，频率分辨率和驱动信号削波。

随机振动的控制算法要在控制精度和控制循环时间之间进行折衷，而该控制循环时间受诸如每个控制周期内记录的个数的影响。较高的控制精度需要更多的数据输入，因此要有更长的循环时间，也就使实际的加速度谱密度对动态变化的响应会更慢。同样，频率分辨率对误差和循环时间有着很大的影响。一般地说一个较窄的分辨率带宽产生较高的控制精度和较长的循环时间。为了使样品加速度谱密度实际值和示值间的偏离最小化，要对这些试验参数进行优化。

振动响应检查能给出样品/振动台相互作用的重要信息。例如可以通过检查来揭示振动试验夹具试验放大过多或夹具和样品间的谐振耦合。

本附录主要讨论混合模式信号的随机部分。混合模式信号的正弦部分可参考 GB/T 2423.10—2008 附录 A 对扫频、扫频速率和跟踪滤波器详尽的的描述。

B.2 试验要求

B.2.1 单点控制和多点控制

试验要求由在参考点上测得的混合模式的信号计算得到的信号确认。

对刚性的或小尺寸的样品如元件，或已知在试验频率范围内受试的是低动态响应的样品和刚性夹具，只需要一个检测点，这个点就是参考点。

对大或者复杂的样品，如有多个固定点的设备，指定一个检测点或一个虚拟点作为参考点。虚拟点的加速度谱密度是将在多个检测点上测得的混合模式信号通过计算形成的。对大和/或复杂的样品推荐使用虚拟点(见 3.6.3)。

B.2.1.1 单点控制

在一个参考点上进行测量，每个频率上的控制值直接与规定值比较。

B.2.1.2 多点控制

如果规定或必须采用多点控制时，有二种频域控制方案可以选用。

B.2.1.2.1 平均策略

这种方法的控制值是从各检测点的信号通过计算得到的。合成的信号值是通过这些检测点每个频率的信号值算术平均得到。

然后在每个频率上将算术平均值与规定值进行比较。

B.2.1.2.2　极值策略

在这种方法中，合成的加速度谱密度的算法是取每个检测点上每一频率线加速度谱密度的最大极值。

在这种方法中，合成的控制值是取每个检测点上每一频率线信号值的最大极值。这方法也称为“最大”策略，因为所产生的值代表由每个检查点值的包络。

B.2.2　分布

B.2.2.1　瞬间值的分布

在试验期间随机驱动信号的瞬间值分布是正态或者高斯的，其公式为：

$$\rho(\chi)=\frac{1}{\sigma\sqrt{2\pi}}e^{-1/2(\chi/\sigma)^2} \qquad \cdots\cdots(B.1)$$

式中：

$\rho(\chi)$——概率密度；

σ——r.m.s.值，均方差；

χ——瞬间随机驱动信号值。

假定随机驱动信号时间历程的平均值是零。

图2所示为随机加随机和窄带随机加随机正态概率密度函数；图4所示为正弦加随机正态概率密度函数。

B.2.2.2　峰值因子

峰值因子是用最大瞬时值与r.m.s.值的比，描述激励(控制)信号分布的特性，(见图2)。

峰值因子只适用于数字式振动控制系统输出驱动信号，因为系统内的非线性因素如功放、激振器、试验夹具和样品，可以改变检测点的随机波形。这些非线性的因素通常不受控。

本部分要求峰值因子不低于2.5(见5.1.2)。对正态分布的随机幅值，如果驱动信号用2.5因子削波，大约瞬时驱动信号值中99%的部分用于功放。

B.2.3　初始斜谱和最终斜谱

本部分在f_1和f_2(见图1)之间规定了一段平直的加速度密度谱。但是，在实际试验中必然有一段初始斜谱和最终斜谱。为了保持加速度r.m.s.值尽可能接近规定值，斜率应尽可能陡。通常初始斜率为6 dB/oct。在某些情况下，f_1处的加速度谱密度较高，需要减小位移幅值，以增大斜率。计算随机位移幅值见B.2.4 c)。

通常，数字式振动控制设备在毗邻的两条频率线之间有大约8 dB的动态范围。为了达到这个斜率，对原定义有必要用较窄的频率分别率B_e。如无可能，或最大可能的斜率不能产生要求的位移减小，较低频率范围的加速度谱密度的负容差值应予修正。

f_2以上的加速度谱密度最终斜谱不存在这个问题。最终斜谱应该是等于－24 dB/oct或更陡。

B.2.4　加速度，速度和位移r.m.s.值的计算

有效频率范围的加速度、速度和位移r.m.s.值是有效频率范围内(子域)值的平方的和的平方根，包括加速度谱密度量级(S)，频率范围和斜率(M)。

这些均方值可以用下列的等式计算，S单位$(m/s^2)^2/Hz$和M单位dB/oct。

a)　加速度值的平方$a^2[(m/s^2)^2]$

对　$M\neq-3$　$$a^2=\frac{3S_{n+1}}{M+3}\cdot\left[f_{n+1}-f_n\left(\frac{f_n}{f_{n+1}}\right)^{M/3}\right] \qquad \cdots\cdots(B.2)$$

对　$M=-3$　$$a^2=(S_{n+1})\cdot(f_{n+1})\cdot\left[\ln\left(\frac{f_n}{f_{n+1}}\right)\right] \qquad \cdots\cdots(B.3)$$

对　$M=0$　$$a^2=S_n\cdot(f_{n+1}-f_n) \qquad \cdots\cdots(B.4)$$

b)　速度值的平方$v^2[(m/s)^2]$

对 $M \neq 3$ $$v^2 = \left(\frac{1}{2\pi}\right)^2 \cdot \frac{3S_{n+1}}{M-3} \cdot \left[\frac{1}{f_{n+1}} - \frac{1}{f_n} \cdot \left(\frac{f_n}{f_{n+1}}\right)^{M/3}\right] \qquad \text{(B.5)}$$

对 $M = 3$ $$v^2 = \left(\frac{1}{2\pi}\right)^2 \cdot \frac{S_{n+1}}{f_{n+1}} \cdot \left[\ln\left(\frac{f_{n+1}}{f_n}\right)\right] \qquad \text{(B.6)}$$

c) 位移值的平方 d^2 $(mm)^2$

对 $M \neq 9$ $$d^2 = \left(\frac{10^3}{4\pi^2}\right)^2 \cdot \frac{3S_{n+1}}{M-9} \cdot \left[\frac{1}{f_{n+1}^3} - \frac{1}{f_n^3} \cdot \left(\frac{f_n}{f_{n+1}}\right)^{M/3}\right] \qquad \text{(B.7)}$$

对 $M = 9$ $$d^2 = \left(\frac{10^3}{4\pi^2}\right)^2 \cdot \frac{S_{n+1}}{f_{n+1}^3} \cdot \left[\ln\left(\frac{f_{n+1}}{f_n}\right)\right] \qquad \text{(B.8)}$$

注：在等式(B.2)，(B.5)和 (B.7)中，ln 是自然对数。

这些等式基于在双对数图表上的线是直线。此时斜率按以下公式定义：

$$M = 3\,\frac{\log\left(\frac{S_{n+1}}{S_n}\right)}{\log\left(\frac{f_{n+1}}{f_n}\right)} \qquad \text{(B.9)}$$

对混合的模式信号：

加速度 *r.m.s.* 值：

$$r.m.s._{MM} = \sqrt{r.m.s._R^2 + r.m.s._s^2} \qquad \text{(B.10)}$$

加速度幅值：

$$Amp_{MM} = CF \cdot r.m.s._R + Amp_s \qquad \text{(B.11)}$$

式中：

CF——峰值因子，一般情况下为 3(这个值通常是由试验规范对随机波形的削波量级规定的)；

MM——混合模式；

R——随机；

s——正弦。

B.3 试验过程

试验只是在规定的频率范围内连续地用持续时间充分地证明样品在适当量级的激励下生存和工作的能力。条款项目对能力要求证明需经受住振动累积的影响，如疲劳和形损，试验应有充分的持续时间以积聚必需的应力循环，6.1.4.给出了可选的持续时间序列。

对通常安装在减振器上使用的设备进行耐久试验时，一般要带减振器一起试验。如果无法带合适的减振器进行试验时，如设备是与其他设备一起安装一个通用安装设施的情况，可以不带减振器，试验的严酷度等级应事先加以规定。在确定试验严酷度等级时，要考虑减振系统在每个试验方向上的传递率。如果不知道减振器的特性，参考 B.4.1。

有关规范可能要求对产品进行一个去掉或锁住外部减振器的附加试验，以验证是否能得到最低可接受的结构阻尼。在这种情况下，有关规范应规定严酷等级。

B.4 通常使用减振器的设备

B.4.1 减振器的传递特性

对于应该采用隔振器进行试验但试验时隔振器又不可得时应采用的措施，在 GB/T 2423.43—2008 中给出了完整的描述。

B.4.2 温度影响

在许多减振器中试验了特性与温度有关的材料，这一点非常重要。如果安装在减振器上的试验样品的一阶谐振频率落在试验频率范围内，在确定任何一次激励的时间长度时要谨慎。当然，在某些情况下一定要连续施加激励,不允许恢复是不合理的。如果一阶共振频率的实际激励时间分布是已知的,应尽量进行模拟。如果真实的时间分布是未知的,应由工程判断来限定激励周期,以避免过热。

B.5 试验严酷等级

本部分所给的频率范围、宽带随机的加速度谱密度和正弦幅值或者宽带随机的加速度谱密度覆盖了很宽的使用范围。当产品仅应用于单一用途时,如果实际环境已知,选取严酷等级应基于实际环境的振动特性。

如果试验目的是考核机械强度要求,如样品在运输、工作状态,只要用可能,作用于样品上的试验的严酷等级应尽可能地与样品可能受到的环境相一致。

在确定试验严酷等级时,应该考虑提供在样品和实际环境间适当的安全余量。

不同环境要求的输入谱可以从标准如 MIL-STD 810F, ISO 16750, RTCA/DO-160 中得到。

B.6 样品性能

如有需要,在试验中可要求设备型的样品应按代表其工作状态的方式工作。可以是试验全过程,也可以仅在适当阶段。

对于振动会影响开关功能的样品,比如继电器的动作,这些功能应反复验证,以在试验频率范围内显示出满意的性能。

试验能否通过,应当在振动试验完成后评价设备型的样品工作性能。

B.7 初始测量和最终测量

初始测量和最终测量的目的是比较特殊参数以便评估振动对样品的影响。

除外观要求外,测量还包括电子和机械运行情况和结构上的特性。

参 考 文 献

[1] ISO/IEC 17025:1999 测试与校准实验室能力的一般要求
[2] ENV 13005:1999 测量不确定度的表达指引
[3] MIL-STD 810F 环境工程研究和实验室试验的试验方法标准
[4] ISO 16750(所有部分) 道路车辆 电工电子设备环境条件和试验
[5] RTCA/DO-160D:1997 气候设备的环境条件和程序

ICS 19.020
K 04

中华人民共和国国家标准

GB/T 2423.59—2008

电工电子产品环境试验 第2部分：试验方法 试验 Z/ABMFh：温度（低温、高温）/低气压/振动（随机）综合

Environmental testing for electric and electronic products—Part 2：Test methods—Test Z/ABMFh：Combined temperature（cold and heat）/low air pressure/vibration（random）

2008-12-30 发布　　　　2009-11-01 实施

中华人民共和国国家质量监督检验检疫总局
中国国家标准化管理委员会　发布

前　言

GB/T 2423《电工电子产品环境试验　第2部分：试验方法》的组成部分见附录B。

本部分为GB/T 2423的第59部分。

本部分的附录A、附录B为资料性附录。

本部分由全国电工电子产品环境条件与环境试验标准化技术委员会(SAC/TC 8)提出并归口。

本部分起草单位：信息产业部电子第五研究所、电信科学技术第一研究所、中国电信股份有限公司广东研究院、北京航空航天大学。

本部分主要起草人：纪春阳、魏蓓、解禾、陈健儿、吴飒、阳川。

电工电子产品环境试验
第2部分:试验方法
试验 Z/ABMFh:温度(低温、高温)/
低气压/振动(随机)综合

1 范围

GB/T 2423 的本部分规定了温度(低温、高温)/低气压/振动(随机)综合试验的基本要求、严酷等级、试验程序以及其他技术细则。

本部分适用于确定产品在温度(低温、高温)、低气压和振动(随机)综合作用下的适应性。有温度变化的综合试验可参考本部分。

2 规范性引用文件

下列文件中的条款通过 GB/T 2423 的本部分的引用而成为本部分的条款。凡是注日期的引用文件,其随后所有的修改单(不包括勘误的内容)或修订版均不适用于本部分。然而,鼓励根据本部分达成协议的各方研究是否可使用这些文件的最新版本。凡是不注日期的引用文件,其最新版本适用于本部分。

GB/T 2422 电工电子产品环境试验 术语

GB/T 2423.1 电工电子产品环境试验 第2部分:试验方法 试验 A:低温(GB/T 2423.1—2008,IEC 60068-2-1:2007,IDT)

GB/T 2423.2 电工电子产品环境 第2部分:试验方法 试验 B:高温(GB/T 2423.2—2008,IEC 60068-2-2:2007,IDT)

GB/T 2423.21 电工电子产品环境试验 第2部分:试验方法 试验 M:低气压试验方法(GB/T 2423.21—2008,IEC 60068-2-13:1983,IDT)

GB/T 2423.26 电工电子产品环境试验 第2部分:试验方法 试验 Z/BM:高温/低气压综合试验(GB/T 2423.26—2008,IEC 60068-2-41:1976,IDT)

GB/T 2423.43 电工电子产品环境试验 第2部分:试验方法 振动、冲击和类似动力学试验样品的安装(GB/T 2423.43—2008,IEC 60068-2-47:2005,IDT)

GB/T 2423.56 电工电子产品环境试验 第2部分:试验方法 试验 Fh:宽带随机振动(数字控制)和导则(GB/T 2423.56—2006,IEC 60068-2-64:1993,IDT)

GB/T 2424.1 电工电子产品环境试验 高温低温试验导则(GB/T 2424.1—2005,IEC 60068-3-1:1974,IDT)

GB/T 4796 电工电子产品环境条件分类 第1部分:环境参数及其严酷程度(GB/T 4796—2008,IEC 60721-1:2002,IDT)

3 定义和术语

GB/T 2422、GB/T 2423.1、GB/T 2423.2、GB/T 2423.56、GB/T 2423.21 和 GB/T 2423.26 确立的术语和定义适用于本部分。

4 一般说明

本试验是试验 A(低温)、试验 B(高温)、试验 M(低气压)和试验 Fh(振动(随机))的综合试验。

试验样品应按照试验程序依次进行试验室温度下的振动(随机)试验、温度试验和温度/低气压综合试验,最后再叠加以振动(随机)使试验样品经受温度(低温、高温)/低气压/振动(随机)的综合试验。当试验样品已通过单一的振动(随机)试验、温度试验及温度/低气压综合试验时,可直接进行温度(低温、高温)/低气压/振动(随机)的综合试验。

在试验过程中试验样品是否处于工作状态应由有关规范规定。

5 试验设备

5.1 试验设备要求总则

除非有关规范另有规定,试验设备应符合 GB/T 2423.1、GB/T 2423.2、GB/T 2423.21 和 GB/T 2423.56 中对试验设备的要求。

应注意避免振动台与试验箱(室)间产生机械耦合和压力恢复到正常大气压时吸入的空气使试验箱(室)内的空气污染。

5.2 设备的装置

除非有关规范另有规定,一般情况下,振动台台体应装在试验箱(室)外面,只把振动台台面伸入箱(室)内部。

5.3 接口装置

当振动台台体在试验箱(室)外面并把振动台面深入试验箱(室)内部时,应解决振动台与试验箱(室)之间的隔热和耐压密封接口装置问题。该接口装置除了满足隔热和气密的基本要求外,还应避免振动台与试验箱(室)间的机械耦合和因试验箱(室)气压下降时振动台面偏离平衡位置(上升或偏离中心)等不利因素。

6 样品的安装

试验样品的安装应模拟实际安装状态,在满足 GB/T 2423.43 和 GB/T 2423.56 的前提下,尽量满足 GB/T 2423.1 和 GB/T 2423.2。试验样品与振动台之间的隔热垫应具有较大的刚度和较低的热传导率(绝热)。

7 严酷等级

试验的严酷等级由温度、气压、振动频率范围、振幅值和持续时间共同确定。

除非有关规范另有规定,可优先从下列数值中选取温度、气压、加速度谱密度值、加速度谱密度的谱形、试验持续时间进行试验等级组合。

7.1 温度严酷等级

温度严酷等级见表 1。

表 1 温度严酷等级

低温/℃	+5	−5	−10	−25	−40	−55	−65
容差/℃	±3						
高温/℃	+155	+125	+100	+85	+70	+55	+40
容差/℃	±2						

注 1:当气压低于 10 kPa 难以达到规定的温度容差时,有关规范可另行规定容差;

注 2:高温时,如果试验箱(室)的容积较大,不可能保持±2 ℃的偏差时,则可以放宽至:在 100 ℃及以下时用±3 ℃,100 ℃以上时用±5 ℃。这是应在试验报告中写明偏差。

7.2 低气压严酷等级

低气压严酷等级见表 2。

表 2 低气压严酷等级

气压值/kPa	容差/kPa	近似海拔高度/m
1	±0.1	31 200
2		26 600
4	±0.5	22 100
8		17 600
15		13 600
25		10 400
40	±2	7 200
55		4 850
61.5		4 000
70		3 000
79.5		2 000
84		1 550

7.3 振动严酷等级

7.3.1 总则

振动(随机)试验严酷等级根据由下列参数组成：

——试验频率范围；

——加速度谱密度值；

——加速度谱密度的谱形；

——试验持续时间。

有关规范应规定每一个参数值，它们从下列参数中选取；

a) 从 7.3.2～7.3.3 的给定值中选取；

b) 当从已知环境条件中得出明显不同值时，则取该值；

c) 由已知相关的数据资料中获得(例如 GB/T 4796)。

7.3.2 频率范围

如果选择了 7.3.1 中 a)项，则试验频率范围应从表 3 中选取。

表 3 频率范围

f_1/Hz	f_2/Hz
1	100
5	500
20	2 000
50	5 000

频率 f_1 和 f_2 以及它们与加速度谱密度的关系如图 1 所示。

7.3.3 加速度谱密度值

如果选择了 7.3.1 中 a)项，则在 f_1 和 f_2 之间的加速度谱密度(图 1 中 0 dB)应从下列数值[以$(m/s^2)^2/Hz$为单位]中选取：

0.05；0.1；0.5；1.0；5.0；10.0；50.0；100.0

若采用 g_n 表达，g_n 取 10 m/s^2。

7.3.4 加速度谱密度的谱形

规定加速度谱密度谱形为平直谱(见图1),在特殊情况下,可能要规定近似形状的加速度谱密度谱形,此时,有关规范应按频率函数规定加速度谱密度曲线形状,应尽可能从7.3.2和7.3.3给定值中选取不同的谱密度值和相应的频率范围,即拐点。此外,有关规范应规定在不同谱密度值之间的斜率。

7.4 温度(低温、高温)/低气压/振动(随机)综合试试验持续时间

试验的持续时间应在温度、低气压条件下以试验样品达到温度稳定后并开始振动时算起(见图2和图3)。

除非有关规范另有规定,一般情况下,每一个轴向的持续时间应从下列数值中选取,以分钟为单位,容差为0%～5%:

1、2、5、10、20、50、100。

8 预处理

试验样品应按有关规范规定进行预处理。

9 初始检测

试验样品应按有关规范规定进行外观检查及电气和机械性能检测。

10 试验

10.1 试验准备

有关规范应规定在试验样品的一个或几个轴向上进行振动。当在整个试验过程中规定在几个轴向上振动时,应在每一规定的轴向上重复整个试验程序。

散热试验样品应采用GB/T 2423.1试验Ad中的没有强迫空气循环的试验方法。对没有冷却装置的散热试验样品,当试验箱(室)足够大,但只有强迫空气循环才能保持箱(室)内的试验温度时可采用试验Ad中的方法A。当试验箱的容积太小以致不能满足自由空气条件时应采用试验Ad中的方法B。对有冷却装置的散热试验样品,可采用试验Ad中的方法A。但有关规范应规定供给的冷却剂的特性,若为空气时,则应避免受到油的污染和潮湿的影响。

非散热试验样品应采用强迫空气循环的试验方法。

10.2 条件试验

10.2.1 振动试验

综合试验箱(室)内处于试验室温度。试验样品在不包装不通电状态下按规定的轴向安装到振动台上,然后按有关规范规定的严酷等级进行振动(随机)试验。

当有关规范要求时,应对试验样品进行性能检测。

10.2.2 温度试验

试验样品保持振动(随机)试验时的安装。

试验箱(室)内的温度应调到有关规范规定值并使试验样品达到温度稳定。

试验箱(室)内温度变化的平均速率为:0.7 ℃/min～1 ℃/min(按每5 min计算平均速率)。

当有关规范要求时,则对试验样品进行性能检测。

10.2.3 温度/低气压综合试验

继10.2.2之后,试验箱(室)内的气压降至有关规范规定值,气压变化率不应大于10 kPa/min或按有关规范规定。

温度和气压达到有关规范规定值并稳定后,当有关规范要求时,则对试验样品进行性能检测。

10.2.4 温度(低温、高温)/低气压/振动(随机)综合试验

温度和气压达到规定值并稳定后,按有关规范规定的严酷等级进行振动(随机)试验。当需要确定试验样品的危险频率而进行振动响应检查时,温度和气压应在规定的持续时间内保持不变。参见图2或图3。

当有关规范要求时，则对试验样品进行性能检测。

试验结束即停止振动，对试验期间运行(或工作)的试验样品应断电或卸载。

11 中间检测

中间检测应在试验结束前尽可能短的时间内完成。

有关规范可规定在试验期间或结束时(试验样品仍在试验箱内)加负载和(或)检测，需要时应规定检测的项目和时间。检测时，试验样品不应从试验箱(室)中取出。

注1：不得在试验期间把试验样品从试验箱(室)内取出进行恢复前的检测，再重新放入试验箱(室)内。

注2：如果在持续时间结束前需要了解试验样品在特定时间的性能，则对每个特定的时间应另外增加一批试验样品。

12 恢复

试验箱(室)内的气压以不大于10 kPa/min的速率恢复到正常大气压。增压期间，不必进行温度控制。气压恢复后，试验箱(室)内的温度以不大于1 ℃/min(按每5 min计算平均速率)的速率恢复到正常的试验室气候状态。此后，试验样品在试验箱(室)内按有关规范规定进行恢复。参见图2和图3。

试验样品应在标准大气条件下进行恢复。当标准大气条件对试验样品不适宜时，有关规范可规定其他恢复条件。试验样品在标准大气条件下恢复时，恢复时间要足以使其达到温度稳定，最少时间为1 h。当几个试验样品同时进行试验，而1 h的恢复时间又不够时，则最长恢复时间为2 h，所以检测必须在这一时间终了前完成。

若有关规范有要求，则在恢复期间对试验样品通电或加负载，并连续地检测其性能。

注：对于温度为低温的试验样品，为了除去水滴，可手动抖动试验样品，或用室温的空气进行短时吹风。

13 最终检测

按有关规范规定对试验样品进行外观检查及电气和机械性能检测。

14 失效判据

失效判据应符合相关规范规定。

15 有关规范应提供的信息

当有关规范包含本试验时，应给出下列细节：

	对应章条号
a) 试验样品的安装	第6章
b) 严酷等级	第7章
c) 预处理	第8章
d) 初始检测	第9章
e) 试验样品的状态及注意事项	第10章
f) 振动轴向	10.1
g) 在振动(随机)试验时要做的检测	10.2.1
h) 在温度(低温、高温)试验时要做的检测	10.2.2
i) 在温度(低温、高温)/低气压综合试验时要做的检测	10.2.3
j) 中间检测	第11章
k) 恢复期间的负载条件	第12章
l) 最终检测	第13章
m) 失效判据	第14章

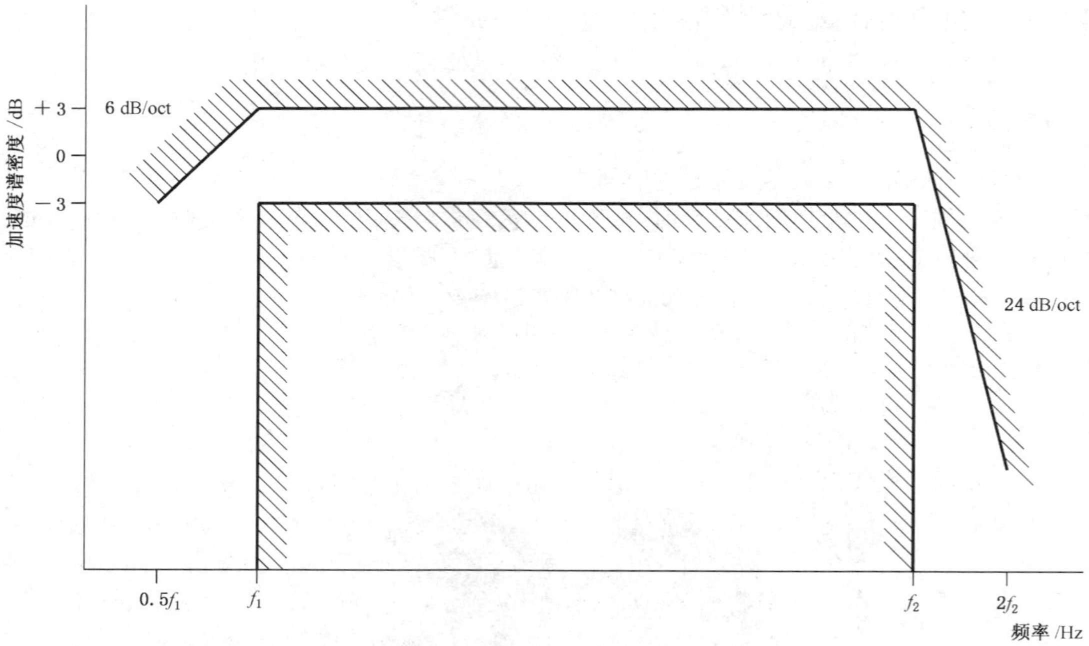

图 1 加速度谱密度的容差限

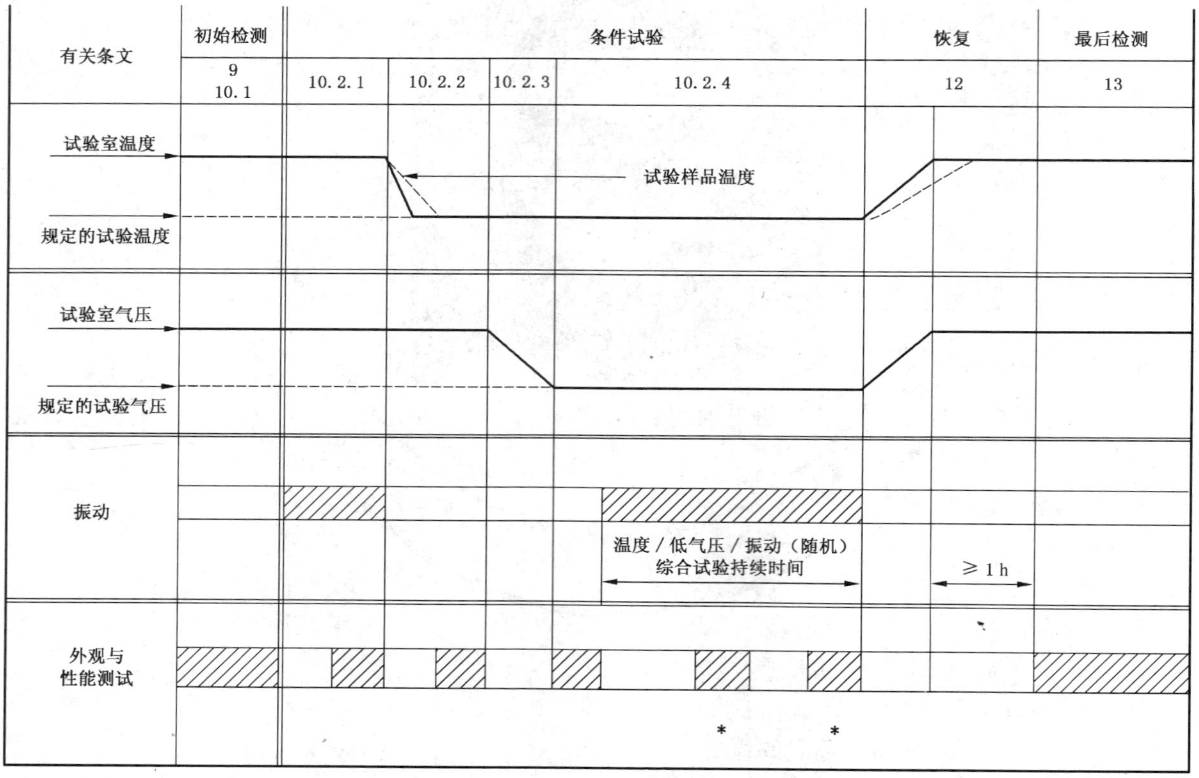

注 1：图中＊为中间检测。

注 2：此图为低温/低气压/振动(随机)综合试验方法的图示，高温/低气压/振动(随机)综合试验方法图示应将试验温度作相应调整。

图 2 非散热试验样品试验曲线图(低温)

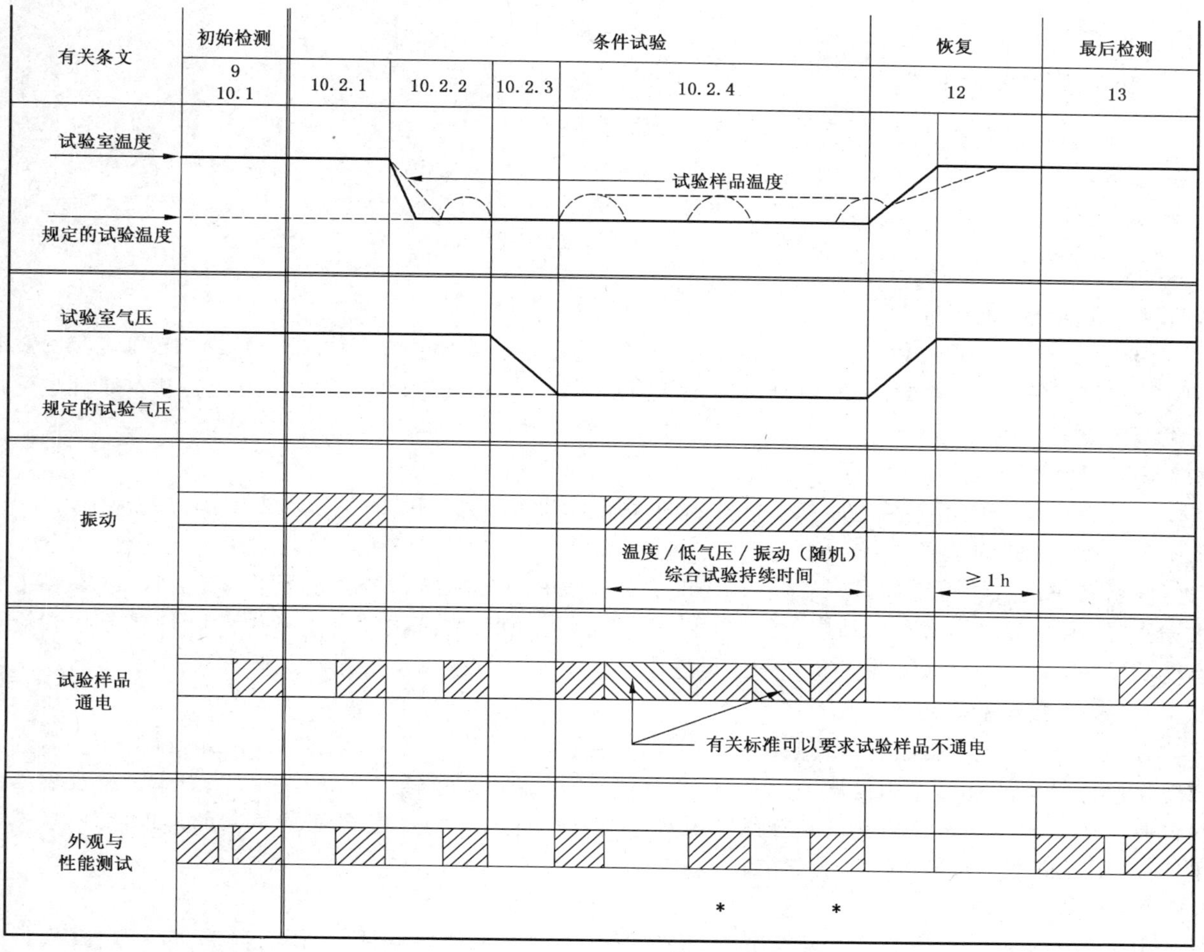

注1：图中*为中间检测。

注2：此图为低温/低气压/振动(随机)综合试验方法的图示，高温/低气压/振动(随机)综合试验方法图示应将试验温度作相应调整。

图3 散热试验样品试验曲线图(低温)

附 录 A
（资料性附录）
导 则

A.1 一般说明

A.1.1 其他适用的标准

温度（低温、高温）/低气压/振动（随机）综合试验方法是在 GB/T 2423.1 或 GB/T 2423.2 和 GB/T 2423.56及 GB/T 2423.21 的基础上制定的。因而 GB/T 2424.1 中有关的试验基本原理也适用于本综合试验。

A.1.2 试验气压范围

本综合试验考虑了包括地面和飞机常用的气压范围，低于 1 kPa 的气压不在本部分的范围内。

A.1.3 散热方式的选择

在所考虑的气压范围内，散热试验样品的表面温度在强迫空气循环条件下比“自由空气”条件下将大大下降，因此对散热试验样品应采用“自由空气”条件。但考虑到振动台所产生的附加热干扰和设备不能满足“自由空气”条件，此时允许采用风速小于 0.5 m/s 的强迫空气循环试验方法。

A.1.4 样品数量的确定

在低气压条件下，由于对流传热的效率下降，而热辐射的影响增大，因此在同一试验箱（室）内的各散热试验样品间相互热作用也增大，为了避免散热试验样品间因辐射造成的热干扰，故本试验最好一次只试验一个试验样品。非散热试验样品和那些已知相互间热干扰不大（不影响试验的再现性）的散热试验样品，则允许多个试验样品一起试验。

A.1.5 样品固有频率

由于温度引起的材料特性变化会导致试验样品（如橡胶或塑料器件）的固有频率发生漂移（即低温时向频率高的方向漂移，高温时向频率低的方向漂移），因此要确切地获得试验样品的固有频率，振动响应检查应在综合环境试验条件下进行。

A.1.6 综合试验程序

试验样品的综合试验程序，先进行随机振动和温度的综合试验，然后进行温度（低温、高温）/低气压/振动（随机）综合试验。

A.1.7 恢复

气压恢复时期间，由于不必进行温度控制。气压恢复后，试验箱（室）内的温度以不大于 1 ℃/min（按每 5 min 计算平均速率）的速率恢复到正常的试验室气候状态。

A.2 温度（低温、高温）/低气压/振动（随机）综合试验的环境效应

温度、低气压和振动同时作用于试验样品上，可产生下列综合效应：

a） 温度所引起的材料特性的变化会增加密封设备或密封件在低气压时的变形和开裂，这一现象因振动应力的叠加而加剧，增大了泄漏的可能性；

b） 在低气压和温度的同时作用下，引起工程塑料中的塑料分解产物的挥发，导致了零件的机械或电气性能的变化，当叠加以振动应力时，增大了零件变形和开裂的趋势；

c） 由单项或组合试验未能暴露的其他综合效应。

A.3 环境参数的测量

A.3.1 温度测量

在低气压和振动综合环境条件下，测量温度应选用质量小的温度传感器，并安装牢固，使其不致改

变监测点上的动态特性。对于散热试验样品，温度传感器周围应使用防辐射的屏蔽，以减小因试验样品热辐射所引起的误差。

A.3.2　气压测量

气压测量通常应采用细而长的管子将压力计连接到工作空间。因为使用短而粗的连接管可能导致传感器元件受试验箱(室)内的气体加热或冷却产生弹性变化而出现测量误差。

A.3.3　振动测量

振动传感器和连接电缆应适用于规定的试验温度，满足试验要求。

传感器的安装应采用紧固件，当采用胶粘剂时，所用胶粘剂应在规定的试验温度下，其物理特性不改变。

附　录　B
（资料性附录）
GB/T 2423 的组成部分

GB/T 2423 的组成部分如下：

GB/T 2423.1—2008　电工电子产品环境试验　第 2 部分：试验方法　试验 A：低温（IEC 60068-2-1：2007，IDT）

GB/T 2423.2—2008　电工电子产品环境试验　第 2 部分：试验方法　试验 B：高温（IEC 60068-2-2：2007，IDT）

GB/T 2423.3—2006　电工电子产品环境试验　第 2 部分：试验方法　试验 Cab：恒定湿热试验（IEC 60068-2-78：2001，IDT）

GB/T 2423.4—2008　电工电子产品环境试验　第 2 部分：试验方法　试验 Db 交变湿热（12 h＋12 h 循环）（IEC 60068-2-30：2005，IDT）

GB/T 2423.5—1995　电工电子产品环境试验　第 2 部分：试验方法　试验 Ea 和导则：冲击（idt IEC 60068-2-27：1987）

GB/T 2423.6—1995　电工电子产品环境试验　第 2 部分：试验方法　试验 Eb 和导则：碰撞（idt IEC 60068-2-29：1987）

GB/T 2423.7—1995　电工电子产品环境试验　第 2 部分：试验方法　试验 Ec 和导则：倾跌与翻倒（主要用于设备型样品）（idt IEC 60068-2-31：1982）

GB/T 2423.8—1995　电工电子产品环境试验　第 2 部分：试验方法　试验 Ed：自由跌落（idt IEC 60068-2-32：1990）

GB/T 2423.10—2008　电工电子产品环境试验　第 2 部分：试验方法　试验 Fc：振动（正弦）（IEC 60068-2-6：1995，IDT）

GB/T 2423.15—2008　电工电子产品环境试验　第 2 部分：试验方法　试验 Ga 和导则：稳态加速度（IEC 60068-2-7：1986，IDT）

GB/T 2423.16—2008　电工电子产品环境试验　第 2 部分：试验方法　试验 J 和导则：长霉（IEC 60068-2-10：2005，IDT）

GB/T 2423.17—2008　电工电子产品环境试验　第 2 部分：试验方法　试验 Ka：盐雾（IEC 60068-2-11：1981，IDT）

GB/T 2423.18—2000　电工电子产品环境试验　第 2 部分：试验方法　试验 Kb：盐雾，交变（氯化钠溶液）（idt IEC 60068-2-52：1996）

GB/T 2423.21—2008　电工电子产品环境试验　第 2 部分：试验方法　试验 M：低气压试验方法（IEC 60068-2-13：1983，IDT）

GB/T 2423.22—2002　电工电子产品环境试验　第 2 部分：试验方法　试验 N：温度变化（IEC 60068-2-14：1984，IDT）

GB/T 2423.23—1995　电工电子产品环境试验　试验 Q：密封

GB/T 2423.24—1995　电工电子产品环境试验　第 2 部分：试验方法　试验 Sa：模拟地面上的太阳辐射（idt IEC 60068-2-5：1975）

GB/T 2423.25—2008　电工电子产品环境试验　第 2 部分：试验方法　试验 Z/AM：低温低气压综合试验（IEC 60068-2-40：1976，IDT）

GB/T 2423.26—2008　电工电子产品环境试验　第 2 部分：试验方法　试验 Z/BM：高温/低气压综合试验（IEC 60068-2-41：1976，IDT）

GB/T 2423.27—2005 电工电子产品环境试验 第2部分:试验方法 试验Z/AMD:低温/低气压/湿热连续综合试验(IEC 60068-2-39:1976,IDT)

GB/T 2423.28—2005 电工电子产品环境试验 第2部分:试验方法 试验T:锡焊(IEC 60068-2-20:1979,IDT)

GB/T 2423.30—1999 电工电子产品环境试验 第2部分:试验方法 试验XA和导则:在清洗剂中浸渍(idt IEC 60068-2-45:1993)

GB/T 2423.32—2008 电工电子产品环境试验 第2部分:试验方法 试验Ta:润湿称量法可焊性(IEC 60068-2-54:2006,IDT)

GB/T 2423.33—2005 电工电子产品环境试验 第2部分:试验方法 试验Kca:高浓度二氧化硫试验

GB/T 2423.34—2005 电工电子产品环境试验 第2部分:试验方法 试验Z/AD:温度/湿度组合循环试验(IEC 60068-2-38:1974,IDT)

GB/T 2423.35—2005 电工电子产品环境试验 第2部分:试验方法 试验Z/AFc:散热和非散热试验样品的低温/振动(正弦)综合试验(IEC 60068-2-50:1983,IDT)

GB/T 2423.36—2005 电工电子产品环境试验 第2部分:试验方法 试验Z/BFc:散热和非散热试验样品的高温/振动(正弦)综合试验(IEC 60068-2-51:1983,IDT)

GB/T 2423.37—2006 电工电子产品环境试验 第2部分:试验方法 试验L:沙尘试验(IEC 60068-2-68:1994,IDT)

GB/T 2423.38—2008 电工电子产品环境试验 第2部分:试验方法 试验R:水试验方法和导则(IEC 60068-2-18:2000,IDT)

GB/T 2423.39—2008 电工电子产品环境试验 第2部分:试验方法 试验Ee:弹跳(IEC 60068-2-55:1987,IDT)

GB/T 2423.40—1997 电工电子产品环境试验 第2部分:试验方法 试验Cx:未饱和高压蒸汽恒定湿热(idt IEC 60068-2-66:1994)

GB/T 2423.41—1994 电工电子产品基本环境试验规程 风压试验方法

GB/T 2423.43—2008 电工电子产品环境试验 第2部分:试验方法 振动、冲击和类似动力学试验样品的安装(IEC 60068-2-47:2005,IDT)

GB/T 2423.45—1997 电工电子产品环境试验 第2部分:试验方法 试验Z/ABDM:气候顺序(idt IEC 60068-2-61:1991)

GB/T 2423.47—1997 电工电子产品环境试验 第2部分:试验方法 试验Fg:声振(idt IEC 60068-2-65:1993)

GB/T 2423.48—2008 电工电子产品环境试验 第2部分:试验方法 试验Ff:振动-时间历程法(IEC 60068-2-57:1999,IDT)

GB/T 2423.49—1997 电工电子产品环境试验 第2部分:试验方法 试验Fe:振动-正弦拍频法(idt IEC 60068-2-59:1990)

GB/T 2423.50—1999 电工电子产品环境试验 第2部分:试验方法 试验Cy:恒定湿热主要用于元件的加速试验(idt IEC 60068-2-67:1996)

GB/T 2423.51—2000 电工电子产品环境试验 第2部分:试验方法 试验Ke:流动混合气体腐蚀试验(idt IEC 60068-2-60:1995)

GB/T 2423.52—2003 电工电子产品环境试验 第2部分:试验方法 试验77:结构强度与撞击(IEC 60068-2-27:1999,IDT)

GB/T 2423.53—2005 电工电子产品环境试验 第2部分:试验方法 试验Xb:由手的磨擦造成标记和印刷文字的磨损(IEC 60068-2-70:1995,IDT)

GB/T 2423.54—2005　电工电子产品环境试验　第2部分：试验方法　试验Xc：流体污染(IEC 60068-2-74：1999，IDT)

GB/T 2423.55—2006　电工电子产品环境试验　第2部分：环境测试　试验Eh：锤击试验(IEC 60068-2-75：1997，IDT)

GB/T 2423.56—2006　电工电子产品环境试验　第2部分：试验方法　试验Fh：宽带随机振动(数字控制)和导则(IEC 60068-2-64：1993，IDT)

GB/T 2423.57—2008　电工电子产品环境试验　第2-81部分：试验方法　试验Ei：冲击 冲击响应谱合成(IEC 60068-2-81：2003，IDT)

GB/T 2423.58—2008　电工电子产品环境试验　第2-80部分：试验方法　试验Fi：振动 混合模式(IEC 60068-2-80：2005，IDT)

GB/T 2423.59—2008　电工电子产品环境试验　第2部分：试验方法　试验Z/ABMFh：温度(低温、高温)/低气压/振动(随机)综合

GB/T 2423.60—2008　电工电子产品环境试验　第2部分：试验方法　试验U：引出端及整体安装件强度(IEC 60068-2-21：2006，IDT)

GB/T 2423.101—2008　电工电子产品环境试验　第2部分：试验方法　试验：倾斜和摇摆

GB/T 2423.102—2008　电工电子产品环境试验　第2部分：试验方法　试验：温度(低温、高温)/低气压/振动(正弦)综合

ICS 19.040
K 04

中华人民共和国国家标准

GB/T 2423.60—2008/IEC 60068-2-21:2006

电工电子产品环境试验 第2部分:试验方法 试验U:引出端及整体安装件强度

Environmental testing for electric and electronic products—Part 2:Test methods—Test U:Robustness of terminations and integral mounting devices

(IEC 60068-2-21:2006, Environmental testing—Part 2-21:Tests—Test U:Robustness of terminations and integral mounting devices, IDT)

2008-12-30 发布　　　　2009-11-01 实施

中华人民共和国国家质量监督检验检疫总局
中国国家标准化管理委员会　发布

前　言

GB/T 2423《电工电子产品环境试验　第2部分:试验方法》的组成部分见附录NA。

本部分为GB/T 2423的第60部分。

本部分等同采用IEC 60068-2-21:2006《环境试验　第2-21部分:试验方法　试验U:引出端及整体安装件强度》(英文版),仅做了如下编辑性修改:

——“IEC 60068的本部分”一词改为“GB/T 2423的本部分”或“本部分”;

——用小数点“.”代替作为小数点的逗号“,”;

——删除国际标准的前言;

——增加了资料性附录NA。

本部分的附录A、附录NA为资料性附录。

本部分由全国电工电子产品环境条件与环境试验标准化技术委员会(SAC/TC 8)提出并归口。

本部分负责起草单位:广州大学、信息产业部电子第五研究所、上海市质量检验技术研究院、苏州试验仪器总厂。

本部分主要起草人:徐忠根、纪春阳、卢兆明、徐立义、张国明、阳川。

电工电子产品环境试验 第2部分:试验方法 试验U: 引出端及整体安装件强度

1 范围

GB/T 2423的本部分适用于在正常装配或修理过程中其引出端或整体安装件可能受到应力的所有电工电子元器件。

表1提供了适用试验的细节。

表1 应用

试验	类型	元器件	安装/不安装
Ua1	拉	导线装置	不安装
Ua2	推	导线装置	不安装
Ub	弯曲	导线装置	不安装
Uc	扭转	导线装置	不安装
Ud	转矩	螺栓或螺钉引出端	不安装
Ue1	弯曲	表面安装装置	安装
Ue2	推脱/拉脱	表面安装装置	安装
Ue3	剪切(粘附力)	表面安装装置	安装

2 规范性引用文件

下列文件中的条款通过GB/T 2423的本部分的引用而成为本部分的条款。凡是注日期的引用文件,其随后所有的修改单(不包括勘误的内容)或修订版均不适用于本部分,然而,鼓励根据本部分达成协议的各方研究是否可使用这些文件的最新版本。凡是不注日期的引用文件,其最新版本适用于本部分。

GB/T 2421.1 环境试验 第1部分:概述和指南(GB/T 2424.1—2008,IEC 60068-1:1988,IDT)

GB/T 2423.28—2005 电工电子产品环境试验 第2部分:试验方法 试验T:锡焊(IEC 60068-2-20:1979,IDT)

GB/T 2423.45 电工电子产品环境试验 第2部分:试验方法 试验Z/ABDM:气候顺序(GB/T 2423.45—1997,idt IEC 60068-2-61:1991)

GB/T 19247.2 印制板组装 第2部分:分规范 表面安装焊接组装的要求(GB/T 19247.2—2003,IEC 61191-2:1998, IDT)

IEC 60068-2-58:2004 环境试验 第2-58部分:试验方法 试验Td:可焊性试验方法,表面安装件的抗金属融化和抗施焊热量(SMD)

IEC 61249-2-7:2002 印制板和其他互连结构用材料 第2-7部分:包覆和非包覆增强基材 规定易燃性的环氧编织E级层压板(垂直燃烧试验)

IEC 61188-5 印制板和印制板组件 设计和使用(所有部分)

IEC 61190-1-2:2002 电子组件用连接材料 第1-2部分:电子组件中高质量互连接件用焊剂的要求

ISO 272 紧固件 六角产品的对边宽度

ISO 9453 软焊接金属 化学成分和形式

3 试验 Ua1:拉力试验

适用于各类引出端。

3.1 目的

确定引出端以及引出端与试验样品主体的连接在正常装配或修理过程中承受轴向拉力的能力。

3.2 一般说明

将试验样品主体固定,使其引出端处于正常位置,将拉力沿轴向施加到引出端上,并作用在离开试验样品主体的方向上。该拉力应逐渐施加(没有任何冲击),然后保持 10 s±1 s。

3.3 预处理

预处理的方法应按有关规范的规定。

3.4 初始检测

试验样品应按有关规范的要求,进行外观检查以及电性能和机械性能测量。

3.5 试验方法

除非有关规范另有规定,测试方法如下。

参见图 2a)。

3.5.1 应用

本试验适用于各种类型的引出端。除了具有三个以上的引出端的试验样品,有关规范应规定每个试验样品受试引出端的数目外,应在全部引出端上进行试验。应能保证试验样品所有的引出端经受试验的概率相同。

3.5.2 试验程序

将试验样品主体固定,使其引出端处于正常位置,按表 2 规定的拉力数值,沿轴向施加到引出端上,并作用在离开试验样品主体的方向。该拉力应逐渐施加(没有任何冲击),然后保持 10 s±1 s。

施加拉力的数值如下:

a) 线状引出端(圆截面或带状)或插头

施加拉力的数值符合表 2 规定。

对于绝缘引出端,应在施加负荷处剥去绝缘层。

对于绞合线引出端,绞合芯线应在施加负荷载前在施加负荷处机械地连接在一起(例如:用锡焊或打结的方法)。由于绝缘引出端或绞合线引出端的技术特点而给剥去绝缘层、焊接或打结操作带来困难,并可能因此导致对试验结果产生争议时,则这些操作应按有关规范的规定,或必要时按试验样品生产厂的说明书进行。

表 2 试验 Ua1 施加拉力值

标称截面积(S)[a]/mm^2	相应的圆截面引出端直径(d)/mm	拉力(容差±10%)/N
$S\leqslant0.05$	$d\leqslant0.25$	1
$0.05<S\leqslant0.10$	$0.25<d\leqslant0.35$	2.5
$0.10<S\leqslant0.20$	$0.35<d\leqslant0.50$	5
$0.20<S\leqslant0.50$	$0.50<d\leqslant0.80$	10
$0.50<S\leqslant1.20$	$0.80<d\leqslant1.25$	20
$S>1.20$	$d>1.25$	40

[a] 对于圆截面引出端,带状引出端或插头,其标称截面面积等于有关规范规定的诸标称尺寸的计算值。对于绞合线引出端,其标称截面积为由有关规范规定的单股引线截面积的总和。

b) 其他类型的引出端(签状引出端、螺栓、螺钉、接头等)

所施加拉力的数值应在有关规范中规定。

3.6 最后检测

试验样品应按有关规范的要求,进行外观检查以及电性能和机械性能测量。

3.7 有关规范应作出的规定

	条款
a) 预处理的方法	3.3
b) 初始检测	3.4
c) 当引出端数目超过 3 个时,受试引出端的数目	3.5.1
d) 拉力(对于具有非标准尺寸的引出端和其他引出端)	3.5.2
e) 剥除绝缘、焊接或打结操作的细节要求(必要时)	3.5.2
f) 最后检测	3.6

4 试验 Ua2:推力试验

4.1 目的

确定引出端以及引出端与试验样品主体的连接在正常装配或修理过程中承受外加推力的能力。本试验只适用于尺寸小、质量轻的元器件,而设备和部件不包括在内。

注:本试验不适用于可弯曲引出端。可弯曲引出端的试验将在 5.1a)和 b)中给出。

4.2 一般说明

将试验样品主体固定,使试验样品的引出端处于正常位置,推力应尽可能在接近试验样品主体处施加到引出端上,但是在试验样品主体和施力装置的最近点之间应该有 2 mm 的距离。推力应逐渐施加(没有任何冲击),然后保持 10 s±1 s。

4.3 预处理

预处理的方法应按有关规范规定。

4.4 初始检测

试验样品应按有关规范的要求,进行外观检查以及电性能和机械性能测量。

4.5 试验方法

参见图 2b)。

4.5.1 应用

有关规范应指出本试验是否适用。如果适用,除了对具有三个以上引出端的试验样品,有关规范应规定每个试验样品受试引出端数目外,应在全部引出端上进行试验。应能保证试验样品所有的引出端经受试验的概率相同。有关规范应规定对引出端施加推力的方向。

4.5.2 试验程序

将试验样品主体固定,使其引出端处于正常位置,推力应尽可能在接近试验样品主体处施加到引出端上,但是在试验样品主体和施力装置的最近点之间应该有 2 mm 的距离。推力应逐渐施加(没有任何冲击),然后保持 10 s±1 s。

施加推力的数值如下:

a) 线状引出端(圆截面或带状)或插头

施加推力的数值符合表 3 规定。

表 3 试验 Ua2 施加推力值

标称截面积(S)[a]/mm^2	相应的圆截面引出端直径(d)/mm	推力(容差±10%)/N
$S \leqslant 0.05$	$d \leqslant 0.25$	0.25
$0.05 < S \leqslant 0.10$	$0.25 < d \leqslant 0.35$	0.5
$0.10 < S \leqslant 0.20$	$0.35 < d \leqslant 0.50$	1
$0.20 < S \leqslant 0.50$	$0.50 < d \leqslant 0.80$	2
$0.50 < S \leqslant 1.20$	$0.80 < d \leqslant 1.25$	4
$S > 1.20$	$d > 1.25$	8
[a] 对于圆截面引出端，带状引出端或插头，其标称截面面积等于有关规范规定的诸标称尺寸的计算值。		

对于绝缘引出端，应在施加负荷处剥去绝缘层。

由于绝缘引出端或绞合线引出端的技术特点而给剥去绝缘层、焊接或打结操作带来困难，并可能因此导致对试验结果产生争议时，则这些操作应按有关规范的规定，或必要时按试验样品生产厂的说明书进行。

b) 其他类型的引出端(签状引出端、螺栓、螺钉、接头等)

施加推力的数值由有关规范规定。

4.6 最后检测

试验样品应按有关规范的要求，进行外观检查以及电性能和机械性能测量。

4.7 有关规范应作出的规定

	条款
a) 预处理的方法	4.3
b) 初始检测	4.4
c) 本试验是否适用	4.5.1
d) 当引出端数目超过 3 个时，受试引出端的数目	4.5.1
e) 施力方向	4.5.1
f) 剥除绝缘层的细节要求(必要时)	4.5.2
g) 对线状引出端或插头以外的其他引出端，所施加推力的数值	4.5.2
h) 最后检测	4.6

5 试验 Ub：弯曲试验

本试验仅适用于可弯曲的引出端。

5.1 目的

确定引出端以及引出端与试验样品主体的连接在正常装配和修理过程中承受弯曲力的能力。为了确定试验样品是否具有弯曲性能，应采用下述条件：

a) 在 5.5.2.1 和 5.5.2.3 中规定的试验：

在试验过程中，引出端应承受相对于初始位置至少 30°的弯曲[见图 3c)]；

b) 在 5.5.2.2 中规定的试验：

引出端应能用手指弯曲。

5.2 一般说明

a) 线状或带状引出端弯曲试验

固定试验样品主体，使引出端处于试验样品正常使用位置，其引出端的轴向处在垂直方向，然后在试验样品引出端的末端悬挂施加弯曲力的砝码。将试验样品主体在垂直平面内倾斜大约 90°，然后使其恢复到初始位置，此操作即为一次弯曲。

方法 1:在相反方向弯曲二次或多次。

方法 2:在同一方向弯曲二次或多次。

b) 签状引出端弯曲试验

可用手指弯曲的签状引出端应弯曲 45°后再恢复到初始位置,此操作即为一次弯曲。

方法 1:在相反方向弯曲二次。

方法 2:在同一方向弯曲二次。

c) 同时弯曲试验

应在距引出端与试验样品主体封接点 3 mm 处用夹具将试验一侧所有的引出端夹紧,然后将一砝码加到夹具上,使其引出端下垂。将试验样品主体倾斜 45°,然后使其恢复到初始位置。此项试验应在相反的两方向上进行。

5.3 预处理

预处理的方法应按有关规范规定。

5.4 初始检测

试验样品应按有关规范的要求,进行外观检查以及电性能和机械性能测量。

5.5 试验方法

除非有关规范另有规定,试验方法如下。

5.5.1 应用

有关规范应指出本试验是否适用。如果适用,除了对具有三个以上的引出端的试验样品应由有关规范应规定每个试验样品受试引出端的数目外,应在全部引出端上进行试验。应能保证试验样品所有的引出端经受试验的概率相同。这种对于受试引出端数目的限制,不适用于同时弯曲试验(见 5.5.2.3),同时弯曲试验一般用于在一侧或多侧有成排列出端的微型电子组件。

5.5.2 试验程序

参见图 3。

5.5.2.1 线状或带状引出端弯曲试验

将试验样品主体固定,使其引出端处于正常使用位置,其引出端的轴向处在垂直方向,然后在试验样品引出端的末端悬挂施加弯曲力的砝码,其数值按表 4 规定。将试验样品主体在 2 s～3 s 的时间内,在垂直平面内倾斜大约 90°,然后以同样的时间使其恢复到初始位置,此操作即为一次弯曲。有关规范应规定采用下面下列方法中的一种:

a) 方法 1[见图 3a)]

每个方向弯曲一次,共二次,中间不中断。或按有关规范规定做次数较多的交替弯曲。

b) 方法 2[见图 3b)]

同一方向弯曲二次,中间不中断。或按有关规范规定做次数较多的弯曲。在试验样品主体和施力点之间不得放置可能影响曲率半径的装置。带状引出端应向其最宽平面垂直弯曲。

弯曲力数值应符合表 4 规定。

表 4 试验 Ub 施加力值

截面模量(Z_x)/mm^3	相应的圆截面引出端直径(d)/mm	力(容差±10%)/N
$Z_x \leqslant 1.5\times10^{-3}$	$d\leqslant0.25$	0.5
$1.5\times10^{-3}<Z_x\leqslant4.2\times10^{-3}$	$0.25<d\leqslant0.35$	1.25
$4.2\times10^{-3}<Z_x\leqslant1.2\times10^{-2}$	$0.35<d\leqslant0.50$	2.5
$1.2\times10^{-2}<Z_x\leqslant0.5\times10^{-1}$	$0.50<d\leqslant0.80$	5
$0.5\times10^{-1}<Z_x\leqslant1.9\times10^{-1}$	$0.80<d\leqslant1.25$	10
$1.9\times10^{-1}<Z_x$	$1.25<d$	20

注 1:对于圆截面引出端,其截面模量 Z_x 由下式求出:

$$Z_x = \frac{\pi d^3}{32}$$

式中：

d——引出端直径。

对于带状引出端，其截面系数 Z_x 由下式求出：

$$Z_x = \frac{ba^2}{6}$$

式中：

a——与弯曲轴垂直的带状引出端的厚度；

b——矩形带状引出端的另一边尺寸；

Z_x——截面模量。

注2：截面模量定义在 GB/T 3102.3—1993 中的 3-21 给出，上述公式的推导可从机械工程标准教科书中查到。

5.5.2.2 签状引出端的弯曲试验

可用手指弯曲的签状引出端应弯曲 45°后，再恢复到其初始位置，此操作即为一次弯曲（见图 3）。有关规范应规定采用下列方法中的一种：

a) 方法 1

一次弯曲后，立即在相反方向再做二次弯曲。

b) 方法 2

同一方向连续弯曲二次。有关规范可规定其他细节（例如：使用的钳子，弯曲的位置等）。

5.5.2.3 同时弯曲试验

应在固定面内或当这个面不是给定的场合，在距封接处 3 mm 左右的一点，夹紧试验样品一侧所有的引出端；在要发生弯曲的边缘处，夹具的曲率半径为 0.1 mm。将砝码加到夹具上，使其引出端下垂，该砝码，包括夹具的质量在内，所施加的力应等于表 4 所规定的值乘以所夹的引出端数目。

将试验样品主体在 2 s～3 s 内倾斜 45°，然后以同样的时间使其恢复到初始位置。本试验在一个方向上进行一次，恢复到初始位置，再在另一个方向上进行一次，再恢复到初始位置（见图 3）。

注：对于短引出端的试验，其夹具的设计应使在弯曲试验期间，夹具的上表面不会碰到试验样品主体（否则在引出端上将产生拉应力）（见图 1）。

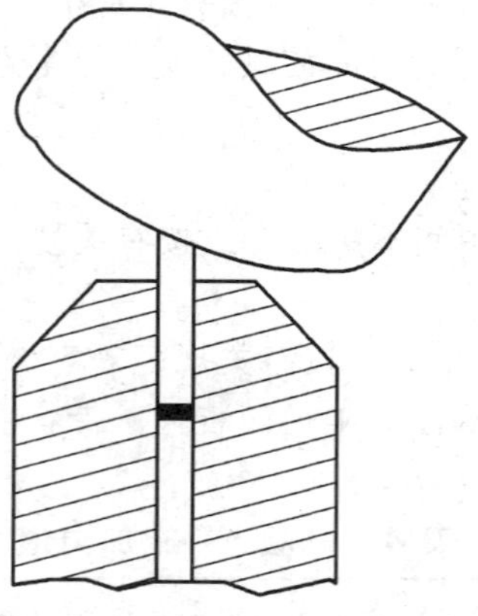

图 1 短引出端试验夹具

5.6 最后检测

试验样品应按有关规范的要求，进行外观检查以及电性能和机械性能测量。

5.7 有关规范应作出的规定

	条款
a) 预处理的方法	5.3
b) 初始检测	5.4
c) 本试验是否适用	5.5.1

d) 当引出端数目超过 3 个时，受试引出端的数目	5.5.1
e) 弯曲次数超过二次时，弯曲的方法和次数	5.5.2.1
f) 应用的方法和具体细节	5.5.5.2
g) 最后检测	5.6

6 试验 Uc：扭转试验

6.1 目的

确定引出端以及引出端与试验样品主体的连接在正常装配或拆卸过程中承受扭力的能力。

6.2 预处理

预处理的方法应按有关规范的规定。

6.3 初始检测

试验样品应按有关规范的要求，进行外观检查以及电性能和机械性能测量。

6.4 试验方法

除非有关规范另有规定，试验方法如下。

参见图 4。

6.4.1 应用

有关规范应指出本试验是否适用。如果适用，除了对具有三个以上的引出端的试验样品，有关规范应规定每个试验样品受试引出端的数目外，应在全部引出端上进行试验。应能保证试验样品所有的引出端经受试验的概率相同。

6.4.2 试验程序

每一引出端在距引出点 6 mm～6.5 mm 处弯曲成 90°，弯曲的曲率半径应为 0.75 mm 左右［见图 4a)］。在距弯曲处 1.2 mm±0.4 mm 处夹紧引出端的自由端［见图 4b)］，然后将试验样品主体或夹具围绕引出端原来的轴以每 5 s 旋转一次的速度旋转。其连续旋转应在相反方向交替进行。详细规范应规定采用下列方法之一和下列严酷等级之一进行试验：

a) 方法 1：

试验样品主体被夹住

严酷等级 1：360°三转

严酷等级 2：180°二转

b) 方法 2：

两个引出端被夹住［见图 4c)］

严酷等级：180°二转

注：方法 2 主要用于其主体不宜夹住（例如：其直径小于 4 mm）和在每端有同样的轴向引出端的试验样品。

6.5 最后检测

试验样品应按有关规范的要求，进行外观检查以及电性能和机械性能测量。

6.6 有关规范应作出的规定

	条款
a) 预处理的方法	6.2
b) 初始检测	6.3
c) 本试验是否适用	6.4.1
d) 当引出端数目超过 3 个时，受试引出端的数目	6.4.1
e) 试验程序和严酷等级	6.4.2
f) 最后检测	6.5

7 试验 Ud:转矩试验

7.1 目的

确定引出端以及引出端与试验样品主体的连接及整体安装件在正常装配和修理过程中,承受转矩的能力。

7.2 一般说明

对于具有螺栓或螺钉的引出端,对正常装配在每个引出端上的螺钉或每个螺母,按有关规范规定的严酷等级施加按表5规定的力拒保持10 s～15 s。在本试验中,应在螺钉头部和它的紧固面之间放置垫圈或放置对螺钉具有正常开孔的金属板。对其他型式的引出端,有关规范应规定所要求的方法。

7.3 预处理

预处理的方法应按有关规范规定。

7.4 初始检测

试验样品应按有关规范的要求,进行外观检查以及电性能和机械性能测量。

7.5 试验方法

除非有关规范另有规定,试验方法如下。

7.5.1 应用

有关规范应指出本试验是否适用。如果适用,除了对具有三个以上的引出端的试验样品,有关规范应规定每个试验样品受试引出端的数目外,应在全部引出端上进行试验。应能保证试验样品所有的引出端经受试验的概率相同。

7.5.2 试验程序

7.5.2.1 螺栓或螺钉引出端

用正常固定装置固定试验样品,按有关规范规定的严酷等级,按表5所规定的转矩,没有冲击地施加于螺钉或施加于每一引出端正常装配地每个螺母上。其试验持续时间为10 s～15 s。在这一试验期间,应在螺钉头部和它的紧固面之间放置垫圈或放置对螺钉具有正常开孔的金属板。垫圈或金属板的厚度大约等于标称螺栓螺距的6倍。所有的零部件应是清洁和干燥的。根据ISO 272规定,螺母的厚度大约等于标称螺栓直径的0.8倍。

表5 转矩严酷等级

螺纹标称直径/mm		2.6	3.0	3.5	4.0	5.0	6.0	8.0
转矩/Nm	严酷等级1	0.4	0.5	0.8	1.2	2.0	2.5	5.0
	严酷等级2	0.2	0.25	0.4	0.6	1.0	1.25	2.5

对于某试验样品,例如:半导体器件,可能需要差异很大的转矩数值,必要时,这些数值应在有关规范中说明。当直径大于8 mm时,其转矩值应由有关规范规定。螺母或螺钉试验后应能够松开。

7.5.2.2 其他类型引出端

有关规范应规定所要求的方法。

7.6 最后检测

试验样品应按有关规范的规定,进行外观检查以及电性能和机械性能测量。

7.7 有关规范应作出的规定

	条款
a) 预处理的方法	7.3
b) 初始检测	7.4
c) 本试验是否适用	7.5.1
d) 当引出端数目超过三个时,受试引出端的数目	7.5.1

e) 严酷等级 7.5.2.1

f) 螺纹直径大于8 mm或由于其他原因而有必要时,另行规定的转矩值 7.5.2.1

g) 其他类型引出端的试验方法 7.5.2.2

h) 最后检测 7.6

8 试验Ue:安装状态下的表面组装元器件

8.1 目的

利用规定的方法确定安装于基板上的表面组装元器件引出端的机械强度。引出端有其元器件非导电件上的金属化部分形成,或如一般的引出端一样,由很短的局部扁平的金属件构成。

8.2 一般说明

试验Ue有三种单独的试验方法,有关规范应规定适用的方法。三种试验方法如下:

——试验Ue1:基板弯曲试验;

——试验Ue2:拉脱/推脱试验;

——试验Ue3:剪切(粘附力)试验。

除非有关规范另有规定,试验时应将元器件试样以正常方式安装于下列基板上:

a) 试验Ue1:

环氧编织玻璃纤维覆铜层压板,其一般通用等级为(61249-2-7:2002IEC-EP-GC-Cu)。这种层压板一面粘附金属箔,其标定厚度包括金属箔在内为1.6 mm±0.20 mm或为0.8 mm±0.10 mm。基板厚度的选择由有关规范规定。铜箔的厚度应为0.035 mm±0.010 mm。

b) 试验Ue2和试验Ue3:

烧制有厚度至少为0.635 mm±0.50 mm的难以剥落材料(如铜或银钯)金属化焊盘的90%~98%高铝陶瓷,或进行Ue1试验用的环氧玻璃板。在需要用到Ue2试验中推脱方法的地方,在基板上应该开一个孔洞,孔洞的尺寸示例如图8所示。在需要用到Ue2试验中拉脱方法的地方,可以使用没有开洞的基板。

建议优先采用图5、图6或者图8的基板图形,但不作为规定。

注:这些图形基本适用于二端元器件。

有关规范应规定所有其他细节,包括试样可否为非有效的元器件等。

试验应在GB/T 2421.1规定的测量和试验用标准大气条件下进行。

由于要求试验要安装好且不能重新使用,所以这种试验是破坏性的。每一种试验要使用不同的试样。

8.3 安装

8.3.1 尺寸

基板上的焊接区尺寸由IEC 61188-5或有关规范规定。

8.3.2 可能的安装方法

有关规范应规定试样在试验基板上的固定方法和所有必要的细节(见8.3.3),固定方法最好从下列方法中选择:

a) 单或双波峰焊

——利用下列方法之一加热的再流焊;

——加热炉或传送式加热炉(强迫传送);

——热气喷射;

——气相(凝结);

——激光焊接。

8.3.3 弯曲试验，拉脱试验，推脱试验和剪切试验的基板安装方法

有关规范未规定试样在试验基板上的安装细节时，安装方法如下：

a） 焊膏的选择

1） 本试验所用的焊膏应该是下面所列中的一种

i） IEC 60068-2-58:2004 中 7.1.2.1c)所列的无铅焊膏。

ii） 应使用由 GB/T 2423.28—2005 附录 B 所规定的焊料（见注 1）或用含锡 63%，含铅 37%的焊料与 GB/T 2423.28—2005 附录 C 所规定的活性焊剂制成的焊膏（见注 2）。根据有关规范的规定，在焊膏中可以添加银（重量占 2%或者更多）。焊膏杂质的限值应该遵守 ISO 9453。

注 1：焊料成分为锡 59%～61%、锑 0.5%（最高）、铜 0.1%（最高）、砷 0.05%（最高）、铁 0.02%（最高），其余为铅。

注 2：活性焊剂成分为松香 25 g、二丙醇（异丙醇）或乙醇 75 g、二乙胺盐酸盐 0.39 g。

2） 当焊膏为 8.3.3 a) 1) i)，焊膏的粘性应按 IEC 60068-2-58:2004 中 7.1.2.1c)选用。当焊膏为 8.3.3 a) 1) ii)，焊膏的粘性应该与有关规范一致。

3） 每一种焊膏的颗粒尺寸应是 IEC 61190-1-2:2002 中表 2 所规定的代号 3。

4） 待焊接区应该用焊接镀层覆盖。焊接镀层的厚度应该介于 100 μm～250 μm 之间；厚度应该由有关规范规定。

b） 样品准备

1） 受试样品的表面应该处于“已接收”的状态并且不能够接触到手指或其他污染。

2） 在试验之前，不应清洗样品。如果相关规范规定需要清洗，则样品可以浸没在温度为室温的有机溶剂当中作预处理。

3） 预处理

需要进行预处理的样品应该根据有关规范进行预处理。

c） 样品的定位

样品应该对称地放置在样品的待焊接区上。

d） 预热

当焊膏为 8.3.3 a) i)时，带有安装样品的基板应该根据有关规范进行预热。当焊膏为 8.3.3) a) ii)时，除非有关规范另有规定，应在 150 ℃±10 ℃条件下，对带有安装样品的基板预热 60 s～120 s。

e） 焊接

1） 在预热后应立即进行焊接。

2） 只要焊接条件不会导致超过表面组装无器件规格的温度荷载，任何形式的再流加热炉或气相焊接均可以使用。

3） 当焊膏为 8.3.3 a) i)时，焊接的温度应该根据有关规范规定执行。当焊膏为 8.3.3)a) ii)时，焊接的温度应介于 215 ℃～235 ℃之间且峰值温度不应该超过 10 s，在整个焊接过程中，超过 185 ℃的时间至少为 45 s。

注 3：当焊膏为 8.3.3a)i)所述的类型时，焊接温度按 IEC 60068-2-58:2004 的表 1 规定为215 ℃～235 ℃。

4） 要注意会完全潮湿。

5） 基板的焊接区域应该用二丙醇（异丙醇）或水来清洗以去除多余的焊剂。如果需要，清洗方法的细节应该按有关规范规定。

6） 焊接带应满足 GB/T 19247.2 有关接缝的最低要求。

8.4 初始测量

应该在充足光线条件下（例如 2 000 lx），将样品至少放大 10 倍进行检查。如果有关规范有明确规

定，则应该测量样品的电子特性和/或机械特性。焊接的强度随时间减弱，这将影响到试验的结果。

除非在有关元器件规范另有规定，试验应在 24 h±6 h 后进行。

8.5 试验方法

8.5.1 试验 Ue1：基板弯曲试验

本试验适用于各种表面组装元器件，但仅安装在硬质基板上的表面组装元器件除外(见 8.5.2)。

注：元器件制造商或供应者有责任指明元器件是否只安装于硬质基板上。

8.5.1.1 目的

确定引出端以及引出端与试验样品主体的连接及整体安装件在正常装配和修理过程中，承受弯曲的能力。

8.5.1.2 试验方法

试样应该按 8.3 安装固定在试验基板上(见图 5)。应该考虑到试样的外形尺寸来选定试样在试验基板上的位置，使之处于焊接区范围内。

将装好试样的试验基板置于弯曲装置中(见图 7)，并以 1 mm/s±0.5 mm/s 的速度渐渐弯曲使深度(*D*)达到 1 mm、2 mm、3 mm 或 4 mm，容差值应由有关规范规定。除非有关规范另有规定，试验基板维持弯曲状态的时间应维持 20 s±1 s。必要时，有关规范应规定试样在试验时保持弯曲的整个过程中应予监测的判定(电)参数。除非有关规定作出了规定，否则进行弯曲试样的样品数目应该是一个。

注 1：逐步弯曲方法可以用来确定相关规范所要求的数值或者用来寻找极限。当采用逐步弯曲方法时，试验方法应由有关规范作出规定。

注 2：如果弯曲工具的半径不是 5 mm，则弯曲工具的半径应该由相关规范作出规定。

8.5.2 试验 Ue2：拉脱试验和推脱试验

本试验适用于安装在硬质基板上的表面组装元器件。

8.5.2.1 目的

试验的目的是估计表面安装件的引出端与安装件主体之间界面的粘附强度。

8.5.2.2 试验方法

除有关规范另有规定，试验方法如下。

样品应该如图 8 所示安装在基板上。

拉脱试验方法或推脱试验方法均可以使用。试验方法的选择应在有关规范中规定。一般来讲，拉脱试验是第一选择。当受拉导线固定在样品上太困难，可以采用推脱方法。当相关规范有要求时，应该规定焊接和试验之间的时间间隔。焊接的强度随时间减弱，这将影响到试验的结果。试验应该在 24 h±6 h后进行。

8.5.2.2.1 拉脱试验

应利用夹紧或用金属丝拴紧的方法将一合适的拉伸器具垂直附着于固定在试验基板上的试样顶部，如图 9 所示。

注：如果需要，样品的夹紧和粘附的方法应由有关规范规定。

将试验基板固定住，在试样上施加大小为 10 N 的拉力。拉力应以恒定速率逐渐增加。拉力的最大值应在 5 s 内达到并维持 10 s±1 s，且该力应与法向成小于 5°角(见图 9)。

8.5.2.2.2 推脱试验

固定基板，然后通过开在基板上，位于样品中心处的孔洞使用推力器施加推力，如图 10 所示。推力器应该具有半径为 0.5 mm 的切角。推力器应该毫无振动地接触到样品的侧面。除非有关规范另有规定，应对试样施加大小为 10 N 的推力。推力应以恒定速率逐渐增加。推力的最大值应在 5 s 内达到并且维持 10 s±1 s，且该力应与法向成小于 5°角。

8.5.3 试验 Ue3：剪切试验

除非有关规范另有规定，试验方法如下。

本试验适用于安装在硬质基板上的表面组装元器件。

8.5.3.1 目的

试验的目的是估计表面安装件的引出端与安装件主体之间界面的剪切强度。

8.5.3.2 试验方法

本试验方法适用于具有较大高度的表面组装元器件,例如电解电容器,连接器,开关和陶瓷基座表面组装元器件。当样品的类型和几何尺寸允许,可以用适当的推力工具施力。用具有半径为 0.5 mm 切角的推力器。推力器的高度应该比待试验样品的接触表面的高度大;然而,不规定推力器的宽度(见图 11)。力应沿平行于基板和垂直于样品侧表面方向施加(见图 11)。有关规范应规定样品和推力器之间的接触点。

推力工具应与试验样品的侧表面无冲击地相接触。大小为 5 N 的推力应该逐渐地并且以恒定速度施加到样品上。推力的最大值应在 5 s 内达到并且维持 10 s±1 s。当相关规范有要求时,应该规定焊接和试验之间的时间间隔。焊接的强度随时间减弱,这将影响到试验的结果。试验应该在 24 h±6 h 后进行。

如果有关规范有规定,则应在施加推力的整个过程中对关键参数进行监测。

8.6 最后检测

8.6.1 恢复

需要恢复处理的元器件应该根据有关规范进行处理。

8.6.2 引出端的目视检查

应该在充足光线条件下(例如 2 000 1x),将样品至少放大 10 倍进行目视检查。应对样品引出端和样品主体之间的连接处进行检查。应无可见断开或破裂的痕迹。引出端应该牢牢地固定在样品上。对试验进行评价时不考虑焊接和试样基板的缺陷。

8.6.3 电性能

电气检测应按相关规范进行。有关规范应给出试样接收或拒绝的判据。

8.6.4 隐藏的缺陷

在很多情况下,由试验引起的破坏不能够通过目视检查或电性能检测进行评估。为了发现和揭示这些隐藏的缺点,本部分推荐按 GB/T 2423.45 的气候顺序或根据有关规范所规定机械条件和/或电气条件继续进行试验。

8.7 有关规范应作出的规定

当有关规范包括本试验时,应该明确何者为可选项目,何者为必选项目。

	条款
a) 适当的试验方法	8.2
b) 试验样品是否处于工作状态	8.2
c) * 基板的类型和尺寸(厚度和其他细节)	8.2
d) * 基板焊接区域的形状和尺寸	8.3.1
e) 如果不按 8.3.2 和 8.3.3 所规定的方法进行安装,采用何种方法安装	8.3.2,8.3.3
f) 焊接合金的类型	8.3.3 a)
g) 添加银的焊膏的使用	8.3.3a)1~2)
h) 测量粘附系数的方法	8.3.3a)2)
i) 样品预处理的条件	8.3.3b)3)
j) 预热	8.3.3d)
k) 如果不按 8.3.3e)3)规定,采用何种焊接方法和焊接条件	8.3.3e)3)
l) 清洁方法	8.3.3e)5)
m) * 初始检测	8.4

n)	焊接和试验之间的间隔时间	8.4,8.5.2.2,8.5.3.2
o)	规定进行弯曲试验(Ue1)时,进行试验时弯曲的深度;维持弯曲状态的时间不是 20 s,保持弯曲的有效时间;以及是否需要进行任何监测	8.5.1.2
p)	逐步弯曲方法(如果使用)	8.5.1.2
q)	如果试验 Ue1 弯曲工具的半径不是 5 mm,则给出弯曲工具的半径	8.5.1.2
r)	* 试验 Ue2 的试验方法(拉脱试验或推脱试验)	8.5.2.2
s)	对于试验 Ue2:拉脱试验,导线的粘附方法	8.5.2.2.1
t)	如果不是 8.5.2.2.1 和 8.5.2.2.2 所规定的加载条件,采用何种加载条件(拉力/推力,方向)	8.5.2.2.1,8.5.2.2.2
u)	如果试验 Ue2:推脱试验的推力工具半径不是 0.5 mm,则给出推力工具的半径	8.5.2.2.2
v)	对于试验 Ue3:剪切试验的推力工具,推力工具与样品之间的接触点和接触类型	8.5.3.2
w)	对于试验 Ue3:剪切试验,如果推力不是 5 N,则给出推力大小	8.5.3.2
x)	对于试验 Ue3:剪切试验,在施力期间进行监测的关键参数	8.5.3.2
y)	* 恢复条件	8.6.1
z)	* 缺陷类型	8.6.2
aa)	电气检测	8.6.3
bb)	接受或拒收判据	8.6.3
cc)	是否进行气候顺序试验	8.6.4

注:“*”为必选项目。

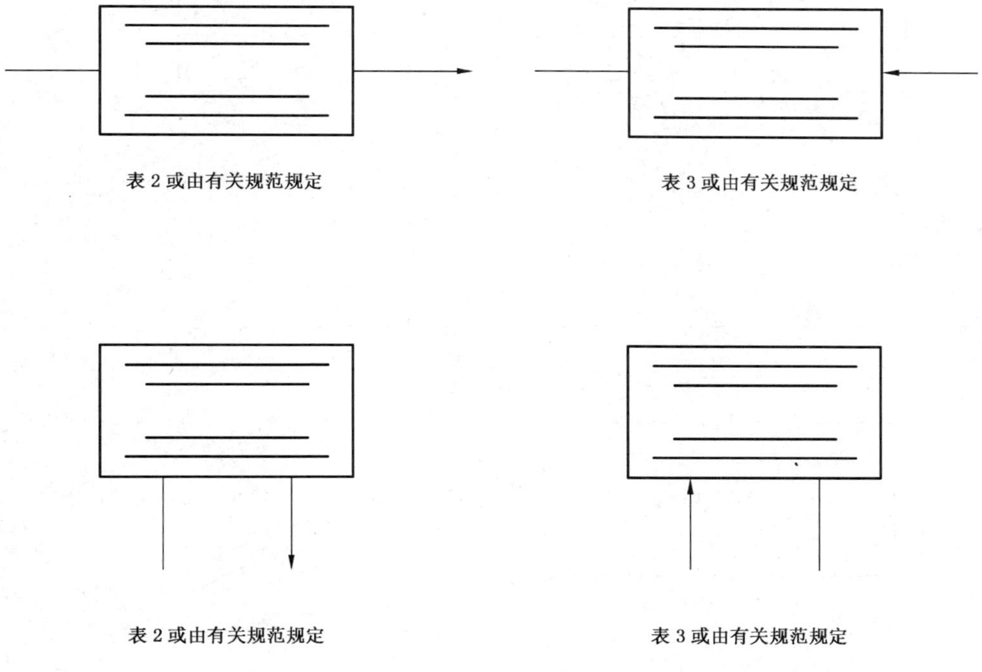

a) 试验 Ua1:拉力　　　　b) 试验 Ua2:推力

图 2　用箭头表示力的施加方向的示意图

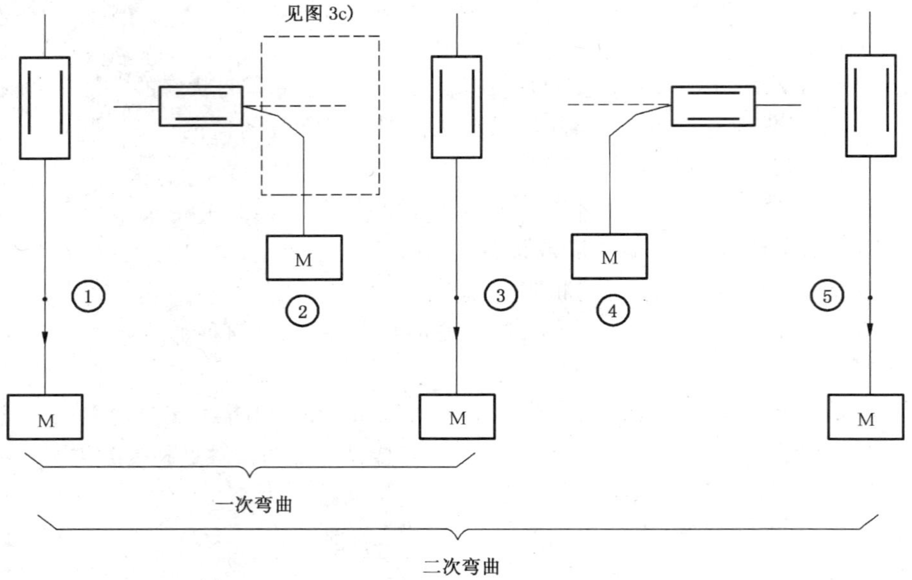

a) 试验方法 1:试验 Ub

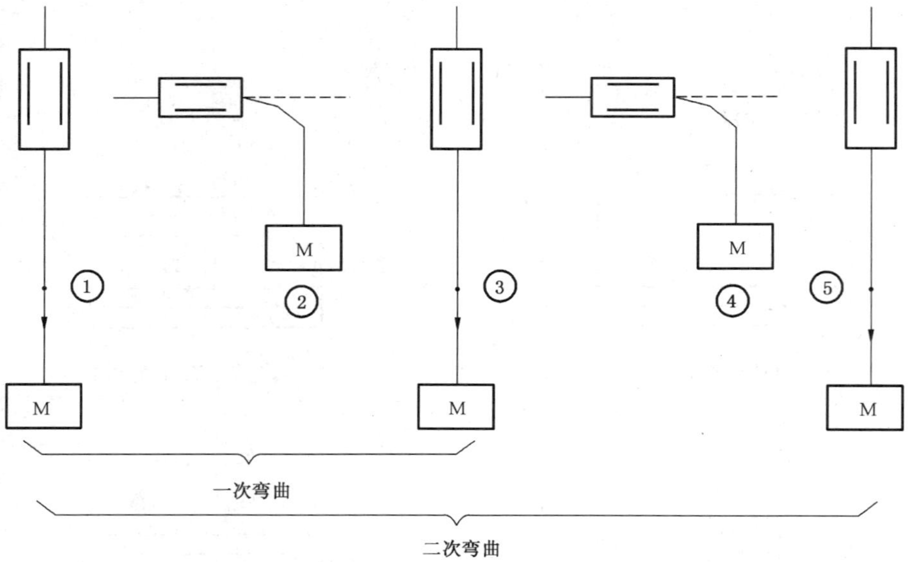

b) 试验方法 2:试验 Ub

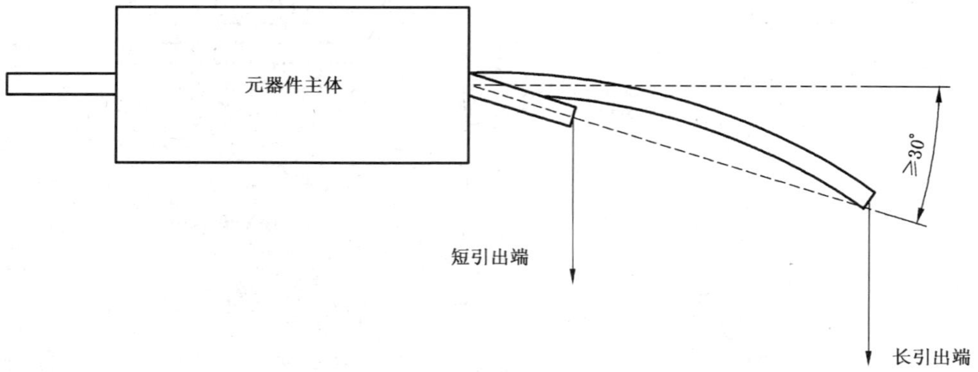

c) 可弯曲引出端的角度位移详图

图 3　试验 Ub:弯曲试验的试验程序示意图(见 5.5.2.1 和 5.5.2.3)

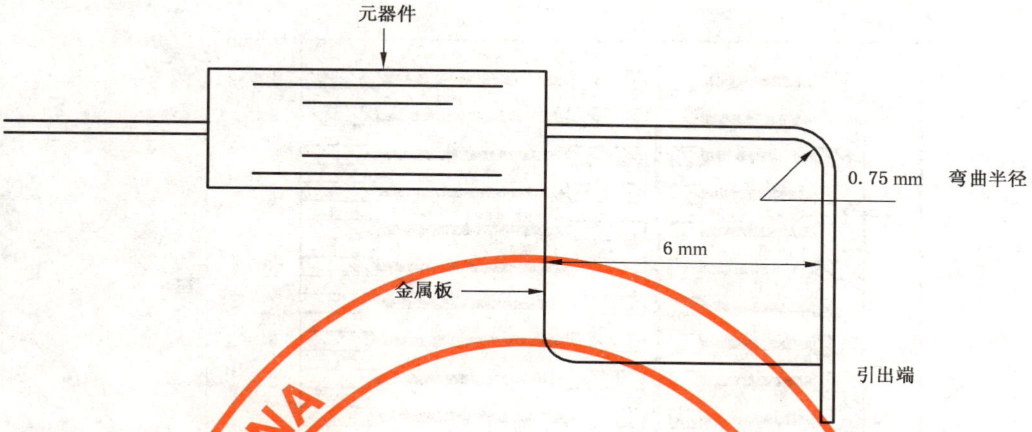

a) 扭转试验铅线弯曲试验

b) 扭转试验扭转引出端的方法

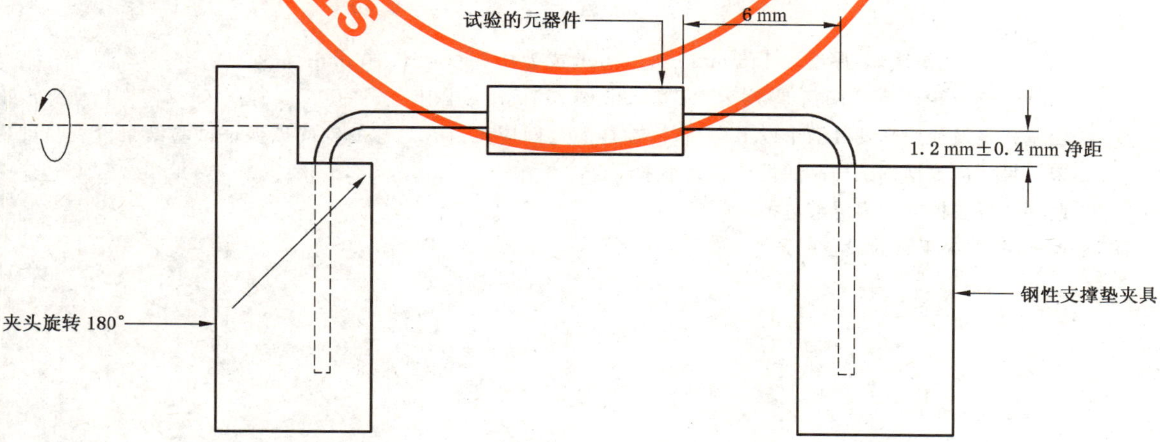

c) 在主体不易夹住的试验样品上扭转引出端的方法

图 4　试验 Uc:线状引出端的扭转试验

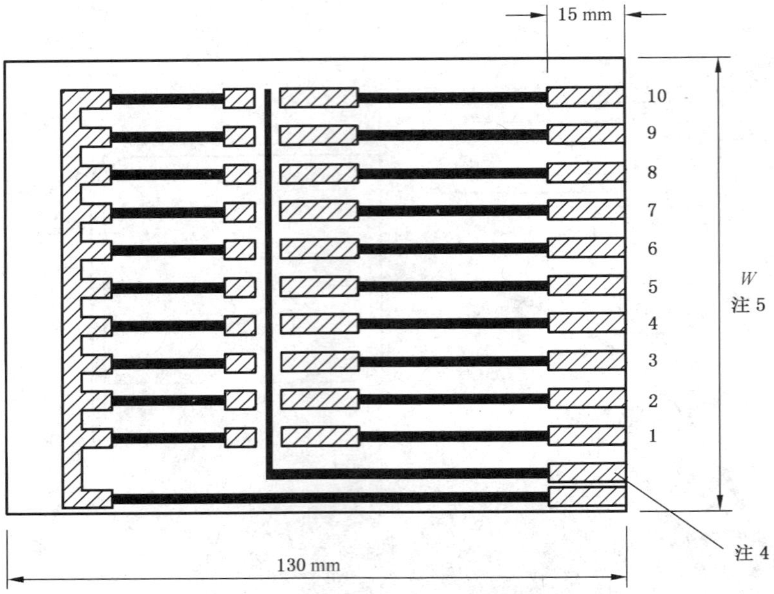

图 5　试验方法 Ue1 的基板样本(同样适用于电气试验)

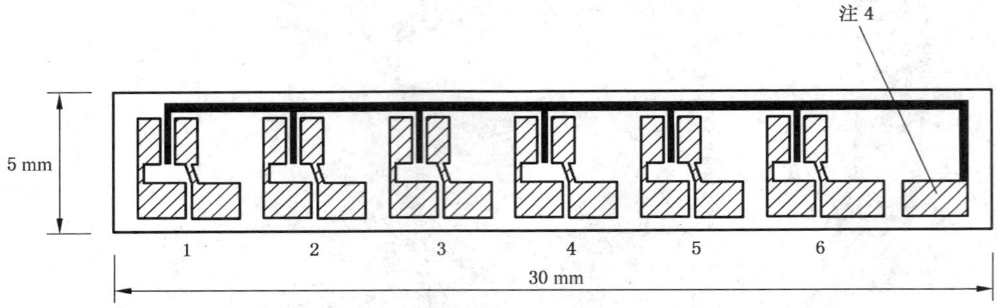

图 6　试验方法 Ue2 和 Ue3 的基板样本(同样适用于电气试验)

注 1：　可焊接区域；

　非焊接区域(涂有不能焊接的涂层)。

注 2：材料：

图 5：环氧编织玻璃,厚度为 1.6 mm±0.20 mm 或为 0.8 mm±0.10 mm；

图 6：90%～98%高铝陶瓷,厚度为 0.635 mm±0.50 mm 或以上。

注 3：当基板是设计用来安装两个以上样品时,在样品之间应该留有足够的空间以保证试验结果没有受到影响。未给尺寸应根据待试样品的设计和大小来确定。

注 4：此导体可去掉或作为屏蔽电极。

注 5：尺寸 W 取决于试验设备的设计。

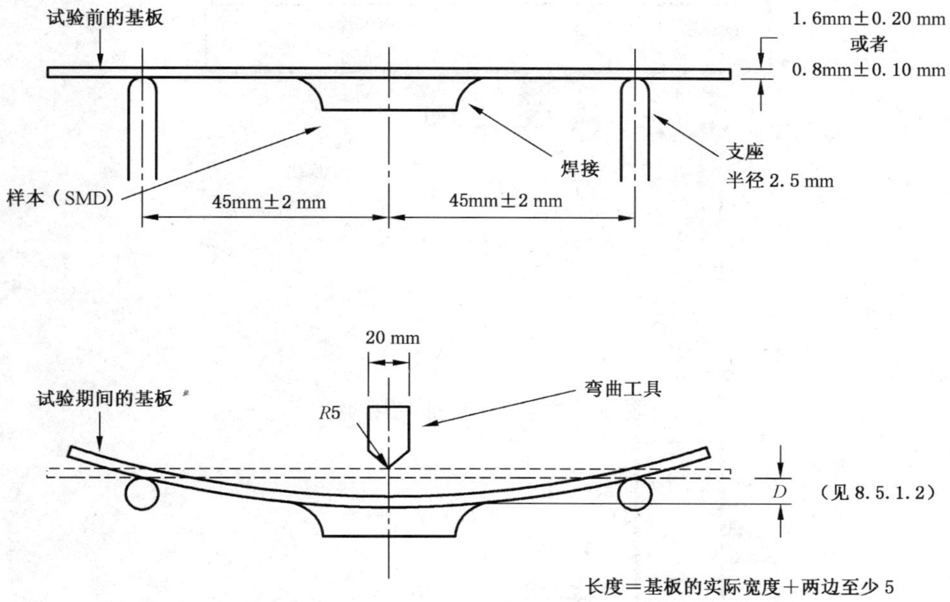

注：弯曲工具所有锐利边缘应去除。

图 7　试验 Ue1 的弯曲装置

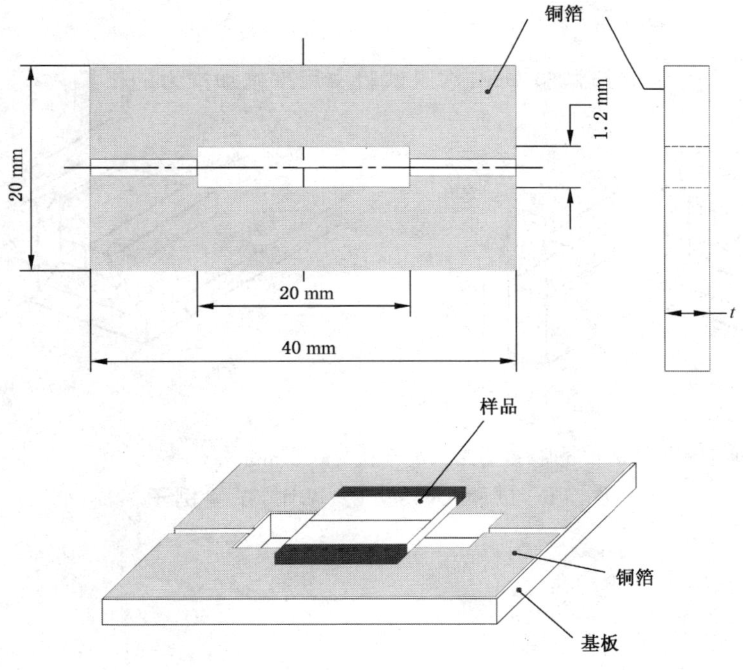

t：铝基板，大于等于 1 mm；

包铜叠层印刷板，1.6 mm。

图 8　推脱试验的基板样本

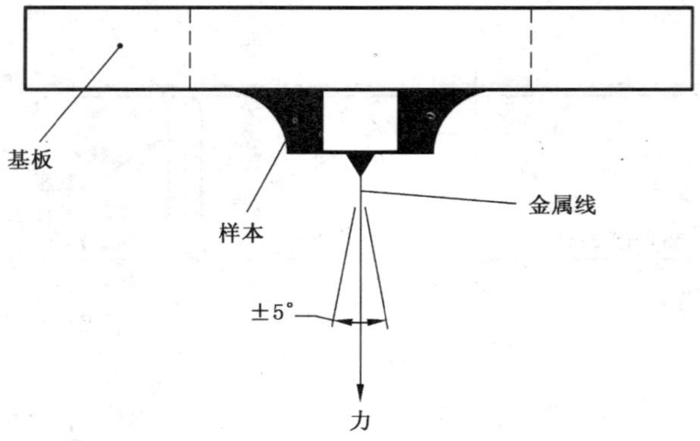

图 9　试验 Ue2:推脱试验

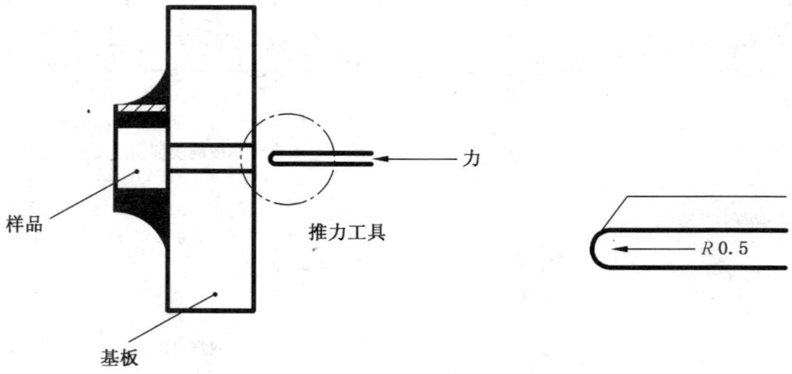

图 10　试验 Ue2:推脱试验中用来施加推力的工具

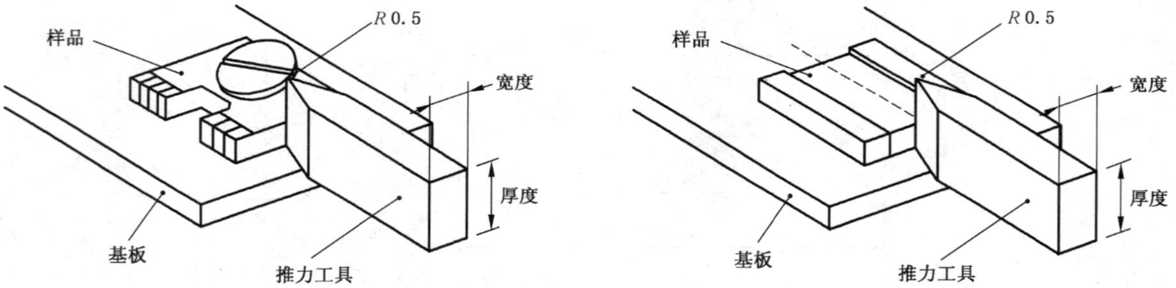

注：当样品的长度小于等于 2.0 mm 时，推力工具的半径为 0.2 mm。

图 11　试验 Ue3:剪切(粘附)试验例子

附　录　NA
（资料性附录）
GB/T 2423 的组成部分

GB/T 2423 的组成部分如下：

GB/T 2423.1—2008　电工电子产品环境试验　第 2 部分:试验方法　试验 A:低温(IEC 60068-2-1:2007,IDT)

GB/T 2423.2—2008　电工电子产品环境试验　第 2 部分:试验方法　试验 B:高温(IEC 60068-2-2:2007,IDT)

GB/T 2423.3—2006　电工电子产品环境试验　第 2 部分:试验方法　试验 Cab:恒定湿热试验(IEC 60068-2-78:2001,IDT)

GB/T 2423.4—2008　电工电子产品环境试验　第 2 部分:试验方法　试验 Db 交变湿热(12 h+12 h 循环)(IEC 60068-2-30:2005,IDT)

GB/T 2423.5—1995　电工电子产品环境试验　第 2 部分:试验方法　试验 Ea 和导则:冲击(idt IEC 60068-2-27:1987)

GB/T 2423.6—1995　电工电子产品环境试验　第 2 部分:试验方法　试验 Eb 和导则:碰撞(idt IEC 60068-2-29:1987)

GB/T 2423.7—1995　电工电子产品环境试验　第 2 部分:试验方法　试验 Ec 和导则:倾跌与翻倒(主要用于设备型样品)(idt IEC 60068-2-31:1982)

GB/T 2423.8—1995　电工电子产品环境试验　第 2 部分:试验方法　试验 Ed:自由跌落(idt IEC 60068-2-32:1990)

GB/T 2423.10—2008　电工电子产品环境试验　第 2 部分:试验方法　试验 Fc:振动(正弦)(IEC 60068-2-6:1995,IDT)

GB/T 2423.15—2008　电工电子产品环境试验　第 2 部分:试验方法　试验 Ga 和导则:稳态加速度(IEC 60068-2-7:1986,IDT)

GB/T 2423.16—1999　电工电子产品环境试验　第 2 部分:试验方法　试验 J 和导则:长霉(IEC 60068-2-10:1988,IDT)

GB/T 2423.17—2008　电工电子产品环境试验　第 2 部分:试验方法　试验 Ka:盐雾(IEC 60068-2-11:1981,IDT)

GB/T 2423.18—2000　电工电子产品环境试验　第 2 部分:试验方法　试验 Kb:盐雾,交变(氯化钠溶液)(idt IEC 60068-2-52:1996)

GB/T 2423.21—1991　电工电子产品环境试验　第 2 部分:试验方法　试验 M:低气压试验方法(IEC 60068-2-13:1983,NEQ)

GB/T 2423.22—2002　电工电子产品环境试验　第 2 部分:试验方法　试验 N:温度变化(IEC 60068-2-14:1984,IDT)

GB/T 2423.23—1995　电工电子产品环境试验　试验 Q:密封

GB/T 2423.24—1995　电工电子产品环境试验　第 2 部分:试验方法　试验 Sa:模拟地面上的太阳辐射(idt IEC 60068-2-5:1975)

GB/T 2423.26—1992　电工电子产品环境试验　第 2 部分:试验方法　试验 Z/BM:高温/低气压综合试验(IEC 60068-2-41:1976,NEQ)

GB/T 2423.27—2005　电工电子产品环境试验　第 2 部分:试验方法　试验 Z/AMD:低温/低气压/湿热连续综合试验(IEC 60068-2-39:1976,IDT)

GB/T 2423.25—2008 电工电子产品环境试验 第2部分:试验方法 试验Z/AM:低温低气压综合试验(IEC 60060-2-40:1976,IDT)

GB/T 2423.28—2005 电工电子产品环境试验 第2部分:试验方法 试验T:锡焊(IEC 60068-2-20:1979,IDT)

GB/T 2423.30—1999 电工电子产品环境试验 第2部分:试验方法 试验XA和导则:在清洗剂中浸渍(idt IEC 60068-2-45:1993)

GB/T 2423.32—2008 电工电子产品环境试验 第2部分:试验方法 试验Ta:润湿称量法可焊性(IEC 60068-2-54:2006,IDT)

GB/T 2423.33—2005 电工电子产品环境试验 第2部分:试验方法 试验Kca:高浓度二氧化硫试验

GB/T 2423.34—2005 电工电子产品环境试验 第2部分:试验方法 试验Z/AD:温度/湿度组合循环试验(IEC 60068-2-38:1974,IDT)

GB/T 2423.35—2005 电工电子产品环境试验 第2部分:试验方法 试验Z/AFc:散热和非散热试验样品的低温/振动(正弦)综合试验(IEC 60068-2-50:1983,IDT)

GB/T 2423.36—2005 电工电子产品环境试验 第2部分:试验方法 试验Z/BFc:散热和非散热试验样品的高温/振动(正弦)综合试验(IEC 60068-2-51:1983,IDT)

GB/T 2423.37—2006 电工电子产品环境试验 第2部分:试验方法 试验L:沙尘试验(IEC 60068-2-68:1994,IDT)

GB/T 2423.38—2008 电工电子产品环境试验 第2部分:试验方法 试验R:水试验方法和导则(IEC 60068-2-18:2000,IDT)

GB/T 2423.39—2008 电工电子产品环境试验 第2部分:试验方法 试验Ee:弹跳(IEC 60068-2-55:1987,IDT)

GB/T 2423.40—1997 电工电子产品环境试验 第2部分:试验方法 试验Cx:未饱和高压蒸汽恒定湿热(idt IEC 60068-2-66:1994)

GB/T 2423.41—1994 电工电子产品基本环境试验规程 风压试验方法

GB/T 2423.43—2008 电工电子产品环境试验 第2部分:试验方法 振动、冲击和类似动力学试验样品的安装(IEC 60068-2-47:2005,IDT)

GB/T 2423.45—1997 电工电子产品环境试验 第2部分:试验方法 试验Z/ABDM:气候顺序(idt IEC 60068-2-61:1991)

GB/T 2423.47—1997 电工电子产品环境试验 第2部分:试验方法 试验Fg:声振(idt IEC 60068-2-65:1993)

GB/T 2423.48—2008 电工电子产品环境试验 第2部分:试验方法 试验Ff:振动-时间历程法(IEC 60068-2-57:1999,IDT)

GB/T 2423.49—1997 电工电子产品环境试验 第2部分:试验方法 试验Fe:振动-正弦拍频法(idt IEC 60068-2-59:1990)

GB/T 2423.50—1999 电工电子产品环境试验 第2部分:试验方法 试验Cy:恒定湿热主要用于元件的加速试验(idt IEC 60068-2-67:1996)

GB/T 2423.51—2000 电工电子产品环境试验 第2部分:试验方法 试验Ke:流动混合气体腐蚀试验(idt IEC 60068-2-60:1995)

GB/T 2423.52—2003 电工电子产品环境试验 第2部分:试验方法 试验77:结构强度与撞击(IEC 60068-2-27:1999,IDT)

GB/T 2423.53—2005 电工电子产品环境试验 第2部分:试验方法 试验Xb:由手的磨擦造成标记和印刷文字的磨损(IEC 60068-2-70:1995,IDT)

GB/T 2423.54—2005 电工电子产品环境试验 第 2 部分:试验方法 试验 Xc:流体污染(IEC 60068-2-74:1999,IDT)

GB/T 2423.55—2006 电工电子产品环境试验 第 2 部分:环境测试 试验 Eh:锤击试验(IEC 60068-2-75:1997,IDT)

GB/T 2423.56—2006 电工电子产品环境试验 第 2 部分:试验方法 试验 Fh:宽带随机振动(数字控制)和导则(IEC 60068-2-64:1993,IDT)

GB/T 2423.57—2008 电工电子产品环境试验 第 2-81 部分:试验方法 试验 Ei:冲击 冲击响应谱合成(IEC 60068-2-81:2003,IDT)

GB/T 2423.58—2008 电工电子产品环境试验 第 2-80 部分:试验方法 试验 Fi:振动 混合模式(IEC 60068-2-80:2005,IDT)

GB/T 2423. 59—2008 电工电子产品环境试验 第 2 部分:试验方法 试验 Z/ABMFh:温度(低温、高温)/低气压/振动(随机)综合

GB/T 2423.60—2008 电工电子产品环境试验 第 2 部分:试验方法 试验 U:引出端及整体安装件强度(IEC 60068-2-21: 2006,IDT)

GB/T 2423.101—2008 电工电子产品环境试验 第 2 部分:试验方法 试验:倾斜和摇摆

GB/T 2423.102—2008 电工电子产品环境试验 第 2 部分:试验方法 试验:温度(低温、高温)/低气压/振动(正弦)综合

参 考 文 献

[1] ISO 31-3:1992 质量和单位 第3部分:力学

ICS 19.040
K 04

中华人民共和国国家标准

GB/T 2423.101—2008
代替 GB/T 2423.31—1985,GB/T 2424.20—1985

电工电子产品环境试验 第2部分:试验方法 试验:倾斜和摇摆

Environmental testing for electric and electronic products—
Part 2:Test methods—
Test:Inclinations and swings

2008-05-20 发布　　2008-12-01 实施

中华人民共和国国家质量监督检验检疫总局
中国国家标准化管理委员会　发布

前　言

GB/T 2423《电工电子产品环境试验　第2部分：试验方法》按试验方法分为若干部分。本部分为GB/T 2423的第101部分。

本部分代替GB/T 2423.31—1985《电工电子产品基本环境试验规程　倾斜和摇摆试验方法》和GB/T 2424.20—1985《电工电子产品基本环境试验规程　倾斜和摇摆试验方法导则》。

本次修订是编辑性修订，在技术内容上没有改动。修订后的章条安排和格式与GB/T 2423其他部分保持一致。具体的编辑性修改是：

a) 将GB/T 2423.31—1985作为本部分的正文部分，将GB/T 2424.20—1985作为本部分的资料性附录。

b) 本部分名称由原来的《电工电子产品基本环境试验规程　倾斜和摇摆试验方法》和《电工电子产品基本环境试验规程　倾斜和摇摆试验方法导则》，改为《电工电子产品环境试验　第2部分：试验方法　试验：倾斜和摇摆》，目的是为了与GB/T 2423的其他部分保持一致。

c) 按GB/T 1.1—2000的要求，作如下编辑性修改：
——第1章改为“范围”；
——增加第2章“规范性引用文件”；
——增加第3章“术语和定义”。

d) 用词的修改：
——将“GB/T 2423的本部分”或“本部分”代替“本标准”；
——用“有关规范”代替“有关标准”或“有关规定”。

本部分的附录A为资料性附录。

本部分由全国电工电子产品环境条件与环境试验标准化技术委员会提出并归口。

本部分起草单位：信息产业部电子第五研究所、上海市质量监督检验技术研究院、上海电器科学研究所(集团)有限公司、空军装备研究院雷达与电子对抗研究所。

本部分主要起草人：常少莉、纪春阳、卢兆明、周斌金、苏兴荣。

本部分是首次发布。

电工电子产品环境试验
第 2 部分:试验方法
试验:倾斜和摇摆

1 范围

本部分用于确定部件、设备和其他产品在船舶倾斜和摇摆环境下的工作适应性和(或)结构完好性。

2 规范性引用文件

下列文件中的条款通过 GB/T 2423 的本部分的引用而成为本部分的条款。凡是注日期的引用文件,其随后所有的修改单(不包括勘误的内容)或修订版均不适用于本部分。然而,鼓励根据本部分达成协议的各方研究是否可使用这些文件的最新版本。凡是不注日期的引用文件,其最新版本适用于本部分。

GB/T 2421—1999 电工电子产品环境试验 第 1 部分:总则(idt IEC 60068-1:1988)

GB/T 2422—1995 电工电子产品环境试验 术语(eqv IEC 60068-5-2:1990)

3 术语和定义

GB/T 2422—1995 确立的以及下列术语和定义适用于本部分。

3.1

倾斜 inclination

有纵倾、横倾两种形式。

3.2

摇摆 swing

有纵摇、横摇、首摇、纵荡、横荡和垂荡六种形式。横摇、纵摇和首摇是指船舶绕其纵向、横向、垂向 3 个坐标轴所做的交变性角位移运动;纵荡、横荡和垂荡则是指船舶沿其纵向、横向、垂向 3 个坐标轴所做的往复性平移运动。

4 一般说明

4.1 样品状态

有关规范应根据实际使用情况规定试验样品在试验中是否处于工作状态。

4.2 试验合格要求

有关规范均应明确规定试验样品的试验合格要求。

4.3 试验设备的选择

倾斜试验可以在摇摆试验台和或平台上进行。摇摆试验一般应在能模拟一种或数种船舶摇摆形式的正弦摇摆台上进行。

5 试验要求

5.1 摇摆试验台的特性

当在摇摆试验台上进行倾斜试验时,试验台在其最大试验载荷下应能稳定地保持在所规定的位置上,不得发生明显的晃动和漂移。

摇摆试验台至少应能模拟一种形式的船舶摇摆,通常为横摇和(或)纵摇。其摆幅和周期除应满足

5.1.1 和 5.1.2 及第 6 章的要求之外，还应能任意调节。

当某一摇摆试验台无法满足有关规范所要求的试验形式时，允许采用转动安装方向、更换试验台或采用经双方协议认可的方法进行试验。

5.1.1 正弦摇摆试验台的特性

正弦摇摆试验台在安装试验样品后所产生的摇摆波形应为连续、光滑的正弦波。其波形失真度应小于 15%。试验台的摇摆幅度容差为不大于±10%，周期容差为不大于±5%。

5.1.2 随机摇摆试验台的特性

随机摇摆试验台的特性由有关规范另行规定。

5.2 测量系统

进行摇摆试验时，摇摆试验台的摇摆幅值和周期应采用直视式或其他仪器进行监视。

5.3 安装

试验样品应根据实际安装方位和方式或有关规范的规定，采用足以使试验样品承受规定试验条件作用的形式，直接或通过安装架安装在试验台台面上。当有数种安装方式时，应选取可能承受到最严酷条件作用的那种方式或对数种安装方式都进行试验。安装架的刚性应足以保证在施加试验条件的过程中，安装架不会因试验样品的重量和因摇摆而形成的附加惯性力的作用而发生明显的变形。

测试、监测和在试验时为保证试验样品工作或通电所必须的外部连接对试验样品所形成的附加质量和约束应保持最小或尽可能与实际安装时相似。

在实际安装时带减震器的设备一般应连同减震器一起进行试验。

6 严酷等级

倾斜试验的严酷等级由倾斜角度和试验持续时间两个参数来确定。

正弦摇摆试验的严酷等级由摇摆角度(纵摇、横摇、首摇)或线加速度幅值(纵荡、横荡、垂荡)、摇摆周期和试验持续时间 3 个参数来确定。

倾斜试验和正弦摇摆试验的严酷等级一般应从表 1、表 2 中选取，有特殊要求者，可按有关规范规定。

随机摇摆试验的严酷等级应由有关规范另行给出。

表 1 倾斜

试验项目	倾 斜 角	试验持续时间
纵倾	5°、7.5°、10°	前后各不小于 15 min
横倾	10°、15°、22.5°	左右各不小于 15 min

表 2 摇摆

试验项目	幅 值	周 期	试验持续时间
纵摇	±5°	3 s,5 s,7 s	≥30 min
	±10°		
横摇	±22.5°	5 s,7 s,10 s	≥30 min
	±45°		
首摇[a]	±4°	20 s	≥30 min
纵荡	±0.5g	5 s	≥30 min
横荡	±0.6g	5 s	≥30 min
垂荡	±0.6g	5 s	≥30 min
	±1g		
a 考虑船舶操纵的回转角速度的试验值可取为 6°/s。			

7 试验程序

7.1 初始检测

按有关规范规定，对试验样品进行外观检查及机械、电性能检测。

7.2 试验

按有关规范规定调整试验样品在试验时所必须处于的状态，待其稳定后对试验样品施加试验条件，并用监测仪器对试验参数进行监视。同时按有关规范规定进行试验过程中的必要的性能检测。

除有关规范另有规定外，一般只进行纵、横倾斜试验和纵、横摇摆试验。试验顺序是先倾斜后摇摆，先纵向后横向。

当有关规范规定要进行几种摇摆形式的复合试验时，应当由有关规范规定出每一种摇摆形式的试验严酷等级及相应的试验参数，并予以合理的耦合。

试验项目的和试验形式的选择可分别参考附录 A.1 章和 A.3 章。

7.3 最终检测

按有关规范规定对试验样品进行外观检查及机械、电性能检测，然后对试验结果作出评定。

8 失效判据

失效判据应由有关规范规定。

9 有关规范应提供的信息

当有关规范采用本部分时，就应给出如下细节：

	对应章条号
a） 试验时，试验样品应保持的状态；	4.1
b） 试验样品的安装方式；	5.3
c） 试验的严酷等级及相应的试验参数；	第 6 章
d） 初始检测的项目和要求；	7.1
e） 试验时，对试验样品的检测和要求；	7.2
f） 试验的种类、形式和顺序；	7.2
g） 最终检测的项目和要求；	7.3
h） 失效判据。	第 8 章

附 录 A
（资料性附录）
导 则

A.1 一般说明

倾斜和摇摆是安装在船舶上的电工电子产品的一种基本环境，各类产品都要经受该环境的作用。但就产品的适应性和结构可靠性而言，根据以往的实践证明，并非所有安置在船舶上的电工电子产品都必须进行此项环境试验。

本部分所述倾斜环境一般是由船舶受风、不平衡装载、操纵、或海损事故影响所造成。摇摆环境一般是由船舶因受风、波浪等外力作用所造成。

倾斜试验主要适用于在船舶发生因海损、操纵、装载不平衡和风等原因而产生大角度倾斜时，必须要保持正常或可靠工作的产品，以及倾斜环境对其工作性能会产生明显影响的产品。此种影响一般有：

a） 导致产品系统内原有作用力平衡的破坏；

b） 轴承受力条件的改变；

c） 轴承润滑条件的恶化；

d） 因内部自由液面位置变化而导致工作失常；

e） 内部液体外泄。

摇摆试验主要适用于当船舶因受风、波浪等外力作用而发生长时期的摇摆过程中，必须要保持正常或可靠工作的产品，以及摇摆环境对其工作性能会发生明显影响的产品。此种影响一般有：

a） 摇摆而产生的附加惯性力有可能造成附加动载荷而使产品工作失常或发生结构损坏；

b） 导致产品系统内原有作用力平衡的破坏；

c） 轴承受力条件的改变；

d） 轴承润滑条件的恶化；

e） 因内部自由液面位置动荡而导致工作失常；

f） 内部液体外泄。

对经确认不存在上述影响的产品，可不进行本项试验。凡存在上述影响而因重量等项原因无法进行本项试验的产品，其处理办法按有关规范规定执行。

A.2 试验严酷等级应用示例

准备采用本试验方法的有关规范的制定者应按第9章“有关规范应提供的信息”的规定进行编写。

试验严酷等级的选择，主要应根据产品所安装的船舶可能出现的倾斜和摇摆环境，应从本附录的表A.1和表A.2中选取。除有关规范另作规定，试验严酷等级也可由双方协议确定，且应记录在报告中。

表 A.1 典型的倾斜试验严酷等级示例

倾斜形式	试验严酷等级		应用示例
	倾斜角	试验持续时间	
纵倾	5°	前后各不少于15 min	船长大于150 m时的沿海和远洋船舶上的设备
	7.5°		内河船舶上的设备
	10°		船长小于和等于150 m时的沿海和远洋船舶上的设备

表 A.1（续）

倾斜形式	试验严酷等级		应用示例
	倾斜角	试验持续时间	
横倾	10°	左右各不少于 15 min	内河船舶上的设备
	15°		沿海和远洋船舶上的一般设备
	22.5°		沿海和远洋船舶上的应急设备。船长和船宽之比小于或等于 3 的沿海和远洋船舶上的设备，海洋平台的设备

表 A.2 典型的摇摆试验严酷等级示例

摇摆形式	试验严酷等级			应用示例
	摇摆幅值	周期	试验持续时间	
纵摇	±5°	5 s,7 s	不少于 30 min	船长大于 150 m 时的沿海和远洋船舶上的设备
	±10°	3 s,5 s,7 s	不少于 30 min	船长小于或等于 150 m 时的沿海和远洋船舶上的设备
横摇	±22.5°	5 s,7 s,10 s	不少于 30 min	一般沿海和远洋船舶上的设备
	±45°	5 s,7 s,10 s	不少于 30 min	小型沿海和远洋船舶上的应急设备
首摇	±4°	20 s	不少于 30 min	一般沿海和远洋船舶上的设备
纵荡	±0.5g	5 s	不少于 30 min	
横荡	±0.6g	5 s	不少于 30 min	
垂荡	±0.6g	5 s	不少于 30 min	一般沿海和远洋船舶上的设备
	±1.0g	5 s	不少于 30 min	小型沿海和远洋船舶上的设备

A.3 试验形式的选择

实际船舶可能产生的 6 种形式的摇摆不一定都同时存在。其产生的摇摆形式主要根据船舶相对于波浪的航向位置而定。而每一种形式摇摆的剧烈程度除受相对航向的影响外，还受船舶参数、风浪参数以及相对航速等影响。因此在选择产品进行摇摆试验的形式时主要应视何者会对产品性能或结构产生重要影响而定。一般以横摇、纵摇、垂荡为主。当有关规范规定要进行几种形式摇摆的复合试验时，有关规范应根据可能出现的真实环境合理地规定出每一种形式摇摆的试验严酷等级和相应的试验参数。在进行复合试验时，同时对每一种摇摆形式都选取其最高试验严酷等级的做法是不现实和不合理的。合理的耦合应该是把对产品性能起主要影响的那一种摇摆形式规定为最高试验严酷等级，而对其他几种次要的摇摆形式的试验严酷等级作相应减小。例如在进行纵摇、横摇复合试验时，当对主要的一种摇摆形式规定为最高试验严酷等级时，另一种摇摆形式的试验严酷等级只需要为其最高试验严酷等级的 50％～60％。

一般认为随机摇摆试验则可以用来比较精确地模拟真实环境。

ICS 19.040
K 04

中华人民共和国国家标准

GB/T 2423.102—2008
代替 GB/T 2423.42—1995,GB/T 2424.24—1995

电工电子产品环境试验 第2部分：试验方法 试验：温度(低温、高温)/低气压/振动(正弦)综合

Environmental testing for electric and electronic products—Part 2: Test methods—Test: combined temperature(cold and heat)/low air pressure/vibration(sinusoidal)

2008-05-20 发布 2008-12-01 实施

中华人民共和国国家质量监督检验检疫总局
中国国家标准化管理委员会 发布

前　言

GB/T 2423《电工电子产品环境试验　第2部分:试验方法》按试验方法分为若干部分。本部分为GB/T 2423的第102部分。

本部分是对GB/T 2423.42—1995《电工电子产品环境试验　低温/低气压/振动(正弦)综合试验方法》和GB/T 2424.24—1995《电工电子产品环境试验　温度(低温、高温)/低气压/振动(正弦)综合试验导则》的技术性修订,代替GB/T 2423.42—1995和GB/T 2424.24—1995。

本次修订在技术内容上增加高温试验组合,即由原来的低温/低气压/振动(正弦)综合试验拓至温度(低温、高温)/低气压/振动(正弦)综合试验。

本次修订的编辑性修改是:

a) 将GB/T 2423.42—1995作为本部分的正文部分。

b) 将GB/T 2424.24—1995作为附录部分。

c) 本部分名称由《电工电子产品基本环境试验　低温/低气压/振动(正弦)综合试验方法》改为《电工电子产品环境试验　第2部分:试验方法　试验:温度/低气压/振动(正弦)综合试验》。

d) 按GB/T 1.1—2000的要求,作如下编辑性修改:

——第1章改为“范围”;

——增加第2章“规范性引用文件”;

——增加第3章“术语和定义”。

e) 用词的修改:

——用“本部分”代替“本标准”;

——用“有关规范”代替“有关标准”或“有关规定”。

本部分的附录A为资料性附录。

本部分由全国电工电子产品环境条件与环境试验标准化技术委员会提出并归口。

本部分起草单位:信息产业部电子第五研究所、中国电信股份有限公司广东研究院、电信科学技术第一研究所、北京航空航天大学。

本部分主要起草人:纪春阳、陈健儿、常少莉、魏蓓、吴飒、解禾。

本部分是首次发布。

电工电子产品环境试验 第2部分：试验方法 试验：温度（低温、高温）/低气压/振动（正弦）综合

1 范围

本部分规定了温度（低温、高温）/低气压/振动（正弦）综合试验的基本要求、严酷等级、试验程序以及其他技术细则。

本部分适用于确定产品在温度（低温、高温）、低气压和振动（正弦）综合作用下的贮存、运输和使用的适应性。有温度变化的综合试验可参考本部分。

2 规范性引用文件

下列文件中的条款通过GB/T 2423的本部分的引用而成为本部分的条款。凡是注日期的引用文件，其随后所有的修改单（不包括勘误的内容）或修订版均不适用于本部分，然而，鼓励根据本部分达成协议的各方研究是否可使用这些文件的最新版本。凡是不注日期的引用文件，其最新版本适用于本部分。

GB/T 2421—1999 电工电子产品环境试验 第1部分：总则（idt IEC 60068-1:1988）

GB/T 2422—1995 电工电子产品环境试验 术语（idt IEC 60068-5-2:1990）

GB/T 2423.1—2001 电工电子产品环境试验 第2部分：试验方法 试验A：低温（IEC 60068-2-1:1990，IDT）

GB/T 2423.2—2001 电工电子产品环境试验 第2部分：试验方法 试验B：高温（IEC 60068-2-2:1974，IDT）

GB/T 2423.10—2008 电工电子产品环境试验 第2部分：试验方法 试验Fc和导则：振动（正弦）（IEC 60068-2-6:1995，IDT）

GB/T 2423.21—1991 电工电子产品基本环境试验规程 试验M：低气压试验方法（neq IEC 60068-2-13:1991）

GB/T 2423.26—1992 电工电子产品基本环境试验规程 试验Z/BM：高温/低气压综合试验（neq IEC 60068-2-41:1983）

3 术语和定义

GB/T 2422—1995、GB/T 2423.1—2001、GB/T 2423.2—2001、GB/T 2423.10—2008、GB/T 2423.21—1991和GB/T 2423.26—1992确立的术语和定义适用于本部分。

4 一般说明

本试验是试验A（低温）、试验B（高温）、试验M（低气压）和试验Fc（振动（正弦））的综合试验。

试验样品应按照试验程序依次进行试验室温度下的振动试验、温度试验和温度/低气压综合试验，最后再叠加以振动（正弦）使试验样品经受温度（低温、高温）/低气压/振动（正弦）的综合试验。当试验样品已通过单一的振动（正弦）试验、温度试验及温度/低气压综合试验时，可直接进行温度（低温、高温）/低气压/振动（正弦）的综合试验。

在试验过程中试验样品是否处于工作状态应由有关规范规定。

5 试验设备

5.1 试验设备要求总则

试验设备应符合 GB/T 2423.1—2001(或 GB/T 2423.2—2001)、GB/T 2423.21—1991 和 GB/T 2423.10—2008中对试验设备的要求或满足本试验的要求。

应注意避免振动台与试验箱(室)间产生机械耦合和压力恢复到正常大气压时吸入的空气使试验箱(室)内的空气污染。

当自行研制试验设备时应妥善处理设备的装置和“接口”装置等问题。

5.2 设备的装置

除非有关规范另有规定,一般情况下,振动台台体应装在试验箱(室)外面,只把振动台面伸入箱(室)内部,这种配置比较合理。

若把振动台安装在试验箱(室)内,这不仅使振动台反复遭受综合环境的考验而影响振动台的寿命,且振动台产生的热量将干扰箱(室)内的温度场。还必须注意到振动台的隔离装置(如橡胶减振器)在低温条件下振动传递特性发生了明显的变化,此时,振动台与试验箱(室)之间存在机械耦合,它所产生的激励可能损坏试验箱(室)的结构。

5.3 接口装置

当振动台台体在试验箱(室)外面并把振动台面深入试验箱(室)内部时,就必须解决振动台与试验箱(室)之间的隔热和耐压密封接口装置问题。该接口装置除了满足隔热和气密的基本要求外,还应避免振动台与试验箱(室)间的机械耦合和因试验箱(室)气压下降时振动台面偏离平衡位置(上升或偏离中心)等不利因素。

6 样品的安装

试验样品的安装应模拟实际安装状态,并满足 GB/T 2423.1—2001(或 GB/T 2423.2—2001)和 GB/T 2423.10—2008 的安装要求。对于散热试验样品的试验,试验样品与振动台之间的隔热垫应具有大的刚度和低的热传导率(绝热)。

7 严酷等级

试验的严酷等级由温度、气压、振动频率范围、振幅值和持续时间共同确定。

有关规范可优先从下列数值中选取温度、气压、振动频率范围、振幅值和持续时间进行试验等级组合。

7.1 温度严酷等级

温度严酷等级见表 1。

表 1 温度严酷等级

单位为摄氏度

低温	+5	−5	−10	−25	−40	−55	−65	
容差	±3							
高温	+155	+125	+100	+85	+70	+55	+40	+30
容差	±2							

注 1:低温时,当气压低于 10 kPa 难以达到规定的温度容差时,有关规范可另行规定容差。

注 2:高温时,如果试验箱(室)的容积较大,不可能保持±2℃的偏差时,则可以放宽至:在 100℃及以下时用±3℃,100℃以上到 200℃时用±5℃。这时应在试验报告中写明偏差。

7.2 气压严酷等级

气压严酷等级见表 2。

表 2　气压严酷等级

气压值/kPa	容差/kPa	大约海拔高度/m
1	±0.1	31 200
2		26 600
4	±0.5	22 100
8		17 600
15		13 600
25		10 400
40	±2	7 200
55		4 850
61.5		4 000
70		3 000
79.5		2 000
84		1 550

7.3　振动严酷等级

振动严酷等级由频率范围、振动幅值及试验持续时间决定。

7.3.1　频率范围

频率范围严酷等级见表 3。

表 3　频率范围

单位为赫兹

优选频率范围	1～35(40),1～100,2～80,10～55,10～100(110),10～150,10～200,10～500,10～2 000,10～5 000,55～500,55～2 000,55～5 000,100～2 000

7.3.2　振幅值

a)　低交越频率振幅值的优选值

交越频率约为 8 Hz～9 Hz 时的振幅值的优选值见表 4。

表 4　低交越频率(≈8 Hz～9 Hz)时的振幅值的优选值

低于交越频率时的位移幅值/mm	高于交越频率时的加速度幅值/(m/s^2)
0.35	1.00
0.75	2.00
1.5	5.00
3.5	10.0
7.5	20.0
10	30.0
15	50.0

注 1：表中所列的数据均为单峰值。

注 2：当交越频率为 8 Hz～9 Hz 不适用时，有关规范可另行规定交越频率及其相应的位移和加速度幅值。

b)　高交越频率振幅值的优选值

交越频率约为 57 Hz～62 Hz 时的振幅值的优选值见表 5。

表 5　高交越频率(≈57 Hz～62 Hz)时的振幅值的优选值

低于交越频率时的位移幅值/mm	高于交越频率时的加速度幅值/(m/s^2)
0.035	5.00
0.075	10.0
0.15	20.0
0.35	50.0
0.75	100
1	150
1.5	200
2.0	300
3.5	500

注 1：表 5 中所列的数据均为单峰值。

注 2：当交越频率为 57 Hz～62 Hz 不适用时，有关规范可另行规定交越频率及其相应的位移和加速度幅值。

7.3.3　扫频

扫频应是连续的，且频率应随时间按对数规律变化。

除非有关规范另有规定，扫频速率通常为每分钟一个倍频程，容差为不大于±10%。

7.4　温度(低温、高温)/低气压/振动综合试验持续时间

试验的持续时间应在温度、低气压条件下以试验样品达到温度稳定后并开始振动时算起(见图 1 和图 2)。

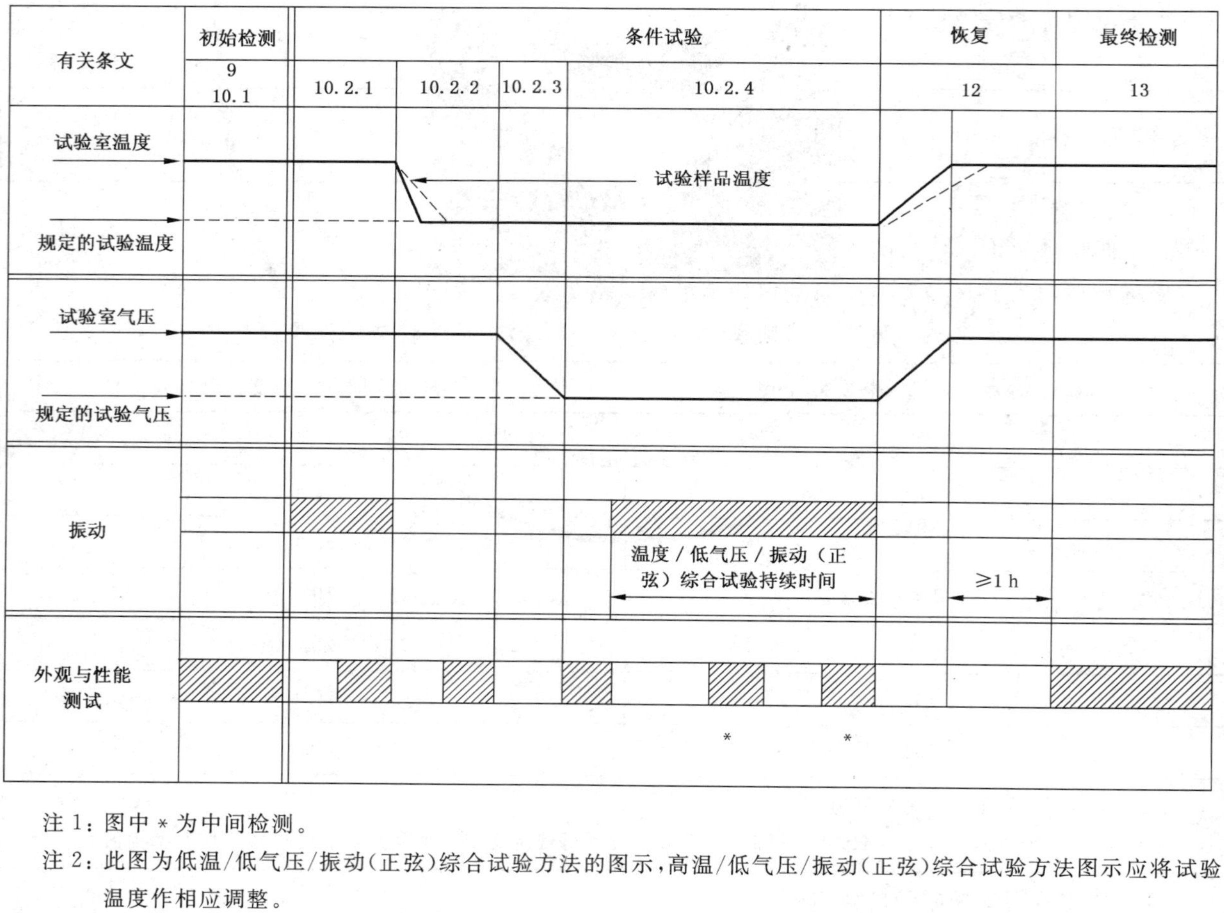

注 1：图中 * 为中间检测。

注 2：此图为低温/低气压/振动(正弦)综合试验方法的图示，高温/低气压/振动(正弦)综合试验方法图示应将试验温度作相应调整。

图 1　非散热试验样品试验曲线图(低温)

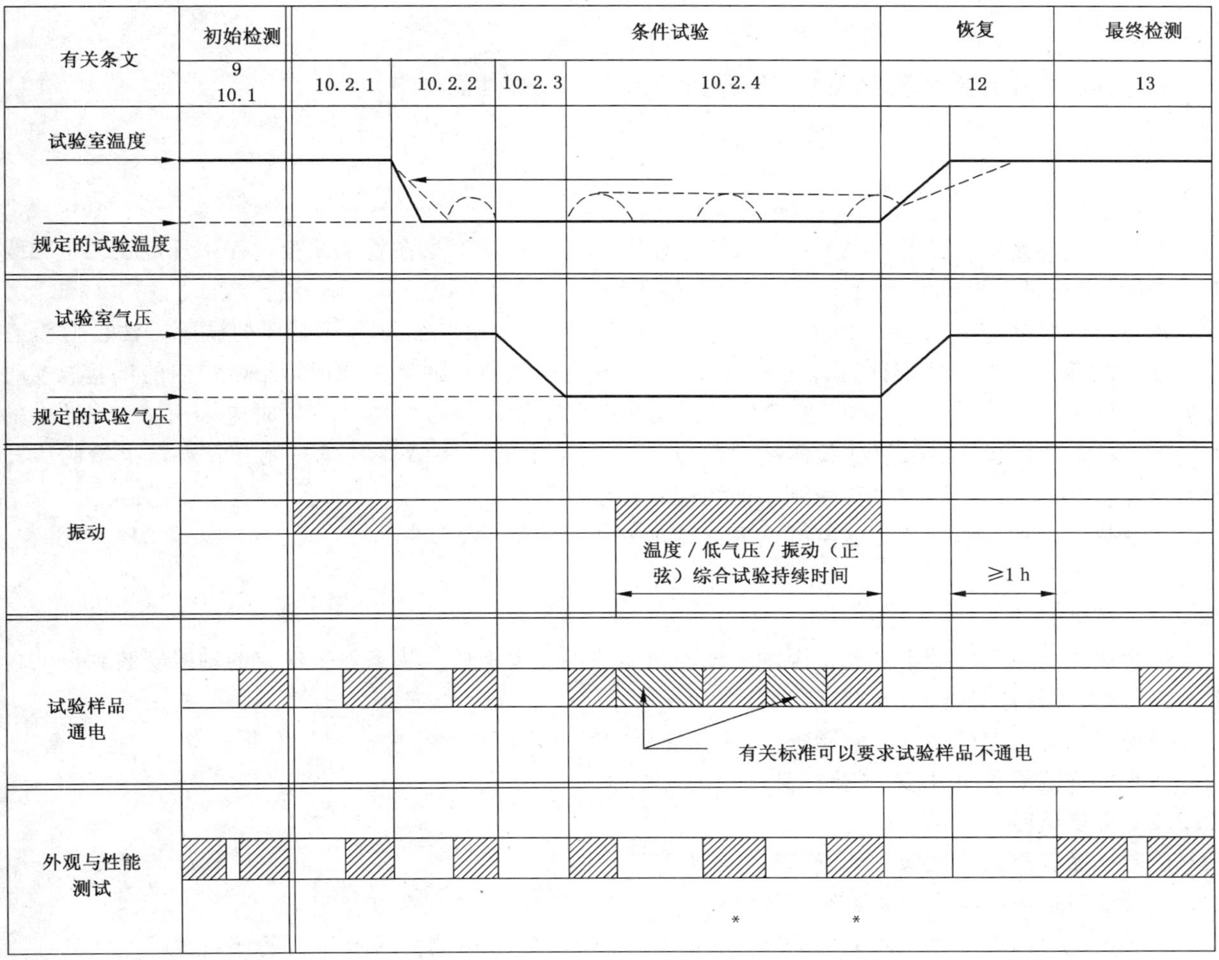

注 1：图中 * 为中间检测。

注 2：此图为低温/低气压/振动(正弦)综合试验方法的图示，高温/低气压/振动(正弦)综合试验方法图示应将试验温度作相应调整。

图 2 散热试验样品试验曲线图(低温)

7.4.1 温度、低气压综合环境条件下的扫频振动试验持续时间

在每一轴向上的试验时间以扫频循环次数给出，根据有关规范，从下列诸值中选取：

1、2、5、15、20、50、100。

7.4.2 温度、低气压综合环境条件下的定频振动试验持续时间

a) 在危险频率上

在每一轴线上的每个危险频率(由振动响应检查获得)上的试验持续时间，根据有关规范可从下列诸值中选取：

10 min±0.5 min；30 min±1 min；60 min±1 min；90 min±1 min；120 min±1 min；10 h±5 min。

b) 在预定频率上

为了确定试验样品经受综合环境(温度、低气压和振动)的累积效应，应对每一规定轴线上预定频率进行循环试验，具体循环次数有关规范根据产品工作特性及产品工作环境条件确定。

8 预处理

试验样品应按有关规范规定进行预处理。

9 初始检测

试验样品应按有关规范规定进行外观检查及电气和机械性能检测。

10 试验

10.1 试验准备

有关规范应规定在试验样品的一个或几个轴线上进行振动。当在整个试验过程中规定在几个轴线上振动时,应在每一规定的轴向上重复整个试验程序。

散热试验样品应采用GB/T 2423.1—2001试验Ad中的没有强迫空气循环的试验方法。对没有冷却装置的散热试验样品,当试验箱(室)足够大,但只有强迫空气循环才能保持箱(室)内的试验温度时可采用试验Ad中的方法A。当试验箱的容积太小以致不能满足自由空气条件时应采用试验Ad中的方法B。对有冷却装置的散热试验样品,可采用试验Ad中的方法A。但有关规范应规定供给的冷却剂的特性,若为空气时,则应避免受到油的污染和潮湿的影响。

非散热试验样品应采用强迫空气循环的试验方法。

10.2 条件试验

10.2.1 振动试验

综合试验箱(室)内处于试验室温度。试验样品在不包装不通电状态下按规定的轴线安装到振动台上,然后按有关规范规定的严酷等级进行振动试验。

当需要确定试验样品的危险频率时,应在规定的频率范围内进行一次扫频循环的振动响应检查。

当有关规范要求时,应对试验样品进行性能检测。

10.2.2 温度试验

试验样品保持振动试验时的安装。

试验箱(室)内的温度应调到有关规范规定值并使试验样品达到温度稳定。

试验箱(室)内温度变化的平均速率为:0.7℃/min~1℃/min(按每5 min计算平均速率)。

当有关规范要求时,则对试验样品进行性能检测。

10.2.3 温度/低气压综合试验

继10.2.2之后,试验箱(室)内的气压降至有关规范规定值,气压变化率不应大于10 kPa/min或按有关规范规定。

温度和气压达到有关规范规定值并稳定后,当有关规范要求时,则对试验样品进行性能检测。

10.2.4 温度(低温、高温)/低气压/振动综合试验

温度和气压达到规定值并稳定后,按有关规范规定的严酷等级进行振动试验。当需要确定试验样品的危险频率而进行振动响应检查时,温度和气压应在规定的持续时间内保持不变。参见图1或图2。

试验结束即停止振动,对试验期间运行(或工作)的试验样品应断电或卸载。

11 中间检测

中间检测应在试验结束前尽可能短的时间内完成。

有关规范可规定在试验期间或结束时(试验样品仍在试验箱内)加负载和(或)测量,需要时应规定测量的项目和时间。测量时,试验样品不应从试验箱(室)中取出。

注1:不得在试验期间把试验样品从试验箱(室)内取出进行恢复前的测量,再重新放入试验箱(室)内。

注2:如果在持续时间结束前需要了解试验样品在特定时间的性能,则对每个特定的时间应另外增加一批试验样品。

12 恢复

试验箱(室)内的气压以不大于10 kPa/min的速率恢复到正常大气压。增压期间,不必进行温度控

制，试验箱(室)内的温度以不大于1℃/min(按每5 min计算平均速率)的速率恢复到正常的试验室气候状态。此后，试验样品在试验箱(室)内按有关规范规定进行恢复。参见图2。

试验样品应在标准大气条件下进行恢复。当标准大气条件对试验样品不适宜时，有关规范可规定其他恢复条件。试验样品在标准大气条件下恢复时，恢复时间要足以使其达到温度稳定，最少时间为1 h。当几个试验样品同时进行试验，而1 h的恢复时间又不够时，则最长恢复时间为2 h，所以测量必须在这一时间终了前完成。

若有关规范有要求，则在恢复期间对试验样品通电或加负载，并连续地测量其性能。

注1：对于温度为低温的试验样品，为了除去水滴，可手动抖动试验样品，或用室温的空气进行短时吹风。

13 最终检测

按有关规范规定对试验样品进行外观检查及电气和机械性能检测。

14 失效判据

失效判据应由有关规范规定。

15 有关规范应提供的信息

当有关规范包含本试验时，应给出下列细节。

	对应章条号
a) 试验样品的安装；	第6章
b) 严酷等级；	第7章
c) 预处理；	第8章
d) 初始检测；	第9章
e) 试验样品的状态及注意事项；	第10章
f) 振动方式(定频试验方法还是扫频试验方法)；	10.2
g) 振动轴向；	10.1
h) 在振动试验时要做的检测；	10.2.1
i) 在温度(低温、高温)试验时要做的检测；	10.2.2
j) 在温度(低温、高温)/低气压综合试验时要做的检测；	10.2.3
k) 中间检测；	第11章
l) 恢复期间的负载(负荷)条件；	第12章
m) 最终检测；	第13章
n) 失效判据。	第14章

附　录　A
（资料性附录）
导　　则

A.1　一般说明

A.1.1　其他适用的标准

温度（低温、高温）/低气压/振动（正弦）综合试验方法是在 GB/T 2423.1—2001 试验 A（低温试验方法）或 GB/T 2423.2—2001 试验 B（高温试验方法）和 GB/T 2423.10—2008 试验 Fc：振动（正弦）试验方法和 GB/T 2423.21—1991 试验 M：低气压试验方法的基础上制定的。因而 GB/T 2424.1 高温低温试验导则和 GB/T 2424.7 振动（正弦）试验导则中有关的试验基本原理也适用于本综合试验。

A.1.2　试验气压范围

本综合试验考虑了包括地面和飞机常用的气压范围，低于 1 kPa 的气压不在本部分的范围内。

A.1.3　散热方式的选择

在所考虑的气压范围内，散热试验样品的表面温度在强迫空气循环条件下比“自由空气”条件下将大大下降，因此对散热试验样品应采用“自由空气”条件。但考虑到振动台所产生的附加热干扰和设备不能满足“自由空气”条件，此时允许采用风速小于 0.5 m/s 的强迫空气循环试验方法。

A.1.4　样品数量的确定

在低气压条件下，由于对流传热的效率下降，而热辐射的影响增大，因此在同一试验箱（室）内的各散热试验样品间相互热作用也增大，为了避免散热试验样品间因辐射造成的热干扰，故本试验最好一次只试验一个试验样品。非散热试验样品和那些已知相互间热干扰不大（不影响试验的再现性）的散热试验样品，则允许多个试验样品一起试验。

A.1.5　样品固有频率

由于温度引起的材料特性变化会导致试验样品（如橡胶或塑料器件）的固有频率发生漂移（即低温时向频率高的方向漂移，高温时向频率低的方向漂移），因此要确切地获得试验样品的固有频率，振动响应检查应在综合环境试验条件下进行。

A.1.6　综合试验程序

试验样品的综合试验程序，先进行正弦振动和温度的综合试验，然后进行温度（低温、高温）/低气压/振动（正弦）综合试验。

A.2　温度（低温、高温）/低气压/振动（正弦）综合试验的环境效应

温度、低气压和振动同时作用于试验样品上，可产生下列综合效应：

a）温度所引起的材料特性的变化会增加密封设备或密封件在低气压时的变形和开裂，这一现象因振动应力的叠加而加剧，增大了泄漏的可能性；

b）在低气压和温度的同时作用下，引起工程塑料中的塑料分解产物的挥发，导致了零件的机械或电气性能的变化，当叠加以振动应力时，增大了零件变形和开裂的趋势；

c）由单项或组合试验未能暴露的其他综合效应。

A.3　环境参数的测量

A.3.1　温度测量

在低气压和振动综合环境条件下，测量温度应选用质量小的温度传感器，并安装牢固，使其不致改变监测点上的动态特性。对于散热试验样品，温度传感器周围应使用防辐射的屏蔽，以减小因试验样品

热辐射所引起的误差。

A.3.2 气压测量

气压测量通常应采用细而长的管子将压力计连接到工作空间。因为使用短而粗的连接管可能导致传感器元件受试验箱(室)内的气体加热或冷却产生弹性变化而出现测量误差。

A.3.3 振动测量

振动传感器和连接电缆应适用于规定的试验温度,满足试验要求。

传感器的安装应采用紧固件,当采用胶粘剂时,所用胶粘剂应在规定的试验温度下,其物理特性不改变。

ICS 19.040
K 04

中华人民共和国国家标准

GB/T 2424.15—2008/IEC 60068-3-2:1976
代替 GB/T 2424.15—1992

电工电子产品环境试验 温度/低气压综合试验导则

Environmental testing for electric and electronic products—Guide for combined temperature/low air pressure tests

(IEC 60068-3-2:1976, Basic environmental testing procedures—Part 3: Background information—Section two—Combined temperature/low air pressure tests, IDT)

2008-12-30 发布　　2009-10-01 实施

中华人民共和国国家质量监督检验检疫总局
中国国家标准化管理委员会　发布

前　言

GB/T 2424 包含以下部分：

——GB/T 2424.1　电工电子产品环境试验　高温低温试验导则

——GB/T 2424.2　电工电子产品环境试验　湿热试验导则

——GB/T 2424.5　电工电子产品环境试验　温度试验箱性能确认

——GB/T 2424.6　电工电子产品环境试验　温度/湿度试验箱性能确认

——GB/T 2424.7　电工电子产品环境试验　试验 A 和 B(带负载)用温度试验箱的测量

——GB/T 2424.10　电工电子产品基本环境试验规程　大气腐蚀加速试验的通用导则

——GB/T 2424.13　电工电子产品环境试验　第 2 部分:试验方法　温度变化试验导则

——GB/T 2424.14　电工电子产品环境试验　第二部分:试验方法　太阳辐射试验导则

——GB/T 2424.15　电工电子产品环境试验　第 3 部分:温度/低气压综合试验导则

——GB/T 2424.17　电工电子产品环境试验　锡焊试验导则

——GB/T 2424.19　电工电子产品环境试验　模拟贮存影响的环境试验导则

——GB/T 2424.22　电工电子产品基本环境试验规程　温度(低温、高温)和振动(正弦)综合试验导则

——GB/T 2424.25　电工电子产品环境试验　第 3 部分:试验导则　地震试验方法

——GB/T 2424.26　电工电子产品环境试验　第 3 部分:支持文件和导则　振动试验选择

本部分为 GB/T 2424 的第 15 部分。本部分等同采用 IEC 60068-3-2:1976《基本环境试验规程　第 3 部分:背景资料　第 2 节:温度/低气压综合试验》(英文版)。

根据 GB/T 1.1—2000《标准化工作导则　第 1 部分:标准的结构和编写规则》要求,对编排格式进下列编辑性修改:

——删除国际标准的前言并新增国家标准的前言;

——增加了规范性引用文件;

——“本版”改成“本部分”;

——修改气压的单位 mbar 为 kPa。

本部分代替 GB/T 2424.15—1992《电工电子产品基本环境试验规程　温度/低气压综合试验导则》。

本部分与 GB/T 2424.15—1992 相比主要变化如下:

——调整了各章节结构使之与 IEC 原文结构一致;

——修改 3.1 的标准条件(35 ℃和 101.3 kPa)为(25 ℃和 101.3 kPa);

——粘度改成绝对粘度;

——删除了“注:对于电工专业产品,尤其是电压在 1 000 V 以上的电工产品,其环境条件的修正系数应按有关标准规定。”(1992 年版的 4.1.2)。

本部分由全国电工电子产品环境条件与环境试验标准技术化委员会(SAC/TC 8)提出并归口。

本部分起草单位:广州电器科学研究院、广州威凯检测技术研究所、重庆四达试验设备有限公司。

本部分主要起草人:刘功桂、肖立、陈云生。

本部分所替代标准的历次版本发布情况为:

——GB/T 2424.15—1981、GB/T 2424.15—1992。

电工电子产品环境试验
温度/低气压综合试验导则

1 范围和规范性引用文件

1.1 范围

GB/T 2424 的本部分规定的温度/低气压综合试验,涉及地面或空中应用的一系列气压。

本部分不适用于气压小于 1 kPa 的试验。

1.2 规范性引用文件

下列文件中的条款通过 GB/T 2424 的本部分的引用而成为本部分的条款。凡是注日期的引用文件,其随后的修改单(不包括勘误的内容)或修订版均不适用于本部分,然而,鼓励根据本部分达成协议的各方研究是否可使用这些文件的最新版本。凡是不注日期的引用文件,其最新版本适用于本部分。

GB/T 2424.1—2005　电工电子产品环境试验　高温低温试验导则(IEC 60068-3-1:1974,IDT)

2 一般说明

在本部分规定的空气密度范围内,空气分子的平均自由程始终为零点几毫米,因而空气的导热性和绝对粘度均与气压无关。空气流一般属于滞流型或湍流型,服从常压下的各种规律。

自由空气对流和强迫空气对流这二种传热基本规律与在正常大气压力下时相同。因此,GB/T 2424.1中有关对流方面的要求也适用于低气压综合试验(至少通常情况下适用)。

空气密度 ρ 的减小会大大降低空气的对流传热系数α_c,α_c 为 ρ^n 的函数,不论是自由对流还是强迫对流,$n=0.5\sim0.7$。

在本部分规定的气压范围内,强迫空气流条件下试验样品表面的温度会比“自由空气”条件下大大降低,在空气温度和散热条件不变的情况下,试验样品表面平均温度随空气流速和气压的变化曲线如图 1所示。

因此,散热试验样品的试验方法规定采用“自由空气”条件(没有强迫空气循环),或采用较低的空气流速,从而可忽略空气流动带来的附加冷却作用。

α_c 随着空气密度的减小而减小,会使辐射散热变得重要,尤其在低气压条件下。

低气压条件下,更应重视辐射的作用,应注意控制箱壁的发射率和箱壁的温度。

由于低气压条件下的热辐射作用增强,同一测试箱中散热试验样品之间相互热辐射作用可能会很大,以至于影响试验的再现性。

为了避免影响试验的再现性,试验箱内一次只装一个散热试验样品进行综合试验。

测试散热试验样品所用的“自由空气”试验箱的尺寸要求基于常压下所用的曲线图,因为平均分子自由程相对于试验箱的尺寸是一个很小的值。

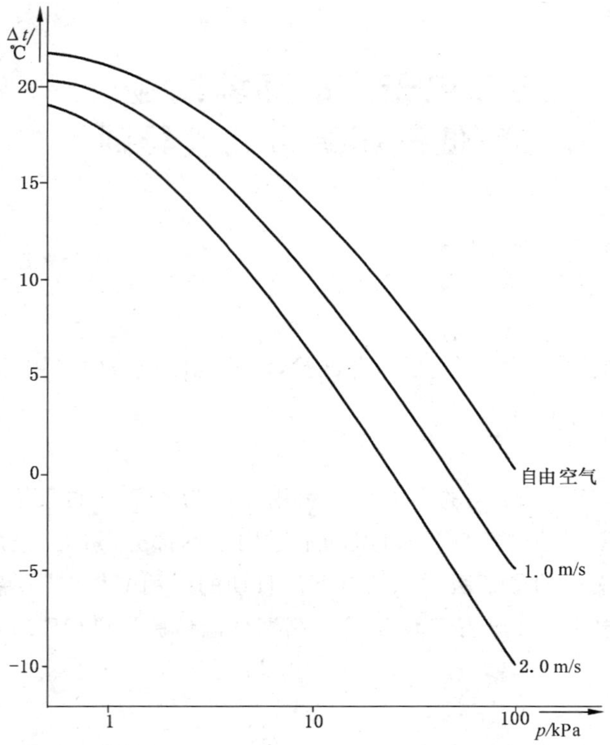

Δt:样品表面温度与常压下(101.3 kPa)的温度的偏差;

p:试验箱内压力;

空气温度:45 ℃;

发射率:试验箱壁:ε=1;

　　　　样品表面:ε=0.7;

样品表面积:0.12 m^2;

样品散热量:43 W。

注1:此图根据 McAdams《热传导》(McGraw-Hill 出版社,1954)书中公式计算得出。

图1　气压和空气流速对试验样品表面温度的综合影响

3　环境影响

3.1　温度/低气压综合对样品的影响如下:

a)　在低气压下对流传热系数 α_c 降低,散热样品进行温度/低气压综合试验时其表面温度要比试验 A 或试验 B 高,同时散热样品温度梯度改变。虽然可以通过在常压下提高试验温度的方法来升高其表面温度,但该试验温度值难以准确确定。此外,如果不和低气压综合,也不可能得到准确的温度梯度条件。

b)　空气介电性能(空气密度和离子迁移能力)随压力和温度而改变,从而影响产品的功能和安全性能。在低气压下,尤其与高温综合时,空气介电强度显著降低,增加了出现电弧、表面放电或电晕放电的危险性。

表1给出了空气间隙大于 5 mm 的平行平板电极击穿电压的修正系数,将表中对应某气压和温度下的修正系数乘以标准条件(25 ℃和 101.3 kPa)下的击穿电压,即可得到该气压和温度下的击穿电压。

c)　温度变化会造成材料脆性、塑性等特性变化,增加了密封设备或封装在低气压下产生变形或开裂的危险。

表 1 各种温度和气压下的击穿电压修正系数

气压/kPa	温度/℃					
	−40	−20	0	20	40	60
17	0.26	0.24	0.23	0.21	0.20	0.19
34	0.47	0.44	0.42	0.39	0.37	0.34
51	0.68	0.64	0.60	0.56	0.53	0.50
67.5	0.87	0.82	0.77	0.72	0.68	0.64
85	1.07	0.99	0.93	0.87	0.82	0.77

3.2 主要由温度造成的其他影响，这些影响在低气压下会显著加剧(与低气压下相同程度的影响在正常气压下只有经很长的试验时间才能达到)，其影响具体如下：

a) 增塑剂和塑料降解物的挥发，造成试验样品各个零件的机械和电气特性变化；此外，这些挥发物凝聚在附近的零件表面上，导致试验样品的性能变化、腐蚀和劣化；

b) 润滑剂蒸发，造成活动零件卡死；由温度造成的零件尺寸变化使该现象进一步加剧；

c) 溶解在液体中的气体逸出；低气压下有些液体会产生沸腾，造成液体损耗。

在更低的气压下(比如在外太空中)，其他影响变得非常重要。这些条件下必须用特殊的试验方法。

4 试验设备

综合试验箱内的空气成分一般不能真正代表实际的大气条件，它主要受降压泵种类的影响。箱内空气中一般含有大量水汽(可以用露点仪测量其湿度)。

实际和模拟的空气成分的差异对空气对流系数 α_c 的影响不会大于10%。

下列因素非常重要，可能会对试验样品产生负面影响：

a) 来自泵的工作流体的蒸汽和试验箱附件(阀、绝热物等)的蒸汽对箱内空气的污染；

b) 恢复气压过程中，由空气引入的灰尘或水分对箱内空气的污染。

5 环境参数的测量

5.1 温度测量

随着 α_c 的降低，箱内空气和监控其温度的传感器之间的热交换效率也随之降低。因此：

a) 温度计对温度改变的响应时间比常压下的时间长；

b) 温度计与箱外之间热传导引起的误差变得重要。

在进行散热样品试验时，α_c 的减少也会带来测量误差，低气压下的误差可能会比在常压下大。样品的能量辐射影响可能会导致温度计读数出现错误示值，在温度计周围使用屏蔽罩可减少误差。

5.2 气压测量

在本部分规定的气压范围内，使用气压计测量箱内气压时，用管子将气压计与箱内空间连通。

一般情况下，即使是气压计温度和箱内温度相差较大，这种管子也不会造成很大的测量误差。如果气压计温度与其标定时的温度相差很大，就有可能因传感器组件受到试验箱内气体的加热或冷却产生弹性变化而引入误差。因此，应注意不用短而粗的管子。

压力变化时使用细管、长管会引起气压计指示时间延迟。

ICS 19.040
K 04

中华人民共和国国家标准

GB/T 2424.17—2008/IEC 60068-2-44:1995
代替 GB/T 2424.17—1995

电工电子产品环境试验
第2部分:试验方法
试验T:锡焊试验导则

**Environmental testing for electric and electronic products—
Part 2:Tests methods Guidance on test T:Soldering test**

(IEC 60068-2-44:1995,Environmental testing—
Part 2:Tests—Guidance on test T:Soldering,IDT)

2008-12-30 发布　　2009-11-01 实施

中华人民共和国国家质量监督检验检疫总局
中国国家标准化管理委员会　发布

前　言

GB/T 2424《电工电子产品环境试验》分为如下若干个部分：

——第1部分：高温低温试验导则；

——第2部分：湿热试验导则；

——第5部分：温度试验箱性能确认；

——第6部分：温度/湿度试验箱性能确认；

——第7部分：试验A和B(带负载)用温度试验箱的测量；

——第10部分：大气腐蚀加速试验的通用导则；

——第13部分：温度变化试验导则；

——第14部分：太阳辐射试验导则；

——第15部分：温度/低气压综合试验导则；

——第17部分：锡焊试验导则；

——第19部分：模拟贮存影响的环境试验导则；

——第22部分：温度(低温、高温)和振动(正弦)综合试验导则；

——第25部分：试验导则　地震试验方法；

——第26部分：支持文件和导则　振动试验选择。

本部分为GB/T 2424的第17部分。

本部分等同采用IEC 60068-2-44：1995《环境试验　第2部分：试验　试验T：锡焊试验导则》。

为了便于理解使用，本部分仅做了如下编辑性修改：

——将规范性引用文件中的IEC 60068-2-20和IEC 60068-2-54转化为等同采用的国家标准；

——“IEC 60068的本部分”一词改为“GB/T 2423的本部分”或“本部分”；

——用小数点“.”代替作为小数点的逗号“,”；

——删除国际标准的前言。

本部分代替GB/T 2424.17—1995《电工电子产品环境试验　锡焊试验导则》。

本部分与GB/T 2424.17—1995相比，主要技术性差异有：

——补充了润湿称量法可焊性试验导则。

本部分由全国电工电子产品环境条件与环境试验标准化技术委员会(SAC/TC 8)提出并归口。

本部分由信息产业部电子第五研究所负责起草，上海市质量监督检验技术研究院和广州大学参与起草工作。

本部分主要起草人：邱宝军、邹雅冰、卢兆明、徐忠根。

电工电子产品环境试验
第2部分:试验方法
试验T:锡焊试验导则

第一篇 总 则

1 范围

GB/T 2424 的本部分参考 GB/T 2423.28—2005,GB/T 2423.32—2008 和 IEC 60068-2-58:1989,为规范编写者提供背景资料和建议。

2 规范性引用文件

下列文件中的条款通过 GB/T 2424 的本部分的引用而成为本部分的条款。凡是注日期的引用文件,其随后所有的修改单(不包括勘误的内容)或修订版均不适用于本部分,然而,鼓励根据本部分达成协议的各方研究是否可使用这些文件的最新版本。凡是不注日期的引用文件,其最新版本适用于本部分。

GB/T 2423.28—2005 电工电子产品环境试验 第2部分:试验方法 试验T:锡焊(IEC 60068-2-20:1979,IDT)

GB/T 2423.32—2008 电工电子产品环境试验 第2部分:试验方法 试验Ta:润湿称量法可焊性(IEC 60068-2-54:2006,IDT)

IEC 60068-2-58:1989 环境试验 第2部分:试验方法 试验Td:表面组装元器件的可焊性、金属化层耐熔蚀和耐焊接热

IEC 60249 印制板用基材(所有部分)

IEC 60326-2:1990 印制板 第2部分:试验方法

第二篇 通 则

3 锡焊的基本条件

锡焊连接的难易程度和焊点可靠性取决于下述三个条件:

a) 焊接设计:取决于用于焊接的两种金属零件(如形状、尺寸、成分等)和组装方法(如相对位置、最初的固定等)的选择;

b) 被焊接金属零件表面的润湿性;

c) 焊接所用的条件,包括:温度、时间、焊剂、焊料合金、设备等。

条件 a)和 c)的选择涉及到设备或部件的制造者,他们应懂得每个条件的重要性和它们变化的极限,条件 b)在大多数情况下取决于元件制造者,设备制造者处理或存放不当也有影响。设备制造者必须按照条件 a)和 c)对表面润湿性做出规定而不管精确程度如何。从另一方面来说,具有满意表面质量的元件不一定能防止由于焊接设计和焊接条件的缺陷所引起的拒收焊点。

在元件制造者和设备制造者之间的责任往往是互相交叉重叠的,因此有必要对元件引出端的可润湿性或更一般地说元件的可焊性作出一个明确的规定。

4 元件的可焊性及其引出端的可润湿性

电子元件仅有一个能被熔融焊料润湿适合于焊接的引出端是不够的，为了经受成批焊接操作还必须满足下述三个要求。

a) 应具有小的热特性(热容量)，至少足以使温度超过承受到达所用焊料合金液相线以上足够高的温度，并保持足够长的时间，以便产生润湿；

b) 应能承受焊接过程中(包括返工和可能发生的烙铁维修)的热应力而不会产生短期或长期变化；

c) 应能承受为去除残留焊剂而进行的清洗过程中的机械和化学应力而不产生短期或长期的损伤，本导则不强调清洗。

某些电子元件由于它们不能承受与工艺操作有关的一种应力或几种应力而不应进行成批焊接操作。这样的元件有：含有润滑剂的机械部件，例如开关；对污染敏感的非密封性元件，例如继电器、电位器；或含有耐热性能差的塑料材料，例如某些具有热塑介质的电容器等。

为此，必须谨慎区分元件的可焊性和引出端的可润湿性两个概念，元件可焊性是指对工业焊接的整体适应性，引出端可润湿性仅仅指引出端表面容易被焊料所浸润。

但是，这两个概念在日常的说法中经常搞混，而这种混淆就会妨碍生产的正常运行。

此外，一个元件在一般规定条件下不适合于焊接(见第 6 章)，并不意味着其引出端不能焊接到印制电路板上或其他支架上，这仅仅意味着应根据其特点，例如元件具有热敏感的隔离层或与某些溶剂或所有溶剂不相容等，需采取专门措施。只有引出端润湿性不良才会妨碍元件的焊接应用，这个性能十分重要，当然不排除对其他性能的考虑。

这里所指的标准试验完全是模拟这些条件中某些条件影响的试验。

在这组试验中作适当选择，包括电气和机械测量，并让有关人员回答如下问题：用电子学中常用的方法这个元件是不是可以焊接的？这是设备制造者在将一种元件投入焊接生产线之前必须确定的问题之一。

每一种标准试验的原理和它所提供的信息在第 5 章中规定。

元件规范编制者可以有充分的理由以这种方式选择必要的试验项目以确定元件在焊接过程中的特性。在每种情况下制定的要求反映了制造方法的通用要求。

与此类似，试验人员应该正确评价试验得到的信息。

5 可焊性试验在环境试验中的安排

在前一章中分析了试验的确切意义，表明怎样可以用它们来回答问题，“这个元件在实际中以正常的方法是可焊的吗?”

这个回答是有必要区别对待的；能进行必要区分的工具是存在的。但无论如何重要，这个问题绝不会是唯一的。

可焊性仅是元件特性中的一个：其自身的性能、强度、预期寿命等，也是重要的特性。

如果可焊性试验规范没有专门规定试验顺序，由于元件在前面的试验过程中受到各种条件的影响可能影响可焊性试验的结果，因此，在试验顺序中必须小心安排可焊性试验的顺序。安排不当可能会得出错误结果，同时可能影响元件其他特性试验的结果。

例如：

在一个试验程序中，在润湿性试验之前进行了长期湿热或腐蚀试验，尽管接收时元件的润湿性是令人满意的，但这个元件仍可能被拒收。事实上，各种电子元件通常都是在焊接到设备中之后，才经受湿热和盐雾试验的。

相反，为了正确地模拟元件安装到印制板上，如果耐焊接热试验放在引出端强度试验之前进行，那么由引出端强度试验引起的密封性失效将不会经受到热冲击的影响，实际上，累积的机械和化学效应可以证实这个元件失效。

安排试验顺序的一般原则如下：

a) 非破坏性试验以及按规定要求进行的诸如加速老化试验(见第 8 章)可以放在可润湿性试验之前进行；

b) 耐焊接热试验应与长期运行试验无关，要采取所有必要的预防措施，如采用热屏蔽；

c) 在进行气候试验之前，应考虑是否需要清洗掉焊剂残残留物。

在其他机械及化学试验之前也必须考虑是否要去除掉活性焊剂残余物(见第 4 章)。

6 可焊性试验

本章定义：

——与工业焊接操作相关的试验的功能；

——试验条件选择的理由。

在电子行业中，锡焊条件千差万别，但通常并不需要用不同型式的元件来满足不同的安装条件，可以将工业焊接条件分在几个相应较窄范围之内。

下列范围被广泛接受(更低和更高值也是存在的)。

焊料	近似共晶成分的锡铅	
工艺温度范围	烙铁焊	230 ℃～300 ℃
	槽焊或波峰焊	230 ℃～260 ℃
	汽相焊	210 ℃～260 ℃
	红外线焊	200 ℃～280 ℃
热暴露持续时间	烙铁焊	1 s～5 s
	槽焊或波峰焊	3 s～5 s
	汽相焊	20 s～60 s
	红外线焊	30 s～60 s

这些条件是根据经验在高应力(高温或长时间暴露在空气中)和低应力(短时间暴露或温度接近焊料的液相线)之间综合考虑定出来的，高应力可以改善润湿性但易损伤元件，低应力使得元件不易受损但不易焊接或焊接质量差(产生冷焊)。

经综合考虑，标准试验条件为：可焊性试验(Ta)温度为 235 ℃，耐焊接热试验(Tb)温度为 260 ℃，浸焊或接触焊时间也同样考虑这些因素，这样就能保证一个元件通过标准试验后就能承受在通常组装过程中可能遇到的应力范围。

在工艺相同的同一批元件中和元件批之间出现的变化说明事情是复杂的。

这就意味着在一个元件上得到的试验结果不足以代表同批其他元件或其他批元件的普遍意义。由于试验要花费大量的时间并可能是破坏性的，对于一批或若干批的结果仅仅可作为统计评价。

规范编制者和使用者必须记住元件可焊性试验结果的统计分析是一个重要的工作。并按此进行试验。

GB/T 2423.28—2005、GB/T 2423.32—2008 和 IEC 60068-2-58 中仅仅规定怎样完成试验，没有包括统计分析。试验结果的统计分析是详细规范的内容。

统计处理与试验结果的适用性有关，尤其是与规定的置信水平有关(见第 9 章)。

对于耐焊接热试验为使其产生迅速润湿采用活性焊剂比较合适，这样可保证受试元件的加热速度尽可能快。

对于焊料和温度的选择的论述同样适用于耐焊接热试验,当试验大热容量元件时尤为重要,应确保温度不低于焊料液相线以上 40 ℃,试验方法 1 的焊槽应有足够的尺寸以确保温度能有效地保持。

试验不打算模拟或确定由焊接过程引起的偶然的机械应力的影响,试验可能使被试样品引起损伤或破坏,当确定要顺序进行环境气候和机械试验时要记住这一点。

7 可润湿性试验

7.1 一般原则

试验目的是在受控条件下将元件引出端与焊料结合在一起,使得润湿的质量可以根据规定的标准进行判定。从根本上讲,焊接时间试验是估计在焊料边界上所有点上的接触角下降到均一低角度所需的时间。在一些试验中仅仅是用目测来进行评定。在另一些试验中则测量时间。完全定量的试验是测量施加于样品上的焊料表面张力随时间的变化过程。

在一定情况下,延长浸渍时间,接触角可能再次增加,焊料从样品表面收缩,这一现象就是众所周知的弱润湿。有些试验方法提供了弱润湿检验,在怀疑有弱润湿的场合,有关规范应要求包括这一试验。

提供以下试验方法:

——焊槽试验(见 7.2)

适合于元件引出端;定性测试;

——焊接烙铁试验(见 7.3)

适合于不宜用其他方法试验的引出端;定性;

——焊球试验(见 7.4)

适合于圆形引线,测量润湿时间;

——旋转浸渍试验(见 7.5)

适合于印制板样品,测量润湿时间和弱润湿;

——润湿称量试验(见 7.6,IEC 60068-2-54)

适合于具有规则截面的元件引出端,测量润湿力随时间的变化;定量;

——浸焊试验(见 7.7,IEC 60068-2-58)

适合于表面安装元器件;定性;

——微润湿称量试验(准备中)

适合于表面安装元器件;定量。

本部分还给出了有关应用加速老化试验的导则(见 8.3)。

规范编写者必须注意,在定型试验中的试验程序应如下安排:

a) 在润湿性试验之前不能进行,例如进行初始焊接测量;

b) 可能对可润湿性产生影响的老化,例如在提高温度条件下的预处理,除非元件规范有要求,否则不做;

c) 在任何预处理过程中均不应损伤引出端表面。

因此,在任何试验顺序中,润湿性试验必须首先进行。

以下注意事项适用于所有可焊性试验方法:

a) 试验必须在无通风或防护性通风条件下进行;

b) 为避免操作过程中污染样品,建议使用镊子;

c) 试验前若需将引线弄直,操作时应不污染或刮伤样品。

7.2 焊槽试验

该试验有两种型式,一种适用于线状和签状引出端,另一种适用于印制电路板;焊槽的尺寸应保证在浸渍过程中焊料的温度不会引起显著下降。

方法1的程序是十分简单的，如果规定得太详细，它的应用范围就会受到限制，该方法可用于例如签状引出端，这种引出端由于形状关系不适宜用焊球法测试，而设计用焊槽进行焊接。

在印制电路板试验中不存在与几何形状有关的问题，因此可以规定得比较详细，印制板的浸渍深度应严格限制以确保引入金属化孔的焊料是由润湿而引起而不是由液体压力所致。

7.3 焊接烙铁试验

保留这一方法是为了对那些用焊球法或焊槽法不能测试的引出端进行可润湿性评定。可焊漆包线就是一个典型例子，对此其他方法的温度太低，一些不适合用焊槽试验的签状引出端也只能用烙铁试验。

试验对温度有一些敏感，因此试验结果与元件的热容量有关系，这些因素当然也适用于焊接生产，但在制定元件规范时应取消在焊接生产中通常使用的能大大缩短焊接时间的活性焊剂。

试验是快速的，定性的和有鉴别能力的；若希望、可以在引出端的多个点上测试其可润湿性。

7.4 焊球试验

7.4.1 用于线材和圆截面引出端的焊球试验

本试验适用于直径为0.1 mm～1.2 mm的线材。

将待试验样品浸上焊剂，然后水平放置并使之将熔融焊球平分，记录焊球包合试验所需的时间，焊球的高度用焊球的重量来控制，焊球高度的控制应使得在不润湿条件下焊球在试样上方不会包合。焊球放置在一个直径为4 mm的纯铁圆柱上，纯铁外面由不浸润的铝包住，铝也可用来稳定纯铁圆柱体的温度。

纯铁圆柱的上表面必须保持对焊料良好润湿。当试验结束停止加热时，加热块必须与上面的焊球一起冷却，以防纯铁表面氧化或弱润湿。

在有争议情况下，应检查所用焊球质量必须在标称质量的±10%内。

试验过程中，纯铁表面必须保持十分清洁。容器中的焊剂必须密封以防溶剂蒸发而变稠，施加焊剂的数量不能太多以致引起焊球温度长时间下降。

每个焊球必须清洁光亮，必须选用适合引线直径的焊球，引线必须正确平分焊球，若明显偏离中心必须将结果作废。

通常用电子记时装置测量时间间隔，当引出端平分焊球时，它自动开始记时，记时装置既可以通过观察焊球包合引线时手动停止记时也可以通过试样上方的记时探针接触焊球时自动停止记时。

如果进行速度太慢，开始时刻就测不准，因为焊球的高度从0.9 mm(50 mg)～2.3 mm(200 mg)在变化(用4 mm铁心)，当手动记时时，由于操作人员反应速度不同，记录的包合时间也有误差，但在接收试验中这些误差并不重要。

7.4.2 用于非圆形截面引出端的焊球试验

本试验适合于具有任何凸型截面形状的引出端，但主要用于矩形截面，用冲压法成型的引出端可能产生毛刺，若其长度超过厚度的1/10，则会在横截面处形成凹坑。

7.5 旋转浸渍试验

见IEC 249和IEC 326-2:1990。

7.6 润湿称量试验

这个试验可以提供整个润湿过程中润湿力随时间变化的函数，从而作出定量评价，元件规范可以选择规定的润湿程度作为接收水平。

本试验的完整导则在本部分的第3篇给出。

7.7 表面组装元器件(SMD)的可焊性、金属化层耐熔蚀和耐焊接热 IEC 60068-2-58 试验 Td

概述

原则上，可焊性试验希望得到定量的客观的结果，而不是定性的主观的结果，本规范是用于表面安装元器件的定性检验，作为在定量测试程序之前的一种过渡方法。

局限性

对于镀有纯锡引出端的样品，在235 ℃条件下的浸渍试验得出的结果可能与装配条件下，例如用低于锡熔点的气相焊接性能不一致，在215 ℃温度的试验就用于解决这一问题。

严酷度选择

1） 温度为235 ℃、时间为2 s的浸渍和温度为260 ℃、时间为10 s的浸渍

这些条件分别是试验可润湿性和耐焊接热的常规条件，应指出，由于润湿性是在浸渍后评价的，本方法不能测量润湿速度，然而可指明在规定的时间内是否能达到合适的润湿程度。

有关规范可以规定浸渍时间为5 s的较低的耐焊接热等级。

2） 温度为215 ℃、时间为3 s的浸渍

这个条件是在相对较低温度下进行的试验，适用于气相焊接，因为在235 ℃条件下得到的结果与215 ℃条件下的结果不须有任何相关性，由于在已经润湿的表面的润湿反应估计较慢，所以规定了一个较长时间，在槽焊与汽相焊之间并不总是存在一定关系。

3） 温度为260 ℃、时间为30 s的浸渍

在波峰焊过程中，金属化层熔解的速度比静态浸渍中大得多，在波峰焊、回流焊或汽相焊接之后可能还要用烙铁进行修整返修，因此规定了一个在较高温度下较长时间的浸渍以试验金属化层在熔融焊料中的耐熔解性。

有关规范可以规定10 s或20 s浸渍时间的较低等级的耐溶解试验。

4） 浸渍姿态

当试验一定大小的扁平样品（例如陶瓷芯片载体）的耐焊接热时，若使密封面垂直状态浸渍，则将不能承受在实际焊接过程中在其厚度上产生的热梯度，在这种情况下，规范编制者应选择姿态B（悬浮状态）。不希望对不同大小样品选用不同浸渍时间。

8 试验条件说明

8.1 分类

图1给出了组成试验T的各个部分和各种方法以及它们之间相互关系。

方法1A(260 ℃焊槽)、方法1B(350 ℃焊槽)和方法2(350 ℃烙铁)本身不是一种试验方法，更多的是模拟对于诸如电性能和引出端强度等试验之前的气候暴露，它们不包括焊接过程中耐机械应力的试验程序。

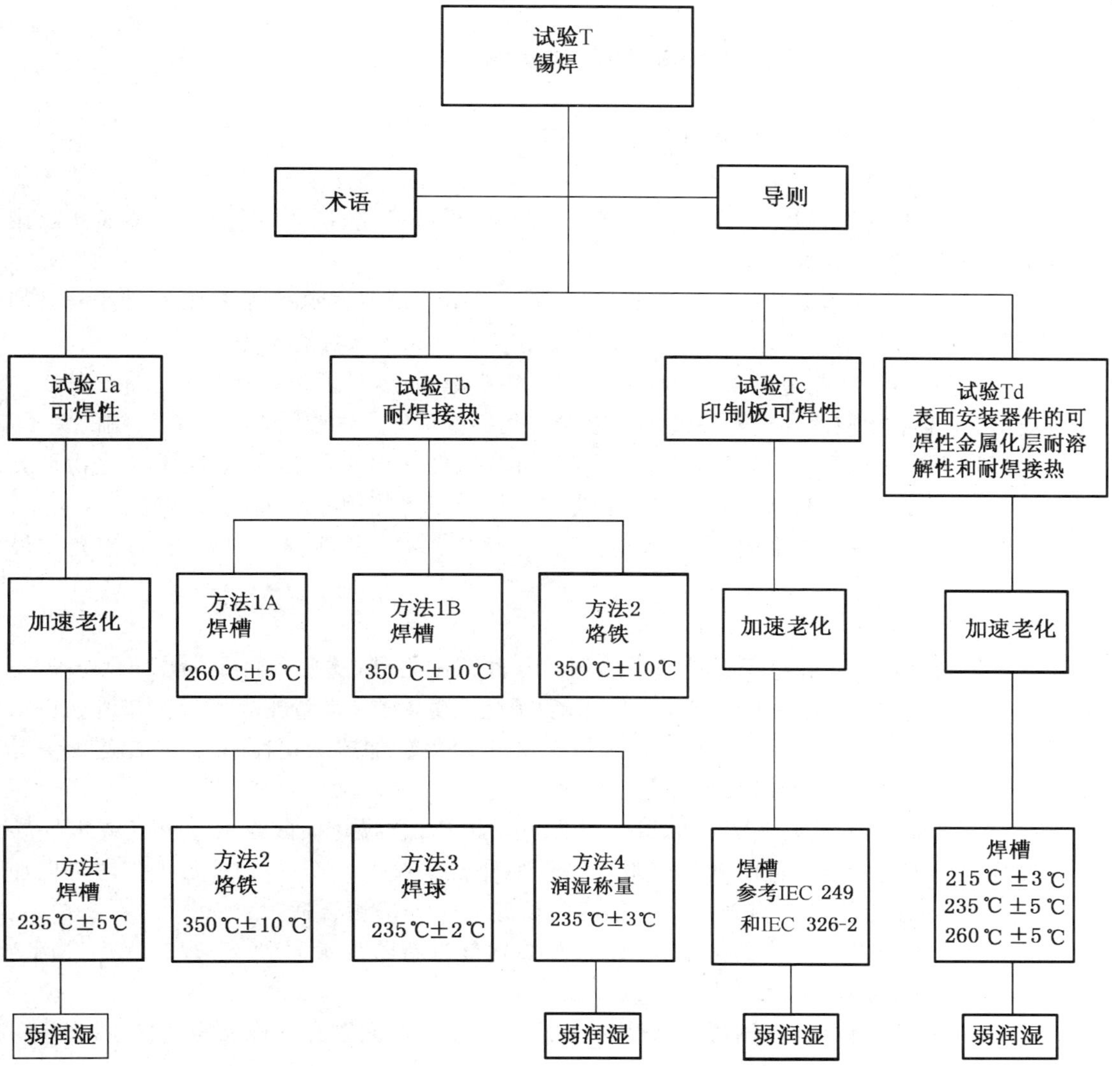

图 1

8.2 试验材料选择

8.2.1 焊料选择

在电子和电工设备中焊接用焊料大多采用60%锡和40%铅的焊料合金，所以所有试验也选用焊料，经验表明：杂质含量符合GB/T 2423.28—2005附录B的要求时，不会影响焊料的润湿能力。

8.2.2 焊剂选择

在电子和电工设备中焊接用焊剂大多采用带有活性剂的松香焊剂(改性的或天然的)，活性剂的作用是改进熔融焊剂的润湿性或增加其对金属氧化层的溶解速度，活性焊剂可以产生非常短的焊接时间，它们一般是不公开配方的专利产品。为了避免为每一种活性焊剂规定焊接时间的困难包括最坏的情况，对焊接试验我们宁可采用非活化的松香焊剂，以使焊接持续时间易于测量，只有在不使用活性焊剂无法进行焊接的情况下，才允许使用规定的活性焊剂。

必须强调指出，可焊性规范中的活性焊剂不一定能表示产品其在生产中的实用性，也不保证其残留物没有腐蚀性。当为生产焊接选择助焊剂时，应参考现有的大量针对活性助焊剂的国际标准。

最常用的焊剂是异丙醇松香溶液或酒精松香溶液。焊球法试验表明，松香重量比在25%～40%之间变化时不影响焊接时间，考虑到试验过程中因溶剂蒸发导致浓度增加时不影响试验结果，选择按重量比为25%的浓度作为标准浓度。

8.3 加速老化方法

自然老化(印制电路板组装前的贮存)对引出端的影响主要取决于三个因素：

a) 封装形式；

b) 元件存放的自然环境(温度、相对湿度、大气污染等)；

c) 材料及其镀层的特性。

据此，尽管制造工艺一样，但由于自然老化方式不同，如扩散氧化、硫化、部分水化解或甚至显著腐蚀均可使原本相同的镀层的润湿性发生变化。

人们曾幻想能预计表面润湿性的任何精确变化，研究文献清楚地表明：尽管精心设计了一种加速老化试验，结果还是无法确切地说出用 m 天或 p 小时暴露来模拟 n 年的自然老化。

但是，由于电子元器件在制造出来后几个月甚至几年都不用上，对设备制造者来说维护其表面润湿性是十分重要的，一定不能使用那些在短期内不能给出足够保护能力的镀层。举一个极端的例子，将无钝化的镀银层暴露于硫化气氛中，尽管最初是完全润湿的，但经几周或几天后(取决于硫化物种类及浓度)即使用很强的活化松香焊剂，其润湿性实际上为零。尽管不可能用一种方法来精确预言老化特性，但大量预计表明可以适当解决这个问题，办法是在下述三种(事实上是四种不同方法)可选择的最佳老化试验方法中选择一种。

假设的程序

a) 模拟自然老化均不应在电子元件通常遇到的条件范围之外，这些条件是温度 0 ℃～35 ℃，相对湿度 50%～90%，而且没有例如二氧化硫、硫化氢等存在，如果规范编写者知道这些条件不能满足，则他不能也不允许实施 GB/T 2423.28—2005 的加速老化程序，如果在这种情况下需要老化，必须采用模拟专门气氛的专门程序。

b) 规范编写者知道，对于规定表面的退化过程可以预计，金属间扩散或由于氧气或水气导致表面变化。对于前者最合适的老化试验是方法 3(干热试验 Ba 155 ℃，16 h)该方法可以加速金属间扩散，对于后者可选用方法 2(长期湿热试验 Ca，10 d)更合适。

c) 若规范编写者无法预计其变化过程，或者有关规范没有给出镀层种类，这时优先采用方法 1(蒸气老化)，按所需严酷度选择 1 h 或 4 h。

   1 h 老化适合于元件制造以后很快就用的情况。对于长时间贮存的样品应选择 4 h 老化。

9 要求和结果的统计特性

GB/T 2423.28—2005 规定了电工和电子元件的可焊性试验。

本导则通过描述基本概念，帮助规范编写者和使用者选择一种特定的试验方法和了解所得结果的正确意义。

但对于特别重要的两点在本文中没有讨论，必须包括在有关元件规范中，这两点是：

a) 施加的严酷度；

b) 通过该试验得到的质量保证水平。

规范编写者对这两件事必须明确地加以规定，而这个精度将得出各种要求和可接收极限的表述，后者是建立在可润湿性统计基础上的(见第 6 章)。

如果在有关规范中由于不懂或疏忽将这两点规定得不合适，则严酷度和可接收质量水平就可能达不到用户实际需要。

例如：

a) 由于没有实际正当理由规范编写者规定的润湿时间太短(例如 0.2 s)就可能给使用者造成不必要的经济损失，规定时间太长(例如 5 s)，元件供应商没有困难，但使用者则会造成大批返工。

b) 假如一个合适的润湿时间被固定下来，然后必须确定出有缺陷产品的最大可接收比例，并且，抽样必须以一个可接收的置信水平保证不会超过这个比例。

要求做到这点而不仅是引起对这个问题的注意超出了本导则的范围，有关元件规范编写者关心的是小心地选择要求和极限以确保可焊性接收水平设定在一个满足使用者需要的数值。

编制元件详细规范的两点建议：

1) 在GB/T 2423.28—2005中，对每一种试验方法都附有一个表，给出了有关规范中需要考虑的信息，规范编写者必须以清楚而正确的方式加进去，不能有含糊或差错，若有关规范为此已留出了专门章条，尽管它重复在其他章条中已经给出的信息，并指出若干点不适合，这样就更为方便。

2) 抽样要求的选择与拒收在统计上相关，可焊性试验从来不是单独做的，它有一个统计特性，很少能给出清楚直观的结论。对于产生单一数据的试验方法，例如7.4的焊球法试验给出的润湿时间，可以用对数正态分布进行处理评价，具体方法如下：

a) 将测试结果按顺序从小到大排列；

b) 每个读数给出一个纵坐标距 y：

$$y = 100 \times \frac{(M-0.5)}{n}$$

式中：

M——读数顺序号；

n——总的读数。

假设 $n=50$，y 将是1～99的奇数。

——将结果描在对数正态纸上；

——画一条最切合的直线；

——读出直线在 $y=99.99$ 处的读数 B。

这就给出焊接时间大于 B 秒的概率是万分之一。

注意这个程序是认为50个数据是来自同样的样品。通常的情况是样品数量太少或随机性不足来有效使用统计分析的方法。

第三篇 润湿称量法可焊性试验导则

参照GB/T 2423.32—2008，附录B

注1：自从本部分出版后，现在的试验结果已经普遍采用个人计算机系统代替图表记录、处理和保存。相应地，GB/T 2423.32—2008在原始描述上也已经作出了一些小的改变。

注2：括号中的数字对应GB/T 2423.32—2008中附录A的相应条款。

10 总则

10.1 润湿性测量的定义

当试样浸入熔融的焊料浴时，润湿称量法可以把作用于试样上的垂直方向的力作为时间的函数表示出来。试样的润湿性由力和时间的关系推导：比如达到既定润湿程度的时间或在规定时间内达到的润湿程度。

润湿性的规范可以要求力-时间曲线上的若干点符合规定值。可以用本导则所建议的那些点和数值。

试验设备应符合某些要求以得到可再现及定性的结果。本导则也给出了这些要求和基于这些要求的鉴定方法。

10.2 试样的形状

试样可以是任何形状，但是为了简化曲线的解析及力值计算，试样浸渍的部分最好具有均匀的截面。为了减少计算的误差，试样的测试表面应在与垂直方向倾斜15°的角度范围内浸入，并且如果试样的浸入端需要修剪，应该修剪成与垂直轴线成直角并且没有毛刺。

润湿称量试验能够应用于具有很大的不能被焊料润湿的区域的试样如片式电容器或印制板样品。然而，这些不润湿区域会对力-时间曲线造成扭曲。因此，现行的试验规范专门用来作为测试元器件可焊端的试验方法，这种可焊端整个截面的周边都可以被焊料润湿。

10.3 试样的准备

试样采用浸渍助焊剂及去除多余助焊剂的标准程序是重要的，可以使得曲线在测试过程中不会因为溶剂挥发或是助焊剂滴落而受到扰动。

11 测试设备的特性

11.1 记录装置

如果用到图表记录仪，仪器应满足下述要求：

零点调节

在试验周期中，当从不润湿的状态转变为润湿的状态时，作用于试样的力的方向发生改变。在某些情况下，浮力可导致润湿曲线的相当大的垂直偏移。因此，为了在最高灵敏度条件下记录整个润湿曲线，有必要操作图表记录仪使零位在图表中央或适当偏移但保持整个曲线记录在图表上。

响应时间(见GB/T 2423.32—2008中的A.1)应该足够小以保证记录设备精确复现润湿力出现的快速变化，特别是在润湿的开始阶段。尽管理论上响应时间应该无穷小，但实际上最长响应时间达到0.3 s就被证明是符合要求的。所以图表记录仪可以被用来作为记录装置。

下面的步骤是用来测试设备的响应时间和零点稳定性的。它要求用一个已知质量的砝码(应该足够使得记录笔从中央零点到满刻度的偏转)和形状适合携带该砝码的夹具。

a) 夹具到位，设备调零；

b) 在最高速度档位开始作图；

c) 将砝码放在夹具上；

d) 2 s或3 s后取走砝码，使图表继续运行；

e) 再过2 s或3 s后，重新将砝码放在夹具上；

f) 重复a)～e)至少5次，关掉图表设备。

图表上得到的曲线给出了该设备在所选档位的灵敏度，记录笔的响应时间及其回复零点的一致性。

灵敏度调节(见GB/T 2423.32—2008中的A.2)

灵敏度调节范围的规定使得不同尺寸的试样得以试验。通过配有一定放大调节功能的图表记录仪，灵敏度的范围是容易得到的。如果这些满刻度的力在20 mN～1 mN之间(相当于增加2 g～100 mg质量)，周长范围在20 mm～1 mm之间的试样能够适用。

绘图速度(见GB/T 2423.32—2008中的A.3)

最小绘图速度应达到10 mm/s以保证对力-时间曲线上拐点的足够鉴别。

11.2 平衡系统

弹簧的刚度(见GB/T 2423.32—2008中的A.6)

平衡系统用于测量作用于试样的实际力而引起的弹簧组件的位移。这种位移导致浸入焊料的试样的深度变化，从而相应引起浮力的变化。因此要求弹簧系统要有足够的刚度以使得测试过程中弹簧本身的偏移和由此引起的浮力的变化相对于测量中的其他力相比可以忽略不计。

噪音量级(见GB/T 2423.32—2008中的A.4)

在最灵敏的试验量程档，平衡系统和放大系统的机电噪音量级不应超过信号量级的10%。

11.3 焊料槽(见GB/T 2423.32—2008中的A.7)

焊料槽应有足够的热容量，以保证测试温度保持在要求的精度。试样应离浴锅壁足够远，以保证作用在试样上的力不受焊料表面边缘曲率的影响。选择235℃的槽温的目的是为了提高试验的鉴别力。某些镀层,如镀亮锡或镀金,当在235 ℃～250℃之间浸入Sn60%Pb40%焊料时,其溶解速率表现出很大的变化。对于这种情况,有关规范应说明是否要使用250 ℃的槽温来测试。

11.4 焊料槽的升降机械装置和控制装置

浸渍深度(见GB/T 2423.32—2008中的A.9)

试样浸入熔融焊料的深度(应规定)必须满足下列条件:

a) 在润湿过程中,焊料弯月面的爬升要超过关注的区域。同时,试样要与焊料槽底部保持一定距离,必要时需修剪试样的末端;

b) 弯月面所超过的区域最好具有均匀的截面;

c) 浸渍深度的调节误差应在±0.2 mm范围内以保证最坏的情况下,浮力修正(一般很小)维持在10%以内。

注:浸渍越深,浮力线偏离中心零位越大,即使对完全润湿而言,最终的信号可能仍保持在初始平衡点之上。

然而,浸渍越深,从焊料到试样热传输的有效界面越大,因此润湿过程越不会受热传输效应而延迟。

浸渍速度(见GB/T 2423.32—2008中的A.10)

对于标准模的操作模式,浸渍速度控制在16mm/s～25mm/s范围内为宜:太快会在焊料槽中产生冲击波(干扰力值测量);太慢使得在弯月面爬升的重要初始阶段,焊料槽仍在移动中。

浸渍持续时间(见GB/T 2423.32—2008中的A.11)

焊接过程时间超过10 s的试样通常是不可接收的。然而,对于不好焊的或热容量大的试样,为了收集足够的信息,需要停留10 s的时间。对于小试样如引线,通常停留5 s的时间已经足够。

关于焊料和试样间界面稳定性的信息,可以通过在测试开始时和浸渍时间结束时的力值的比较来获得。

12 典型的力值-时间曲线示例

在这些示例中,作用于试样上的力,曲线中向上的部分表示不润湿状态,用正值表示;曲线中向下的部分表示润湿状态,用负值表示。

在抵消试样质量的情况下,虚线表示在测试开始的状态。水平实线表示当润湿力为零时的浮力偏移。

试样的浮力能够通过浸渍部分的体积和所取代的熔融焊料的密度的乘积来计算。在235 ℃的规定测试温度下,Sn60% Pb40%焊料的密度采用8 155 kg/m^3。

13 力值-时间曲线中的测试参数

13.1 测试标准的选择

既然本测试方法的优点之一是能考查整个润湿过程,当决定需要达到的测试要求时,宜采用列于GB/T 2423.32—2008中6.4内一个以上的参数是合适的。

润湿开始的时间

在点A(GB/T 2423.32—2008中图2),润湿过程从不润湿状态到焊料的弯月面开始要爬升超过焊料的高度的点。A和t_0之间的间隔即为润湿开始的时间。对于用批量焊接过程装配的元器件,润湿开始的时间在1 s～2.5 s,取决于助焊剂的类型和试样的热特性。

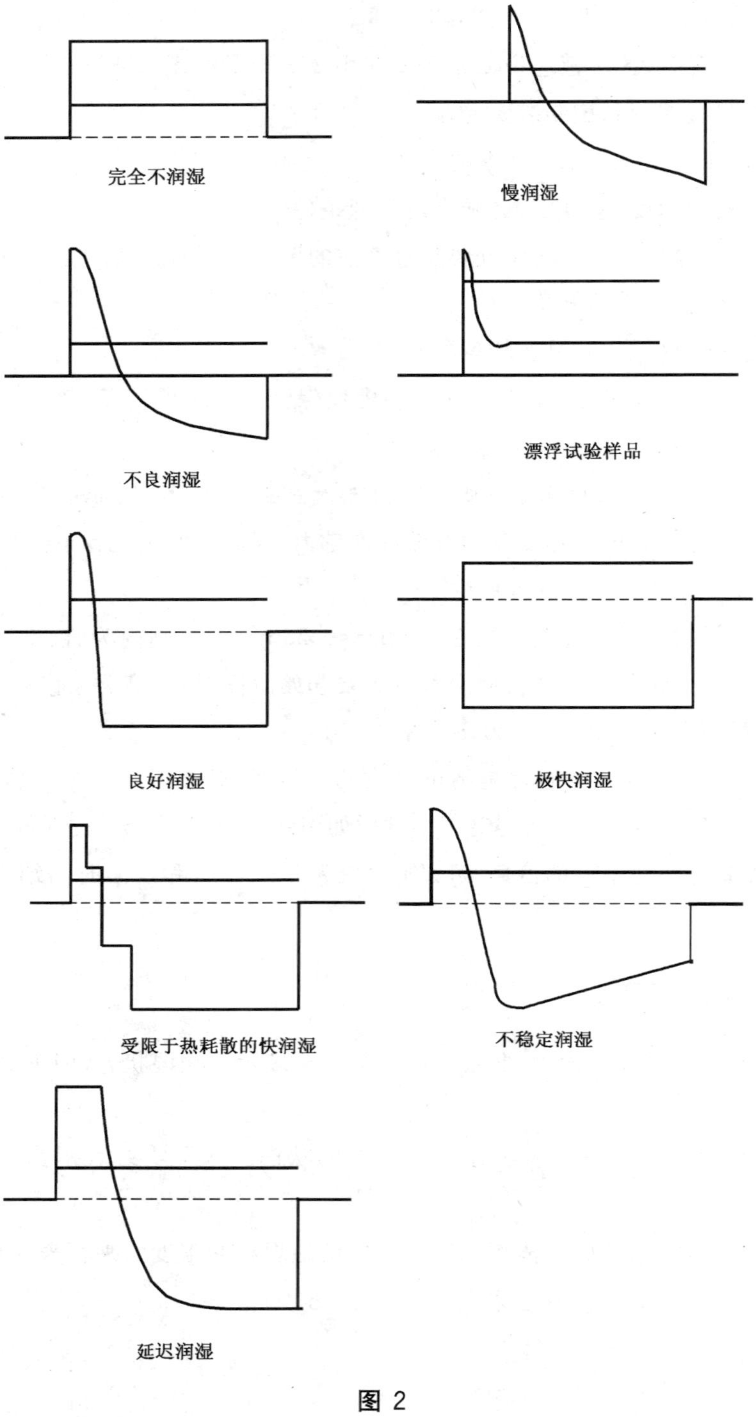

图 2

润湿发展

参考润湿力是采用特定系统得到的最大值。特别是对于高热容量的试样，这个值往往会持续下降，会导致某些时间的读数不清晰。通过选择参考润湿力的特定部分作为一种测试基准（准则），不仅使得润湿的可接收程度更接近实际水平，而且使得在适当时间的力值读数更加简单化。

润湿稳定

在达到最大力值 B 后，弯月面会维持稳定，同时力值也不发生变化。然而这种稳定性会被试样表面和焊料发生的反应或是界面间的层间反应产物的形成所破坏。此外，残留的助焊剂可能会挥发或分解或迁移到焊料浴表面上。这些影响可能会导致测量的力值降低，因此试验末期的力值 C 比已记录的 B 值低。这种不稳定性是不理想的。

因此建议，对于 5 s～10 s 的试验周期，

$$\frac{\text{C 点的力值}}{\text{B 点的力值}}$$

应超过 0.8。

13.2 参考润湿力

GB/T 2423.32—2008 中的 6.3 描述了确定参考润湿力的步骤，采用了能提供测试表面润湿的较佳条件的处理方法。

在应用上述测量参考值时，要把对表面条件未知的试样的测试结果与这种材料在给定形状和规定的试验条件下得到的最佳润湿值进行比较。

如果材料本身难以与焊料湿润，按上述方法测得的参考润湿力表示的是润湿程度很低的参考值。

为了得到与试样无关的润湿标准，实际的参考润湿力能与按如下方程计算得到的理论润湿力进行比较。

$$F(\text{mN}) = g \times \rho \times V - \gamma \times p \times \cos\theta$$

式中：

p——试样浸渍部分的周长，单位为毫米(mm)；

V——试样浸渍部分的体积，单位为立方毫米(mm^3)。

这个关系式基于下列假设：

a) 理论润湿力 F_{theor} 作用于试样表面的平面(也就是接触角为零，$\cos\theta=1$)，代入方程，$F_{\text{theor}}=g \times \rho \times V - \gamma \times p(\text{mN})$；

b) 在 235 ℃时，相应于规定的助焊剂和焊料，表面张力 γ 为 0.4N/m(0.4 mN/mm)；

c) 为了便于计算，$g \times \rho$ 大致可以采用 0.08 mN/cm^3(g 是重力加速度，ρ 是焊料在 235 ℃时的密度)。

ICS 19.040
K 04

中华人民共和国国家标准

GB/T 2424.26—2008/IEC 60068-3-8:2003

电工电子产品环境试验 第3部分:支持文件和导则 振动试验选择

Environmental testing for electric and electronic products—Part 3:Supporting documentation and guidance—Selecting amongst vibration tests

(IEC 60068-3-8:2003,Ed 1.0 ,IDT)

2008-12-30 发布　　　　2009-10-01 实施

中华人民共和国国家质量监督检验检疫总局
中国国家标准化管理委员会　发布

前　言

GB/T 2424包含以下部分：

——GB/T 2424.1　电工电子产品环境试验　高温低温试验导则

——GB/T 2424.2　电工电子产品环境试验　湿热试验导则

——GB/T 2424.5　电工电子产品环境试验　温度试验箱性能确认

——GB/T 2424.6　电工电子产品环境试验　温度/湿度试验箱性能确认

——GB/T 2424.7　电工电子产品环境试验　试验A和B(带负载)用温度试验箱的测量

——GB/T 2424.10　电工电子产品基本环境试验规程　大气腐蚀加速试验的通用导则

——GB/T 2424.13　电工电子产品环境试验　第2部分：试验方法　温度变化试验导则

——GB/T 2424.14　电工电子产品环境试验　第2部分：试验方法　太阳辐射试验导则

——GB/T 2424.15　电工电子产品环境试验　第3部分：温度/低气压综合试验导则

——GB/T 2424.17　电工电子产品环境试验　锡焊试验导则

——GB/T 2424.19　电工电子产品环境试验　模拟贮存影响的环境试验导则

——GB/T 2424.22　电工电子产品基本环境试验规程　温度(低温、高温)和振动(正弦)综合试验导则

——GB/T 2424.25　电工电子产品环境试验　第3部分：试验导则　地震试验方法

——GB/T 2424.26　电工电子产品环境试验　第3部分：支持文件和导则　振动试验选择

本部分为GB/T 2424的第26部分。

本部分等同采用IEC 60068-3-8:2003(Ed1.0)《环境试验　第3-8部分：支持文件和导则　振动试验选择》。

为便于使用，本部分做了下列编辑性修改：

——“IEC 60068-3的本部分”一词改为“GB/T 2424的本部分”或“本部分”；

——用小数点“.”代替作为小数点的逗号“,”；

——删除国际标准的前言；

——为了与现有GB/T 2424其他各部分的名称一致而将本部分改为当前名称；

本部分引用的规范性文件中有一部分目前尚未转化为等同采用的国家标准，在引用这些规范性文件时仍以IEC/ISO的编号列出。

本部分由全国电工电子产品环境条件与环境试验标准化技术委员会(SAC/TC 8)提出并归口。

本部分起草单位：上海市质量检验技术研究院、信息产业部电子第五研究所、北京航空航天大学、广州大学、北京中元集团、上海自动化所。

本部分主要起草人：卢兆明、纪春阳、吴飒、徐忠根、王沈敏、李传日、张越、史晓雯、周骅、常少莉。

本部分为首次发布。

引　言

元件、设备和其他电工产品，下文中称样品，在生产、运输或使用中将经受各种不同类型的振动。在GB/T 4798中，不同的振动环境按其振动特性可划分为稳态和瞬态的。在GB/T 2423系列标准中，描述了关于稳态振动和瞬态振动的试验方法，而且提供了三个关于振动试验方法的标准，分别是：

——正弦振动(GB/T 2423.10)试验Fc:振动(正弦)；

——宽带(数控)随机(GB/T 2423.56)试验Fh:宽带随机振动(数控)和导则；

——混合模式试验(GB/T 2423.58)试验Fi:振动—混合模式。

电工电子产品环境试验
第3部分:支持文件和导则
振动试验选择

1 范围

GB/T 2424 的本部分提供了在 GB/T 2423 中试验 Fc 正弦、试验 Fh 随机和试验 Fi 混合模式振动模式等三种稳态的振动试验方法中进行选择的导则。第 4 章简要描述了这几种不同的稳态振动试验方法和它们的目的。本部分不包括瞬态振动试验方法。

在进行振动试验时,应该了解其环境条件,尤其是样品的动力学环境。本部分有助于环境条件信息的收集(见第 8 章)和动力学环境的估计或测量(见第 6 章),并举例演示如何确定最合适的振动试验方法。从振动条件出发,给出了选择合适试验的方法。由于实际的振动环境中,随机特性通常占主导作用,所以随机振动试验应该是最常用的方法。见第 7 章表 1。

下述试验方法可以用于试验之前、期间和之后对样品进行振动响应检查。如何选择合适的激励方法见第 8 章和表 2。

在本部分中,有关规范的编写者可以找到关于振动试验方法的有关信息和如何选择振动试验方法的导则。对于某一试验方法的试验参数或严酷度等级,应参照有关规范。

2 规范性引用文件

下列文件中的条款通过 GB/T 2424 的本部分的引用而成为本部分的条款。凡是注日期的引用文件,其随后所有的修改单(不包括勘误的内容)或修订版均不适用于本标准,然而,鼓励根据本部分达成协议的各方研究是否可使用这些文件的最新版本。凡是不注日期的引用文件,其最新版本适用于本部分。

GB/T 2421—1999 电工电子产品环境试验 总则(idt IEC 60068-1:1988)

GB/T 2422—1995 电工电子产品环境试验:术语和定义(eqv IEC 60068-5-2:1990)

GB/T 2423.10—2008 电工电子产品环境试验 第 2 部分:试验方法 试验 Fc:振动(正弦)(IEC 60068-2-6:1995,IDT)

GB/T 2423.56—2006 电工电子产品环境试验 第 2 部分:试验方法 试验 Fh:宽带随机振动(数控)和导则(IEC 60068-2-64:1993,IDT)

GB/T 2423.58—2008 电工电子产品环境试验 第 2-80 部分:试验方法 试验 Fi:振动 混合模式(IEC 60068-2-80:2005,IDT)

GB/T 4798 系列 电工电子产品应用环境条件(IEC 60721-3 系列,IDT)

GB/T 14412—2005 机械振动与冲击 加速度计的机械安装 (ISO 5348:1998,IDT)

GB/T 16499—2008 安全出版物的编写及基础安全出版物和多专业共用安全出版物的应用导则(IEC 104 导则:1997,NEQ)

GB/T 2298—1991 振动和冲击 词汇

3 术语和定义

本部分所使用的术语和定义通常在 ISO 2041、GB/T 2421—1999、GB/T 2423.10—2008、GB/T 2423.56—2006已有规定。为了便于读者,这里给出了其中一种定义,指出了它的来源,并指出了这些源标准定义的区别。

3.1

动态条件　dynamic conditions

描述样品振动环境的所有参数。

3.2

稳态振动　stationary vibration

所有与振动有关的参数(统计的和频谱的)不随时间变化的振动类型。

3.3

扫频　frequency sweep

在正弦振动试验期间改变激励频率。

注：关于正弦试验进一步的定义，见 GB/T 2423.10—2008。

3.4

线性频谱　linear spectrum

用于表示周期信号的频谱类型，通常由快速傅立叶变换(FFT)计算得到，量纲可为 $m/s^2 \cdot s$ 或 g/Hz 或 $g \cdot s$。

[IES-RP-DET 0121]

3.5

加速度谱密度　acceleration spectral density

ASD

用于表示稳态随机信号的频谱类型，通常用离散傅立叶变换(DFT)的平方计算得到，即一个加速度信号在某个中心频率上通过一个窄带滤波器部分的均方值除以单位带宽，当单位带宽趋向于零和平均时间趋向无限长时得到的极限值，有时也称为自功率谱，单位可以是 $(m/s^2)^2/Hz$ 或 $g_n{}^2/Hz$。

[ISO 2041，有修改]

3.6

自相关　autocorrelation

同一信号中的一部分与另外一部分(在给定时间偏移下)相关程度的统计度量。

注：自相关函数的傅立叶变换是自功率谱(或 ASD)，量纲为比值，取值从 −1 到 +1。

3.7

统计自由度　statistical degrees of freedom

DOF

用时间平均方法来估算随机数据的加速度谱密度时，统计自由度取决于频率分辨率和有效平均时间。

[GB/T 2423.56—2006 的 4.3.5，ISO 2041，有修改]

3.8

危险频率　critical frequency

下列情况下的频率：

——出现由于振动引起的样品功能失效和/或性能退化；和/或

——出现机械共振和/或其他响应效应，如颤振。

4　振动试验方法描述

4.1　总则

环境试验用于在实验室内模拟真实振动环境的效应。振动试验是在振动台上采用不同的输入信号激励样品。试验方法按输入信号的特性分类。

4.2 试验方法

正弦和随机振动是不同的物理过程，对样品上产生不同的作用。有关规范的编写者应该知道，由于物理过程不同，在正弦和随机振动试验之间没有严格的等效关系。强烈建议不要试图进行正弦振动到随机振动的严酷度等级转换，反之亦然。

下面给出了各种振动试验方法的简要描述。

4.2.1 正弦振动试验

正弦振动试验(GB/T 2423.10—2008)使用固定或变化的频率和幅值的正弦信号。在每一瞬时仅施加一个频率。试验条件包括频率范围(频带)或固定频率、振幅和试验持续时间。

真实环境中正弦振动很少以单一频率的振动形式独立出现。即使在旋转的机械上直接测量加速度时也是这样。如齿轮和轴承，实际存在的公差和间隙，通常导致在频率上有微小的变化。旋转机械的随机特性也会产生某种形式的随机振动。

正弦振动可以描述为确定性运动，遵循确定的规律，完全可以从过去的状态来确定未来任意指定时间的状态。

在进行正弦扫频试验过程中，该方法通常用来确定出现失效的时刻，因为这个失效很可能是和特定频率密切相关的，而用随机振动试验方法这种相关效果不是很明显。当然，相对于随机试验方法，正弦试验方法通常需要用更长的时间激发出失效，这是因为在每次扫频过程中，在每个共振点上只作用很短的时间。尽管在任一时刻只施加一个频率，如果扫频速率足够慢，确实可以使得样品的特定共振峰达到最大。也可用来发现潜在的破坏性共振点，尤其是在设计和研制试验中。

正弦振动试验的另一个用途是在以下频率上的驻留试验：

a) 已知的强迫频率；或

b) 样品的谐振频率。

4.2.2 随机振动试验

随机振动试验(GB/T 2423.56—2006)的激励使用一个无规则的随机输入信号，该信号在所有时间内包括规定频率范围(带宽)内的所有频率分量。其瞬间值服从正态(高斯)分布。在频率范围内的分布用加速度谱密度(*ASD*)曲线表示。

随机振动是发生在真实环境中最常见的激励类型。它的未来瞬间值是不能以过去的状态来预知的，只能基于概率进行预测。事实上，这种特性适用于疲劳、交变应力等大多数与随机振动相关的计算中。

与正弦试验不同，在持续时间内随机振动始终在激励谐振，尽管达不到最大值。试验室的大部分随机信号含有3倍均方根值，这意味着在试验频率范围内激励的瞬间值可以从零延伸到3倍总均方根值(r. m. s)。对随机激励要考虑的更大的不同是在过零交叉点之间会出现大量的应力交变，既有正向也有或负向。这个性质将影响疲劳累积损伤从而影响发生失效的预期寿命。

4.2.3 混合模式试验

混合模式试验(GB/T 2423.58—2008)将正弦和随机信号组合在一起。可以模拟一个以上振动源的环境。依据振动源的形式，试验分别为：

——正弦加随机(SoR)；

——随机加随机(RoR)；

——正弦加随机加随机(SoRoR)。

注：本部分不包括随机加冲击(类似炮击试验的瞬态随机振动)。

混合模式试验同时具备了正弦和随机试验的优点，可能更接近真实环境。此外，可以更大程度地进行剪裁从而将欠试验或过试验导致的灾难性结果最小化。这种试验方法的主要缺点是增加了理解、规范、控制和验证试验的复杂性。

4.3 加速试验

为了限制试验时间，必须把试验的严酷度等级提高至高于实际的动态条件。通过增加振动的量值，增加样品受到的机械应力来缩短疲劳寿命。通常，加速试验可用于所有上述的试验方法。

加速试验在选择加速因子时很大程度上需要工程判断。不同失效模式的加速因子差别很大，同时也依赖于样品自身的结构(如由于松散产生的敲击，非线性)；材料(加工痕迹，焊接，热处理)；载荷和其他一些环境条件。当使用高加速因子时，会产生在样品上一些与实际情况不符的失效方式和失效位置(GB/T 2421—1999)或者是重要的失效方式被遗漏。例如，零部件间由于松动导致的磨损被与实际情况不符的高量级试验抑制。

软钢加速因子的示例：

对软钢的疲劳失效方式，推荐加速因子不大于 2。试验加速度量级 a_{test} 应该不大于实际量级 $a_{real\ life}$ 的 2 倍。对于正弦试验，意味着试验幅值 a_{peak} 应小于实际量级 $a_{peak,\ real\ life}$ 的 2 倍。加速随机试验激励的均方根值 a_{rms} 应被限制在实际均方根值 $a_{rms,\ real\ life}$ 的 2 倍以内。

正弦：$a_{peak} < 2a_{peak,\ real\ life}$；

随机：$a_{rms} < 2\text{X}a_{rms,\ real\ life}$。

注：对软钢的疲劳失效方式，采用加速因子 2，试验时间所减少的倍率介于 8～32 间的范围。

如果知道样品、失效模式、损坏位置、该位置的应力、材料及其疲劳特性描述(S/N-曲线)的详细资料，可采用更高的加速因子。参照材料的应力-循环失效曲线，可以通过减少循环次数及提高试验应力量级，选择一个达到失效的实际循环次数。对加速疲劳试验，推荐采用固定频率或谐振频率正弦激励。

5 样品的振动环境

5.1 总则

环境试验是在实验室模拟下列真实振动环境影响的效应，下面给出了评估振动环境的方法。

5.2 收集资料，为决定做准备

按 GB/T 20159 的规定确定样品寿命周期。

按寿命周期的每个情况描述样品的动态条件。

识别并描述使用中遇到的振动：

——评估外部的影响；

——评估内部的影响(机械振动和样品受激励谐振，间隙和敲击)；

——评估交互影响。

5.3 动态环境的定义

根据 5.2 中收集的信息，可从表 1 中选择一个动态环境。如果没有合适的分类，环境条件的分类只能判断(见第 6 章)。

6 样品实际生命周期动态环境的估计

6.1 总则

如果实际的环境在 5.3 和表 1 找不到适合的分类，振动环境只能用其他方法确定。可以用一些不同的方法获得动态条件的信息：

——测量实际振动；

——用经验和工程判断；

——采用适当的标准，如 GB/T 4798 系列。

有必要确定何种形式更能代表实际寿命的环境，例如，用旋翼飞机运输的包装件，应规定使用随机加随机(RoR)而不是正弦加随机(SoR)。

——由以前的/相似的工程类推。

因为本部分的目的在于振动试验的选择，所以本章仅着意如何定义振动环境的类型(按正弦，随机或随机与正弦叠加类型)，而不是严酷度等级。推荐的方法是通过测量实际存在的振动，分析测量数据以定义环境的类型。前提条件是这种测量是可行的或测量数据已经存在。

注：由于推荐的方法是成本最高的，如果能运用测量数据制定出严酷度等级将有助于节约成本。

6.2 动态条件的测量

下文给出了为了本部分的目的而进行的振动数据测量和分析过程中主要活动的简要描述。

注：更多细节，可查阅 IES-RP DET 0121 和 DIN 30787。

6.2.1 方案

为了获得最有用的数据，慎密地制订方案是最重要的。包括下列步骤：

——选择测量位置(和方向)，应尽量靠近样品的固定点；

——选择传感器的类型和数量(ISO 5348)；

——选择数据采集系统；

——选择模拟/数字转换器(A/D)的动态范围和频率范围；

——定义测量设备的运行条件和测量持续时间；

——考虑并评估错误数据及其产生的原因。

6.2.2 校准

在进行任何测量之前，有必要对测量系统进行校准；也必须检查诸如过大的仪器本底噪音、间歇噪声或电源线引入噪声等引起的误差。此外，所有测量设备都应在校准有效期内。

6.2.3 数据采集

实际环境数据应从适当的使用环境中获得，包括气候或其他类似参数，因为这些可以对获得的信息产生影响且有助于解释异常结果。

6.2.4 再校准

完成 6.2.3 后，应重新校准或至少进行一次系统检查，以证实测量设备仍保持功能正常，且在校准范围之内。

6.3 数据分析

6.3.1 总则

在实际环境中，信号可能是随机的、确定的或兼有两种特性的，谱分析、概率密度和自相关是确认信号主要特征的有用工具。

注：这里假定被测的动态信号是稳态的，否则在分析时要进行专门处理来识别和分离信号，这样才能正确地使用上述分析技术。

在进行详细分析前，推荐分别在时域和频域上对信号进行目视检查。这将有助于识别以下误差：

——信号削波；

——虚假趋势；

——信号丢失；

——过大的数字噪声(如选择动态范围过宽的结果)；

——奇异点；

——模拟/数字(A/D)转换器失效。

对频谱数据进行目视检查时，可能会发现一些与某种物理现象相关的尖峰。这些峰可能是由周期性的振动源(如旋转机械)引起的，或者代表了结构上某个阻尼很小的共振，对于后一种情况谱峰所代表的是窄带随机信号而不是周期性信号。如前所述，区别这两种信号可以有三个方法，首先是直接用谱分析，其次是概率密度分析，第三是考虑采用自相关分析。

6.3.2 谱分析

当分析带宽不同时，周期性和随机性信号的表现也不同。理论上说周期信号谱峰是没有带宽的，在谱分析中,该峰值的带宽与分析带宽相同,即峰的宽度将随频率分辨率而变化。

当分析带宽远小于窄带分量的带宽时,窄带随机分量的特性与分析带宽无关。

用于窄带频谱分析的谱有两种:线性谱和自功率谱(或 ASD)。当使用线性谱进行分析时,如果分析带宽减小,窄带随机分量的峰值将减小,而周期性分量的峰值不变。另一方面,当使用自功率谱进行分析,如果降低频率分辨率或增加带宽时,周期性的分量的峰值将增加而随机分量的峰值大致不变。

6.3.3 概率密度分析

概率密度函数表示了一个信号的瞬时值取值为 x 的概率 $P(x)$。对随机信号而言,通常认为是正态分布(高斯分布)。

当处理准周期信号时,如果宽带随机信号中的周期分量的频率不固定,如,旋转机械的转速是变化的,或当周期信号的幅度是随机调制的,采用有限带宽的概率密度分析是非常有用的(IES-RP-DET 012.1)。

如果谱峰来自于窄带随机信号,经带通滤波信号的概率密度函数将非常接近于高斯形状。

单一频率正弦信号的概率密度函数见图 1。如果是一个正弦加随机混合的信号,其形状见图 2。

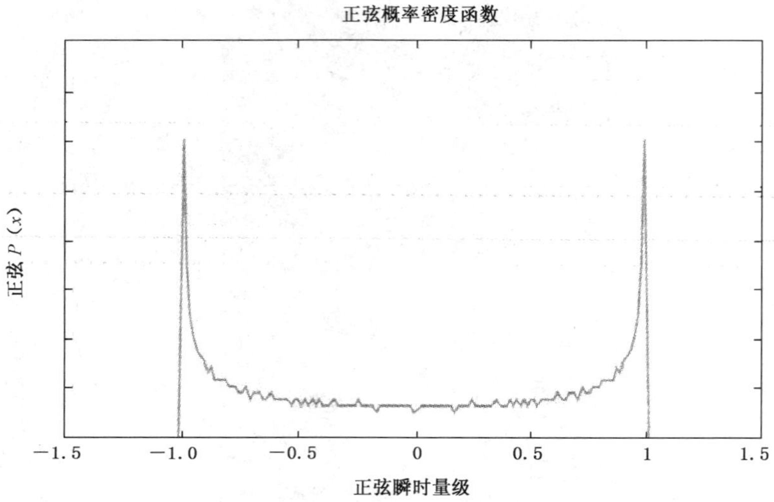

注:曲线的波动是由信号处理仪器的噪声引起的。

图 1 单一频率正弦信号的概率密度

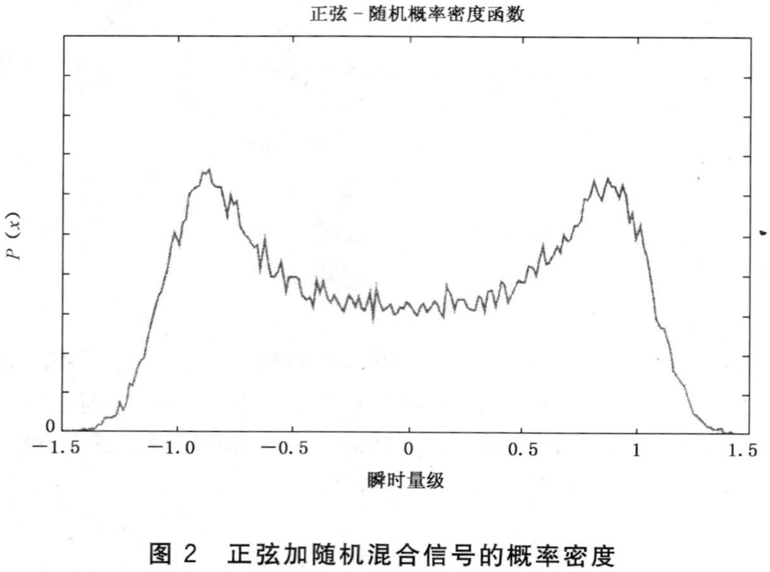

图 2 正弦加随机混合信号的概率密度

概率密度函数的形状可以提供在信号中不同分量的类型和量级比的重要信息。这些信息可以帮助从第 7 章中选取合适的试验方法。

6.3.4 自相关

自相关函数是自功率谱(或 ASD)的傅立叶逆变换,当要确定是否有正弦或随机信号时是非常有用的。

正弦时间信号的自相关函数总是正弦函数,如图 3a)所示。

用截止频率为 $B/2$ 的理想低通滤波器处理后的有限带宽随机信号,其自相关函数是 $\sin(x)/x$ 函数,其零点均在 $1/B$ 的倍数上(见图 3b))。如果随机信号经中心频率为 f_0 的带通滤波(窄带随机),其自相关函数的结果为图 3a)和图 3b)的乘积,如图 3c)所示,它是用 $\sin(x)/x$ 函数包络线进行调幅的余弦函数。

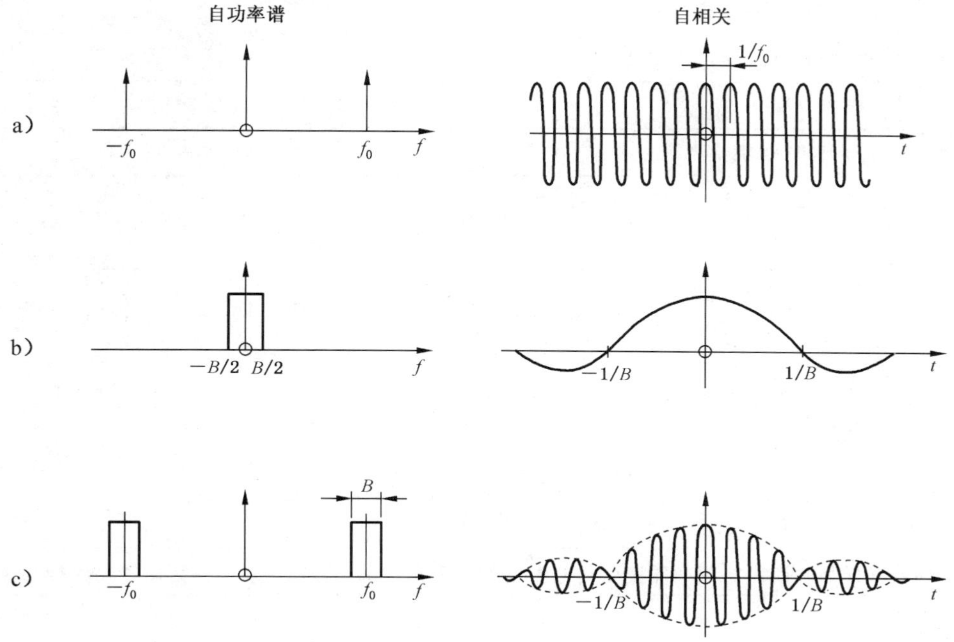

图 3a) 正弦波,频率 f_0;

图 3b) 有限带宽随机,截止频率 $B/2$;

图 3c) 窄带随机,带宽 B,中心频率 f_0。

图 3 各种信号的自相关函数(见参考文献)

7 试验方法的选择

7.1 总则

在确定采用适当试验方法时,需要用到下列信息:

——振动环境的描述(见第 5 章);

——环境类型的描述(见 5.3);

——动态条件的估计(见第 6 章)。

在对以上信息进行评估后,还需要确定将样品固定或安装到振动结构上或都不需要(如运输)。然后可以从下列试验方法进行选取(见表 1)。

如果已经按第 6 章对样品动态条件进行了估计,参见表 1 的最后一行。

注:关于数据处理和试验规范导出的详细说明,参见 DIN 30787-5。

表 1 振动环境示例和推荐的试验方法

GB/T 2423 推荐的试验方法		混合方式 GB/T 2423.58—2008	随机 GB/T 2423.56—2006	正弦 GB/T 2423.10—2008
振动试验信号的类型		随机+正弦	随机	正弦
样品的振动环境	存储		√	
	便携式使用		√	
	运输		√	
样品安装位置	建筑物/固定使用		√	
	建筑物,安装或靠近旋转机械或部件			√
	轨道和道路车辆		√	
	样品靠近或固定在发动机上	√		
	喷气飞机	√	√	
	直升机,螺旋桨飞机	√		
	航天飞船系统,模拟准静态载荷[a]			√
	航天飞船部件		√	
	船舶,螺旋桨驱动	√		
	船舶,推进驱动		√	
估计的动态条件,信号类型	随机+正弦	√		
	随机		√	
	正弦			√
注:动态条件的分级的描述,见 GB/T 4798。				
[a] 用一个远低于样品一阶固有频率的正弦信号激励若干个周期来模拟航天飞船发射阶段的线性加速度。				

7.2 正弦试验

正弦试验方法是动力学实验中最早使用的激励方法。有关正弦试验的描述可见 GB/T 2423.10—2008。

7.2.1 优点

正弦试验可以用简单低成本的试验设备来完成,特别适用于设计/开发阶段诊断用振动试验。

这种试验方法易于理解,振动响应易于观察。因此,正弦试验可用于系统响应检查,通常采用频闪仪就可观测幅值。

正弦试验可用于短时间的定振幅疲劳试验(加速试验见 4.3)。利用样品的谐振频率,可以用有限的振动推力来增加试验的应力。

7.2.2 缺点

在正弦试验中,可能会发生由于谐振作用产生的与实际情况不符的响应幅值,其结果是使试验的失效模式和失效位置不符合实际情况。

经验表明正弦试验的结果(试验失效)与样品的使用寿命期(在使用中失效)间的关联性有时较差。因此,正弦试验结果的评价需要更丰富的经验和一个评估过程。

7.3 随机试验

随机试验是常用的方法,在 GB/T 2423.56—2006 中有详细的描述。

7.3.1 优点

大部分运输环境具有随机特征。

如果可以得到的振动环境信息没有显示任何正弦分量，可以选用随机试验来替代混合模式试验。

许多谐振同时被激励，但谐振响应没有正弦试验强烈；因此，在谐振响应中不会产生与实际情况不符的疲劳损伤。

注：见 ASTM D4728。

7.3.2 缺点

设备较为昂贵复杂，进行这种试验需要有更丰富经验的人员。

7.4 混合模式试验

大部分新式的数字控制系统都配置混合模式的控制软件。目前混合模式试验的新标准(GB/T 2423.58—2008)已经出版。

7.4.1 优点

这种试验方法允许将不同类型振动激励按不同权重进行组合。它包括随机和正弦试验。

——正弦加随机(SoR)；

——随机加随机(RoR)；

——正弦加随机加随机(SoRoR)。

混合模式试验方法代表了当前技术的先进水平，使实验室产生的振动环境更接近于使用条件。因此，机械损伤和失效定位比其他试验方法更接近于真实情况。

7.4.2 缺点

先期测量和试验方法都需要对振动信号的随机和正弦分量进行精确描述。测量和数据分析的复杂程度远高于随机和正弦试验。

混合模式试验需要更高的峰值激振力，因此，在与正弦或随机试验相似的严酷度等级条件下要求试验设备具备更大的功率。

8 样品的振动响应检查

8.1 总则

有关规范若有规定，应在耐久性试验前后测量样品的振动响应，以暴露样品是否因为某些机械弱化，例如疲劳或磨损，造成动态响应的变化。

如果选用 GB/T 2423.56—2006 随机振动试验，为了确定控制过程中的频率分辨率，需要在耐久性试验前进行振动响应检查测出样品谐振的陡度。

通过测量整个样品或样品的某些部分的振动特性，如结构上不同测量点的响应，可以得到对样品的有用信息。

如果振动试验系统自身存在问题，去除样品后对系统进行响应特性测量可以提供有用的信息来解决这些问题。

本部分有助于为振动响应检查选择合适的激励方式，正弦或随机激励方式都可以。进行振动响应检查的激励方式与选用的环境试验方法应该是独立的，例如，当暴露环境是随机可用正弦激励进行检查或相反。表 2 给出了优选的振动响应检查方法。

8.2 目的和用途

有关规范若有规定，样品必须进行振动响应检查。振动响应检查目的如下：

a) 确定危险频率和/或阻尼比以选择耐久试验条件；

b) 发现耐久试验前后有无危险频率的变化，以评定在耐久试验过程中可能出现的疲劳损伤或失效，见 8.6；

c) 研究在正弦振动激励下样品的动态特性，可使用频闪观测仪；

d) 测量样品各点间的传递特性或传递函数以研究样品的动态特性；

e) 测量共振频率上的阻尼比以研究样品的动态特性；

f) 测量样品响应的非线性，以调查裂纹、敲击声、固定螺钉松动、硬化或弹簧软化；

g) 在试验条件下测量信号畸变（信号容差），在带样品时以评估试验效果；不带样品时以评估试验设备性能；

h) 测量试验设备的非线性，以调查零件的松动或功放运行的性能。

有关规范应规定激励的方式。如果需要比较耐久试验前后的危险频率，试验前后需要采用相同的激励方式，相同的过程和相同的振动量级，相同的夹具和相同的固定点。

8.3 正弦激励

推荐正弦激励：

a) 用示波器观察不同信号的时域波形，易于发现信号畸变；

b) 用频闪仪观测样品的状态；

c) 预计样品会有非线性响应时；

d) 为了找到使样品内部产生敲击声及其他异响的危险频率。

应该说明用正弦激励的方法可能导致对样品过度的谐振驻留时间和应力。

8.4 随机激励

随机激励在非线性结构样品上有一个线性化的效应。因此，当预计样品在响应检查量级激励与实际试验量级激励相比表现为线性时，才可以用随机激励来发现或测量谐振频率，阻尼比，传递特性和/或传递函数。

然而，如果怀疑系统具有非线性性质，其频率响应函数应当采用实际的输入或由实验室精确模拟实际的输入，而不是任意的实验室输入。事实上在这种情况下，用指定输入条件下得到的频率响应函数结果在最小二乘意义上是最接近线性的。

当正弦激励的方法可能导致对样品过度的谐振驻留时间和对样品过应力时，推荐使用随机激励。

通常，用120～200测量自由度（DOF）进行随机激励所用的时间要比正弦扫频激励短。用120～200自由度测量 *ASD* 已经足够了。如果统计精度要求较低，可以用小于120的自由度来测量传递特性或传递函数。

按照GB/T 2423.56—2006，应当使用在频域内连续分布的真随机信号。为缩短激励时间有时使用周期性信号或伪随机信号。因为这种信号在频域内不是连续分布的，所以在频域内可能分辨不出窄带或陡峭的特性。

8.5 问题调查（解决问题）

振动试验中的问题，诸如出现过大的噪声或敲击声，可能是由于安装夹具的松脱或谐振引起的。推荐在试验中用正弦激励方法以发现这类问题并观察激励信号的时域波形。正弦波形的畸变经常是由于敲击和间隙引起的。

可用随机激励的方法来发现振动系统（功放，激振器）的问题。应将振动系统当前的传递特性（驱动信号/振动台信号）与上次从振动系统安装或维修后测量得到的传递特性进行比较。

8.6 通过/失败判据

耐久试验前/后危险频率的改变，见8.2b），可用作判定通过/失败的准则。

在这种情况下有关规范应规定与样品相关的合适的振动模态或特性（例如最低谐振频率），对应的测量点，激励轴线和样品的安装方式。

应规定激励的性质（正弦或随机振动），应时刻记住这两个激励方式会给出不同的结果，尤其是对非线性响应进行精确调查时（见表2）。

还应该规定激励的严酷度等级（频率范围，振动量级和持续时间）。

有关规范应规定在这些模态上所允许最大百分比变化（频率减少），按下列之一取值：

(2,5,10,20)%危险频率变化（*CCF*）；

相应刚性的百分比变化（减少）是

(4,10,19,36)%(圆整值)。

当必须发现频率的微小变化时,使用足够精度的频率测量是非常关键的。如果采用随机激励的方法,可以通过增加分析仪的频率分辨率来实现,增加频率分辨率需要占用更多的分析时间。

推荐频率的最大允许误差:

(0.1,0.2,0.5,1)%对应上述危险频率变化(*CCF*)。

可以用经过修正的测量值计算实际频率变化。

如果在试验前后测得频率分别为 f_1 和 f_2(假定 $f_2 < f_1$)以及测量误差 ∇f,那么实际的危险频率百分比变化落在下面的区间内区间:

——最小 $[(f_1 - \nabla f) - (f_2 + \nabla f)]/f_1$

——最大 $[(f_1 + \nabla f) - (f_2 - \nabla f)]/f_1$

示例:

上面推荐的最大允许误差会导致危险频率变化的测量值落在以下区间内:

1.8%~2.2% (*CCF*=2%);

4.6%~5.4% (*CCF*=5%);

9.0%~11.0% (*CCF*=10%);

18%~22% (*CCF*=20%)。

8.7 有关规范应给出的信息

如果基于危险频率变化作为通过/失败判据时,在有关规范中应给出关于以下频率测量的细节:

a) 样品的安装;

b) 振动模态或特性;

c) 测量点;

d) 激励轴线;

e) 激励特征(正弦或随机);

f) 激励严酷度等级;

g) 危险频率最大允许变化;

h) 频率测量最大允许误差。

表 2 推荐的响应调查方法

性质	首选方式	
	精确的检查	短时间检查
样品的振动特性		
传递函数(传递特性)	正弦	随机
谐振频率	正弦	随机
阻尼比	正弦	随机
样品的非线性:裂纹,敲击声,脱落物,硬化或弹簧软化	正弦(检查时域波形)	
使用频闪仪的振动方式	正弦	
样品通过/失败,一般情况	随机	
试验设备的问题调查		
带或不带样品解决问题	正弦(检查波形)	随机(对照 $H(f)$)

参 考 文 献

［1］ IEC 60721-3-0:1984 Classification of environmental conditions part 3-0:Classification of groups of environmental parameters and their severities—Introduction

［2］ DIN 30787-2:1998 Transportation loads;Measurement and analysis of dynamic-mechanical loads—Part 2:Data acquisition and general requirements for measuring equipment

［3］ DIN 30787-3:1998 Transportation loads;Measurement and analysis of dynamic mechanical loads—Part 3:Data validity check and data editing for evaluation

［4］ DIN 30787-4:1999 Transportation loads;Measurement and analysis of dynamic-mechanical loads—Part 4:Data analysis

［5］ DIN 30787-5:1999 Transportation loads;Measurement and analysis of dynamic-mechanical loads—Part 5:Derivation of test specification

［6］ ASTM D4728:1995 ASTM Standard D4728-95:Standard test method for random vibration testing of shipping containers

［7］ IES-RP-DET 012. 1 Institute of Environmental Sciences and Technologies, IES Recommended Practice 012. 1—Handbook for dynamic data acquisition and analysis Randall, R. B. , and Tech, B, Frequency analysis, 3rd Edition, Bruel and Kjaer, September 1979

ICS 75.160.20
E 31

中华人民共和国国家标准

GB/T 2430—2008
代替 GB/T 2430—1981

航空燃料冰点测定法

Standard test method for freezing point of aviation fuels

2008-08-25 发布　　　　2009-02-01 实施

中华人民共和国国家质量监督检验检疫总局
中国国家标准化管理委员会　发布

前　言

本标准修改采用美国试验与材料协会标准 ASTM D2386:2006《航空燃料冰点标准试验法》。

本标准根据 ASTM D2386:2006 重新起草。

为了适合我国国情，本标准在采用 ASTM D2386:2006 时进行了修改。本标准与 ASTM D2386:2006 的主要差异如下：

——本标准的规范性引用文件采用我国相应的国家标准；

——在仪器和试验步骤中增加了有关压帽的内容；

——删除了 6.4 条有关用甲醇作冷却剂的内容；

——删除了注 9 有关摄氏温度转换为华氏温度的内容。

为使用方便，本标准还做了如下编辑性修改：

——重复性和再现性的文字表述按照我国的习惯进行了修改。

本标准代替 GB/T 2430—1981《喷气燃料冰点测定法》。GB/T 2430—1981 是参照采用 ISO 3013:1974《航空燃料冰点测定法》制定的。

本标准与 GB/T 2430—1981 的主要差异如下：

——标准名称进行了修改，GB/T 2430—1981 为《喷气燃料冰点测定法》，本标准为《航空燃料冰点测定法》；

——删除了 GB/T 2430—1981 中 2.6 条有关温度计的技术条件的内容，改为采用符合 GB/T 514《石油产品试验用玻璃液体温度计技术条件》中 GB-38 号温度计；

——增加了第 7 章取样的内容；

——5.1 条中双壁玻璃试管尺寸的表述方式有所改变，本标准的内管内径为 18.7 mm±1.1 mm（见图 1），GB/T 2430—1981 中内管外径为 22 mm，内径为 18 mm；

——试验步骤中增加了对温度计放置位置、搅拌速度、试样液面位置的具体要求，本标准补充规定温度计的感温泡应距离双壁玻璃试管底部 10 mm～15 mm，搅拌速度为 1(次/s)～1.5(次/s)，试样液面应在冷却剂液面之下约 15 mm～20 mm 处；

——本标准取消了如果测定结晶点和冰点之差大于 3 ℃，重复冷却和升温，直到其差值小于 3 ℃为止这一规定，加注将结晶出现温度与结晶消失温度相比较，结晶出现的温度应低于结晶消失的温度，两个温度之差一般不大于 6 ℃；

——精密度进行了修改，本标准的重复性为 1.5 ℃，再现性为 2.5 ℃，而 GB/T 2430—1981 的重复性为 0.7 ℃，再现性为 2.6 ℃。

本标准由全国石油产品和润滑剂标准化技术委员会提出。

本标准由全国石油产品和润滑剂标准化技术委员会石油燃料和润滑剂分技术委员会归口。

本标准起草单位：中国石油化工股份有限公司石油化工科学研究院。

本标准主要起草人：张戟、张翠君。

本标准代替标准的历次版本发布情况为：

——GB/T 2430—1981。

航空燃料冰点测定法

1 范围

1.1 本标准规定了喷气燃料和航空活塞式发动机燃料冰点的测定方法，低于冰点时航空燃料中会有固态烃类结晶形成。

注：本标准精密度验证不包括航空活塞式发动机燃料。

1.2 本标准采用国际单位制[SI]单位。

1.3 本标准使用中可能涉及到有危险的材料、操作和设备。本标准并未对与此有关的所有安全问题都提出建议，用户在使用本标准前有责任制定相应的安全和保护措施，并明确其受限制的适用范围。

2 规范性引用文件

下列文件中的条款通过本标准的引用而成为本标准的条款。凡是注日期的引用文件，其随后所有的修改单(不包括勘误的内容)或修订版均不适用于本标准，然而，鼓励根据本标准达成协议的各方研究是否可使用这些文件的最新版本。凡是不注日期的引用文件，其最新版本适用于本标准。

GB/T 514　石油产品试验用玻璃液体温度计技术条件

GB 1787　航空活塞式发动机燃料

GB/T 4756　石油液体手工取样法(GB/T 4756—1998,eqv ISO 3170:1988)

GB 6537　3 号喷气燃料

3 术语和定义

下列术语和定义适用于本标准。

3.1

冰点　freezing point

在规定的条件下，航空燃料经过冷却形成固态烃类结晶，然后使燃料升温，当烃类结晶消失时的最低温度即为航空燃料的冰点。

4 意义和用途

4.1 航空燃料的冰点是保证燃料中不出现固态烃类结晶的最低温度。若在飞机燃料系统中存在此类晶体，将会阻碍燃料通过过滤器。因飞机油箱中燃料的温度在飞行期间通常会降低，降低幅度取决于飞行速度、高度和飞行持续时间。所以燃料的冰点必须永远低于油箱的最低操作温度。

4.2 冰点是 GB 1787 和 GB 6537 等产品标准中的一项技术指标。

5 仪器

5.1 双壁玻璃试管：一个双壁没有镀银的容器，类似于杜瓦瓶，在内外管之间的空间充满干燥的常压氮气或空气。管口用装有温度计和防潮管(或压帽)的塞子塞住，搅拌器通过此防潮管(见图 1)。

5.2 防潮管：见图 2，以防止湿气凝结。也可选用如图 3 所示的压帽。

5.3 搅拌器：直径为 1.6 mm 的黄铜棒，下端弯成平滑的三圈螺旋状。

注：搅拌器可以使用机械搅拌装置。

5.4 真空保温瓶：不镀银的真空保温瓶，最小尺寸见图 1，应能够盛放足够量的冷却剂，以使双壁玻璃试管浸入到规定的深度。

警告——有内爆的危险。

5.5 温度计：全浸式，温度范围－80 ℃～＋20 ℃。符合 GB/T 514 中 GB-38 号温度计的规格要求。

注：此温度计的准确度，按照温度计检定方法进行检定，检定点温度为 0 ℃、－40 ℃、－60 ℃和－75 ℃。

5.6 压帽：在低温试验时，为防止湿气凝结，可以安装如图 3 所示压帽。压帽紧密地插入软木塞内，用脱脂棉填充黄铜管和搅拌器之间的空间。

单位为毫米

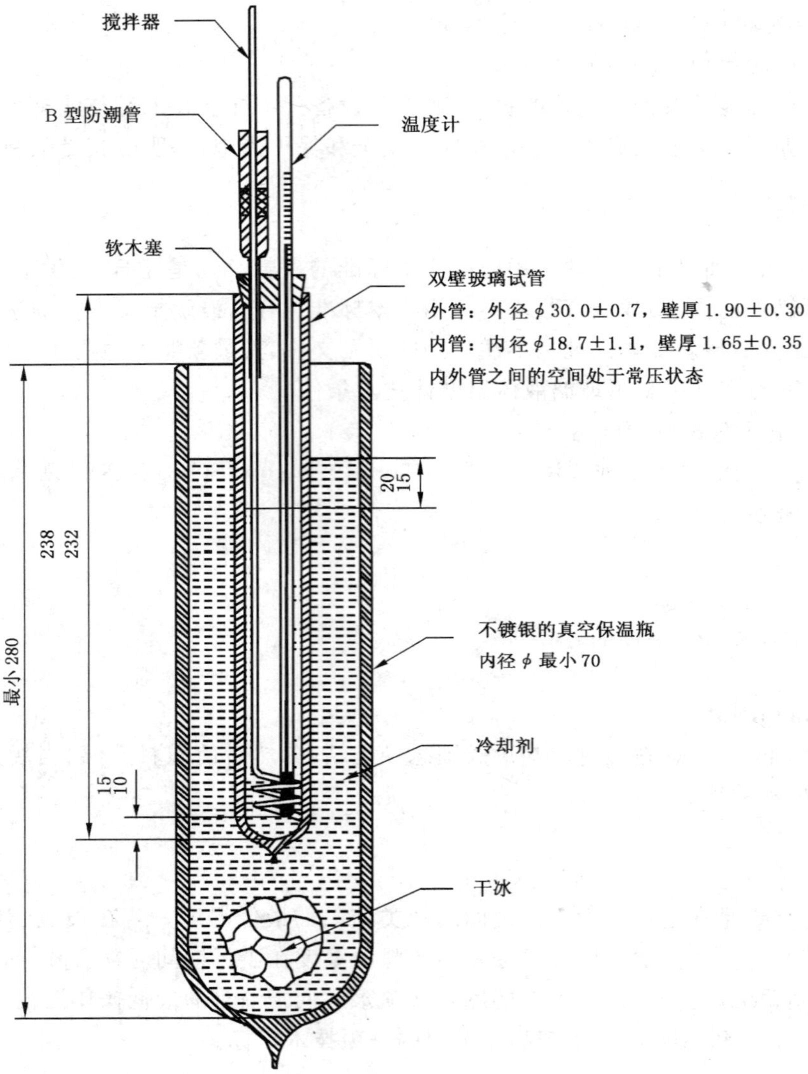

图 1 冰点测定仪

单位为毫米

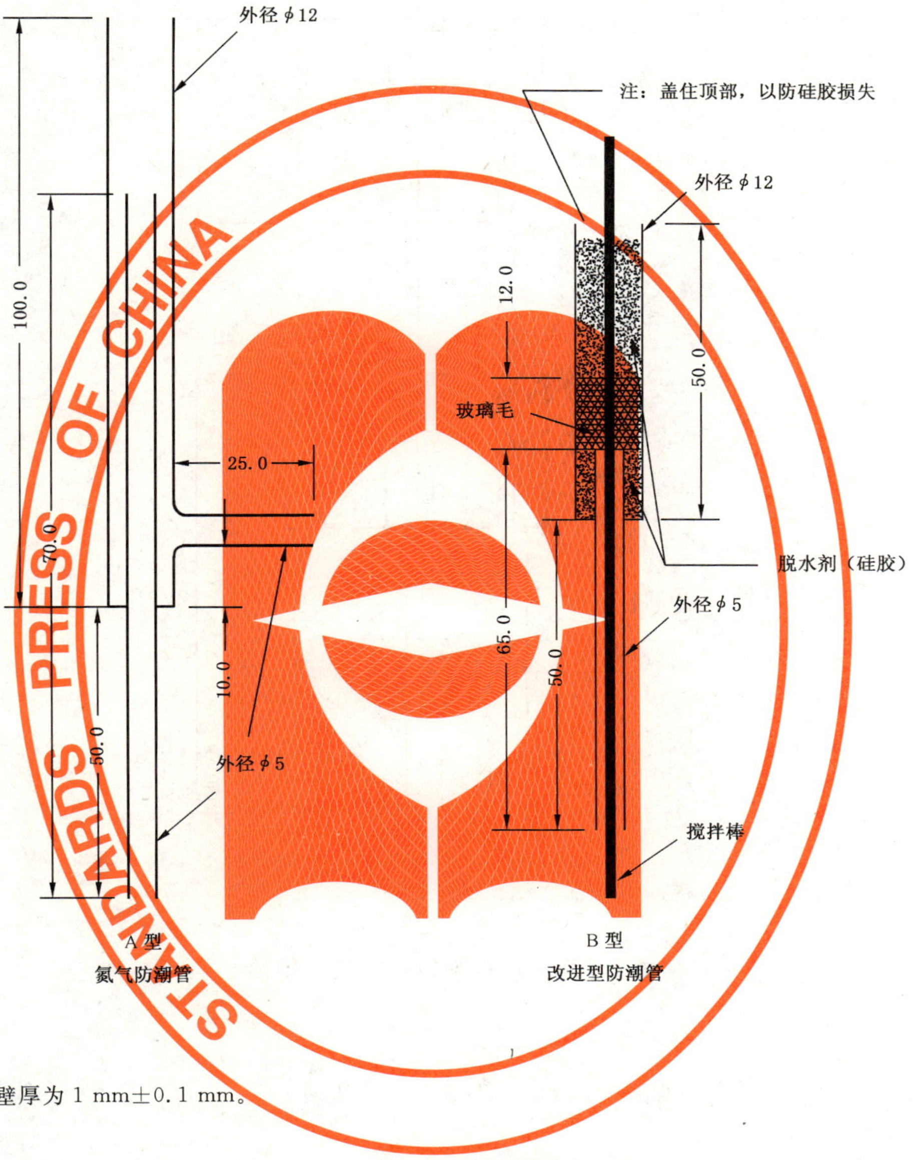

注：玻璃壁厚为 1 mm±0.1 mm。

图 2　防潮管

单位为毫米

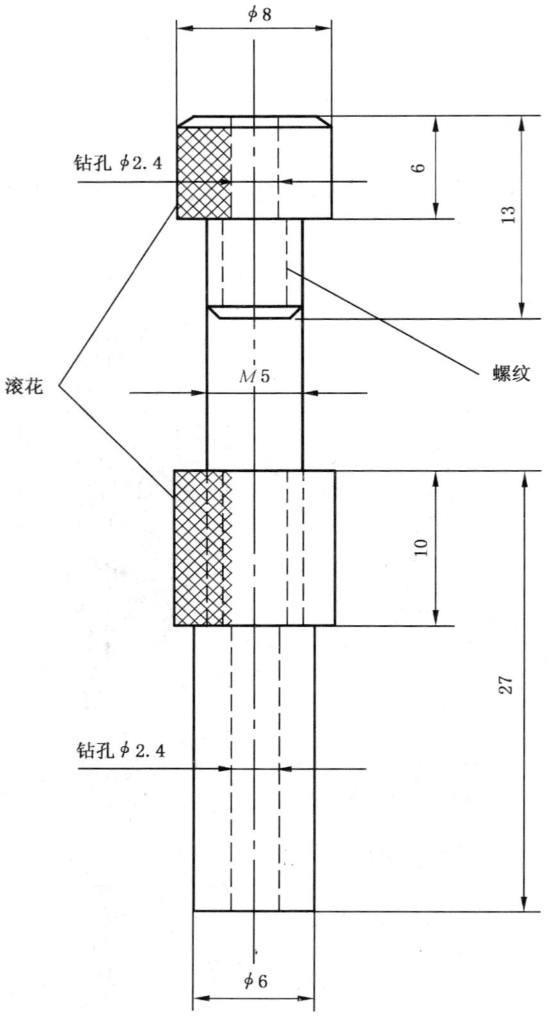

图 3 用于搅拌器的黄铜填充压帽

6 试剂与材料

6.1 丙酮:若在蒸发干后不留下残渣,可用化学纯丙酮作冷却剂。

警告——易燃。

6.2 乙醇:用工业或化学纯无水乙醇作冷却剂。

警告——易燃。

6.3 异丙醇:用工业或化学纯的无水异丙醇作冷却剂。

警告——易燃。

6.4 干冰:用干冰作冷却剂。

警告——极冷,−78 ℃。二氧化碳(固体)所释放的气体,可以引起窒息,与皮肤接触会引起灼伤、冻伤。

6.5 液氮:当冰点低于−65 ℃时,可用工业或化学纯液氮作冷却剂。

警告——极冷,−196 ℃。液氮所释放的气体,可以引起窒息,与皮肤接触会引起灼伤、冻伤。

7 取样

7.1 除非另有规定，取样应按 GB/T 4756 进行取样。

7.2 每次试验至少需要 25 mL 试样。

7.3 试样保存在室温下密封容器中，尽量减少湿气的带入。试样尽量远离热源。

8 试验步骤

8.1 量取 25 mL±1 mL 试样倒入清洁、干燥的双壁玻璃试管中。用带有搅拌器、温度计和防潮管(或压帽)的软木塞紧紧塞紧双壁玻璃试管，调节温度计位置，使感温泡不要触壁，并位于双壁玻璃试管的中心，温度计的感温泡距离双壁玻璃试管底部 10 mm ～15 mm。

注 1：在试验过程中，会出现双壁玻璃试管中的试样浸在冷却剂中形成的气泡干扰观测以及试样的结晶会以各种各样的形式出现而难以辨认的情况。

注 2：本试验要求实验室里光线明亮。有些结晶很模糊，光线不充足时，很难观察到。

8.2 夹紧双壁玻璃试管，使其尽可能深的浸入盛有冷却剂的真空保温瓶内(警告：易内爆)(见注)。试样液面应在冷却剂液面下约 15 mm～20 mm 处。除非采用机械制冷来冷却，否则，在整个试验期间都需要不断添加干冰，以保持真空保温瓶中冷却剂的液面高度。

注：冷却剂可以采用丙酮、乙醇或异丙醇，但所有这些试剂都要小心处理。对燃料冰点低于－65 ℃的试样，液氮也可以替代干冰用作冷却剂。也可以使用机械制冷。

8.3 除观察时，整个试验期间要连续不断地搅拌试样，以 1(次/s)～1.5(次/s)的速度上下移动搅拌器，并要注意搅拌器的铜圈向下时不要触及双壁玻璃试管底部，向上时要保持在试样液面之下。在进行某些步骤的操作时，允许瞬间停止搅拌(见注 1)，不断观察试样，以便发现烃类结晶。由于有水存在的缘故，当温度降至接近－10 ℃时，会出现云状物，继续降温时云状物不增加，可以不必考虑此类云状物。当试样中开始出现肉眼所能看见的晶体时，记录烃类结晶出现的温度。从冷却剂中移走双壁玻璃试管，允许试样在室温下继续升温，同时仍以 1(次/s)～1.5(次/s)的速度进行搅拌，继续观察试样，直到烃类结晶消失，记录烃类晶体完全消失时的温度。

注 1：因为冷却剂释放的气体可能有碍视线，双壁玻璃试管可以从冷却剂中移出以便于观察。双壁玻璃试管移出的时间不超过 10 s，如果结晶已经形成，记录这个温度。允许试样在室温下搅拌升温，温度应升至比晶体消失温度高至少 5 ℃，然后将此试样重新浸入冷却剂中冷却。在略高于此记录的温度时移出试样，观察结晶点。

注 2：建议将结晶出现温度与结晶消失温度相比较。结晶出现的温度应低于结晶消失的温度。否则，说明结晶没有被正确观察识别，这两个温度之差一般不大于 6 ℃。

9 报告

第 8 章中所测定的冰点观察值，应按 5.5 条的注所述检定温度计的相应校正值来进行修正。如果冰点观察值在两个校正温度之间，使用线性内插法进行校正。报告校正后的结晶消失温度，精确到 0.5 ℃，作为试样的冰点。

10 精密度和偏差

按下述规则判断试验结果的可靠性(95％置信水平)。

10.1 重复性(*r*)

在同一实验室，同一操作者，使用同一仪器，对同一试样测得的两个试验结果之差不应大于 1.5 ℃。

10.2 再现性(*R*)

不同实验室的不同操作者，使用不同仪器，对同一试样测得的两个试验结果之差不应大于 2.5 ℃。

10.3 偏差

因为没有已知冰点的烃类混合物可以用来模拟航空燃料,故无法确定偏差。

11 关键词

航空活塞式发动机燃料;喷气燃料;结晶点;测定;冰点;低温试验;手动方法;物理试验;石油产品。

ICS 65.080
G 20

中华人民共和国国家标准

GB/T 2441.1—2008
代替 GB/T 2441.1—2001

尿素的测定方法 第1部分:总氮含量

Determination of urea—Part 1: Total nitrogen content

2008-06-17 发布　　　　2008-09-01 实施

中华人民共和国国家质量监督检验检疫总局
中国国家标准化管理委员会　发布

前　言

GB/T 2441《尿素的测定方法》分为以下九个部分：

——第1部分：总氮含量；

——第2部分：缩二脲含量　分光光度法；

——第3部分：水分卡尔·费休法；

——第4部分：铁含量　邻菲啰啉分光光度法；

——第5部分：碱度　容量法；

——第6部分：水不溶物含量　重量法；

——第7部分：粒度　筛分法；

——第8部分：硫酸盐含量　目视比浊法；

——第9部分：亚甲基二脲含量　分光光度法。

本部分为GB/T 2441的第1部分。

本部分代替GB/T 2441.1—2001《尿素测定方法　总氮含量的测定》。

本部分与GB/T 2441.1—2001相比主要差异是：蒸馏后滴定法简化了分析步骤中的试液制备。

本部分由中国石油和化学工业协会提出。

本部分由全国肥料和土壤调理剂标准化技术委员会(SAC/TC 105)归口并负责解释。

本部分起草单位：国家化肥质量监督检验中心(上海)。

本部分主要起草人：张求真、房朋。

本部分所代替标准的历次版本发布情况为：

——GB/T 2441—1981、GB/T 2441—1991、GB/T 2441.1—2001。

尿素的测定方法
第1部分:总氮含量

1 范围

GB/T 2441的本部分规定了尿素中总氮含量的测定。

本部分适用于由氨和二氧化碳合成制得的尿素总氮含量的测定。

2 规范性引用文件

下列文件中的条款通过GB/T 2441的本部分的引用而成为本部分的条款。凡是注日期的引用文件,其随后所有的修改单(不包括勘误的内容)或修订版均不适用于本部分,然而,鼓励根据本部分达成协议的各方研究是否可使用这些文件的最新版本。凡是不注日期的引用文件,其最新版本适用于本部分。

HG/T 2843 化肥产品 化学分析常用标准滴定溶液、标准溶液、试剂溶液和指示剂溶液

3 总氮含量的测定

3.1 蒸馏后滴定法(仲裁法)

3.1.1 原理

在硫酸铜的催化作用下,在浓硫酸中加热使试料中酰胺态氮转化为铵态氮,加入过量碱液蒸馏出氨,吸收在过量的硫酸溶液中,在指示液存在下,用氢氧化钠标准滴定溶液返滴定。

3.1.2 试剂和材料

下列的部分试剂和溶液具有腐蚀性,操作者应小心谨慎!如溅到皮肤上应立即用水冲洗或适合的方式进行处理,严重者应立即治疗。

本部分中所用试剂、溶液和水,在未注明规格和配制方法时,均应符合HG/T 2843的规定。

3.1.2.1 五水硫酸铜;

3.1.2.2 硫酸;

3.1.2.3 氢氧化钠溶液,约450 g/L;

3.1.2.4 硫酸溶液:$c\left(\frac{1}{2}H_2SO_4\right)\approx0.5\ mol/L$ 或 $c\left(\frac{1}{2}H_2SO_4\right)\approx1.0\ mol/L$;

3.1.2.5 氢氧化钠标准滴定溶液:$c(NaOH)=0.5\ mol/L$;

3.1.2.6 甲基红-亚甲基蓝混合指示液;

3.1.2.7 硅脂。

3.1.3 仪器

3.1.3.1 通常实验室用仪器;

3.1.3.2 蒸馏仪器

带标准磨口的成套仪器或能保证定量蒸馏和吸收的任何仪器。

蒸馏仪器的各部件用橡皮塞和橡皮管连接,或是采用球形磨砂玻璃接头,为保证系统密封,球形玻璃接头应用弹簧夹子夹紧。

GB/T 2441的本部分推荐使用的仪器如图1所示,包括以下各部分:

单位为毫米

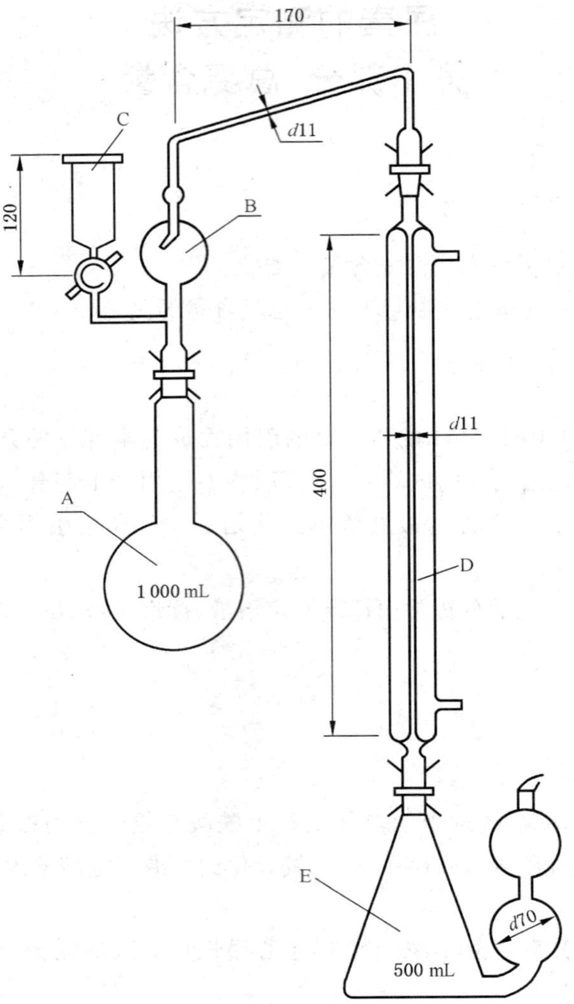

A——蒸馏瓶；
B——防溅球管；
C——滴液漏斗；
D——冷凝管；
E——带双连球锥形瓶。

图 1 蒸馏装置图

3.1.3.2.1 蒸馏烧瓶，容积为 1 L 的圆底烧瓶；

3.1.3.2.2 单球防溅球管和顶端开口、容积约 50 mL 与防溅球进出口平行的圆筒形滴液漏斗；

3.1.3.2.3 直形冷凝管：有效长度约 400 mm；

3.1.3.2.4 接受器，容积约 500 mL 的锥形瓶，瓶侧连接双连球。

3.1.3.3 梨形玻璃漏斗；

3.1.3.4 防溅棒，一根长约 100 mm、直径约 5 mm 的玻璃棒，一端套一根 25 mm 聚乙烯管。

3.1.4 分析步骤

做两份试料的平行测定。

3.1.4.1 试液制备

称取约 0.5 g 试样(精确至 0.000 2 g)于蒸馏烧瓶中，加少量水冲洗蒸馏瓶瓶口内侧，以使试料全部进入蒸馏瓶底部，再加 15 mL 硫酸、0.2 g 五水硫酸铜，插上梨形玻璃漏斗，在通风橱内缓慢加热，使二氧化碳逸尽，然后逐步提高加热温度，直至冒白烟，再继续加热 20 min 后停止加热。

注：若为大颗粒尿素则应磨细后称量。其方法是取 100 g 缩分后的试样，迅速研磨至全部通过 0.5 mm 孔径筛，混合均匀。

3.1.4.2 蒸馏

待蒸馏烧瓶中试液充分冷却后，小心加入 300 mL 水，几滴混合指示液，放入一根防溅棒，聚乙烯管端向下。

用滴定管、移液管或自动加液器加 40.0 mL $\left[c\left(\frac{1}{2}H_2SO_4\right)\approx 0.5\ mol/L\right]$ 或 20.0 mL $\left[c\left(\frac{1}{2}H_2SO_4\right)\approx 1.0\ mol/L\right]$ 硫酸溶液于接受器中，加水使溶液量能淹没接受器的双连球瓶颈，加 4～5 滴混合指示液。

用硅脂涂抹仪器接口，按图示装好蒸馏仪器，并保证仪器所有连接部分密封。

通过滴液漏斗往蒸馏烧瓶中加入足够量的氢氧化钠溶液，以中和溶液并过量 25 mL，加水冲洗滴液漏斗，应当注意，滴液漏斗内至少存留几毫升溶液。

加热蒸馏，直到接受器中的收集量达到 200 mL 时，移开接受器，用 pH 试纸检查冷凝管出口的液滴，如无碱性结束蒸馏。

3.1.4.3 滴定

将接受器中的溶液混匀，用氢氧化钠标准滴定溶液滴定，直至指示液呈灰绿色，滴定时要使溶液充分混匀。

3.1.5 空白试验

按上述操作步骤进行空白试验，除不用试料外，操作手续和应用的试剂与测定时相同。

3.1.6 分析结果的表述

总氮含量（以干基计），以氮(N)的质量分数 w_1 计，数值以%表示，按式(1)计算：

$$w_1=\frac{c(V_1-V_2)\times 0.014\ 01}{m[100-w_{(H_2O)}]/100}\times 100 \qquad \cdots\cdots(1)$$

式中：

c——测定及空白试验时，使用氢氧化钠标准滴定溶液的浓度的准确数值，单位为摩尔每升(mol/L)；

V_1——空白试验时，使用氢氧化钠标准滴定溶液的体积的数值，单位为毫升(mL)；

V_2——测定时，使用氢氧化钠标准滴定溶液的体积的数值，单位为毫升(mL)；

0.014 01——氮的毫摩尔质量的数值，单位为克每毫摩尔(g/mmol)；

m——试料质量的数值，单位为克(g)；

$w_{(H_2O)}$——试样的水分，用质量分数表示(%)。

计算结果表示到小数点后两位，取平行测定结果的算术平均值作为测定结果。

3.1.7 允许差

平行测定结果的绝对差值不大于 0.10%；

不同实验室测定结果的绝对差值不大于 0.15%。

3.2 计算法

本方法仅适用于生产厂常规分析产品检验。

3.2.1 原理

生产过程中加甲醛则尿素除水分、缩二脲和亚甲基二脲外，其他不纯物(重金属和副产品)含量可略而不计。因此其总氮含量可视为尿素氮，缩二脲氮和亚甲基二脲氮的总和。尿素氮可通过 100%减水分、缩二脲和亚甲基二脲含量而得到尿素含量、进而通过尿素含量计算获得，缩二脲氮可通过测缩二脲含量计算获得，亚甲基二脲氮可通过测亚甲基二脲含量计算获得，三者之和即为总氮。

3.2.2 计算

生产过程中加甲醛的尿素总氮含量 w_2（以干基计），以氮（N）的质量分数计，数值以%表示，按式(2)计算：

$$w_2 = \frac{\{100-[w(H_2O)+w(Biu)+4.400\times w(HCHO)]\}\times 0.4665+w(Biu)\times 0.4077+4.400\times w(HCHO)\times 0.4241}{100-w(H_2O)}$$

$$\times 100 = \frac{46.65-0.4665\times w(H_2O)-0.0588\times w(Biu)-0.1866\times w(HCHO)}{100-w(H_2O)}\times 100$$

设：$\alpha=46.65-0.4665\times w((H_2O))$（列于表 1），

$\beta=0.0588\times w((Biu))$（列于表 2），

$\gamma=0.1861\times w((HCHO))$（列于表 3），

$$\text{则：}w_2 = \frac{\alpha-\beta-\gamma}{100-w(H_2O)}\times 100 \quad\cdots\cdots(2)$$

生产过程中不加甲醛的尿素的总氮含量 w_3（干基计），以氮（N）的质量分数计，数值以%表示，按式(3)计算：

$$w_3 = \frac{\alpha-\beta}{100-w(H_2O)}\times 100 \quad\cdots\cdots(3)$$

式中：

$w(H_2O)$——水分含量，用质量分数表示(%)；

$w(Biu)$——缩二脲含量，质量分数(%)；

$w(HCHO)$——亚甲基二脲含量，质量分数(%)；

0.466 5——尿素换算为氮的系数；

0.407 7——缩二脲换算为氮的系数；

4.400——甲醛换算为亚甲基二脲的系数；

0.424 1——亚甲基二脲换算为氮的系数。

所得结果应表示至二位小数。

表 1 α 值

H_2O 的质量分数/%	0.00	0.01	0.02	0.03	0.04	0.05	0.06	0.07	0.08	0.09
0.10	46.60	46.60	46.59	46.59	46.58	46.58	46.58	46.57	46.57	46.56
0.20	46.56	46.55	46.55	46.54	46.54	46.53	46.53	46.52	46.52	46.51
0.30	46.51	46.51	46.50	46.50	46.49	46.49	46.48	46.48	46.47	46.47
0.40	46.46	46.46	46.45	46.45	46.44	46.44	46.44	46.43	46.43	46.42
0.50	46.42	46.41	46.41	46.40	46.40	46.39	46.39	46.38	46.38	46.37
0.60	46.37	46.37	46.36	46.36	46.35	46.35	46.34	46.34	46.33	46.33
0.70	46.32	46.32	46.31	46.31	46.30	46.30	46.29	46.29	46.29	46.28
0.80	46.28	46.27	46.27	46.26	46.26	46.25	46.25	46.24	46.24	46.23
0.90	46.23	46.22	46.22	46.22	46.21	46.21	46.20	46.20	46.19	46.19
1.00	46.18	46.18	46.17	46.17	46.16	46.16	46.16	46.15	46.15	46.14
1.10	46.14	46.13	46.13	46.12	46.11	46.11	46.11	46.10	46.10	46.09
1.20	46.09	46.09	46.08	46.08	46.07	46.07	46.06	46.06	46.05	46.05

表 2　**β 值**

缩二脲，w/%	β 值	缩二脲，w/%	β 值
0.00～0.08	0	0.94～1.10	0.06
0.09～0.25	0.01	1.11～1.27	0.07
0.26～0.42	0.02	1.28～1.44	0.08
0.43～0.59	0.03	1.45～1.61	0.09
0.60～0.76	0.04	1.62～1.78	0.10
0.77～0.93	0.05	1.78～1.94	0.11

表 3　**γ 值**

亚甲基二脲，w/%（以 HCHO 计）	γ 值	亚甲基二脲，w/%（以 HCHO 计）	γ 值
0.14～0.18	0.03	0.51～0.56	0.10
0.19～0.24	0.04	0.57～0.61	0.11
0.25～0.29	0.05	0.62～0.67	0.12
0.30～0.34	0.06	0.68～0.72	0.13
0.35～0.40	0.07	0.73～0.77	0.14
0.41～0.45	0.08	0.78～0.83	0.15
0.46～0.50	0.09	0.84～0.88	0.16

ICS 73.060.01
D 51

中华人民共和国国家标准

GB/T 2463—2008
代替 GB/T 2463.1—1996，GB/T 2463.2—1996

硫铁矿和硫精矿中全铁含量的测定 硫酸铈容量法和重铬酸钾容量法

Pyrites and concentrate—Determination of total iron content—Cerium sulfate volumetric and potassium dichromate volumetric methods

2008-05-14 发布　　2008-10-01 实施

中华人民共和国国家质量监督检验检疫总局
中国国家标准化管理委员会　发布

前　言

本标准代替 GB/T 2463.1—1996《硫铁矿和硫精矿中全铁含量的测定　第 1 部分：硫酸铈容量法》和 GB/T 2463.2—1996《硫铁矿和硫精矿中全铁含量的测定　第 2 部分：三氯化钛-重铬酸钾容量法》，将这两项标准合并成一项标准，分为两个方法。

本标准由中国石油和化学工业协会提出。

本标准由化学工业化学矿标准化技术委员会归口。

本标准起草单位：中蓝连海设计研究院。

本标准主要起草人：张晓梅、王和平。

本标准所代替标准的历次版本发布情况为：

——GB 2463—1981，GB/T 2463.1—1996；

——GB/T 2463.2—1996。

硫铁矿和硫精矿中全铁含量的测定 硫酸铈容量法和重铬酸钾容量法

1 范围

本标准规定了硫酸铈容量法和重铬酸钾容量法测定硫铁矿和硫精矿中全铁含量。

本标准适用于硫铁矿和硫精矿产品中全铁含量大于10%的测定。

2 规范性引用文件

下列文件中的条款通过本标准的引用而成为本标准的条款。凡是注日期的引用文件,其随后所有的修改单(不包括勘误的内容)或修订版均不适用于本标准,然而,鼓励根据本标准达成协议的各方研究是否可使用这些文件的最新版本。凡是不注日期的引用文件,其最新版本适用于本标准。

GB/T 6003.1 金属丝编织网试验筛(GB/T 6003.1—1997,eqv ISO 3310-1:1990)

GB/T 6682 分析实验室用水规格和试验方法(GB/T 6682—1992,neq ISO 3696:1987)

3 试样

试样通过150 μm试验筛(GB/T 6003.1),于100℃～105℃干燥至恒重,置于干燥器中,冷却至室温。

4 一般规定

本标准所用水应符合GB/T 6682中三级水的规格;所列试剂除特殊规定外,均指分析纯试剂。

5 分析方法

5.1 硫酸铈容量法

5.1.1 方法提要

试样以氢氧化钠、过氧化钠熔融,在盐酸介质中,用次亚磷酸钠还原三价铁离子,以二苯胺磺酸钠作指示剂,硫酸铈标准滴定溶液滴定,即可求出全铁含量。

5.1.2 试剂和溶液

5.1.2.1 氢氧化钠。

5.1.2.2 过氧化钠。

5.1.2.3 盐酸溶液:1+1。

5.1.2.4 次亚磷酸钠溶液:100 g/L。

5.1.2.5 无水亚硫酸钠溶液:1 g/L。

5.1.2.6 硫酸-磷酸混合溶液:在搅拌下将200 mL硫酸缓慢加入到500 mL水中,冷却后再加入300 mL磷酸,混匀。

5.1.2.7 硫酸亚铁铵溶液:0.05 mol/L。称取1.96 g硫酸亚铁铵[$(NH_4)_2Fe(SO_4)_2\cdot 6H_2O$]溶于少量水中,加入10滴硫酸,移入100 mL容量瓶中,用水稀释至刻度,摇匀。

5.1.2.8 铁基准溶液:1.00 mg/L。称取1.429 7 g三氧化二铁(高纯)于250 mL烧杯中,加入50 mL盐酸溶液,盖上表面皿,低温加热溶解完全,冷却,移入1 000 mL容量瓶中,用水稀释至刻度,摇匀。此溶液含铁(Fe)量1.00 mg/mL。

5.1.2.9 硫酸铈标准滴定溶液：$c[Ce(SO_4)_2]=0.02$ mol/L。

5.1.2.9.1 **配制**

称取 16 g 硫酸铈[$Ce(SO_4)_2 \cdot 4H_2O$]溶于 1 000 mL 水中，在不断搅拌下加入 20 mL 硫酸，冷却，稀释到 2 000 mL，混匀。

5.1.2.9.2 **标定**

用移液管吸取 25.0 mL 铁基准溶液置于 250 mL 烧杯中，盖上表面皿，加入 60 mL 水、20 mL 盐酸溶液、10 mL 次亚磷酸钠溶液，加热微沸 2 min，再加入 1 mL 亚硫酸钠溶液，微沸 1 min 直至黄色褪尽，取下冷却。加入 6 mL 硫酸-磷酸混合溶液，二滴二苯胺磺酸钠指示液，用硫酸铈标准滴定溶液滴定至稳定的紫色为终点。

5.1.2.9.3 **空白测定**

随同标定操作，仅还原时不加次亚磷酸钠溶液，在加入 6 mL 硫酸-磷酸混合溶液后，用移液管加入 5.0 mL 硫酸亚铁铵溶液，二滴二苯胺磺酸钠指示液，用硫酸铈标准滴定溶液滴定至稳定的紫色，所消耗的体积为 A。再加入 5.0 mL 硫酸亚铁铵溶液，再用硫酸铈标准滴定溶液滴定至稳定的紫色，所消耗的体积为 B。空白溶液所消耗体积则为 $V_0=A-B$。

硫酸铈标准滴定溶液浓度的准确数值 c 按式(1)计算：

$$c[Ce(SO_4)_2]=\frac{m}{(V-V_0)\times M\times 10^{-3}}=\frac{m}{(V-V_0)\times 0.055\,85} \qquad \cdots\cdots(1)$$

式中：

$c[Ce(SO_4)_2]$——硫酸铈标准滴定溶液浓度的准确数值，单位为摩尔每升(mol/L)；

m——铁基准溶液所含铁质量的数值，单位为克(g)；

V——铁基准溶液所消耗硫酸铈标准滴定溶液体积的数值，单位为毫升(mL)；

V_0——空白测定所消耗硫酸铈标准滴定溶液体积的数值，单位为毫升(mL)；

M——铁(Fe)摩尔质量的数值，单位为克每摩尔(g/mol)(M=55.85)。

5.1.2.10 二苯胺磺酸钠指示液：5 g/L。称取 0.5 g 二苯胺磺酸钠，溶于 100 mL 水中，加入二滴硫酸混匀，存放于棕色试剂瓶中。

5.1.3 **分析步骤**

5.1.3.1 称取约 0.1 g 试样(精确至 0.000 2 g)，置于铺有 2 g 氢氧化钠的刚玉坩埚中，上面再覆盖 1 g 过氧化钠。

5.1.3.2 将坩埚置于高温炉中，从低温缓慢升高温度至 650℃，保持 15 min。取出坩埚并转动，稍冷，置于 250 mL 烧杯中，加入 50 mL 热水，待剧烈作用停止后，加入 30 mL 盐酸溶液，洗出坩埚。

5.1.3.3 加入 10 mL 次亚磷酸钠溶液，加热微沸 2 min，再加入 1 mL 亚硫酸钠溶液，微沸 1 min 直至黄色褪尽，取下冷却。

5.1.3.4 加入 6 mL 硫酸-磷酸混合溶液，二滴二苯胺磺酸钠指示液，用硫酸铈标准滴定溶液滴定至稳定的紫色为终点。

5.1.3.5 空白试验：随同试样操作，仅还原时不加次亚磷酸钠溶液，空白值的测定按 5.1.2.9.3 进行。

5.1.4 **结果计算**

铁(Fe)的含量以质量分数 w_1 计，数值以%表示，按式(2)计算：

$$w_1=\frac{c\times(V-V_0)\times M\times 10^{-3}}{m}\times 100=\frac{c\times(V-V_0)\times 5.585}{m} \qquad \cdots\cdots(2)$$

式中：

c——硫酸铈标准滴定溶液浓度的准确数值，单位为摩尔每升(mol/L)；

V——试料溶液所消耗硫酸铈标准滴定溶液体积的数值，单位为毫升(mL)；

V_0——空白溶液所消耗硫酸铈标准滴定溶液体积的数值，单位为毫升(mL)；

m——试料质量的数值，单位为克(g)；

M——铁(Fe)摩尔质量的数值，单位为克每摩尔(g/mol)(M=55.85)。

计算结果表示到小数点后两位，取平行测定结果的算术平均值为最终测定结果。

5.2 重铬酸钾容量法

5.2.1 方法提要

试样以氢氧化钠、过氧化钠熔融，在盐酸介质中，用二氯化锡还原大部分三价铁离子，以钨酸钠为指示剂，用三氯化钛还原剩余的三价铁离子至生成"钨蓝"。然后用重铬酸钾氧化过量三氯化钛至蓝色恰好消失，以二苯铵磺酸钠为指示剂，以重铬酸钾标准滴定溶液滴定，即可求出全铁含量。

5.2.2 试剂和溶液

5.2.2.1 氢氧化钠。

5.2.2.2 过氧化钠。

5.2.2.3 盐酸。

5.2.2.4 二氯化锡溶液：50 g/L。称取 5 g 二氯化锡溶于 20 mL 热盐酸中，用水稀释至 100 mL，混匀。

5.2.2.5 钨酸钠溶液：250 g/L。称取 25 g 钨酸钠溶于适量水中，加 5 mL 磷酸，用水稀释至 100 mL，混匀，存放于棕色试剂瓶中。

5.2.2.6 三氯化钛溶液：量取 10 mL 15%三氯化钛溶液，加入 20 mL 盐酸，用水稀释至 100 mL，混匀，存放于棕色试剂瓶中，上面再加一层液态石蜡。使用期 15 d 左右。

5.2.2.7 硫酸-磷酸混合溶液：在搅拌下将 200 mL 硫酸缓慢加入 500 mL 水中，冷却后加入 300 mL 磷酸，混匀。

5.2.2.8 硫酸亚铁铵溶液：0.05 mol/L。称取 1.96 g 硫酸亚铁铵[$(NH_4)_2Fe(SO_4)_2 \cdot 6H_2O$]溶于少量水中，加入 10 滴硫酸，移入 100 mL 容量瓶中，用水稀释至刻度，摇匀。

5.2.2.9 重铬酸钾标准滴定溶液：$c(1/6K_2Cr_2O_7)$=0.040 00 mol/L。称取 1.961 2 g 已于 150℃干燥 1 h 的重铬酸钾(基准试剂)于烧杯中，以适量水溶解，移入 1 000 mL 容量瓶中，用水稀释至刻度，摇匀。

5.2.2.10 二苯铵磺酸钠指示液：5 g/L。称取 0.5 g 二苯铵磺酸钠，溶于 100 mL 水中，加入二滴硫酸，混匀，存放于棕色试剂瓶中。

5.2.3 分析步骤

5.2.3.1 称取约 0.1 g 试样(精确至 0.000 2 g)，置于铺有 2 g 氢氧化钠的刚玉坩埚中，上面再覆盖 1 g 过氧化钠。

5.2.3.2 将坩埚置于高温炉中，从低温缓慢升高温度至 650℃，保持 15 min。取出坩埚并转动，稍冷，置于 250 mL 烧杯中，加入 50 mL 热水，待剧烈作用停止后，加入 25 mL 盐酸，洗出坩埚，加热浓缩至体积 70 mL 以下。

5.2.3.3 趁热滴加二氯化锡溶液至溶液呈浅黄色，冷却，加水至 150 mL。加入 10 滴钨酸钠溶液，用三氯化钛溶液滴至蓝色，再滴加重铬酸钾标准滴定溶液至恰呈无色(不计读数)。

5.2.3.4 立即加入 6 mL 硫酸-磷酸混合溶液、二滴二苯铵磺酸钠指示液，用重铬酸钾标准滴定溶液滴定至稳定的紫色为终点(记录此次用量)。

5.2.3.5 空白试验：随同试样操作，仅还原时不加二氯化锡溶液，在加入 6 mL 硫酸-磷酸混合溶液后，用移液管加入 5.0 mL 硫酸亚铁铵溶液，二滴二苯胺磺酸钠指示液，用重铬酸钾标准滴定溶液滴定至稳定的紫色，所消耗的体积为 A。再加入 5.0 mL 硫酸亚铁铵溶液，再用重铬酸钾标准滴定溶液滴定至稳定的紫色，所消耗的体积为 B。空白溶液所消耗体积则为 $V_0=A-B$。

5.2.4 结果计算

铁(Fe)的含量以质量分数 w_2 计，数值以%表示，按式(3)计算：

$$w_2 = \frac{c \times (V - V_0) \times M \times 10^{-3}}{m} \times 100$$

$$= \frac{c \times (V - V_0) \times 5.585}{m} \quad \cdots\cdots (3)$$

式中：

c——重铬酸钾标准滴定溶液浓度的准确数值，单位为摩尔每升(mol/L)；

V——试料溶液所消耗重铬酸钾标准滴定溶液体积的数值，单位为毫升(mL)；

V_0——空白溶液所消耗重铬酸钾标准滴定溶液体积的数值，单位为毫升(mL)；

m——试料质量的数值，单位为克(g)；

M——铁(Fe)摩尔质量的数值，单位为克每摩尔(g/mol)(M=55.85)。

计算结果表示到小数点后两位，取平行测定结果的算术平均值为最终测定结果。

6 允许差

平行测定结果的绝对差值不大于表1所列允许差。

表1 允许差

%

铁(Fe)含量	允许差
≤30.00	0.40
>30.00	0.60

ICS 73.060.01
D 51

中华人民共和国国家标准

GB/T 2466—2008
代替 GB/T 2466.1—1996,GB/T 2466.3—1996

硫铁矿和硫精矿中铜含量的测定 火焰原子吸收光谱法和分光光度法

Pyrites and concentrate—Determination of copper content—Flame atomic absorption spectrometric and spectrophotometric methods

2008-05-14 发布　　2008-10-01 实施

中华人民共和国国家质量监督检验检疫总局
中国国家标准化管理委员会
发布

前　言

本标准代替GB/T 2466.1—1996《硫铁矿和硫精矿中铜含量的测定　第1部分：火焰原子吸收光谱法》和GB/T 2466.3—1996《硫铁矿和硫精矿中铜含量的测定　第3部分：BOC分光光度法》，将这两项标准合并成一项标准，分为两个方法。

本标准由中国石油和化学工业协会提出。

本标准由化学工业化学矿标准化技术委员会归口。

本标准起草单位：中蓝连海设计研究院。

本标准主要起草人：王和平、张晓梅。

本标准所代替标准的历次版本发布情况为：

——GB/T 2466.1—1996；

——GB 2466—1981，GB/T 2466.3—1996。

硫铁矿和硫精矿中铜含量的测定 火焰原子吸收光谱法和分光光度法

1 范围

本标准规定了火焰原子吸收光谱法和分光光度法测定硫铁矿和硫精矿中铜含量。

本标准适用于硫铁矿和硫精矿产品中铜含量0.01%～1%的测定。

2 规范性引用文件

下列文件中的条款通过本标准的引用而成为本标准的条款。凡是注日期的引用文件，其随后所有的修改单（不包括勘误的内容）或修订版均不适用于本标准，然而，鼓励根据本标准达成协议的各方研究是否可使用这些文件的最新版本。凡是不注日期的引用文件，其最新版本适用于本标准。

GB/T 6003.1　金属丝编织网试验筛（GB/T 6003.1—1997，eqv ISO 3310-1:1990）

GB/T 6682　分析实验室用水规格和试验方法（GB/T 6682—1992，neq ISO 3696:1987）

GB/T 9721　化学试剂　分子吸收分光光度法通则（紫外和可见光部分）

GB/T 9723　化学试剂　火焰原子吸收光谱法通则

3 试样

试样通过150 μm试验筛（GB/T 6003.1），于100℃～105℃干燥至恒重，置于干燥器中，冷却至室温。

4 一般规定

本标准所用水应符合GB/T 6682中三级水的规格；所列试剂除特殊规定外，均指分析纯试剂。

5 分析方法

5.1 火焰原子吸收光谱法

5.1.1 方法提要

试样用盐酸-硝酸溶解，在稀盐酸介质中，使用空气-乙炔火焰，于原子吸收光谱仪波长324.8 nm处测量吸光度，以工作曲线法求出铜含量。

5.1.2 试剂和溶液

5.1.2.1　盐酸。

5.1.2.2　盐酸溶液：1+1。

5.1.2.3　硝酸。

5.1.2.4　铜标准溶液：1.00 mg/mL。称取1.000 0 g高纯金属铜于250 mL烧杯中，加入40 mL硝酸溶液（1+1），盖上表面皿，加热溶解完全，冷却，移入1 000 mL容量瓶中，用水稀释至刻度，摇匀。此溶液含铜（Cu）量1.00 mg/mL。

5.1.2.5　铜标准溶液：100 μg/mL。吸取50.0 mL铜标准溶液（5.1.2.4）于500 mL容量瓶中，用水稀释至刻度，摇匀。此溶液含铜（Cu）量100 μg/mL。

5.1.3 仪器

火焰原子吸收光谱仪：应符合GB/T 9723的规定。

5.1.4 分析步骤

5.1.4.1 称取0.1 g～0.5 g试样(精确至0.000 2 g),置于150 mL烧杯中。以少量水润湿试样,加入15 mL盐酸,盖上表面皿,加热至微沸,保持数分钟,取下。加入5 mL硝酸,继续加热至沸,移去表面皿,蒸至湿盐状,取下,冷却。

5.1.4.2 加入5 mL盐酸溶液及少量水,加热溶解可溶性盐类,冷却,移入100 mL容量瓶中,稀释至刻度,摇匀后干过滤。

5.1.4.3 在火焰原子吸收光谱仪上,于波长324.8 nm处,用空气-乙炔火焰,以水调零,测量试料溶液和空白试验溶液的吸光度。用试料溶液的吸光度减去空白试验溶液的吸光度,从工作曲线上查出相应的铜质量浓度的数值。

5.1.4.4 与试样测定同时做空白试验。

5.1.5 工作曲线的绘制

5.1.5.1 移取0.0 mL、2.0 mL、4.0 mL、6.0 mL、8.0 mL、10.0 mL铜标准溶液(5.1.2.5)(相当于0 μg、200 μg、400 μg、600 μg、800 μg、1 000 μg铜)分别置于一组100 mL容量瓶中,加入5 mL盐酸溶液,用水稀释至刻度,摇匀。

5.1.5.2 在与试料溶液相同条件下测量铜标准系列溶液的吸光度,减去零浓度溶液的吸光度。以铜质量浓度为横坐标,相应的吸光度为纵坐标绘制工作曲线。

5.1.6 结果计算

铜(Cu)的含量以质量分数w_1计,数值以%表示,按式(1)计算:

$$w_1=\frac{\rho\times100\times10^{-6}}{m}\times100 \qquad (1)$$

式中:

ρ——从工作曲线上查得的铜质量浓度的数值,单位为微克每毫升(μg/mL);

m——试料质量的数值,单位为克(g)。

计算结果表示到小数点后两位或三位,取平行测定结果的算术平均值为最终测定结果。

注:本方法可以进行铜、铅、锌连测。

5.2 分光光度法

5.2.1 方法提要

试样用盐酸-硝酸溶解,在pH8.7～9.3的氨性介质中,二价铜离子与双环己酮草酰二腙生成蓝色配合物,于分光光度计波长600 nm处测量吸光度,以工作曲线法求出铜含量。

5.2.2 试剂和溶液

5.2.2.1 盐酸。

5.2.2.2 硝酸。

5.2.2.3 氨水溶液:1+1。

5.2.2.4 氯化铵-氨水缓冲溶液(pH9.3):称取54 g氯化铵溶于水中,加入63 mL氨水,用水稀释至1 000 mL,混匀。

5.2.2.5 柠檬酸溶液:500 g/L。

5.2.2.6 双环己酮草酰二腙(BCO)溶液:1 g/L。称取1 g BCO置于600 mL烧杯中,加入200 mL无水乙醇,在60℃以下水浴中温热溶解,取下冷却,加入200 mL水(必要时进行过滤),然后用无水乙醇溶液(1+1)稀释至1 000 mL,混匀。

5.2.2.7 铁溶液:5 mg/mL。称取3.57 g高纯三氧化二铁于250 mL烧杯中,加入20 mL盐酸、5 mL硝酸,盖上表面皿,加热溶解蒸发至5 mL。取下冷却后加入100 mL水,加热搅拌使盐类溶解。冷却至室温,移入500 mL容量瓶中,用水稀释至刻度,摇匀。

5.2.2.8 铜标准溶液:500 μg/mL。称取0.500 0 g高纯金属铜,置于250 mL烧杯中,加入20 mL硝酸溶液(1+1),盖上表面皿,加热溶解。再加入20 mL硫酸溶液(1+1),加热至冒白烟,取下冷却,小心加入50 mL水,搅拌使盐类溶解,移入1 000 mL容量瓶中,用水稀释至刻度,摇匀。此溶液含铜(Cu)量

500 μg/mL。

5.2.2.9　铜标准溶液：10 μg/mL。吸取 20.0 mL 铜标准溶液(5.2.2.8)于 1 000 mL 容量瓶中，用水稀释至刻度，摇匀。此溶液含铜(Cu)量 10 μg /mL。

5.2.2.10　中性红指示液：1 g/L。称取 0.1 g 中性红溶于 100 mL 无水乙醇中。

5.2.3　仪器

分光光度计：应符合 GB/T 9721 的规定。

5.2.4　分析步骤

5.2.4.1　称取 0.1 g～0.5 g 试样(精确至 0.000 2 g)，置于 150 mL 烧杯中。以少量水润湿试样，加入 10 mL 盐酸，盖上表面皿，加热 3 min 后，加入 5 mL 硝酸，继续加热至微沸，待试样完全分解后，将表面皿半开，继续加热驱尽二氧化氮。用少量水冲洗表面皿及烧杯壁，加热使可溶性盐类溶解，冷却至室温，移入 100 mL 容量瓶中，用水稀释至刻度，摇匀，干过滤。吸取 5.0 mL～25.0 mL 滤液，置于 100 mL 容量瓶中。

5.2.4.2　加入 2 mL 柠檬酸溶液，用水稀释至 30 mL，加二滴中性红指示液，用氨水溶液中和至溶液变为黄色，并过量三滴，加 10 mL 氯化铵-氨水缓冲溶液。将容量瓶置于 10℃～20℃水浴中放置片刻。加 20.0 mL BCO 溶液，用水稀释至刻度，摇匀。仍置于 10℃～20℃水浴中。

5.2.4.3　30 min 后，用 2 cm 吸收池，于分光光度计波长 600 nm 处，以空白试验溶液作参比，测量吸光度，从工作曲线上查出相应的铜质量的数值。

5.2.4.4　与试样测定同时做空白试验。

5.2.5　工作曲线的绘制

5.2.5.1　移取 0.0 mL、2.0 mL、4.0 mL、6.0 mL、8.0 mL、10.0 mL 铜标准溶液(5.2.2.9)(相当于 0 μg、20 μg、40 μg、60 μg、80 μg、100 μg 铜)分别置于一组 100 mL 容量瓶中，加入 5 mL 铁溶液，以下按 5.2.4.2 和 5.2.4.3 进行。其中以零浓度溶液作参比，测量吸光度。

5.2.5.2　以铜的浓度为横坐标，相应的吸光度为纵坐标，绘制工作曲线。

5.2.6　结果计算

铜(Cu)的含量以质量分数 w_2 计，数值以%表示，按式(2)计算：

$$w_2 = \frac{m_1 \times 10^{-6}}{m} \times 100 \qquad \cdots\cdots(2)$$

式中：

m_1——从工作曲线上查得的铜质量的数值，单位为微克(μg)；

m——吸取试料溶液相当于试料质量的数值，单位为克(g)。

计算结果表示到小数点后两位或三位，取平行测定结果的算术平均值为最终测定结果。

6　允许差

平行测定结果的绝对差值不大于表 1 列允许差。

表 1　允许差　　%

铜(Cu)含量	允许差
≤0.050	0.008
>0.050～0.100	0.015
>0.10～0.25	0.03
>0.25～0.50	0.05
>0.50	0.08

ICS 73.060.01
D 51

中华人民共和国国家标准

GB/T 2467—2008
代替 GB/T 2467.1—1996,GB/T 2467.3—1996

硫铁矿和硫精矿中铅含量的测定 火焰原子吸收光谱法和EDTA容量法

Pyrites and concentrate—Determination of lead content—Flame atomic absorption spectrometric and EDTA volumetric methods

2008-05-14 发布　　2008-10-01 实施

中华人民共和国国家质量监督检验检疫总局
中国国家标准化管理委员会　发布

前　言

本标准代替GB/T 2467.1—1996《硫铁矿和硫精矿中铅含量的测定　第1部分：火焰原子吸收光谱法》和GB/T 2467.3—1996《硫铁矿和硫精矿中铅含量的测定　第3部分：EDTA容量法》，将这两项标准合并成一项标准，分为两个方法。

本标准由中国石油和化学工业协会提出。

本标准由化学工业化学矿标准化技术委员会归口。

本标准起草单位：中蓝连海设计研究院。

本标准主要起草人：王和平、张晓梅。

本标准所代替标准的历次版本发布情况为：

——GB/T 2467.1—1996；

——GB 2467—1981，GB/T 2467.3—1996。

硫铁矿和硫精矿中铅含量的测定 火焰原子吸收光谱法和EDTA容量法

1 范围

本标准规定了火焰原子吸收光谱法和EDTA容量法测定硫铁矿和硫精矿中铅含量。

本标准火焰原子吸收光谱法适用于硫铁矿和硫精矿产品中铅含量0.01%～1%的测定，EDTA容量法适用于硫铁矿和硫精矿产品中铅含量大于0.1%的测定。

2 规范性引用文件

下列文件中的条款通过本标准的引用而成为本标准的条款。凡是注日期的引用文件，其随后所有的修改单(不包括勘误的内容)或修订版均不适用于本标准，然而，鼓励根据本标准达成协议的各方研究是否可使用这些文件的最新版本。凡是不注日期的引用文件，其最新版本适用于本标准。

GB/T 601　化学试剂　标准滴定溶液的制备

GB/T 6003.1　金属丝编织网试验筛(GB/T 6003.1—1997，eqv ISO 3310-1:1990)

GB/T 6682　分析实验室用水规格和试验方法(GB/T 6682—1992，neq ISO 3696:1987)

GB/T 9723　化学试剂　火焰原子吸收光谱法通则

3 试样

试样通过150 μm试验筛(GB/T 6003.1)，于100℃～105℃干燥至恒重，置于干燥器中，冷却至室温。

4 一般规定

本标准所用水应符合GB/T 6682中三级水的规格；所列试剂除特殊规定外，均指分析纯试剂。

5 分析方法

5.1 火焰原子吸收法

5.1.1 方法提要

试样用盐酸-硝酸溶解，在稀盐酸介质中，使用空气-乙炔火焰，于原子吸收光谱仪波长283.3 nm处测量吸光度，以工作曲线法求出铅含量。

5.1.2 试剂和溶液

5.1.2.1　盐酸。

5.1.2.2　盐酸溶液：1+1。

5.1.2.3　硝酸。

5.1.2.4　铅标准溶液：1.00 mg/mL。称取1.000 0 g高纯金属铅于250 mL烧杯中，加入40 mL硝酸溶液(1+1)，盖上表面皿，加热溶解完全，冷却，移入1 000 mL容量瓶中，用水稀释至刻度，摇匀。此溶液含铅(Pb)量1.00 mg/mL。

5.1.2.5　铅标准溶液：200 μg /mL。吸取100.0 mL铅标准溶液(5.1.2.4)于500 mL容量瓶中，用水稀释至刻度，摇匀。此溶液含铅(Pb)量200 μg /mL。

5.1.3 仪器

火焰原子吸收光谱仪:应符合 GB/T 9723 的规定。

5.1.4 分析步骤

5.1.4.1 称取 0.2 g~1 g 试样(精确至 0.000 2 g),置于 150 mL 烧杯中。以少量水润湿试样,加入 15 mL 盐酸,盖上表面皿,加热至微沸,保持数分钟,取下。加入 5 mL 硝酸,继续加热至沸,移去表面皿,蒸至湿盐状,取下,冷却。

5.1.4.2 加入 5 mL 盐酸溶液及少量水,加热溶解可溶性盐类,冷却,移入 100 mL 容量瓶中,稀释至刻度,摇匀后干过滤。

5.1.4.3 在火焰原子吸收光谱仪上,于波长 283.3 nm 处,用空气-乙炔火焰,以水调零,测量试料溶液和空白试验溶液的吸光度。用试料溶液的吸光度减去空白试验溶液的吸光度,从工作曲线上查出相应的铅质量浓度的数值。

5.1.4.4 与试样测定同时做空白试验。

5.1.5 工作曲线的绘制

5.1.5.1 移取 0.0 mL、1.0 mL、2.0 mL、4.0 mL、6.0 mL、8.0 mL、10.0 mL 铅标准溶液(5.1.2.5)(相当于 0 μg、200 μg、400 μg、800 μg、1 200 μg、1 600 μg、2 000 μg 铅)分别置于一组 100 mL 容量瓶中,加入 5 mL 盐酸溶液,用水稀释至刻度,摇匀。

5.1.5.2 在与试料溶液相同条件下测量铅标准系列溶液的吸光度,减去零浓度溶液的吸光度。以铅质量浓度为横坐标,相应的吸光度为纵坐标绘制工作曲线。

5.1.6 结果计算

铅(Pb)的含量以质量分数 w_1 计,数值以%表示,按式(1)计算:

$$w_1 = \frac{\rho \times 100 \times 10^{-6}}{m} \times 100 \qquad \cdots\cdots(1)$$

式中:

ρ——从工作曲线上查得的铅质量浓度的数值,单位为微克每毫升(μg/mL);

m——试料质量的数值,单位为克(g)。

计算结果表示到小数点后两位或三位,取平行测定结果的算术平均值为最终测定结果。

5.1.7 允许差

平行测定结果的绝对差值不大于表 1 所列允许差。

表 1 允许差 %

铅(Pb)含量	允许差
≤0.050	0.008
>0.050~0.100	0.015
>0.10~0.25	0.03
>0.25~0.50	0.05
>0.50~1.00	0.08

注:本方法可以进行铜、铅、锌连测。

5.2 EDTA 容量法

5.2.1 方法提要

试样用盐酸-硝酸溶解,用硫酸作沉淀剂使铅生成硫酸铅沉淀,与铁、铝、铜、锌、钴、镍、钛等元素分离。沉淀用过量的 EDTA 标准溶液在氨性溶液中加热溶解。在 pH5.5~6 的乙酸-乙酸钠缓冲溶液中,以二甲酚橙为指示剂,用铅标准滴定溶液回滴过量的 EDTA,以实际消耗的 EDTA 量求得铅含量。

5.2.2 试剂和溶液

5.2.2.1 盐酸。

5.2.2.2 硝酸。

5.2.2.3 硫酸。

5.2.2.4 95%乙醇。

5.2.2.5 氯酸钾。

5.2.2.6 氨水。

5.2.2.7 盐酸溶液:1+1。

5.2.2.8 硫酸溶液:1+1。

5.2.2.9 硫酸溶液:1+100。

5.2.2.10 硫氰酸钾溶液:1 g/L。

5.2.2.11 乙酸-乙酸钠缓冲溶液(pH5.5~6):称取 250 g 无水乙酸钠溶于水中,加入 10 mL 冰乙酸,用水稀释至 1 000 mL,混匀。

5.2.2.12 乙二胺四乙酸二钠(EDTA)标准溶液:c(EDTA)=0.01 mol/L。配制与标定按 GB/T 601 执行。

5.2.2.13 铅标准滴定溶液:c(Pb)=0.005 000 mol/L。称取 1.036 g 高纯金属铅于 250 mL 烧杯中,加入 20 mL 硝酸溶液(1+1),加热溶解完全后,取下冷却,移入 1 000 mL 容量瓶中,用水稀释至刻度,摇匀。

5.2.2.14 二甲酚橙指示液:称取 0.25 g 二甲酚橙溶于 25 mL 水中,加入 25 mL 乙醇,溶解完全后贮于棕色试剂瓶中。

5.2.3 分析步骤

5.2.3.1 称取 1 g~2 g 试样(精确至 0.001 g),置于 250 mL 烧杯中。加入 0.5 g 氯酸钾、20 mL 盐酸,低温溶解 3 min,加入 10 mL 硝酸,继续加热溶解完全后,蒸发至体积约 1 mL。

5.2.3.2 加入 20 mL 硫酸溶液(5.2.2.8),充分搅拌,加水至体积约 40 mL,加热使可溶性盐类溶解,取下冷却,加入 15 mL95%乙醇,搅拌并静置 2 h~4 h,用慢速滤纸过滤,用硫酸溶液(5.2.2.9)洗至无三价铁离子(以硫氰酸钾溶液检查)。

5.2.3.3 将沉淀连同滤纸一起移入原烧杯中,准确加入 25 mL~50 mL EDTA 标准溶液,再加入 5 mL 氨水,微沸 10 min ~15 min,冷却。加入三滴二甲酚橙指示液,用盐酸溶液调至溶液呈黄色。加入 5 mL 乙酸-乙酸钠缓冲溶液,用水稀释至约 100 mL,用铅标准滴定溶液滴定至溶液由黄色变为浅紫色为终点。

5.2.4 结果计算

铅(Pb)的含量以质量分数 w_2 计,数值以%表示,按式(2)计算:

$$w_2=\frac{(c_1V_1-c_2V_2)\times M\times 10^{-3}}{m}\times 100$$
$$=\frac{(c_1V_1-c_2V_2)\times 20.72}{m} \qquad \cdots\cdots(2)$$

式中:

c_1——EDTA 标准溶液浓度的准确数值,单位为摩尔每升(mol/L);

V_1——EDTA 标准溶液体积的数值,单位为毫升(mL);

c_2——铅标准滴定溶液浓度的准确数值,单位为摩尔每升(mol/L);

V_2——铅标准滴定溶液体积的数值,单位为毫升(mL);

m——试料质量的数值,单位为克(g);

M——铅(Pb)摩尔质量的数值,单位为克每摩尔(g/mol)(M=207.2)。

计算结果表示到小数点后两位，取平行测定结果的算术平均值为最终测定结果。

5.2.5 允许差

平行测定结果的绝对差值不大于表2所列允许差。

表2 允许差 %

铅(Pb)含量	允许差
0.10～0.50	0.05
>0.50～1.00	0.15
>1.00	0.30

ICS 73.060.01
D 51

中华人民共和国国家标准

GB/T 2468—2008
代替 GB/T 2468.1—1996,GB/T 2468.3—1996

硫铁矿和硫精矿中锌含量的测定 火焰原子吸收光谱法和分光光度法

Pyrites and concentrate—Determination of zinc content—Flame atomic absorption spectrometric and spectrphotometric methods

2008-05-14 发布　　2008-10-01 实施

中华人民共和国国家质量监督检验检疫总局
中国国家标准化管理委员会　发布

前　言

本标准代替 GB/T 2468.1—1996《硫铁矿和硫精矿中锌含量的测定　第1部分：火焰原子吸收光谱法》和 GB/T 2468.3—1996《硫铁矿和硫精矿中锌含量的测定　第3部分：PAN 分光光度法》，将这两项标准合并成一项标准，分为两个方法。

本标准由中国石油和化学工业协会提出。

本标准由化学工业化学矿标准化技术委员会归口。

本标准起草单位：中蓝连海设计研究院。

本标准主要起草人：王和平、张晓梅。

本标准所代替标准的历次版本发布情况为：

——GB/T 2468.1—1996；

——GB/T 2468.3—1996。

硫铁矿和硫精矿中锌含量的测定 火焰原子吸收光谱法和分光光度法

1 范围

本标准规定了火焰原子吸收光谱法和分光光度法测定硫铁矿和硫精矿中锌含量。

本标准火焰原子吸收光谱法适用于硫铁矿和硫精矿产品中锌含量 0.01%～1%的测定，分光光度法适用于硫铁矿和硫精矿产品中锌含量 0.01%～0.3%的测定。

2 规范性引用文件

下列文件中的条款通过本标准的引用而成为本标准的条款。凡是注日期的引用文件，其随后所有的修改单(不包括勘误的内容)或修订版均不适用于本标准，然而，鼓励根据本标准达成协议的各方研究是否可使用这些文件的最新版本。凡是不注日期的引用文件，其最新版本适用于本标准。

GB/T 6003.1　金属丝编织网试验筛(GB/T 6003.1—1997，eqv ISO 3310-1：1990)

GB/T 6682　分析实验室用水规格和试验方法(GB/T 6682—1992，neq ISO 3696：1987)

GB/T 9721　化学试剂　分子吸收分光光度法通则(紫外和可见光部分)

GB/T 9723　化学试剂　火焰原子吸收光谱法通则

3 试样

试样通过 150 μm 试验筛(GB/T 6003.1)，于 100℃～105℃干燥至恒重，置于干燥器中，冷却至室温。

4 一般规定

本标准所用水应符合 GB/T 6682 中三级水的规格；所列试剂除特殊规定外，均指分析纯试剂。

5 分析方法

5.1 火焰原子吸收光谱法

5.1.1 方法提要

试样用盐酸-硝酸溶解，在稀盐酸介质中，使用空气-乙炔火焰，于原子吸收光谱仪波长 213.9 nm 处测量吸光度，以工作曲线法求出锌含量。

5.1.2 试剂和溶液

5.1.2.1　盐酸。

5.1.2.2　盐酸溶液：1+1。

5.1.2.3　硝酸。

5.1.2.4　锌标准溶液：1.00 mg/mL。称取 1.000 0 g 高纯金属锌(或已在 1 000℃灼烧 1 h 的基准氧化锌 1.244 7 g)于 250 mL 烧杯中，加入 40 mL 盐酸溶液，盖上表面皿，加热溶解完全，冷却，移入 1 000 mL 容量瓶中，用水稀释至刻度，摇匀。此溶液含锌(Zn)量 1.00 mg/mL。

5.1.2.5　锌标准溶液：100 μg/mL。吸取 50.0 mL 锌标准溶液(5.1.2.4)于 500 mL 容量瓶中，用水稀释至刻度，摇匀。此溶液含锌(Zn)量 100 μg/mL。

5.1.3 **仪器**

火焰原子吸收光谱仪：应符合 GB/T 9723 的规定。

5.1.4 **分析步骤**

5.1.4.1 称取 0.1 g～0.5 g 试样(精确至 0.000 2 g)，置于 150 mL 烧杯中。以少量水润湿试样，加入 15 mL 盐酸，盖上表面皿，加热至微沸，保持数分钟，取下。加入 5 mL 硝酸，继续加热至沸，移去表面皿，蒸至湿盐状，取下，冷却。

5.1.4.2 加入 5 mL 盐酸溶液及少量水，加热溶解可溶性盐类，冷却，移入 100 mL 容量瓶中，稀释至刻度，摇匀后干过滤。

5.1.4.3 在火焰原子吸收光谱仪上，于波长 213.9 nm 处，用空气-乙炔火焰，以水调零，测量试料溶液和空白试验溶液的吸光度。用试料溶液的吸光度减去空白试验溶液的吸光度，从工作曲线上查出相应的锌质量浓度的数值。

5.1.4.4 与试样测定同时做空白试验。

5.1.5 **工作曲线的绘制**

5.1.5.1 移取 0.0 mL、2.0 mL、4.0 mL、6.0 mL、8.0 mL、10.0 mL 锌标准溶液(5.1.2.5)(相当于 0 μg、200 μg、400 μg、600 μg、800 μg、1 000 μg 锌)分别置于一组 100 mL 容量瓶中，加入 5 mL 盐酸溶液，用水稀释至刻度，摇匀。

5.1.5.2 在与试料溶液相同条件下测量锌标准系列溶液的吸光度，减去零浓度溶液的吸光度。以锌质量浓度为横坐标，相应的吸光度为纵坐标绘制工作曲线。

5.1.6 **结果计算**

锌(Zn)的含量以质量分数 w_1 计，数值以%表示，按式(1)计算：

$$w_1 = \frac{\rho \times 100 \times 10^{-6}}{m} \times 100 \qquad \cdots\cdots(1)$$

式中：

ρ——从工作曲线上查得的试料溶液中锌质量浓度的数值，单位为微克每毫升(μg/mL)；

m——试料质量的数值，单位为克(g)。

计算结果表示到小数点后两位或三位，取平行测定结果的算术平均值为最终测定结果。

5.1.7 **允许差**

平行测定结果的绝对差值不大于表 1 所列允许差。

表 1 允许差

%

锌(Zn)含量	允许差
≤0.050	0.008
>0.050～0.100	0.015
>0.10～0.25	0.03
>0.25～0.50	0.05
>0.50～1.00	0.08

注：本方法可以进行铜、铅、锌连测。

5.2 **分光光度法**

5.2.1 **方法提要**

试样用盐酸-硝酸溶解，以氟化钠、氨水、氯化铵及铜试剂沉淀，分离铁、铝、铜、镍等共存元素。在酸性介质中用甲基异丁基甲酮萃取锌的硫氰酸配离子，用 1-(2-吡啶偶氮)-2-苯酚(PAN)与锌离子形成橙红色配合物，于分光光度计波长 560 nm 处测量吸光度，以工作曲线法求出锌含量。

5.2.2 试剂和溶液

5.2.2.1 盐酸。

5.2.2.2 硝酸。

5.2.2.3 氯化铵。

5.2.2.4 氨水。

5.2.2.5 甲基异丁基甲酮。

5.2.2.6 无水乙醇。

5.2.2.7 硫酸溶液：1+1。

5.2.2.8 硫酸溶液：$c(H_2SO_4)=1$ mol/L。

5.2.2.9 氨水溶液：1+1。

5.2.2.10 氟化钠饱和溶液（贮于塑料瓶中）。

5.2.2.11 二乙基二硫代氨基甲酸钠（铜试剂）溶液：10 g/L（用时配制）。

5.2.2.12 亚硝酸钠溶液：200 g/L。

5.2.2.13 硫氰酸铵溶液：1 mol/L。称取 30 g 硫氰酸铵溶于 500 mL 水中。

5.2.2.14 硫氰酸铵洗液：称取 4 g 氯化铵于塑料烧杯中，加 50 mL 水溶解后，加入 40 mL 硫氰酸铵溶液、5 mL 氟化钠饱和溶液，用水稀释至 300 mL，贮于塑料瓶中。

5.2.2.15 1-(2-吡啶偶氮)-2-苯酚（PAN）-甲基异丁基甲酮溶液：称取 0.5 g PAN 溶于 100 mL 甲基异丁基甲酮中。

5.2.2.16 锌标准溶液：500 μg/mL。称取 0.500 0 g 高纯金属锌，置于 250 mL 烧杯中，加入 20 mL 盐酸溶液（1+1），加热溶解后，加 5 mL 硫酸溶液（5.2.2.8），加热蒸发至冒白烟，取下冷却。加少量水溶解盐类，冷却至室温，移入 1 000 mL 容量瓶中，用水稀释至刻度，摇匀。此溶液含锌（Zn）量500 μg/mL。

5.2.2.17 锌标准溶液：10 μg/mL。吸取 20.0 mL 锌标准溶液（5.2.2.16）于 1 000 mL 容量瓶中，用水稀释至刻度，摇匀。此溶液含锌（Zn）量 10 μg/mL。

5.2.2.18 对硝基酚指示液：0.5 g/L。称取 0.05 g 对硝基酚溶于 100 mL 无水乙醇中。

5.2.3 仪器

分光光度计：应符合 GB/T 9721 的规定。

5.2.4 分析步骤

5.2.4.1 称取 0.1 g～0.5 g 试样（精确至 0.000 2 g），置于 150 mL 聚四氟乙烯烧杯中。加入 10 mL 盐酸，加热 3 min 后，加入 5 mL 硝酸，继续加热至微沸，待试样完全分解后，取下冷却，小心加入 3 mL 硫酸溶液（5.2.2.8），加热蒸发至冒白烟。

5.2.4.2 取下冷却，用水冲洗杯壁，体积约为 20 mL，加热煮沸，使可溶性盐类溶解，取下稍冷，用氨水溶液中和至出现氢氧化铁沉淀，再滴加硫酸溶液（5.2.2.7）至沉淀溶解，并过量三滴，将试液加热至近沸，加入 20 mL 氟化钠饱和溶液，煮沸，取下冷却。加入 0.5 g 氯化铵，搅拌溶解，加入 30 mL 氨水，10 mL 铜试剂溶液，移入 100 mL 容量瓶中，用水稀释至刻度，摇匀，干过滤。

5.2.4.3 吸取 5.0 mL～10.0 mL 滤液，置于 100 mL 烧杯中，加入 2 mL 亚硝酸钠溶液，二滴对硝基酚指示液，滴加硫酸溶液（5.2.2.7）中和至无色，冷却至室温，移入 60 mL 分液漏斗中，用氨水溶液中和至黄色出现，再用硫酸溶液（5.2.2.8）调至恰好无色。

5.2.4.4 加入 4.0 mL 硫氰酸铵溶液（5.2.2.13），摇匀，加入 16 mL 甲基异丁基甲酮，振荡 1 min，静置分层后弃去水相。向有机相中加入 10 mL 硫氰酸铵洗液（5.2.2.14），振荡 30 s，静置分层后弃去水相。再加入 10 mL 硫氰酸铵洗液洗涤有机相一次，静置分层后弃去水相。

5.2.4.5 将有机相移入盛有 4 mL 无水乙醇的 25 mL 容量瓶中，加入 0.1 mL 氨水，摇匀，加入 4 mL PAN-甲基异丁基甲酮溶液，用甲基异丁基甲酮稀释至刻度，摇匀。

5.2.4.6 30 min 后，用 0.5 cm 吸收池，于分光光度计波长 560 nm 处，以空白试验溶液作参比，测量吸光度，从工作曲线上查出相应的锌质量的数值。

5.2.4.7　与试样测定同时做空白试验。

5.2.5　工作曲线的绘制

5.2.5.1　移取 0.0 mL、1.0 mL、2.0 mL、3.0 mL、4.0 mL、5.0 mL 锌标准溶液(5.2.2.17)(相当于 0 μg、10 μg、20 μg、30 μg、40 μg、50 μg 锌)，分别置于一组 60 mL 分液漏斗中，用水稀释至 20 mL，加入 2.0 mL 亚硝酸钠溶液，二滴对硝基酚指示液，滴加氨水溶液中和至溶液黄色出现，再用硫酸溶液(5.2.2.8)调至恰好无色。以下按 5.2.4.4～5.2.4.6 进行。其中以零浓度溶液作参比，测量吸光度。

5.2.5.2　以锌的浓度为横坐标，相应的吸光度为纵坐标，绘制工作曲线。

5.2.6　结果计算

锌(Zn)的含量以质量分数 w_2 计，数值以%表示，按式(2)计算：

$$w_2 = \frac{m_1 \times 10^{-6}}{m} \times 100 \qquad \cdots\cdots(2)$$

式中：

m_1——从工作曲线上查得的锌质量的数值，单位为微克(μg)；

m——吸取试料溶液相当于试料质量的数值，单位为克(g)。

计算结果表示到小数点后两位或三位，取平行测定结果的算术平均值为最终测定结果。

5.2.7　允许差

平行测定结果的绝对差值不大于表 2 所列允许差。

表 2　允许差　　%

锌(Zn)含量	允许差
≤0.050	0.008
>0.050～0.100	0.020
>0.10～0.30	0.04

ICS 25.100.70
J 43

中华人民共和国国家标准

GB/T 2478—2008
代替 GB/T 2478—1996

普通磨料 棕刚玉

Conventional abrasive—Brown fused alumina

2008-06-03 发布 2009-01-01 实施

中华人民共和国国家质量监督检验检疫总局
中国国家标准化管理委员会 发布

前　言

本标准代替 GB/T 2478—1996《普通磨料　棕刚玉》。

本标准与 GB/T 2478—1996 相比，主要变化如下：

——对标准中 Al_2O_3、TiO_2、CaO 的化学成分作了修改（本标准的 4.1，GB/T 2478—1996 中的 4.1）；

——磨料粒度标记、粒度组成及检测方法采用 GB/T 2481 和 GB/T 9258 的规定；

——陶瓷结合剂磨具用棕刚玉及高速砂带（含机加工砂页）用棕刚玉中增加了 SiO_2、Fe_2O_3 的化学成分要求（本标准的 4.1）；

——将检验规则中的生产检验改为出厂检验，并对其内容进行了修改（本标准的 6.2，GB/T 2478—1996 中的 6.2）；

——对质量监督检验的规定进行了修改（本标准的 6.3，GB/T 2478—1996 中的 6.3）。

本标准由中国机械工业联合会提出。

本标准由全国磨料磨具标准化技术委员会（SAC/TC 139）归口。

本标准起草单位：太原双塔刚玉股份有限公司。

本标准主要起草人：都沁军、邵森、李杰、袁昧生。

本标准所代替标准的历次版本发布情况为：

——GB 2478—1981、GB 2478—1983、GB/T 2478—1996。

普通磨料 棕刚玉

1 范围

本标准规定了棕刚玉磨料各牌号产品的代号、技术要求、试验方法、检验规则和包装。

本标准适用于制造磨具和研磨材料等用途的棕刚玉磨料。

2 规范性引用文件

下列文件中的条款通过本标准的引用而成为本标准的条款。凡是注日期的引用文件，其随后所有的修改单(不包括勘误的内容)或修订版均不适用于本标准，然而，鼓励根据本标准达成协议的各方研究是否可使用这些文件的最新版本。凡是不注日期的引用文件，其最新版本适用于本标准。

GB/T 2481.1～2481.2 固结磨具用磨料 粒度组成的检测和标记(GB/T 2481.1～2481.2—1998, eqv ISO 8486-1～8486-2:1996)

GB/T 3043 棕刚玉化学分析方法

GB/T 4676 普通磨料 取样方法(GB/T 4676—2003,ISO 9138:1993,MOD)

GB/T 9258.1～9258.3 涂附磨具用磨料 粒度分析(GB/T 9258.1～9258.3—2000,idt ISO 6344-1～6344-3:1998)

JB/T 6569 普通磨料 包装

JB/T 6570 普通磨料 磁性物含量测定方法

JB/T 7984.3 普通磨料 密度的测定

3 代号

棕刚玉磨料各牌号产品的代号规定如下：

陶瓷结合剂磨具用棕刚玉代号为 A；

高速砂带(含机加工砂页)用棕刚玉代号为 A-P_1；

页状砂布用棕刚玉代号为 A-P_2；

有机结合剂磨具用棕刚玉代号为 A-B；

喷砂抛光用棕刚玉代号为 A-S。

4 技术要求

4.1 化学成分

各牌号产品的化学成分由表 1 给出。

表 1 各牌号产品的化学成分

牌号	粒度范围	化学成分/%				
		Al_2O_3	TiO_2	CaO	SiO_2	Fe_2O_3
A 和 $A\text{-}P_1$	F4～F80 P12～P80	95.00～97.50	1.70～3.40	≤0.42	≤1.00	≤0.30
	F90～F150 P100～P150	94.50～97.00				
	F180～F220 P180～P220	94.00～97.00	1.70～3.60	≤0.45	≤1.00	≤0.30
	F230～F800 (P240～P800)	≥93.50	1.70～3.80	≤0.45	≤1.20	≤0.30
	F1 000～F1 200 (P1 000～P1 200)	≥93.00	≤4.00	≤0.50	≤1.40	≤0.30
	P1 500～P2 500	≥92.50	≤4.20	≤0.55	≤1.60	≤0.30
A-B 和 $A\text{-}P_2$	F4～F80 P12～P80	≥94.00	1.50～3.80	≤0.45	≤1.20	≤0.30
	F90～F220 P100～P220	≥93.00	1.50～4.00	≤0.50	≤1.40	—
	F230～F800 (P240～P800)	≥92.50	≤4.20	≤0.60	≤1.60	—
	F1 000～F1 200 (P1 000～P1 200)	≥92.00	≤4.20	≤0.60	≤1.80	—
	P1 500～P2 500	≥92.00	≤4.50	≤0.60	≤2.00	—
A-S	16～220	≥93.00	—	—	—	—

4.2 粒度组成

4.2.1 固结磨具用磨料粒度组成应符合 GB/T 2481 的规定。

4.2.2 涂附磨具用磨料粒度组成应符合 GB/T 9258 的规定。

4.2.3 喷砂抛光及其他用途的磨料粒度组成由表 2 给出。

表 2 喷砂抛光及其他用途的磨料粒度组成

粒度标记	最粗粒			粗粒			基本粒			混合粒			细粒		
	筛孔尺寸		筛上物	筛孔尺寸		筛上物≤	筛孔尺寸		筛上物≥	筛孔尺寸		筛上物≥	筛孔尺寸		筛下物≤
	mm	μm	质量比/%	mm	μm	质量比/%	mm	μm	质量比/%	mm	μm	质量比/%	mm	μm	质量比/%
16	2.36	—	0	1.40	—	25	1.18	—	35	1.18 1.00	—	70	—	710	5
20	2.00	—	0	1.18	—	25	1.00	—	35	1.00	850	70	—	600	5
24	1.40	—	0	1.00	—	25	—	850	35	—	850 710	60	—	425	5
30	1.18	—	0	—	850	30	—	600	45	—	600 500	60	—	355	5
36	1.00	—	0	—	710	15	—	500	50	—	500 425	80	—	300	5
46	—	710	0	—	425	30	—	355	30	—	355 300	55	—	212	5
54	—	600	0	—	355	35	—	300	25	—	300 250	60	—	180	5
60	—	500	0	—	300	35	—	250	35	—	250 212	60	—	150	5
70	—	425	0	—	250	25	—	212	35	—	212 180	65	—	125	5
80	—	355	0	—	212	35	—	180	30	—	180 150	60	—	106	5
90	—	300	0	—	180	25	—	150	35	—	150 125	60	—	90	5
100	—	250	0	—	150	25	—	125	30	—	125 106	55	—	63	5
120	—	212	0	—	125	25	—	106	20	—	106 90	50	—	53	5
150	—	180	0	—	106	25	—	90 75	30	—	90 75 63	60	—	45	5
180	—	180	0	—	90	20	—	75 63	30	—	75 63 53	60	—	—	—
220	—	150	0	—	75	15	—	63 53	30	—	63 53 45	50	—	—	—

4.3 密度

F4(P12)至 F220(P220)不小于 3.90 g/cm^3,F220(P220)以细不小于 3.85 g/cm^3。

4.4 铁合金粒含量

F30(P36)及以粗各号以不通过 355 μm 筛的铁合金粒为零;F36～F90(P40～P100)各号以不通过粒度检查时最底层筛的铁合金粒为零;F100～F220(P120～P220)各号以不通过粒度检查时次底层筛的铁合金粒为零。

4.5 磁性物含量

各牌号产品的磁性物含量由表 3 给出。

表 3 各牌号产品的磁性物含量

粒度	磁性物含量/% 不多于				
	A	A-P_1	A-B	A-P_2	A-S
F4～F8	0.052 0	—	0.080 0	—	—
F10	0.050 0	—	0.078 0	—	—
F12,P12	0.048 0	0.048 0	0.076 0	0.081 0	—
F14	0.046 0	—	0.074 0	—	—
F16,P16,16	0.044 0	0.044 0	0.072 0	0.077 0	0.086 0
F20,20	0.042 0	—	0.070 0	—	0.083 0
F22,P20	0.040 0	0.040 0	0.068 0	0.073 0	—
F24,P24,24	0.038 0	0.038 0	0.066 0	0.071 0	0.080 0
F30,P30,30	0.036 0	0.036 0	0.064 0	0.069 0	0.077 0
F36,P36,36	0.034 0	0.034 0	0.062 0	0.067 0	0.074 0
F40	0.032 0	—	0.060 0	—	—
F46,P40,46	0.030 0	0.030 0	0.058 0	0.063 0	0.071 0
F54,P50,54	0.028 0	0.028 0	0.056 0	0.061 0	0.068 0
F60,P60,60	0.026 0	0.026 0	0.054 0	0.059 0	0.065 0
F70,70	0.025 0	—	0.052 0	—	0.062 0
F80,P80,80	0.024 0	0.024 0	0.050 0	0.055 0	0.059 0
F90,P100,90	0.023 0	0.023 0	0.048 0	0.053 0	0.056 0
F100,100	0.022 0	—	0.046 0	—	0.054 0
F120,P120,120	0.021 0	0.021 0	0.045 0	0.050 0	0.053 0
F150,P150,150	0.018 0	0.018 0	0.044 0	0.049 0	0.052 0
F180,P180,180	0.018 0	0.018 0	0.044 0	0.049 0	0.052 0
F220,P220,220	0.018 0	0.018 0	0.044 0	0.049 0	0.052 0

5 试验方法

5.1 化学成分按 GB/T 3043 的规定进行检验。

5.2 粒度组成

5.2.1 固结磨具用磨料按 GB/T 2481 的规定进行检验。

5.2.2 涂附磨具用磨料按 GB/T 9258 的规定进行检验。

5.3 密度按 JB/T 7984.3 的规定进行检验。

5.4 铁合金粒和磁性物含量按 JB/T 6570 的规定进行检验。

6 检验规则

6.1 试样的抽取

按 GB/T 4676 的规定进行抽样。

6.2 出厂检验

出厂产品须按标准规定检验，所有项目全部符合技术要求时，该批产品方可判为合格。

6.3 质量监督检验

质量监督检验时，将被检产品划分为不同的粒度段，每个粒度段随机选取一种代表粒度号进行抽样，抽样采取一次抽样。粒度段划分规定见表 4。

对抽取的试样分别按第 4 章的技术要求进行全项检验，符合要求则判为合格，否则为不合格。

表 4 粒度段划分及抽样规定

粒度段划分	抽取粒度
F4～F36(P12～P36)	每个粒度段随机抽取一种代表粒度号(F 磨料和 P 磨料应分别抽样)
F40～F80(P40～P80)	
F90～F150(P100～P150)	
F180～F220(P180～P220)	
F230～F360(P240～P360)	
F400～F800(P400～P800)	
F1 000～F1 200(P1 000～P1 200)	
P1 500～P2 500	

7 包装

包装按 JB/T 6569 的规定执行。

ICS 25.100.70
J 43

GB

中华人民共和国国家标准

GB/T 2479—2008
代替 GB/T 2479—1996

普通磨料 白刚玉

Conventional abrasive—White fused alumina

2008-06-03 发布　　2009-01-01 实施

中华人民共和国国家质量监督检验检疫总局
中国国家标准化管理委员会　发布

前　言

本标准代替 GB/T 2479—1996《普通磨料　白刚玉》。

本标准与 GB/T 2479—1996 相比，主要变化如下：

——修改了对化学成分的规定(本标准的 4.1；GB/T 2479—1996 中的 4.1)；

——增加了对 P1500～P2500 粒度号产品的化学成分的规定(本标准的 4.1)；

——磨料粒度标记、粒度组成及检测方法采用 GB/T 2481 和 GB/T 9258 的规定；

——对铁合金粒含量粒度段的划分进行了调整(本标准的 4.4；GB/T 2479—1996 中的 4.4)；

——将检验规则中的生产检验改为出厂检验，并对其内容进行了修改(本标准的 6.2；GB/T 2479—1996 中的 6.2)；

——对质量监督检验的规定进行了修改(本标准的 6.3；GB/T 2479—1996 中的 6.3)。

本标准由中国机械工业联合会提出。

本标准由全国磨料磨具标准化技术委员会(SAC/TC 139)归口。

本标准起草单位：郑州玉发磨料集团有限公司、郑州磨料磨具磨削研究所。

本标准主要起草人：何观玉、包华、袁全忠、王旭、王军涛。

本标准所代替标准的历次版本发布情况为：

——GB 2479—1981、GB 2479—1983、GB/T 2479—1996。

普通磨料　白刚玉

1　范围

本标准规定了白刚玉磨料各牌号产品的代号、技术要求、试验方法、检验规则和包装。

本标准适用于制造固结磨具、涂附磨具等用途的白刚玉磨料。

2　规范性引用文件

下列文件中的条款通过本标准的引用而成为本标准的条款。凡是注日期的引用文件，其随后所有的修改单(不包括勘误的内容)或修订版均不适用于本标准，然而，鼓励根据本标准达成协议的各方研究是否可使用这些文件的最新版本。凡是不注日期的引用文件，其最新版本适用于本标准。

GB/T 2481.1～2481.2　固结磨具用磨料　粒度组成的检测和标记(GB/T 2481.1～2481.2—1998,eqv ISO 8486-1～8486-2:1996)

GB/T 3044　白刚玉、铬刚玉　化学分析方法

GB/T 4676　普通磨料　取样方法(GB/T 4676—2003,ISO 9138:1993,MOD)

GB/T 9258.1～9258.3　涂附磨具用磨料　粒度分析(GB/T 9258.1～9258.3—2000,idt ISO 6344-1～6344-3-1998)

JB/T 6569　普通磨料　包装

JB/T 6570　普通磨料　磁性物含量测定方法

JB/T 7984.3　普通磨料　密度的测定

3　代号

白刚玉磨料各牌号产品的代号规定如下：

陶瓷结合剂磨具用白刚玉为 WA;

有机结合剂磨具用白刚玉为 WA-B;

涂附磨具用白刚玉为 WA-P。

4　技术要求

4.1　化学成分

各牌号产品的化学成分由表 1 给出。

表 1　各牌号产品的化学成分

牌　号	粒度范围	化学成分/%	
		Al_2O_3 不少于	Na_2O 不多于
WA 和 WA-P	F4～F80 P12～P80	99.10	0.35
	F90～F150 P100～P150	99.10	0.40

表 1（续）

牌号	粒度范围	化学成分/%	
		Al_2O_3 不少于	Na_2O 不多于
WA 和 WA-P	F180～F220 P180～P220	98.60	0.50
	F230～F800 P240～P800	98.30	0.60
	F1000～F1200 P1000～P1200	98.10	0.70
	P1500～P2500	97.50	0.90
WA-B	F4～F80	99.00	0.50
	F90～F150	99.00	0.60
	F180～F220	98.50	0.60

4.2 密度

F4(P12)～F220(P220)不小于 3.90 g/cm^3，F220(P220)以细不小于 3.85 g/cm^3。

4.3 粒度组成

4.3.1 固结磨具用磨料应符合 GB/T 2481 的规定。

4.3.2 涂附磨具用磨料应符合 GB/T 9258 的规定。

4.4 铁合金粒含量

F30(P36)及以粗各号以不通过 355 μm 筛的铁合金粒为零；F36～F90(P40～P100)各号以不通过粒度检查时最底层筛的铁合金粒为零；F100～F220(P120～P220)各号以不通过粒度检查时次底层筛的铁合金粒为零。

4.5 磁性物含量

各牌号的磁性物含量由表 2 给出。

表 2 各牌号产品的磁性物含量

粒度范围	磁性物含量/% 不多于	
	WA 和 WA-P	WA-B
F4～F30 P12～P30	0.002 3	0.004 0
F36～F60 P36～P60	0.002 2	0.003 5
F70～F120 P80～P120	0.002 1	0.003 0
F150～F220 P150～P220	0.001 6	0.002 5

5 试验方法

5.1 化学成分按 GB/T 3044 的规定进行检验。

5.2 密度按 JB/T 7984.3 的规定进行检验。

5.3 粒度组成

5.3.1 固结磨具用磨料按 GB/T 2481 的规定进行检验。

5.3.2 涂附磨具用磨料按 GB/T 9258 的规定进行检验。

5.4 铁合金粒和磁性物含量按 JB/T 6570 的规定进行检验。

6 检验规则

6.1 试样的抽取

按 GB/T 4676 的规定进行抽样。

6.2 出厂检验

出厂产品须按标准规定检验，所有项目全部符合技术要求时，该批产品方可判为合格。

6.3 质量监督检验

质量监督检验时，将被检产品划分为不同的粒度段，每个粒度段随机选取一种代表粒度号进行抽样，抽样采取一次抽样。粒度段划分及抽取粒度号的规定见表3。

对抽取的试样分别按第4章的技术要求进行全项检验，符合要求则判为合格，否则为不合格。

表3 粒度段划分及抽样规定

粒度段划分	抽取粒度
F4～F36(P12～P36)	每个粒度段随机抽取一种代表粒度号 (F 磨料和 P 磨料应分别抽样)
F40～F80(P40～P80)	
F90～F150(P100～P150)	
F180～F220(P180～P220)	
F230～F360(P240～P360)	
F400～F800(P400～P800)	
F1000～F1200(P1000～P1200)	
P1500～P2500	

7 包装

包装按 JB/T 6569 的规定执行。

ICS 25.100.70
J 43

中华人民共和国国家标准

GB/T 2480—2008
代替 GB/T 2480—1996

普通磨料　碳化硅

Conventional abrasive—Silicon carbide

2008-06-03 发布　　　　2009-01-01 实施

中华人民共和国国家质量监督检验检疫总局
中国国家标准化管理委员会　发布

前　言

本标准代替 GB/T 2480—1996《普通磨料　碳化硅》。

本标准与 GB/T 2480—1996 相比，主要变化如下：

——根据目前的生产技术质量水平，对各牌号产品的 SiC、F.C、Fe_2O_3 含量指标均予以适度加严（本标准的 4.1，GB/T 2480—1996 中的 4.1）；

——增加了黑碳化硅微粉产品的化学成分指标（本标准的 4.1）；

——磨料粒度标记、粒度组成及检测方法采用 GB/T 2481 和 GB/T 9258 的规定；

——对密度指标按粒度分段分别规定（本标准的 4.2，GB/T 2480—1996 中的 4.2）；

——对铁合金粒含量粒度段的划分进行了调整（本标准的 4.4，GB/T 2480—1996 中的 4.4）；

——对检验规则进行了改动，分为出厂检验和质量监督检验，并对其内容进行了修改完善（本标准的第 6 章，GB/T 2480—1996 中的第 6 章）。

本标准由中国机械工业联合会提出。

本标准由全国磨料磨具标准化技术委员会（SAC/TC 139）归口。

本标准起草单位：白鸽磨料磨具有限公司、白山市能源金刚砂有限责任公司。

本标准主要起草人：陈德光、周涛、葛长利。

本标准所代替标准的历次版本发布情况为：

——GB 2480—1981、GB 2480—1983、GB/T 2480—1996。

普通磨料　碳化硅

1　范围

本标准规定了碳化硅磨料各牌号产品的代号、技术要求、试验方法、检验规则和包装。

本标准适用于制造固结磨具和涂附磨具等磨削和研磨用途的碳化硅磨料。

2　规范性引用文件

下列文件中的条款通过本标准的引用而成为本标准的条款。凡是注日期的引用文件，其随后所有的修改单（不包括勘误的内容）或修订版均不适用于本标准，然而，鼓励根据本标准达成协议的各方研究是否可使用这些文件的最新版本。凡是不注日期的引用文件，其最新版本适用于本标准。

GB/T 2481.1～2481.2　固结磨具用磨料　粒度组成的检测和标记（GB/T 2481.1～2481.2—1998，eqv ISO 8486-1～8486-2：1996）

GB/T 3045　碳化硅　化学分析方法

GB/T 4676　普通磨料　取样方法（GB/T 4676—2003，ISO 9138：1993，MOD）

GB/T 9258.1～9258.3　涂附磨具用磨料　粒度分析（GB/T 9258.1～9258.3—2000，idt ISO 6344-1～6344-3：1998）

JB/T 6569　普通磨料　包装

JB/T 6570　普通磨料　磁性物含量测定方法

JB/T 7984.3　普通磨料　密度的测定

3　代号

碳化硅磨料各牌号产品的代号规定如下：

陶瓷结合剂磨具、砂带用黑碳化硅的代号为 C；

陶瓷结合剂磨具、砂带用绿碳化硅的代号为 GC；

有机结合剂磨具用黑碳化硅的代号为 C-B；

有机结合剂磨具用绿碳化硅的代号为 GC-B；

手工打磨的砂页用黑碳化硅的代号为 C-P；

手工打磨的砂页用绿碳化硅的代号为 GC-P。

4　技术要求

4.1　化学成分

各牌号产品的化学成分由表 1 和表 2 给出。

表 1　陶瓷结合剂磨具、砂带用碳化硅磨料的化学成分

牌　号	粒度范围	化学成分/%		
		SiC 不少于	F.C 不多于	Fe_2O_3 不多于
C	F4～F90 P12～P100	98.60	0.20	0.40
	F100～F150 P120～P150	98.10	0.25	0.50
	F180～F220 P180～P220	97.20	0.30	0.55
	F230～F280 P240～P360	97.20	0.30	0.55
	F320～F500 P400～P1 000	97.00	0.35	0.60
	F600～F800 P1 200～P1 500	96.50	0.40	0.60
	F1 000～F1 200 P2 000～P2 500	95.50	0.50	0.70
GC	F4～F90 P12～P100	99.10	0.20	0.20
	F100～F150 P120～P150	98.60	0.25	0.45
	F180～F220 P180～P220	98.00	0.25	0.50
	F230～F280 P240～P360	98.00	0.30	0.50
	F320～F500 P400～P1 000	97.50	0.30	0.50
	F600～F800 P1 200～P1 500	97.00	0.35	0.50
	F1 000～F1 200 P2 000～P2 500	96.50	0.40	0.50

表 2 有机结合剂磨具、手工打磨的砂页用碳化硅磨料的化学成分

牌 号	粒度范围	化学成分/%		
		SiC 不少于	F.C 不多于	Fe_2O_3 不多于
C-B 和 C-P	F4～F90 P12～P100	98.10	0.25	0.50
	F100～F150 P120～P150	97.60	0.30	0.60
	F180～F220 P180～P220	96.70	0.35	0.65
	F230～F280 P240～P360	96.70	0.35	0.65
	F320～F500 P400～P1 000	96.50	0.40	0.70
	F600～F800 P1 200～P1 500	96.00	0.45	0.70
	F1 000～F1 200 P2 000～P2 500	95.00	0.55	0.80
GC-B 和 GC-P	F4～F90 P12～P100	98.60	0.25	0.25
	F100～F150 P120～P150	98.10	0.30	0.50
	F180～F220 P180～P220	97.50	0.30	0.60
	F230～F280 P240～P360	97.50	0.35	0.60
	F320～F500 P400～P1 000	97.00	0.35	0.60
	F600～F800 P1 200～P1 500	96.50	0.40	0.65
	F1 000～F1 200 P2 000～P2 500	96.00	0.45	0.65

4.2 密度

F4～F220(P12～P220)粒度：绿碳化硅不小于 3.18 g/cm^3，黑碳化硅不小于 3.12 g/cm^3。

F220(P220)以细粒度：绿碳化硅不小于 3.15 g/cm^3，黑碳化硅不小于 3.10 g/cm^3。

4.3 粒度组成

固结磨具用和自由研磨用磨料应符合 GB/T 2481 的规定。

涂附磨具用磨料应符合 GB/T 9258 的规定。

4.4 铁合金粒含量

F30(P36)及以粗各号以不通过网孔 355 μm 筛的铁合金粒为零；F36～F90(P40～P100)各号以不通过粒度检查时最底层筛的铁合金粒为零；F100～F220(P120～P220)各号以不通过粒度检查时次底层筛的铁合金粒为零。

4.5 磁性物含量

各牌号产品的磁性物含量由表3给出。

表3 碳化硅磨料磁性物含量

粒度范围		磁性物含量/% 不多于	
		陶瓷结合剂磨具、砂带用	有机结合剂磨具、手工打磨的砂页用
黑碳化硅	F4～F30 P12～P30	0.030 0	0.075 0
	F36～F60 P36～P60	0.025 0	0.065 0
	F70～F120 P80～P150	0.020 0	0.055 0
	F150～F220 P180～P220	0.015 0	0.035 0
绿碳化硅	F4～F30 P12～P30	0.020 0	0.035 0
	F36～F60 P36～P60	0.017 0	0.030 0
	F70～F120 P80～P150	0.015 0	0.025 0
	F150～F220 P180～P220	0.012 0	0.020 0

5 试验方法

5.1 化学成分按GB/T 3045的规定进行检验。

5.2 密度按JB/T 7984.3的规定进行检验。

5.3 粒度组成

固结磨具和自由研磨用磨料按GB/T 2481的规定进行检验。

涂附磨具用磨料按GB/T 9258的规定进行检验。

5.4 铁合金粒和磁性物含量按JB/T 6570的规定进行检验。

6 检验规则

6.1 试样的抽取

试样的抽取和缩分按照GB/T 4676规定进行。

6.2 出厂检验

出厂产品须按标准规定检验，所有项目全部符合技术要求时，该批产品方可判为合格。

6.3 质量监督检验

质量监督检验时，将被检产品划分为不同的粒度段，每个粒度段随机抽取一种粒度号作为代表试样，粒度段划分规定见表4。

表 4　粒度段划分及抽样规定

粒度段划分	抽取粒度
F4～F36(P12～P36)	每个粒度段随机抽取一种粒度号 (F 磨料和 P 磨料应分别抽样)
F40～F80(P40～P80)	
F90～F150(P100～P150)	
F180～F220(P180～P220)	
F230～F360(P240～P360)	
F400～F800(P400～P800)	
F1 000～F1 200(P1 000～P1 200)	
P1 500～P2 500	

按本标准第 4 章、第 5 章规定的试验方法和项目，对抽取的代表试样分别进行全项检验，所检项目全部符合第 4 章规定技术要求时则判为合格，否则判为不合格。

7　包装

按照 JB/T 6569 的规定执行。

ICS 25.100.70
J 43

中华人民共和国国家标准

GB/T 2485—2008
代替 GB/T 2485～2486—1997,GB/T 2487～2488—2001

固结磨具　技术条件

Bonded abrasive products—Technical specifications

2008-06-03 发布　　2009-01-01 实施

中华人民共和国国家质量监督检验检疫总局
中国国家标准化管理委员会　发布

前　言

本标准替代 GB/T 2485—1997《普通磨具　砂轮　技术条件》、GB/T 2486—1997《普通磨具　磨头　技术条件》、GB/T 2487—2001《普通磨具　磨石　技术条件》和 GB/T 2488—2001《普通磨具　砂瓦　技术条件》。主要修订的内容如下：

——修改了规范性引用文件；

——增加了符号极其含义(本标准第 3 章)；

——修改了砂轮基本尺寸的极限偏差、圆跳动公差；

——删除了对修磨、切割砂轮、重负荷钢坯修磨砂轮的规定；

——删除了砂轮、磨石、砂瓦关于组织号测定的规定；

——增加了磨头不合格项分类(本标准 6.2.2)；

——增加了附录 A，将磨头(带柄)径向圆跳动试验方法和磨头与芯轴粘结强度试验方法以附录的形式进行规定。

本标准附录 A 为规范性附录。

本标准由中国机械工业联合会提出。

本标准由全国磨料磨具标准化技术委员会归口。

本标准起草单位：郑州磨料磨具磨削研究所、白鸽磨料磨具有限公司、合肥砂轮厂、成都砂轮有限公司、山东鲁信高新技术产业股份有限公司、江苏苏北砂轮厂有限公司。

本标准主要起草人：李宁、马建勇、苏永慧、林彬、陈刚祖、张平、张长伍。

本标准所代替标准的历次版本发布情况为：

——GB 2485—1981、GB 2485—1984、GB/T 2485—1997；

——GB 2486—1981、GB 2486—1984、GB/T 2486—1997；

——GB 2487—1981、GB 2487—1984、GB/T 2487—2001；

——GB 2488—1981、GB 2488—1984、GB/T 2488—2001。

固结磨具　技术条件

1　范围

本标准规定了固结磨具的技术要求、试验方法、检验规则以及标志和包装。

本标准适用于固结磨具中的砂轮、磨头、砂瓦和磨石。

2　规范性引用文件

下列文件中的条款通过本标准的引用而成为本标准的条款。凡是注日期的引用文件，其随后所有的修改单（不包括勘误的内容）或修订版均不适用于本标准，然而，鼓励根据本标准达成协议的各方研究是否可使用这些文件的最新版本。凡是不注日期的引用文件，其最新版本适用于本标准。

GB/T 1958　产品几何量技术规范（GPS）形状和位置公差　检测规定

GB/T 2476　普通磨料　代号

GB/T 2481.1　固结磨具用磨料　粒度组成的检测和标记　第1部分：粗磨粒 F4～F220（GB/T 2481.1—1998，eqv ISO 8486-1:1996）

GB/T 2481.2　固结磨具用磨料　粒度组成的检测和标记　第2部分：微粉 F230～F1200（GB/T 2481.2—1998，eqv ISO 8486-2:1996）

GB/T 2484　固结磨具　一般要求（GB/T 2484—2006，ISO 525:1999，MOD）

GB/T 2490　固结磨具　硬度检验

GB/T 2492　普通磨具　交付砂轮允许的不平衡量　测量（GB/T 2492—2003，ISO 6103:1999，MOD）

GB/T 2493　砂轮的回转试验方法

GB 2494　普通磨具　安全规则

GB/T 2495　普通磨具　包装

GB/T 2828.1　计数抽样检验程序　第1部分：按接收质量限（AQL）检索的逐批检验抽样计划（GB/T 2828.1—2003，ISO 2859-1:1999，IDT）

GB/T 4127.1～4127.16　固结磨具　尺寸

JB/T 7992　普通磨具　外观、尺寸和形位公差试验方法

JB/T 10450　普通磨具　检验规则

3　符号及其含义

见表1。

表 1

尺寸符号	含　义	极限偏差符号
A	砂瓦小底的宽度	T_A
B	砂瓦、磨石的宽度	T_B
C	砂瓦、磨石的厚度	T_C
D	磨具的外径	T_D
E	杯形、碟形、钹形砂轮孔处的厚度	T_E

表 1（续）

尺寸符号	含　义	极限偏差符号
F	第一凹面的深度	T_F
G	第二凹面的深度	T_G
H	磨具的孔径	T_H
K	碗形和碟形砂轮的内底径	T_K
L	砂瓦、磨石的长度、磨头孔深度和带柄磨头柄的长度	T_L
P	凹槽直径	T_P
R	凹形砂轮、砂瓦、磨头和带柄磨头的弧形半径	T_R
S	带柄磨头柄的直径	T_S
T	磨具的总厚度	T_T
U	斜边形、凸形、铵形和蝶形砂轮的最小厚度	T_U
W	杯形、碗形、筒形和碟形砂轮的环端面宽度	T_W
—	端面圆跳动公差	T_{PL}
—	径向圆跳动公差	T_{RL}

4　技术要求

4.1　固结磨具的形状代号按照 GB/T 2484 的规定，基本尺寸按照 GB/T 4127 的规定。

4.2　固结磨具用磨料及粒度按照 GB/T 2476、GB/T 2481.1 和 GB/T 2481.2 的规定。

4.3　固结磨具应进行硬度检验，硬度分级及其硬度值、允许范围、级差值和均匀性允差应符合 GB/T 2490 的规定。

4.4　固结磨具的标记按照 GB/T 2484 的规定。

4.5　砂轮

4.5.1　基本尺寸的极限偏差、圆跳动公差及形位公差

4.5.1.1　1、3、4、5、7、8、20 至 26、38 和 39 型砂轮。

4.5.1.1.1　外径 D 的极限偏差 T_D 按表 2 的规定。

表 2　　　　单位为毫米

D	T_D	
	A	B[a]
$3 \leqslant D \leqslant 8$	±0.5	±0.3
$8 < D \leqslant 20$	±0.8	±0.5
$20 < D \leqslant 50$	±1.2	±0.8
$50 < D \leqslant 125$	±2.0	±1.2
$125 < D \leqslant 300$	±3.2	±2.0
$300 < D \leqslant 750$	±5.0	±3.2
$750 < D \leqslant 2000$	±8.0	±5.0

[a] 无心磨、螺纹磨、齿轮磨、仿形磨、开槽磨、曲轴磨、切入磨砂轮外径的极限偏差应符合 B 的规定。

4.5.1.1.2 总厚度 T 的极限偏差 T_T 和最小厚度 U 的极限偏差 T_U 按表 3 和表 4 的规定。

表 3

单位为毫米

T	T_T[a]	T_U
$0.4 \leqslant T \leqslant 1.6$	$^{+0.2}_{0}$	
$1.6 < T \leqslant 5$	± 0.4	
$5 < T \leqslant 16$	± 0.5	
$16 < T \leqslant 50$	± 1.5	
$50 < T \leqslant 160$	± 2.0	
$160 < T \leqslant 500$	± 3.5	
$500 < T \leqslant 1000$	± 4.0	

[a] 不适用于无心磨、曲轴磨、螺纹磨和轴承沟道磨。

表 4

单位为毫米

应用领域	T_T
无心磨	± 2.0
曲轴磨	$^{+1.0}_{0}$
螺纹磨和轴承沟道磨	$^{+0.5}_{0}$

4.5.1.1.3 孔径 H 的极限偏差 T_H 按表 5 的规定。

表 5

单位为毫米

H	T_H
$1.6 \leqslant H \leqslant 50$	$^{+0.16}_{0}$
$50 < H \leqslant 80$	$^{+0.19}_{0}$
$80 < H \leqslant 180$	$^{+0.25}_{0}$
$180 < H \leqslant 250$	$^{+0.29}_{0}$
$250 < H \leqslant 315$	$^{+0.32}_{0}$
$315 < H \leqslant 400$	$^{+0.36}_{0}$
$400 < H \leqslant 500$	$^{+0.40}_{0}$
$H > 500$	$^{+0.44}_{0}$

注：$D \leqslant 90$mm，$H \leqslant 20$mm 孔不加工的砂轮孔径的极限偏差 T_H 可放宽至 $^{+0.5}_{0}$。

4.5.1.1.4 凹槽直径 P 的极限偏差 T_P 和倒角半径 R 的数值按表 6 规定。

表 6

单位为毫米

P	T_P	R_{max}
$3.2 \leqslant P \leqslant 8$	$^{+0.8}_{0}$	0.8
$8 < P \leqslant 20$	$^{+1.2}_{0}$	1.2
$20 < P \leqslant 50$	$^{+2.0}_{0}$	2.0
$50 < P \leqslant 125$	$^{+3.2}_{0}$	3.2
$125 < P \leqslant 315$	$^{+5.0}_{0}$	5.0
$315 < P \leqslant 900$	$^{+8.0}_{0}$	8.0

4.5.1.1.5 凹槽深度 F、G 的极限偏差按表 7 的规定。

表 7

单位为毫米

F、G	极限偏差	
	A[a]	B[b]
F、$G \leqslant 16$	±0.5	±1.0
$16 < F$、$G \leqslant 40$	—	±2.0
F、$G > 40$	—	±3.0

[a] A 适用于 8 型砂轮；

[b] B 适用于其他砂轮。

4.5.1.1.6 两端面平行度和同轴度公差见表 8。

表 8

单位为毫米

<table>
<tr><th rowspan="2">D</th><th colspan="2">两端面平行度公差</th><th colspan="2">同轴度公差</th></tr>
<tr><th>A</th><th>B[a]</th><th>A</th><th>B[a]</th></tr>
<tr><td>$D \leqslant 30$</td><td rowspan="2">0.3</td><td rowspan="5">0.2</td><td>0.3</td><td>0.3</td></tr>
<tr><td>$30 < D \leqslant 100$</td><td>0.4</td><td rowspan="3">0.4</td></tr>
<tr><td>$100 < D \leqslant 300$</td><td rowspan="3">0.4</td><td rowspan="2">0.5</td></tr>
<tr><td>$300 < D \leqslant 600$</td></tr>
<tr><td>$600 < D \leqslant 1\,100$</td><td>0.6</td><td>0.5</td></tr>
<tr><td>$1\,100 < D \leqslant 2\,000$</td><td>0.5</td><td>0.3</td><td>1.0</td><td>0.6</td></tr>
</table>

[a] 无心磨、成形磨、齿面磨、螺纹磨、沟槽磨、曲轴磨、轴承沟道磨和最高工作速度大于 50 m/s 的砂轮的形位公差应符合 B 的规定。

4.5.1.2 成组使用的平形砂轮

4.5.1.2.1 总则

原则上，4.5.1.1 规定的极限偏差适用于成组使用的平形砂轮，但必须服从 4.5.1.2.2 和 4.5.1.2.3 规定的附加限制。

4.5.1.2.2 外径的极限偏差 T_D

在一组砂轮中，任意两片砂轮外径之差不得超过 1 mm。

4.5.1.2.3 砂轮厚度的极限偏差 T_T

对于带定距环的成组砂轮，单片砂轮的极限偏差 T_T 为±0.2 mm。对不带定距环的成组砂轮，总厚度的极限偏差和单独几片砂轮的任一部分宽度的极限偏差 T_T 都不得超过表 3 规定的数值。

4.5.1.3 筒形砂轮

4.5.1.3.1 适用于 2 型和 37 型砂轮。

4.5.1.3.2 外径的极限偏差 T_D 按表 9 的规定。

表 9

单位为毫米

D	T_D
$D \leqslant 406$	$^{0}_{-3.0}$
$406 < D \leqslant 610$	$^{0}_{-4.0}$
$610 < D \leqslant 1067$	$^{0}_{-5.0}$

4.5.1.3.3 厚度的极限偏差 T_T 应按照表 10 规定。

表 10

单位为毫米

T	T_T
$16 < T \leqslant 50$	±1.5
$50 < T \leqslant 160$	±2.5

4.5.1.3.4 环端面宽度的极限偏差 T_W 按表 11 的规定。

表 11

单位为毫米

W	T_W
$W \leqslant 25$	±1.5
$25 < W \leqslant 50$	$^{+2.0}_{-1.5}$
$W > 50$	$^{+3.0}_{-1.5}$

4.5.1.4 杯形、碗形和碟形砂轮

4.5.1.4.1 包括的砂轮型号：6 型、9 型、11 型和 12 型。

4.5.1.4.2 杯形、碗形和碟形砂轮的极限偏差 T_D、T_T、T_H 按 4.5.1.1 的规定，T_E、T_U、T_W 按表 12 的规定。

表 12

单位为毫米

E、U、W	T_E	T_U	T_W
E、U、$W \leqslant 6$	$^{+0.8}_{0}$	±0.5	
$6 < E$、U、$W \leqslant 20$	$^{+1.2}_{0}$	±0.8	
$20 < E$、U、$W \leqslant 32$	$^{+1.8}_{0}$	±1.2	
E、U、$W > 32$	$^{+2.4}_{0}$	±1.6	

4.5.1.4.3　杯形、碗形和碟形砂轮外径的圆跳动公差 T_{PL}、T_{RL} 按表 13 的规定。

表 13

单位为毫米

D	圆跳动公差	
	T_{PL}	T_{RL}
$30<D\leqslant100$	0.2	0.3
$100<D\leqslant300$	0.3	0.4
$300<D\leqslant800$	0.5	0.6

4.5.2　外观缺陷

砂轮外观应色泽均匀，不应有裂纹、黑心和哑声。

4.5.3　静平衡

外径为 125 mm 及更大，工作速度为 16 m/s 及更高、单重为 0.2 kg 及更大的砂轮应进行静平衡检验。

筒型、杯、碗形砂轮、双面凹 J 型面砂轮与无心磨导轮不进行静平衡检验。

4.5.4　回转

外径为 150 mm 及更大的砂轮；以及工作速度为 50 m/s 及更高的、外径为 100 mm 及更大的砂轮应进行回转检验。

筒型砂轮、双面凹 J 型面砂轮和无心磨导轮不进行回转检验。

4.5.5　最高工作速度

砂轮标志速度是最高工作速度，必须符合 GB 2494 的规定。

4.6　磨头

4.6.1　磨头(带柄与不带柄)基本尺寸的极限偏差。

4.6.1.1　外径 D 及厚度 T 的极限偏差见表 14。

表 14

单位为毫米

D、T	T_D、T_T
D、$T\leqslant30$	±1.0
$30<D\leqslant120$	±1.5

4.6.1.2　磨头(不带柄)孔径 H 的极限偏差为 $^{+0.5}_{0}$ mm。

4.6.2　磨头的形位公差

4.6.2.1　磨头(带柄)的径向圆跳动公差为 0.3 mm。

4.6.2.2　磨头(不带柄)同轴度公差为 0.5 mm。

4.6.3　磨头(带柄与不带柄)不应有裂纹和黑心。

4.6.4　磨头(带柄)应进行粘结强度检验(磨头外径小于 10 mm 者不作检验)。

4.6.5　磨头(带柄)的芯轴的形状、尺寸及要求见图 1 及表 15。

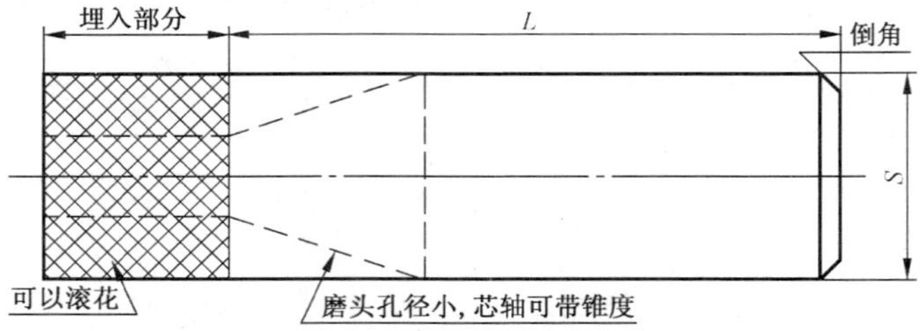

图 1

表 15

单位为毫米

S	T_S	L	T_L
3,4	$^{0}_{-0.05}$	15,30,40	±2.0
6,10		30,40	

磨头(带柄)的芯轴应为45号钢、T10～T12号钢或具相同机械性能的其他牌号钢制成,为防锈表面可以电镀,芯轴表面不应有锈蚀、凹陷、裂纹和毛刺。

4.7 磨石

4.7.1 基本尺寸的极限偏差见表16。

表 16

单位为毫米

尺寸类别	珩磨磨石		其他磨石	
	基本尺寸	极限偏差	基本尺寸	极限偏差
L	≤63	±1.0	≤100	±1.0
	>63	±2.0	>100	±2.0
B、C	≤16	$^{0}_{-0.50}$	≤16	±0.5
	>16	$^{0}_{-0.70}$	>16	±1.0

4.7.2 形位公差

磨石纵向两对应面的平行度应按表17的规定。

表 17

单位为毫米

L	平行度公差	
	珩磨磨石	其他磨石
$L\leqslant 50$	0.2	0.5
$50<L\leqslant 100$	0.3	
$100<L\leqslant 180$	0.4	1.0
$L>180$	0.5	

4.7.3 外观缺陷

磨石外观应整洁,色泽一致,不得有裂纹、黑心、夹杂和发泡。双面磨石不同粒度的界面应清晰、平直。

4.8 砂瓦

4.8.1 基本尺寸的极限偏差见表18。

表 18

单位为毫米

范围	T_A	T_B	T_C	T_L
≤50	$^{0}_{-1.5}$	$^{0}_{-1.5}$	±0.5	±1.5
>50			±1.0	

4.8.2 形位公差

砂瓦两对应面平行度公差应按表19规定。

表 19　　单位为毫米

L	平行度公差
$L \leqslant 100$	0.5
$L>100$	1.0

4.8.3　**外观缺陷**

砂瓦不得有裂纹、黑心。

5　试验方法

5.1　固结磨具的外观缺陷、基本尺寸的极限偏差、形位公差试验方法按照 JB/T 7992 的规定。

5.2　固结磨具使用的磨料粒度的试验方法按照 GB/T 2481.1 和 GB/T 2481.2 的规定。

5.3　固结磨具的硬度试验方法按照 GB/T 2490 的规定。

5.4　砂轮

5.4.1　砂轮的静平衡试验方法按照 GB/T 2492 的规定。

5.4.2　砂轮的回转试验方法按照 GB/T 2493 的规定。

5.4.3　砂轮端面圆跳动与径向圆跳动的试验方法按照 GB/T 1958 和 JB/T 7992 的规定。见图 2 至图 4。

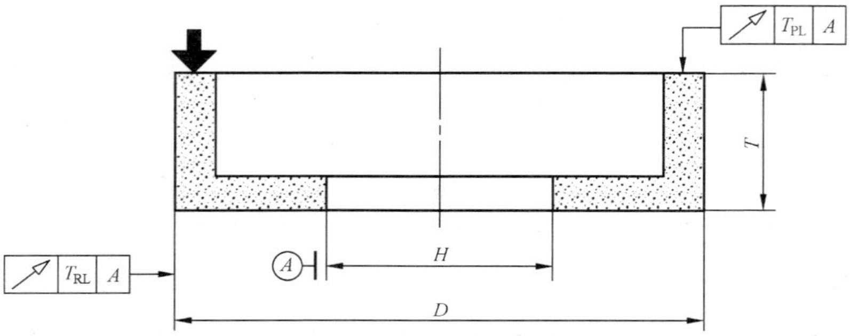

图 2

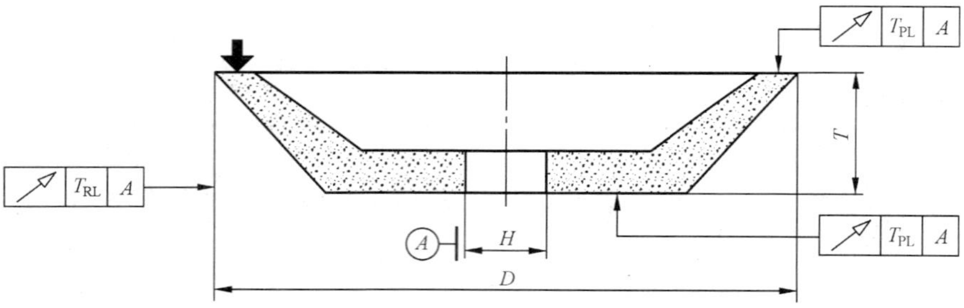

图 3

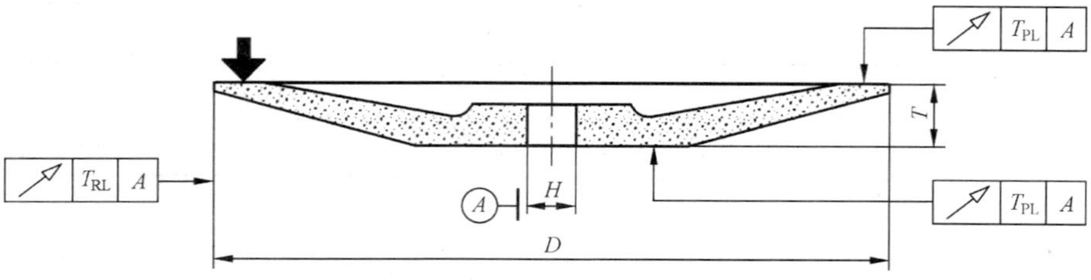

图 4

5.5 磨头

磨头(带柄)径向圆跳动试验方法和磨头与芯轴粘结强度试验方法按照附录 A 的规定。

6 检验规则

6.1 砂轮、磨石、砂瓦

按照 JB/T 10450 的规定。

6.2 磨头

6.2.1 磨头出厂前须按照本标准技术要求规定进行检验。

6.2.2 抽样方案采用 GB/T 2828.1 一次抽样方案,检查水平采用特殊检查水平 S-2,接收质量限(AQL)和检验项目及不合格项分类见表 20。

表 20

不合格项分类	项目	接收质量限(AQL)
A 类不合格	粘结强度	1.0
B 类不合格	裂纹和黑心	6.5
C 类不合格	芯轴表面不应有锈蚀、凹陷、裂纹和毛刺,基本尺寸的极限偏差,形位公差	25

6.2.3 抽样检验的判定

按本标准规定的抽样方案抽取样本后,对样本实施全数检查。当样本不合格数不大于 Ac 时,判定为合格接受。对于 A 类不合格、B 类不合格的 Ac 和 Re 均按个数计;对于 C 类不合格的 Ac 和 Re 按项(不合格项数)计。

7 标志和包装

7.1 砂轮和磨头

7.1.1 标志的内容

a) 制造厂厂名;

b) 商标;

c) 磨料代号;

d) 磨料粒度;

e) 硬度;

f) 最高工作线速度(m/s);

g) 生产日期(年份 4 位,月份 2 位)。

7.1.2 外径大于 90 mm 的砂轮应标志在产品表面;外径小于 40 mm 的砂轮,上述标志的内容以使用说明书的形式附在包装箱内;外径为 40 mm~90 mm 的砂轮,也可将上述标志的内容以使用说明书的形式附在包装箱内,但在砂轮表面应标志粒度和硬度。

7.1.3 磨头的标志可以以标签或说明书的形式附在包装箱内,但 $D \geqslant 40$ mm 的磨头在其表面应标志粒度和硬度。

7.1.4 外包装或说明书上应有安全标识(QS)。

7.1.5 外包装及搬运和贮存按 GB/T 2495 的规定。

7.2 磨石和砂瓦

7.2.1 产品表面应有商标、磨料代号、结合剂、粒度、硬度标志,$B \leqslant 10$ mm 的磨石可在包装物或说明书上标注。

7.2.2 包装物上应有的标志：

a) 商标；

b) 产品标记；

c) 数量；

d) 制造厂厂名；

e) 生产日期(年份4位,月份2位)；

f) 易碎、怕湿、怕冻标志。

7.2.3 外包装及搬运和贮存按GB/T 2495的规定。

附　录　A
（规范性附录）
磨头（带柄）径向圆跳动试验方法和磨头与芯轴粘结强度试验方法

A.1　磨头（带柄）径向圆跳动试验方法

按图 A.1 所示，将磨头放置于 V 型架内，将百分表的探头接触磨头头部的最大外径处，将磨头缓缓旋转一周，百分表读数的最大值与最小值之差，即为径向圆跳动值。

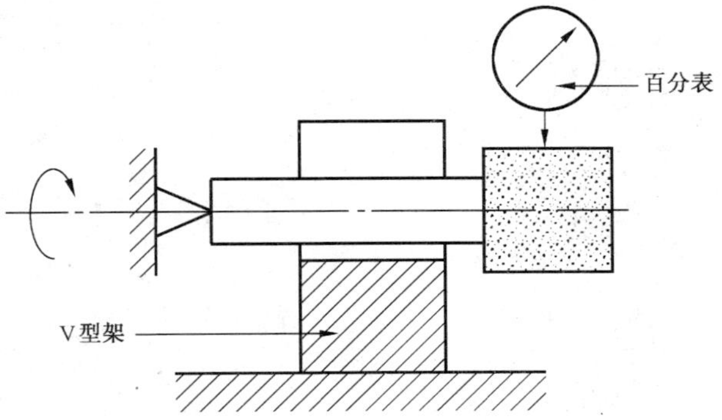

图 A.1

A.2　磨头（带柄）的磨头与芯轴粘结强度试验方法

将磨头放入盛有 100℃沸水的容器内，浸 3 min 后取出，按图 A.2 所示挂上 3 kg 的砝码，经过 2 min 后，检查芯轴的粘结情况，以无松动现象为合格。

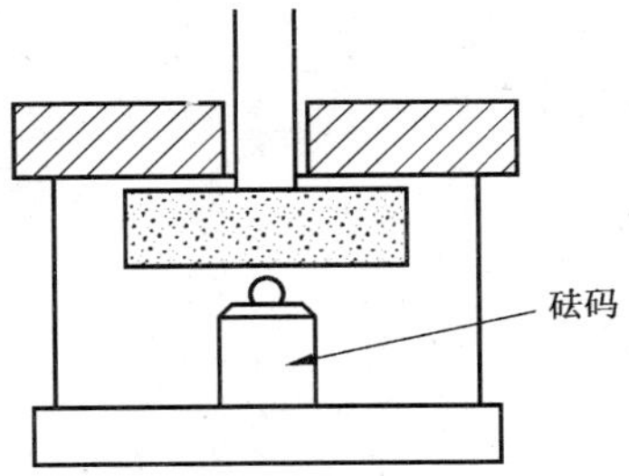

图 A.2

ICS 47.020.20
U 48

GB

中华人民共和国国家标准

GB/T 2496—2008
代替 GB/T 2496—1996

STANDARDS PRESS OF CHINA

弹性环联轴器

Coupling with flexible ring

2008-06-19 发布 2008-12-15 实施

中华人民共和国国家质量监督检验检疫总局
中国国家标准化管理委员会 发布

前　言

本标准代替 GB/T 2496—1996《弹性环联轴器》。

本标准与 GB/T 2496—1996 相比主要变化如下：

——对尚无使用对象的 XL140 型号的公称转矩进行了修改，代号改为 XL160，性能参数上作了适当修改；

——对弹性联轴器螺栓的紧固力矩重新进行校核计算，并对 4.9 的表 6 连接螺栓的紧固力矩进行修改；

——取消了原标准附录 A、附录 B，并将附录 C 改为资料性附录 A。

本标准附录 A 为资料性附录。

本标准由中国船舶重工集团公司提出。

本标准由全国船用机械标准化技术委员会船用柴油机分委员会归口。

本标准起草单位：中国船舶重工集团公司第七一一研究所。

本标准主要起草人：施君林、谢华银、奚曹良、林中柏、季文。

本标准所代替标准的历次版本发布情况为：

——GB 2496—1981、GB/T 2496—1996。

弹性环联轴器

1 范围

本标准规定了弹性环联轴器(以下简称联轴器)的分类、技术要求、试验方法和检验规则以及标志、包装和贮存等。

本标准适用于连接两同轴线传动轴系,具有一定补偿相对偏移和减振缓冲性能的联轴器设计、制造和验收。

2 规范性引用文件

下列文件中的条款通过本标准的引用而成为本标准的条款。凡是注日期的引用文件,其随后所有的修改单(不包括勘误的内容)或修订版均不适用于本标准,然而,鼓励根据本标准达成协议的各方研究是否可使用这些文件的最新版本。凡是不注日期的引用文件,其最新版本适用于本标准。

GB/T 528 硫化橡胶或热塑性橡胶拉伸应力应变性能的测定(GB/T 528—1998,eqv ISO 37:1994)

GB/T 3512 硫化橡胶或热塑性橡胶 热空气加速老化和耐热试验(GB/T 3512—2001,eqv ISO 188:1998)

GB/T 4879 防锈包装

GB/T 11211 硫化橡胶与金属粘合强度的测定 拉伸法(GB/T 11211—1989,eqv ISO 814:1986)

HG/T 2198 硫化橡胶物理试验方法的一般要求

3 分类和标记

3.1 产品标记

3.1.1 联轴器的型号

联轴器的型号规定如下:

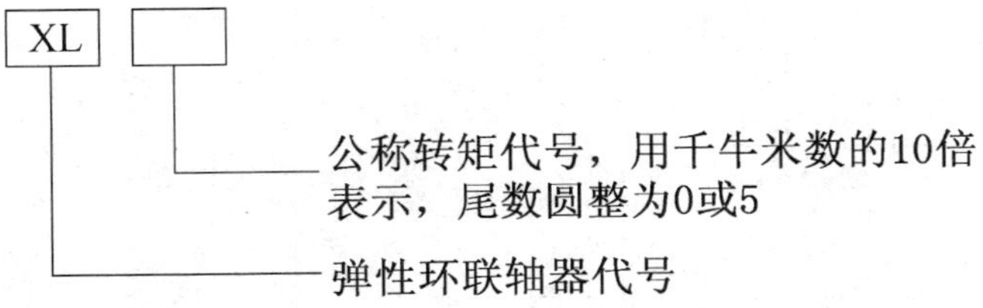

3.1.2 标记示例

公称转矩 11.20 kN·m 的弹性环联轴器标记如下:

联轴器 GB/T 2496—2008 XL110

3.2 产品型号、基本参数和主要尺寸

3.2.1 联轴器产品型号、基本参数和主要尺寸等应符合表 1、表 2 和图 1 的规定。表 1 中许用振动转矩 T_{V5} 适用于工作频率 5 Hz 以下,当工作频率 f 高于 5 Hz,最大许用振动转矩参照附录 A 公式(A.3)计算。

3.2.2 联轴器的橡胶弹性环件号和主要尺寸等应符合表 3 和图 2 的规定。

表 1　产品型号和基本参数

型　号	公称转矩 T_n/ kN·m	瞬时最大转矩 T_{max}/ kN·m	许用振动转矩 T_{v5}/ kN·m	许用转速 n/ (r/min)	静态扭转角		静态扭转刚度 C_s/ (kN·m/rad)
					T_n 时 φ_n/ (°)	T_{max} 时 φ_{max}/ (°)	
XL7	0.71	1.78	±0.18	4 000	10	25	4.07
XL11	1.12	2.80	±0.28	3 800			6.42
XL18	1.80	4.50	±0.45	3 500			10.31
XL28	2.80	7.00	±0.70	3 000			16.04
XL40	4.00	10.00	±1.00	2 800			22.92
XL56	5.60	14.00	±1.40	2 500			32.09
XL80	8.00	20.00	±2.00	2 200			45.84
XL110	11.20	28.00	±2.80	1 950			64.17
XL160	16.00	40.00	±4.00	1 750			91.67
XL180	18.00	45.00	±4.50	1 650			103.13
XL250	25.00	62.50	±6.25	1 500			143.24
XL315	31.50	78.75	±7.88	1 400			180.48
XL400	40.00	100.00	±10.00	1 300			229.18
XL560	56.00	140.00	±14.00	1 200			320.86
XL710	71.00	177.50	±17.75	1 100			406.80
XL1000	100.00	250.00	±25.00	1 000			572.96

表 2　主要尺寸、转动惯量和质量

型号	主　要　尺　寸															转动惯量			质量/ kg
	D_1/ mm	D_2/ mm	D_3/ mm	D_4/ mm	D_5/ mm	D_6/ mm	G_1/ mm	Z_1	G_2/ mm	Z_2	L/ mm	L_1/ mm	L_2/ mm	L_3/ mm	L_4/ mm	内部 J_1	内部 J_2	总体 J	
																kg·m²			
XL7	295	275	240	250	150	130	12	12	11	12	150	10	5	12	10	0.14	0.04	0.18	20
XL11	335	315	275	285	170	145	12	16	13	12	170	10	5	15	10	0.28	0.07	0.35	30
XL18	390	365	320	330	190	165	12	16	13	12	200	12	5	20	10	0.51	0.16	0.67	45
XL28	440	415	370	380	220	180	14	16	17	12	230	15	5	20	15	1.02	0.33	1.35	70
XL40	490	465	410	420	250	210	14	16	17	12	265	15	5	25	15	1.74	0.58	2.32	100
XL56	530	500	450	460	290	240	14	24	17	16	300	15	5	30	20	2.59	1.04	3.63	135
XL80	600	565	510	520	320	270	18	16	21	12	315	15	5	30	20	4.35	1.77	6.12	180
XL110	680	640	580	600	380	320	18	24	21	16	355	20	10	35	20	8.85	3.36	12.21	282
XL160	760	720	640	655	420	370	22	16	25	12	380	25	10	35	20	14.52	5.56	20.08	350
XL180	810	770	690	705	450	400	22	16	25	12	410	25	10	35	25	19.62	8.16	27.78	415
XL250	860	820	750	765	480	430	22	24	25	16	440	25	10	40	25	26.45	12.57	39.02	500
XL315	950	900	820	835	530	460	26	16	31	12	475	30	10	40	30	45.52	19.40	64.92	700
XL400	1 000	950	870	885	570	500	26	24	31	16	515	30	10	45	30	60.80	26.98	87.78	845
XL560	1 120	1 040	935	955	600	520	26	24	37	16	570	30	10	50	30	96.20	46.82	143.02	1 120
XL710	1 210	1 130	1 020	1 040	650	570	32	24	37	16	630	40	10	60	30	149.20	68.30	217.50	1 410
XL1000	1 340	1 270	1 170	1 190	700	620	32	24	49	16	680	40	10	70	30	254.46	103.50	357.96	2 120

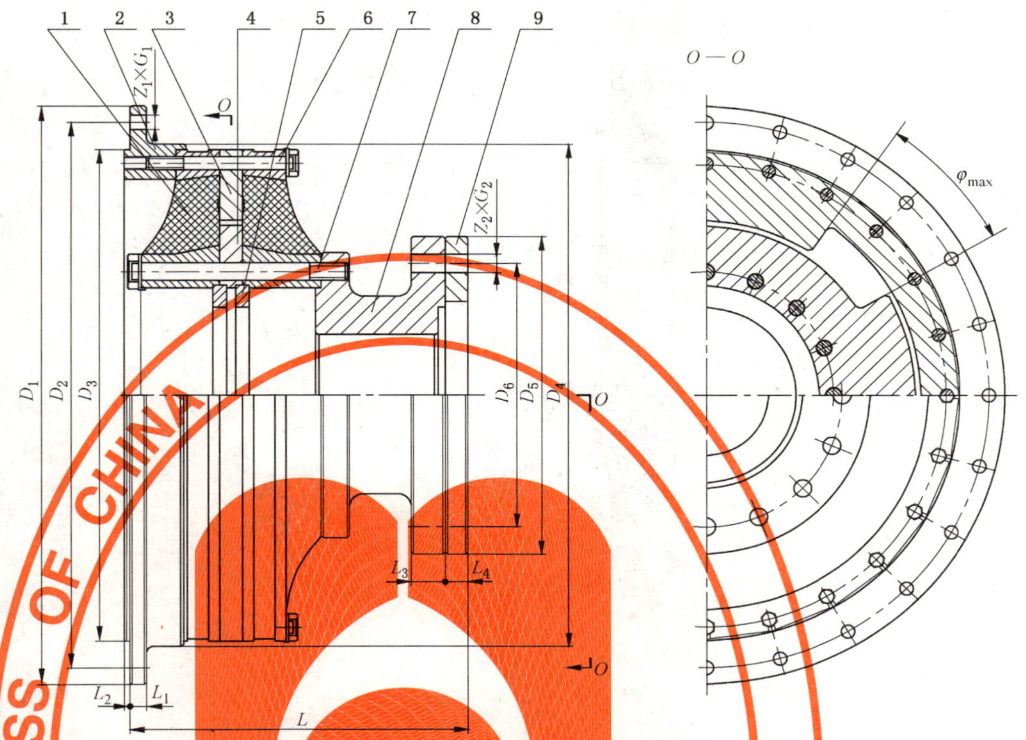

1——橡胶弹性环；
2——联接盘；
3——外限制盘；
4——内限制盘；
5——定位环；
6——螺栓；
7——螺栓；
8——联接法兰；
9——圆盘。

图 1　弹性环联轴器

表 3　橡胶弹性环主要尺寸和质量

橡胶弹性环件号	主要尺寸													质量/kg
	D/mm	d_1/mm	d_2/mm	d_3/mm	d_4/mm	B_1/mm	B_2/mm	B_3/mm	A/mm	G_3/mm	Z_3	G_4/mm	Z_4	
XL7-01	240	90	95	220	110	35	19.5	3	6	11	12	11	12	4
XL11-01	275	105	110	255	130	40	22	3	7	11	16	13	12	6
XL18-01	320	130	135	300	155	47	25	3	8	11	16	13	12	10
XL28-01	370	150	155	350	180	55	31	4	9	13	16	17	12	15
XL40-01	410	170	175	385	200	63	34	4	10	13	16	17	12	20
XL56-01	450	195	200	425	225	70	39	6	11	13	24	17	16	27
XL80-01	510	210	220	480	250	75	42	7	12	17	16	21	12	38
XL110-01	580	250	260	550	290	85	48	8	14	17	24	21	16	52
XL160-01	640	270	280	605	320	95	53	8	16	21	16	25	12	75
XL180-01	690	300	310	655	350	100	56	8	17	21	16	25	12	90
XL250-01	750	340	350	715	390	110	62	8	19	21	24	25	16	110
XL315-01	820	350	360	770	410	120	67	8	20.5	25	16	31	12	160
XL400-01	870	380	390	830	440	130	73	8	22	25	24	31	16	190
XL560-01	935	400	420	900	455	145	80	10	27.5	25	24	37	24	260
XL710-01	1 020	440	460	935	500	160	87	10	31	25	24	37	24	326
XL1000-01	1 170	520	540	1 125	580	177	98	10	35	25	32	37	32	475

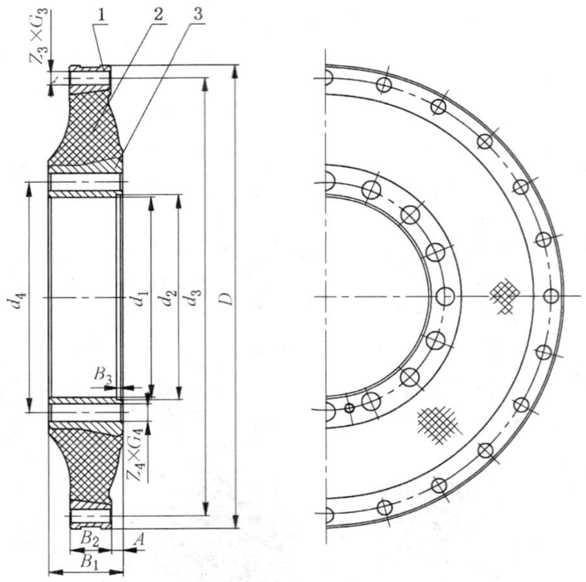

1——外轮；

2——橡胶环；

3——内轮。

图 2 橡胶弹性环

4 技术要求

4.1 联轴器在－10℃～＋60℃环境温度范围内应能正常工作。

4.2 联轴器一般应装有扭转角限制器，特殊情况亦可不装。

4.3 联轴器使用时，被连接两轴相对偏移量不得大于表4所规定的许用补偿量。

表 4 许用补偿量

型号	轴向 ΔX/mm	径向 ΔY/mm	角向 $\Delta\alpha$/(°)
XL7	0.7	1.2	3.2
XL11	0.8	1.5	
XL18	0.9	1.7	
XL28	1.0	2.0	
XL40	1.2	2.2	
XL56	1.3	2.4	
XL80	1.4	2.6	
XL110	1.6	3.0	
XL160	1.8	3.2	
XL180	2.0	3.6	
XL250	2.2	4.0	
XL315	2.4	4.4	
XL400	2.6	4.8	
XL560	2.8	5.2	
XL710	3.0	5.8	
XL1000	3.2	6.2	

注 1：表中所列补偿量是指允许由于安装误差、冲击、振动、变形、温度变化等因素所形成的两轴线相对偏移。

注 2：表中所列轴向、径向和角向许用补偿量为单方向最大允许值。

4.4 联轴器选用的橡胶，其物理机械性能应符合表5的规定。

表5 橡胶的物理机械性能

序号	性能	单位	指标	试验方法
1	拉伸强度(扯断强度)	MPa	≥17	GB/T 528
2	扯断伸长率	%	≥350	
3	扯断永久变形	%	≤25	
4	热空气老化系数(70℃×96 h)	—	≥0.7	GB/T 3512
5	橡胶与金属的粘合强度	MPa	≥4.0	GB/T 11211

4.5 联轴器的橡胶表面应无瘤块、裂纹、缺胶等缺陷。橡胶与金属粘结处不应有扯离现象、深度超过1.0 mm的压模痕迹、轻微凹凸和毛刺，不应有深度超过1.5 mm的气泡。不在此范围内的橡胶表面缺陷允许修磨一次。在金属内、外轮表面和金属件孔内的橡胶应清除干净。

4.6 在静态扭转角 φ_n 和 φ_{max} 时，公称转矩 T_n 和瞬时最大转矩 T_{max} 的允许误差范围为：XL7～XL80型联轴器为±20%；XL110～XL1000型联轴器为±15%。

4.7 联轴器橡胶弹性环静态扭转试验时，在瞬时最大转矩下橡胶弹性环的橡胶不应产生任何裂纹和出现橡胶与金属扯离现象。

4.8 联轴器橡胶表面应涂防老化涂层。

4.9 联轴器的所有连接螺栓的紧固力矩应符合表6的规定。

表6 连接螺栓的紧固力矩

螺栓直径/mm	M10	M12	M16	M20	M24	M30	M36	M48
紧固力矩/(N·m)	42	74	176	358	618	1 216	2 129	3 600

4.10 选用联轴器时，应参考附录A选用。

5 试验方法

5.1 试验准备

5.1.1 试验用仪器、仪表、设备应计量合格，并在计量有效期内。

5.1.2 测量并记录试验环境状况。

5.2 橡胶物理机械性能试验

橡胶的物理机械性能的试验按HG/T 2198的规定，试验方法按表5规定的标准执行，结果应符合表5的规定。

5.3 静态扭转试验

5.3.1 进行静态扭转试验的实验台应满足下列要求：

a) 扭转加载速度每分钟为6°～10°；

b) 最大扭转角不小于40°；

c) 测试误差和重复性误差小于5%；

d) 最大测试转矩应能满足最大扭转角试验的要求。

5.3.2 公称转矩试验时，橡胶弹性环在静态扭转试验台上以每分钟6°～10°的加载速度进行静态扭转试验。预扭二次并恢复初始状态后保持5 min，测量静态扭转角 φ_n 下的公称转矩 T_n 值，重复二次，取其平均值，其结果应符合表1和4.6的规定。

5.3.3 静态扭转刚度特性试验时，按5.3.2试验方法使扭转角达到静态扭转角 φ_n 为6°～14°范围，以2°扭转角为一个间隔记录相应的转矩测量值，重复二次，取其平均值。静态扭转刚度按公式(1)计算，其值应符合3.2.1的规定，允许误差范围按4.6的规定。

$$C_s = \frac{T_2 - T_1}{\varphi_2 - \varphi_1} \quad \cdots\cdots(1)$$

式中：

C_s——静态扭转刚度，单位为千牛米每弧度（kN·m/rad）；

T_1——75%公称转矩 T_n，单位为千牛米（kN·m）；

T_2——125%公称转矩 T_n，单位为千牛米（kN·m）；

φ_1、φ_2——T_1、T_2所对应的静态转角，单位为弧度（rad）。

5.3.4 最大扭转角试验时，橡胶弹性环在静态扭转试验台上以每分钟 6°～10°的加载速度进行试验，使扭转角达到联轴器最大扭转角 φ_{max}，测量并记录相应的最大转矩 T_{max}测量值，应符合表 1 和 4.6 规定。并在最大扭转角时保持 3 min，同时目测检查橡胶弹性环的橡胶表面质量，结果应符合 4.5、4.7 要求。

6 检验规则

6.1 检验分类

联轴器检验分为型式检验和出厂检验，见表 7。

表 7 检验项目

序号	检验项目	要求章条号	试验方法章条号	型式检验	出厂检验
1	橡胶的物理机械性能	4.4	5.2	●	●
2	公称转矩试验	3.2.1、4.6	5.3.2	●	●
3	静态扭转刚度特性试验	3.2.1	5.3.3	●	—
4	最大扭转角试验	3.2.1、4.6	5.3.4	●	●
5	外观检查	4.5、4.7	5.3.4	●	●
注：●必检项目；—不检验项目。					

6.2 型式检验

6.2.1 有下列情况之一者，应进行型式检验：

a) 正式生产后，如果结构、材料、工艺有较大改动，可能影响产品性能时；

b) 正常生产时，定期或积累一定产量后，应周期性进行一次检验；

c) 产品停产 1 a 后，恢复生产时；

d) 国家质量监督机构提出进行型式检验的要求时。

6.2.2 型式检验时，应抽取二套产品进行检验。

6.2.3 型式检验项目按表 7 进行。

6.2.4 联轴器所有型式检验项目都符合要求，判为型式检验合格；若有不符合要求的项目，允许加倍取样复验。若仍有不符合要求的项目，则判为型式检验不合格。

6.3 出厂检验

6.3.1 联轴器应逐台进行出厂检验。

6.3.2 出厂检验项目按表 7 进行。

6.3.3 联轴器所有出厂检验项目都符合要求，判为出厂检验合格；若有不符合要求的项目，允许采取纠正措施后进行复验。若复验符合要求，则仍判出厂检验合格；若复验不符合要求，则该联轴器出厂检验不合格。

6.3.4 检验合格的产品应出具检验合格证。

7 标志、包装和贮存

7.1 在联轴器橡胶弹性环的橡胶表面部位压印型号、厂名，外轮表面部位打印出厂年月和编号。

7.2 为控制联轴器在总长度方向的变形，产品出厂包装前应安装有固定支架。

7.3 联轴器应按 GB/T 4879 进行防锈包装，并在包装箱内放入产品说明书和产品合格证书。

7.4 联轴器应贮存在通风良好的室内仓库中，避免日晒、雨淋和与酸、碱、有机溶剂等物质接触。

7.5 联轴器应在自由状态下贮存，在 7.4 的条件下，联轴器的橡胶弹性环库存有效期为出厂之日起 2 a。

附　录　A
（资料性附录）
弹性环联轴器选用说明

A.1　联轴器是根据负荷情况、计算转矩和工作转速来进行初步选定联轴器的型号。

A.2　计算转矩 T_c 按式（A.1）计算。

$$T_c = K \cdot 9.55\frac{P_w}{n} \qquad \text{(A.1)}$$

式中：

T_c——计算转矩，单位为千牛米（kN·m）；

P_w——驱动功率，单位为千瓦（kW）；

n——工作转速，单位为转每分钟（r/min）；

K——工作情况系数，K 值见表 A.1。

表 A.1　工作情况系数表 K

原　动　机	工　作　机				
	Ⅰ类	Ⅱ类	Ⅲ类	Ⅳ类	Ⅴ类
电动机	1.3	1.5	1.7	1.9	2.3
四缸及四缸以上柴油机	1.5	1.7	1.9	2.1	2.5
单缸及双缸柴油机	2.0	2.2	2.4	2.6	3.0

注：工作机分下列五类：
a）Ⅰ类　转矩变化很小的机械；
b）Ⅱ类　转矩变化小的机械；
c）Ⅲ类　转矩变化中等的机械；
d）Ⅳ类　转矩变化和冲击载荷中等的机械；
e）Ⅴ类　转矩变化和冲击载荷大的机械。

A.3　柴油机动力装置轴系选用 XL 系列联轴器说明如下。

a）　XL 联轴器对改善柴油机动力装置的单节扭振特性（调整单节固有频率）比较有效，另外对改善轴线偏移，配合机器弹性安装也适用。在有齿轮减速箱的柴油机动力装置中，一般都要加 XL 联轴器减小振动转矩对齿轮的敲击，延长齿轮使用寿命。

b）　性能参数选取一般按下列说明进行：

1）　表 1 中 C_s 值系指联轴器静载荷时扭转刚度，在动力装置扭振计算时，应采用动态扭转刚度 C_d，它是约 1.15 倍的静刚度，按公式（A.2）计算。

$$C_d = 1.15C_s \qquad \text{(A.2)}$$

式中：

C_d——动态扭转刚度，单位为千牛米每弧度（kN·m/rad）；

C_s——静态扭转刚度，单位为千牛米每弧度（kN·m/rad）。

2）　表 1 中许用振动转矩 T_{v5} 适用于工作频率 5 Hz 以下，当工作频率 f 高于 5 Hz，许用振动转矩应按公式（A.3）计算。

$$T_v = \pm T_{v5}\sqrt{\frac{5}{f}} \qquad \text{(A.3)}$$

式中：

T_v—当工作频率为 f 时的许用振动转矩，单位为千牛米(kN·m)；

T_{v5}——当工作频率低于 5 Hz 以下时的许用振动转矩，单位为千牛米(kN·m)；

f——工作频率，单位为赫兹(Hz)。

3) 假如在工作时，同时出现径向、轴向偏移，表 4 中使用时许用补偿量要按比例减小。例如，当径向偏移量占 30%时，轴向补偿量不能超过 70%。表 4 中的许用补偿量不等于两轴线安装"对中"允许的轴线偏移量。

4) XL 系列联轴器的相对阻尼系数一般取 $\psi=0.6$ 或阻尼因子 $x=\psi/2\pi=0.095$。

c) 按"多质量系统"对柴油机动力装置轴系进行扭转振动详细计算，弹性环联轴器的用户和制造厂应按相关标准的要求，为轴系扭转振动计算提供全部技术资料，通过柴油机轴系扭振计算来确定初步选取的弹性环联轴器型号是否满足轴系扭转振动特性的要求，联轴器许用振动转矩 T_{v5} 应大于或等于扭振附加扭矩，校核联轴器的瞬时最大转矩即表 1 中的 T_{max} 应大于或等于最大转矩，当以上几项校核计算不能满足时，应更换另一档型号的 XL 型联轴器重新进行扭振计算。

ICS 47.020.20
U 44

中华人民共和国国家标准

GB/T 2497—2008
代替 GB/T 2497—1993，GB/T 7028—1986

船用柴油机增压空气冷却器

Charge air coolers for marine diesel engines

2008-06-19 发布　　2008-12-15 实施

中华人民共和国国家质量监督检验检疫总局
中国国家标准化管理委员会　发布

前　言

本标准是针对 GB/T 2497—1993《船用柴油机增压空气冷却器》和 GB/T 7028—1986《船用柴油机空气冷却器试验方法》进行整合修订。

本标准与 GB/T 2497—1993 的不同之处如下：

——以满足现行技术要求为基础对内容和形式进行了修改；

——在试验方法及检验规则中增加 GB/T 7028—1986 相关内容。

本标准的附录 A 为资料性附录，附录 B 为规范性附录。

本标准由中国船舶重工集团公司提出。

本标准由全国船用机械标准化技术委员会归口。

本标准起草单位：中国船舶重工集团公司第七一一研究所。

本标准主要起草人：孙朋林、胡艳泳、李建华、陈可珍、季文、陈晓华。

本标准所代替标准的历次版本发布情况为：

——GB 2497—1981、GB 2498—1981、GB/T 2497—1993；

——GB/T 7028—1986。

船用柴油机增压空气冷却器

1 范围

本标准规定了船用柴油机增压空气冷却器(简称空冷器)的分类、技术要求、试验方法、检验规则和标志包装等。

本标准适用于各种类型船用柴油机空冷器及其他用途柴油机空冷器的设计、制造与验收。

2 规范性引用文件

下列文件中的条款通过本标准的引用而成为本标准的条款。凡是注日期的引用文件,其随后所有的修改单(不包括勘误的内容)或修订版均不适用于本标准,然而,鼓励根据本标准达成协议的各方研究是否可使用这些文件的最新版本。凡是不注日期的引用文件,其最新版本适用于本标准。

GB/T 700 碳素结构钢(GB/T 700—2006,ISO 630:1995,NEQ)

GB 712 船体用结构钢

GB/T 1173 铸造铝合金(GB/T 1173—1995,neq ASTM B26:1992)

GB/T 1176 铸造铜合金技术条件(GB/T 1176—1987,neq ISO 1338:1977)

GB/T 1348 球墨铸铁件

GB/T 2059 铜及铜合金带材

GB/T 2531 热交换器固定板用黄铜板

GB/T 8890 热交换器用铜合金无缝管

GB/T 9439 灰铸铁件

GB/T 13238 铜钢复合钢板

GB/T 13306 标牌

GB/T 18816 船用热交换器通用技术条件

YS/T 288 空调机换热器铜管

3 产品分类

3.1 分类

空冷器按冷却元件结构形式和适用范围的不同分为重型空冷器和轻型空冷器。

3.2 结构形式和基本参数

3.2.1 重型空冷器冷却元件为多管片式,结构如图1所示。冷却管为圆管,壁厚按表1规定;翅片带有强化传热的扰动结构,翅片厚度为0.14 mm;重型空冷器基本参数按表2的规定。

3.2.2 轻型空冷器冷却元件为多管片式,结构如图2所示。冷却管为圆管,壁厚按表1规定;翅片带有强化传热的扰动结构,翅片厚度为0.12 mm;轻型空冷器基本参数按表3的规定。

3.3 产品系列型谱

3.3.1 重型空冷器系列型谱按图3和表2的规定。

3.3.2 轻型空冷器系列型谱按图4和表3的规定。

3.3.3 为适应各种柴油机布置的要求,在保持空冷器对应档迎风面积不变的情况下,允许变动对应的宽度和高度尺寸。

单位为毫米

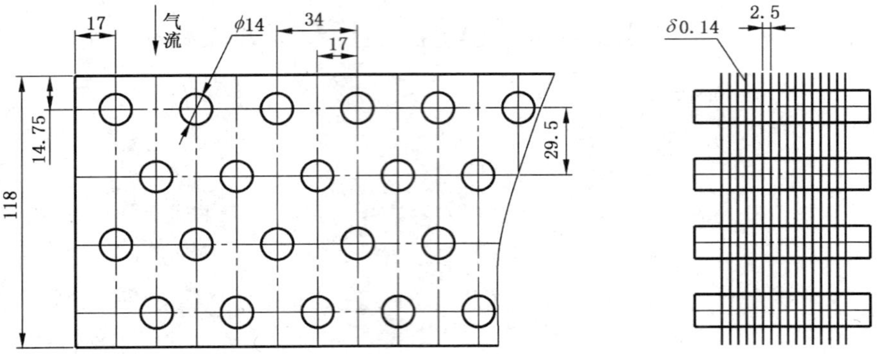

图 1　重型冷却元件示意图

单位为毫米

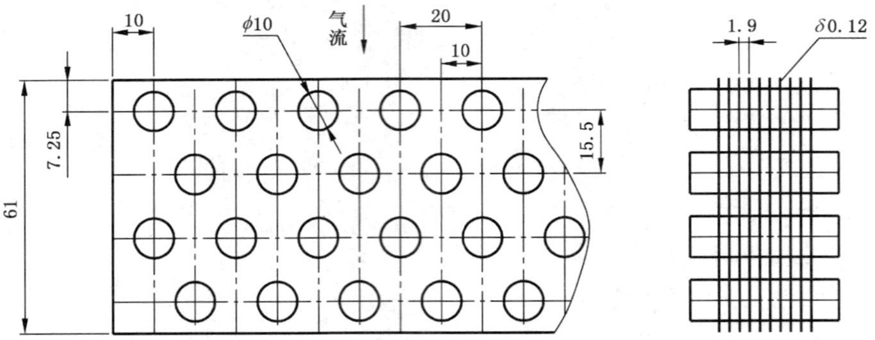

图 2　轻型冷却元件示意图

表 1　空冷器主要零件材料及规格

零件名称	材料名称	牌　　号	状态	冷却管壁厚/mm	标准号
冷却管	铝黄铜	HAl77-2	M	1	GB/T 8890
	纯铜	T2	Y2	重型为1 轻型为0.75	YS/T 288
	白铜	BFe10-1-1	M	重型为0.8 轻型为0.6	GB/T 8890
		BFe30-1-1	M	重型为≥0.8 轻型为≥0.6	
管板	锡黄铜	HSn62-1	R	—	GB/T 2531
	钢板	Q235	—	—	GB/T 700
	铜钢 复合板	—	—	—	GB/T 13238
水盖	灰铸铁 球墨铸铁	HT300、HT250、HT200 QT400	—	—	GB/T 9439 GB/T 1348
	铸造硅黄铜	ZCuZn16Si4	—	—	GB/T 1176
	铸造锡青铜	ZCuSn3Zn8Pb6Ni1			
	铸造铝合金	ZL101、ZL104	—	—	GB/T 1173

表 1（续）

零件名称	材料名称	牌　　号	状态	冷却管壁厚/mm	标准号
壳体侧边板	钢板	Q235	—	—	GB/T 700
		船体结构钢 A 级	—	—	GB 712
		船体结构钢 B 级			
翅片	黄铜带	H90	—	—	GB/T 2059
	纯铜带	TP1 、T2			

表 2　重型冷却器基本参数

性能参数	冷却效率 η/%	95	94	92	91	89	冷却水体积流量 G_L/(m^3/h)	空冷器迎风面有效尺寸 宽×高 $b \times h$/(mm×mm)
	气侧压力损失 $\rho_K \cdot \Delta p_K$/($kg \cdot m^{-3} \cdot Pa$)	1 989.2	3 186	4 590	6 192	7 970		
工作参数	水流速度 W_L/(m/s)	1.5						
	空气质量流速 U_K/[kg/($m^2 \cdot s$)]	15	20	25	30	35		
序号	产品型号	空冷器空气质量流量 G_K/(kg/s)						
1	KLZ56	1.09	1.46	1.82	2.19	2.55	50.49	272×493
2	KLZ71	1.36	1.82	2.28	2.73	3.19	64	340×493
3	KLZ88	1.69	2.26	2.83	3.39	3.96		340×612
4	KLZ105	2.03	2.71	3.39	4.07	4.75	77.5	408×612
5	KLZ127	2.44	3.25	4.07	4.88	5.70		408×734
6	KLZ158	3.05	4.07	5.09	6.11	7.12	97.74	510×734
7	KLZ198	3.82	5.09	6.36	7.64	8.91		510×918
8	KLZ251	4.84	6.45	8.06	9.67	11.29	124.47	646×918
9	KLZ317	6.12	8.16	10.21	12.25	14.29		646×1 162
10	KLZ401	7.73	10.31	12.89	15.47	18.05	158.22	816×1 162
11	KLZ507	9.78	13.04	16.30	19.56	22.82		816×1 469
12	KLZ634	12.26	16.30	20.37	24.45	28.53	198.72	1 020×1 469
13	KLZ792	15.28	20.37	25.46	30.56	35.65		1 020×1 836
14	KLZ950	18.33	24.45	30.56	36.67	42.78	238.95	1 224×1 836
空冷器深度有效尺寸 L/mm		590(20 排冷却管)						
对应的水流程数为 2								

表 3 轻型冷却器基本参数

性能参数	冷却效率 η/%	93	91	88	86	84	冷却水体积流量 G_L/(m^3/h)	空冷器迎风面有效尺寸 宽×高 $b\times h$/(mm×mm)
	气侧压力损失 $\rho_K\cdot\Delta p_K$/($kg\cdot m^{-3}\cdot Pa$)	3 136	4 312	5 566.4	7 266.4	9 212		
工作参数	水流速度 W_L/(m/s)	1.5						
	空气质量流速 U_K/[kg/($m^2\cdot s$)]	20	25	30	35	40		
序号	产品型号	空冷器空气质量流量 G_K/(kg/s)						
1	KLQ4	0.16	0.21	0.25	0.29	0.33	14	100×185
2	KLQ5	0.20	0.25	0.30	0.35	0.39	17	120×185
3	KLQ6	0.24	0.30	0.36	0.42	0.47		120×222
4	KLQ8	0.32	0.39	0.48	0.55	0.63	23	160×222
5	KLQ10	0.42	0.53	0.63	0.74	0.85		160×296
6	KLQ13	0.53	0.66	0.79	0.93	1.06	29	200×296
7	KLQ16	0.66	0.83	0.99	1.16	1.32		200×370
8	KLQ19	0.79	0.99	1.19	1.39	1.58	35	240×370
9	KLQ23	0.95	1.19	1.43	1.67	1.90		240×444
10	KLQ28	1.19	1.49	1.78	2.08	2.38	43	300×444
11	KLQ35	1.49	1.86	2.23	2.60	2.97		300×555
12	KLQ45	1.88	2.35	2.83	3.30	3.77	55	380×555
13	KLQ56	2.38	2.88	3.58	4.18	4.77		380×703
14	KLQ71	3.01	3.77	4.52	5.27	6.03	69	480×703
15	KLQ90	3.81	4.76	5.71	6.66	7.62		480×888
空冷器深度有效尺寸 L/mm		244(16 排冷却管)						
对应的水流程数为 2								

3.4 产品标记

3.4.1 型号的组成

型号组成如下：

KL □ □

- □（第二个）——用数字表示气侧换热面积，m^2
- □（第一个）——型式，Z 表示重型；Q 表示轻型
- KL——空冷器

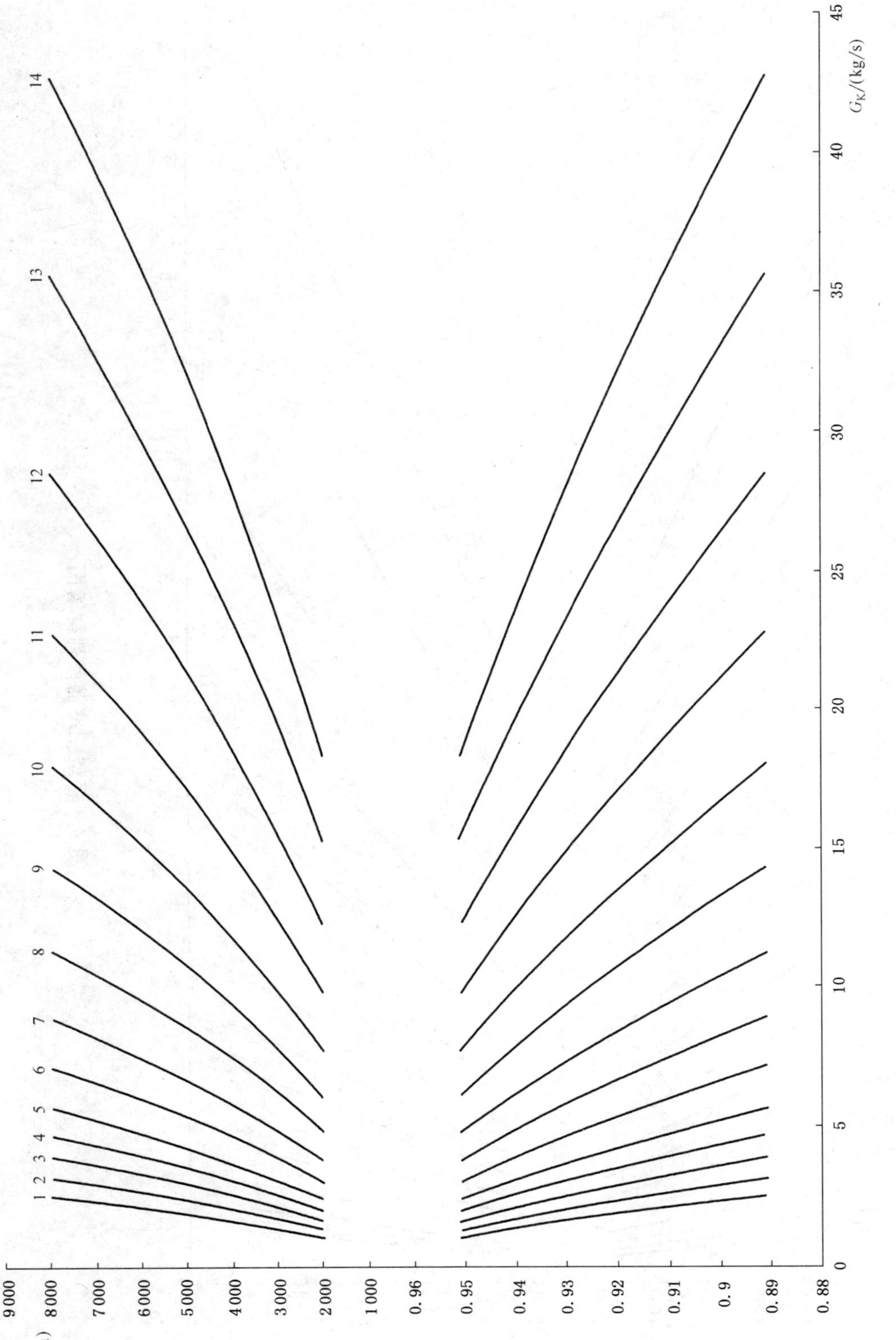

图 3 重型空冷器系列型谱图

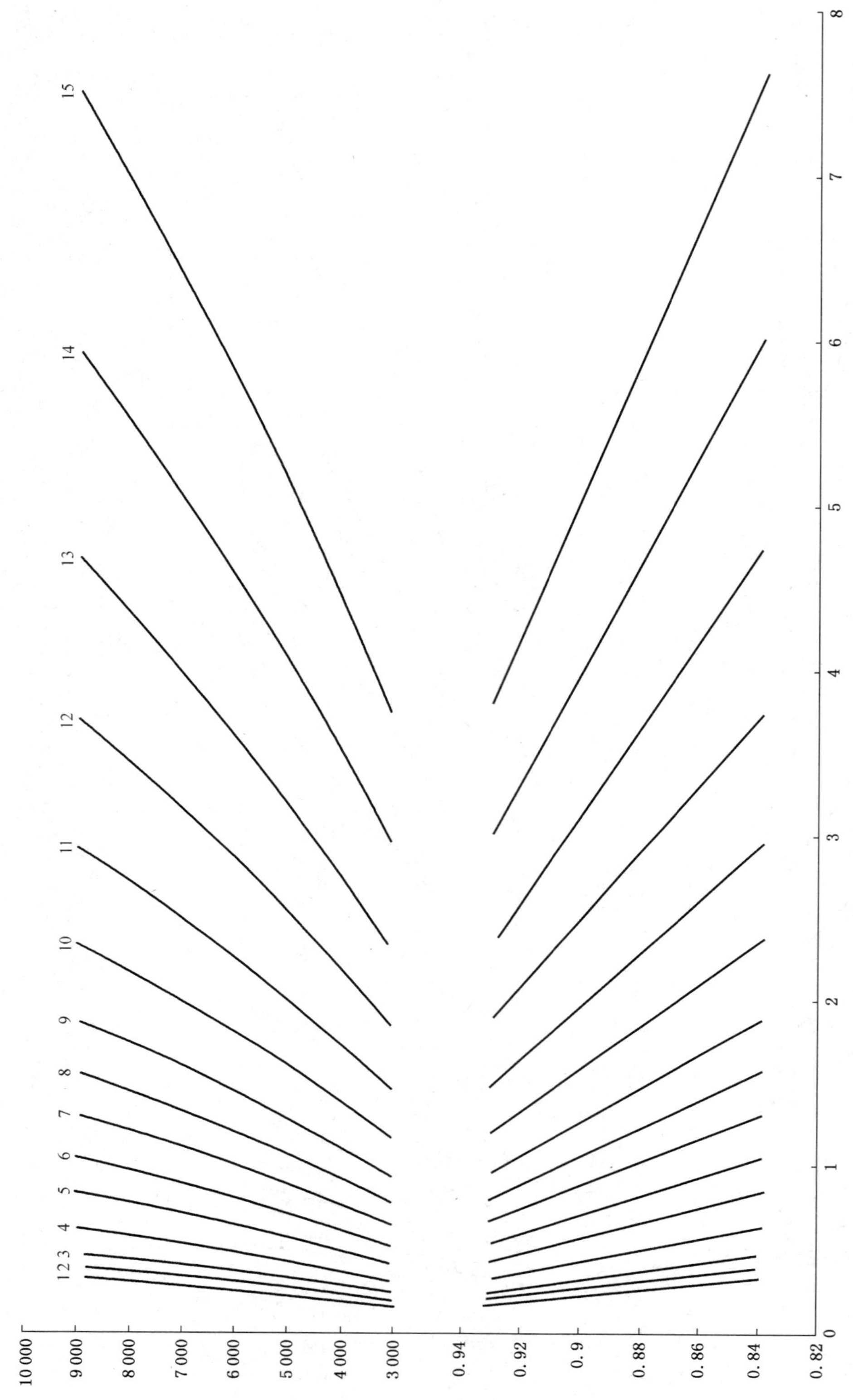

图 4　轻型空冷器系列型谱图

3.4.2 标记示例

气侧换热面积为 105 m^2 的重型空冷器，标记为：

空冷器　GB/T 2497—2008　KLZ105

4 技术要求

4.1 空冷器应按经规定程序批准的图样和技术文件制造，并应符合本标准的规定。

4.2 空冷器设计要满足表 2、表 3 的参数要求，并按照 GB/T 18816 进行强度计算。

4.3 翅片冲制应确保胀接质量的要求，二次翻边不能有裂纹。确保翅片与冷却管的连接坚固密合。

4.4 每个空冷器的水盖、冷却芯子和总成应按标准要求进行密封性试验。

4.5 冷却管与管板的连接应耐振、可靠。

4.6 空冷器冷却管堵塞的数量不得大于总数的 0.5%。

4.7 空冷器内腔应清洗干净，不得有任何残存杂物。

4.8 空冷器主要零件的材料及规格见表 1 规定。

4.9 管板材料为 Q235 钢板时，应进行防蚀处理。

4.10 空冷器产品试验按第 5 章规定的方法进行。

4.11 空冷器总成和冷却芯子应进行防锈处理。

5 试验方法

5.1 试验总则

5.1.1 按图纸要求，利用量具检测空冷器外形安装尺寸，对合格产品进行试验。

5.1.2 性能试验确定空冷器传热系数 K、空气压力损失 $p_K \cdot \Delta p_K$、水压损失 Δp_L。新结构冷却元件应进行性能试验，试验方法按 5.2.2 的规定。每型空冷器首制产品应进行性能试验，小型空冷器可在试验台上进行，试验方法按 5.2.3.1 的规定；当大型空冷器无条件在试验台上进行试验时，由冷却元件在试验台的试验代替，如要求配机试验可按 5.2.3.2 的规定。

5.1.3 产品型式试验时按 6.1.3 进行翅片与冷却管连接的密合性检验。

5.1.4 压力试验检查空冷器零部件的强度和总体结构的密封性。每个空冷器的端盖应按 5.3.1 的规定进行压力试验。产品出厂前应按 5.3.2 的规定进行压力试验。有独立壳体的空冷器还应对气腔按 5.3.3 的规定进行气密性试验。

5.1.5 可靠性试验考核空冷器冷却管与管板连接的可靠性。每一种连接方法（包括工艺改变）按本标准 5.4 的规定进行试验件振动试验。大型产品可在配机时进行可靠性考核。

5.1.6 目测冷却管堵塞数量。

5.1.7 目测冷却器内腔清洁度。

5.2 性能试验

5.2.1 试验台

测量系统由测量流量、温度和压力所需的各种仪器组成。流量测量仪表精度需达到 0.5 级；温度测量仪表显示精度需达到 0.1℃，测量精度不小于±0.5℃；压力测量仪表精度需达到 0.5 级。

空气系统由风源加热器、整流段（稳压段）、试验段（包括试件和测量段）、风量调节设备、风温调节设备等组成。测量段收缩角不大于 30°；扩展角不大于 15°。风源风量须满足 5.2.2.2 的要求。试件迎风面速度场系数不低于 0.9。从空气加热器至试件出口测量段外部必须有良好隔热层。

冷却水系统由水泵、蓄水箱、水量测量箱、水量调节设备、水温调节设备、排气装置等组成。水泵流量应满足 5.2.2.3 的要求。

5.2.2 冷却元件试验方法

5.2.2.1 试件迎风面不小于 250 mm×250 mm，深度方向（气流方向）不小于 100 mm，试验结果的有效数据热平衡误差不得超出±5%。

5.2.2.2 以水流速 v_L 为参变量，空气重量流速 U_K 为自变量，得出传热系数 K 和空气重量流速 U_K 的关系曲线。参变量 v_L 在 1.0 m/s～2.5 m/s 范围内至少取三个。自变量 U_K 在表 2、表 3 规定标准流速的 50%～150%的范围内至少取六个。逐个测量，得出三条 $K=f(U_K)$ 关系曲线。同时测定各试验点空气进出口压力和压力差，得出空气压力损失 $\rho_K \cdot \Delta p_K = f(U_K)$ 关系曲线。

5.2.2.3 在水流速 1.0 m/s～2.5 m/s 范围内至少选取六个值，分别测定水的压力损失 Δp_L。

5.2.2.4 各试验点空气和水进口温差为 80℃左右，允许在(80±2.5)℃范围内变动，各试验点水进口温度的波动不得超过±0.2℃。

5.2.2.5 按 5.2.2.2 的方法逐个固定水流速。变动空气重量流速，待各参数稳定后进行测量。各试验点的参数测量三次，取其平均值。

5.2.3 首制产品试验方法

5.2.3.1 在试验台上的试验

试验装置、测量参数、测量仪器应符合 5.2.1 的规定。以设计水流量为固定参数，改变空气重量流速(至少取六个值，变化范围必须包括工况点)，逐一测量其参数。

5.2.3.2 配机试验

试验方法可按柴油机负荷特性试验方法进行或由用户依所配机型的具体情况与空冷器生产厂商定。

5.2.4 试验台性能试验数据的处理

试验结果应以试验报告形式固定下来，内容应包括：

a) 主要测量参数值(三次记录的平均值)和计算数据表(参见附录 A)；

b) 性能曲线(按附录 B 的规定)。

5.3 压力试验

5.3.1 水盖的试验压力为设计压力的 2 倍，试验时间为 30 min，不变形、不泄漏。

5.3.2 芯组和总成试验压力为设计压力的 1.5 倍，但不得小于 0.4 MPa。试验时对水腔缓慢地加压，达到规定压力后稳定 30 min，所有连接处应无泄漏。

5.3.3 有独立壳体的空冷器气腔试验压力为 4.9×10^4 Pa～9.8×10^4 Pa，历时 30 min，所有连接处应无泄漏。

5.4 冷却管与管板连接可靠性试验

5.4.1 试验条件

试验条件如下：

a) 试件在振动试验机上水平安装，迎风面与振动试验机用螺钉刚性连接；

b) 试验时水腔应充满压力水，水压为 49×10^4 Pa。

5.4.2 探查性试验

试验频率及振幅为：频率为 4 Hz～33 Hz，振幅为±0.25 mm，频率为 34 Hz～50 Hz，振幅为±0.076 mm，频率间隔为 1 Hz，停留时间 15 s，确定被振试件在整个试验频率中是否存在共振。

5.4.3 耐振试验

如果有共振，则在共振频率下至少进行 2 h 耐振试验。如果没有共振，则以频率为 50 Hz，振幅为±0.4 mm 进行耐振试验，振动时间 2 h。

6 检验规则

空冷器的检验分型式检验和出厂检验。

6.1 型式检验

6.1.1 检验要求

有下列情况之一时，应进行型式检验：

a） 使用新元件或老产品转厂生产；

b） 正式生产后如结构、材料、工艺有较大改变，可能影响产品性能时；

c） 正常生产后每 5 a 进行一次检验；

d） 产品长期停产后，恢复生产时；

e） 出厂检验结果与上次型式检验有较大差异时；

f） 国家质量监督机构提出进行型式检验要求时。

6.1.2 型式检验试样为一件。

6.1.3 空冷器每 500 个管组抽取一组进行轴向解剖，检验翅片贴合质量。如发现不合格，应以加倍数量进行复检，若再发现不合格，逐个管组进行检验。

6.1.4 检验项目按表 4 进行。

6.1.5 空冷器型式检验项目全部符合要求，则判型式检验合格。若有不符合要求的项目时，则被试产品数量应加倍重新试验。如仍有项目不符合要求时，则该空冷器型式检验不合格。

表 4 检验项目

序号	检验项目	检验要求	检验方法	型式检验	出厂检验
1	空冷器的外形安装尺寸	4.1	5.1.1	●	●
2	性能参数	4.2	5.1.2	●	—
3	翅片与冷却管连接的密合性	4.3	5.1.3	●	○
4	密封性试验	4.4	5.1.4	●	●
5	管板与冷却管连接的可靠性	4.5	5.1.5	●	—
6	冷却管堵塞数量	4.6	5.1.6	●	●
7	内腔清洁度	4.7	5.1.7	●	●
注：●必检项目；○协商检验项目；—不检项目。					

6.2 出厂检验

6.2.1 空冷器应逐台进行出厂检验。

6.2.2 检验项目按表 4 进行。

6.2.3 空冷器出厂检验项目全部符合要求，则判出厂检验合格。如有不符合要求的项目时，允许采取纠正措施后进行复验。若复验符合要求，则仍判出厂检验合格；若复验仍不符合要求，则该空冷器出厂检验不合格。

6.2.4 检验合格的产品应出具检验合格证。

7 标志、包装、贮存

7.1 每个空冷器产品上应有标牌，标牌应按 GB/T 13306 规定制作。

标牌中应有如下内容：

a） 制造厂名；

b） 产品名称；

c） 商标；

d） 产品型号标记；

e） 制造日期和编号；

f） 质量。

7.2 包装前应对气腔、水腔封盖，防止杂物落入。

7.3 产品用木箱包装。木箱应坚实牢固；便于起吊；适合长途运输。

7.4 装箱时产品应牢固固定在木箱底板上，防止运输过程中移位、损坏。

7.5 产品包装箱内应随带如下文件、物品：

a) 产品合格证；

b) 产品使用说明书；

c) 装箱单及附件、备件；

d) 主要零件材质证明书。

7.6 在正常情况下，产品自出厂之日起，制造厂应保证半年内不致锈蚀，并提供自发货之日起 1 a 的质量保证期。

附 录 A
（资料性附录）
空冷器性能试验主要参数表

空冷器性能试验主要参数表见表 A.1。

表 A.1 空冷器性能试验主要参数表

实验件型号：________　　水流速 v_L(m/s)：________　　大气压力：________

气侧换热面积 S_K(m^2)：________　　试验日期：________　　大气温度：________

试验人员：________　　相对湿度：________

序号		气侧									水侧						热平衡误差
		1	2	3	4	5	6	7	8	9	10	11	12	13	14	15	
名称		空气重量流速	空气流量	空气进口温度	空气出口温度	空气放热量	传热系数	体积传热系数	气侧放热系数	空气压力损失	水流量	水进口温度	水出口温度	水吸热量	水侧放热系数	水侧压力	
符号		U_K	G_K	t_{k1}	t_{k2}	Q_K	h	h_V	α_K	$\rho_K \cdot \Delta p_K$	G_L	t_{L1}	t_{L2}	Q_L	α_L	Δp_L	$(Q_K - Q_L)/Q_K$
单位		Pa/s (kgf/m²·s)	m³/h (kgf/h)	K (℃)	K (℃)	W (kcal/h)	W/m²·K (kcal/h·m²·℃)	W/m³·K (kcal/h·m³·℃)	W/m²·K (kcal/h·m²·℃)	kg·m⁻³·Pa (kgf²/m⁵)	m³/h (kgf/h)	K (℃)	K (℃)	W (kcal/h)	W/m²·K (kcal/h·m²·℃)	Pa (kgf/m²)	100%
试验点	1																
	2																
	3																
	4																
	5																
	6																
	7																

附 录 B
（规范性附录）
性 能 曲 线

传热系数、空气压力损失与空气质量流速的关系曲线见图 B.1。

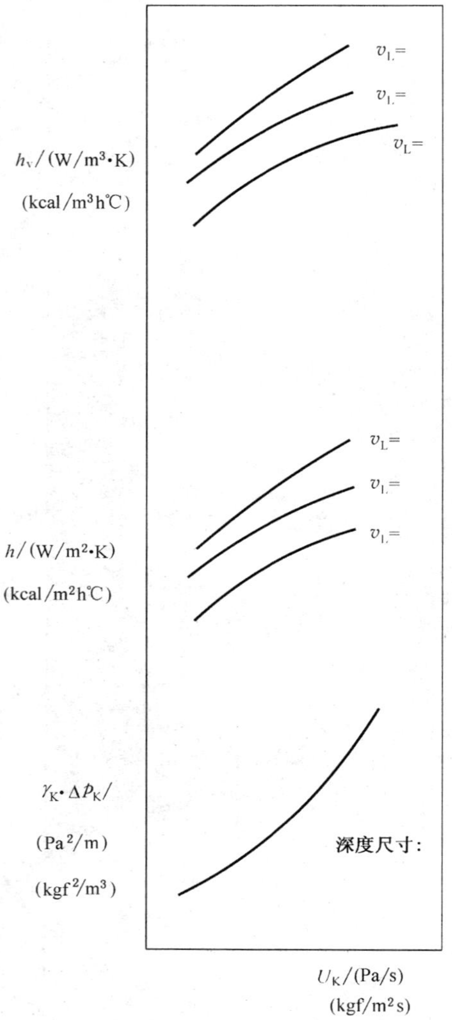

图 B.1 传热系数、空气压力损失与空气质量流速的关系曲线

ICS 23.100.50
J 20

中华人民共和国国家标准

GB/T 2514—2008
代替 GB/T 2514—1993,GB/T 8099—1987

液压传动　四油口方向控制阀安装面

Hydraulic fluid power—Four-port directional control valves—Mounting surfaces

(ISO 4401:2005,MOD)

2008-02-28 发布　　2008-08-01 实施

中华人民共和国国家质量监督检验检疫总局
中国国家标准化管理委员会　发布

前　言

本标准修改采用 ISO 4401:2005《液压传动　四油口方向控制阀　安装面》(英文版)。

本标准与 ISO 4401:2005 的技术内容基本相同，仅有以下少量修改：

——删除国际标准的引言和参考文献；

——引用标准以对应的国家标准代替国际标准；

——删除所有表中关于压力要求的“表注”；

——将各图的“脚注”内容放到第 7 章；第 7 章的标题改为“技术要求”；

——删除表 2、表 3、表 8 中“注：底板连接应考虑油口密封”；

——将表 9 中 G_1 孔 x 轴位置尺寸 138.6 改为 147.6。

本标准代替 GB/T 2514—1993《四油口板式液压方向控制阀安装面》、GB/T 8099—1987《液压叠加阀安装面》，与其相比主要变化如下：

——更改了安装面代号的表示法。

——主油口最大直径 4、6.3、23.4 分别改为 4.5、7.5、25。

本标准由中国机械工业联合会提出。

本标准由全国液压气动标准化技术委员会(SAC/TC 3)归口。

本标准负责起草单位：北京华德液压工业集团有限责任公司。

本标准参加起草单位：大连美德液压气动工程有限公司、上海立新液压有限公司。

本标准主要起草人：康青、周丽琴、周维科、林广、彭沪海、朱剑根。

本标准所代替标准的历次版本发布情况为：

——GB 2514—1981、GB/T 2514—1993；

——GB/T 8099—1987。

液压传动 四油口方向控制阀安装面

1 范围

本标准规定了液压四油口方向控制阀安装面尺寸及相关数据。

本标准适用于液压四油口方向控制阀及其连接板或集成块。

2 规范性引用文件

下列文件中的条款通过本标准的引用而成为本标准的条款。凡是注日期的引用文件，其随后所有的修改单(不包括勘误的内容)或修订版均不适用于本标准，然而，鼓励根据本标准达成协议的各方研究是否可使用这些文件的最新版本。凡是不注日期的引用文件，其最新版本适用于本标准。

GB/T 1031 表面粗糙度 参数及其数值

GB/T 1182 形状和位置公差 通则、定义、符号和图样表示法(GB/T 1182—1996，eqv ISO 1101:1996)

GB/T 1800.4—1999 极限与配合 标准公差等级和孔、轴的极限偏差表(eqv ISO 286-2:1988)

GB/T 14043—2005 液压传动 阀安装面和插装阀阀孔的标识代号(ISO 5783:1995，IDT)

GB/T 17446 流体传动系统及元件 术语(GB/T 17446—1998，idt ISO 5598:1985)

3 术语及定义

GB/T 17446 确定的术语和定义适用于本标准。

4 符号

4.1 本标准采用下列字母符号：

a) A、B、L、P、T、T_1、X 和 Y 表示油口；

b) F_1、F_2、F_3、F_4、F_5 和 F_6 表示螺纹孔；

c) G、G_1、G_2 表示定位销孔。

4.2 本标准采用的安装面代号符合 GB/T 14043—2005 规定的代号规则。

5 公差

5.1 安装面(即在图中粗点画线以内的面积)采用下列数值：

a) 表面粗糙度：按 GB/T 1031 规定，$Ra \leqslant 0.8$ μm；

b) 表面平面度：按 GB/T 1182 规定，任意 100×100 mm^2 范围为 0.01 mm；

c) 定位销孔直径公差：按 GB/T 1800.4—1999 规定的 H12。

5.2 从坐标原点起，沿 x 轴和 y 轴，孔的位置尺寸公差如下：

a) 定位销孔：±0.1 mm；

b) 螺纹孔：±0.1 mm；

c) 油口：±0.2 mm。

6 安装面代号及尺寸

6.1 主油口最大直径为 4.5 mm 的四油口控制阀的安装面(油口规格代号：02)

a) 安装面代号：GB/T 2514-02-01-0-2008；

b) 尺寸见图 1、表 1。

6.2 主油口最大直径为7.5 mm的四油口控制阀的安装面(油口规格代号:03)

a) 无先导油口的安装面代号:GB/T 2514-03-02-0-2008;

b) 尺寸见图2、表2;

c) 有先导油口的安装面代号:GB/T 2514-03-03-0-2008;

d) 尺寸见图3、表3。

6.3 主油口最大直径为11.2 mm的四油口控制阀的安装面(油口规格代号:05)

a) 无先导油口的安装面代号:GB/T 2514-05-04-0-2008;

b) 尺寸见图4、表4;

c) 有先导油口的安装面代号:GB/T 2514-05-05-0-2008;

d) 尺寸见图5、表5;

e) 有泄油口无先导油口的安装面代号:GB/T 2514-05-06-0-2008;

f) 尺寸见图6、表6。

6.4 主油口最大直径为17.5 mm带先导油口的四油口控制阀的安装面(油口规格代号:07)

a) 有或者没有泄油口的安装面代号:GB/T 2514-07-07-0-2008;

b) 尺寸见图7、表7。

6.5 主油口最大直径为25 mm带先导油口的四油口控制阀的安装面(油口规格代号:08)

a) 有或者没有泄油口的安装面代号:GB/T 2514-08-08-0-2008;

b) 尺寸见图8、表8。

6.6 主油口最大直径为32 mm带先导油口的四油口控制阀的安装面(油口规格代号:09)

a) 有或者没有泄油口的安装面代号:GB/T 2514-09-09-0-2008;

b) 尺寸见图9、表9。

安装面代号：GB/T 2514-02-01-0-2008

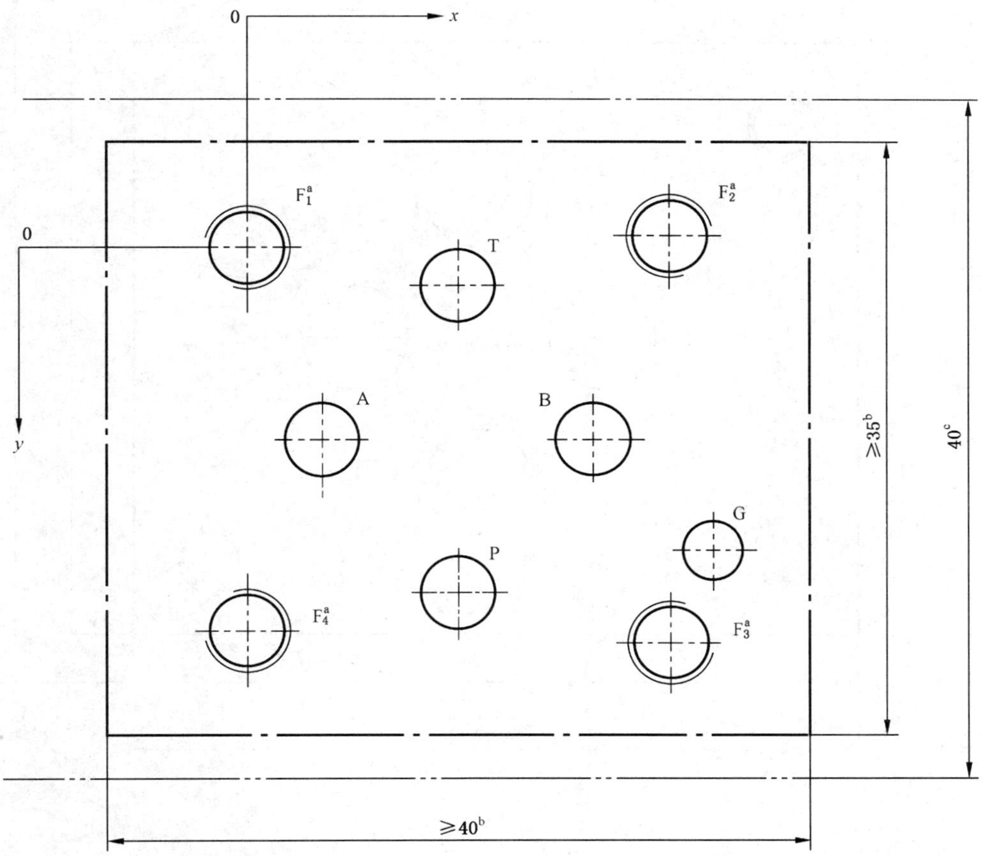

a 见 7.1；
b 见 7.2；
c 见 7.3；
d 见 7.4。

图 1 主油口最大直径为 4.5 mm 的四油口控制阀的安装面[d]（油口规格代号：02）

表 1 主油口最大直径为 4.5 mm 的四油口控制阀安装面的孔位置尺寸 单位为毫米

	P	A	T	B	F_1	F_2	F_3	F_4	G[a]
	ϕ4.5max	ϕ4.5max	ϕ4.5max	ϕ4.5max	M5	M5	M5	M5	ϕ3.4
x	12	4.3	12	19.7	0	24	24	0	26.5
y	20.25	11.25	2.25	11.25	0	−0.75	23.25	22.5	17.75

a 安装面上的盲孔配合阀上的定位销，其最小深度为 4 mm。

安装面代号：GB/T 2514-03-02-0-2008

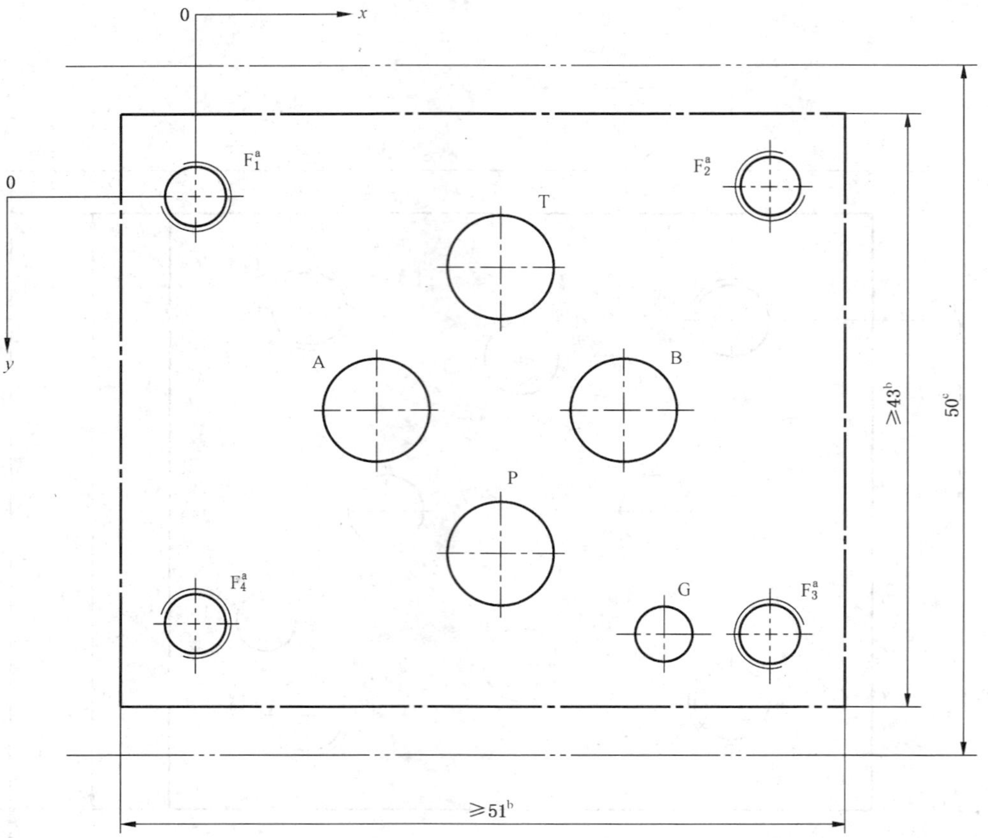

a 见 7.1；

b 见 7.2；

c 见 7.3；

d 见 7.4。

图 2 主油口最大直径为 7.5 mm 无先导油口的四油口控制阀的安装面[d]（油口规格代号：03）

表 2 主油口最大直径为 7.5 mm 无先导油口的四油口控制阀安装面的孔位置尺寸

单位为毫米

	P	A	T	B	F_1	F_2	F_3	F_4	G[a]
	ϕ7.5max	ϕ7.5max	ϕ7.5max	ϕ7.5max	M5	M5	M5	M5	ϕ4
x	21.5	12.7	21.5	30.2	0	40.5	40.5	0	33
y	25.9	15.5	5.1	15.5	0	−0.75	31.75	31	31.75
a 安装面上的盲孔配合阀上的定位销，其最小深度为 4 mm。									

安装面代号：GB/T 2514-03-03-0-2008

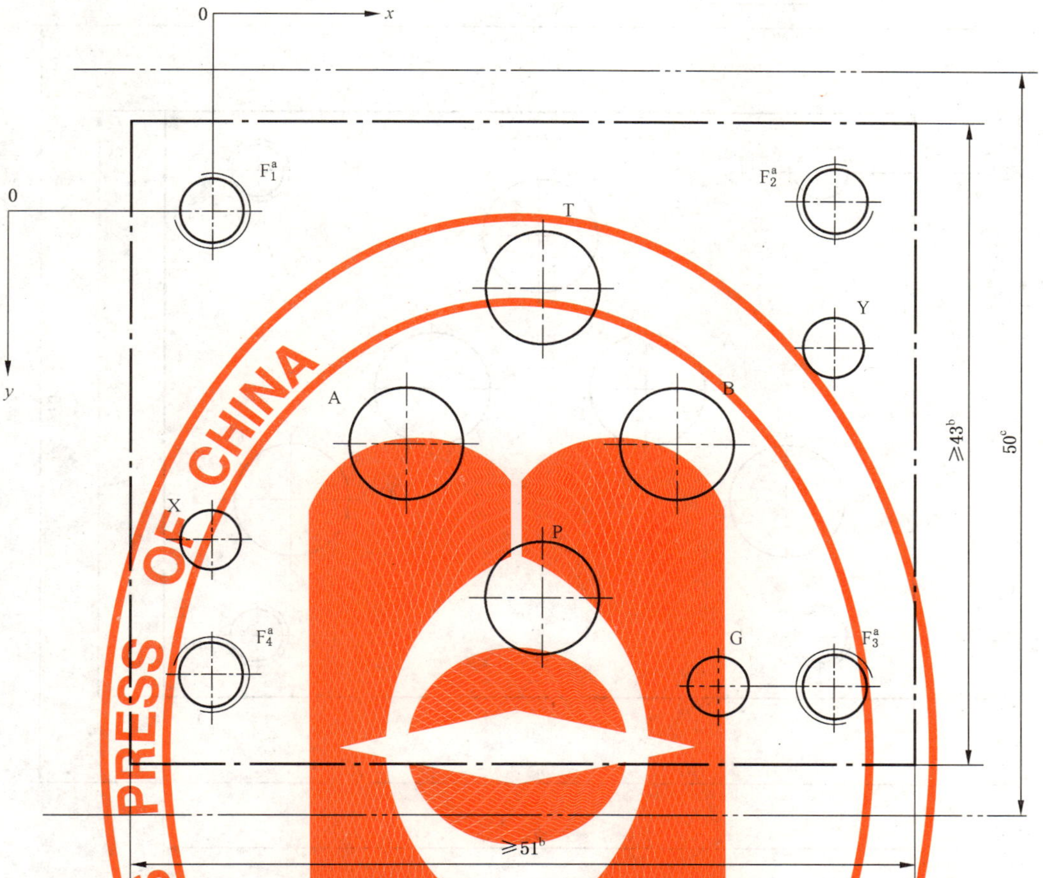

a 见 7.1；
b 见 7.2；
c 见 7.3；
d 见 7.4。

图 3 主油口最大直径为 7.5 mm 有先导油口的四油口控制阀的安装面[d]（油口规格代号：03）

表 3 主油口最大直径为 7.5 mm 有先导油口的四油口控制阀安装面的孔位置尺寸

单位为毫米

	P	A	T	B	F_1	F_2	F_3	F_4	X	Y	G[a]
	ϕ7.5max	ϕ7.5max	ϕ7.5max	ϕ7.5max	M5	M5	M5	M5	ϕ3.3max	ϕ3.3max	ϕ4
x	21.5	12.7	21.5	30.2	0	40.5	40.5	0	0	40.5	33
y	25.9	15.5	5.1	15.5	0	−0.75	31.75	31	22	9	31.75

a 安装面上的盲孔配合阀上的定位销，其最小深度为 4 mm。

安装面代号：GB/T 2514-05-04-0-2008

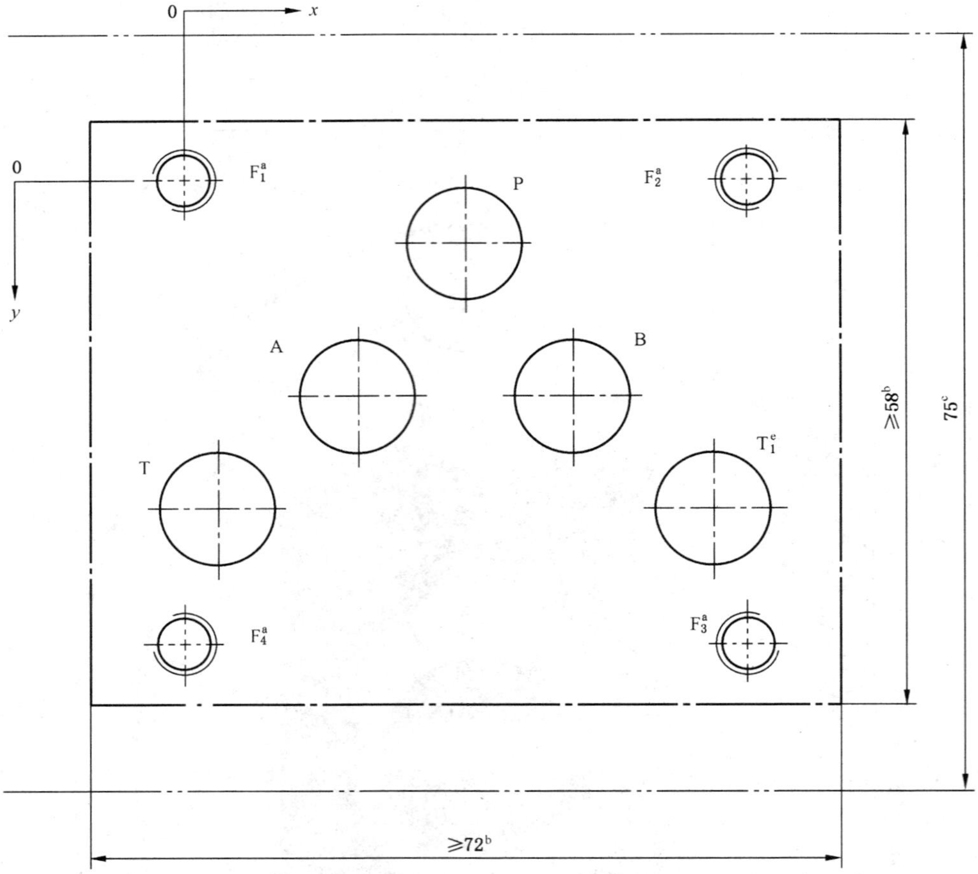

a 见 7.1；

b 见 7.2；

c 见 7.3；

d 见 7.4；

e 该孔是可选择的。

图 4　主油口最大直径为 11.2 mm 无先导油口的四油口控制阀的安装面[d]（油口规格代号：05）

表 4　主油口最大直径为 11.2 mm 无先导油口的四油口控制阀安装面的孔位置尺寸

单位为毫米

	P	A	T	T_1（可选择的）	B	F_1	F_2	F_3	F_4
	ϕ11.2max	ϕ11.2max	ϕ11.2max	ϕ11.2max	ϕ11.2max	M6	M6	M6	M6
x	27	16.7	3.2	50.8	37.3	0	54	54	0
y	6.3	21.4	32.5	32.5	21.4	0	0	46	46

安装面代号：GB/T 2514-05-05-0-2008

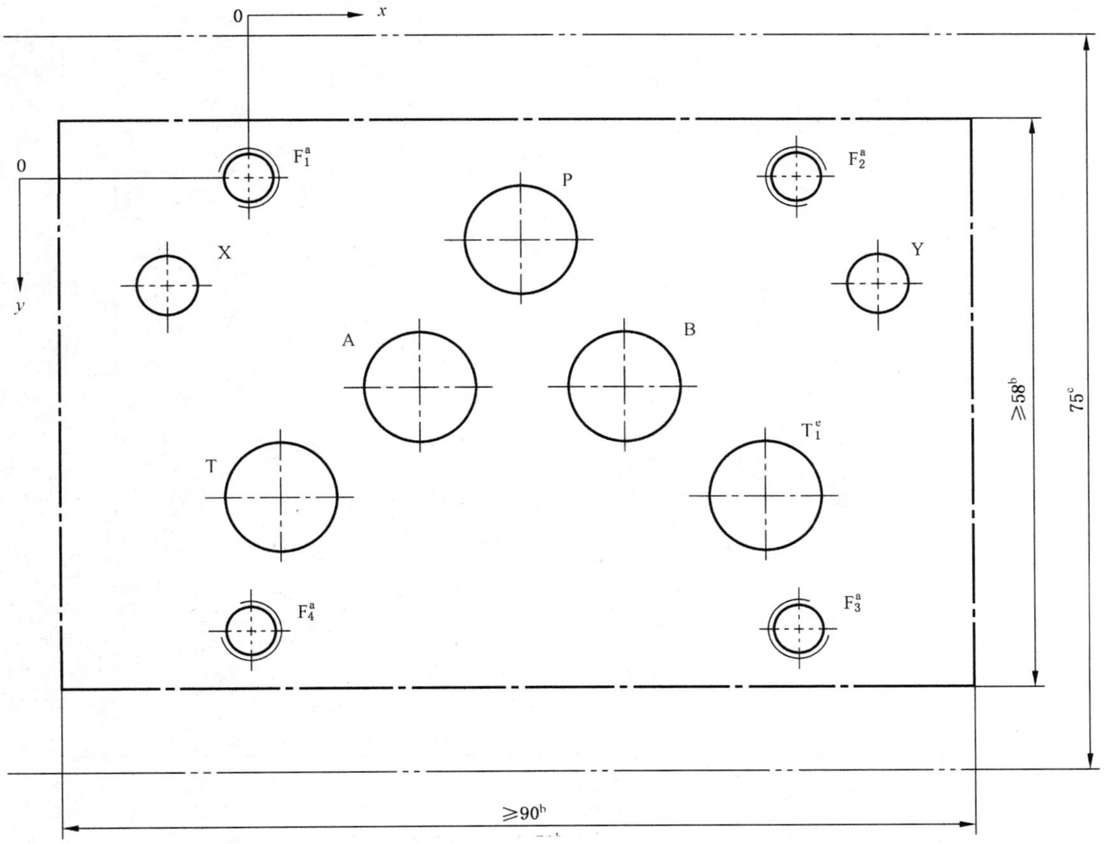

a 见7.1；

b 见7.2；

c 见7.3；

d 见7.4；

e 该孔是可选择的。

图5　主油口最大直径为11.2 mm有先导油口的四油口控制阀的安装面[d]（油口规格代号：05）

表5　主油口最大直径为11.2 mm有先导油口的四油口控制阀安装面的孔位置尺寸

单位为毫米

	P	A	T	T_1（可选择的）	B	F_1	F_2	F_3	F_4	X	Y
	ϕ11.2max	ϕ11.2max	ϕ11.2max	ϕ11.2max	ϕ11.2max	M6	M6	M6	M6	ϕ6.3max	ϕ6.3max
x	27	16.7	3.2	50.8	37.3	0	54	54	0	−8	62
y	6.3	21.4	32.5	32.5	21.4	0	0	46	46	11	11

安装面代号：GB/T 2514-05-06-0-2008

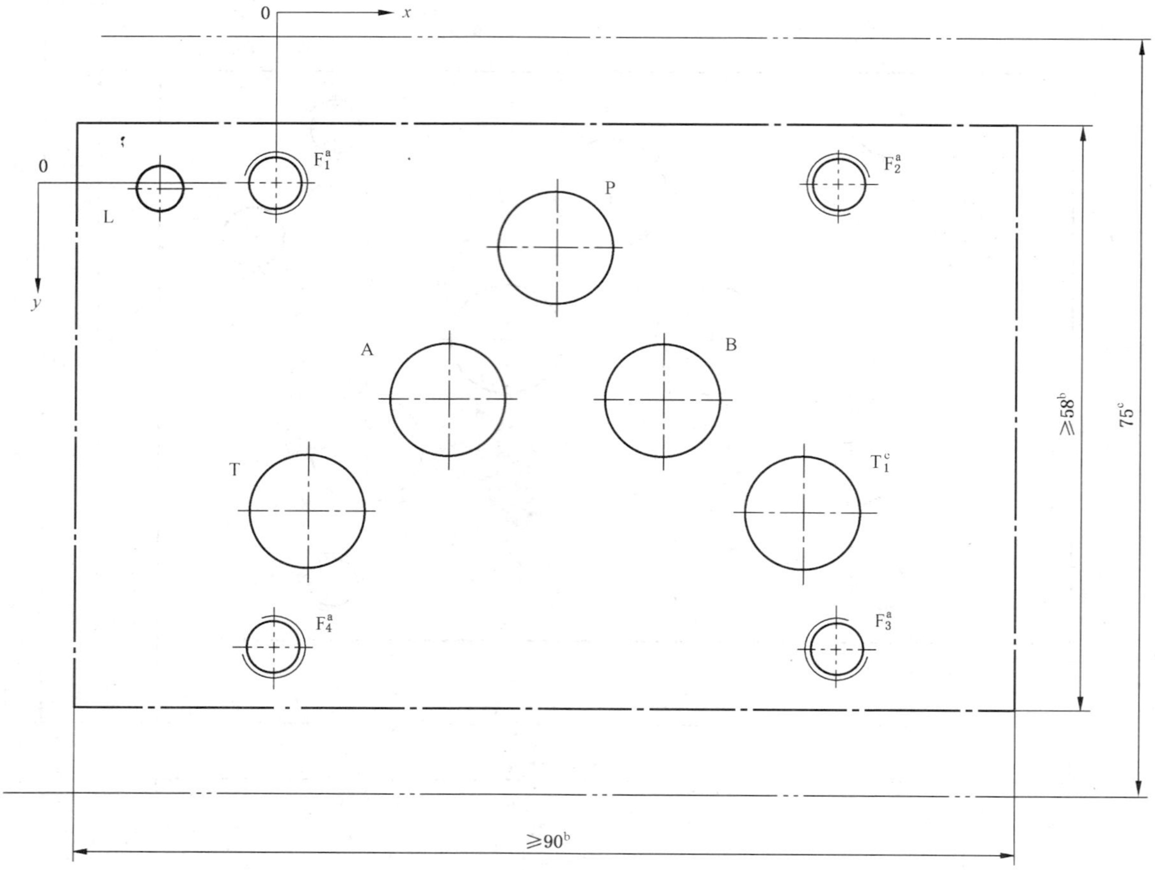

a 见 7.1；

b 见 7.2；

c 见 7.3；

d 见 7.4；

e 该孔是可选择的。

图 6　主油口最大直径为 11.2 mm 有泄油口无先导油口的四油口控制阀的安装面[d]（油口规格代号：05）

表 6　主油口最大直径为 11.2 mm 有泄油口无先导油口的四油口控制阀安装面的孔位置尺寸

单位为毫米

	P	A	T	T_1（可选择的）	B	F_1	F_2	F_3	F_4	L
	ϕ11.2max	ϕ11.2max	ϕ11.2max	ϕ11.2max	ϕ11.2max	M6	M6	M6	M6	ϕ4.5max
x	27	16.7	3.2	50.8	37.3	0	54	54	0	−11
y	6.3	21.4	32.5	32.5	21.4	0	0	46	46	0.5

安装面代号：GB/T 2514-07-07-0-2008

a 见7.1；

b 见7.2；

c 见7.3；

d 见7.4。

图7 主油口最大直径为17.5 mm带先导油口的四油口控制阀的安装面[d]（油口规格代号：07）

表7 主油口最大直径为17.5 mm带先导油口的四油口控制阀安装面的孔位置尺寸

单位为毫米

	P	A	T	B	L[a]	X	Y	G_1^b	G_2^b	F_1	F_2	F_3	F_4	F_5	F_6
	ϕ17.5max	ϕ17.5max	ϕ17.5max	ϕ17.5max	ϕ6.3max	ϕ6.3max	ϕ6.3max	ϕ4	ϕ4	M10	M10	M10	M10	M6	M6
x	50	34.1	18.3	65.9	0	76.6	88.1	76.6	18.3	0	101.6	101.6	0	34.1	50
y	14.3	55.6	14.3	55.6	34.9	15.9	57.2	0	69.9	0	0	69.9	69.9	−1.6	71.5

a 泄油口是可选的。

b 安装面上的盲孔配合阀上的定位销，其最小深度为8 mm。

安装面代号：GB/T 2514-08-08-0-2008

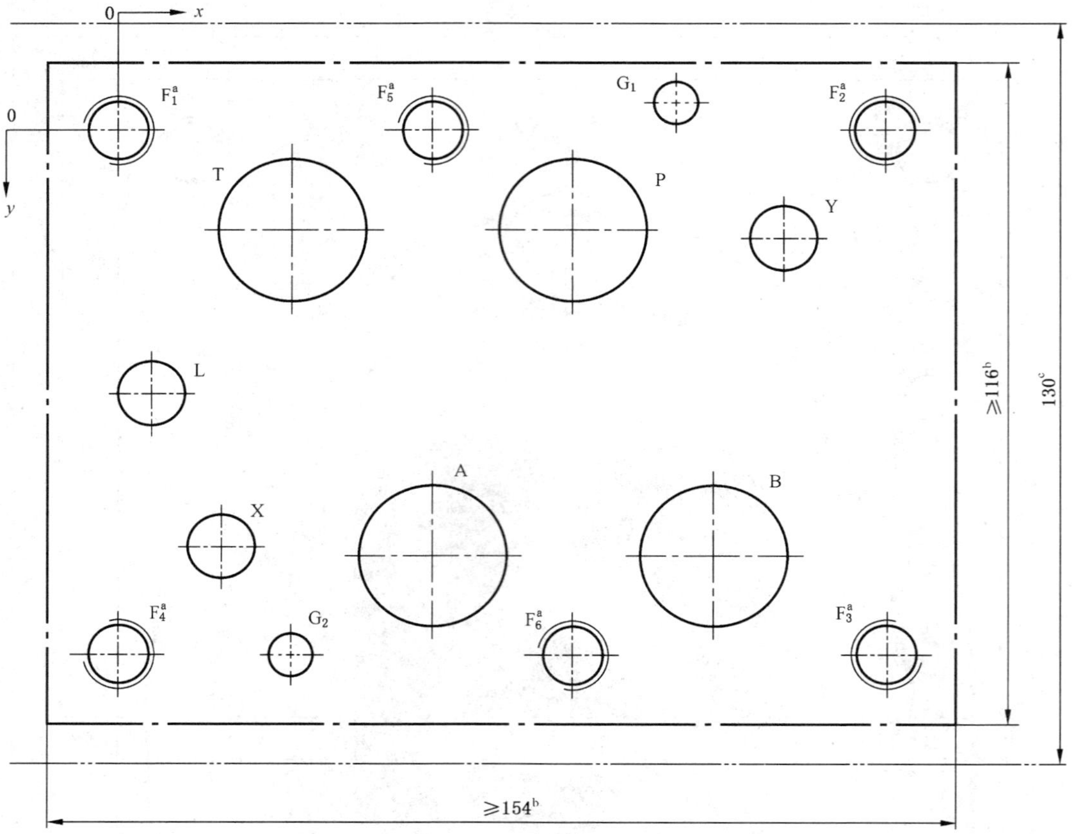

a 见 7.1；

b 见 7.2；

c 见 7.3；

d 见 7.4。

图 8　主油口最大直径为 25 mm 带先导油口的四油口控制阀的安装面[d]（油口规格代号：08）

表 8　主油口最大直径为 25 mm 带先导油口的四油口控制阀安装面的孔位置尺寸

单位为毫米

	P	A	T	B	L[a]	X	Y	G_1^b	G_2^b	F_1	F_2	F_3	F_4	F_5	F_6
	ϕ25max	ϕ25max	ϕ25max	ϕ25max	ϕ11.2max	ϕ11.2max	ϕ11.2max	ϕ7.5	ϕ7.5	M12	M12	M12	M12	M12	M12
x	77	53.2	29.4	100.8	5.6	17.5	112.7	94.5	29.4	0	130.2	130.2	0	53.2	77
y	17.5	74.6	17.5	74.6	46	73	19	−4.8	92.1	0	0	92.1	92.1	0	92.1

a 泄油口是可选的。

b 安装面上的盲孔配合阀上的定位销，其最小深度为 8 mm。

安装面代号：GB/T 2514-09-09-0-2008

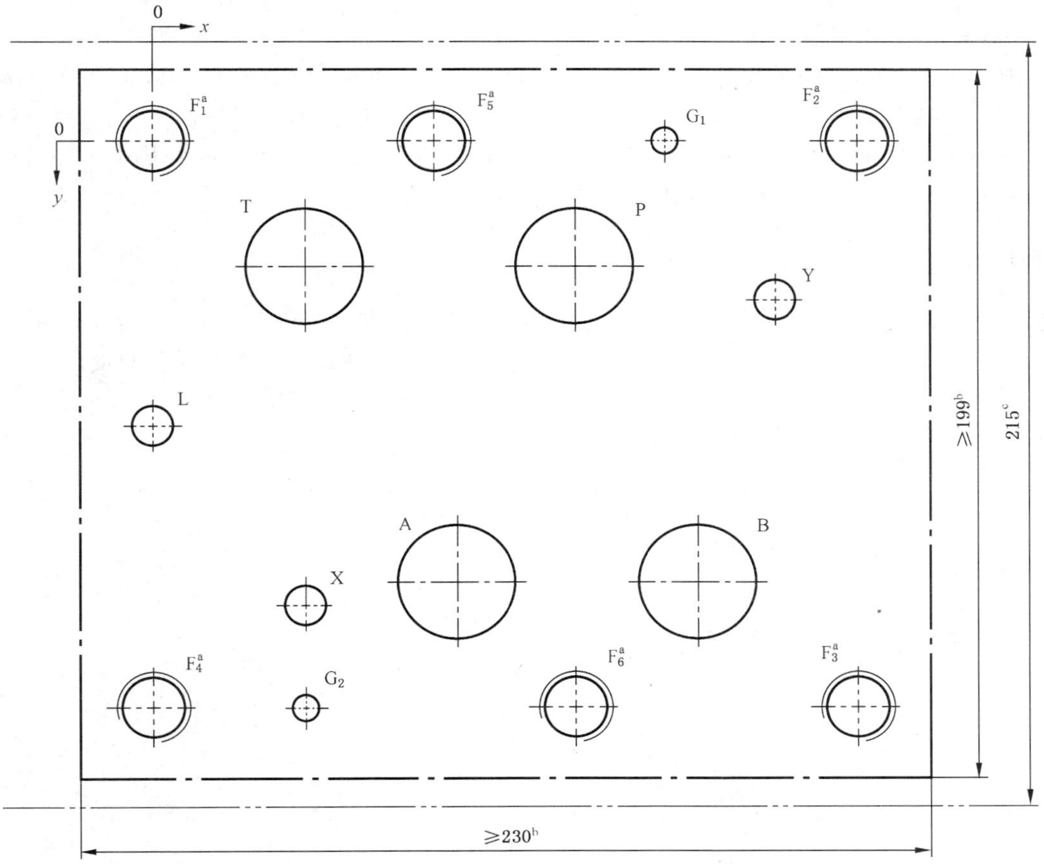

a 见 7.1；

b 见 7.2；

c 见 7.3；

d 见 7.4。

图 9　主油口最大直径为 32 mm 带先导油口的四油口控制阀的安装面[d]（油口规格代号：09）

表 9　主油口最大直径为 32 mm 带先导油口的四油口控制阀安装面的孔位置尺寸

单位为毫米

	P	A	T	B	L[a]	X	Y	G_1[b]	G_2[b]	F_1	F_2	F_3	F_4	F_5	F_6
	ϕ32max	ϕ32max	ϕ32max	ϕ32max	ϕ11.2max	ϕ11.2max	ϕ11.2max	ϕ7.5	ϕ7.5	M20	M20	M20	M20	M20	M20
x	114.3	82.5	41.3	147.6	0	41.3	168.3	147.6	41.3	0	190.5	190.5	0	76.2	114.3
y	35	123.8	35	123.8	79.4	130.2	44.5	0	158.8	0	0	158.8	158.8	0	158.8

a 泄油口是可选的。

b 安装面上的盲孔配合阀上的定位销，其最小深度为 8 mm。

7 技术要求

7.1 最小螺纹深度为螺钉直径 D 的 1.5 倍。为增强阀的互换性及减小固定螺钉长度，推荐总螺纹深度为 $(2D+6)$ mm。对于黑色金属材料的安装面，推荐固定螺钉的旋入深度为 $1.25D$。

7.2 指定粗点划线以内面积的尺寸是该安装面的最小尺寸。矩形直角处可做成圆角，最大的圆角半径 r_{max} 为固定螺钉的螺纹直径。沿着同一轴线方向安装孔到安装面边的距离相等。

7.3 采用此安装面的阀的最小安装空间，即同一集成块上两个相同安装面之间的最小中心距。

7.4 制造商应注明各安装面的底板或集成块的最高工作压力。

8 标注说明(引用本标准)

当选择遵照本标准时，建议制造商在产品试验报告、产品样本及销售文件中使用下列说明："四油口方向控制阀的安装面尺寸符合 GB/T 2514—2008《液压传动 四油口方向控制阀安装面》"。

ICS 77.140.50
H 46

中华人民共和国国家标准

GB/T 2518—2008
代替 GB/T 2518—2004

连续热镀锌钢板及钢带

Continuously hot-dip zinc-coated steel sheet and strip

2008-10-10 发布　　2009-05-01 实施

中华人民共和国国家质量监督检验检疫总局
中国国家标准化管理委员会　发布

前　言

本标准在参考 EN 10326:2004《连续热浸镀层钢板及钢带——结构钢交货技术条件》(英文版)、EN 10327:2004《连续热浸镀层钢板及钢带——冷成形用低碳钢交货技术条件》(英文版)、EN 10336:2007《连续热浸镀层和电镀镀层钢板及钢带——冷成形用多相钢交货技术条件》(英文版)、EN 10292:2007《连续热浸镀层钢板及钢带——冷成形用较高屈服强度钢交货技术条件》(英文版)、EN 10143:2006《连续热浸镀层钢板及钢带——尺寸和外形公差》(英文版)的基础上,对 GB/T 2518—2004《连续热镀锌钢板及钢带》进行了修订。

本标准代替 GB/T 2518—2004《连续热镀锌钢板及钢带》。

本标准与 GB/T 2518—2004 相比,主要变化如下:

——调整了术语和定义的内容;

——增加了牌号表示方法的规定;

——增加了高强度冷成形用热镀锌钢板及钢带的钢种和牌号;

——调整了对化学成分的规定;

——取消了订货所需信息中的默认状态,并取消了标记示例;

——增加了力学性能时效的规定;

——增加了拉伸应变痕的规定;

——修改了镀层粘附性试验的规定;

——修改了镀层表面结构的规定;

——修改了产品后处理方式的规定;

——修改尺寸、外形及允许偏差的规定;

——修改了理论计重的计算方法的规定。

本标准的附录 A 和附录 B 是规范性附录,附录 C 是资料性附录。

本标准由中国钢铁工业协会提出。

本标准由全国钢标准化技术委员会归口。

本标准负责起草单位:宝山钢铁股份有限公司。

本标准参加起草单位:冶金工业信息标准研究院、鞍钢股份有限公司、攀枝花钢铁集团公司、马鞍山钢铁股份有限公司、首钢总公司、中国钢研科技集团公司、武汉钢铁集团公司。

本标准主要起草人:李玉光、孙忠明、徐宏伟、施鸿雁、王晓虎、陈玥、李叙生、方拓野、唐牧、张启富、涂树林、于成峰、黄锦花。

本标准所代替标准的历次版本发布情况为:

——GB/T 2518—1981、GB/T 2518—1988、GB/T 2518—2004。

连续热镀锌钢板及钢带

1 范围

本标准规定了连续热镀锌钢板及钢带(以下简称钢板及钢带)的术语和定义、分类和代号、尺寸、外形、重量、技术要求、检验和试验、包装、标志及质量证明书等要求。

本标准适用于厚度为0.30 mm～5.0 mm的钢板及钢带,主要用于制作汽车、建筑、家电等行业对成形性和耐腐蚀性有要求的内外覆盖件和结构件。

2 规范性引用文件

下列文件中的条款通过本标准的引用而成为本标准的条款。凡是注日期的引用文件,其随后所有的修改单(不包括勘误的内容)或修订版均不适用于本标准,然而,鼓励根据本标准达成协议的各方研究是否可使用这些文件的最新版本。凡是不注日期的引用文件,其最新版本适用于本标准。

GB/T 223.5 钢铁 酸溶硅和全硅含量的测定 还原型硅钼酸盐分光光度法

GB/T 223.9 钢铁及合金 铝含量的测定 铬天青S分光光度法

GB/T 223.12 钢铁及合金化学分析方法 碳酸钠分离-二苯酸铣二肼光度法测定铬量

GB/T 223.13 钢铁及合金化学分析方法 硫酸亚铁铵容量法测定钒量

GB/T 223.14 钢铁及合金化学分析方法 钽试剂萃取光度法测定钒量

GB/T 223.16 钢铁及合金化学分析方法 变色酸光度法测定钛量

GB/T 223.17 钢铁及合金化学分析方法 二安替比啉甲烷光度法测定钛量

GB/T 223.26 钢铁及合金 铜含量的测定 硫氰酸盐分光光度法

GB/T 223.40 钢铁及合金 铌含量的测定 氯磺酚S分光光度法

GB/T 223.59 钢铁及合金 磷含量的测定 锑磷钼蓝分光光度法

GB/T 223.60 钢铁及合金化学分析方法 高氯酸脱水重量法测定硅含量

GB/T 223.63 钢铁及合金化学分析方法 高碘酸钠(钾)光度法测定锰量

GB/T 223.64 钢铁及合金 锰含量的测定 火焰原子吸收光谱法

GB/T 223.78 钢铁及合金化学分析方法 姜黄素直接光度法测定硼含量

GB/T 228 金属材料 室温拉伸试验方法(GB/T 228—2002,eqv ISO 6892:1998)

GB/T 247 钢板和钢带检验、包装、标志及质量证明书的一般规定

GB/T 1839 钢产品镀锌层质量试验方法(GB/T 1839—2003,ISO 1460:1992,MOD)

GB/T 2975 钢及钢产品力学性能试验取样位置及试样制备(GB/T 2975—1998,eqv ISO 377:1997)

GB/T 4336 碳素钢和中低合金钢火花源原子发射光谱分析方法(常规法)

GB/T 5027 金属材料薄板和薄带塑性应变比(*r*值)的测定(GB/T 5027—2007,ISO 10113:2006,IDT)

GB/T 5028 金属薄板和薄带拉伸应变硬化指数(*n*值)试验方法(GB/T 5028—1999,eqv ISO 10275:1993)

GB/T 8170—1987 数值修约规则

GB/T 17505 钢及钢产品交货一般技术要求(GB/T 17505—1998,eqv ISO 404:1992)

GB/T 20123　钢铁　总碳硫含量的测定　高频感应炉燃烧后红外吸收法(常规方法)(GB/T 20123—2006,ISO 15350:2000,IDT)

GB/T 20125　低合金钢多元素含量的测定电感耦合等离子体原子发射光谱法(GB/T 20125—2006,JIS G 1258—1989,MOD)

GB/T 20126　非合金钢　低碳含量的测定　第2部分:感应炉(经预加热)内燃烧后红外吸收法(GB/T 20126—2006,ISO 15349-2:1999,IDT)

GB/T 20066　钢和铁　化学成分测定用试样的取样和制样方法(GB/T 20066—2006,ISO 14284:1996,IDT)

GB/T 20564.1—2007　汽车用高强度冷连轧钢板及钢带　第1部分:烘烤硬化钢

3　术语和定义

下列术语和定义适用于本标准。

3.1

热镀纯锌镀层　hot-dip zinc coating(Z)

热镀锌生产线上,将经过预处理的钢带浸入熔融锌液中所得到的镀层。熔融锌液中锌含量应不小于99%。

3.2

热镀锌铁合金镀层　hot-dip zinc-iron alloy coating(ZF)

热镀锌生产线上,将经过预处理的钢带浸入熔融锌液中所得到的镀层。熔融锌液中锌含量应不小于99%。随后,通过合金化处理工艺在整个镀层上形成锌铁合金层,合金镀层中铁含量通常为8%～12%。

3.3

无间隙原子钢　interstitial free steels(Y)

无间隙原子钢是在超低碳钢中加入适量的钛或铌,使钢中的碳、氮间隙原子完全被固定成碳、氮化物,钢中没有间隙原子存在的一类钢。

3.4

烘烤硬化钢　bake hardening steels(B)

在低碳钢或超低碳钢中保留一定量的固溶碳、氮原子,同时可通过添加磷、锰等固溶强化元素来提高强度。加工成形后,在一定温度下烘烤后,由于时效硬化,使钢的屈服强度进一步升高。

3.5

低合金钢　low alloy steels(LA)

在低碳钢或超低碳钢中,通过单一或复合添加铌、钛、钒等微合金元素,形成碳氮化合物粒子析出进行强化,同时,并通过微合金元素的细化晶粒作用,以获得较高的强度。

3.6

双相钢　dual phase steels(DP)

钢的显微组织为铁素体和马氏体,马氏体组织以岛状弥散分布在铁素体基体上。具有低的屈强比和较高的加工硬化性能。与同等屈服强度的高强度低合金钢相比,具有更高的抗拉强度。

3.7

相变诱导塑性钢　transformation induced plasticity steels(TR)

钢的显微组织为铁素体、贝氏体和残余奥氏体,其中,残余奥氏体的含量最少不低于5%。在成形过程中,残余奥氏体可相变为马氏体组织,具有较高的加工硬化率、均匀伸长率和抗拉强度。与同等抗拉强度的双相钢水平相比,具有更高的延伸率。

3.8

复相钢　complex phase steels(CP)

钢的显微组织主要为铁素体和(或)贝氏体组织。在铁素体和(或)贝氏体基体上,通常分布少量的马氏体、残余奥氏体和珠光体组织。通过添加微合金元素 Ti 或 Nb,形成细化晶粒或析出强化的效应。这种钢具有非常高的抗拉强度。与同等抗拉强度的双相钢相比,其屈服强度明显要高很多。这种钢具有较高的能量吸收能力和较高的残余应变能力。

3.9

拉伸应变痕　stretcher strain marks

冷加工成形时,由于时效的原因导致钢板或钢带表面出现的滑移线、“橘子皮”等有损表面外观的缺陷。

4　分类和代号

4.1　牌号命名方法

钢板及钢带的牌号由产品用途代号,钢级代号(或序列号),钢种特性(如有)、热镀代号(D)和镀层种类代号五部分构成,其中热镀代号(D)和镀层种类代号之间用加号“+”连接。具体规定见4.1.1～4.1.5。

4.1.1　用途代号

a)　DX:第一位字母 D 表示冷成形用扁平钢材,第二位字母如果为 X,代表基板的轧制状态不规定,第二位字母如果为 C,则代表基板规定为冷轧基板;第二位字母如果为 D,则代表基板规定为热轧基板;

b)　S:表示为结构用钢;

c)　HX:第一位字母 H 代表冷成形用高强度扁平钢材。第二位字母如果为 X,代表基板的轧制状态不规定,第二位字母如果为 C,则代表基板规定为冷轧基板;第二位字母如果为 D,则代表基板规定为热轧基板。

4.1.2　钢级代号(或序列号)

a)　51～57:2 位数字,用以代表钢级序列号;

b)　180～980:3 位数字,用以代表钢级代号;根据牌号命名方法的不同,一般为规定的最小屈服强度或最小屈服强度和最小抗拉强度,单位为 MPa。

4.1.3　钢种特性

钢种特性通常用 1 到 2 位字母表示;其中:

a)　Y 表示钢种类型为无间隙原子钢;

b)　LA 表示钢种类型为低合金钢;

c)　B 表示钢种类型为烘烤硬化钢;

d)　DP 表示钢种类型为双相钢;

e)　TR 表示钢种类型为相变诱导塑性钢;

f)　CP 表示钢种类型为复相钢;

g)　G 表示钢种特性不规定。

4.1.4　热镀代号

热镀代号表示为 D。

4.1.5　镀层代号

纯锌镀层表示为 Z,锌铁合金镀层表示为 ZF。

4.2　牌号命名示例

a)　DC57D+ZF

表示产品用途为冷成形用，扁平钢材，规定基板为冷轧基板，钢级序列号为57，锌铁合金镀层热镀产品。

b) S350GD+Z

表示产品用途为结构用，规定的最小屈服强度值350 MPa，钢种特性不规定，纯锌镀层热镀产品。

c) HX340LAD+ZF

表示产品用途为冷成形用，高强度扁平钢材，不规定基板状态，规定的最小屈服强度值为340 MPa，钢种类型为高强度低合金钢，锌铁合金镀层热镀产品；

d) HC340/690DPD+Z

表示产品用途为冷成形用，高强度扁平钢材，规定基板为冷轧基板，规定的最小屈服强度值为340 MPa，规定的最小抗拉强度值为590 MPa，钢种类型为双相钢，纯锌镀层热镀产品。

4.3 钢板及钢带的牌号及钢种特性

钢板及钢带的牌号及钢种特性应符合表1的规定。

表 1

牌　号	钢种特性
DX51D+Z，DX51D+ZF	低碳钢
DX52D+Z，DX52D+ZF	
DX53D+Z，DX53D+ZF	无间隙原子钢
DX54D+Z，DX54D+ZF	
DX56D+Z，DX56D+ZF	
DX57D+Z，DX57D+ZF	
S220GD+Z，S220GD+ZF	结构钢
S250GD+Z，S250GD+ZF	
S280GD+Z，S280GD+ZF	
S320GD+Z，S320GD+ZF	
S350GD+Z，S350GD+ZF	
S550GD+Z，S550GD+ZF	
HX260LAD+Z，HX260LAD+ZF	低合金钢
HX300LAD+Z，HX300LAD+ZF	
HX340LAD+Z，HX340LAD+ZF	
HX380LAD+Z，HX380LAD+ZF	
HX420LAD+Z，HX420LAD+ZF	
HX180YD+Z，HX180YD+ZF	无间隙原子钢
HX220YD+Z，HX220YD+ZF	
HX260YD+Z，HX260YD+ZF	
HX180BD+Z，HX180BD+ZF	烘烤硬化钢
HX220BD+Z，HX220BD+ZF	
HX260BD+Z，HX260BD+ZF	
HX300BD+Z，HX300BD+ZF	

表 1（续）

牌　　号	钢种特性
HC260/450DPD+Z，HC260/450DPD+ZF	双相钢
HC300/500DPD+Z，HC300/500DPD+ZF	
HC340/600DPD+Z，HC340/600DPD+ZF	
HC450/780DPD+Z，HC450/780DPD+ZF	
HC600/980DPD+Z，HC600/980DPD+ZF	
HC430/690TRD+Z，HC410/690TRD+ZF	相变诱导塑性钢
HC470/780TRD+Z，HC440/780TRD+ZF	
HC350/600CPD+Z，HC350/600CPD+ZF	复相钢
HC500/780CPD+Z，HC500/780CPD+ZF	
HC700/980CPD+Z，HC700/980CPD+ZF	

4.4 表面质量分类和代号

钢板及钢带按表面质量分类和代号应符合表 2 的规定。

表 2

级　别	代　　号
普通级表面	FA
较高级表面	FB
高级表面	FC

4.5 镀层种类、镀层表面结构、表面处理的分类和代号

钢板及钢带的镀层种类、镀层表面结构、表面处理的分类和代号应符合表 3 规定。

表 3

分类项目	类　　别		代　　号
镀层种类	纯锌镀层		Z
	锌铁合金镀层		ZF
镀层表面结构	纯锌镀层(Z)	普通锌花	N
		小锌花	M
		无锌花	F
	锌铁合金镀层(ZF)	普通锌花	R
表面处理	铬酸钝化		C
	涂油		O
	铬酸钝化+涂油		CO
	无铬钝化		C5
	无铬钝化+涂油		CO5
	磷化		P
	磷化+涂油		PO
	耐指纹膜		AF
	无铬耐指纹膜		AF5
	自润滑膜		SL
	无铬自润滑膜		SL5
	不处理		U

5 订货所需信息

订货时用户需提供下列信息：

a) 产品名称(钢板或钢带)；

b) 本国家标准号；

c) 牌号；

d) 镀层种类及镀层重量代号；

e) 尺寸及其精度(包括厚度、宽度、长度、钢带内径等)；

f) 不平度精度；

g) 镀层表面结构；

h) 表面处理；

i) 表面质量；

j) 重量；

k) 包装方式；

l) 其他(如光整、表面朝向等)。

6 尺寸、外形、重量及允许偏差

6.1 尺寸

6.1.1 钢板及钢带的公称尺寸范围应符合表 4 规定。经供需双方协商，也可提供其他尺寸规格的钢板及钢带。纵切钢带特指由钢带(母带)经纵切后获得的窄钢带，宽度一般在 600 mm 以下。

表 4

项　　目		公称尺寸/mm
公称厚度		0.30～5.0
公称宽度	钢板及钢带	600～2 050
	纵切钢带	<600
公称长度	钢板	1 000～8 000
公称内径	钢带及纵切钢带	610 或 508

6.1.2 钢板及钢带的公称厚度包含基板厚度和镀层厚度。

6.2 尺寸及外形允许偏差

钢板及钢带的尺寸及外形允许偏差应符合附录 A(规范性附录)的规定。

6.3 重量

钢板通常按理论重量交货，理论重量的计算方法应符合附录 B(规范性附录)的规定。钢带通常按实际重量交货。

7 技术要求

7.1 化学成分

钢的化学成分(熔炼分析)可参考附录 C 的规定(资料性附录)。如需方对化学成分有要求，应在订货时协商。

7.2 冶炼方法

钢板及钢带所用的钢采用氧气转炉或电炉冶炼，除非另有规定，冶炼方式由供方选择。

7.3 交货状态

钢板及钢带经热镀或热镀加平整(或光整)后交货。

7.4 力学性能

7.4.1 钢板及钢带的力学性能应分别符合表5～表12的规定。除非另行规定，拉伸试样为带镀层试样。

7.4.2 由于时效的影响，钢板及钢带的力学性能会随着储存时间的延长而改变，如屈服强度和抗拉强度的上升，断后伸长率的下降，成形性能变差等，建议用户尽早使用。

7.4.3 对于表5中牌号为DX51D+Z、DX51D+ZF、DX52D+Z、DX52D+ZF的钢板及钢带，应保证在制造后1个月内，钢板及钢带的力学性能符合表5的规定；对于表5中其他牌号的钢板及钢带，应保证在制造后6个月内，钢板及钢带的力学性能符合表5的规定。对于表8中规定牌号的钢板及钢带，应保证在产品制造后3个月内，钢板及钢带的力学性能符合表8的规定。对于表7和表9中规定牌号的钢板及钢带，应保证在制造后6个月内，钢板及钢带的力学性能符合相应表中的规定。对表6、表10、表11和表12中规定牌号的钢板及钢带，其力学性能的时效不作规定。

7.5 拉伸应变痕

7.5.1 对于表5中牌号为DX51D+Z、DX51D+ZF、DX52D+Z、DX52D+ZF的钢板及钢带，应保证其在制造后1个月内使用时不出现拉伸应变痕；对于表5中其他牌号的钢板及钢带，应保证其在制造后6个月内使用时不出现拉伸应变痕。对于表8中规定牌号的钢板及钢带，应保证在制造后3个月内使用时不出现拉伸应变痕。对于表7和表9中规定牌号的钢板及钢带，应保证在制造后6个月内使用时不出现拉伸应变痕。对表6、表10、表11和表12中规定牌号的钢板及钢带，其拉伸应变痕不作规定。

7.5.2 随着存储时间的延长，受时效的影响，所有牌号的钢均可能产生拉伸应变痕，建议用户尽快使用。

7.5.3 如对拉伸应变痕有特殊要求，应在订货时协商并在合同中注明。

7.6 镀层粘附性应采用适当的试验方法进行试验，试验方法由供方选择。

表5

牌号	屈服强度[a,b] R_{eL}或$R_{P0.2}$/MPa	抗拉强度 R_m/MPa	断后伸长率[c] A_{80}/% 不小于	r_{90} 不小于	n_{90} 不小于
DX51D+Z，DX51D+ZF	—	270～500	22	—	—
DX52D+Z[f]，DX52D+ZF[f]	140～300	270～420	26	—	—
DX53D+Z，DX53D+ZF	140～260	270～380	30	—	—
DX54D+Z	120～220	260～350	36	1.6	0.18
DX54D+ZF			34	1.4	0.18
DX56D+Z	120～180	260～350	39	1.9[d]	0.21
DX56D+ZF			37	1.7[d,e]	0.20[e]
DX57D+Z	120～170	260～350	41	2.1[d]	0.22
DX57D+ZF			39	1.9[d,e]	0.21[e]

a 无明显屈服时采用$R_{P0.2}$，否则采用R_{eL}。

b 试样为GB/T 228中的P6试样，试样方向为横向。

c 当产品公称厚度大于0.5 mm，但不大于0.7 mm时，断后伸长率允许下降2%；当产品公称厚度不大于0.5 mm时，断后伸长率允许下降4%。

d 当产品公称厚度大于1.5 mm，r_{90}允许下降0.2。

e 当产品公称厚度小于等于0.7 mm时，r_{90}允许下降0.2。n_{90}允许下降0.01。

f 屈服强度值仅适用于光整的FB、FC级表面的钢板及钢带。

表 6

牌号	屈服强度[a,b] R_{eH} 或 $R_{P0.2}$/MPa 不小于	抗拉强度[c] R_m/MPa 不小于	断后伸长率[d] A_{80}/% 不小于
S220GD+Z,S220GD+ZF	220	300	20
S250GD+Z,S250GD+ZF	250	330	19
S280GD+Z,S280GD+ZF	280	360	18
S320GD+Z,S320GD+ZF	320	390	17
S350GD+Z,S350GD+ZF	350	420	16
S550GD+Z,S550GD+ZF	550	560	—

a 无明显屈服时采用 $R_{P0.2}$,否则采用 R_{eH}。

b 试样为 GB/T 228 中的 P6 试样,试样方向为纵向。

c 除 S550GD+Z 和 S550GD+ZF 外,其他牌号的抗拉强度可要求 140 MPa 的范围值。

d 当产品公称厚度大于 0.5 mm,但不大于 0.7 mm 时,断后伸长率允许下降 2%;当产品公称厚度不大于0.5 mm 时,断后伸长率允许下降 4%。

表 7

牌号	屈服强度[a,b] R_{eL} 或 $R_{P0.2}$/MPa	抗拉强度 R_m/MPa	断后伸长率[c] A_{80}/% 不小于	r_{90}^{d} 不小于	n_{90} 不小于
HX180YD+Z	180～240	340～400	34	1.7	0.18
HX180YD+ZF			32	1.5	0.18
HX220YD+Z	220～280	340～410	32	1.5	0.17
HX220YD+ZF			30	1.3	0.17
HX260YD+Z	260～320	380～440	30	1.4	0.16
HX260YD+ZF			28	1.2	0.16

a 无明显屈服时采用 $R_{P0.2}$,否则采用 R_{eL}。

b 试样为 GB/T 228 中的 P6 试样,试样方向为横向。

c 当产品公称厚度大于 0.5 mm,但不大于 0.7 mm 时,断后伸长率(A_{80})允许下降 2%;当产品公称厚度不大于 0.5 mm 时,断后伸长率(A_{80})允许下降 4%。

d 当产品公称厚度大于 1.5 mm 时,r_{90} 允许下降 0.2。

表 8

牌 号	屈服强度[a,b] R_{eL}或$R_{P0.2}$/MPa	抗拉强度 R_m/MPa	断后伸长率[c] A_{80}/% 不小于	r_{90}^{d} 不小于	n_{90} 不小于	烘烤硬化值 BH_2/MPa 不小于
HX180BD+Z	180～240	300～360	34	1.5	0.16	30
HX180BD+ZF			32	1.3	0.16	30
HX220BD+Z	220～280	340～400	32	1.2	0.15	30
HX220BD+ZF			30	1.0	0.15	30
HX260BD+Z	260～320	360～440	28	—	—	30
HX260BD+ZF			26	—	—	30
HX300BD+Z	300～360	400～480	26	—	—	30
HX300BD+ZF			24	—	—	30

a 无明显屈服时采用 $R_{P0.2}$，否则采用 R_{eL}。

b 试样为 GB/T 228 中的 P6 试样，试样方向为横向。

c 当产品公称厚度大于 0.5 mm，但不大于 0.7 mm 时，断后伸长率允许下降 2%；当产品公称厚度不大于 0.5 mm 时，断后伸长率允许下降 4%。

d 当产品公称厚度大于 1.5 mm 时，r_{90} 允许下降 0.2。

表 9

牌 号	屈服强度[a,b] R_{eL}或$R_{P0.2}$/MPa	抗拉强度 R_m/MPa	断后伸长率[c] A_{80}/% 不小于
HX260LAD+Z	260～330	350～430	26
HX260LAD+ZF			24
HX300LAD+Z	300～380	380～480	23
HX300LAD+ZF			21
HX340LAD+Z	340～420	410～510	21
HX340LAD+ZF			19
HX380LAD+Z	380～480	440～560	19
HX380LAD+ZF			17
HX420LAD+Z	420～520	470～590	17
HX420LAD+ZF			15

a 无明显屈服时采用 $R_{P0.2}$，否则采用 R_{eL}。

b 试样为 GB/T 228 中的 P6 试样，试样方向为横向。

c 当产品公称厚度大于 0.5 mm，但小于等于 0.7 mm 时，断后伸长率允许下降 2%；当产品公称厚度不大于 0.5 mm 时，断后伸长率允许下降 4%。

表 10

牌　　号	屈服强度[a,b] R_{eL} 或 $R_{P0.2}$/MPa	抗拉强度 R_m/MPa 不小于	断后伸长率[c] A_{80}/% 不小于	n_0 不小于	烘烤硬化值 BH_2/MPa 不小于
HC260/450DPD+Z	260～340	450	27	0.16	30
HC260/450DPD+ZF			25		30
HC300/500DPD+Z	300～380	500	23	0.15	30
HC300/500DPD+ZF			21		30
HC340/600DPD+Z	340～420	600	20	0.14	30
HC340/600DPD+ZF			18		30
HC450/780DPD+Z	450～560	780	14	—	30
HC450/780DPD+ZF			12		30
HC600/980DPD+Z	600～750	980	10	—	30
HC600/980DPD+ZF			8		30

a 无明显屈服时采用 $R_{P0.2}$，否则采用 R_{eL}。

b 试样为 GB/T 228 中的 P6 试样，试样方向为纵向。

c 当产品公称厚度大于 0.5 mm，但小于等于 0.7 mm 时，断后伸长率允许下降 2%；当产品公称厚度不大于 0.5 mm 时，断后伸长率允许下降 4%。

表 11

牌　　号	屈服强度[a,b] R_{eL} 或 $R_{P0.2}$/MPa	抗拉强度 R_m/MPa 不小于	断后伸长率[c] A_{80}/% 不小于	n_0 不小于	烘烤硬化值 BH_2/MPa 不小于
HC430/690TRD+Z	430～550	690	23	0.18	40
HC430/690TRD+ZF			21		40
HC470/780TRD+Z	470～600	780	21	0.16	40
HC470/780TRD+ZF			18		40

a 无明显屈服时采用 $R_{P0.2}$，否则采用 R_{eL}。

b 试样为 GB/T 228 中的 P6 试样，试样方向为纵向。

c 当产品公称厚度大于 0.5 mm，但小于等于 0.7 mm 时，断后伸长率允许下降 2%；当产品公称厚度不大于 0.5 mm 时，断后伸长率允许下降 4%。

表 12

牌　　号	屈服强度[a,b] R_{eL} 或 $R_{P0.2}$/MPa	抗拉强度 R_m/MPa 不小于	断后伸长率[c] A_{80}/% 不小于	烘烤硬化值 BH_2/MPa 不小于
HC350/600CPD+Z	350～500	600	16	30
HC350/600CPD+ZF			14	
HC500/780CPD+Z	500～700	780	10	30
HC500/780CPD+ZF			8	

表 12（续）

牌号	屈服强度[a,b] R_{eL} 或 $R_{P0.2}$/MPa	抗拉强度 R_m/MPa 不小于	断后伸长率[c] A_{80}/% 不小于	烘烤硬化值 BH_2/MPa 不小于
HC700/980CPD+Z	700～900	980	7	30
HC700/980CPD+ZF			5	

a 无明显屈服时采用 $R_{P0.2}$，否则采用 R_{eL}。

b 试样为 GB/T 228 中的 P6 试样，试样方向为纵向。

c 当产品公称厚度大于 0.5 mm，但小于等于 0.7 mm 时，断后伸长率允许下降 2%；当产品公称厚度不大于 0.5 mm 时，断后伸长率允许下降 4%。

7.7 镀层重量

7.7.1 可供的公称镀层重量范围应符合表 13 的规定。经供需双方协商，亦可提供其他镀层重量。

7.7.2 推荐的公称镀层重量及相应的镀层代号应符合表 14 的规定。经供需双方协商，等厚公称镀层重量也可用单面镀层重量进行表示。

例如：热镀锌镀层 Z 250 可表示为 Z 125/125，热镀锌铁合金镀层 ZF 180 可表示为 ZF 90/90。

7.7.3 对于等厚镀层，镀层重量三点试验平均值应不小于规定公称镀层重量；镀层重量单点试验值应不小于规定公称镀层重量的 85%。单面单点镀层重量试验值应不小于规定公称镀层重量的 34%。

7.7.4 对于差厚镀层，公称镀层重量及镀层重量试验值应符合表 15 的规定。

表 13

镀层形式	适用的镀层表面结构	下列镀层种类的公称镀层重量范围[a]/(g/m^2)	
		纯锌镀层(Z)	锌铁合金镀层(ZF)
等厚镀层	N、M、F、R	50～600	60～180
差厚镀层[b]	N、M、F	25～150(每面)	—

a 50 g/m^2 镀层(纯锌和锌铁合金)的厚度约为 7.1 μm。

b 对于差厚镀层形式，镀层较重面的镀层重量与另一面的镀层重量比值应不大于 3。

表 14

镀层种类	镀层形式	推荐的公称镀层重量/(g/m^2)	镀层代号
Z	等厚镀层	60	60
		80	80
		100	100
		120	120
		150	150
		180	180
		200	200
		220	220
		250	250
		275	275
		350	350
		450	450
		600	600

表 14(续)

镀层种类	镀层形式	推荐的公称镀层重量/(g/m²)	镀层代号
ZF	等厚镀层	60 90 120 140	60 90 120 140
Z	差厚镀层	30/40 40/60 40/100	30/40 40/60 40/100

表 15

镀层种类	镀层形式	镀层代号	公称镀层重量/(g/m²) 不小于	
			单面三点平均值	单面单点值
Z	差厚镀层	A/B[a]	A/B[a]	(0.85×A)/(0.85×B)

[a] A、B 分别为钢板及钢带上、下表面(或内、外表面)对应的公称镀层重量(g/m²)。

7.8 镀层表面结构

7.8.1 钢板及钢带的镀层表面结构应符合表 16 的规定。

7.8.2 对于纯锌镀层,如要求表面结构为明显锌花时,应在订货时注明。当普通锌花镀层表面结构的产品不能满足用户对表面外观的质量要求时,可订购小锌花镀层表面结构或无锌花镀层表面结构的产品。

表 16

镀层种类	镀层表面结构	代 号	特 征
Z	普通锌花	N	锌层在自然条件下凝固得到的肉眼可见的锌花结构
	小锌花	M	通过特殊控制方法得到的肉眼可见的细小锌花结构
	无锌花	F	通过特殊控制方法得到的肉眼不可见的细小锌花结构
ZF	普通锌花	R	通过对纯锌镀层的热处理后获得的镀层表面结构,该表面结构通常灰色无光

7.9 表面处理

钢板及钢带通常进行以下表面处理。

7.9.1 铬酸钝化(C)和无铬钝化(C5)

该表面处理可减少产品在运输和储存期间表面产生白锈。采用铬酸钝化处理方式,存在表面产生摩擦黑点的风险。无铬钝化处理时,应限制钝化膜中对人体健康有害的六价铬成分。

7.9.2 铬酸钝化+涂油(CO)和无铬钝化+涂油(CO5)

该表面处理可进一步减少产品在运输和储存期间表面产生白锈。无铬钝化处理时,应限制钝化膜中对人体健康有害的六价铬成分。

7.9.3 磷化(P)和磷化+涂油(PO)

该表面处理可减少产品在运输和储存期间表面产生白锈,并可改善钢板的成型性能。

7.9.4 耐指纹膜(AF)和无铬耐指纹膜(AF5)

该表面处理可减少产品在运输和储存期间表面产生白锈。无铬耐指纹膜处理时，应限制耐指纹膜中对人体健康有害的六价铬成分。

7.9.5 自润滑膜(SL)和无铬自润滑膜(SL5)

该表面处理可减少产品在运输和储存期间表面产生白锈，并可较好改善钢板的成型性能。无铬自润滑膜处理时，应限制自润滑膜中对人体健康有害的六价铬成分。

7.9.6 涂油处理(O)

该表面处理可减少产品在运输和储存期间表面产生白锈，所涂的防锈油一般不作为后续加工用的轧制油和冲压润滑油。

7.9.7 不处理(U)

该表面处理仅适用于需方在订货期间明确提出不进行表面处理的情况，并需在合同中注明。这种情况下，钢板及钢带在运输和储存期间表面较易产生白锈和黑点，用户在选用该处理方式时应慎重。

7.10 表面质量

7.10.1 钢板及钢带表面不应有漏镀、镀层脱落、肉眼可见裂纹等影响用户使用的缺陷。不切边钢带边部允许存在微小锌层裂纹和白边。

7.10.2 钢板及钢带各级别表面质量特征应符合表17的规定。

7.10.3 由于在连续生产过程中，钢带表面的局部缺陷不易发现和去除，因此，钢带允许带缺陷交货，但有缺陷的部分应不超过每卷总长度的6%。

表 17

级　别	表面质量特征
FA	表面允许有缺欠，例如小锌粒、压印、划伤、凹坑、色泽不均、黑点、条纹、轻微钝化斑、锌起伏等。该表面通常不进行平整(光整)处理
FB	较好的一面允许有小缺欠，例如光整压印、轻微划伤、细小锌花、锌起伏和轻微钝化斑。另一面至少为表面质量FA。该表面通常进行平整(光整)处理
FC	较好的一面必须对缺欠进一步限制，即较好的一面不应有影响高级涂漆表面外观质量的缺欠。另一面至少为表面质量FB。该表面通常进行平整(光整)处理

8 检验和试验

8.1 每批钢板及钢带的检验项目、试样数量、取样方法和试验方法应符合表18的规定。

8.2 钢板及钢带的外观表面质量用肉眼检查。

8.3 钢板及钢带的尺寸、外形应用合适的测量工具测量。厚度测量部位为距边部不小于40 mm的任意点。

8.4 r_{90}是在15%应变时计算得到的；均匀延伸小于15%时，以均匀延伸结束时的应变进行计算。n_{90}(或n_0)值是在10%～20%应变范围内计算得到的，当均匀伸长率小于20%时，应变范围为10%至均匀伸长结束。

8.5 钢板及钢带应按批检验，每个检验批由不大于30 t的同牌号、同规格、同一镀层重量、同镀层表面结构和同表面处理的钢材组成。对于单个卷重大于30 t的钢带，每卷作为一个检验批。

8.6 钢板及钢带的复验应符合GB/T 17505的规定。

表 18

检验项目	试样数量	取样方法	试验方法	取样位置
化学分析	1/炉	GB/T 20066	GB/T 223、GB/T 4336、GB/T 20123、GB/T 20125、GB/T 20126	—
拉伸试验	1	GB/T 2975	GB/T 228	试样位置距边部应不小于 50 mm
r_{90} 值	1	GB/T 2975	GB/T 5027	—
n_{90}(或 n_0)值	1	GB/T 2975	GB/T 5028	—
BH_2 值	1	GB/T 2975	GB/T 20564.1 附录 A	—
镀层重量	1 组 3 个	单个试样的面积不小于 5 000 mm^2	GB/T 1839	如图 1

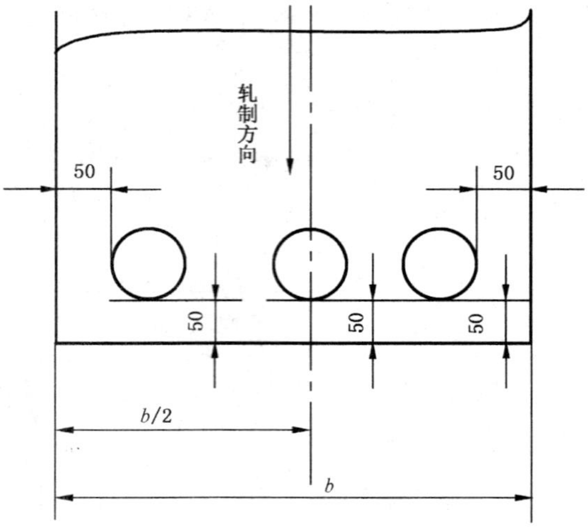

b——钢板或钢带的宽度。

图 1 镀层重量试样的取样位置

9 包装、标志和质量证明书

钢板及钢带的包装、标志及质量证明书应符合 GB/T 247 的规定。如需方对包装有特殊要求,可在订货时协商。

10 数值修约规则

数值修约规则应符合 GB/T 8170 的规定。

附　录　A
（规范性附录）
钢板及钢带的尺寸、外形允许偏差

A.1　厚度允许偏差

A.1.1　对于规定的最小屈服强度小于 260 MPa 的钢板及钢带，其厚度允许偏差应符合表 A.1 的规定。

表 A.1　　单位为毫米

公称厚度	下列公称宽度时的厚度允许偏差[a]					
	普通精度　PT.A			高级精度　PT.B		
	≤1 200	>1 200～1 500	>1 500	≤1 200	>1 200～1 500	>1 500
0.20～0.40	±0.04	±0.05	±0.06	±0.030	±0.035	±0.040
>0.40～0.60	±0.04	±0.05	±0.06	±0.035	±0.040	±0.045
>0.60～0.80	±0.05	±0.06	±0.07	±0.040	±0.045	±0.050
>0.80～1.00	±0.06	±0.07	±0.08	±0.045	±0.050	±0.060
>1.00～1.20	±0.07	±0.08	±0.09	±0.050	±0.060	±0.070
>1.20～1.60	±0.10	±0.11	±0.12	±0.060	±0.070	±0.080
>1.60～2.00	±0.12	±0.13	±0.14	±0.070	±0.080	±0.090
>2.00～2.50	±0.14	±0.15	±0.16	±0.090	±0.100	±0.110
>2.50～3.00	±0.17	±0.17	±0.18	±0.110	±0.120	±0.130
>3.00～5.00	±0.20	±0.20	±0.21	±0.15	±0.16	±0.17
>5.00～6.50	±0.22	±0.22	±0.23	±0.17	±0.18	±0.19

[a] 钢带焊缝附近 10 m 范围的厚度允许偏差可超过规定值的 50%，对双面镀层重量之和不小于 450 g/m^2 的产品，其厚度允许偏差应增加±0.01 mm。

A.1.2　对于规定的最小屈服强度不小于 260 MPa，但小于 360 MPa 的钢板及钢带，以及牌号为 DX51D+Z、DX51D+ZF、S550GD+Z、S550GD+ZF 的钢板及钢带，其厚度允许偏差应符合表 A.2 的规定。

表 A.2　　单位为毫米

公称厚度	下列公称宽度时的厚度允许偏差[a]					
	普通精度　PT.A			高级精度　PT.B		
	≤1 200	>1 200～1 500	>1 500	≤1 200	>1 200～1 500	>1 500
0.20～0.40	±0.05	±0.06	±0.07	±0.035	±0.040	±0.045
>0.40～0.60	±0.05	±0.06	±0.07	±0.040	±0.045	±0.050
>0.60～0.80	±0.06	±0.07	±0.08	±0.045	±0.050	±0.060
>0.80～1.00	±0.07	±0.08	±0.09	±0.050	±0.060	±0.070
>1.00～1.20	±0.08	±0.09	±0.11	±0.060	±0.070	±0.080

表 A.2（续）

单位为毫米

公称厚度	下列公称宽度时的厚度允许偏差[a]					
	普通精度 PT.A			高级精度 PT.B		
	≤1 200	>1 200～1 500	>1 500	≤1 200	>1 200～1 500	>1 500
>1.20～1.60	±0.11	±0.13	±0.14	±0.070	±0.080	±0.090
>1.60～2.00	±0.14	±0.15	±0.16	±0.080	±0.090	±0.110
>2.00～2.50	±0.16	±0.17	±0.18	±0.110	±0.120	±0.130
>2.50～3.00	±0.19	±0.20	±0.20	±0.130	±0.140	±0.150
>3.00～5.00	±0.22	±0.24	±0.25	±0.17	±0.18	±0.19
>5.00～6.50	±0.24	±0.25	±0.26	±0.19	±0.20	±0.21

a 钢带焊缝附近 10 m 范围的厚度允许偏差可超过规定值的 50%，对双面镀层重量之和不小于 450 g/m² 的产品，其厚度允许偏差应增加±0.01 mm。

A.1.3 对于规定的最小屈服强度不小于 360 MPa、但小于等于 420 MPa 的钢板及钢带，其厚度允许偏差应符合表 A.3 的规定。

表 A.3

单位为毫米

公称厚度	下列公称宽度时的厚度允许偏差[a]					
	普通精度 PT.A			高级精度 PT.B		
	≤1 200	>1 200～1 500	>1 500	≤1 200	>1 200～1 500	>1 500
0.35～0.40	±0.05	±0.06	±0.07	±0.040	±0.045	±0.050
>0.40～0.60	±0.06	±0.07	±0.08	±0.045	±0.050	±0.060
>0.60～0.80	±0.07	±0.08	±0.09	±0.050	±0.060	±0.070
>0.80～1.00	±0.08	±0.09	±0.11	±0.060	±0.070	±0.080
>1.00～1.20	±0.10	±0.11	±0.12	±0.070	±0.080	±0.090
>1.20～1.60	±0.13	±0.14	±0.16	±0.080	±0.090	±0.110
>1.60～2.00	±0.16	±0.17	±0.19	±0.090	±0.110	±0.120
>2.00～2.50	±0.18	±0.20	±0.21	±0.120	±0.130	±0.140
>2.50～3.00	±0.22	±0.22	±0.23	±0.140	±0.150	±0.160
>3.00～5.00	±0.22	±0.24	±0.25	±0.17	±0.18	±0.19
>5.00～6.50	±0.24	±0.25	±0.26	±0.19	±0.20	±0.21

a 钢带焊缝附近 10 m 范围的厚度允许偏差可超过规定值的 50%，对双面镀层重量之和不小于 450 g/m² 的产品，其厚度允许偏差应增加±0.01 mm。

A.1.4 对于规定的最小屈服强度大于 420 MPa、但小于等于 900 MPa 的钢板及钢带，其厚度允许偏差应符合 A.4 的规定。

表 A.4

单位为毫米

公称厚度	下列公称宽度时的厚度允许偏差[a]					
	普通精度 PT.A			高级精度 PT.B		
	≤1 200	>1 200～1 500	>1 500	≤1 200	>1 200～1 500	>1 500
0.35～0.40	±0.06	±0.07	±0.08	±0.045	±0.050	±0.060
>0.40～0.60	±0.06	±0.08	±0.09	±0.050	±0.060	±0.070
>0.60～0.80	±0.07	±0.09	±0.11	±0.060	±0.070	±0.080
>0.80～1.00	±0.09	±0.11	±0.12	±0.070	±0.080	±0.090
>1.00～1.20	±0.11	±0.13	±0.14	±0.080	±0.090	±0.110
>1.20～1.60	±0.15	±0.16	±0.18	±0.090	±0.110	±0.120
>1.60～2.00	±0.18	±0.19	±0.21	±0.110	±0.120	±0.140
>2.00～2.50	±0.21	±0.22	±0.24	±0.140	±0.150	±0.170
>2.50～3.00	±0.24	±0.25	±0.26	±0.170	±0.180	±0.190
>3.00～5.00	±0.26	±0.27	±0.28	±0.23	±0.24	±0.26
>5.00～6.50	±0.28	±0.29	±0.30	±0.25	±0.26	±0.28

[a] 钢带焊缝附近 10 m 范围的厚度允许偏差可超过规定值的 50%，对双面镀层重量之和不小于 450 g/m^2 的产品，其厚度允许偏差应增加±0.01 mm。

A.1.5 对于由钢带纵切而成的纵切钢带，其厚度允许偏差应符合未纵切前钢带(母带)的厚度允许偏差。

A.2 宽度允许偏差

A.2.1 对于宽度不小于 600 mm 的钢带，其宽度允许偏差应符合表 A.5 的规定。

A.2.2 对于宽度小于 600 mm 的纵切钢带，其宽度允许偏差应符合表 A.6 的规定。

表 A.5

单位为毫米

公称宽度	宽度允许偏差	
	普通精度 PW.A	高级精度 PW.B
600～1 200	$^{+5}_{0}$	$^{+2}_{0}$
>1 200～1 500	$^{+6}_{0}$	$^{+2}_{0}$
>1 500～1 800	$^{+7}_{0}$	$^{+3}_{0}$
>1 800	$^{+8}_{0}$	$^{+3}_{0}$

表 A.6

单位为毫米

	公称厚度	公称宽度			
		<125	125~<250	250~<400	400~<600
普通精度 PW.A	<0.6	$^{+0.4}_{0}$	$^{+0.5}_{0}$	$^{+0.7}_{0}$	$^{+1.0}_{0}$
	0.60~<1.0	$^{+0.5}_{0}$	$^{+0.6}_{0}$	$^{+0.9}_{0}$	$^{+1.2}_{0}$
	1.0~<2.0	$^{+0.6}_{0}$	$^{+0.8}_{0}$	$^{+1.1}_{0}$	$^{+1.4}_{0}$
	2.0~<3.0	$^{+0.7}_{0}$	$^{+1.0}_{0}$	$^{+1.3}_{0}$	$^{+1.6}_{0}$
	3.0~<5.0	$^{+0.8}_{0}$	$^{+1.1}_{0}$	$^{+1.4}_{0}$	$^{+1.7}_{0}$
	5.0~<6.5	$^{+0.9}_{0}$	$^{+1.2}_{0}$	$^{+1.5}_{0}$	$^{+1.8}_{0}$
高级精度 PW.B	<0.6	$^{+0.2}_{0}$	$^{+0.2}_{0}$	$^{+0.3}_{0}$	$^{+0.5}_{0}$
	0.60~<1.0	$^{+0.2}_{0}$	$^{+0.3}_{0}$	$^{+0.4}_{0}$	$^{+0.6}_{0}$
	1.0~<2.0	$^{+0.3}_{0}$	$^{+0.4}_{0}$	$^{+0.5}_{0}$	$^{+0.7}_{0}$
	2.0~<3.0	$^{+0.4}_{0}$	$^{+0.5}_{0}$	$^{+0.6}_{0}$	$^{+0.8}_{0}$
	3.0~<5.0	$^{+0.5}_{0}$	$^{+0.6}_{0}$	$^{+0.7}_{0}$	$^{+0.9}_{0}$
	5.0~<6.5	$^{+0.6}_{0}$	$^{+0.7}_{0}$	$^{+0.8}_{0}$	$^{+1.0}_{0}$

A.3 长度允许偏差

钢板的长度允许偏差应符合表 A.7 的规定。

表 A.7

单位为毫米

公称长度	长度允许偏差	
	普通精度　PL.A	高级精度　PL.B
<2 000	$^{+6}_{0}$	$^{+3}_{0}$
≥2 000	$^{+0.3\% \times L}_{0}$	$^{+0.15\% \times L}_{0}$
注：L 为钢板的长度。		

A.4 不平度

A.4.1 不平度允许偏差要求仅适用于钢板。钢板的不平度是指将钢板自由放置在测量平台上，测得的钢板下表面和测量平台之间的最大距离。

A.4.2 对规定最小屈服强度小于 260 MPa 的钢板，不平度最大允许偏差应符合表 A.8 的规定。

表 A.8　　单位为毫米

规定的最小屈服强度 MPa	公称宽度/mm	下列公称厚度时的不平度/mm							
		普通精度　PF. A				高级精度　PF. B			
		<0.70	0.70~<1.60	1.6~<3.0	3.0~6.5	<0.70	0.70~<1.60	1.6~<3.0	3.0~6.5
<260	<1 200	10	8	8	15	5	4	3	8
	1 200~<1 500	12	10	10	18	6	5	4	9
	≥1 500	17	15	15	23	8	7	6	12

A.4.3　对规定最小屈服强度不小于 260 MPa，但小于 360 MPa 的钢板，以及牌号为 DX51D+Z、DX51D+ZF 和 S550GD+Z、S550GD+ZF 的钢板，其不平度最大允许偏差应符合表 A.9 的规定。

表 A.9　　单位为毫米

规定的最小屈服强度 MPa	公称宽度/mm	下列公称厚度时的不平度/mm							
		普通精度　PF. A				高级精度　PF. B			
		<0.70	0.70~<1.60	1.6~<3.0	3.0~6.5	<0.70	0.70~<1.60	1.6~<3.0	3.0~6.5
260~<360	<1 200	13	10	10	18	8	6	5	9
	1 200~<1 500	15	13	13	25	9	8	6	12
	≥1 500	20	19	19	28	12	10	9	14

A.4.4　规定的最小屈服强度不小于 360 MPa 的钢板，其不平度最大允许偏差可由供需双方在订货时协商。

A.5　脱方度

脱方度为钢板或钢带的宽边向轧制方向边部的垂直投影长度，如图 A.1 所示。脱方度应不大于钢板实际宽度的 1%。

A.6　镰刀弯

A.6.1　镰刀弯是指钢板及钢带的侧边与连接测量部分两端点的直线之间的最大距离。它在产品呈凹形的一侧测量，如图 A.1 所示。

A.6.2　切边状态交货的钢板及钢带的镰刀弯，在任意 2 000 mm 长度上应不大于 5 mm；当钢板的长度小于 2 000 mm 时，其镰刀弯应不大于钢板实际长度的 0.25%。

A.6.3　对于纵切钢带，当规定的屈服强度不大于 260 MPa 时，可规定其镰刀弯在任意 2 000 mm 长度上不大于 2 mm。

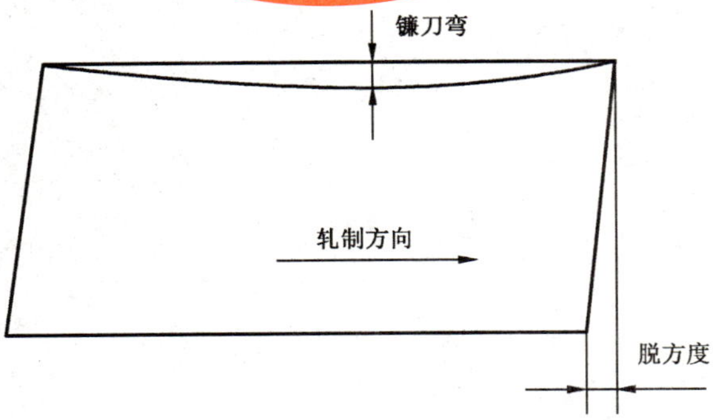

图 A.1　脱方度和镰刀弯

附 录 B

（规范性附录）

理论计重时的重量计算方法

B.1 镀层公称厚度的计算方法

公称镀层厚度＝〔两面镀层公称重量之和(g/m^2)/ 50(g/m^2)〕×7.1×10^{-3}(mm)

B.2 钢板理论计重时的重量计算方法按表 B.1 的规定。

表 B.1

计算顺序		计算方法	结果的修约
基板的基本重量/(kg/(mm·m^2))		7.85(厚度 1 mm·面积 1 m^2 的重量)	—
基板的单位重量/(kg/m^2)		基板基本重量(kg/(mm·m^2))×(订货公称厚度－公称镀层厚度[a])(mm)	修约到有效数字 4 位
镀后的单位重量/(kg/m^2)		基板单位重量(kg/m^2)＋公称镀层重量(kg/m^2)	修约到有效数字 4 位
钢板	钢板的面积/m^2	宽度(mm)×长度(mm)×10^{-6}	修约到有效数字 4 位
	1 块钢板重量/kg	镀锌后的单位重量(kg/m^2)×面积(m^2)	修约到有效数字 3 位
	单捆重量/kg	1 块钢板重量(kg)×1 捆中同规格钢板块数	修约到 kg 的整数值
	总重量/kg	各捆重量(kg)相加	kg 的整数值

附　录　C
（资料性附录）
钢的化学成分

C.1　钢的化学成分(熔炼分析)参考值见表 C.1～表 C.4。

表 C.1

牌　　号	化学成分(熔炼分析)(质量分数)/%,不大于					
	C	Si	Mn	P	S	Ti
DX51D+Z,DX51D+ZF	0.12	0.50	0.60	0.10	0.045	0.30
DX52D+Z,DX52D+ZF						
DX53D+Z,DX53D+ZF						
DX54D+Z,DX54D+ZF						
DX56D+Z,DX56D+ZF						
DX57D+Z,DX57D+ZF						

表 C.2

牌　　号	化学成分(熔炼分析)(质量分数)/% ,不大于				
	C	Si	Mn	P	S
S220GD+Z,S220GD+ZF	0.20	0.60	1.70	0.10	0.045
S250GD+Z,S250GD+ZF					
S280GD+Z,S280GD+ZF					
S320GD+Z,S320GD+ZF					
S350GD+Z,S350GD+ZF					
S550GD+Z,S550GD+ZF					

表 C.3

牌　　号	化学成分(熔炼分析)(质量分数)/%							
	C 不大于	Si 不大于	Mn 不大于	P 不大于	S 不大于	Alt 不小于	Ti[a] 不大于	Nb[a] 不大于
HX180YD+Z,HX180YD+ZF	0.01	0.10	0.70	0.06	0.025	0.02	0.12	—
HX220YD+Z,HX220YD+ZF	0.01	0.10	0.90	0.08	0.025	0.02	0.12	—
HX260YD+Z,HX260YD+ZF	0.01	0.10	1.60	0.10	0.025	0.02	0.12	—
HX180BD+Z,HX180BD+ZF	0.04	0.50	0.70	0.06	0.025	0.02	—	—
HX220BD+Z,HX220BD+ZF	0.06	0.50	0.70	0.08	0.025	0.02	—	—
HX260BD+Z,HX260BD+ZF	0.11	0.50	0.70	0.10	0.025	0.02	—	—
HX300BD+Z,HX300BD+ZF	0.11	0.50	0.70	0.12	0.025	0.02	—	—
HX260LAD+Z,HX260LAD+ZF	0.11	0.50	0.60	0.025	0.025	0.015	0.15	0.09
HX300LAD+Z,HX300LAD+ZF	0.11	0.50	1.00	0.025	0.025	0.015	0.15	0.09
HX340LAD+Z,HX340LAD+ZF	0.11	0.50	1.00	0.025	0.025	0.015	0.15	0.09
HX380LAD+Z,HX380LAD+ZF	0.11	0.50	1.40	0.025	0.025	0.015	0.15	0.09
HX420LAD+Z,HX420LAD+ZF	0.11	0.50	1.40	0.025	0.025	0.015	0.15	0.09

[a] 可以单独或复合添加 Ti 和 Nb。也可添加 V 和 B,但是这些合金元素的总含量不大于 0.22%。

表 C.4

<table>
<tr><th rowspan="2">牌　　号</th><th colspan="10">化学成分（熔炼分析）（质量分数）/%
不大于</th></tr>
<tr><th>C</th><th>Si</th><th>Mn</th><th>P</th><th>S</th><th>Alt</th><th>Cr+Mo</th><th>Nb+Ti</th><th>V</th><th>B</th></tr>
<tr><td>HC260/450DPD+Z，HC260/450DPD+ZF</td><td rowspan="2">0.14</td><td rowspan="5">0.80</td><td rowspan="2">2.00</td><td rowspan="5">0.080</td><td rowspan="5">0.015</td><td rowspan="5">2.00</td><td rowspan="5">1.00</td><td rowspan="5">0.15</td><td rowspan="5">0.20</td><td rowspan="5">0.005</td></tr>
<tr><td>HC300/500DPD+Z，HC300/500DPD+ZF</td></tr>
<tr><td>HC340/600DPD+Z，HC340/600DPD+ZF</td><td>0.17</td><td>2.20</td></tr>
<tr><td>HC450/780DPD+Z，HC450/780DPD+ZF</td><td>0.18</td><td rowspan="2">2.50</td></tr>
<tr><td>HC600/980DPD+Z，HC600/980DPD+ZF</td><td>0.23</td></tr>
<tr><td>HC430/690TRD+Z，HC430/690TRD+ZF</td><td rowspan="2">0.32</td><td rowspan="2">2.20</td><td rowspan="2">2.50</td><td rowspan="2">0.120</td><td rowspan="2">0.015</td><td rowspan="2">2.00</td><td rowspan="2">0.60</td><td rowspan="2">0.20</td><td rowspan="2">0.20</td><td rowspan="2">0.005</td></tr>
<tr><td>HC470/780TRD+Z，HC470/780TRD+ZF</td></tr>
<tr><td>HC350/600CPD+Z，HC350/600CPD+ZF</td><td rowspan="2">0.18</td><td rowspan="3">0.80</td><td rowspan="3">2.20</td><td rowspan="3">0.080</td><td rowspan="3">0.015</td><td rowspan="3">2.00</td><td rowspan="2">1.00</td><td rowspan="3">0.15</td><td rowspan="2">0.20</td><td rowspan="3">0.005</td></tr>
<tr><td>HC500/780CPD+Z，HC500/780CPD+ZF</td></tr>
<tr><td>HC700/980CPD+Z，HC700/980CPD+ZF</td><td>0.23</td><td>1.20</td><td>0.22</td></tr>
</table>

ICS 77.140.50
H 46

GB

中华人民共和国国家标准

GB/T 2520—2008
代替 GB/T 2520—2000

冷轧电镀锡钢板及钢带

Cold-reduced electrolytic tinplate

2008-09-11 发布　　2009-05-01 实施

中华人民共和国国家质量监督检验检疫总局
中国国家标准化管理委员会　发布

前　言

本标准在参考 JIS G3303:2008《镀锡板及镀锡原板》(日文版)、ASTM A623M-06a《镀锡产品一般要求》(英文版)、ASTM A624M-03《一次冷轧电镀锡产品标准规范》(英文版)、ASTM A625M-03《一次冷轧镀锡原板标准规范》(英文版)、ASTM A626M-03《二次冷轧电镀锡产品标准规范》(英文版)、ASTM A650M-03《二次轧制镀锡原板标准规范》(英文版)、ISO 11949:1995《冷轧电镀锡板》(英文版)以及 EN10202:2001《冷轧电镀锡和电解铬钢板》(英文版)的基础上,对 GB/T 2520—2000《冷轧电镀锡薄钢板》进行了修订。

本标准代替 GB/T 2520—2000。

本标准与 GB/T 2520—2000 相比主要变化如下:

——修改了标准的中文名称;

——修改了术语和定义的内容;

——修改镀锡量代号表示方法;

——增加直边板和花边板的代号;

——采用调质度替代原钢级的表示方法;

——取消表面质量中Ⅰ级和Ⅱ级的规定;

——增加牌号的标记示例;

——增加订货所需信息;

——修改了尺寸及外形允许偏差的规定;

——修改了最小平均镀锡量的偏差范围和修约规定;

——修改了差厚锡层镀锡板的标识方法;

——取消一次冷轧镀锡板按镀锡板厚度划分硬度值范围的表示方法;

——增加二次冷轧镀锡板的硬度要求;

——修改二次冷轧镀锡板的力学性能要求;

——修改了用于生产镀锡板的锡锭的纯度的要求,并增加了对铅含量的要求;

——修改了硬度试验单个样片的测定次数;

——增加 K 板和 J 板相关指标的检测方法;

——修改了检验批规则。

本标准的附录 A、附录 C 为规范性附录,附录 B、附录 D 为资料性附录。

本标准由中国钢铁工业协会提出。

本标准由全国钢标准化技术委员会归口。

本标准起草单位:宝山钢铁股份有限公司。

本标准参加起草单位:武汉钢铁集团公司、冶金工业信息标准研究院。

本标准主要起草人:李玉光、施伟、孙忠明、徐宏伟、王晓虎、施鸿雁、涂树林、于成峰。

本标准所代替标准的历次版本发布情况为:

——GB/T 2520—1981、GB/T 2520—1988、GB/T 2520—2000。

冷轧电镀锡钢板及钢带

1 范围

本标准规定了冷轧电镀锡钢板及钢带的分类和代号、尺寸、外形、重量、技术要求、检验和试验、包装、标志和质量证明书等。

本标准适用于公称厚度为 0.15 mm～0.60 mm 的一次冷轧电镀锡钢板及钢带以及公称厚度为 0.12 mm～0.36 mm 的二次冷轧电镀锡钢板及钢带(以下简称钢板及钢带)。

2 规范性引用文件

下列文件中的条款通过本标准的引用而成为本标准的条款。凡是注日期的引用文件,其随后所有的修改单(不包括勘误的内容)或修订版均不适用于本标准,然而,鼓励根据本标准达成协议的各方研究是否可使用这些文件的最新版本。凡是不注日期的引用文件,其最新版本适用于本标准。

GB/T 228 金属材料 室温拉伸试验方法(GB/T 228—2002,eqv ISO 6892:1998)

GB/T 230.1 金属洛氏硬度试验 第1部分:试验方法(A、B、C、D、E、F、G、H、K、N、T 标尺)(GB/T 230.1—2004,ISO 6508-1:1999,MOD)

GB/T 247 钢板和钢带检验、包装、标志及质量证明书的一般规定

GB/T 708 冷轧钢板和钢带的尺寸、外形、重量及允许偏差

GB/T 728—1998 锡锭

GB/T 1838 镀锡钢板(带)镀锡量试验方法

GB/T 8170 数值修约规则

GB/T 17505 钢及钢产品交货一般技术要求(GB/T 17505—1998,eqv ISO 404:1992)

GB/T 22316 电镀锡钢板耐腐蚀性试验方法

YB/T 136—1998 镀锡钢板(带)表面油和铬的试验方法

3 术语和定义

下列术语及定义适用于本标准。

3.1

电镀锡板 electrolytic tinplate

通过连续电镀锡作业获得的在两面镀覆锡层的冷轧低碳钢钢板或钢带。

3.2

差厚镀层电镀锡板 differentially coated electrolytic tinplate

两面具有不同重量锡镀层的电镀锡板。

3.3

一次冷轧 single cold-reduced

钢基板经过冷轧减薄获得要求的厚度,随后进行退火和平整。

3.4

二次冷轧 double cold-reduced

钢基板经过一次冷轧并完成退火平整后,再进行第二次较大压下量的冷轧减薄。

3.5

罩式退火 box annealing (BA)

冷轧钢带以卷紧状态,在控制气氛中,按照设定的时间和温度周期进行退火的过程。

3.6

连续退火 continuous annealing (CA)

冷轧钢带以展开状态,在控制气氛中,按照设定的时间和温度周期进行退火的过程。

3.7

化学处理的电镀锡板 chemical treated electrolytic tinplate

对电镀锡板表面进行相应的化学钝化处理,使电镀锡板的表面特性满足规定的最终用途。

3.8

化学钝化 chemical chromate treated

电镀锡后的钢带浸入重铬酸盐溶液中,在不通电的情况下进行化学钝化处理。

3.9

电化学钝化 electrolytic chromate treated

电镀锡后的钢带浸入重铬酸盐溶液中,在通电的情况下进行阴极电化学钝化处理。

3.10

低铬钝化 low chromate treated

化学钝化处理的一种,其中表面钝化膜中铬含量的目标值应控制在 1.5 mg/m^2 以下。

3.11

K 板 K plate

对某些电化学脱锡作用较强的食品,应使用具有良好耐蚀性的镀锡板,其镀锡量应不低于 5.6/2.8 g/m^2,经过酸滞(PL)、铁溶出值(ISV)、锡晶粒度(TCS)、合金-锡电偶合(ATC)等四项特殊试验后,其目标值应符合下述要求:

PL ≤ 10 s;

TCS ≤ 9 级;

ISV ≤ 20 μg;

ATC ≤ 0.12 $\mu A/cm^2$。

3.12

J 板 J plate

对某些电化学脱锡作用较强的食品,应使用具有良好耐蚀性的镀锡板,其镀锡量应不低于 5.6/2.8 g/m^2,经过酸滞(PL)、铁溶出值(ISV)、锡晶粒度(TCS)等三项特殊试验后,其目标值应符合 3.11 所列的相应要求,而合金呈现酸性镀锡法通常所具有的浅灰色。

4 分类和代号

4.1 钢板及钢带的分类及代号应符合表 1 的规定。

表 1

分类方式	类 别	代 号
原板钢种	—	MR,L,D
调质度	一次冷轧钢板及钢带	T-1,T-1.5,T-2,T-2.5,T-3,T-3.5,T-4,T-5
	二次冷轧钢板及钢带	DR-7M,DR-8,DR-8M,DR-9,DR-9M,DR-10
退火方式	连续退火	CA
	罩式退火	BA
差厚镀锡标识	薄面标识方法	D
	厚面标识方法	A

表1(续)

分类方式	类　别	代　号
表面状态	光亮表面	B
	粗糙表面	R
	银色表面	S
	无光表面	M
钝化方式	化学钝化	CP
	电化学钝化	CE
	低铬钝化	LCr
边部形状	直边	SL
	花边	WL

4.2 牌号及标记示例

4.2.1 普通用途的钢板及钢带,其牌号通常由原板钢种、调质度代号和退火方式构成。

例如:MR T-2.5 CA,L T-3 BA,MR DR-8 BA

4.2.2 用于制作二片拉拔罐(DI)的钢板及钢带,原板钢种只适用于D钢种。其牌号由原板钢种D、调质度代号、退火方式和代号DI构成。

例如:D T-2.5 CA DI

4.2.3 用于制作盛装酸性内容物的素面(镀锡量5.6/2.8 g/m^2以上)食品罐的钢板及钢带,即K板,原板钢种通常为L钢种。其牌号通常由原板钢种L、调质度代号、退火方式和代号K构成。

例如:L T-2.5 CA K

4.2.4 用于制作盛装蘑菇等要求低铬钝化处理的食品罐的钢板及钢带,原板钢种通常为MR钢种和L钢种。其牌号由原板钢种MR或L、调质度代号、退火方式和代号LCr构成。

例如:MR T-2.5 CA LCr

5 订货所需信息

订货时用户应提供如下信息:

a) 产品名称(钢板或钢带);

b) 本产品标准号;

c) 牌号;

d) 尺寸规格(宽度、长度、内径等);

e) 镀锡量代号;

f) 表面处理方式;

g) 差厚镀锡标识方法;

h) 边部形状;

i) 包装方式;

j) 用途;

k) 张数或重量;

l) 其他。

6 尺寸、外形、重量及允许偏差

6.1 尺寸

6.1.1 钢板及钢带的公称厚度小于 0.50 mm 时，按 0.01 mm 的倍数进级。钢板及钢带的公称厚度大于等于 0.50 mm 时，按 0.05 mm 的倍数进级。

6.1.2 如要求标记轧制宽度方向，可在表示轧制宽度方向的数字后面加上字母 W。

例如：0.26×832W×760。

6.1.3 钢卷内径可为 406 mm、420 mm、450 mm 或 508 mm。

6.2 尺寸允许偏差

6.2.1 厚度允许偏差

钢板及钢带的厚度允许偏差应不大于公称厚度的±7%。厚度测量位置为距钢板及钢带两侧边部不小于 10 mm 的任意点。

6.2.2 薄边

薄边是钢板及钢带沿宽度方向上厚度的变化，其特征是在靠近钢板及钢带的边缘发生厚度减薄。距钢板及钢带两侧边部 6 mm 处测得的厚度，与沿钢板及钢带宽度方向中间位置测得的实际厚度的偏差，应不大于中间位置测得的实际厚度的 8.0%。

6.2.3 宽度允许偏差

钢板及钢带的宽度允许偏差为 0 mm～+3 mm。

6.2.4 长度允许偏差

钢板的长度允许偏差为 0 mm～+3 mm。

6.3 外形

6.3.1 脱方度应不大于钢板宽度的 0.15%。

6.3.2 每任意 1 000 mm 长度上，镰刀弯应不大于 1 mm。

6.3.3 不平度仅适用于钢板。在钢板任意 1 000 mm 长度上的不平度应不大于 3 mm。

6.4 花边板的边部形状及尺寸、外形允许偏差应由供需双方在订货时协商。

6.5 其他尺寸、外形、重量及允许偏差应符合 GB/T 708 的规定。

6.6 钢带中的焊缝

6.6.1 在每个钢带中，任意 10 000 m 长度上的焊缝总数不应大于 3 个。

6.6.2 钢带中的焊缝应采用冲孔进行标记，并应附加目视可见的标识，例如在焊缝位置处插入一个软质的标签。经供需双方协商，也可采用的其他标识方法。

6.6.3 焊缝处的厚度应不大于钢带公称厚度的 1.5 倍。

6.6.4 焊缝搭接总长度(a)应不大于 10 mm，自由搭接长度(b)应不大于 5 mm。如图 1 所示。

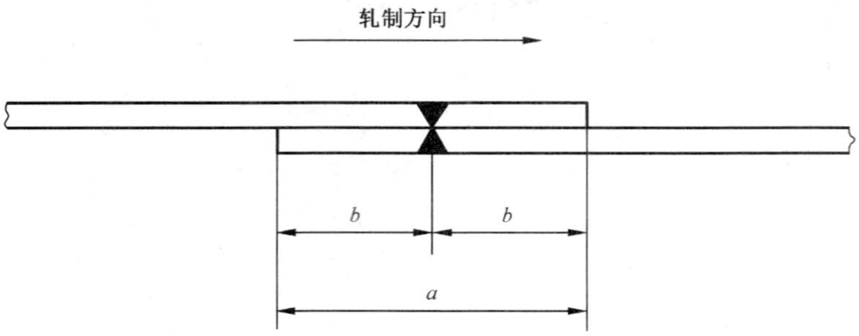

a——搭接总长度；

b——自由搭接长度。

图 1 搭接焊接头

7 技术要求

7.1 镀锡量

7.1.1 钢板及钢带的镀锡量代号、公称镀锡量及最小平均镀锡量应符合表2的规定。对表2规定以外的其他镀锡量,可在订货时协商。

7.1.2 镀锡量代号中斜线上面的数字表示钢板上表面或钢带外表面的镀锡量,斜线下面的数字表示钢板下表面或钢带内表面的镀锡量。

7.1.3 对于差厚镀锡产品,上下表面的镀锡量可以互换。

7.1.4 镀锡量的允许偏差应符合表3的规定。

7.1.5 镀锡量每面三点试验值的平均值应不小于相应面的最小平均镀锡量,每面单点试验值应不小于相应面的最小平均镀锡量的80%。最小平均镀锡量按相对于公称镀锡量的百分比(%)计算时,修约到0.05 g/m^2。

7.1.6 差厚镀锡钢板及钢带可采用薄面标识的方法(D)或厚面标识的方法(A)进行标识。如采用薄面标识的方法,可使用1条宽度约为2mm的连续直线,在薄镀锡面靠近钢板或钢带边部的位置进行标识,表示为在薄镀锡量代号后加字母D,例如2.8D/5.6。如采用厚面标识的方法,标识方法应符合附录A的规定,表示为在厚镀锡量代号后加字母A,例如2.8/5.6A。如需对差厚镀锡板采用其他标记方法进行标记,可由供需双方协商,并在合同中注明。

表 2

镀锡方式	镀锡量代号	公称镀锡量/(g/m^2)	最小平均镀锡量/(g/m^2)
等厚镀锡	1.1/1.1	1.1/1.1	0.90/0.90
	2.2/2.2	2.2/2.2	1.80/1.80
	2.8/2.8	2.8/2.8	2.45/2.45
	5.6/5.6	5.6/5.6	5.05/5.05
	8.4/8.4	8.4/8.4	7.55/7.55
	11.2/11.2	11.2/11.2	10.1/10.1
差厚镀锡	1.1/2.8	1.1/2.8	0.90/2.45
	1.1/5.6	1.1/5.6	0.90/5.05
	2.8/5.6	2.8/5.6	2.45/5.05
	2.8/8.4	2.8/8.4	2.45/7.55
	5.6/8.4	5.6/8.4	5.05/7.55
	2.8/11.2	2.8/11.2	2.45/10.1
	5.6/11.2	5.6/11.2	5.05/10.1
	8.4/11.2	8.4/11.2	7.55/10.1
	2.8/15.1	2.8/15.1	2.45/13.6
	5.6/15.1	5.6/15.1	5.05/13.6

表 3

单面镀锡量(m)的范围/(g/m^2)	最小平均镀锡量相对于公称镀锡量的百分比/%
$1.0 \leqslant m < 2.8$	80
$2.8 \leqslant m < 5.6$	87
$5.6 \leqslant m$	90

7.2 调质度

7.2.1 一次冷轧钢板及钢带的硬度(HR30Tm)应符合表 4 的规定。二次冷轧钢板及钢带的硬度(HR30Tm)应符合表 5 的规定。钢板及钢带的调质度用洛氏硬度(HR30Tm)的值来表示。

表 4

调质度代号	表面硬度 HR30Tm[a]
T-1	49± 4
T-1.5	51±4
T-2	53±4
T-2.5	55±4
T-3	57±4
T-3.5	59±4
T-4	61±4
T-5	65±4

a 硬度为 2 个试样的平均值,允许其中 1 个试验值超出规定允许范围 1 个单位。

表 5

调质度代号	表面硬度 HR30Tm[a]
DR-7M	71± 5
DR-8/DR-8M	73± 5
DR-9	76± 5
DR-9M	77± 5
DR-10	80± 5

a 硬度为 2 个试样的平均值,允许其中 1 个试验值超出规定允许范围 1 个单位。

7.2.2 如对二次冷轧钢板及钢带的屈服强度有要求,可在订货时协商。各调质度代号的屈服强度目标值可参考表 6 的规定。

表 6

调质度代号	屈服强度目标值[a,b,c]/MPa
DR-7M	520
DR-8	550
DR-8M	580
DR-9	620
DR-9M	660
DR-10	690

a 屈服强度是根据需要而测定的参考值。

b 屈服强度可采用拉伸试验或回弹试验进行测定。屈服强度为 2 个试样的平均值,试样方向为纵向。通常情况下,屈服强度按附录 B(资料性附录)所规定的回弹试验换算而来的。仲裁时采用拉伸试验的方法测定。

c 对于拉伸试验,试样的平行部分宽度为(12.5±1) mm,标距 L_0=50 mm。试验前,试样应在 200 ℃下人工时效 20 min。

7.2.3 退火方法有罩式退火法和连续退火法。对于不同的退火方式，即使钢板及钢带的 HR30Tm 值相等，除硬度以外的其他力学性能指标也不一定相同，如屈服强度、抗拉强度、断后伸长率等指标。

7.3 表面状态

钢板及钢带的表面状态，按原板的表面特征以及镀锡后是否进行锡层软熔处理来区分。各表面状态的特征应符合表7的规定。

表 7

成品	代号	区分	特征
一次冷轧钢板及钢带	B	光亮表面	在具有极细磨石花纹的光滑表面的原板上镀锡后进行锡的软熔处理得到的有光泽的表面
	R	粗糙表面	在具有一定方向性的磨石花纹为特征的原板上镀锡后进行锡的软熔处理得到的有光泽的表面
	S	银色表面	在具有粗糙无光泽表面的原板上镀锡后进行锡的软熔处理得到的有光泽的表面
	M	无光表面	在具有一般无光泽表面的原板上镀锡后不进行锡的软熔处理的无光表面
二次冷轧钢板及钢带	R	粗糙表面	在具有一定方向性的磨石花纹为特征的原板上镀锡后进行锡的软熔处理得到的有光泽的表面
	M	无光表面	在具有一般无光泽表面的原板上镀锡后不进行锡的软熔处理的无光泽表面

7.4 钝化方式

钢板及钢带表面钝化方式分为化学钝化、电化学钝化和低铬钝化。如订货时未注明表面处理方式，则采用电化学钝化处理。

7.5 表面涂油

钢板及钢带应在镀锡层表面涂油。涂油种类可以是 CSO、DOS、DOS-A 或 ATBC 等。除非协议另有规定，通常采用 DOS 油。

7.6 表面质量

镀锡层表面不得有针孔、伤痕、凹坑、皱折、锈蚀等对使用上有影响的缺陷，但轻微的夹杂、刮伤、压痕、油迹等不影响使用的缺欠则允许存在。但对于钢带，由于没有机会切除钢带缺陷部分，因此钢带允许带缺陷交货，但有缺陷部分的长度不得超过每卷总长度的8%。

7.7 原板钢种类型应符合表8的规定。根据需方要求，经供需双方协商，也可使用其他钢种。

表 8

原板钢种类型	特性
MR	绝大多数食品包装和其他用途镀锡板钢基，非金属夹杂物含量与L类钢相近，残余元素含量的限制没有L类钢严格
L	高耐蚀性用镀锡板钢基，非金属夹杂物及残余元素含量低，能改善某些食品罐内壁的耐蚀性
D	铝镇静钢，超深冲耐时效用镀锡板钢基，能使垂直于弯曲方向的折痕和拉伸变形现象减至最低程度

7.8 钢板及钢带镀锡用的锡原料应符合 GB/T 728—1998 中牌号为 Sn99.90 的规定，且铅含量应不大于 0.01%。

8 检验和试验

8.1 钢板及钢带的尺寸、外形应用合适的测量工具测量。

8.2 钢板及钢带的外观用肉眼检测。

8.3 钢板及钢带应按批检验，每个检验批应由不大于 30 t 的同一牌号、同一规格、同一镀锡量代号及同一表面状态的钢板或钢带组成。

8.4 每批钢板及钢带的检验项目、试样数量、取样方法和试验方法应符合表 9 的规定。

表 9

检验项目	试样数量（个）	取样位置	试验方法
硬度	2	取样位置见图 2	GB/T 230.1
镀锡量	3		GB/T 1838
屈服强度	2		GB/T 228 或附录 B(资料性附录)
表面铬含量	1	沿钢板或钢带宽度方向的中间位置取 1 个试样	YB/T 136—1998
PL	2	沿钢板或钢带宽度方向的中间位置和边部位置各取 1 个试样，边部试样距边部的距离为 25 mm	GB/T 22316
TCS	3	沿钢板或钢带宽度方向的中间位置取 1 个试样，在两侧边部位置各取 1 个试样，边部试样距边部的距离为 25 mm	
ISV	1	沿钢板或钢带宽度方向的中间位置取 1 个试样	
ATC	1	沿钢板或钢带宽度方向的中间位置取 1 个试样	

8.5 对于硬度试验，一个试样通常测定三点。当三点的极差值(即：最大值－最小值)大于 1.0 时，应再追加测定 2 点，然后，去掉 5 点中的最大值和最小值，再求出三点的平均值，作为试验值。当对测定结果提出异议时，应除去镀锡层再测定。如因表面粗糙度的影响而对测定值提出异议时，应将试样表面研磨后再测定。

8.6 当钢板及钢带公称厚度不大于 0.20 mm 时，硬度测定应采用 HR15T，然后按附录 C(规范性附录)的规定换算为 HR30Tm。

8.7 钢板及钢带的复验应符合 GB/T 17505 的规定。

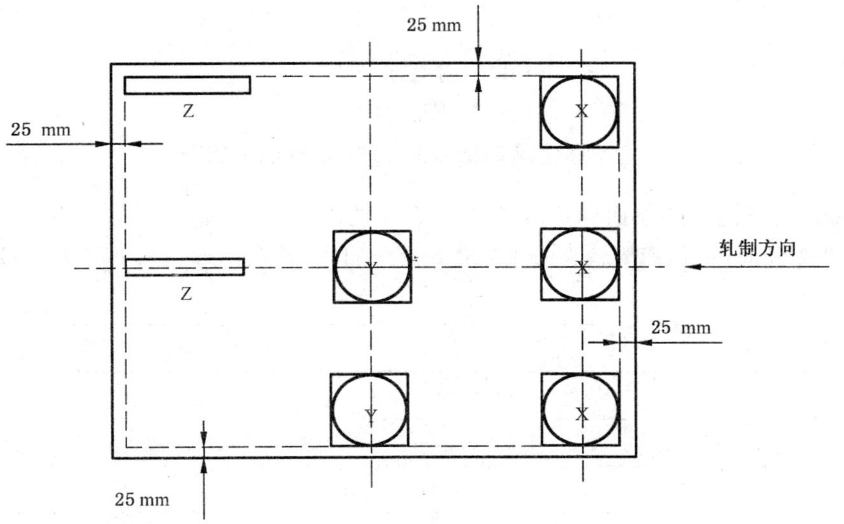

X——镀锡量试验试样；
Y——硬度试验试样；
Z——拉伸试验试样。

图 2 试样取样位置

9 包装、标志及质量证明书

钢板及钢带的包装、标志及质量证明书应符合 GB/T 247 的规定。

10 数值修约规则

数值修约规则应符合 GB/T 8170 的规定。

11 国内外相关标准调质度代号近似对照

本标准调质度代号与国外相关标准调质度代号(或钢级代号)的近似对照可参见附录 D(资料性附录)。

附 录 A
（规范性附录）
差厚镀锡钢板及钢带厚面标识的方法

A.1 差厚镀锡钢板及钢带的厚面标识方法采用宽度约为 1 mm、间距不大于 75 mm 的连续平行线在钢板及钢带的厚镀锡面进行标识。标识用连续平行线的间距应符合表 A.1 和图 A.1 的规定。

表 A.1

镀锡量代号	线　条　间　距
5.6/2.8　2.8/5.6	12.5 mm
8.4/2.8　2.8/8.4	25 mm
8.4/5.6　5.6/8.4	25 mm 与 12.5 mm 交替
11.2/2.8　2.8/11.2	37.5 mm
11.2/5.6　5.6/11.2	37.5 mm 与 12.5 mm 交替
11.2/8.4　8.4/11.2	37.5 mm 与 25 mm 交替
15.1/5.6　5.6/15.1	50 mm 与 12.5 mm 交替
镀锡量代号为 2.8/1.1、1.1/2.8、5.6/1.1、1.1/5.6、15.1/2.8 和 2.8/15.1 的标识方法由供需双方协商。	

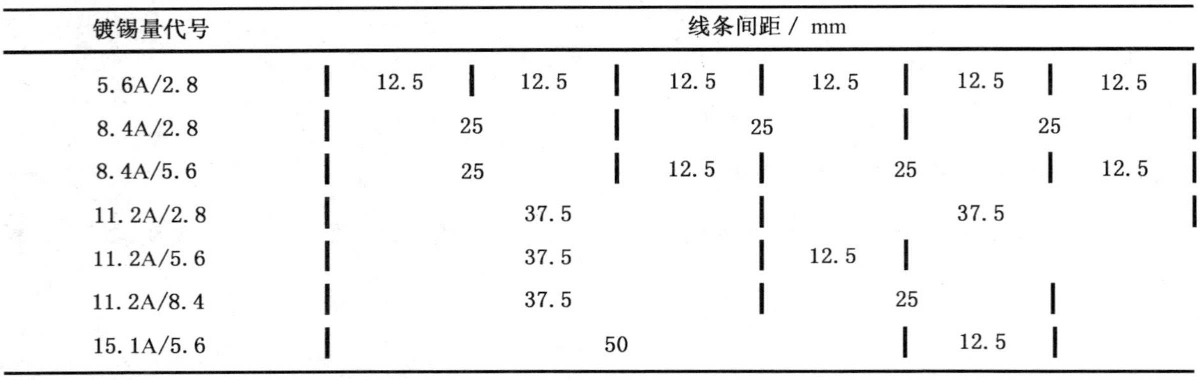

图 A.1　差厚镀锡标识线条间距

附　录　B
（资料性附录）
二次冷轧板回弹试验方法

B.1　原理

先测量矩形试验的厚度，再作绕过圆柱形心轴 180°的弯曲，然后松开，测量回弹角，为评定二次冷轧板的屈服强度提供一种简单便捷的方法。

B.2　试样

从二次冷轧镀锡板的每张试样钢板上，在边部和中部沿轧制方向取两条 200 mm×25 mm 的试样，边部试样离钢板边部的距离不小于 25 mm。试验前，试样在 200 ℃下人工时效 20 min。

B.3　试验

B.3.1　试验仪器

回弹试验仪。

B.3.2　试验步骤

B.3.2.1　测量试样厚度，精确到 0.001 mm。

B.3.2.2　把试样插入回弹试验仪，以适度的压力上好夹紧螺丝，把试样固定在试验位置。

B.3.2.3　平稳摆动成形臂，使试样绕过轴心弯曲 180°。

B.3.2.4　使成形臂回复到起始位置，沿着试样直接观察读取和记录回弹角，然后卸去试样。

B.3.2.5　根据试样厚度和回弹角的测定值，在与回弹仪配套的列线图板上测量回弹指数(SBI)。

B.3.2.6　为了保证试样结果的准确性，应当用标准试样或另一台基准回弹试验仪，校准在用的回弹试验仪。

B.4　试验结果报告

在日常检验中，可以用已知 $R_{P0.2}$ 的试样测定回弹指数的方法，得到符合本标准规定的回弹指数范围，直接用回弹指数签发试验报告。

也可以用以下换算公式 $R_{P0.2}=6.9\times \mathrm{SBI}(\mathrm{MPa})$，把回弹指数换算为 $R_{P0.2}$ 以后，再签发试验报告。回弹试验不是仲裁方法，发生异议时，应以拉伸试验为准。

附　录　C
（规范性附录）
HR15T 和 HR30Tm 换算表

表 C.1

HR15T	换算 HR30Tm	HR15T	换算 HR30Tm
93.0	82.0	83.0	62.5
92.5	81.5	82.5	61.5
92.0	80.5	82.0	60.5
91.5	79.0	81.5	59.5
91.0	78.0	81.0	58.5
90.5	77.5	80.5	57.0
90.0	76.0	80.0	56.0
89.5	75.5	79.5	55.0
89.0	74.5	79.0	54.0
88.5	74.0	78.5	53.0
88.0	73.0	78.0	51.5
87.5	72.0	77.5	51.0
87.0	71.0	77.0	49.5
86.5	70.0	76.5	49.0
86.0	69.0	76.0	47.5
85.5	68.0	75.5	47.0
85.0	67.0	75.0	45.5
84.5	66.0	74.5	44.5
84.0	65.0	74.0	43.5
83.5	63.5	73.5	42.5

附　录　D
（资料性附录）
本标准调质度代号与相关标准调质度代号（或钢级代号）的对照

表 D.1

标准号		GB/T 2520—2008	JIS G3303:2008	ASTM A623M-06a'	DIN EN 10202:2001	ISO 11949:1995	GB/T 2520—2000
调质度代号	一次冷轧钢板及钢带	T-1	T-1	T-1 (T49)	TS230	TH50+SE	TH50+SE
		T1.5	—	—	—	—	—
		T-2	T-2	T-2 (T53)	TS245	TH52+SE	TH52+SE
		T-2.5	T-2.5	—	TS260	TH55+SE	TH55+SE
		T-3	T-3	T-3 (T57)	TS275	TH57+SE	TH57+SE
		T-3.5	—	—	TS290	—	—
		T-4	T-4	T-4 (T61)	TH415	TH61+SE	TH61+SE
		T-5	T-5	T-5 (T65)	TH435	TH65+SE	TH65+SE
	二次冷轧钢板及钢带	DR-7M	—	DR-7.5	TH520	—	—
		DR-8	DR-8	DR-8	TH550	T550+SE	T550+SE
		DR-8M	—	DR-8.5	TH580	T580+SE	T580+SE
		DR-9	DR-9	DR-9	TH620	T620+SE	T620+SE
		DR-9M	DR-9M	DR-9.5	—	T660+SE	T660+SE
		DR-10	DR-10	—	—	T690+SE	T690+SE

ICS 77.140.40
H 53

中华人民共和国国家标准

GB/T 2521—2008
代替 GB/T 2521—1996

冷轧取向和无取向电工钢带(片)

Cold-rolled grain-oriented and non-oriented electrical steel strip (sheet)

(IEC 60404-8-7:1998, Specification of individual materials—
Cold-rolled grain-oriented electrical steel sheet and strip delivered in
the fully-processed state;
IEC 60404-8-4:1998, Specifications for individual materials—
Cold-rolled non-oriented electrical steel sheet and strip delivered in
the fully-processed state;MOD)

2008-09-11 发布　　2009-05-01 实施

中华人民共和国国家质量监督检验检疫总局
中国国家标准化管理委员会　发布

前　　言

本标准修改采用 IEC 60404-8-7:1998《全工艺冷轧取向电工钢带(片)交货技术条件》和 IEC 60404-8-4:1998《全工艺冷轧无取向电工钢带(片)交货技术条件》。

本标准根据 IEC 60404-8-7:1998 和 IEC 60404-8-4:1998 重新起草为一个标准。为了方便比较,在资料性附录 B 中列出了本国家标准条款和国际标准条款的对照一览表。

有关技术性差异已编入正文中并在它们所涉及的条款的页边空白处用垂直单线标识。在附录 C 中给出了这些技术性差异及其原因的一览表以供参考。

为了便于使用,本标准还做了下列编辑性修改:

a) 第 3 章"定义"改为"术语及定义";

b) 删除 IEC 标准前言。

本标准代替 GB/T 2521—1996《冷轧晶粒取向、无取向磁性钢带(片)》。

本标准与 GB/T 2521—1996 相比主要变化如下:

a) 取向电工钢用两个表格分别表示普通级电工钢和高磁导率级电工钢,增加了 0.23 mm 的厚度规格牌号;

b) 普通级取向电工钢 0.27 mm 厚度规格增加了 27Q110 牌号,0.30 mm 厚度规格增加了 30Q120 牌号,删除了 35Q165 牌号;

c) 高磁导率级取向电工钢 0.27 mm 厚度规格增加了 27QG090、27QG095、27QG105 牌号,0.30 mm厚度规格增加了 30QG105 牌号、删除了 30QG130 低牌号,0.35 mm 厚度规格增加了 35QG115 牌号;

d) 将无取向电工钢 50W540 牌号修订为 50W530 牌号;

e) 加严了厚度尺寸允许偏差;

f) 增加了残余曲率条款和附录 A《不平度、镰刀弯、毛刺高度和残余曲率的测试图》;

g) 增加了"订货资料"条款;

h) 增加了附录 A、附录 B、附录 C。

本标准的附录 A 是规范性附录,附录 B、附录 C 是资料性附录。

本标准由中国钢铁工业协会提出。

本标准由全国钢标准化技术委员会归口。

本标准主要起草单位:武汉钢铁(集团)公司、冶金工业信息标准研究院、鞍钢股份有限公司。

本标准主要起草人:杨春甫、王晓虎、姚腊红、亓福荣、刘其中、齐兵。

本标准所代替标准的历次版本发布情况为:

——GB/T 2521—1981、GB/T 2521—1988、GB/T 2521—1996。

冷轧取向和无取向电工钢带(片)

1 范围

本标准规定了公称厚度为 0.23 mm、0.27 mm、0.30 mm、0.35 mm 的冷轧取向和公称厚度为 0.35 mm、0.50 mm、0.65 mm 的冷轧无取向电工钢带(片)的分类、牌号、一般要求、技术要求、检查和测试、包装、标志和质量证明书等。

本标准适用于全工艺状态供货、在磁路结构中使用的冷轧取向和冷轧无取向电工钢带(片)。

2 规范性引用文件

下列文件中的条款通过本标准的引用而成为本标准的条款。凡是注日期的引用文件,其随后所有的修改单(不包括勘误的内容)或修订版均不适用于本标准,然而,鼓励根据本标准达成协议的各方研究是否可使用这些文件的最新版本。凡是不注日期的引用文件,其最新版本适用于本标准。

GB/T 228 金属材料 室温拉伸试验方法(GB/T 228—2002,ISO 6894:1998, EQV)

GB/T 235 金属材料 厚度等于或小于 3 mm 薄板和薄带 反复弯曲试验方法(GB/T 235—1988,ISO 7799:1985,MOD)

GB/T 247 钢板和钢带检验、包装、标志及质量证明书的一般规定

GB/T 2522 电工钢片(带)表面绝缘电阻、涂层附着性测试方法(GB/T 2522—2007,IEC 60404-11:1999, MOD)

GB/T 3655 用爱泼斯坦方圈测量电工钢片(带)磁性能的方法(GB/T 3655—2000,IEC 60404-2:1996,NEQ)

GB/T 9637 电工术语 磁性材料与元件(GB/T 9637—2001,IEC 60050(221):1990 ,EQV)

GB/T 13789 单片电工钢片(带)磁性能测量方法(GB/T 13789—1992,IEC 60404-3, EQV)

GB/T 17505 钢及钢产品交货一般技术要求(GB/T 17505—1998,ISO 404:1992(E),MOD)

GB/T 18253 钢及钢产品检验文件的类型(GB/T 18253—2000,ISO 10474:1991,MOD)

GB/T 19289 电工钢片(带)密度、电阻率和叠装系数测量方法(GB/T 19289—2003,IEC 60404-13:1995, MOD)

3 术语及定义

GB/T 9637 确立的与磁特性有关的以及下列术语和定义适用于本标准。

3.1

比总损耗 specific total loss

当磁极化强度随时间按正弦规律变化,其峰值为某一标定值,变化频率为某一标定频率时,单位质量的铁芯所消耗的功率为比总损耗,单位为瓦特每公斤(W/kg)。

3.2

磁极化强度 magnetic polarization

铁芯试样从退磁状态,在标定频率下磁极化强度按正弦规律变化,当交流磁场的峰值达到某一标定值时,铁芯试样所达到的磁极化强度的峰值,单位为特斯拉(T)。

3.3

镰刀弯 edge camber

指侧边与连接测量部两端点连线之间的最大距离。

3.4

不平度 flatness(波形因数 wave factor)

钢板或钢带表面的上下起伏,即不平直的量度,它用最大波(全波)的高度 h 与波长 L 之比的百分数表示。

3.5

弯曲次数 number of bends

在基板用肉眼目视观测到第一次出现裂纹前的最大反复弯曲次数。

4 分类

按晶粒取向程度,本标准规定的电工钢分为取向电工钢和无取向电工钢。

牌号是按照以瓦特每公斤表示的比总损耗的最大值和材料的公称厚度分类的。

取向电工钢牌号分成两类:普通级和高磁导率级。

5 牌号

钢的牌号是按照下列给出的次序组成:

1) 以 mm 为单位,材料公称厚度的 100 倍;

2) 特征字符:

——Q 为普通级取向电工钢;

——QG 为高磁导率级取向电工钢;

——W 为无取向电工钢;

3) 取向电工钢,磁极化强度在 1.7T 和频率在 50 Hz,以瓦特每公斤为单位及相应厚度产品的最大比总损耗值的 100 倍;

4) 无取向电工钢,磁极化强度在 1.5T 和频率在 50 Hz,以瓦特每公斤为单位及相应厚度产品的最大比总损耗值的 100 倍。

例如:

30Q130 表示公称厚度为 0.30 mm、比总损耗 $P1.7/50$ 为 1.30 W/kg 的普通级取向电工钢。

30QG110 表示公称厚度为 0.30 mm、比总损耗 $P1.7/50$ 为 1.10 W/kg 的高磁导率级取向电工钢。

50W400 表示公称厚度为 0.50 mm、比总损耗 $P1.5/50$ 为 4.0 W/kg 的无取向电工钢。

6 一般要求

6.1 生产工艺

钢的生产工艺和化学成分由制造方决定。

6.2 供货形式

钢带以卷供货,钢片以箱供货。

卷、箱的重量应符合订货要求。

推荐钢卷内径为 510 mm。

取向电工钢卷重一般为 2 t~3 t,无取向电工钢卷重一般不小于 3 t。

组成每箱的片,应使侧面必须平直地堆叠,近似垂直于上表面。

钢卷应由同一宽度的钢带卷成,卷的侧面应尽量平直。

钢卷应非常紧的卷绕以使它们在自重下不塌卷。

钢带可能由于去除缺陷而产生接带,接带处应做出标记。

钢带焊缝和接带前后部分应为同一牌号。

焊缝处应平整,不影响材料后续加工。

6.3 交货条件

一般供应的冷轧取向、无取向电工钢带(片)在两面涂有绝缘涂层。绝缘涂层的种类一般由生产者确定。用户有特殊要求时，应符合订货协议。

6.4 表面质量

钢带(片)表面应光滑、清洁，不应有锈蚀，不允许有妨碍使用的孔洞、重皮、折印、分层、气泡等缺陷。分散的擦伤、划伤、气泡、沙眼、裂缝、结疤、麻点、凹坑、凸包等缺陷，如果它们在厚度公差范围之内并不影响所供材料的正确使用时是允许的。

材料表面的绝缘涂层应牢固地粘附，以使它们在剪切操作中和在生产方推荐的消除应力退火条件下退火时不脱落，涂层颜色应均匀。

注：如果在协议中规定产品浸没在液体中使用时，需确保液体和涂层之间的兼容性。

6.5 剪切适应性

当使用合适的剪切设备剪切时，材料应满足在任何部位都能被剪切或冲压成通常的形状。

7 技术要求

7.1 磁特性

7.1.1 概述

在 6.3 条件下提供的取向电工钢的特性应符合表 1 和表 2 的规定，无取向电工钢的特性应符合表 3 的规定。时效试样也应满足这些特性。

表 1 普通级取向电工钢带(片)的磁特性和工艺特性

牌号	公称厚度/mm	最大比总损耗/(W/kg) *P*1.5		最大比总损耗/(W/kg) *P*1.7		最小磁极化强度/T *H*=800 A/m	最小叠装系数
		50 Hz	60 Hz	50 Hz	60 Hz	50 Hz	
23Q110	0.23	0.73	0.96	1.10	1.45	1.78	0.950
23Q120	0.23	0.77	1.01	1.20	1.57	1.78	0.950
23Q130	0.23	0.80	1.06	1.30	1.65	1.75	0.950
27Q110	0.27	0.73	0.97	1.10	1.45	1.78	0.950
27Q120	0.27	0.80	1.07	1.20	1.58	1.78	0.950
27Q130	0.27	0.85	1.12	1.30	1.68	1.78	0.950
27Q140	0.27	0.89	1.17	1.40	1.85	1.75	0.950
30Q120	0.30	0.79	1.06	1.20	1.58	1.78	0.960
30Q130	0.30	0.85	1.15	1.30	1.71	1.78	0.960
30Q140	0.30	0.92	1.21	1.40	1.83	1.78	0.960
30Q150	0.30	0.97	1.28	1.50	1.98	1.75	0.960
35Q135	0.35	1.00	1.32	1.35	1.80	1.78	0.960
35Q145	0.35	1.03	1.36	1.45	1.91	1.78	0.960
35Q155	0.35	1.07	1.41	1.55	2.04	1.78	0.960

注：多年来习惯上采用磁感应强度，实际上爱泼斯坦方圈测量的是磁极化强度。定义为：$J=B-\mu_0 H$

式中：J 是磁极化强度；B 是磁感应强度；μ_0 是真空磁导率：$4\pi\times10^{-7}$ $H\times m^{-1}$；H 是磁场强度。

表 2　高磁导率级取向电工钢带(片)的磁特性和工艺特性

牌号	公称厚度/mm	最大比总损耗/(W/kg) P1.7		最小磁极化强度/T H=800 A/m	最小叠装系数
		50 Hz	60 Hz	50 Hz	
23QG085[a]	0.23	0.85	1.12	1.85	0.950
23QG090[a]	0.23	0.90	1.19	1.85	0.950
23QG095	0.23	0.95	1.25	1.85	0.950
23QG100	0.23	1.00	1.32	1.85	0.950
27QG090[a]	0.27	0.90	1.19	1.85	0.950
27QG095[a]	0.27	0.95	1.25	1.85	0.950
27QG100	0.27	1.00	1.32	1.88	0.950
27QG105	0.27	1.05	1.36	1.88	0.950
27QG110	0.27	1.10	1.45	1.88	0.950
30QG105	0.30	1.05	1.38	1.88	0.960
30QG110	0.30	1.10	1.46	1.88	0.960
30QG120	0.30	1.20	1.58	1.85	0.960
35QG115	0.35	1.15	1.51	1.88	0.960
35QG125	0.35	1.25	1.64	1.88	0.960
35QG135	0.35	1.35	1.77	1.88	0.960

注 1：多年来习惯上采用磁感应强度，实际上爱泼斯坦方圈测量的是磁极化强度。定义为：$J=B-\mu_0 H$

式中：J 是磁极化强度；B 是磁感应强度；μ_0 是真空磁导率：$4\pi\times10^{-7} H\times m^{-1}$；$H$ 是磁场强度。

注 2：在 800 A/m 的磁场下，B 和 J 之间的差值达到 0.001 T。

注 3：$P1.5$ 和 $P1.7/60$ 作为参考值，不作为交货依据。

[a] 该级别的钢可以磁畴细化状态交货。

表 3　无取向电工钢带(片)的磁特性和工艺特性

牌号	公称厚度/mm	理论密度/(kg/dm³)	最大比总损耗/(W/kg) P1.5		最小磁极化强度/T 50 Hz			最小弯曲次数	最小叠装系数
			50 Hz	60 Hz	H=2 500 A/m	H=5 000 A/m	H=10 000 A/m		
35W230	0.35	7.60	2.30	2.90	1.49	1.60	1.70	2	0.950
35W250		7.60	2.50	3.14	1.49	1.60	1.70	2	
35W270		7.65	2.70	3.36	1.49	1.60	1.70	2	
35W300		7.65	3.00	3.74	1.49	1.60	1.70	3	
35W330		7.65	3.30	4.12	1.50	1.61	1.71	3	
35W360		7.65	3.60	4.55	1.51	1.62	1.72	5	
35W400		7.65	4.00	5.10	1.53	1.64	1.74	5	
35W440		7.70	4.40	5.60	1.53	1.64	1.74	5	

表 3（续）

牌号	公称厚度/mm	理论密度/(kg/dm³)	最大比总损耗/(W/kg) P1.5		最小磁极化强度/T			最小弯曲次数	最小叠装系数
					50 Hz				
			50 Hz	60 Hz	H=2 500 A/m	H=5 000 A/m	H=10 000 A/m		
50W230	0.50	7.60	2.30	3.00	1.49	1.60	1.70	2	0.970
50W250		7.60	2.50	3.21	1.49	1.60	1.70	2	
50W270		7.60	2.70	3.47	1.49	1.60	1.70	2	
50W290		7.60	2.90	3.71	1.49	1.60	1.70	2	
50W310		7.65	3.10	3.95	1.49	1.60	1.70	3	
50W330		7.65	3.30	4.20	1.49	1.60	1.70	3	
50W350		7.65	3.50	4.45	1.50	1.60	1.70	5	
50W400		7.70	4.00	5.10	1.53	1.63	1.73	5	
50W470		7.70	4.70	5.90	1.54	1.64	1.74	10	
50W530		7.70	5.30	6.66	1.56	1.65	1.75	10	
50W600		7.75	6.00	7.55	1.57	1.66	1.76	10	
50W700		7.80	7.00	8.80	1.60	1.69	1.77	10	
50W800		7.80	8.00	10.10	1.60	1.70	1.78	10	
50W1000		7.85	10.00	12.60	1.62	1.72	1.81	10	
50W1300		7.85	13.00	16.40	1.62	1.74	1.81	10	
65W600	0.65	7.75	6.00	7.71	1.56	1.66	1.76	10	0.970
65W700		7.75	7.00	8.98	1.57	1.67	1.76	10	
65W800		7.80	8.00	10.26	1.60	1.70	1.78	10	
65W1000		7.80	10.00	12.77	1.61	1.71	1.80	10	
65W1300		7.85	13.00	16.60	1.61	1.71	1.80	10	
65W1600		7.85	16.00	20.40	1.61	1.71	1.80	10	

注 1：多年来习惯上采用磁感应强度，实际上爱泼斯坦方圈测量的是磁极化强度。定义为：$J=B-\mu_0 H$

式中：J 是磁极化强度；B 是磁感应强度；μ_0 是真空磁导率：$4\pi\times10^{-7}\ H\times m^{-1}$；$H$ 是磁场强度。

注 2：$P1.5/60$；H=2 500 A/m、H=10 000 A/m 的磁极化强度值作为参考值，不作为交货依据。

取向电工钢测试试样全部在钢带的纵向取样，无取向电工钢的测试试样在钢带的纵向和横向取样，片数为纵横向各半。

用爱泼斯坦方圈测试时，取向电工钢测试试样应在生产厂提供的条件下进行消除应力退火。

用单片测试仪测试时，试样不进行消除应力退火。

7.1.2 最小磁极化强度

频率在 50 Hz、磁场强度在 800 A/m(峰值)下，取向电工钢的最小磁极化强度应符合表 1 和表 2 的规定。

频率在 50 Hz、磁场强度在 5 000 A/m(峰值)下，无取向电工钢的最小磁极化强度应符合表 3 的规定。

7.1.3 最大比总损耗

频率在 50 Hz 或 60 Hz，取向电工钢的最大比总损耗应符合表 1 和表 2 的规定。

频率在 50 Hz 或 60 Hz，无取向电工钢的最大比总损耗应符合表 3 的规定。

7.2 几何特性和偏差

7.2.1 厚度

取向电工钢的公称厚度是 0.23 mm、0.27 mm、0.30 mm、0.35 mm。

无取向电工钢的公称厚度是 0.35 mm、0.50 mm、0.65 mm。

7.2.1.1 厚度差

厚度差是指下列之间的差别：

——同一个验收批内公称厚度的允许偏差；

——平行于轧制方向上一张钢片或一定长度钢带上的厚度偏差，以下称纵向厚度偏差；

——垂直于轧制方向上厚度的偏差。这种偏差仅仅适用于宽度大于 150 mm 的材料以下称横向厚度偏差。

7.2.1.1.1 取向电工钢

同一验收批内除 0.23 mm 厚度的钢带的厚度偏差不超过±0.025 mm 外，其他厚度规格钢带的厚度偏差应不超过±0.030 mm，焊缝处厚度增加值应不超过 0.050 mm。

任意 2 m 长钢带或一张钢片上纵向厚度偏差应不超过 0.030 mm。

对于宽度大于 150 mm 的材料，在离边部最小 30 mm 处，测试的横向厚度偏差应不超过 0.020 mm。对于窄带，需要另外签订协议。

7.2.1.1.2 无取向电工钢

同一验收批内公称厚度允许偏差，对于厚度 0.35 mm 的材料应不超过公称厚度的±0.028 mm；对于厚度 0.50 mm，0.65 mm 的材料应不超过公称厚度的±0.040 mm。焊缝处厚度增加值不应超过0.050 mm。

公称厚度 0.35 mm 的 2 m 长钢带或一张钢片上，纵向厚度偏差应不超过 0.018 mm。

公称厚度 0.50 mm 的 2 m 长钢带或一张钢片上，纵向厚度偏差应不超过 0.025 mm。

公称厚度 0.65 mm 的 2 m 长钢带或一张钢片上，纵向厚度偏差应不超过 0.040 mm。

公称厚度 0.35 mm、0.50 mm 的材料，横向厚度偏差应不超过 0.020 mm。公称厚度 0.65 mm 的材料，横向厚度偏差应不超过 0.030 mm。在离边部最小 30 mm 处测试的这些偏差只适用于宽度大于 150 mm 的材料，对于窄带，需要另外签订协议。

7.2.2 宽度

材料的宽度可以在生产方指定的宽度范围内选择，可以切边或毛边状态交货。

切边交货的电工钢带(片)允许偏差应为 $^{+1.5}_{0}$ mm。

表 4 取向电工钢宽度偏差

单位为毫米

公称宽度 L	宽度偏差[a]
$L \leqslant 150$	$^{0}_{-0.2}$
$150 < L \leqslant 400$	$^{0}_{-0.3}$
$400 < L \leqslant 750$	$^{0}_{-0.5}$
>750	$^{0}_{-0.6}$
[a] 经协议，宽度偏差可全部为正偏差。	

7.2.2.1 取向电工钢

取向电工钢的公称宽度一般不大于 1 000 mm。

取向电工钢的宽度偏差：以最终使用宽度交货的材料，宽度偏差应符合表 4 的规定。

7.2.2.2 **无取向电工钢**

无取向电工钢的公称宽度一般不大于 1 300 mm。

无取向电工钢宽度偏差：以最终使用宽度交货的材料，宽度偏差应符合表 5 的规定。

表 5 无取向电工钢宽度偏差

单位为毫米

公称宽度 L	宽度偏差[a]
$L \leqslant 150$	$^{+0.2}_{0}$
$150 < L \leqslant 300$	$^{+0.3}_{0}$
$300 < L \leqslant 600$	$^{+0.5}_{0}$
$600 < L \leqslant 1\ 000$	$^{+1.0}_{0}$
$1\ 000 < L \leqslant 1\ 250$	$^{+1.5}_{0}$

[a] 经协议，宽度偏差可为负偏差。

7.2.3 **长度**

钢片的长度偏差应为全长的 $^{+0.5}_{0}$%，但最大不超过 6 mm。

7.2.4 **镰刀弯**

取向电工钢的镰刀弯的检测只适用于宽度大于 150 mm 的材料。长度为 2 m 材料的镰刀弯不应超过 1.0 mm。

无取向电工钢的镰刀弯的检测只适用于宽度大于 30 mm 的材料。长度为 2 m 材料的镰刀弯不应超过：

$L > 150$ mm 时为 1.0 mm；30 mm $< L \leqslant 150$ mm 时为 2.0 mm。

7.2.5 **不平度(波形因数)**

不平度的检验适用于宽度大于 150 mm 的材料。取向电工钢的不平度应不超过 1.5%；无取向电工钢的不平度应不超过 2.0%。

7.2.6 **残余曲率**

用户对残余曲率有要求并在协议中规定时才进行检验。残余曲率的检验适用于宽度大于 150 mm 材料。钢片的残余曲率是通过测试钢片的底边和支撑板间的距离确定，应不超过 35 mm。钢卷的残余曲率应符合订货协议。

7.2.7 **毛刺高度**

剪切毛刺高度的测定仅适用于以最终使用宽度交货的材料。取向电工钢剪切毛刺高度应不超过 0.025 mm，无取向电工钢剪切毛刺高度应不超过 0.035 mm。

7.3 **工艺特性**

7.3.1 **密度**

用于计算磁特性、叠装系数的约定密度，取向电工钢为 7.65 kg/dm^3，无取向电工钢各牌号的约定密度应符合表 3 的规定。

7.3.2 **叠装系数**

取向电工钢的最小叠装系数应符合表 1 和表 2 的规定。无取向电工钢的最小叠装系数应符合表 3 的规定，表中规定的叠装系数最小值理论上是在无绝缘涂层状态下测量的。

7.3.3 **弯曲次数**

取向电工钢平行于轧制方向测试试样的最小弯曲次数应不小于 1 次。

无取向电工钢垂直于轧制方向测试试样的最小弯曲次数应符合表3的规定。

7.3.4 绝缘涂层电阻

根据需方要求，可以提供交货状态下绝缘涂层电阻的参考最小值，单位为 Ω · mm^2。

7.3.5 力学性能

根据需方要求，经供需双方协议，无取向钢带（片）的力学性能可按表6的规定。

表6 无取向钢电工钢带（片）力学性能

<table>
<tr><th>牌号</th><th>抗拉强度 R_m/(N/mm^2)
≥</th><th>伸长率 A/%
≥</th><th>牌号</th><th>抗拉强度 R_m/(N/mm^2)
≥</th><th>伸长率 A/%
≥</th></tr>
<tr><td>35W230</td><td>450</td><td rowspan="2">10</td><td>50W400</td><td>400</td><td>14</td></tr>
<tr><td>35W250</td><td>440</td><td>50W470</td><td>380</td><td rowspan="2">16</td></tr>
<tr><td>35W270</td><td>430</td><td rowspan="2">11</td><td>50W530</td><td>360</td></tr>
<tr><td>35W300</td><td>420</td><td>50W600</td><td>340</td><td>21</td></tr>
<tr><td>35W330</td><td>410</td><td rowspan="2">14</td><td>50W700</td><td>320</td><td rowspan="10">22</td></tr>
<tr><td>35W360</td><td>400</td><td>50W800</td><td>300</td></tr>
<tr><td>35W400</td><td>390</td><td rowspan="2">16</td><td>50W1000</td><td>290</td></tr>
<tr><td>35W440</td><td>380</td><td>50W1300</td><td>290</td></tr>
<tr><td>50W230</td><td>450</td><td rowspan="4">10</td><td>65W600</td><td>340</td></tr>
<tr><td>50W250</td><td>450</td><td>65W700</td><td>320</td></tr>
<tr><td>50W270</td><td>450</td><td>65W800</td><td>300</td></tr>
<tr><td>50W290</td><td>440</td><td>65W1000</td><td>290</td></tr>
<tr><td>50W310</td><td>430</td><td rowspan="3">11</td><td>65W1300</td><td>290</td></tr>
<tr><td>50W330</td><td>425</td><td>65W1600</td><td>290</td></tr>
<tr><td>50W350</td><td>420</td><td></td><td></td></tr>
</table>

8 检查和测试

8.1 概述

按本标准签订订货协议时，协议可含有按引用文件中的电工钢检验标准指定或不指定检验项目的条款，在没有指定检验项目的条款时，制造方应提供所供材料的最大比总损耗值和最小磁极化强度值。

在指定检验项目要求订货时，应明确 GB/T 18253 涉及的检验内容。

一般以一卷组成一个验收批。允许有由同一级别、同一公称厚度的钢带并卷组成验收批。

除特殊协议外，以上规定适用于表面绝缘电阻和形状尺寸偏差的检查。

当产品以分卷的形式供货时，原验收批上的测试结果适用于该分卷。

8.2 取样

应从每一个验收批上取测试试样。

磁性试样应从每卷头尾各取一副试样。

试样应从离钢卷头尾不小于 3 m 处截取，且应避开焊缝和接带区域。对钢片产品，试样应优先从捆包的上部选取。

通过合理地安排测试次序，同一副试样可以用于测试多种特性。

8.3 试样制备

8.3.1 磁特性

用 25 cm 爱泼斯坦方圈测试材料的最大比总损耗和最小磁极化强度时，一副试样由 4 倍的样片组成，推荐重量为 0.50 kg 左右。试样的取样方法、尺寸及尺寸偏差应符合 GB/T 3655 的规定。取向电工钢测试前，试样应在生产者规定的条件下进行消除应力退火。

用 GB/T 13789 规定的单片法测试最大比总损耗和最小磁极化强度时，单片试样的取样方法、尺寸及尺寸偏差应符合 GB/T 13789 的规定。

测试时效试样的最大比总损耗时，时效试样应在 225 ℃±5 ℃温度中持续保温 24 h，而后空冷到环境温度。

8.3.2 几何特性和偏差

测试厚度、宽度、平面度和镰刀弯的试样为 2 m 长的钢带或一张钢片。

测试残余曲率的试样为($500^{+2.5}_{0}$)mm 长、宽度等于交货宽度的钢带或钢片。

8.3.3 工艺特性

8.3.3.1 叠装系数

取向电工钢试样至少由相同尺寸的 24 片组成，无取向电工钢试样至少由相同尺寸的 16 片组成。在有争议的情况下，试样应由 100 片组成。试样最小宽度 20 mm，最小表面积 5 000 mm^2。试样的宽度和长度偏差小于等于±0.1 mm。测试前试样应仔细地去除毛刺。

8.3.3.2 弯曲次数

取向电工钢在沿轧制方向取最小宽度 20 mm 的 1 片试样，无取向电工钢沿垂直轧制方向取最小宽度 20 mm 的 1 片试样。试样应避开母材的边缘。

试样应防止变形并保持平整。

8.3.3.3 绝缘涂层电阻

宽度大于等于 600 mm 的钢带，应在材料的整个宽度上选择 1 片横向试样。每一片试样的宽度取决于所使用的测试方法，法兰克林法试样宽度采用 50 mm。

宽度小于 600 mm 的钢带或钢片，选择检查绝缘涂层电阻的试样尺寸应符合订货协议。

根据订货协议，测试前试样可能需要按照生产者提供的条件进行热处理。

8.3.4 力学性能

无取向电工钢力学性能的测试按 GB/T 228 的规定取样。

8.4 测试方法

对于规定的每一个特性，每一个验收批都应进行测试。除非另有规定，测试应在(23±5)℃的温度下进行。

8.4.1 磁特性

磁特性应按照 GB/T 3655 标准进行测试。通过协议也可按照 GB/T 13789 标准进行测试，这时测试值也应符合表 1、表 2 和表 3 的规定。

对一些磁畴细化电工钢，试验应按照生产方的要求采用 GB/T 13789 的单片方法。

注：对同一材料按 GB/T 3655 和 GB/T 13789 两种方法所得结果会有差异。

8.4.2 几何特性和偏差

8.4.2.1 厚度

取向电工钢的厚度在距离钢片或钢带边部大于 30 mm 的任何地方进行测试。

无取向电工钢的厚度在距离钢带或钢片边部大于 30 mm(毛边 45 mm)的任何地方进行测试。

厚度的测试应使用精度为 0.001 mm 的千分尺进行。

8.4.2.2 **宽度**

宽度应沿垂直钢带或钢片的纵轴测试。

8.4.2.3 **镰刀弯**

用直尺紧靠钢(片)带的凹侧边，测量直尺与凹侧边的最大距离，参照附录 A 图 A.1。

8.4.2.4 **不平度(波形因数)**

将钢片自由地放在固定平台上，除钢片自身重量外，不施加任何压力，用直尺测量钢带最大波(全波)的高度 h 和波长 l，不平度等于 $(h/l)\times100\%$，参照附录 A 图 A.2。

8.4.2.5 **残余曲率**

钢带纵向的残余曲率应按照附录 A 图 A.3 测试。

8.4.2.6 **毛刺高度**

用千分尺测量钢带(片)的剪切处和内侧的厚度，毛刺高度等于两者厚度之差，参照附录 A 图 A.4。

8.4.3 **工艺特性**

8.4.3.1 **叠装系数**

叠装系数应按 GB/T 19289 测试。

8.4.3.2 **弯曲次数**

弯曲次数应按 GB/T 235 测试。弯曲测试是把测试试样的每一面从它的初始位置交替地弯曲到90°。圆柱支座半径应选择 5 mm。

从初始位置弯曲 90°后再返回到初始位置计算为一次弯曲。

在基板上用肉眼第一次看到裂纹时应停止测试，最后的弯曲不计作弯曲次数。

8.4.3.3 **绝缘涂层电阻**

绝缘涂层电阻按 GB/T 2522 标准进行测试。

8.4.4 **力学性能**

力学性能按 GB/T 228 标准进行测试。

8.5 **复验**

当某一项性能的检验结果不符合本标准规定时，应取双倍试样复验，复验应按 GB/T 247 标准进行。

9 包装、标志和质量证明书

9.1 **包装、标志**

钢带(片)的包装、标志应符合 GB/T 247 的规定。

9.2 **质量证明书**

提交的每批钢带(片)应附有证明该批钢带(片)所应检验的性能符合本标准规定及订货合同的质量证明书。质量证明书的条款应符合 GB/T 247 的规定。

10 异议

在所有的情况下，异议的条款和条件应符合 GB/T 17505 的规定。

11 订货资料

按本标准订货时应提供下列资料：

a) 标准编号；

b) 牌号；

c) 产品名称(钢带或钢片);

d) 数量;

e) 钢片或钢带的尺寸;

f) 钢卷或钢片(捆)重量的限定;

g) 其他特殊要求。

附　录　A
（规范性附录）
几种测试方法示例图

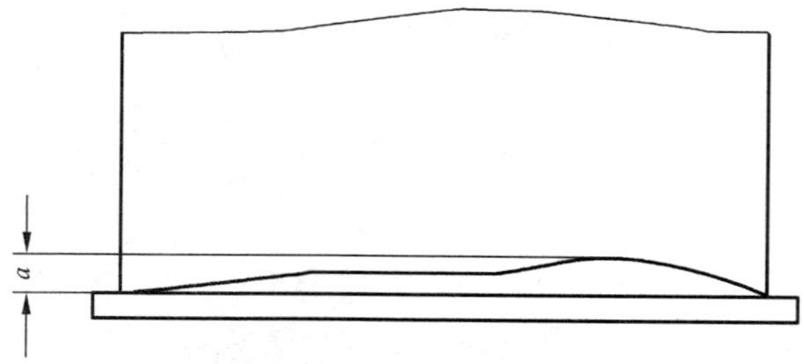

图 A.1　镰刀弯测试图

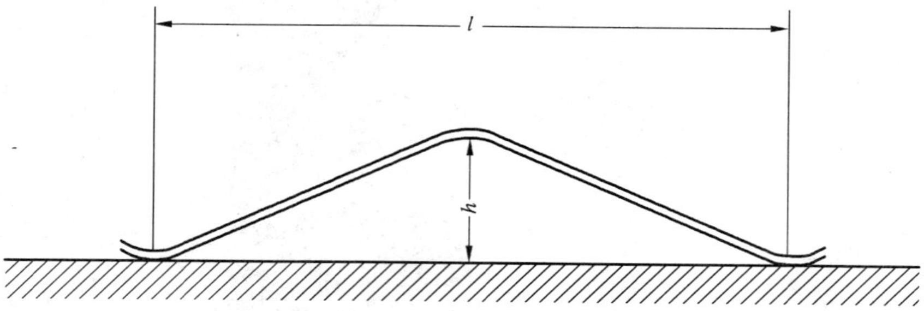

图 A.2　不平度（波形因数）测试图

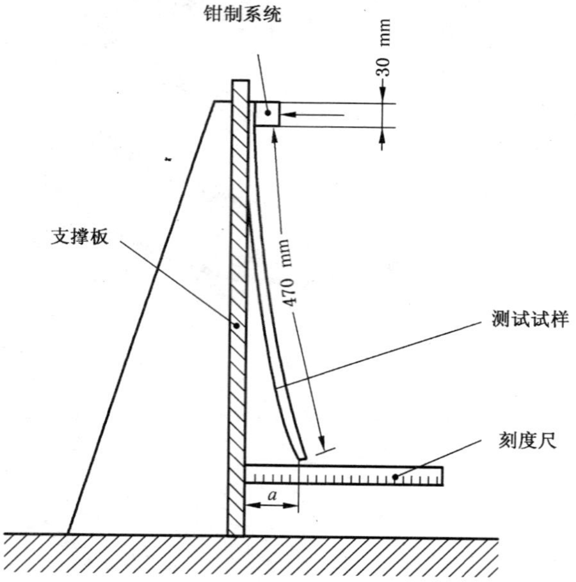

图 A.3　残余曲率测试图

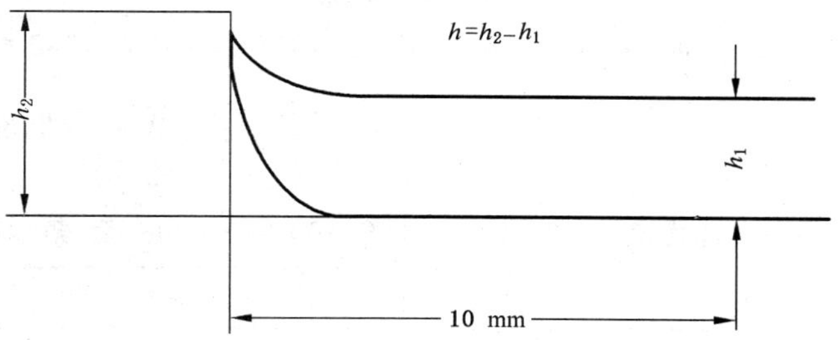

图 A.4 毛刺高度测试图

附　录　B
（资料性附录）
本标准章、条编号与 IEC 60404-8-7:1998 及 IEC 60404-8-4:1998 章、条编号对照

本标准章、条编号与 IEC 60404-8-7:1998 章、条编号对照见表 B.1，本标准章、条编号与IEC 60404-8-4:1998 章、条编号对照见表 B.2。

表 B.1　本标准章、条编号与 IEC 60404-8-7:1998 章、条编号对照

本标准章、条编号	对应的 IEC 标准章、条编号	本标准章、条编号	对应的 IEC 标准章、条编号
1	1	7	7
2	2	8	8
3	3	9	9
4	4	10	10
5	5	11	11
6	6		

表 B.2　本标准章、条编号与 IEC 60404-8-4:1998 章、条编号对照

本标准章、条编号	对应的 IEC 标准章、条编号	本标准章、条编号	对应的 IEC 标准章、条编号
1	1	7	7
2	2	8	8
3	3	9	9
4	4	10	10
5	5	11	11
6	6		

附　录　C
（资料性附录）
本标准与 IEC 60404-8-7:1998 及 IEC 60404-8-4:1998 的技术性差异及原因

本标准与 IEC 60404-8-7:1998 标准的技术性差异及原因见表 C.1，本标准与 IEC 60404-8-4:1998 标准的技术性差异及原因见表 C.2。

表 C.1　本标准与 IEC 60404-8-7:1998 标准的技术性差异及原因

本标准章条编号	技术性差异	原　因
综合	增加无取向钢各条款	根据国内标准体系，将取向和无取向钢合订为一个标准
2	引用国内对应标准	国内标准是采用对应的 IEC 或 ISO 标准制、修订的
5	牌号按国内电工钢命名规定命名	以使国内电工钢牌号统一、系列化
7.1	将高磁导率取向电工钢的 M103-27P5 牌号修订为 27QG105 牌号； 普通级取向电工钢 0.27 mm 厚度规格增加了 27Q110 牌号，0.30 mm 厚度规格增加了 30Q120 牌号，0.35 mm 厚度规格增加了 35Q135 牌号	使各牌号级差设置为等比级差，尾数均为 0 和 5。 根据国内生产情况，各规格增加 1 个高牌号。取向电工钢增加了 0.23 mm 厚度规格的牌号
9	增加包装、标志质量证明书的具体内容	根据 GB/T 1.1 及我国标准一般要求
附录 A		为了方便生产者测试用户要求的相关项目，特增加了“不平度、镰刀弯、毛刺高度和残余曲率的测试图”

表 C.2　本标准与 IEC 60404-8-4:1998 标准的技术性差异及原因

本标准章条编号	技术性差异	原　因
综合	增加取向钢各条款	根据国内标准体系，将取向和无取向钢合订为一个标准
2	引用国内对应标准	国内标准是采用对应的 IEC 或 ISO 标准制、修订的
5	牌号按国内电工钢命名规定命名	以使国内电工钢牌号统一、系列化
7.1	无取向电工钢去掉了 1.0 mm 厚度规格，0.35 mm 厚度规格去掉了 M235-35A5 牌号、增加了 35W400、35W440 牌号，0.50 mm 厚度规格去掉了 M940-50A5 牌号、增加了 50W1300 牌号，0.65 mm 厚度规格去掉了 M600-65A5 以上 6 个高牌号	由于 1.0 mm 厚度规格无取向电工钢涡流损耗太大，一般电机很少使用，国内也很少生产，所以去掉了该规格。因为 0.50 mm 规格已有高牌号钢，所以 0.60 mm 规格没有必要再重复设置
7.2.1.1.2	尺寸公差用数据表示，没有采用百分数表示	为了方便测试

表 C.2（续）

本标准章条编号	技术性差异	原　　因
7.3.5	增加了力学性能表	根据审定意见增加
9	增加包装、标志质量证明书的具体内容	根据 GB/T 1.1 及我国标准一般要求
附录 A		为了方便生产者测试用户要求的相关项目，特增加了“不平度、镰刀弯、毛刺高度和残余曲率的测试图”

ICS 77.040.99
H 21

中华人民共和国国家标准

GB/T 2523—2008
代替 GB/T 2523—1990

冷轧金属薄板(带)表面粗糙度和峰值数测量方法

Measuring method of surface roughness and peak count for cold-rolled metal sheet (strip)

2008-10-10 发布

2009-05-01 实施

中华人民共和国国家质量监督检验检疫总局
中国国家标准化管理委员会 发布

前　言

本标准与美国机动车工程师学会 SAE J911—1998《冷轧薄钢板表面粗糙度和波峰数测量》的一致性程度为非等效。

本标准代替 GB/T 2523—1990《冷轧薄板(带)表面粗糙度测量方法》。

本标准此次修订对 GB/T 2523—1990 的主要内容作了下列修改：

——重新编排章节；

——删除 R_r、R_z、λ_B 等术语及定义；

——删除传输特性曲线及相关表格；

——增加有关峰值数的术语、定义及测试条件和方法；

——增加附录 A“滤波中心线波纹度 W_{CA} 的测量”；

——增加附录 B“标准块标称值的验证示例”。

本标准附录 A 为规范性附录，附录 B 为资料性附录。

本标准由中国钢铁工业协会提出。

本标准由全国钢标准化技术委员会归口。

本标准起草单位：宝山钢铁股份有限公司、武汉钢铁(集团)公司、冶金工业信息标准研究院。

本标准主要起草人：李和平、李建龙、周星、冯超、任翠英。

本标准所代替标准的历次版本发布情况为：

——GB/T 2523—1990。

冷轧金属薄板(带)表面粗糙度和峰值数测量方法

1 范围

本标准规定了冷轧金属薄板(带)表面粗糙度和峰值数的术语和定义、测试要求、测量过程及结果和测试报告。

本标准适用于测量冷轧金属薄板(带)表面粗糙度和峰值数。

2 规范性引用文件

下列文件中的条款通过本标准的引用而成为本标准的条款。凡是注日期的引用文件,其随后所有的修改单(不包括勘误的内容)或修订版均不适用于本标准,然而,鼓励根据本标准达成协议的各方研究是否可使用这些文件的最新版本。凡是不注日期的引用文件,其最新版本适用于本标准。

GB/T 3505—2000 产品几何技术规范 表面结构 轮廓法 表面结构的术语、定义及参数(ISO 4287:1997,Geometric product specifications(GPS) surface texture:profile method、terms、definitions and surface texture parameters,MOD)

3 术语和定义

GB/T 3505—2000 确立的以及下列术语和定义适用于本标准。

注:滤波中心线波纹度 W_{CA} 相关的定义和测量参数见附录 A。

3.1

表面平均粗糙度 roughness average

Ra

粗糙度轮廓的算术平均偏差,即在取样长度内粗糙度轮廓偏距绝对值的算术平均值,单位为微米(μm),见图 1。

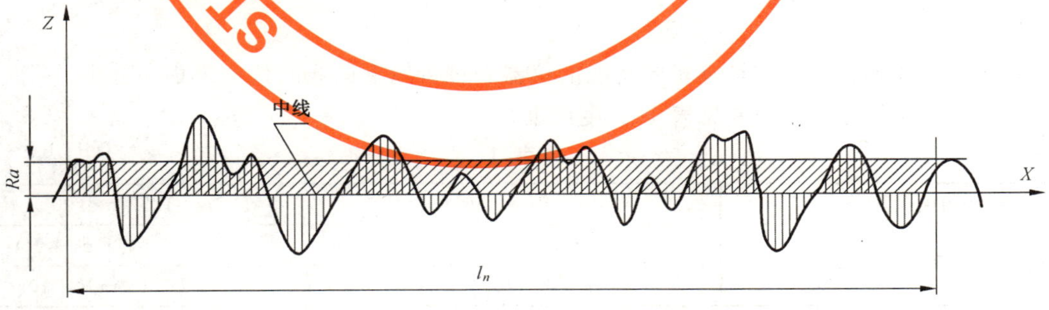

l_n——评定长度。

图 1 表面平均粗糙度示意图

3.2

带宽 peak count level

与轮廓中心线等间距的上下边界线间的垂直距离,单位为微米(μm)。

3.3

峰 peak

粗糙度轮廓中，一对相邻的超出带宽边界线的峰和谷。上下边界线是与轮廓中心线等间距的两条平行线。

3.4

峰值数 peak count

RP_C(或 PPI)

粗糙度轮廓中，每单位长度内峰的个数。单位长度为厘米时峰值数表示为 RP_C，单位长度为英寸时表示为 PPI，见图 2。

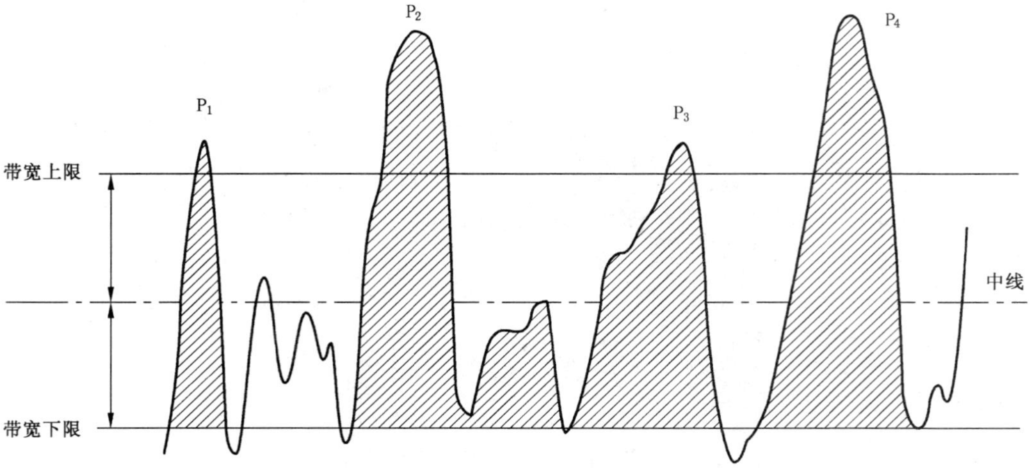

P_1、P_2、P_3、P_4——分别为计数的峰。

图 2 峰值数示意图

3.5

测量长度 travel length

l_t

仪器在 X 轴方向测量的长度。

4 测试要求

4.1 仪器

4.1.1 用触针直接测量轮廓或具有相同功能的仪器来进行轮廓曲线的数据采集和处理。

4.1.2 触针角度的公称值及公差见表 1(弧度或度)。

表 1

触针角度公称值	1.05 rad(60°)	1.57 rad(90°)
触针角度最大允许偏差	+0.18 rad(+10°)	+0.09 rad(+5°)
	−0.09 rad(−5°)	−0.18 rad(−10°)

4.1.3 触针的弧度半径及公差见表 2，触针的最大测量力不能超过下表所示数值，最小测量力要足以使触针与表面连续地接触。

表 2

触针针尖半径公称值/μm	2	5	10
触针针尖半径最大允许偏差/μm	±0.5	±1.0	±2.5
触针针尖与试样表面间的最大力/N	0.000 7	0.004	0.016

4.2 测量条件

4.2.1 测量冷轧金属薄板(带)的平均粗糙度和峰值数的标准取样长度($l_r=\lambda_C$)一般按照表3选用。

表 3

Ra/μm	取样长度 l_r/mm	评定长度 l_n/mm
>0.006～0.02	0.08	0.40
>0.02～0.1	0.25	1.25
>0.1～2.0	0.8	4.0
>2.0～10.0	2.5	12.5
>10.0～80.0	8.0	40.0

4.2.2 测量峰值数的带宽按相关产品标准或者协议规定。

4.2.3 通常测量长度至少要大于等于 $7\lambda_C$,至少要有大于等于5倍 λ_C 的长度参加粗糙度的评定。触针移动速度一般为0.5 mm/s。

4.3 试样

4.3.1 取样位置应在能代表整个金属板(带)的粗糙度状态的位置上截取,一般位于板带宽度的二分之一处,也可按相关产品标准或者协议确定。

4.3.2 试样一般为边长(或直径)100 mm 的正方形(或圆形)。

4.3.3 试样应平坦、无擦伤、无划痕。试样表面不应有锈斑、污点和任何表面缺陷。

4.3.4 测量前用丙酮或酒精擦洗试样,并立即测量。

5 测量过程及结果

5.1 测量前应采用校准块对仪器进行确认,测量值的相对误差不得大于5%。

注:附录B给出了标准块标称值的验证示例。

5.2 测量台应平稳,测量应在干燥、无震动和无腐蚀性气氛的条件下进行。

5.3 测量时,将试样平放在测量台上,触针行程方向垂直于轧制方向。

5.4 每块试样正反面各自评定长度的总和不能小于25倍 λ_C,分几次测量时,取几次的算术平均值。

5.5 测试应在(20±10)℃的温度下进行,否则应在测试报告中注明。

6 测试报告

如适用,测试报告应包括下列内容:

a) 本标准编号;

b) 试样标识;

c) 测量选择的 λ_C 长度;

d) Ra 的算术平均值;

e) RP_C(或 PPI)的算术平均值及所用带宽(需要测量时);

f) 所有不同于本标准规定的测量条件。

附　录　A
（规范性附录）
滤波中心线波纹度 W_{CA} 的测量

本附录给出了滤波中心线波纹度 W_{CA} 相关的定义和测量参数。

注：部分冷轧汽车板用户要求测量此项指标。

A.1　术语和定义

A.1.1

滤波波纹曲线

在原始轮廓中抑制短波部分后得到的曲线。

A.1.2

滤波中心线波纹度曲线

从滤波波纹曲线中抑制长波部分得到的曲线。

A.1.3

滤波中心线波纹度

W_{CA}

沿滤波中心线波纹度曲线采集长度为 l 的一部分，滤波中心线波纹度曲线用 $Z=f(x)$ 表示，将取样部分的中心线作为 X 轴，其垂直放大的方向作为 Z 轴，则用以下的公式来定义滤波中心线波纹度 W_{CA}，单位为微米（μm）：

$$W_{CA}=\frac{1}{l}\int_0^l \left| [f(x)]_C \right| \mathrm{d}x \qquad \text{(A.1)}$$

式中：

$[f(x)]_C$——滤波中心线波纹度曲线上对应 X 位置的 Z 值。

A.2　测试参数设置

用于抑制短波部分的波长一般为 0.8 mm；

用于抑制长波部分的波长一般为 8 mm；

用于测试 W_{CA} 的测量长度一般为 25 mm。

附 录 B
（资料性附录）
标准块标称值的验证示例

本附录给出了通过计算理论值、核对标称值、验证实际测量值，互相对比，提高标准块标称值可信度的一个示例。

注：不同实验室的测量结果有时会出现系统偏差，例如相关实验室各自按常规进行标准块确认粗糙度测量仪可能都正常，而如交换标准块后再测量验证就有可能发现与标称值有明显偏差；在这种情况下可以判断至少有一个实验室的标准块标称值是不可信的。如何客观地评价标准块标称值的可信度是需要关注的问题。

一种评价标准块标称值的可信度的方法是采用已知表面轮廓曲线的标准块。

本例中，采用精密标准块(Precision Reference Standard)，其表面具有三角波轮廓，波形角度为150°，峰谷高度差为12.192 μm(480 μin.)(见图B.1)，该标块的标称值：Ra=3.035 μm(119.5 μin.)，没有给出RP_C或者PPI的标称值。根据Ra和RP_C(或PPI)的定义，可计算得到该标准块的理论值：Ra=3.048 μm(120 μin.)，RP_C=110(或PPI=279)。验证时的实际测量值：Ra=3.048 μm(120 μin.)，PPI在279至281之间波动。对比该标准块的理论值、标称值和实际测量值，可以判断该标准块Ra的标称值可信度较高，RP_C或者PPI没有标称值，但是可以用理论值作为标称值使用。

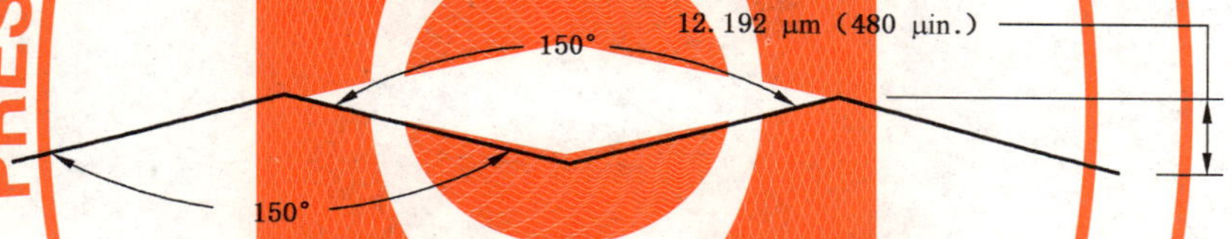

图 B.1 标准块三角波轮廓示意图

参 考 文 献

[1] ISO 3274:1996 产品几何技术规范 表面结构 轮廓法 接触(触针)式仪器的公称特性

ICS 77.120.99
H 65

中华人民共和国国家标准

GB/T 2526—2008
代替 GB/T 2526—1996

氧　化　钆

Gadolinium oxide

2008-03-31 发布　　2008-09-01 实施

中华人民共和国国家质量监督检验检疫总局
中国国家标准化管理委员会　发布

前　言

本标准是对 GB/T 2526—1996《氧化钆》的修订。本标准与 GB/T 2526—1996《氧化钆》相比，主要变化如下：

——按 GB/T 17803—1999《稀土产品牌号表示方法》的要求采用数字牌号；

——删除纯度不小于 99.99%(Gd_2O_3-04B)及纯度不小于 99.5%(Gd_2O_3-3)的产品牌号；

——增加纯度不小于 99.999%的牌号，其稀土杂质考核指标用“分量”表示；

——原纯度不小于 99.99%(Gd_2O_3-04A)Fe_2O_3 的牌号，除考核相邻元素外，增加了对其他稀土杂质的考核，其他杂质的考核用“合量”；

——调整了对非稀土杂质 Fe_2O_3、SiO_2、CaO、PbO 及 Cl^- 的部分考核指标；

——增加对非稀土杂质 Al_2O_3 考核指标。

本标准由国家发展和改革委员会稀土办公室提出。

本标准由全国稀土标准化技术委员会归口。

本标准由江阴加华新材料资源有限公司负责起草。

本标准由上海跃龙新材料股份公司、广州珠江稀土有限公司、宜兴新威利成稀土有限公司、湖南稀土金属材料研究院参加起草。

本标准主要起草人：史卫东、谢建伟、肖睿、张飞、金燕华、俞志春、翁国庆。

本标准所代替标准的历次版本发布情况为：

——GB/T 2526—1989、GB/T 2526—1996。

氧　化　钆

1　范围

本标准规定了氧化钆的要求、试验方法、检验规则与标志、包装、运输、贮存。

本标准适用于化学法制得的氧化钆，可供制作荧光材料、金属钆、光学玻璃、磁性材料等用。

2　规范性引用文件

下列文件中的条款通过本标准的引用而成为本标准的条款。凡是注日期的引用文件，其随后所有的修改单(不包括勘误的内容)或修订版均不适用于本标准，然而，鼓励根据本标准达成协议的各方研究是否可使用这些文件的最新版本。凡是不注日期的引用文件，其最新版本适用于本标准。

GB/T 8170　数值修约规则

GB/T 12690(所有部分)　稀土金属及其氧化物中非稀土杂质化学分析方法

GB/T 14635.2　稀土金属及其化合物化学分析方法　EDTA滴定法测定单一稀土金属及其化合物中稀土总量

GB/T 18115.7　稀土金属及其氧化物中稀土杂质化学分析方法　钆中镧、铈、镨、钕、钐、铕、铽、镝、钬、铒、铥、镱、镥和钇量的测定

3　要求

3.1　化学成分

氧化钆的化学成分应符合表1规定。需方如有特殊要求，供需双方可另行协议。

3.2　外观

3.2.1　产品为粉末状，纯度越高颜色越白。

3.2.2　产品应洁净，无肉眼可见夹杂物。

4　试验方法

4.1　稀土总量(REO)的分析方法按GB/T 14635.2的规定进行。

4.2　稀土杂质含量的分析方法按GB/T 18115.7的规定进行，其中牌号081050中稀土杂质的分析方法按供方现行方法进行。

4.3　非稀土杂质含量及灼减含量的分析方法按GB/T 12690的规定进行。

4.4　数值修约按GB/T 8170的规定进行。

4.5　产品外观用目视检查。

5　检验规则

5.1　检查与验收

5.1.1　产品由供方质量检验部门进行检验，保证产品符合本标准规定，并填写产品质量证明书。

5.1.2　需方应对收到的产品进行检验，如检验结果与本标准规定不符时，应在收到产品之日起二个月内向供方提出，由供需双方协商解决。如需仲裁，可委托双方认可的单位进行，并在需方共同取样。

5.2　组批

产品应成批提交检验，每批应由同一牌号的产品组成。

表 1

<table>
<tr><td colspan="4">产品牌号</td><td>081050</td><td>081040</td><td>081035</td><td>081030</td></tr>
<tr><td rowspan="26">化学成分(质量分数)/%</td><td colspan="3">REO,不小于</td><td>99</td><td>99</td><td>99</td><td>99</td></tr>
<tr><td colspan="3">Gd_2O_3/REO,不小于</td><td>99.999</td><td>99.99</td><td>99.95</td><td>99.9</td></tr>
<tr><td rowspan="23">杂质含量,不大于</td><td rowspan="15">稀土杂质/REO</td><td>La_2O_3</td><td>0.000 1</td><td rowspan="9">合量 0.004 0</td><td rowspan="15">合量 0.05
(Sm_2O_3+
Eu_2O_3+
Tb_4O_7+
Dy_2O_3+
Y_2O_3)</td><td rowspan="15">合量 0.1
(Sm_2O_3+
Eu_2O_3+
Tb_4O_7+
Dy_2O_3+
Y_2O_3)</td></tr>
<tr><td>CeO_2</td><td>0.000 05</td></tr>
<tr><td>Pr_6O_{11}</td><td>0.000 05</td></tr>
<tr><td>Nd_2O_3</td><td>0.000 1</td></tr>
<tr><td>Ho_2O_3</td><td>0.000 05</td></tr>
<tr><td>Er_2O_3</td><td>0.000 05</td></tr>
<tr><td>Tm_2O_3</td><td>0.000 05</td></tr>
<tr><td>Yb_2O_3</td><td>0.000 05</td></tr>
<tr><td>Lu_2O_3</td><td>0.000 05</td></tr>
<tr><td>Sm_2O_3</td><td>0.000 05</td><td>0.001 0</td></tr>
<tr><td>Eu_2O_3</td><td>0.000 1</td><td>0.001 5</td></tr>
<tr><td>Tb_4O_7</td><td>0.000 1</td><td>0.001 5</td></tr>
<tr><td>Dy_2O_3</td><td>0.000 1</td><td>0.001 0</td></tr>
<tr><td>Y_2O_3</td><td>0.000 1</td><td>0.001 0</td></tr>
<tr><td rowspan="8">非稀土杂质</td><td>Fe_2O_3</td><td>0.000 2</td><td>0.000 5</td><td>0.002</td><td>0.003</td></tr>
<tr><td>SiO_2</td><td>0.003</td><td>0.005</td><td>0.005</td><td>0.006</td></tr>
<tr><td>CaO</td><td>0.000 5</td><td>0.003</td><td>0.005</td><td>0.005</td></tr>
<tr><td>CuO</td><td>0.000 2</td><td>0.000 5</td><td>0.001</td><td>—</td></tr>
<tr><td>PbO</td><td>0.000 3</td><td>0.001</td><td>0.001</td><td>—</td></tr>
<tr><td>NiO</td><td>0.000 5</td><td>0.001</td><td>0.001</td><td>—</td></tr>
<tr><td>Al_2O_3</td><td>0.001</td><td>0.01</td><td>0.03</td><td>0.04</td></tr>
<tr><td>Cl^-</td><td>0.01</td><td>0.02</td><td>0.03</td><td>0.05</td></tr>
<tr><td colspan="3">灼减,不大于</td><td>1.0</td><td>1.0</td><td>1.0</td><td>1.0</td></tr>
</table>

5.3 检验项目

每批产品应进行化学成分和外观的检验。

5.4 取样与制样

化学成分分析的仲裁取样件数按表 2 规定。用插管在每件(袋)中心及周围等距离处取三点,每件(袋)取样量不少于 10 g,将试样混匀后,用四分法迅速缩分至试样所需数量,装入清洁的塑料瓶(袋)中并封口。

表 2

件(袋)数	1～5	6～49	50～100	＞100
取样件(袋)数	件(袋)数的 100%	5	件(袋)数的 10 % 取整数	件(袋)数的平方根 取正整数

5.5 检验结果判断

化学成分仲裁分析结果与本标准规定不符时，应从该批产品中取双倍试样对不合格项目进行复验，如仍有一项结果不合格，则该批产品为不合格。

6 标志、包装、运输、贮存及质量证明书

6.1 包装和标志

每桶(箱、袋)外注明：供方名称、产品名称、牌号、批号、净含量、毛重、出厂日期及“防潮”标志或字样。产品分装于双层塑料袋或塑料瓶中，每袋(瓶)净重分别为 2 kg、5 kg、10 kg。再将袋(瓶)置于铁桶(木箱、纸箱或塑料箱)内，每铁桶(木箱、纸箱或塑料箱)净重分别为 10 kg、20 kg、25 kg。如需方有特殊要求，则供需双方另行协商。

6.2 运输、贮存

产品运输时严防淋雨吸潮，需存放于干燥处，不得露天堆放。

6.3 质量证明书

每批产品应附上质量证明书，注明：

a) 供方名称；

b) 产品名称和牌号；

c) 批号；

d) 净含量和件数；

e) 各项分析检验结果及检验部门印记；

f) 标准编号；

g) 出厂日期。

ICS 77.160
H 72

GB

中华人民共和国国家标准

GB/T 2527—2008
代替 GB/T 2527—1989

矿山、油田钻头用硬质合金齿

Cemented carbide inserts for mining and oil-field bits

2008-06-09 发布 2008-12-01 实施

中华人民共和国国家质量监督检验检疫总局
中国国家标准化管理委员会 发布

前　言

本标准代替GB/T 2527—1989《矿山、油田钻头用硬质合金齿》。

本标准与GB/T 2527—1989相比，主要变化如下：

——将P(平顶齿)、B(边楔齿)、S(勺形齿)、X(楔形齿)、Z(锥形齿)、Q(球形齿)的代号前加C，依次更名为CP、CB、CS、CX、CZ、CQ；

——补充了CS-1(偏心勺形齿)、CX-1(凹面楔形齿)、CZ-1(球面锥形齿)、CQ-1(双倒角球形齿)四种型式；

——对直径、高度尺寸的允许偏差分为普通级、较高级；

——加严了齿的圆弧半径、倒角的尺寸允许偏差；

——对齿的掉边掉角的深度适量放宽，并增加了齿的毛刺、麻点(或麻孔)的深度的规定；

——删除了部分未生产或产量极少的型号，补充了一些产量较大的型号。

本标准的附录A为资料性附录。

本标准由中国有色金属工业协会提出。

本标准由全国有色金属标准化技术委员会归口。

本标准由自贡硬质合金有限责任公司负责起草。

本标准主要起草人：周明智、薛林。

本标准所代替标准的历次版本发布情况为：

——GB/T 2527—1989。

矿山、油田钻头用硬质合金齿

1 范围

本标准规定了矿山、油田钻头用硬质合金齿的要求、检验规则、试验方法、标志、包装、运输、贮存及订货单(或合同)内容。

本标准适用于矿山掘进和石油开采使用的牙轮钻头、潜孔钻头等用的硬质合金钻齿毛坯。

2 规范性引用文件

下列文件中的条款通过本标准的引用而成为本标准的条款。凡是注日期的引用文件,其随后所有的修改单(不包括勘误的内容)或修订版均不适用于本标准,然而,鼓励根据本标准达成协议的各方研究是否可使用这些文件的最新版本。凡是不注日期的引用文件,其最新版本适用于本标准。

GB/T 5242 硬质合金制品检验规则与试验方法

GB/T 5243 硬质合金制品的标志、包装、运输和贮存

3 要求

3.1 产品分类

产品按齿形分为CB(边楔齿)、CP(平顶齿)、CQ(球形齿)、CQ-1(双倒角球形齿)、CS(勺形齿)、CS-1(偏心勺形齿)、CX(楔形齿)、CX-1(凹面楔形齿)、CZ(锥形齿)、CZ-1(球面锥形齿)十种型状。

3.2 产品型号表示规则

3.2.1 在型状代号(CB、CP、CQ、CS、CX、CZ)后,加表示直径的两位整数(不足两位整数时前面加“0”填位,不是整数时去掉小数)和表示高度的两位整数(不足两位整数时前面加“0”填位,不是整数时去掉小数)。

3.2.2 当硬质合金齿的主要参数(直径、高度)相同,其他参数(如角度)不同时,则在型号后面加A以示区别。

3.2.3 新增型状在型号后缀-1表示。

3.2.4 型号表示见示例。

示例:

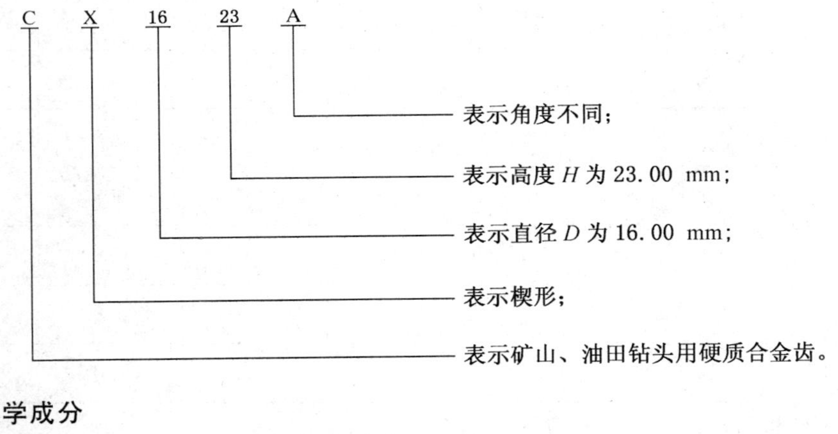

3.3 化学成分

产品的化学成分由供需双方协商确定。

3.4 物理力学性能、组织结构

产品的物理力学性能、组织结构由供需双方协商确定。

3.5 外观质量

产品的表面不允许有起皮、鼓泡、分层、裂纹、欠压等缺陷；掉边、掉角、麻点(或麻孔)的深度，在工作部位不得大于 0.30 mm，在非工作部位不得大于 0.50 mm。

3.6 型号、尺寸及示意图

3.6.1 CP 型(平顶齿)的型号、尺寸见表 1，示意图见图 1。

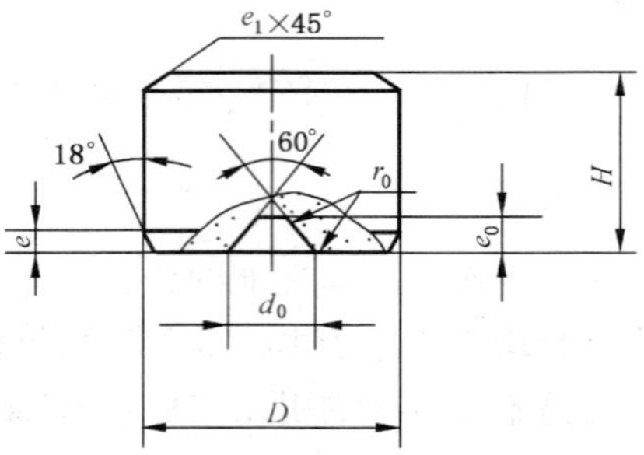

图 1 CP 型示意图

表 1 CP 型的型号及尺寸 单位为毫米

型 号	基本尺寸				参考尺寸		
	D	H	e	e_1	d_0	r_0	e_0
CP0404	4.00	4.00	1.00	0.50	—	—	—
CP0507	5.00	7.00	1.00	0.50	—	—	—
CP0707	7.00	7.00	1.10	0.50	—	—	—
CP0708	7.00	8.00	1.10	1.00	—	—	—
CP0806	8.00	6.00	1.10	0.50	—	—	—
CP0807	8.00	7.00	1.20	0.50	—	—	—
CP0907	9.00	7.00	1.20	0.50	—	—	—
CP0908	9.00	8.00	1.20	0.50	—	—	—
CP1008	10.00	8.00	1.20	0.50	4.0	0.8	1.2
CP1109	11.00	9.15	1.20	1.00	4.0	0.8	1.2
CP1210	12.00	10.00	1.50	0.80	5.0	0.8	2.0
CP1212	12.00	12.30	1.50	1.50	5.0	0.8	2.0
CP1412	14.00	12.00	1.50	1.00	5.0	1.0	2.0

3.6.2 CB 型(边楔齿)的型号、尺寸见表 2，示意图见图 2。

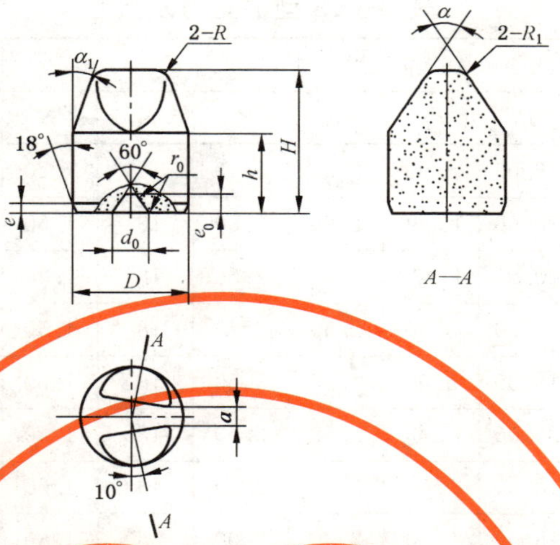

图 2　CB 型示意图

表 2　CB 型的型号及尺寸

单位为毫米

型　号	基　本　尺　寸							参　考　尺　寸				
	D	H	R	R_1	α	α_1	e	h	a	d_0	r_0	e_0
CB1215	12.00	15.00	2.00	2.50	76°	18°	1.50	10.0	3.0	5.0	1.0	2.0
CB1217	12.00	17.00	2.00	2.50	67°	18°	1.50	11.0	3.0	5.0	1.0	2.0
CB1316	13.00	16.50	1.80	2.50	70°	20°	1.50	10.5	3.5	5.0	1.0	2.0
CB1418	14.00	18.00	2.50	3.00	75°	20°	1.50	12.0	3.5	5.0	1.0	2.0
CB1419	14.00	19.00	2.00	3.00	67°	20°	1.50	12.0	3.5	5.0	1.0	2.0
CB1520	15.00	20.00	2.50	3.00	67°	18°	1.80	12.5	3.5	6.0	1.2	3.0
CB1621	16.00	21.00	2.50	3.00	70°	20°	1.80	13.5	4.0	6.0	1.2	3.0
CB1827	18.00	27.00	3.00	3.00	70°	23°	2.00	18.0	6.0	6.0	1.2	3.0
CB1924	19.00	24.00	3.50	3.00	70°	20°	2.00	15.0	4.5	7.0	1.5	4.0
CB2230	22.00	30.00	3.50	3.00	61.5°	18°	2.00	17.0	4.5	7.0	1.5	4.0

3.6.3　CS 型(勺形齿)的型号、尺寸见表 3,示意图见图 3。

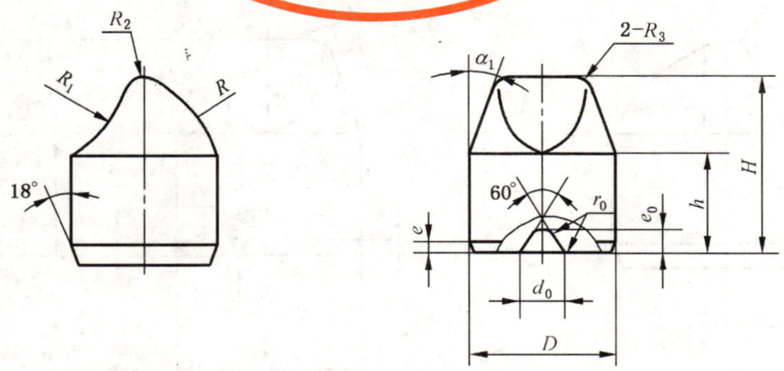

图 3　CS 型示意图

表 3 CS 型的型号及尺寸 单位为毫米

型 号	基 本 尺 寸								参 考 尺 寸			
	D	H	R	R_1	R_2	R_3	α_1	e	h	d_0	r_0	e_0
CS1115	11.00	15.00	12.00	8.00	2.50	2.50	18°	1.20	8.0	4.0	0.8	1.2
CS1217	12.00	17.00	20.00	12.00	2.00	2.50	18°	1.50	10.0	5.0	1.0	2.0
CS1319	13.00	19.00	20.00	11.00	2.50	2.50	18°	1.50	11.0	5.0	1.0	3.0
CS1418	14.00	18.00	16.00	8.00	2.50	3.00	18°	1.50	9.6	5.0	1.0	3.0
CS1420	14.00	20.00	13.00	5.00	4.00	2.50	18°	1.50	12.0	5.0	1.0	2.0
CS1421	14.00	21.00	20.00	12.00	2.50	2.50	18°	1.50	12.0	5.0	1.0	3.0
CS1422	14.00	22.00	18.00	9.00	3.00	2.50	18°	1.50	12.0	5.0	1.0	3.0
CS1519	15.00	19.00	18.00	9.00	2.30	3.00	18°	1.80	10.0	6.0	1.2	3.0
CS1520	15.00	20.00	23.00	15.00	2.20	2.50	15°	1.80	10.8	6.0	1.2	3.0
CS1623	16.00	23.00	23.00	15.00	2.50	2.50	15°	1.80	12.0	6.0	1.2	3.0
CS1624	16.00	24.00	23.00	15.00	2.50	2.50	15°	1.80	13.0	6.0	1.2	3.0
CS1626	16.00	26.50	28.00	20.00	2.50	2.50	13°	1.80	14.0	6.0	1.2	3.0
CS1724	17.00	24.00	25.00	15.00	3.00	3.00	20°	1.80	13.0	6.0	1.2	3.0
CS1727	17.00	27.00	28.00	20.00	2.50	2.50	18°	1.80	14.0	6.0	1.2	3.0
CS1825	18.00	25.50	23.00	15.00	3.00	3.00	18°	1.80	13.5	6.0	1.2	3.0
CS1929	19.00	29.00	24.00	17.00	3.00	3.00	15°	2.00	17.0	7.0	1.5	4.0
CS1930	19.00	30.00	25.00	16.00	3.00	3.00	15°	2.00	17.0	7.0	1.5	4.0
CS1933	19.00	33.00	27.00	18.00	3.00	3.00	15°	2.00	17.0	7.0	1.5	4.0
CS2233	22.00	33.00	25.00	19.00	3.00	3.00	15°	2.00	18.0	7.0	1.5	4.0
CS2235	22.00	35.00	26.00	20.00	3.00	3.00	13°	2.00	19.0	7.0	1.5	4.0
CS2236	22.00	36.00	27.00	20.00	3.00	3.00	13°	2.00	19.0	7.0	1.5	4.0
CS2240	22.00	40.00	30.00	20.00	3.00	3.00	13°	2.00	21.0	7.0	1.5	4.0
CS2545	25.00	45.00	35.00	20.00	3.50	4.00	13°	2.00	23.0	7.0	1.5	4.0

3.6.4 CS-1 型(偏心勺形齿)的型号、尺寸见表 4,示意图见图 4。

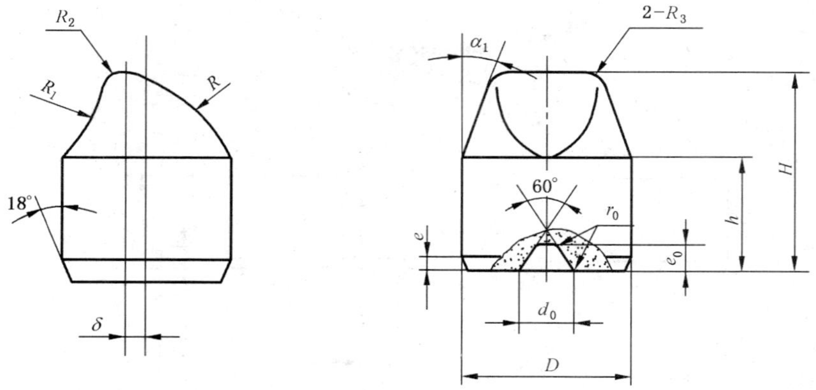

图 4 CS-1 型示意图

表 4 CS-1 型的型号及尺寸

单位为毫米

型号	基本尺寸								参考尺寸				
	D	H	R	R_1	R_2	R_3	α_1	e	h	δ	d_0	r_0	e_0
CS1317-1	13.00	17.00	15.00	10.00	2.60	1.50	26°	1.50	10.5	0.7	5.0	1.0	2.0
CS1421-1	14.00	21.50	20.00	20.00	2.40	1.50	20°	1.80	11.5	1.1	5.0	1.0	3.0
CS1623-1	16.00	23.00	25.00	20.00	2.40	1.20	20°	1.80	12.0	1.1	6.0	1.2	3.0
CS1623A-1	16.00	23.00	25.00	16.00	2.20	2.50	18°	1.80	12.0	1.2	6.0	1.2	3.0
CS1623B-1	16.00	23.00	20.00	15.00	2.50	2.50	15°	1.80	12.0	2.5	6.0	1.2	3.0
CS1931-1	19.00	31.00	20.00	18.00	2.50	3.00	15°	2.00	16.3	2.2	7.0	1.5	4.0

3.6.5 CX 型(楔型齿)的型号、尺寸见表 5,示意图见图 5。

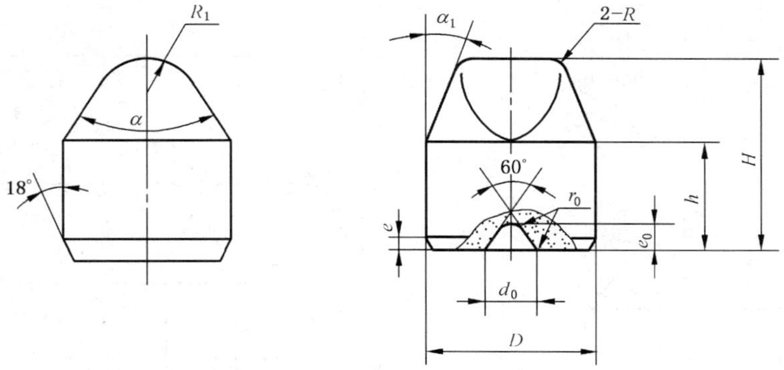

图 5 CX 型示意图

表 5 CX 型的型号及尺寸

单位为毫米

型号	基本尺寸							参考尺寸			
	D	H	R	R_1	α	α_1	e	h	d_0	r_0	e_0
CX0810	8.00	10.00	2.00	1.50	90°	22°30′	1.20	6.5	3.0	0.8	1.1
CX0811	8.00	11.00	1.50	1.50	90°	15°	1.20	7.5	3.0	0.8	1.1
CX1011	10.00	11.00	2.50	2.00	93°	22°30′	1.20	7.0	4.0	0.8	1.2
CX1013	10.00	13.00	2.50	3.00	70°	22°30′	1.20	8.0	4.0	0.8	1.2
CX1115	11.00	15.00	2.50	2.75	60°	20°	1.20	8.0	4.0	0.8	1.2
CX1215	12.00	15.00	3.00	2.50	90°	22°30′	1.50	10.0	5.0	1.0	2.0
CX1217	12.00	17.00	3.00	3.00	70°	22°30′	1.50	10.5	5.0	1.0	2.0
CX1219	12.00	19.00	3.00	3.00	55°	20°	1.50	10.5	5.0	1.0	2.0
CX1418	14.00	18.00	3.50	2.50	90°	22°30′	1.50	12.0	5.0	1.0	2.0
CX1419	14.00	19.00	4.50	3.50	65°	20°	1.50	11.0	5.0	1.0	2.0
CX1421	14.00	21.00	2.50	2.50	60°	18°	1.50	11.0	5.0	1.0	3.0
CX1520	15.00	20.00	3.00	3.00	75°	22°30′	1.80	12.0	6.0	1.2	3.0
CX1621	16.00	21.00	3.00	3.00	72°	20°	1.80	12.0	6.0	1.2	3.0
CX1623	16.00	23.00	2.50	3.00	60°	15°	1.80	12.0	6.0	1.2	3.0

表 5（续）

单位为毫米

型 号	基本尺寸							参考尺寸			
	D	H	R	R_1	α	α_1	e	h	d_0	r_0	e_0
CX1623A	16.00	23.00	3.50	3.00	60°	18°	1.80	12.0	6.0	1.2	3.0
CX1721	17.00	21.00	3.50	3.50	82°	22°30′	1.80	13.0	6.0	1.2	3.0
CX1724	17.00	24.00	3.50	3.50	62°	22°30′	1.80	13.0	6.0	1.2	3.0
CX1826	18.00	26.00	3.00	3.50	72°	20°	1.80	15.0	6.0	1.2	3.0
CX1929	19.00	29.00	3.00	3.50	65°	15°	2.00	17.0	7.0	1.5	4.0
CX2030	20.00	30.00	1.50	3.00	62°	20°	2.00	16.0	7.0	1.5	4.0
CX2235	22.00	35.00	3.00	3.20	60°	13°	2.00	19.0	7.0	1.5	4.0
CX2537	25.00	37.00	1.50	3.00	62°	20°	2.00	20.0	7.0	1.5	4.0
CX2539	25.00	39.00	1.50	3.00	60°	20°	2.00	20.0	7.0	1.5	4.0

3.6.6 CX-1 型(凹面楔形齿)的型号、尺寸见表 6，示意图见图 6。

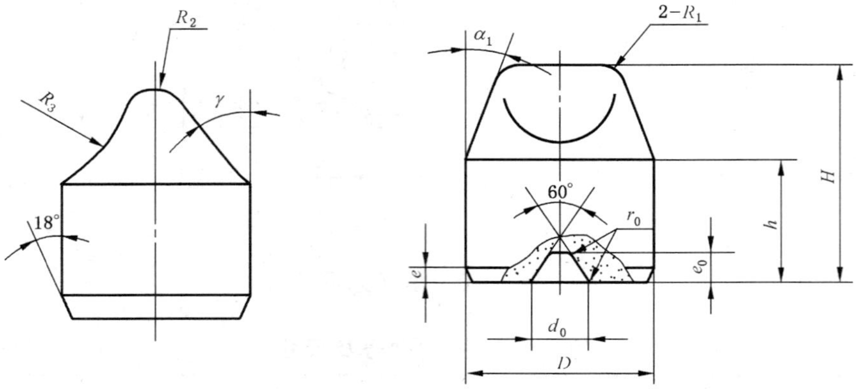

图 6 CX-1 型示意图

表 6 CX-1 型的型号及尺寸

单位为毫米

型 号	基本尺寸									参考尺寸			
	D	H	R	R_1	R_2	R_3	α_1	γ	e	h	d_0	r_0	e_0
CX1215-1	12.00	15.00	11.00	3.00	2.50	10.00	22°	41°	1.50	9.5	5.0	1.0	2.0
CX1416-1	14.00	16.00	16.00	3.00	2.70	5.00	22°	47°	1.50	10.5	5.0	1.0	2.0

3.6.7 CZ-1 型(球面锥型齿)的型号、尺寸见表 7，示意图见图 7。

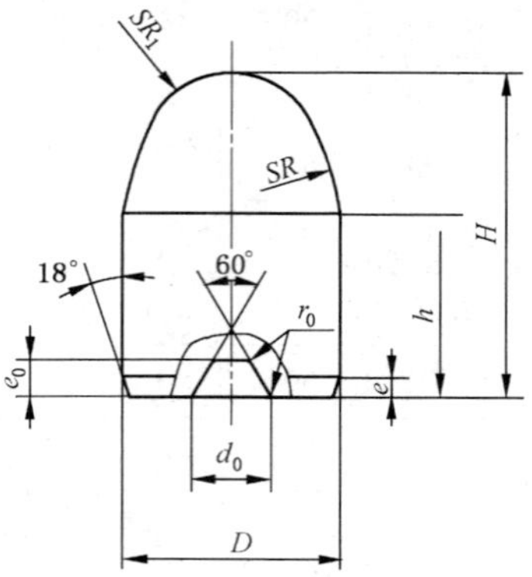

图 7 CZ-1 型示意图

表 7 CZ-1 型的型号及尺寸

单位为毫米

型号	基本尺寸					参考尺寸			
	D	H	SR	SR_1	e	h	d_0	r_0	e_0
CZ0812-1	8.00	12.00	10.40	3.50	1.20	7.5	3.0	0.8	1.1
CZ1016-1	10.00	16.00	11.50	4.00	1.20	11.0	4.0	0.8	1.2
CZ1422-1	14.00	22.50	22.00	5.00	1.50	14.5	5.0	1.0	2.0
CZ1621-1	16.00	21.00	16.00	5.00	1.50	13.0	6.0	1.2	3.0
CZ1622-1	16.00	22.00	16.00	5.00	1.50	12.0	6.0	1.2	3.0
CZ1626-1	16.00	26.50	25.00	5.70	1.80	17.0	6.0	1.2	3.0
CZ1820-1	18.00	20.50	28.00	6.50	1.80	10.5	6.0	1.2	3.0
CZ1825-1	18.00	25.00	28.00	6.50	1.80	15.0	6.0	1.2	3.0
CZ1831-1	18.00	31.50	28.00	6.50	1.80	21.0	6.0	1.2	3.0

3.6.8 CZ 型(锥形齿)的型号、尺寸见表 8,示意图见图 8。

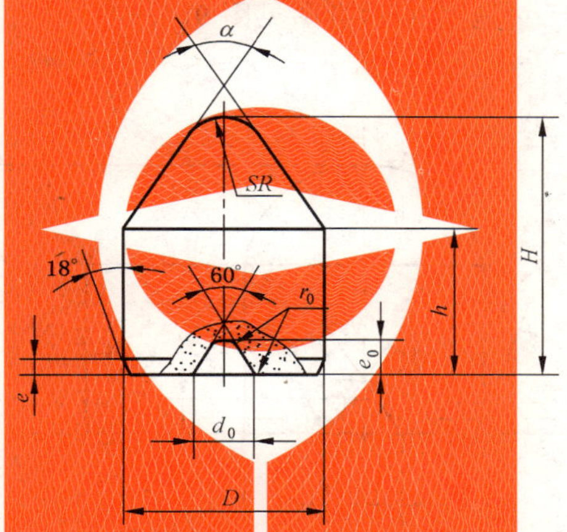

图 8 CZ 型示意图

表 8 CZ 型的型号及尺寸

单位为毫米

型号	基本尺寸					参考尺寸			
	D	H	SR	α	e	h	d_0	r_0	e_0
CZ0810	8.00	10.00	3.00	70°	1.20	6.6	3.0	0.8	1.1
CZ0812	8.00	12.00	3.00	70°	1.20	8.6	3.0	0.8	1.1
CZ1011	10.00	11.00	4.40	70°	1.20	7.0	4.0	0.8	1.2
CZ1013	10.00	13.00	4.40	70°	1.20	9.0	4.0	0.8	1.2
CZ1116	11.00	16.00	2.00	75°	1.20	10.0	4.0	0.8	1.2
CZ1215	12.00	15.00	5.10	68°	1.50	10.2	5.0	1.0	2.0
CZ1216	12.00	16.00	4.50	60°	1.50	10.0	5.0	1.0	2.0
CZ1216A	12.00	16.00	4.00	65°	1.50	10.0	5.0	1.0	2.0
CZ1217	12.00	17.00	3.40	60°	1.50	10.0	5.0	1.0	2.0
CZ1218	12.00	18.00	4.80	70°	1.50	13.0	5.0	1.0	2.0

表 8（续）　　单位为毫米

型　号	基　本　尺　寸					参　考　尺　寸			
	D	H	SR	α	e	h	d_0	r_0	e_0
CZ1418	14.00	18.50	3.60	60°	1.50	10.0	5.0	1.0	2.0
CZ1419	14.00	19.00	4.80	60°	1.50	11.5	5.0	1.0	2.0
CZ1621	16.00	21.50	7.50	45°	1.80	14.3	6.0	1.0	3.0
CZ1622	16.00	22.00	3.40	60°	1.80	11.5	6.0	1.0	3.0
CZ1625	16.00	25.00	4.00	60°	1.80	15.5	6.0	1.0	3.0
CZ1625A	16.00	25.50	6.50	45°	1.80	16.5	6.0	1.0	3.0
CZ1925	19.00	25.00	7.50	42°	2.00	13.7	7.0	1.2	4.0
CZ1926	19.00	26.00	7.50	42°	2.00	14.7	7.0	1.2	4.0
CZ1927	19.00	27.00	6.50	43°	2.00	14.1	7.0	1.2	4.0
CZ1931	19.00	31.00	4.00	50°	2.00	16.0	7.0	1.2	4.0

3.6.9　CQ 型(球形齿)的型号、尺寸见表 9,示意图见图 9。

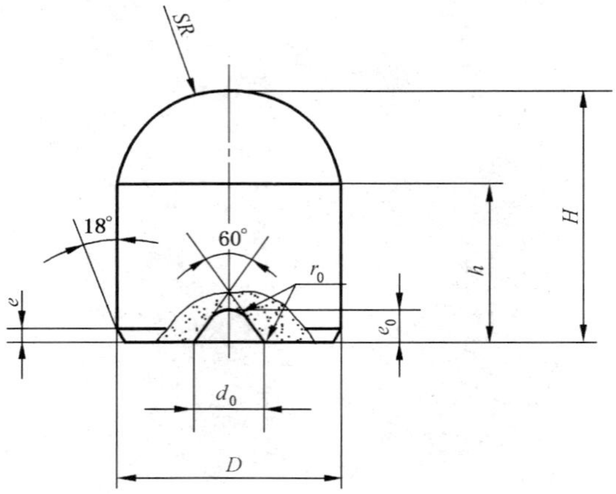

图 9　CQ 型示意图

表 9　CQ 型的型号及尺寸　　单位为毫米

型　号	基　本　尺　寸				参　考　尺　寸			
	D	H	SR	e	h	d_0	r_0	e_0
CQ0810	8.00	10.00	4.60	1.20	7.5	3.0	0.8	1.1
CQ0914	9.00	14.00	4.00	1.20	9.5	3.0	0.8	1.1
CQ1010	10.00	10.00	5.20	1.20	6.3	4.0	0.8	1.2
CQ1012	10.00	12.00	5.80	1.20	9.0	4.0	0.8	1.2
CQ1013	10.00	13.00	5.20	1.20	9.0	4.0	0.8	1.2
CQ1014	10.00	14.00	5.20	1.20	10.3	4.0	0.8	1.2
CQ1116	11.00	16.00	5.60	1.20	12.0	4.0	0.8	1.2

表 9（续）

单位为毫米

型号	基本尺寸				参考尺寸			
	D	H	SR	e	h	d_0	r_0	e_0
CQ1212	12.00	12.50	6.20	1.50	8.0	5.0	1.0	2.0
CQ1214	12.00	14.00	6.20	1.50	9.5	5.0	1.0	2.0
CQ1214A	12.00	14.00	6.70	1.50	10.1	5.0	1.0	2.0
CQ1313	13.00	13.50	6.60	1.50	8.0	5.0	1.0	2.0
CQ1315	13.00	15.50	6.60	1.50	10.0	5.0	1.0	2.0
CQ1415	14.00	15.00	7.40	1.50	10.0	5.0	1.0	2.0
CQ1416	14.00	16.50	7.60	1.50	11.9	5.0	1.0	2.0
CQ1422	14.00	22.00	5.00	1.50	11.0	5.0	1.0	2.0
CQ1622	16.00	22.00	8.00	1.80	14.0	6.0	1.2	3.0
CQ1623	16.00	23.00	8.30	1.80	17.0	6.0	1.2	3.0
CQ1624	16.00	24.00	8.50	1.80	18.4	6.0	1.2	3.0
CQ1624A	16.00	24.00	8.07	1.80	17.0	6.0	1.2	3.0
CQ1625	16.00	25.00	8.20	1.80	17.0	6.0	1.2	3.0
CQ1626	16.00	26.00	4.00	1.80	16.5	6.0	1.2	3.0
CQ1822	18.00	22.00	4.00	1.80	14.0	6.0	1.2	3.0
CQ1824	18.00	24.00	4.00	1.80	17.0	6.0	1.2	3.0
CQ1825	18.00	25.00	9.00	1.80	16.0	6.0	1.2	3.0
CQ1827	18.00	27.00	9.20	1.80	19.8	6.0	1.2	3.0
CQ1924	19.00	24.00	10.50	2.00	18.0	7.0	1.5	4.0
CQ2030	20.00	30.30	10.00	2.00	20.0	7.0	1.5	4.0

3.6.10 CQ-1 型的型号、尺寸见表 10，示意图见图 10。

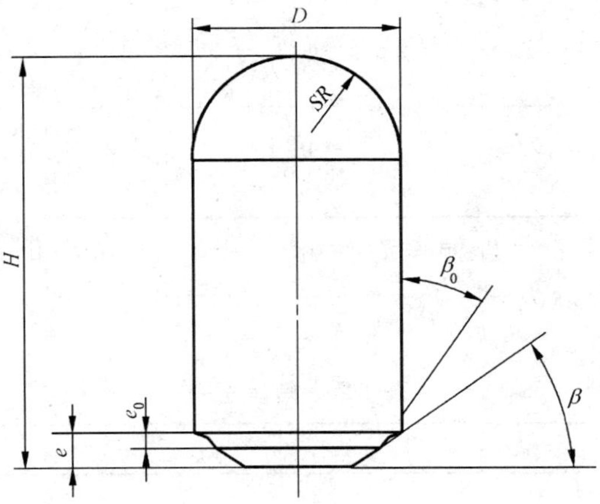

图 10 CQ-1 型示意图

表 10　CQ-1 型的型号及尺寸

单位为毫米

型　号	基　本　尺　寸				参　考　尺　寸		
	D	H	SR	e	β	β_0	e_0
CQ0812-1	8.35	12.30	4.40	2.50	26°30′	20°	1.0
CQ0913-1	9.25	13.50	5.00	2.50	26°30′	20°	1.0
CQ0915-1	9.25	15.50	5.00	2.50	26°30′	20°	1.0
CQ0912-1	9.57	12.55	5.20	2.50	30°	20°	1.0
CQ1016-1	10.00	16.00	5.40	2.50	30°	18°	1.0
CQ1019-1	10.25	19.00	5.50	2.50	26°30′	20°	1.0
CQ1115-1	11.00	15.75	5.70	2.50	30°	20°	1.0
CQ1219-1	12.35	19.00	6.60	3.00	26°30′	20°	1.0
CQ1222-1	12.35	22.00	6.60	3.00	26°30′	20°	1.0
CQ1425-1	14.20	25.00	7.50	4.50	30°	18°	2.0
CQ1422-1	14.35	22.20	7.70	3.50	14°30′	20°	2.0
CQ1530-1	15.89	30.15	8.00	4.50	30°	20°	2.0
CQ1625-1	16.35	25.00	8.80	3.50	14°30′	20°	2.0
CQ1635-1	16.20	35.00	8.50	5.00	30°	18°	2.0

3.7　尺寸允许偏差

3.7.1　产品的直径、高度尺寸的允许偏差见表 11。

表 11　直径、高度尺寸的允许偏差

单位为毫米

级别	直径(D)		高度(H)	
	基本尺寸	允许偏差	基本尺寸	允许偏差
普通级	≤13	$^{+0.35}_{+0.10}$	≤10	±0.25
	>13～22	$^{+0.45}_{+0.10}$	>10～18	±0.30
	>22	$^{+0.55}_{+0.10}$	>18～25	±0.35
			>25	±0.45
较高级	≤18	$^{+0.25}_{+0.05}$	≤11	±0.15
			>11～18	±0.20
	>18～25	$^{+0.30}_{+0.05}$	>18～25	±0.25
			>25	±0.30

3.7.2　产品的圆弧半径尺寸的允许偏差为 0 mm～＋0.50 mm；倒角 e 和 e_1 尺寸的允许偏差为＋0.20 mm～＋0.40 mm(钝化后为－0.05 mm～＋0.20 mm)。

3.7.3　产品的角度公差见表 12。

表 12　角度公差

角　　度	角度公差
≤15°	±2°
>15°	±3°

4 试验方法

4.1 产品的化学成分分析按供需双方协商确定的方法进行。

4.2 产品的物理力学性能、组织结构检验按供需双方协商确定的方法进行。

4.3 产品的外观质量检验按 GB/T 5242 的规定进行。

4.4 产品的尺寸及尺寸允许偏差检验按 GB/T 5242 的规定进行。

5 检验规则

5.1 检查和验收

5.1.1 产品应由供方质量检验部门进行检验，保证产品质量符合本标准及订货单(或合同)的规定，并填写质量证明书。

5.1.2 需方应对收到的产品按本标准及订货单(或合同)的规定进行复验。复验结果与本标准及订货单(或合同)的规定不符时，应在收到产品之日起三个月内以书面形式向供方提出，由供需双方协商解决。如需仲裁，仲裁取样应由供需双方共同进行。

5.2 组批

产品的组批按 GB/T 5242 的规定进行。

5.3 检验项目及取样数量

产品的检验项目及取样数量应符合表 13 的规定。

表 13 检验项目及取样数量

检验项目	取样规定	要求的章条号	试验方法的章条号
化学成分	每批 1 份	3.3	4.1
物理力学性能、组织结构	按 GB/T 5242 的规定进行	3.4	4.2
外观质量	逐件检验	3.5	4.3
尺寸及尺寸允许偏差	逐件检验	3.6、3.7	4.4

5.4 检验结果的判定

5.4.1 产品的化学成分检验不合格，判该批不合格。

5.4.2 产品的物理力学性能、组织结构检验结果的判定按 GB/T 5242 的规定进行。

5.4.3 产品的外观质量检验不合格，判该件不合格。

5.4.4 产品的尺寸及尺寸允许偏差检验不合格，判该件不合格。

6 标志、包装、运输、贮存

产品的标志、包装、运输和贮存按 GB/T 5243 的规定进行并填写质量证明书。

7 订货单(或合同)内容

订货单(或合同)内应包括下列内容：

a) 产品名称；

b) 产品型号；

c) 特殊要求；

d) 产品净重或数量；

e) 本标准编号。

附　录　A
（资料性附录）
石油钻齿删除、增加的型号对照

表 A.1 给出了石油钻齿删除、增加的型号对照一览表。

表 A.1

齿型	GB/T 2527—1989	本　标　准
CP 型	原 8 个型号中删除 P0607 一个型号	增加 CP0404;CP0507;CP0708;CP0806;CP0907;CP1212 6 个型号，累计 13 个型号
CB 型	原 6 个型号中删除 B1417 一个型号	增加 CB1215;CB1217;CB1316;CB1520;CB1827 5 个型号，累计 10 个型号
CS 型	原 7 个型号中无删除	增加 CS1115;CS1217;CS1319;CS1418;CS1420;CS1422;CS1519;CS1520;CS1624;CS1727;CS1825;CS1929;CS1933;CS2233;CS2235;CS2236 16 个型号，累计 23 个型号
CS-1 型	原标准无	增加 CS1317-1;CS1421-1;CS1623-1;CS1623A-1;CS1623B-1;CS1931-1 6 个型号
CX 型	原 14 个型号中删除 X1420 一个型号	增加 CX0811;CX1219;CX1419;CX1421;CX1623A;CX1826;CX2030;CX2235;CX2537;CX2539 10 个型号，累计 23 个型号
CX-1 型	原标准无	增加 CE1215-1;CE1416-1 2 个型号
CZ 型	原 12 个型号中删除 Z1015;Z1416;Z1420;Z1422 四个型号	增加 CZ1116;CZ1216;CZ1216A;CZ1217;CZ1419;CZ1621;CZ1622;CZ1625A;CZ1925;CZ1926;CZ1927;CZ1931 12 个型号，累计 20 个型号
CZ-1 型	原标准无	增加 CZ0812-1;CZ1016-1;CZ1422-1;CZ1621-1;CZ1622-1;CZ1626-1;CZ1820-1;CZ1825-1;CZ1831-1 9 个型号
CQ 型	原 22 个型号中删除 Q0812;Q1216;Q1218;Q1417;Q1420;Q1517;Q1618;Q2540 八个型号	增加 CQ0914;CQ1013;CQ1116;CQ1212;CQ1214A;CQ1415;CQ1622;CQ1624;CQ1624A;CQ1626;CQ1822;CQ1824;CQ1924 13 个型号，累计 27 个型号
CQ-1 型	原标准无	增加 CQ0812-1;CQ0913-1;CQ0915-1;CQ0912-1;CQ1016-1;CQ1019-1;CQ1115-1;CQ1219-1;CQ1222-1;CQ1425-1;CQ1422-1;CQ1530-1;CQ1625-1;CQ1635-1 14 个型号
	累计删除 15 个型号	累计增加 93 个型号，本标准共 147 个型号

ICS 75.140
E 42

中华人民共和国国家标准

GB/T 2539—2008/ISO 3841:1977
代替 GB/T 2539—1981

石油蜡熔点的测定　冷却曲线法

**Petroleum waxes—Determination of melting point—
Cooling curve method**

(ISO 3841:1977, Petroleum waxes—
Determination of melting point(cooling curve), IDT)

2008-05-12 发布　　2008-09-01 实施

中华人民共和国国家质量监督检验检疫总局
中国国家标准化管理委员会　发布

前　言

本标准等同采用国际标准 ISO 3841:1977《石油蜡熔点(冷却曲线)测定法》(英文版)。

本标准等同翻译 ISO 3841:1977。

为了便于使用,本标准做了下列编辑性修改:

——“本国际标准”一词改为“本标准”;

——用小数点“.”代替作为小数点的“,”;

——删除了国际标准的前言;

——将 1.2 注中“ISO…”改为“ISO 6244”。

本标准代替 GB/T 2539—1981《石蜡熔点(冷却曲线)测定法》。

本标准与 GB/T 2539—1981 的主要差异:

——增加“范围”章及部分内容;

——增加“术语和定义”章;

——增加“试样处于熔化状态不超过 1 h”的规定;

——增加了“试验步骤”章 5.2 注和 5.4 注;

——取消了原标准“报告”中“取重复测定两个结果中较小值为试样熔点”的规定。

本标准由全国石油产品和润滑剂标准化技术委员会(SAC/TC 280)归口。

本标准起草单位:中国石油化工股份有限公司抚顺石油化工研究院、宁波出入境检验检疫局。

本标准主要起草人:赵彬、邬蓓蕾。

本标准于 1981 年 3 月首次发布。

石油蜡熔点的测定　冷却曲线法

1　范围

1.1　本标准规定了石油蜡熔点(冷却曲线)的测定方法。

本标准适用于石油蜡,不适用于石油脂、微晶蜡,以及石油脂、微晶蜡与石蜡或粗石蜡的混合物。

1.2　熔点(冷却曲线)常被蜡供应方和客户广泛采用。它尤其适用于链烷烃含量相当高或结晶型的石油蜡。含有大量在同一温度下结晶的烃的试样,在冷却过程中,释放出熔化热,暂时延缓冷却速率,在冷却曲线上形成停滞期。对含大量异构烷烃或非结晶型的石油蜡一般不出现停滞期。

注:检验石油蜡的其他方法,如 ISO 2207、ISO 6244。试验结果可能因方法不同而存在差异。对于医用凡士林通常采用 ISO 6244。

2　原理

将装有熔化的石油蜡试样和温度计的试管置于空气浴内,空气浴置于水温为 16℃～28℃ 的水浴中。在试样冷却过程中,定期记录温度计的读数。当试样发生凝固时,其温度变化率减小,在冷却曲线上形成停滞期。

3　术语和定义

下列术语和定义适用于本标准。

3.1

石油蜡熔点(冷却曲线)　melting point(cooling curve)of petroleum wax

在规定的条件下冷却熔化的石油蜡试样,当冷却曲线上第一次出现停滞期时的温度。

4　仪器

4.1　试管:钠-钙玻璃制作,外径 25 mm,长 100 mm,在距试管底 50 mm 处刻一环状装样线,在距试管底 10 mm 处刻一温度计底端定位线。

4.2　空气浴:内径 51 mm,深 113 mm 的圆筒。配有合适的软木塞,塞子中间开孔,使试管(4.1)在空气浴中心稳固地处于垂直状态。

4.3　水浴:内径 130 mm,深 150 mm 的圆筒形容器,配一合适的盖子(水浴盖),使空气浴(4.2)垂直置于水浴中。要求空气浴与水浴壁及底部保持 38 mm 的水层。盖子上应有插入水浴温度计的开孔,且使水浴温度计处于距水浴外壁 20 mm 的位置。

注:空气浴、水浴和水浴盖可以制作成一个如图 1 所示的组合仪器。

单位为毫米

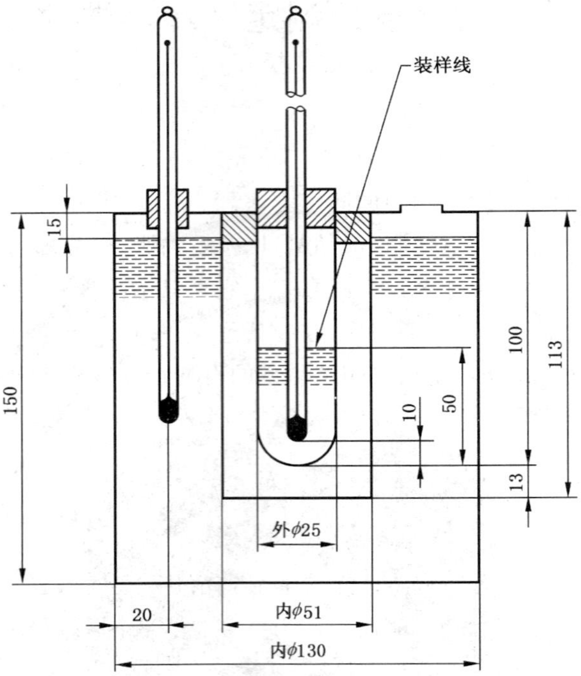

图 1 石油蜡熔点(冷却曲线)测定仪器

4.4 熔点温度计:半浸棒式,技术参数见表 1。

表 1 熔点温度计技术参数

项 目	技 术 参 数
范围	38℃～82℃
浸没深度	79 mm
最小分度	0.1℃
长线分度	0.5℃
刻字分度	1.0℃
最大示值允差	0.1℃
膨胀室允许加热温度	100℃
总长度	377 mm±5 mm
棒直径	6.0 mm～7.0 mm
水银球长	18 mm～28 mm
水银球直径	5.0 mm～6.0 mm
水银球底部至 40℃刻度线距离	116 mm～125 mm
水银球底部至 80℃刻度线距离	315 mm～335 mm
水银球底部至收缩室顶部距离	最大 41 mm

4.5 水浴温度计:半浸棒式,在使用范围内准确到 1℃。

4.6 烘箱或水浴:温度控制能达到 93℃。

5 试验步骤

5.1 按图1将空气浴(4.2)安装在水浴(4.3)中合适的位置。在水浴中注入16℃～28℃的水,水面与顶部距离小于15 mm。整个试验过程中,水温保持在16℃～28℃。

5.2 在烘箱或水浴(4.6)中,用一合适的容器加热试样,至最少比预期熔点(见注)高8℃以上,控制加热温度不超过93℃。不可用明火或电热板直接加热试样,试样处于熔化状态不应超过1 h。

注:如果不能估计出试样的熔点,在进行下一步试验之前,加热试样至完全熔化后再升温10℃,或者加热到90℃～93℃。

5.3 将熔化的试样装入试管(4.1)中,加至50 mm刻线处。通过软木塞中心插入熔点温度计(4.4),使熔点温度计79 mm浸没线在软木塞下表面,然后将软木塞塞进试管里,并使温度计水银球底部距试管底部10 mm,在保证试样温度比预期熔点(见5.2注)至少高8℃的情况下,按图1将试管垂直安装在空气浴中。

5.4 每15 s读一次熔点温度计指示温度,记录每次读数至最接近估计的0.05℃。观察这些连续读数,当第一次出现5个连续读数总差不超过0.1℃时,即为停滞期,此时即可停止试验。

注:如果没有停滞期出现,可继续读取温度至38℃或比试样凝固温度低8℃(可通过透明浴观察),即可停止试验。说明本方法不适用于该样品,应选择其他的方法(见1.2注)。

6 试验结果的表述

计算第一次出现总差不超过0.1℃的5个连续读数的平均值,并对此平均值进行温度计校正值的修正。

7 精密度

通过实验室间试验结果的统计试验,得到本方法的精密度。

7.1 重复性

同一操作者,用同一仪器,在恒定的操作条件下,对同一试样,按照本方法正常而正确地操作获得的两个连续测定结果的差值,经长期试验,20次试验中只有一次超过0.1℃。

7.2 再现性

不同操作者,在不同实验室,对同一试样,按照本方法正常而正确地操作获得的两个单独试验结果的差值,经长期试验,20次试验中只有一次超过0.5℃。

8 试验报告

报告试验结果至最接近的0.05℃,作为熔点(冷却曲线),并注明参考本标准。

参 考 文 献

ISO 2207 石油蜡冻凝点测定法
ISO 6244 石油蜡滴熔点测定法

ICS 83.080.01
G 31

中华人民共和国国家标准

GB/T 2547—2008
代替 GB/T 2547—1981

塑料　取样方法

Plastic resins—Sampling

2008-08-04 发布　　2009-04-01 实施

中华人民共和国国家质量监督检验检疫总局
中国国家标准化管理委员会　发布

前　言

本标准代替 GB/T 2547—1981《塑料树脂取样方法》。

本标准与 GB/T 2547—1981 的差异：

——修改了标准名称。

本标准的附录 A 和附录 B 为规范性附录。

本标准由中国石油和化学工业协会提出。

本标准由全国塑料标准化技术委员会(SAC/TC 15)归口。

本标准起草单位：中国石化北京燕山分公司树脂应用研究所、国家合成树脂质量监督检验中心、广州合成材料研究院有限公司、国家化学建筑材料测试中心(材料测试部)、广州金发科技股份有限公司。

本标准主要起草人：陈宏愿、王建东、王浩江、王晓丽、杨春梅、潘颖、刘奇祥。

本标准所代替标准的历次版本发布情况为：GB/T 2547—1981。

塑料　取样方法

1　范围

本标准规定了利用数理统计原理确认样本大小，并用随机的方法抽取塑料材料试验用样品的方法。本标准旨在指导抽样检验时如何从一批塑料材料产品中抽取部分产品组成有代表性样本。

2　样本大小的确定

2.1　样本 n 的确定

为使由样本得到的产品总体质量平均值的估计值能满意地反映总体的真实情况，需从总体求取适量的抽样单位（即最小包装件）。抽样单位数（即样本）可由式(1)求得：

$$n = (A\sigma_0/E)^2 \qquad \cdots\cdots(1)$$

式中：

n——抽样单位数，即样本大小；

σ_0——产品总体质量的标准差估计值；

E——由样本得到的产品总体质量平均值的估计值与用相同方法对每个抽样单位测量得到的产品总体质量平均值之间存在的最大允许误差；

A——概率系数，它表示从样本得到的产品总体质量平均值的估计值与对每个抽样单位测量得到的产品总体质量平均值之间存在的误差超过最大允许误差 E 的相应的概率。

由式(1)可变换为式(2)，有时使用起来更为方便：

$$n = (AV_0/e)^2 \qquad \cdots\cdots(2)$$

式中：

n——抽样单位数，即样本大小；

V_0——$\sigma_0/\overline{X}$ 产品总体质量的变差系数估计值，其中 $\overline{X}$ 为产品总体质量平均值；

e——$E/\overline{X}$ 用 $\overline{X}$ 的百分数表示的最大允许误差。

2.2　σ_0 或 V_0 的求取

σ_0 或 V_0 的求取如下：

a)　根据同种产品的历史数据，分别用式(3)和式(4)计算出样本大小相等或相近的几批产品的样本标准差或变差系数。

$$s = \sqrt{\sum(x_i - \bar{x})^2/n' - 1} \qquad \cdots\cdots(3)$$

$$V' = s/\sqrt{X} \qquad \cdots\cdots(4)$$

式中：

s——批的样本的标准差；

x_i——单个测定值；

$\bar{x}$——单个测定值的算术平均数；

n'——批的样本大小；

V'——批的变差系数。

然后，再算出它们的平均值。

$\bar{s} = \sqrt{\sum s_i^2/l}$ 或 $\bar{V} = \sqrt{\sum V'^2_i/l}$ 分别作为 σ_0 或 V_0 的估计值。其中 l 为批数。

注：在求取 σ_0 或 V_0 时，一般地讲，样本大小 n' 越大，批数 l 越大，则所得结果越准确，但在实际应用时，若 n' 数越

大，则批数 l 可小些，若 n' 越小，则批数 l 要大些。如 n' 大于 20 时，l 取 4～5 即可。n' 为 10 左右时，则 l 最好大于 10。

b) 若没有这样的历史数据可用时，则可按 a) 中“注”的原则，着手资料的积累工作，以便估计出符合要求的 σ_0 或 V_0。

2.3 最大允许误差 *E* 或 *e* 的确定

最大允许误差 E 或 e 可根据需要和可能进行规定。

所谓“需要”是指对某项质量特性的一点变化就会使产生转型，或对成型加工、制品应用，产生很大影响，则从样本得到的特性估计值的准确度就该高些，即 E 或 e 要规定得小些，反之 E 或 e 可规定得大些。

所谓“可能”是指对样本大小 n 进行测试所需要花费的人力物力是否合适而言。根据式(1)或式(2)可知，样本大小 n 与最大允许误差的 E 或 e 平方成反比，若不必要地把 E 或 e 规定得太小，则 n 将会变得过大，花费的检验费用就很大，这往往是不经济的，所以如果对某一规定的 E 或 e 求出的 n 太大，则可调整 E 或 e（将 E 或 e 增大，也即降低估计值得准确度）以求出较小的 n。

总之，确定最大允许误差 E 或 e 时，所考虑的问题是在所要求的估计值准确度和要得到这样准确度的估计值所花的费用大小之间取得适当的平衡。

2.4 概率系数 *A* 的确定

概率系数可根据对结果所要求的可信区间来定。在工业生产上一般定为 1.96 就够了，这时从样本得到的产品总体质量平均值的估计值与对每个抽样单位测量得到的产品总体质量平均值之间，存在的误差超过最大允许误差 E 或 e 的概率为 5%。相应于其他概率的 A 值，可根据需要，从正态分布表得到，例如：

系数	概率
3	3‰
2.58	1%
2	4.5%
1.64	10%

2.5 多项质量特性产品样本 *n* 的确定

对于塑料树脂产品来说，通常有几项质量特性，则可分别算出各项质量特性所需要的 n 数，然后取其中最大的一个作为检验批的样本大小。也可用与产品主要用途有关的关键性质量特性中变差系数最大的一个来计算 n 数。

3 样本的抽取——抽样单位的选定

根据式(1)或式(2)计算得到的样本大小 n 要随机地从产品总体中选出，具体步骤可按下述两种方法之一进行。

3.1 随机抽样法

随机抽样法如下：

a) 将产品的抽样单位总数 N，按一定（或生产）顺序连续编号，从 1 开始编到 N；

b) 利用随机数表，确定被抽取的抽样单位的号数（随机数表及其使用法见附录 A）。

3.2 系统抽样法

系统抽样法如下：

a) 把产品的抽样单位总数 N 用样本大小 n 除，取其商值的整数部分 h 为取样间隔；

b) 在第 1 至第 h 个抽样单位中，随机地确定一个抽样单位，然后每隔 h 个抽样单位取一个样。

注：如果放料口取样是方便的或产品处在移动过程中，则可采用系统抽样法。

4 取样

4.1 取样方法

从3.1b)和3.2b)确定的抽样单位中取样。所用的取样工具、取样方法应保证能取出该抽样单位中有代表性的样品，特别对那些在包装中运输中会造成不均匀性的产品(如大小颗粒的分离、水分含量不一等)更要注意这一点，此时用大小合适的扦筒从不同部位(上、中、下、中心、外围等处)取样是适宜的。对于包装件中均匀的产品，勺状取样器是合适的。

4.2 取样量

4.2.1 若取样目的只是要求得到产品总体质量平均值，则由包装件中取出的样品可以混合试验。取出的样品总量至少应为试验需用量的二倍。在每个选中的抽样单位中取出大体等量的样品混合均匀后，一分为二，一份送交试验，一份放在密封、不污染产品的容器中保存。每份都得注明产品名称、批号、生产日期、取样日期等。

4.2.2 若取样目的是要求得到整批产品内各抽样单位间质量分散性情况，则取出的样品不应混合，应分别试验，这时从每个抽样单位中取出的样品量应为试验需用量的二倍，分别混合均匀后，一分为二，一份送交试验，一份放在密封、不污染产品的容器中保存。每份均应注明产品名称、批号、生产日期、取样日期等。

4.2.3 对用量极少的试验，应从确定的抽样单位中取出几倍、几千倍于试验用量的样品(以能取出有代表性的样品为原则)。取出后，用锥形四等分均匀缩样法(见附录B)缩样，直至取得合适的用量。有些颗粒料粒子较大，可在缩至一定程度后，用机械粉碎的方法，粉碎成小颗粒后，再行缩样，直至取得合适的用量为止。机械粉碎时，应注意不要使样品过热，以防降解。

4.3 塑料树脂取样

对塑料树脂而言，求取质量平均值的情况较多，在日常检验中，可进行混合试验。这时在产品传送过程中，或在产品包装过程中，用自动连续取样器进行连续取样是合适的取样方法。

如需了解和掌握批内质量分散性的资料，则应定期地抽取适当大小的样本进行分别试验。由此积累的分散性资料，可用于σ_0或V_0的求取及控制改进生产工艺。

附 录 A
（规范性附录）
随机数表及其在随机抽样中的用法

A.1 随机数表是由 0 到 9 的数字随机排列而成的，见表 A.1。本附录中给出两页，每页有 50×50＝2 500个数字，排成 50 行（横）50 列（纵，一个数字为一列），根据需要可把它当作任何位数来使用。

A.2 随机数表在随机抽样中的用法

A.2.1 页码的确定

闭上眼睛把铅笔放在随机数表上，若笔尖落到的数字是奇数，则从第 1 页上取，若笔尖落到的数字是偶数，则从第 2 页上取。

A.2.2 行列起点的确定

闭上眼睛把铅笔放在随机数表上，用笔尖落到的二位数来决定行。

以相同的方法来决定列（当笔尖落到的二位数是 51～99 或 00 时，则减去或加上 50 使之成为 01～49 或 50）。

A.2.3 前进方向的确定

从 A.2.1 和 A.2.2 确定的第几页、第几行和第几列出发，如果取的是一位或二位数（确定为起点的列是第一位数，其右边的一个为第二位数），则从左往右边取，到达右端时，移到下一行的左端，继续往右取；如果取的是三位以上的数，则从上往下取，到达下端时，移到下一列的上端继续往下边取。所取的位数取决于抽样单位总数 N。

A.2.4 抽样单位号数的确定

取出的数小于 N 时，取原数。

取出的数大于 N 时，用 N 来除，取余数、按先后次序排列，去掉重复的数直至确定了 n 个数为止。

A.3 随机数表使用示例

使用随机数表从批量为 200 个抽样单位（N）的产品中随机地取出 10 个样品（n）时确定取样单位号数的方法示例如下：

a) 按 A.2.1 和 A.2.2 规定的方法，假定从第 2 页第 47 行，第 7 列出发，首先取出的三位数为 798；
b) 再从上往下，即 798 往下依次取出 988、034、055、761、499、606、965、601、971、248、……；
c) 经处理（即取用 200 除后的余数），得到 198、188、34、55、161、99、6、165、1、171、48、……；
d) 因其中没有重复的数，所以前 10 个数便是选中的取样单位号数。

表 A.1 随机数表

03 47 43 73 86	36 96 47 36 61	46 98 63 71 62	33 26 16 80 45	60 11 14 10 95
97 74 24 67 62	42 81 14 57 20	42 53 32 37 32	27 07 36 07 51	24 51 79 89 73
16 76 62 27 66	56 50 26 71 07	32 90 79 78 53	13 55 38 58 59	88 97 54 14 10
12 56 85 99 26	96 96 68 27 31	05 03 72 93 15	57 12 10 14 21	88 26 49 81 76
55 59 56 35 64	38 54 82 46 22	31 62 43 09 90	06 18 44 32 53	23 83 01 30 30
16 22 77 94 39	49 54 43 54 82	17 37 93 23 18	87 35 20 96 43	84 26 34 91 64
84 42 17 53 31	57 24 55 06 88	77 04 74 47 67	21 76 33 50 25	83 92 12 06 76

表 A.1（续）

63 01 63 78 59	16 95 55 67 19	98 10 50 71 75	12 86 73 58 07	44 39 52 38 79
33 21 12 34 29	78 64 56 07 82	52 42 07 44 38	15 51 00 13 42	99 66 02 79 54
57 60 86 32 44	09 47 27 96 54	49 17 46 09 62	90 52 84 77 27	08 02 73 43 28
18 18 07 92 45	44 17 16 58 09	79 83 86 19 62	06 76 50 03 10	55 23 64 05 05
26 62 38 97 75	84 16 07 44 99	83 11 46 32 24	20 14 85 88 45	10 93 72 88 71
23 42 40 64 74	82 97 77 77 81	07 45 32 14 08	32 98 94 07 72	93 85 79 10 75
52 36 28 19 95	50 92 26 11 97	00 56 76 31 38	80 22 02 53 53	86 60 42 04 53
37 85 94 35 12	83 39 50 08 30	42 34 07 96 88	54 42 06 87 98	35 85 29 48 39
70 29 17 12 13	40 33 20 38 26	13 89 51 03 74	17 76 37 13 04	07 74 21 19 30
56 62 18 37 35	96 83 50 87 75	97 12 25 93 47	70 33 24 03 54	97 77 46 44 80
99 49 57 22 77	88 42 95 45 72	16 64 36 16 00	04 43 18 66 79	94 77 24 21 90
16 08 15 04 72	33 27 14 34 09	45 59 34 68 49	12 72 07 34 45	99 27 72 95 14
31 16 93 32 43	50 27 89 87 19	20 15 37 00 49	52 85 66 60 44	38 68 88 11 80
68 34 30 13 70	55 74 30 77 40	44 22 78 84 26	04 33 46 09 52	68 07 97 06 57
74 57 25 65 76	59 29 97 68 60	71 91 38 67 54	13 58 18 24 76	15 54 55 95 52
27 42 37 86 53	48 55 90 65 72	96 57 69 36 10	96 46 92 42 45	97 60 49 04 91
00 39 68 29 61	66 37 32 20 30	77 84 57 03 29	10 45 65 04 26	11 04 96 67 24
29 94 98 94 24	68 49 69 10 82	53 75 91 93 30	34 25 20 57 27	40 48 73 51 92
16 90 82 66 59	83 62 64 11 12	67 19 00 71 74	60 47 21 29 68	02 02 37 03 31
11 27 94 75 06	06 09 19 74 66	02 94 37 34 02	76 70 90 30 86	38 45 94 30 38
35 24 10 16 20	33 32 51 26 38	79 78 45 04 91	16 92 53 56 16	02 75 50 95 98
38 23 16 86 38	42 38 97 01 50	87 75 65 81 41	40 01 74 91 62	48 51 84 08 32
31 96 25 91 47	96 44 33 49 13	34 86 82 53 91	00 52 43 48 85	27 55 26 89 62
66 67 40 67 14	64 05 71 95 86	11 05 65 09 68	76 83 20 37 90	57 16 00 11 66
14 90 84 45 44	75 73 88 05 90	52 27 41 14 86	22 98 12 22 08	07 52 74 95 80
68 05 51 18 00	33 96 02 75 19	07 60 62 93 55	59 33 82 43 90	49 37 38 44 59
20 46 78 73 90	97 51 40 14 02	04 02 33 31 08	39 54 16 49 36	47 95 93 13 30
64 19 58 97 79	15 06 15 93 20	01 90 10 75 06	40 78 78 89 62	02 67 74 17 33
05 26 93 70 60	22 35 85 15 13	92 03 51 59 77	59 56 78 06 83	52 91 05 70 74
07 97 10 88 23	09 98 42 99 64	61 71 62 99 15	06 51 29 16 93	58 05 77 09 51

表 A.1（续）

68 71 86 85 85	54 87 66 47 54	73 32 08 11 12	44 95 92 63 16	29 56 24 29 48
26 99 61 65 53	58 37 78 80 70	42 10 50 67 42	32 17 55 85 74	94 44 67 16 94
14 65 52 68 75	87 59 36 22 41	26 78 63 06 55	13 08 27 01 50	15 29 39 39 43
17 53 77 58 71	71 41 61 50 72	12 41 94 96 26	44 95 27 36 99	02 96 74 30 83
90 26 59 21 19	23 52 23 33 12	96 93 02 18 39	07 02 18 36 07	25 99 32 70 23
41 23 52 55 99	31 04 49 69 96	10 47 48 45 88	13 41 43 89 20	97 17 14 49 17
60 20 50 81 69	31 99 73 68 68	35 81 33 03 76	24 30 12 48 60	18 99 10 72 34
91 25 38 05 90	94 58 28 41 36	45 37 59 03 09	90 35 57 29 12	82 62 54 65 60
34 50 57 74 37	98 80 33 00 91	09 77 93 19 82	74 94 80 04 04	45 07 31 66 49
85 22 04 39 43	73 81 53 94 79	33 62 46 86 28	08 31 54 46 31	53 94 13 38 47
09 79 13 77 48	73 82 97 22 21	05 03 27 24 83	72 89 44 05 60	35 80 39 94 88
88 75 80 18 14	22 95 75 42 49	39 32 82 22 49	02 48 07 70 37	16 04 61 67 87
90 96 23 70 00	39 00 03 06 90	55 85 78 38 36	94 37 30 69 32	90 89 00 76 33
53 74 23 99 67	61 32 28 69 84	94 62 67 86 24	98 33 41 19 95	47 53 53 38 09
63 38 06 86 54	99 00 65 26 94	02 82 90 23 07	79 62 67 80 60	75 91 12 81 19
35 30 58 21 46	06 72 17 10 94	25 21 31 75 96	49 28 24 00 49	55 65 79 78 07
63 43 36 82 69	65 51 18 37 88	61 38 44 12 45	32 92 85 88 65	54 34 81 85 35
98 25 37 55 26	01 91 82 81 46	74 71 12 94 97	24 02 71 37 07	03 92 18 66 75
02 63 21 17 69	71 50 80 89 56	43 15 70 11 48	43 40 45 86 98	00 83 26 91 03
64 55 22 21 82	48 22 28 06 00	61 54 13 43 91	82 78 12 23 29	06 66 24 12 27
85 07 26 13 89	01 10 07 82 04	59 63 69 36 03	69 11 15 83 80	13 29 54 19 28
58 54 16 24 15	51 54 44 82 00	62 61 65 04 69	38 18 65 18 97	85 72 13 49 21
34 85 27 84 87	61 48 64 56 26	90 18 48 13 26	37 70 15 42 57	65 65 80 39 07
03 92 18 27 46	57 99 16 96 56	30 33 72 85 22	84 64 38 56 98	99 01 30 98 64
62 93 30 27 59	37 75 41 66 48	86 97 80 61 45	23 53 04 01 63	45 76 08 64 27
08 45 93 15 22	60 21 75 46 91	98 77 27 85 42	28 88 61 08 84	69 62 03 42 73
07 08 55 18 40	45 44 75 13 90	24 94 96 61 02	57 55 66 83 15	73 42 37 11 61
01 85 89 95 66	51 10 19 34 88	15 84 97 19 75	12 76 39 43 78	64 63 91 08 25
72 84 71 14 35	19 11 58 49 26	50 11 17 17 76	86 31 57 20 18	95 60 78 46 75
88 78 28 16 84	13 52 53 94 53	75 45 69 30 96	73 89 65 70 31	99 17 43 48 76

表 A.1（续）

45 17 75 65 57	28 40 19 72 12	25 12 74 75 67	60 40 60 81 19	24 62 01 61 16
96 76 28 12 54	22 01 11 94 25	71 96 16 16 88	68 64 36 74 45	19 59 50 88 92
43 31 67 72 30	24 02 94 08 63	38 32 36 66 02	69 36 38 25 39	48 03 45 15 22
50 44 66 44 21	66 06 58 05 62	68 15 54 35 02	42 35 48 96 32	14 52 41 52 48
22 66 66 15 86	26 63 75 41 99	58 42 36 72 24	58 37 52 18 51	03 37 18 39 11
96 24 40 14 51	23 22 30 88 57	95 67 47 29 83	94 69 40 06 07	18 16 36 78 86
31 73 91 61 19	60 20 72 93 48	98 57 07 23 69	65 95 39 69 58	56 80 30 19 44
78 60 73 99 84	43 89 94 36 45	56 69 47 07 41	90 22 91 07 12	78 35 34 08 72
84 37 90 61 56	70 10 23 98 05	85 11 34 76 60	76 48 45 34 60	01 64 18 39 96
36 67 10 08 23	98 93 35 08 86	99 29 76 29 81	33 34 91 58 93	63 14 52 32 52
07 28 59 07 48	89 64 58 89 75	83 85 62 27 89	30 14 78 56 27	86 63 59 80 02
10 15 83 87 60	79 24 31 66 56	21 48 24 06 93	91 98 94 05 49	01 47 59 38 00
55 19 68 97 65	03 73 52 16 56	00 53 55 90 27	33 42 29 38 87	22 13 88 83 34
53 81 29 13 39	35 01 20 71 34	62 33 74 82 14	53 73 19 09 03	56 54 29 56 93
51 86 32 68 92	33 98 74 66 99	40 14 71 94 58	45 94 19 38 81	14 44 99 81 07
35 91 70 29 13	80 03 54 07 27	96 94 78 32 66	50 95 52 74 33	13 80 55 62 54
37 71 67 95 13	20 02 44 95 94	64 85 04 05 72	01 32 90 76 14	53 89 74 60 41
93 66 13 83 27	92 79 64 64 72	28 54 96 53 84	48 14 52 98 94	56 07 93 89 30
02 96 08 45 65	13 05 00 41 84	93 07 54 72 59	21 45 57 09 77	19 48 56 27 44
49 83 43 48 35	82 88 33 69 96	72 36 04 19 76	47 45 15 18 60	82 11 08 95 97
84 60 71 62 46	40 80 81 30 37	34 39 23 05 38	25 15 35 71 30	88 12 57 21 77
18 17 30 88 71	44 91 14 88 47	89 23 30 63 15	56 34 20 47 89	99 82 93 24 98
79 69 10 61 78	71 32 76 95 62	87 00 22 58 40	92 54 01 75 25	43 11 71 99 31
75 93 36 57 83	56 20 14 82 11	74 21 97 90 65	96 42 68 63 86	74 54 13 26 94
38 30 92 29 03	06 28 81 39 38	62 25 06 84 63	61 29 08 93 67	04 32 92 08 09
51 29 50 10 34	31 57 75 95 80	51 97 02 74 77	76 15 48 49 44	18 55 63 77 09
21 31 38 86 24	37 79 81 53 74	73 24 16 10 33	52 83 90 94 76	70 47 14 54 36
29 01 23 87 88	58 02 39 37 67	42 10 14 20 92	16 55 23 42 45	54 96 09 11 06
95 33 95 22 00	18 74 72 00 18	38 79 58 69 32	81 76 80 26 92	82 80 84 25 39

表 A.1（续）

90 84 60 79 80	24 36 59 87 38	82 07 53 89 35	96 35 23 79 18	05 98 90 07 35
46 40 62 98 82	54 97 20 56 95	15 74 80 08 32	16 46 70 50 80	67 72 16 42 79
20 31 89 03 43	38 46 82 68 72	32 14 82 99 70	80 60 47 18 97	63 49 30 21 30
71 59 73 05 50	08 22 23 71 77	91 01 93 20 49	82 96 59 26 94	66 39 67 98 60

附 录 B
（规范性附录）
锥形四等分均匀缩样法

本方法可用于均分样品，把样品量均匀地缩小到所需要的最小量。具体方法如下：

a） 把混合均匀的样品倒在一块干净的布或光滑的纸上；

b） 用铲子把样品铲成一堆，形成一个锥形，每一铲都要从锥底铲起，倒到锥顶上，让物样沿圆锥四周均匀流下；

c） 用一块干净的平板把锥顶压平，成一个圆台，直到圆台的高度为圆锥高度的四分之一；

d） 用一根干净的直尺，把圆台形的样品，通过其中心平分成四份；

e） 随机地舍去相对的二份，把留下的二份合起来，重复上述操作，直到获得所需要的样品量为止。

ICS 65.100.10
G 25

GB

中华人民共和国国家标准

GB 2548—2008
代替 GB 2548—1993

敌敌畏乳油

Dichlorvos emulsifiable concentrates

2008-12-17 发布　　　　2009-06-01 实施

中华人民共和国国家质量监督检验检疫总局
中国国家标准化管理委员会　发布

前　　言

本标准的第3章、第5章是强制性的，其余是推荐性的。

本标准修改采用FAO规格11/EC/S(1989)《敌敌畏乳油》(英文)。

本标准修改采用国外先进标准的方法为重新起草法。

本标准与FAO规格《敌敌畏乳油》的主要技术性差异：

1) 增加了三氯乙醛控制项目指标。

2) 本标准酸度指标为≤0.3%，而FAO规格为≤5g/kg(0.5%)。

本标准代替GB 2548—1993。

本标准与GB 2548—1993《敌敌畏乳油》的主要差异为：

1) 敌敌畏乳油规格由80%和50%分别改为77.5%和48.0%。

2) 增加三氯乙醛控制项目。

本标准的附录A是资料性附录。

本标准由中国石油和化学工业协会提出。

本标准由全国农药标准化技术委员会(CSBTS/TC 133)归口。

本标准负责起草单位：沈阳化工研究院。

本标准参加起草单位：南通江山农药化工股份有限公司、湖北沙隆达股份有限公司、河北新丰农药化工股份有限公司。

本标准主要起草人：张丕龙、王志敏、李达元、周国柱。

本标准首次发布于1981年。

本标准于1993年第一次修订。

本次修订为第二次修订。

敌 敌 畏 乳 油

该产品有效成分敌敌畏的其他名称、结构式和基本物化参数如下：

ISO 通用名称：dichlorvos

CIPAC 数字代号：11

化学名称：*O*,*O*-二甲基-*O*-(2,2-二氯乙烯基)磷酸酯

结构式：

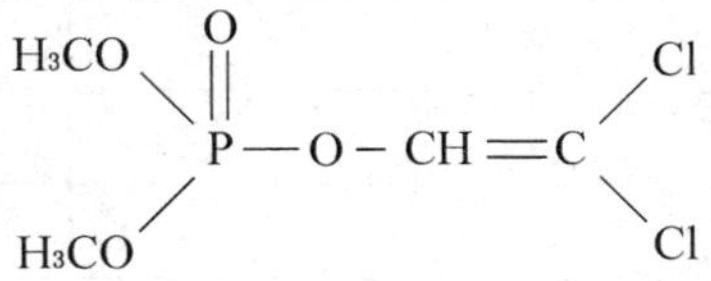

实验式：$C_4H_7Cl_2O_4P$

相对分子质量：221.0（按 2007 国际相对原子质量计）

生物活性：杀虫

沸点：234.1 ℃/1×10^5 Pa

蒸气压(25 ℃,mPa)：2.1×10^3

相对密度(D_n^{20})：1.425

折光率：(n_D^{20})：1.452 3

溶解度：水 18 g/L(25 ℃)，煤油中溶解 0.2%～0.3%，溶于大多数有机试剂

稳定性：对热稳定，在水或酸性介质里缓慢水解，在碱性介质里水解更快，生成磷酸氢二甲酯和二氯乙醛，DT_{50}(22 ℃)(pH4 约 31.9 d、pH7 2.9 d、pH9 2.0 d，对铁和软钢有腐蚀作用，对不锈钢、铝、镍没有腐蚀性

1 范围

本标准规定了敌敌畏乳油的要求、试验方法以及标志、标签、包装、贮运。

本标准适用于敌敌畏原药与乳化剂溶解在适宜的溶剂中配制成的敌敌畏乳油。

2 规范性引用文件

下列文件中的条款通过本标准的引用而成为本标准的条款。凡是注日期的引用文件，其随后所有的修改单(不包括勘误的内容)或修订版均不适用于本标准，然而，鼓励根据本标准达成协议的各方研究是否可使用这些文件的最新版本。凡是不注日期的引用文件，其最新版本适用于本标准。

GB/T 601 化学试剂 标准滴定溶液的制备

GB/T 1600 农药水分测定方法

GB/T 1603 农药乳液稳定性测定方法

GB/T 1604 商品农药验收规则

GB/T 1605—2001 商品农药采样方法

GB 4838 农药乳油包装

GB/T 19136 农药热贮稳定性测定方法

GB/T 19137 农药低温稳定性测定方法

3 要求

3.1 外观与组成

本品由符合标准的敌敌畏原药与乳化剂溶解在适宜的溶剂中配制而成，为黄棕色至浅黄色或无色稳定的均相液体，无可见外来杂质。

3.2 敌敌畏乳油应符合表1要求。

表1 敌敌畏乳油控制项目指标

项目		指标	
		77.5%	48.0%
敌敌畏质量分数/%		$77.5^{+3.5}_{-2.5}$	$48.0^{+3.0}_{-2.0}$
三氯乙醛质量分数/%[a]	≤	0.4	
酸度(以 H_2SO_4 计)/%	≤	0.3	
水分质量分数/%	≤	0.1	
乳液稳定性(稀释200倍)		合格	
低温稳定性[a]		合格	
热贮稳定性[a]		合格	
[a] 在正常生产情况下，三氯乙醛质量分数、热贮稳定性、低温稳定性每三个月至少检验一次。			

4 试验方法

4.1 抽样

按 GB/T 1605—2001 中“液体制剂采样”方法进行。用随机数表法确定抽样的包装件；最终抽样量应不少于100 g。

4.2 鉴别试验

气相色谱法——本鉴别试验可与敌敌畏含量的测定同时进行。在相同的色谱操作条件下，试样溶液主色谱峰的保留时间与标样溶液中敌敌畏色谱峰的保留时间，其相对差值应在1.5%以内。

4.3 敌敌畏质量分数的测定

4.3.1 方法提要

试样用三氯甲烷溶解，以正十五烷为内标物，在10%DC-550柱上进行色谱分离，用氢火焰离子化检测器测定，内标法定量。敌敌畏质量分数的测定也可采用热导检测器测定方法，色谱操作条件参见附录A。

4.3.2 试剂和溶液

三氯甲烷；

固定液：硅酮 DC-550；

载体：上试101(180 μm～250 μm)(或具有相同性能的其他载体)，用新配制的王水在80 ℃浸煮16～24 h后，用水洗净，烘干，过筛备用；

敌敌畏标样：已知敌敌畏质量分数 $w \geqslant 99.0\%$；

内标物：正十五烷(没有干扰色谱分析的杂质)；

内标溶液：准确称取5 g正十五烷，置于500 mL容量瓶中，用三氯甲烷溶解并稀释至刻度，摇匀。

4.3.3 仪器

气相色谱仪：具有氢火焰离子化检测器；

色谱数据处理机或色谱化学工作站；

色谱柱：2 m×3.2 mm(i.d.)硼硅玻璃柱(或不锈钢柱)；

微量进样器：10 μL。

柱填充物：DC-550 涂渍在上试 101 载体(180 μm～250 μm)上，固定液：(固定液＋载体)＝10：100。

4.3.4 气相色谱操作条件

温度(℃)：柱箱 174，气化室 200，检测器 250；

气体流量(mL/min)：载气(N_2)30，氢气 30，空气 300；

保留时间(min)：敌敌畏约 2.2，正十五烷 3.8。

上述操作参数是典型的，可根据不同仪器特点，对给定的操作参数作适当调整，以期获得最佳效果。典型的敌敌畏乳油气相色谱图见图 1。

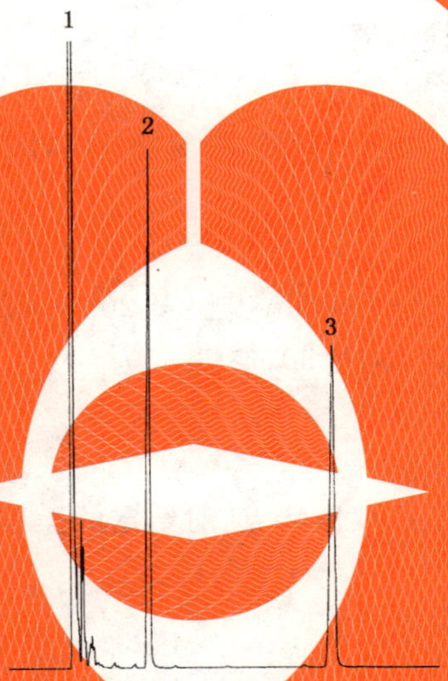

1——溶剂；

2——敌敌畏；

3——正十五烷。

图 1 敌敌畏乳油的气相色谱图

4.3.5 测定步骤

4.3.5.1 称取敌敌畏标样 0.15 g(精确至 0.000 2 g)置于一具塞玻璃瓶中，用移液管准确加入 5 mL 内标溶液，摇匀。

4.3.5.2 称取含敌敌畏 0.15 g 的试样(精确至 0.000 2 g)，置于一具塞玻璃瓶中，用与 4.3.5.1 中使用的同一支移液管准确加入 5 mL 内标溶液，摇匀。

4.3.5.3 测定

在上述操作条件下，待仪器稳定后，连续注入数针标样溶液，直至相邻两针敌敌畏峰面积与内标峰面积的比相对变化小于 1.2%后，按照标样溶液、试样溶液、试样溶液、标样溶液的顺序进行测定。

4.3.6 计算

试样中敌敌畏的质量分数 w_1(%)，按式(1)计算：

$$w_1 = \frac{\gamma_2 \times m_1 \times w}{\gamma_1 \times m_2} \quad \cdots\cdots(1)$$

式中：

γ_1——标样溶液中，敌敌畏峰面积与内标峰面积比的平均值；

γ_2——试样溶液中，敌敌畏峰面积与内标峰面积比的平均值；

m_1——标样的质量，单位为克(g)；

m_2——试样的质量,单位为克(g);

w——标样中敌敌畏的质量分数,以%表示 。

4.3.7 允许差

两次平行测定结果之差,应不大于1.0%,取其算术平均值作为测定结果。

4.4 三氯乙醛质量分数的测定

4.4.1 方法提要

试样用三氯甲烷溶解,经5%HP-5毛细管色谱柱分离,用氢火焰离子化检测器测定,外标法定量。

4.4.2 试剂和溶液

三氯甲烷;

水合三氯乙醛标样:已知质量分数 $w \geq 99.0\%$。

4.4.3 仪器

气相色谱仪:具有氢火焰离子化检测器;

色谱数据处理机或色谱化学工作站;

色谱柱:30m×0.32 mm(i.d.)石英毛细管柱,内壁涂5%HP-5固定液,膜厚0.2 μm;

微量进样器:10 μL。

4.4.4 气相色谱操作条件

温度(℃):柱箱41 ℃保持5 min,30 ℃/min升温至200 ℃保持5 min,气化室200,检测器250;

气体流量(mL/min):载气(N_2) 30,氢气30,空气300;

进样量(μL):1.0;

保留时间(min):三氯乙醛约3.3。

上述操作参数是典型的,可根据不同仪器特点,对给定的操作参数作适当调整,以期获得最佳效果。典型的三氯乙醛气相色谱图见图2。

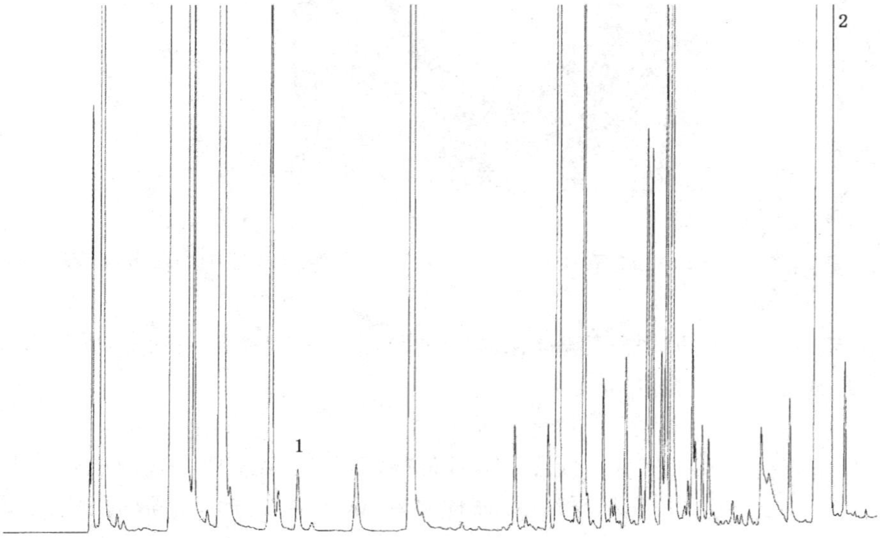

1——三氯乙醛;

2——敌敌畏。

图2 三氯乙醛的气相色谱图

4.4.5 测定步骤

4.4.5.1 标样溶液的制备

称取水合三氯乙醛标样0.13 g(精确至0.000 2 g)置于一25 mL容量瓶中,用三氯甲烷溶解,稀释至刻度摇匀。用移液管移取2 mL于另一10 mL容量瓶中,用三氯甲烷溶解,稀释至刻度摇匀。

4.4.5.2 试样溶液的制备

称取三氯乙醛 3 g 的试样(精确至 0.000 2 g),置于一 10 mL 容量瓶中,用三氯甲烷溶解,稀释至刻度,摇匀。

4.4.5.3 测定

在上述操作条件下,待仪器稳定后,连续注入数针标样溶液,直至相邻两针三氯乙醛峰面积相对变化小于 1.2%后,按照标样溶液、试样溶液、试样溶液、标样溶液的顺序进行测定。

4.4.6 计算

试样中三氯乙醛的质量分数 w_2(%),按式(2)计算:

$$w_2 = \frac{A_2 \times m_1 \times 2 \times w}{A_1 \times m_2 \times 25} \times \frac{147.4}{165.4} \qquad \cdots\cdots(2)$$

式中:

A_1——标样溶液中,三氯乙醛峰面积;

A_2——试样溶液中,三氯乙醛峰面积;

m_1——标样的质量,单位为克(g);

m_2——试样的质量,单位为克(g);

147.4——三氯乙醛的相对分子质量;

165.4——水合三氯乙醛的相对分子质量;

w——标样中水合三氯乙醛的质量分数,以%表示 。

4.5 酸度的测定

4.5.1 试剂和溶液

氢氧化钠标准滴定溶液 c(NaOH)=0.02 mol/L;按 GB/T 601 配制;

甲基红指示液:2 g/L 乙醇溶液。

4.5.2 测定步骤

称取试样 1 g(精确至 0.000 2 g),置于 250 mL 锥形瓶中,加入 100 mL 水,加入 3 滴甲基红指示液,立即用 0.02 mol/L 氢氧化钠标准滴定溶液滴定至橙黄色即为终点。同时做空白测定。

试样中酸度 w_3(%),按式(3)计算:

$$w_3 = \frac{c \times (V_1 - V_0) \times M}{m} \times 100 \qquad \cdots\cdots(3)$$

式中:

c——氢氧化钠标准滴定溶液的实际浓度,单位为摩尔每升(mol/L);

V_1——滴定试样溶液,消耗氢氧化钠标准滴定溶液的体积,单位为毫升(mL);

V_0——滴定空白溶液,消耗氢氧化钠标准滴定溶液的体积,单位为毫升(mL);

m——试样质量,单位为克(g);

M——硫酸的摩尔质量数值,单位为克每摩尔(g/mol),$\left[M\left(\frac{1}{2}H_2SO_4\right)=49\right]$。

4.6 水分的测定

按 GB/T 1600 中的"卡尔·费休"法进行。允许使用精度相当的微量水分测定仪测定。

4.7 乳液稳定性的测定

将试样用标准硬水稀释 200 倍,按 GB/T 1603 进行。试验结果,上无浮油、下无沉油或沉淀为合格。

4.8 热贮稳定性试验

按 GB/T 19136 进行,于热贮后 24 h 内完成敌敌畏质量分数、酸度和乳液稳定性的测定,测定结果敌敌畏质量分数应不低于贮前测得平均质量分数的 85%,酸度应不大于 1.0%,乳液稳定性应合格。

4.9 **低温稳定性试验**

按 GB/T 19137 进行，析出的固体或油状物的体积不大于 0.3 mL 为合格。

4.10 **产品的检验与验收**

产品的检验与验收，应符合 GB/T 1604 的规定。极限数值的处理，采用修约值比较法。

5 标志、标签、包装、贮运

5.1 敌敌畏乳油的标志、标签、包装应符合 GB 4838 的规定。

5.2 敌敌畏乳油应用清洁、干燥的玻璃瓶包装，每瓶净含量为 100 g、200 g、500 g 等；外包装用钙塑箱，每箱净含量不超过 15 kg。

5.3 根据用户要求或订货协议，可以采用其他形式的包装，但需符合 GB 4838 的规定。

5.4 敌敌畏乳油包装件应贮存在通风、干燥的库房中。

5.5 贮运时，严防潮湿和日晒，不得与食物、种子、饲料混放，避免与皮肤、眼睛接触，防止由口鼻吸入。

5.6 安全：敌敌畏属中毒。如皮肤和眼睛接触药液时，要用大量清水冲洗 15 min 以上，并请医生诊治；如有误服，应立即催吐。

5.7 保证期：在规定的贮运条件下，敌敌畏乳油的保证期，从生产日期算起为 2 年。半年内敌敌畏质量分数应符合 3.2 的规定，酸度应不大于 0.6%；2 年内 77.5% 的敌敌畏质量分数应不低于 73.0%、48.0% 的敌敌畏质量分数应不低于 45.5%，酸度应不大于 1.0%。

附 录 A
（资料性附录）
敌敌畏质量分数热导气相色谱测定方法

A.1 方法提要

试样用三氯甲烷溶解，以正十五烷为内标物，使用 DC-550 为填充物的色谱柱和热导检测器，对试样中的敌敌畏进行气相色谱分离和测定。

A.2 试剂和溶液

同 4.3.2。

A.3 仪器

气相色谱仪：具有热导检测器；
其他同 4.3.3。

A.4 气相色谱操作条件

温度(℃)：柱温 174，气化室 200，检测器室 180；
气体流量(mL/min)：载气(H_2)100；
保留时间(min)：敌敌畏约 2.2，正十五烷 3.8。
分析者可根据仪器性能和色谱柱的差异，适当调节色谱操作条件，以期获得最佳效果。

A.5 测定步骤

A.5.1 标样溶液的配制

称取敌敌畏标样 0.15 g(精确至 0.000 2 g)置于一具塞玻璃瓶中，用移液管准确加入 5 mL 内标溶液，摇匀。

A.5.2 试样溶液的配制

称取约含敌敌畏 0.15 g(精确至 0.000 2 g)的试样，置于一具塞玻璃瓶中，用移液管加入 5 mL 内标溶液，摇匀。

A.5.3 测定

在上述操作条件下，待仪器基线稳定后，连续注入数针标样溶液，计算各针敌敌畏与内标物峰面积之比的重复性，待相邻两针敌敌畏与内标物峰面积的比的相对变化小于 1.2%时，按照标样溶液、试样溶液、试样溶液、标样溶液的顺序进行测定。

A.6 计算

将测得的两针试样溶液以及试样前后两针标样溶液中敌敌畏与内标物峰面积之比，分别进行平均。试样中敌敌畏的质量分数 w_1(%)，按式(A.1)计算。

$$w_1 = \frac{\gamma_2 \cdot m_1 \cdot w}{\gamma_1 \cdot m_2} \quad \cdots\cdots\cdots(A.1)$$

式中：

γ_1——标样溶液中，敌敌畏峰面积与内标物峰面积比的平均值；

γ_2——试样溶液中，敌敌畏峰面积与内标物峰面积比的平均值；

m_1——标样的质量，单位为克(g)；

m_2——试样的质量，单位为克(g)；

w——标样中敌敌畏的质量分数，以%表示。

A.7 允许差

两次平行测定结果之差应不大于1.0%，取其算术平均值作为测定结果。

ICS 25.060.20
J 52

中华人民共和国国家标准

GB/T 2554—2008
代替 GB/T 2554.1～2554.2—1998

机 械 分 度 头

Mechanical dividing heads

(ISO 5734:1986,Acceptance conditions of mechanical dividing heads for machine tools—Testing of accuracy,MOD)

2008-06-03 发布 2009-01-01 实施

中华人民共和国国家质量监督检验检疫总局
中国国家标准化管理委员会 发布

前　言

本标准修改采用ISO 5734:1986《机床用机械分度头检验条件　精度检验》(英文版)。

本标准与ISO 5734:1986主要有以下差异:

——计量单位采用ISO 5734:1986中的米制单位;

——增加了分类与命名、技术要求、检验规则、标志与包装。

本标准代替GB/T 2554.1—1998《机械分度头　精度检验》和GB/T 2554.2—1998《机械分度头　分类和技术条件》。

本标准与GB/T 2554.1—1998、GB/T 2554.2—1998相比主要差异如下:

——将GB/T 2554.1和GB/T 2554.2整合为一个标准;

——重新确认引用标准的有效性。

本标准由中国机械工业联合会提出。

本标准由全国金属切削机床标准化技术委员会(SAC/TC 22)归口。

本标准起草单位:烟台环球机床附件集团有限公司、清华大学机械厂。

本标准主要起草人:时述庆、初福春、王国生、王兴林。

本标准所代替标准的历次版本发布情况为:

——GB/T 2553—1973、GB/T 2553—1981;

——GB/T 2554—1973、GB/T 2554—1981、GB/T 2554—1984;

——GB/T 2554.1—1998;

——GB/T 2554.2—1998。

机　械　分　度　头

1　范围

本标准规定了一般用途、机床用机械分度头(以下简称分度头)的分类与命名、精度检验、技术要求、检验规则、标志与包装。

本标准适用于分度头的制造与检验。

2　规范性引用文件

下列文件中的条款通过本标准的引用而成为本标准的条款。凡是注日期的引用文件,其随后所有的修改单(不包括勘误的内容)或修订版均不适用于本标准,然而,鼓励根据本标准达成协议的各方研究是否可使用这些文件的最新版本。凡是不注日期的引用文件,其最新版本适用于本标准。

GB/T 1443—1996　机床和工具柄用自夹圆锥(eqv ISO 296:1991)

GB/T 3837—2001　7∶24 手动换刀刀柄圆锥(eqv ISO 297:1988)

GB/T 5900.1—1997　机床　主轴端部与花盘　互换性尺寸　第1部分:A型(eqv ISO 702-1:1975)

GB/T 17421.1—1998　机床检验通则　第1部分:在无负荷或精加工条件下机床的几何精度(eqv ISO 230-1:1996)

JB/T 2326—2005　机床附件型号编制方法

JB/T 3207—2005　机床附件　产品包装通用技术条件

JB/T 5563—1991　金属切削机床　圆锥表面涂色法检验及评定

3　分类与命名

3.1　型式

3.1.1　分度头的型式分为万能型和半万能型(见图1)。

3.1.2　分度头的型号应符合 JB/T 2326—2005 的规定。

3.2　参数

分度头参数推荐采用图1和表1的规定。

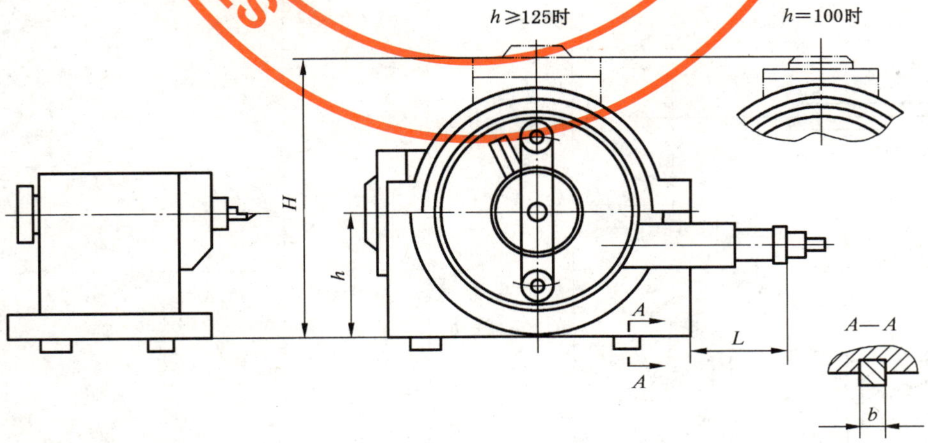

注:半万能型比万能型缺少差动分度挂轮连接部分。

图 1

表 1

中心高 h/mm			100	125	160	200	250
主轴端部	法兰式	端部代号(GB/T 5900.1—1997)	$A_0 2$	$A_2 3$		$A_1 5$	
		莫氏锥孔号(GB/T 1443—1996)	3	4		5	
	7∶24 圆锥	端部锥度号(GB/T 3837—2001)	30	40		50	
定位键宽 b/mm			14	18		22	
主轴直立时,支承面到底面高度 H/mm			200	250	315	400	500
连接尺寸 L/mm			93	103		—	
主轴下倾角度/(°)			≥5				
主轴上倾角度/(°)			≥95				
传动比			40∶1				
手轮刻度环示值/(′)			1				
手轮游标分划示值/(″)			10				

4 精度检验

4.1 精度检验方法应参照 GB/T 17421.1—1998 的有关规定。

4.2 本标准所列出的精度检验项目顺序,并不表示实际检验次序。检验时一般可按装拆检验工具和检验方便,按任意的次序进行检验。

4.3 可按照协议选择本标准中提出的部分项目进行检验。

4.4 若实测长度与本标准规定的测量长度不同时,允差应根据 GB/T 17421.1—1998 中 2.3.1.1 的规定按能够测量的长度折算,折算结果小于 0.010 mm 时,仍按 0.010 mm 计。

4.5 精度检验项目、允差、检验方法见表 2。

表 2

序号	简图	检验项目	允 差/mm	检验工具	检验方法参照 GB/T 17421.1—1998 的有关条文
G1	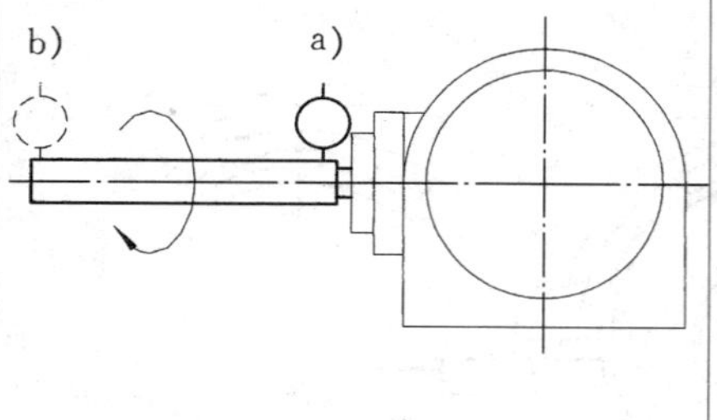	主轴锥孔的径向跳动:a) 靠近主轴端面;b) 距主轴端面 300 mm 处	a) 0.010;b) 0.020	指示器、检验棒	5.6.1.2.3
G2	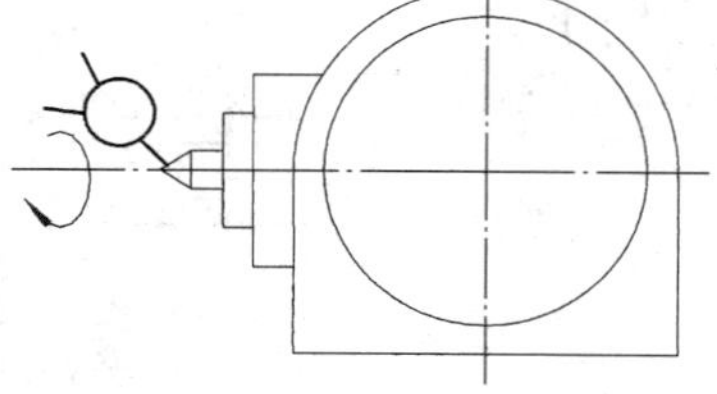	顶尖锥面的径向跳动	0.010	指示器	5.6.1.2.2

表 2（续）

序号	简图	检验项目	允　差/ mm	检验工具	检验方法 参照 GB/T 17421.1—1998 的有关条文
G3	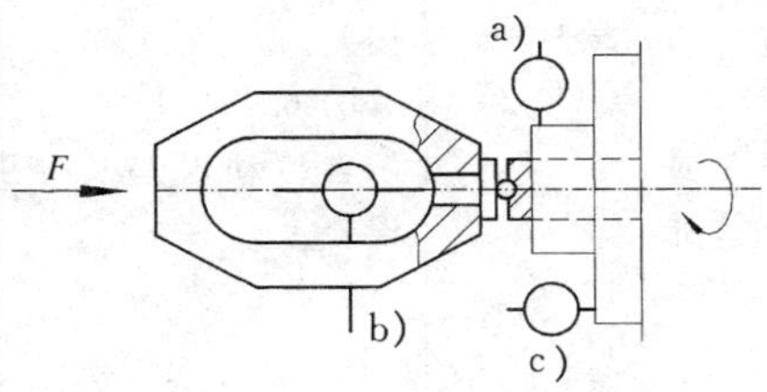	a）主轴定心轴颈的径向跳动； b）主轴周期性轴向窜动； c）主轴轴肩支承面的跳动（含周期性轴向窜动）	a）0.010； b）0.010； c）0.020	指示器、轴向加力装置	a）5.6.1.2.2； b）5.6.2.2； c）5.6.3.2。 对主轴施加轴向力 F 值由制造厂规定
G4	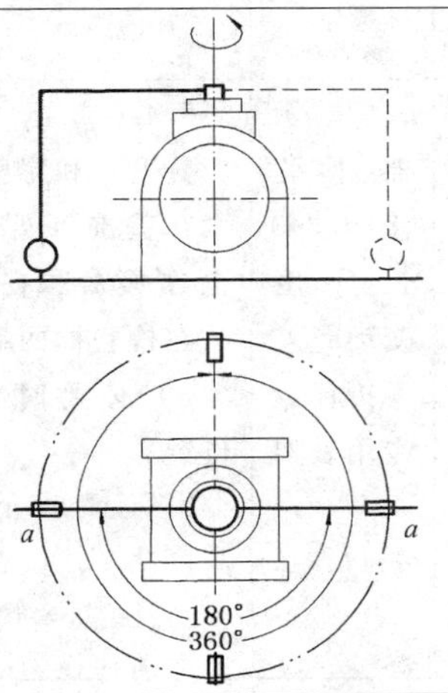	主轴轴线对底面的垂直度	0.020/300 （300 为两个测点之间距离）	指示器、专用表架	5.5.1.2.1。 将带指示器的专用表架固定在主轴上，指示器测头垂直触及检验平板表面。 调整本体，使指示器在 a-a 两点的读数为零，锁紧本体。 旋转主轴 360°检验。 误差以指示器读数的最大差值计
G5	a） 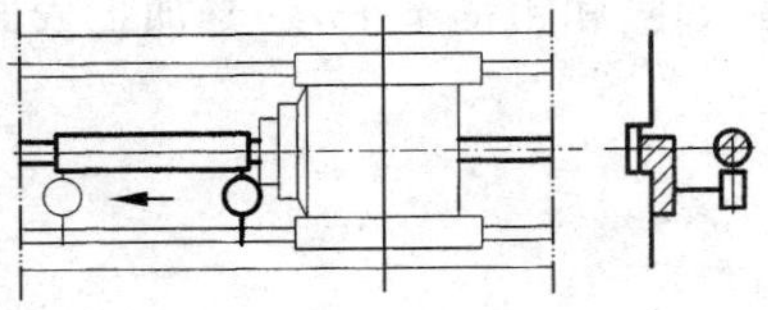 b） 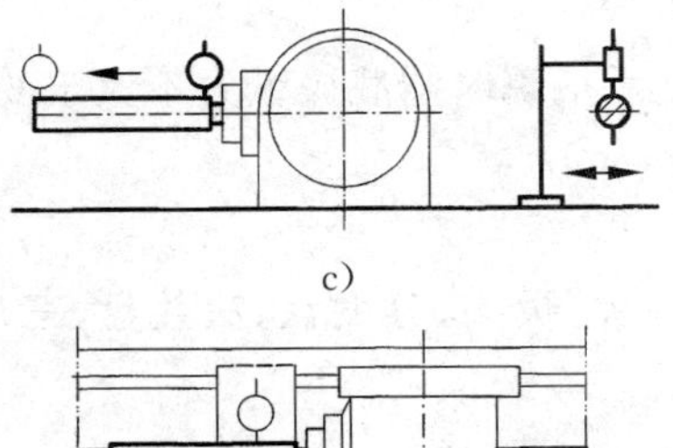 c） 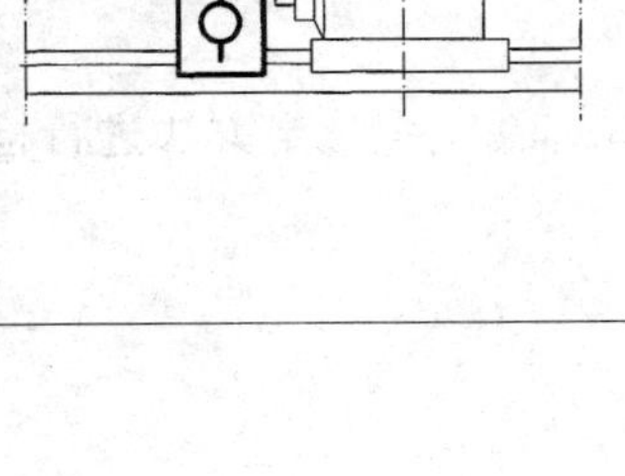	a）主轴轴线对定位键定位侧面的平行度； b）主轴轴线对底面的平行度； c）主轴轴线对基准 T 型槽侧的偏移	a）、b） 在 300 测量长度上为 0.015； c）0.015	指示器、检验棒、专用表架	分度头定位键定位侧面靠紧在基准 T 型槽侧面上，主轴锥孔中插入检验棒。调整主轴在水平位置。 a）、b）5.4.1.2.1；5.4.1.2.4。 检验应在主轴旋转 180°，在检验棒的两个相反母线上进行检测。 误差以两次读数的代数平均值计。 必要时允许调整定位键。 c）5.4.4.2。 在专用表架上固定指示器，使其测头垂直触及检验棒靠近主轴端部的侧表面，当专用表座定位键靠紧在基准 T 型槽定位侧面时，记下指示器读数。 将表架调转 180°，使其定位键仍靠紧基准 T 型槽同一定位侧面重复检验一次。 误差以指示器二次读数的代数差值之半计

表 2（续）

序号	简图	检验项目	允差/mm	检验工具	检验方法 参照 GB/T 17421.1—1998 的有关条文
G6	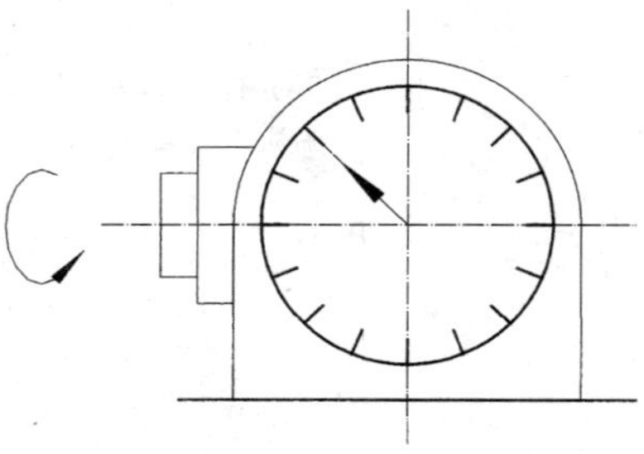	分度精度： a) 分度手柄轴一整转时主轴的单个分度误差； b) 主轴任意 1/4 圆周上的累积误差	a) ±45″或最大公差带宽度 1′30″； b) ±1′或最大公差带宽度 2′	基准盘、读数装置	a) 6.1.1.1。 须排除分度头分度盘的误差。 b) 6.1.1.4。 含传动误差及分度盘的误差
G7	a) 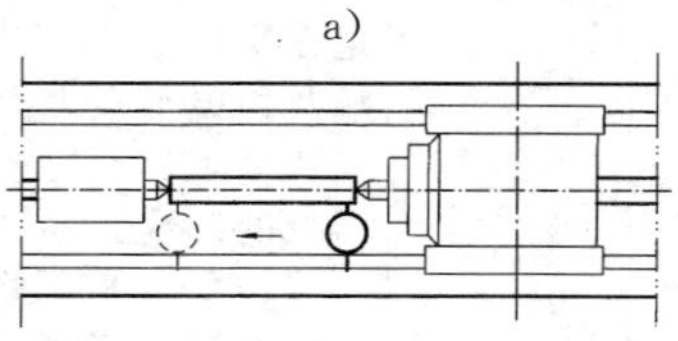 b) 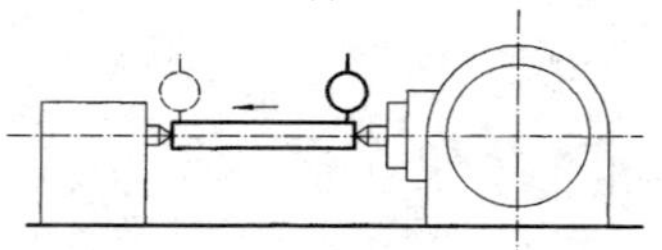	a) 分度头和尾座顶尖连线对基准 T 型槽定位侧面的平行度； b) 分度头和尾座顶尖连线对底面的平行度	a) 0.020； b) 0.020	指示器、检验棒（300 长，长度变动允差不折算）、专用表架	5.4.1.2.4。 分度头和尾座的定位键靠紧在基准 T 型槽定位侧面上，检验棒顶在两顶尖间。 在检验棒两端检验 a) 必要时允许调整定位键。 b) 必要时允许调整尾座高度。 a)、b) 误差均以指示器读数差值计

5 技术要求

5.1 外观

5.1.1 分度头外观表面应平整光滑，不应有图样未规定的凸起、凹陷和粗糙不平，外露加工表面不得有明显的气孔、砂眼、夹渣、缩孔、磕碰、划伤及锈蚀等缺陷。

5.1.2 具有刻度的零件，刻线应清晰和不易磨损。

5.1.3 采取镀铬措施的刻度件应为无光镀铬。

5.2 操作性能

5.2.1 分度手柄应运转轻便灵活，手柄空载操纵力不得大于 40 N。

5.2.2 在主轴锁紧手柄上施加 25 N·m 扭矩后，再松开时分度手柄瞬时空载操纵力不大于 60 N。

5.2.3 分度手柄反向空程量不大于 1/40 转。

5.3 附件和工具

5.3.1 应随机附带保证其基本性能的附件和工具，包括尾座、顶尖、拨叉、分度盘、法兰盘、三爪卡盘和 T 型槽螺栓等。

5.3.2 万能分度头还应随机附带交换齿轮及其挂轮架。

5.4 锥孔接触精度

5.4.1 主轴前锥孔表面与标准量规作涂色法检验。按 JB/T 5563—1991 中规定方法进行检验，实际接触长度与工作长度的接触比值不低于 75%，接触应靠近大端。

5.5 工作性能

5.5.1 分度定位销定位应准确可靠。

5.5.2 蜗杆离合装置应运转灵活，定位可靠。

5.5.3 主轴锁紧手柄应作用可靠。在分度头锁紧手柄上施加表3规定的力矩，分度头主轴产生的锁紧力矩应符合表3规定。

表 3

力矩/N·m	中心高/mm		
	100	125	160
锁紧手柄施加力矩(max)	20	30	
主轴上产生锁紧力矩(min)	80	150	

5.6 运转试验

5.6.1 万能分度头差动分度机构应连接无误，运转灵活。

5.6.2 万能分度头与相应主机联接空运转，应正常。

联接运转条件如下：

a) 按最大和最小联接传动比进行挂轮；

b) 机床工作台进给丝杠按规定转速运转；

c) 运转不少于3个循环。

6 检验规则

6.1 出厂检验

6.1.1 产品出厂应经检验部门检验合格，并附有产品合格证明文件方可出厂。

6.1.2 出厂检验包括本标准第4章、5.1～5.3和第7章的内容。

6.2 型式检验

6.2.1 遇有下列情况时应进行型式检验：

a) 新产品或老产品转厂生产的试制和定型鉴定时；

b) 正常生产中，结构、材料或工艺有较大改变，可能影响分度头性能时；

c) 长期停产后，恢复生产时。

6.2.2 型式检验包括本标准的全部内容。

7 标志与包装

7.1 标志

在产品明显位置应有永久性标志，其内容包括：

a) 产品型号和名称；

b) 制造厂名和商标；

c) 制造日期或编号。

7.2 包装

产品包装应符合JB/T 3207—2005的规定。

ICS 83.120
Q 23

中华人民共和国国家标准

GB/T 2567—2008
代替 GB/T 2567～2571—1995,GB/T 4726—1984,GB/T 7194—1987,部分代替 GB/T 8238—1987

树脂浇铸体性能试验方法

Test methods for properties of resin casting boby

2008-06-30 发布　　　　2009-04-01 实施

中华人民共和国国家质量监督检验检疫总局
中国国家标准化管理委员会　发布

前　言

本标准同时代替GB/T 2567—1995《树脂浇铸体试验方法总则》、GB/T 2568—1995《树脂浇铸体拉伸性能试验方法》、GB/T 2569—1995《树脂浇铸体压缩性能试验方法》、GB/T 2570—1995《树脂浇铸体弯曲性能试验方法》、GB/T 2571—1995《树脂浇铸体冲击性能试验方法》、GB/T 4726—1984《树脂浇铸体扭转试验方法》、GB/T 7194—1987《不饱和聚酯树脂　浇铸体耐碱性测定方法》和GB/T 8238—1987《不饱和聚酯树脂液体和浇铸体折光率的测定》的浇铸体部分。

本标准与各原标准相比主要变化如下：

——增加规范性引用文件(见第2章)；

——增加试验原理(见5.1.1、5.2.1、5.3.1、5.4.1、5.5.1)；

——将试样测量精度由0.02 mm改为0.01 mm(GB/T 2567—1995中第6章,本标准的4.4.1)；

——增加试验设备的恒定速度要求(见4.5.3)；

——增加平均值的置信区间计算要求(见6.5)；

——拉伸载荷及变形的记录区间由破坏载荷的40%改为50%(GB/T 2568—1995中的4.6,本标准的5.1.4.6)；

——压缩载荷及变形的记录区间由破坏载荷的40%改为50%(GB/T 2569—1995中的4.6,本标准的5.2.4.6)；

——弯曲载荷及变形的记录区间由破坏载荷的40%改为50%(GB/T 2570—1995中的4.9,本标准的5.3.4.9)；

——增加弯曲试样横截面为矩形且棱边不倒圆的规定(见5.3.2.1)；

——增加弯曲试样中部1/3范围内宽度与平均宽度允差、厚度与平均厚度允差的规定(见5.3.2.2)；

——提高冲击试样长、宽、厚测量精度(GB/T 2571—1995中的4.4,本标准的5.4.4.4)；

——将“浇铸体折光率”部分纳入本标准,“不饱和聚酯树脂折光率”部分纳入GB/T 7193—2008。

本标准的附录A为规范性附录。

本标准由中国建筑材料联合会提出。

本标准由全国纤维增强塑料标准化技术委员会归口。

本标准由常州天马集团有限公司和北京玻钢院复合材料有限公司负责起草。

本标准主要起草人:宣维栋、张海雁。

本标准所代替标准的历次版本发布情况为：

——GB/T 2567—1981,GB/T 2567—1995；

——GB/T 2568—1981,GB/T 2568—1995；

——GB/T 2569—1981,GB/T 2569—1995；

——GB/T 2570—1981,GB/T 2570—1995；

——GB/T 2571—1981,GB/T 2571—1995；

——GB/T 4726—1984；

——GB/T 7194—1987；

——GB/T 8238—1987。

树脂浇铸体性能试验方法

1 范围

本标准规定了测定树脂浇铸体性能的试验标准环境、试样、试验方法、试验结果以及试验报告等。

本标准适用于测定纤维增强塑料用热固性树脂浇铸体、专用浇铸树脂的浇铸体的拉伸、压缩、弯曲、简支梁冲击韧性、扭转、耐碱性和折光率。

2 规范性引用文件

下列文件中的条款通过本标准的引用而成为本标准的条款。凡是注日期的引用文件，其随后所有的修改单(不包括勘误的内容)或修订版均不适用于本标准，然而，鼓励根据本标准达成协议的各方研究是否可使用这些文件的最新版本。凡是不注日期的引用文件，其最新版本适用于本标准。

ISO 2602 试验结果的统计说明——平均值和置信区间的计算

3 试验的标准环境

环境温度：(23±2)℃，相对湿度(50±5)%。

4 试样

4.1 试样制备

4.1.1 模具

4.1.1.1 平板浇铸模

4.1.1.1.1 材料

a) 模板为平整光滑的玻璃板或钢板，其大小根据所需试样面积加模框面积而定；

b) 脱模剂或脱模薄膜采用脱模蜡、玻璃纸；

c) U 型模框，将金属丝穿在橡胶软管中，做成与模板尺寸吻合的 U 字型模框；

d) 控制厚度的塞片，以浇铸板厚度而定；

e) 弓形夹。

4.1.1.1.2 模具制作

将两块事先涂有脱模剂或覆盖脱模薄膜的模板之间夹入 U 型模框，U 型的开口处为浇铸口，U 型模框事先涂有脱模剂或覆盖玻璃纸，用弓形夹将模板与 U 型模框夹紧，两块模板之间的距离用塞片来控制。

4.1.1.2 试样浇铸模

根据标准试样尺寸用钢材或硅橡胶制作试样模具，模腔尺寸设计要考虑树脂收缩率。

4.1.2 配料、浇铸

4.1.2.1 按预定的固化系统配制，并将各组分搅拌均匀。

4.1.2.2 浇铸在室温 15℃～30℃、相对湿度小于 75%以下进行，沿浇铸口紧贴模板倒入树脂液，在整个操作过程中要尽量避免产生气泡。如气泡较多，可采用真空脱泡或振动法脱泡。

4.1.3 固化

4.1.3.1 常温固化：浇铸后模子在室温下放置(24～48)h 后脱模。然后敞开放在一个平面上，在室温或标准环境温度下放置 504 h(包括试样加工时间)。

4.1.3.2 常温加热固化：浇铸模在室温下放置 24 h 后脱模，继续加热固化，从室温逐渐升至树脂热变形温度，恒温时间按树脂性能经试验确定。

4.1.3.3 热固化：固化温度和时间根据树脂固化剂或催化剂的类型而定。

4.1.4 试样加工

4.1.4.1 用划线工具在浇铸平板上，按试样尺寸划好加工线，取样必须避开气泡、裂纹、凹坑、应力集中区。

4.1.4.2 用机械加工试样，加工时要防止试样表面损伤和产生划痕等缺陷。

4.1.4.3 加工粗糙面需用细锉或砂纸进行精磨，缺口处尺寸用专用样板检测。

4.1.4.4 加工时可用水冷却，加工后及时进行干燥处理。

4.1.5 内应力检查

浇铸体在测试前，用偏振光对内应力进行测试。如有内应力，予以消除。

4.1.6 消除内应力方法

4.1.6.1 油浴法

将试样平稳地放置于盛有油的容器中，且使试样整个浸入油中，并将浸入试样的容器放入烘箱内，使箱内温度 1 h 内由室温升至树脂玻璃化温度，恒温 3 h 后关闭电源，待烘箱自然冷却至室温后，将试样从油浴中取出，进行内应力观察。

注：油浴用油应对试样不起化学作用，不溶胀、不溶解、不吸收。

4.1.6.2 空气浴法

将试样置于有鼓风装置的干燥箱中，处理温度和时间同油浴。

4.2 试样外观检查和数量

4.2.1 试验前，试样需经严格检查，试样应平整、光滑、无气泡、无裂纹、无明显杂质和加工损伤等缺陷。

4.2.2 每组有效试样不少于 5 个。

4.3 试样状态调节

4.3.1 试验前，试样应在试验标准环境条件下，至少放置 24 h，状态调节后的试样应在与状态调节相同的试验标准环境条件下试验（另有规定时按相关规定）。

4.3.2 若不具备实验室标准环境条件，试验前试样可放在干燥器内，至少放置 24 h。

4.4 试样测量精度

4.4.1 试样工作区间的测量准确到 0.01 mm。

4.4.2 试样其他值的测量精度，按相应试验方法的规定。

4.5 试验设备

4.5.1 试验设备载荷误差不超过±1%，试验设备量程的选择应使试样破坏载荷在满量程的 10%～90%范围内（尽量落在满量程的一边）且不小于试验设备满量程的 4%（电子式拉力试验设备按有关规定执行）。

4.5.2 测量变形仪表误差不应超过±1%。

4.5.3 试验设备能获得试验方法标准规定的恒定的试验速度，速度误差不超过 1%。

4.5.4 试验设备应定期经国家计量部门检定并在有效检定周期内使用。

5 试验

5.1 拉伸试验

5.1.1 试验原理

沿试样轴向匀速施加静态拉伸载荷，直到试样断裂或达到预定的伸长，在整个过程中，测量施加在试样上的载荷和试样的伸长，以测定拉伸应力（拉伸屈服应力、拉伸断裂应力或拉伸强度）、拉伸弹性模量、断裂伸长率和绘制应力-应变曲线。

5.1.2 **试样**

5.1.2.1 试样形状、尺寸见图1。

单位为毫米

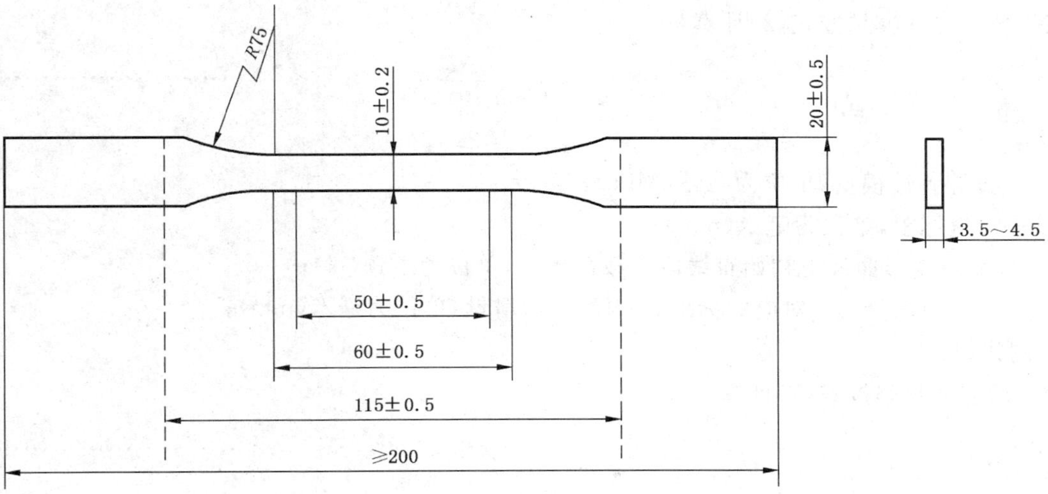

图1 拉伸试样图

5.1.2.2 试样数量按4.2的规定。

5.1.3 **试验条件**

5.1.3.1 试验的标准环境按第3章的规定。

5.1.3.2 试验设备按4.5的规定。

5.1.3.3 加载速度

测定拉伸强度时，试验速度为10 mm/min，仲裁试验速度2 mm/min；测定弹性模量、应力-应变曲线时，试验速度为2 mm/min。

5.1.4 **试验步骤**

5.1.4.1 试样制备按4.1的规定。

5.1.4.2 试样外观检查和数量按4.2的规定。

5.1.4.3 试样状态调节按4.3的规定。

5.1.4.4 将试样编号，测量试样标距(图1中50 mm±0.5 mm段)内任意3处的宽度和厚度，取算术平均值。测量精度按4.4的规定。

5.1.4.5 夹持试样，使试样的中心轴线与上、下夹具的对准中心线一致，按规定速度均匀连续加载，直至破坏，读取破坏载荷值。

5.1.4.6 测定拉伸弹性模量时，在工作段内安装测量变形仪表，施加初载(约5%的破坏载荷)，检查和调整仪表，使整个系统处于正常工作状态。无自动记录装置时可采用分级加载，级差为破坏载荷的5%～10%，至少分五级加载，施加载荷不宜超过破坏载荷的50%，一般至少重复测定三次，取其两次稳定的变形增量，记录各级载荷和相应的变形值。有自动记录装置时，可连续加载。

5.1.4.7 测定断裂伸长率和应力-应变曲线时，有自动记录装置，可连续加载。

5.1.4.8 若试样断在夹具内或圆弧处，此试样作废，另取试样补充。同批有效试样不足5个时，应重做试验。

5.1.5 **计算**

5.1.5.1 拉伸强度按式(1)计算：

$$\sigma_t = \frac{P}{b \cdot h} \qquad \cdots\cdots(1)$$

式中：

σ_t——拉伸强度，单位为兆帕(MPa)；

P——破坏载荷(或最大载荷),单位为牛顿(N);

b——试样宽度,单位为毫米(mm);

h——试样厚度,单位为毫米(mm)。

5.1.5.2 拉伸弹性模量按式(2)计算:

$$E_t = \frac{L_0 \cdot \Delta P}{b \cdot h \cdot \Delta L} \qquad \cdots\cdots(2)$$

式中:

E_t——拉伸弹性模量,单位为兆帕(MPa);

L_0——测量标距,单位为毫米(mm);

ΔP——载荷-变形曲线上初始直线段的载荷增量,单位为牛顿(N);

ΔL——与载荷增量 ΔP 对应的标距 L_0 内的变形增量,单位为毫米(mm);

b、h 同式(1)。

5.1.5.3 断裂伸长率按式(3)计算:

$$\varepsilon_t = \frac{\Delta L_b}{L_0} \times 100 \qquad \cdots\cdots(3)$$

式中:

ε_t——试样断裂伸长率,%;

ΔL_b——试样断裂时标距 L_0 内的伸长量,单位为毫米(mm);

L_0 同式(2)。

5.1.5.4 绘制拉伸应力-应变曲线。

5.2 压缩试验

5.2.1 试验原理

以恒定速率沿试样轴向进行压缩,使试样破坏或高度减小到预定值。在整个过程中,测量施加在试样上的载荷和试样的高度或应变,测定压缩应力和压缩弹性模量等。

5.2.2 试样

5.2.2.1 试样形状尺寸见图2。

单位为毫米

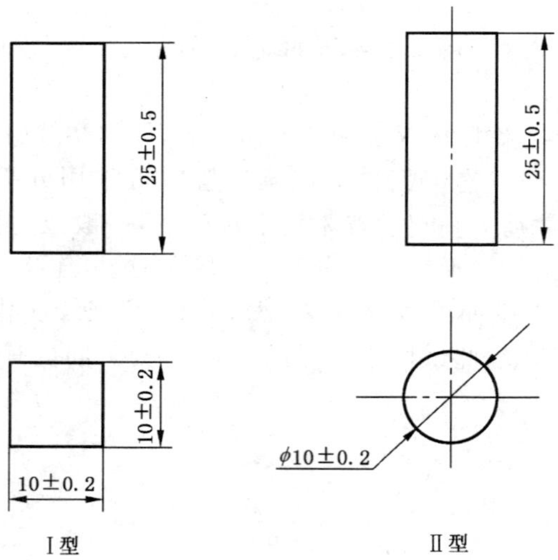

图2 压缩试样

5.2.2.2 试验过程中，有失稳现象时，试样高为(15.0±0.5) mm，测定压缩弹性模量需在试样上安装变形仪表时，试样高为(30～40) mm。

5.2.2.3 试样上下两端面要求互相平行，且与试样中心线垂直，不平行度应小于试样高度的0.1%。

5.2.2.4 试样数量按4.2的规定。

5.2.3 **试验条件**

5.2.3.1 试验的标准环境按第3章的规定。

5.2.3.2 试验设备按4.5的规定。

5.2.3.3 试验机的加载压头应平整、光滑，并具有可调整上下压板平行度的球形支座。

5.2.3.4 测定压缩强度时，试验速度为5 mm/min；仲裁试验速度为2 mm/min；测定弹性模量和载荷-变形曲线时试验速度为2 mm/min。

5.2.4 **试验步骤**

5.2.4.1 试样制备按4.1的规定。

5.2.4.2 试样外观检查按4.2的规定。

5.2.4.3 试样状态调节按4.3的规定。

5.2.4.4 将试样编号，测量试样宽度和厚度各任意3处（Ⅱ型试样测任意3处的直径），取算术平均值。测量精度按4.4的规定。

5.2.4.5 安放试样，使试样的中心线与上、下压板中心线对准，确保试样端面与压板表面平行，调整试验机，使压板表面恰好与试样端面接触，对试样施加初载荷（约5%的破坏载荷）以避免应力-应变曲线出现曲线的初始区，检查并调整试样及变形测量系统，使整个系统处于正常工作状态。

5.2.4.6 测定压缩弹性模量时，在上下压板与试样接触面之间或在试样高度中间安装测量变形仪表。检查仪表，开动试验机，按规定速度分级加载，级差为破坏载荷的5%～10%，至少分五级加载，所施加的载荷不宜超过破坏载荷的50%，一般至少重复测定3次，取其2次稳定的变形增量，记录各级载荷和相应的变形值，有自动记录装置时，可连续加载。

5.2.4.7 测定压缩强度时，按规定速度对试样施加均匀连续载荷，直至破坏载荷或最大载荷，读取破坏载荷或最大载荷。

5.2.4.8 有失稳和端部挤压破坏的试样，应予作废。同批有效试样不足5个时，应重做试验。

5.2.5 **计算**

5.2.5.1 压缩强度按式(4)或式(5)计算：

$$\sigma_c = \frac{P}{F} = \frac{P}{b \cdot h} \qquad \cdots\cdots (4)$$

$$\sigma_c = \frac{P}{F} = \frac{4P}{\pi d^2} \qquad \cdots\cdots (5)$$

式中：

σ_c——压缩强度，单位为兆帕(MPa)；

P——破坏载荷（或最大载荷），单位为牛顿(N)；

F——试样横截面积，单位为平方毫米(mm^2)；

b——试样宽度，单位为毫米(mm)；

h——试样厚度，单位为毫米(mm)；

d——试样直径，单位为毫米(mm)。

5.2.5.2 压缩弹性模量按式(6)或式(7)计算：

$$E_c = \frac{L_0 \cdot \Delta P}{b \cdot h \cdot \Delta L} \qquad \cdots\cdots (6)$$

$$E_c = \frac{4L_0 \cdot \Delta P}{\pi \cdot d^2 \cdot \Delta L} \qquad \cdots\cdots (7)$$

式中：

E_c——压缩弹性模量，单位为兆帕（MPa）；

L_0——试样原始高度或试样高度中间安装仪表的标距，单位为毫米（mm）；

ΔP——对应于载荷-变形曲线上初始直线段的载荷增量值，单位为牛顿（N）；

ΔL——与载荷增量 ΔP 对应的标距 L_0 内的变形增量，单位为毫米（mm）。

b、h、d 同式（4）、式（5）。

5.2.5.3 式（4）和式（6）适用于Ⅰ型试样，式（5）和式（7）适用于Ⅱ型试样。

5.3 弯曲试验

5.3.1 试验原理

采用无约束支撑，通过三点弯曲，以恒定的加载速率使试样破坏或达到预定的挠度值。在整个过程中，测量施加在试样上的载荷和试样的挠度，确定弯曲强度、弯曲弹性模量以及弯曲应力与应变的关系。

5.3.2 试样

5.3.2.1 试样形状尺寸见图3。试样的横截面应是棱边不倒圆的矩形。

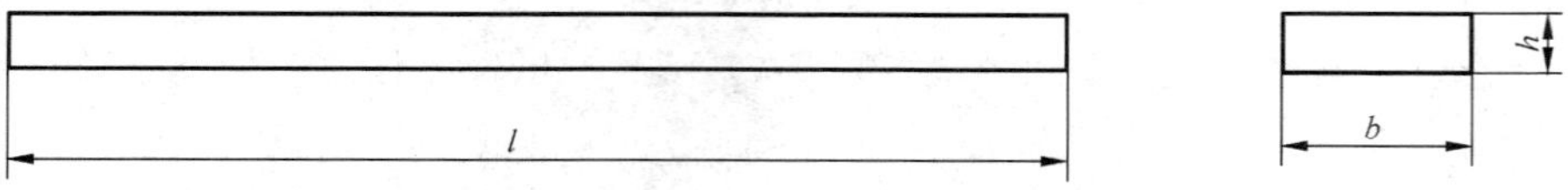

图3 弯曲试样

5.3.2.2 试样尺寸：仲裁检验的试样厚度 h 为（4.0±0.2）mm，常规检验的试样厚度 h 为（3.0～6.0）mm（一组试样厚度公差±0.2 mm）。宽度 b 为 15 mm，长度 l 不小于 20 h。任一试样上在其长度的中部 1/3 范围内试样厚度与其平均值之差不大于平均厚度的 2%，该范围内试样宽度与其平均值之差不大于平均宽度的 3%。

5.3.2.3 试样数量按 4.2 的规定。

5.3.3 试验条件

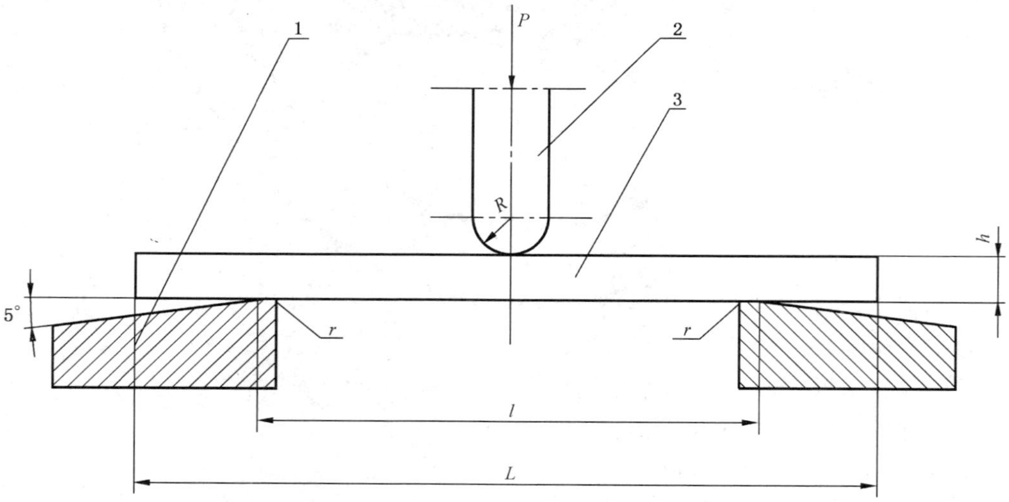

1——试样支座；

2——加载上压头；

3——试样。

图4 三点弯曲试验装置示意图

5.3.3.1 试验的标准环境按3的规定。

5.3.3.2 试验设备按4.5的规定。

5.3.3.3 三点试验设备装置示意图见图4,跨距 L 为 $(16\pm1)h$,加载上压头半径 R 为 (5.0 ± 0.1) mm,试样厚度大于3 mm时,r 为 (5.0 ± 0.2) mm。

5.3.3.4 测试弯曲强度时试验速度为10 mm/min;测定弯曲弹性模量时试验速度为2 mm/min;仲裁检验速度为2 mm/min。

5.3.4 试验步骤

5.3.4.1 试样制备按4.1的规定。

5.3.4.2 试样外观检查按4.2的规定。

5.3.4.3 试样状态调节按4.3的规定。

5.3.4.4 将合格试样编号,测量试样跨距中心处附近3点的宽度和厚度,取算术平均值。测量精度按4.4的规定。

5.3.4.5 调节跨距 L 及加载压头位置,准确到0.5 mm,加载上压头位于支座中间,且与支座相平行。

5.3.4.6 将试样放于支座中间位置,试样的长度方向与支座和上压头相垂直。

5.3.4.7 调整加载速度,选择试验机载荷范围及变形仪表量程。调整试验机,使加载上压头恰好与试样接触,对试样施加初载荷(约为破坏载荷的5%)以避免应力-应变曲线出现曲线的初始区。检查和调整仪表,使整个系统处于正常状态。

5.3.4.8 测定弯曲强度或弯曲应力时,按规定速度均匀连续加载,直至破坏,记录破坏载荷或最大载荷值。在挠度等于1.5倍试样厚度下不呈现破坏的材料,记录该挠度下的载荷。

5.3.4.9 测定弹性模量或绘制载荷-挠度曲线时,在试样跨中底部或上压头与支座的引出装置之间安装挠度测量装置。检查调整仪表,无自动装置可分级加载,级差为破坏载荷的5%~10%(测定弯曲弹性模量时,至少分五级加载,所施加的最大载荷不宜超过破坏载荷的50%。一般至少重复3次,取其2次稳定的变形增量)记录各级载荷和相应的挠度值,有自动记录装置时,可连续加载。

5.3.4.10 在试样中间的三分之一跨距以外破坏的试样,应予作废。同批有效试样不足5个时,应重做试验。

5.3.5 计算

5.3.5.1 弯曲强度或弯曲应力按式(8)计算:

$$\sigma_t = \frac{3p \cdot L}{2b \cdot h^2} \qquad \cdots\cdots(8)$$

式中:

σ_t——弯曲强度或弯曲应力,单位为兆帕(MPa);

p——破坏载荷(或最大载荷)或定挠度(挠度等于试样厚度的1.5倍)时的载荷,单位为牛顿(N);

L——跨距,单位为毫米(mm);

b——试样宽度,单位为毫米(mm);

h——试样厚度,单位为毫米(mm)。

若 $S/L>10\%$,考虑到挠度 S 作用下支座水平分力引起弯矩的影响,弯曲强度可按式(9)计算:

$$\sigma_f = \frac{3p \cdot L}{2b \cdot h^2}[1-4(S/L)^2] \qquad \cdots\cdots(9)$$

式中:

S——试样破坏时的跨中挠度,单位为毫米(mm);

其余同式(8)。

5.3.5.2 弯曲弹性模量按式(10)计算:

$$E_f = \frac{L^3 \cdot \Delta P}{4b \cdot h^3 \cdot \Delta S} \qquad \cdots\cdots (10)$$

式中：

E_f——弯曲弹性模量，单位为兆帕(MPa)；

ΔP——对应于载荷-挠度曲线上初始直线段的载荷增量值，单位为牛顿(N)；

ΔS——与载荷增量 ΔP 对应的跨中挠度，单位为毫米(mm)。

其余同式(8)。

5.4 简支梁冲击韧性试验

5.4.1 试验原理

将开有 V 型缺口的试样两端水平放置在支撑物上，缺口背向冲击摆锤，摆锤向试样中间冲击一次，使试样受冲击时产生应力集中而迅速破坏。

5.4.2 试样

5.4.2.1 试样形状和尺寸见图 5 和表 1。

单位为毫米

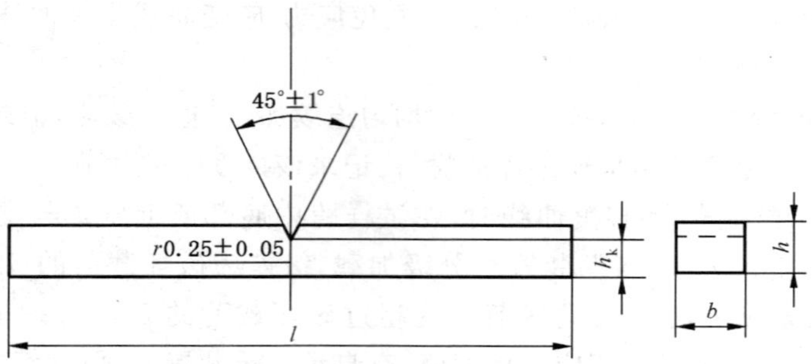

a) Ⅰ型——V 型缺口试样

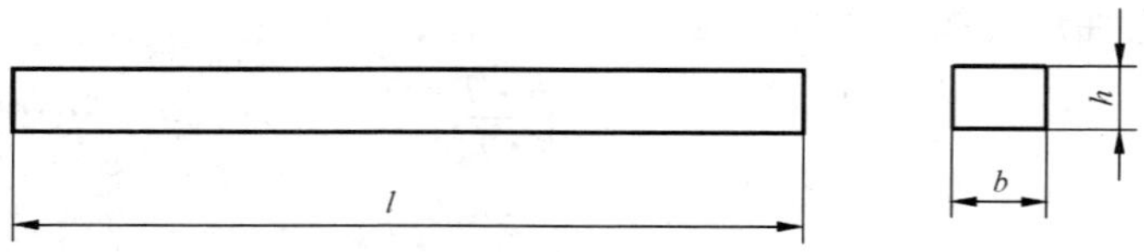

b) Ⅱ型——无缺口试样

图 5 冲击试样

表 1 试样尺寸

单位为毫米

类　型	长度 l	宽度 b	厚度 h	缺口底部圆弧半径 r	跨距 L
Ⅰ型试样	120±1	15.0±0.2	10.0±0.2	0.25±0.05	70
Ⅱ型试样	120±1	15.0±0.2	10.0±0.2		70
Ⅰ型小试样	80±1	10.0±0.2	4.0±0.2	0.25±0.05	60
Ⅱ型小试样	80±1	10.0±0.2	4.0±0.2		60
注：试样的缺口由加工而成。					

5.4.2.2 试样数量：当离散系数小于5%时，试样数量按4.2执行；当离散系数大于5%时，试样数量不得少于10个，并保证每组有10个有效试样。

5.4.3 试验条件

5.4.3.1 试验的标准环境按第3章的规定。

5.4.3.2 采用简支梁式摆锤试验机，摆锤刀刃、试样和支座三者的几何尺寸及相互位置如图6所示。

单位为毫米

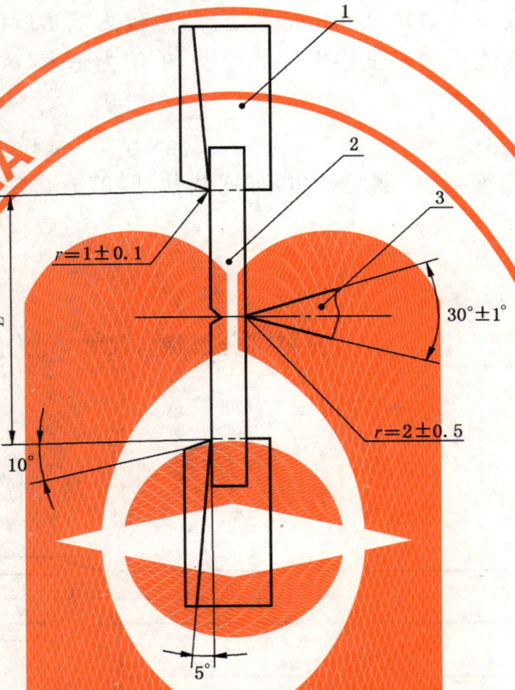

1——支座；

2——试样；

3——摆锤刀刃。

图6 简支梁式冲击示意图

5.4.3.3 摆锤冲击试样中心时的冲击速度为2.9 m/s，极限偏差±10%。

5.4.4 试验步骤

5.4.4.1 试样制备按4.1的规定。

5.4.4.2 试样外观检查按4.2的规定。

5.4.4.3 试样状态调节按4.3的规定。

5.4.4.4 将试样编号，无缺口试样测量试样中部的宽度和厚度；缺口试样测量缺口下的宽度、测量缺口下两侧的厚度取其平均值。测量精度按4.4的规定。

5.4.4.5 根据试样破坏所需的能量选择摆锤，使消耗的能量在摆锤能量的10%～85%范围内。

5.4.4.6 用标准跨距样板调节支座的距离。

5.4.4.7 根据试验机打击中心的位置及试样的尺寸，决定是否在支座上加垫片，垫片的尺寸应根据试验机的情况而定。

5.4.4.8 试验前检查试验机空载消耗的能量，使空载冲击后指针指到零位。

5.4.4.9 抬起并锁住摆锤，将试样整个宽度面紧贴在支座上，并使冲击中心对准试样中心或缺口中心的背面。平稳释放摆锤，从刻度盘上读取冲断试样所消耗的功及破坏形式。

5.4.4.10 断在非缺口处的试样应予报废，另取试样补充。无缺口试样均按一处断裂计算。试样未冲断应不予取值。同批有效试样不足5个时，应重做试验。

5.4.5 计算

冲击强度按式(11)计算：

$$\sigma_K = \frac{A}{b \cdot d} \quad \cdots\cdots (11)$$

式中：

σ_K——冲击强度，单位为千焦耳每平方米(kJ/m^2)；

A——冲断试样所消耗的功，单位为焦耳(J)；

b——试样缺口下的宽度或无缺口试样中部的宽度，单位为毫米(mm)；

d——试样缺口下的厚度或无缺口试样中部的厚度，单位为毫米(mm)。

5.5 扭转试验

5.5.1 试验原理

在试样工作段内安装扭角变形仪，测定一扭角(或载荷)时的剪切强度、剪切弹性模量、剪切比例极限和剪切应力-应变曲线。

5.5.2 试样

5.5.2.1 试样制备按 4.1 执行。

5.5.2.2 试样几何形状和尺寸如图 7 所示(夹持部分形状与尺寸，允许随试验机夹头而变化)。

单位为毫米

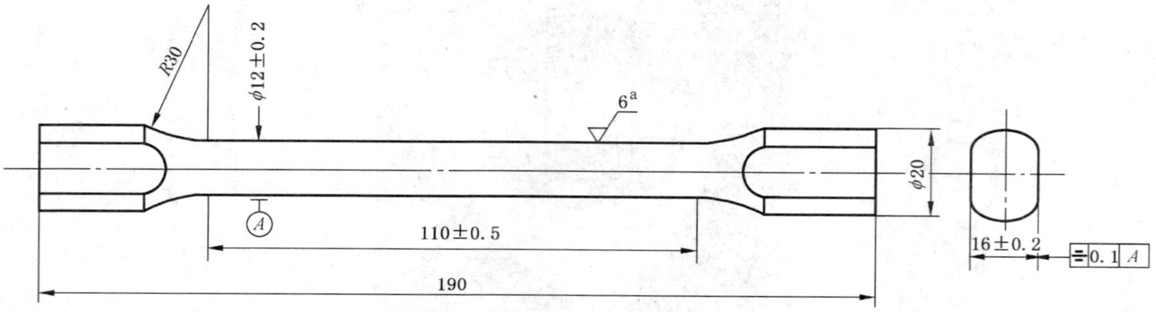

a 其余为 4。

图 7 试样几何形状与尺寸

5.5.2.3 试样的外观检查和数量按 4.2 执行。

5.5.3 试验条件

5.5.3.1 试验环境条件按第 3 章执行。

5.5.3.2 试验设备采用的扭角变形仪的精度与镜式扭角仪相比误差不超过±1%。

5.5.3.3 加载速度取(3～15)N·m/min(或 20°/min～60°/min)。

5.5.4 试验步骤

5.5.4.1 试样制备按 4.1 的规定。

5.5.4.2 试样外观检查按 4.2 的规定。

5.5.4.3 将合格试样编号，测量试样工作段内任意 3 处的直径(测量每处时应取正交的 2 个直径，其计算直径为 2 直径乘积之平方根，即 $\sqrt{D_0 \cdot D_{90}}$)，取算术平方值。测量精度为 0.01 mm。

5.5.4.4 装卡试样，使试样中心轴线与夹头中心线对准。

5.5.4.5 在试样工作段内装扭角变形仪，施加初载(约 5%破坏载荷)，检查测量系统使其工作正常。

5.5.4.6 安上防护罩，校正零点，记下初读数。

5.5.4.7 均匀连续加载，以一定的间隔(或扭角)记录相应的扭角(或载荷)，在比例极限内至少记录

5次,比例极限至破坏至少记录8次。如果试验机备有自动记录装置,则记录完全的扭矩-扭角曲线。

5.5.4.8 有明显内部缺陷或断在工作段以外的试样应予作废,同批有效试样不足5个时,应重做试验。

5.5.5 计算

5.5.5.1 表观剪切应力按式(12)计算:

$$\tau_e = \frac{16M}{\pi \cdot D^3} \qquad \cdots\cdots(12)$$

式中:

τ_e——表观剪切应力,单位为兆帕(MPa);

M——扭矩,单位为牛·毫米(N·mm);

D——试样直径,单位为毫米(mm)。

5.5.5.2 剪切应变按式(13)计算:

$$r = \frac{\phi \cdot \pi \cdot D}{360L} \qquad \cdots\cdots(13)$$

式中:

r——剪切应变;

ϕ——试样上标距二端截面的相对转角,单位为度;

L——标距,单位为毫米(mm)。

5.5.5.3 剪切应力按式(14)计算:

$$\tau = \tau_e - \frac{1}{4}\left(\tau_e - r\frac{\mathrm{d}\tau_e}{\mathrm{d}r}\right) \qquad \cdots\cdots(14)$$

式中:

τ——剪切应力,单位为兆帕(MPa);

$\frac{\mathrm{d}\tau_e}{\mathrm{d}r}$——表观剪切应力-应变曲线上某点切线的斜率。

5.5.5.4 绘制剪切应力-应变曲线图对读得的或自动记录下的扭矩-扭角曲线,按式(12)、式(13)计算和绘制表观剪切应力-应变(τ_e-r)曲线,再对此曲线按式(14)进行修正,得到剪切应力-应变(τ-r)曲线,见附录A。

5.5.5.5 表观剪切应力-应变(τ_e-r)曲线上直线段的最大应力即剪切比例极限 τ_P。

5.5.5.6 剪切强度按式(14)修正后,剪切应力-应变(τ-r)曲线上的最大应力即剪切强度 τ_B。

5.5.5.7 剪切弹性模量按式(15)计算:

$$G = \frac{\Delta\tau}{\Delta r} \qquad \cdots\cdots(15)$$

式中:

G——剪切弹性模量,单位为兆帕(MPa);

$\Delta\tau$——剪切应力-应变曲线直线段上的应力增量,单位为(MPa);

Δr——相当于的应变增量。

5.6 耐碱性试验

5.6.1 试验原理

热固性树脂浇铸体在碱溶液中浸泡,会发生由表及里的溶胀,开裂以致破碎。测定试样在试验前后的外观、物理或力学性能变化,即可比较试样的耐碱性。

5.6.2 试样

5.6.2.1 试样制备按4.1执行。

5.6.2.2 试样表面尺寸为80 mm×15 mm,厚度为(3～6) mm。

5.6.2.3 试样的外观检查和数量按4.2执行。

5.6.3 **试剂**

5.6.3.1 蒸馏水或去离子水。

5.6.3.2 氢氧化钠：化学纯。

5.6.4 **仪器和设备**

5.6.4.1 分析天平：感量为 0.000 2 g。

5.6.4.2 圆底烧瓶：1 000 mL。

5.6.4.3 回流冷凝管。

5.6.5 **试验条件**

5.6.5.1 试验介质：10%的氢氧化钠溶液，也可按需要配制成其他浓度。

5.6.5.2 试验温度：沸腾温度或按需要选择。

5.6.5.3 试验期龄：煮沸试验的期龄分别为 10 h、50 h、100 h 或按需要选择。

5.6.6 **试验步骤**

5.6.6.1 将 500 mL 氢氧化钠溶液和少量沸石放进加热回流装置并煮沸或保持所需温度。

5.6.6.2 将准备好的一组试样放入烧瓶内，并保持瓶内溶液微沸或保持所需温度，同时记录时间。

5.6.6.3 按期龄取出试样，冷却后用清水冲洗干净，用纱布或滤纸吸干表面水分，观察外观并作记录。

5.6.6.4 把试样置于 100 ℃干燥箱内干燥 2 h，取出，再观察和记录。

5.6.6.5 根据需要，可测定试样在试验前后的其他物理或力学性能。

5.6.7 **计算**

5.6.7.1 从试样外观有无龟裂、光泽的变化、裂纹、发粘以及其他异常来判断其耐碱性。

5.6.7.2 试样的物理或力学性能变化率和保留率。

5.6.7.2.1 试样的物理或力学性能变化率 Φ(%)可按式(16)计算：

$$\Phi = \frac{M_2 - M_1}{M_1} \times 100 \qquad \cdots\cdots (16)$$

式中：

M_1——试验前物理或力学性能的测定值；

M_2——试验后物理或力学性能的测定值。

5.6.7.2.2 试样的物理或力学性能保留率 Ψ(%)可按式(17)计算：

$$\Psi = \frac{M_2}{M_1} \times 100 \qquad \cdots\cdots (17)$$

式中 M_1、M_2 同式(16)。

5.7 **折光率试验**

5.7.1 **试验原理**

折光率是光线从一种介质进入另一种介质时，入射角 i 和折射角 r 的正弦之比。

$$n = \frac{\sin i}{\sin r} \qquad \cdots\cdots (18)$$

式中：

n——物质的折光率；

i——光线的入射角；

r——光线的折射角。

当温度、压力及入射波长一定时，物质的折光率是定值。折光率一般用钠光 D 线，温度 20℃时，取相对于空气的值，记作 n_D^{20}。

光通过折光率为 N 的棱镜入射到折光率为 n 的物质时，若入射角 i 为 90°，则得：

$$\frac{1}{\sin r} = \frac{N}{n} \qquad \cdots\cdots (19)$$

式中：

r——光线的折射角；

n——物质的折光率；

N——棱镜的折光率。

棱镜的折光率 N 为已知值，故测定了折射角 r 的值，就可求得 n。

5.7.2 仪器和设备

5.7.2.1 阿贝折光仪。

5.7.2.2 白光光源。

5.7.2.3 恒温器，精确至±0.2 ℃。

5.7.2.4 接触液，α-溴代萘。

5.7.3 试样

5.7.3.1 试样制备按 4.1 执行。

5.7.3.2 试样尺寸为 12 mm×6 mm×3 mm。

5.7.3.3 为得到最高的准确度，与棱镜接触的试样表面应十分平整并经良好抛光。通过目镜视场明暗两半区间分界线出现清晰的直线，表明试样与棱镜达到良好接触。准备另一良好抛光面，垂直于第一抛光面并位于试样的一端。这两个抛光面应相交成一条清晰的直线而不是成斜线或弧线。

5.7.4 试验步骤

5.7.4.1 校准仪器。使用阿贝折光仪时，可用校准块校正，亦可用二次蒸馏水校正。20 ℃时水的折光率为 1.333 0；30 ℃时为 1.332 0。温度系数为－0.000 1/℃。

5.7.4.2 测定透明固体的方法：测定时不用反光镜和进光棱镜。将固体一抛光面用 α-溴代萘粘在折光棱镜上，使其与棱镜表面紧密接触，并不出现气泡，另一抛光面朝向光源，转动读数手轮，使视场中的明暗分界线与十字线的交点相交，同时旋转阿米西棱镜手轮，消除外来的颜色，标尺的读数即为浇铸体的折光率。读数间最大差值不得大于 0.001，测定结果取平均值。

5.7.4.3 测定半透明固体的方法：测定时，固体需有一个抛光面，将固体抛光面用 α-溴代萘粘在折光棱镜上，取下保护罩作为进光面，利用反射光来测量。具体操作步骤同 5.7.4.2。

6 试验结果

6.1 每个试样的测试结果：X_1、X_2、X_3、…X_n。必要时应说明每个试样的破坏情况。

6.2 每组试样的算术平均值 $\overline{X}$ 按式(20)计算，取三位有效数字。

$$\overline{X}=\frac{\sum_{i=1}^{n}X_i}{n} \qquad \cdots\cdots(20)$$

式中：

$\overline{X}$——以算术平均值表示的该性能的测试结果；

X_i——每个试样的性能值；

n——试样数。

6.3 每组试样的标准偏差 s 按式(21)计算，取两位有效数字。

$$s=\sqrt{\frac{\sum_{i=1}^{n}(X_i-\overline{X})^2}{n-1}} \qquad \cdots\cdots(21)$$

式中符号同式(20)。

6.4 每组试样的离散系数 C_V 按式(22)计算，取两位有效数字。

$$C_V=\frac{s}{\overline{X}} \qquad \cdots\cdots(22)$$

式中符号同式(20)。

6.5 平均值的置信区间按 ISO 2602 计算。

6.6 载荷-变形(挠度)曲线

以适当的间隔从试验机度盘和测量变形仪表中读取载荷和相应的变形,然后以载荷为纵坐标,以变形(挠度)为横坐标制曲线。电子式材料试验机通过记录仪和计算机可自动绘制完整的曲线。

6.7 各类型试样试验结果无可比性,各组试验结果,必须注明试样类型。

7 试验报告

试验报告应包括以下各项或部分内容:

a) 试验项目名称及标准执行号;

b) 试样来源、品种、规格及制备方法(板浇、模浇);

c) 试样编号、尺寸、外观质量及数量;

d) 试验环境温度、相对湿度及试样的状态调节时间;

e) 试验设备及仪表;

f) 试验结果:

给出每个试样的性能值(必要时给出每个试样的破坏情况)、算术平均值、标准偏差、离散系数、载荷-变形(挠度)曲线;若要求平均值的置信度,按 6.5 的规定;

g) 试验人员、日期及其他。

附　录　A
（规范性附录）
作　图　法

A.1　作表观剪切应力-应变(τ_e-r)曲线，见图A.1。为保证曲线精度规定剪切应力100 MPa在纵坐标上应不小于2 cm，剪切应变1%在横坐标上应不小于2%。

A.2　在上述曲线图的曲线段上任取一点a_1，通过点a_1作曲线的切线交轴于A_1，由图可得：

$$OA_1 = \tau_e - r\frac{d\tau_e}{dr}$$

A.3　在OA_1上截点B_1，使$A_1B_1=\frac{OA_1}{4}$，自B_1作平行于A_1a_1的线交a_1点的纵坐标c_1a_1于b_1点，c_1b_1即为对应于剪切应力-应变(τ-r)曲线的剪切应力τ_{a_1}。

A.4　再在表观剪切应力-应变(τ_e-r)曲线上取若干点a_i，并按找b_1点的方法确定若干个b_i点，点数i至少8个以上。连接$b_1\cdots b_i$即成为剪切应力-应变(τ-r)曲线图。

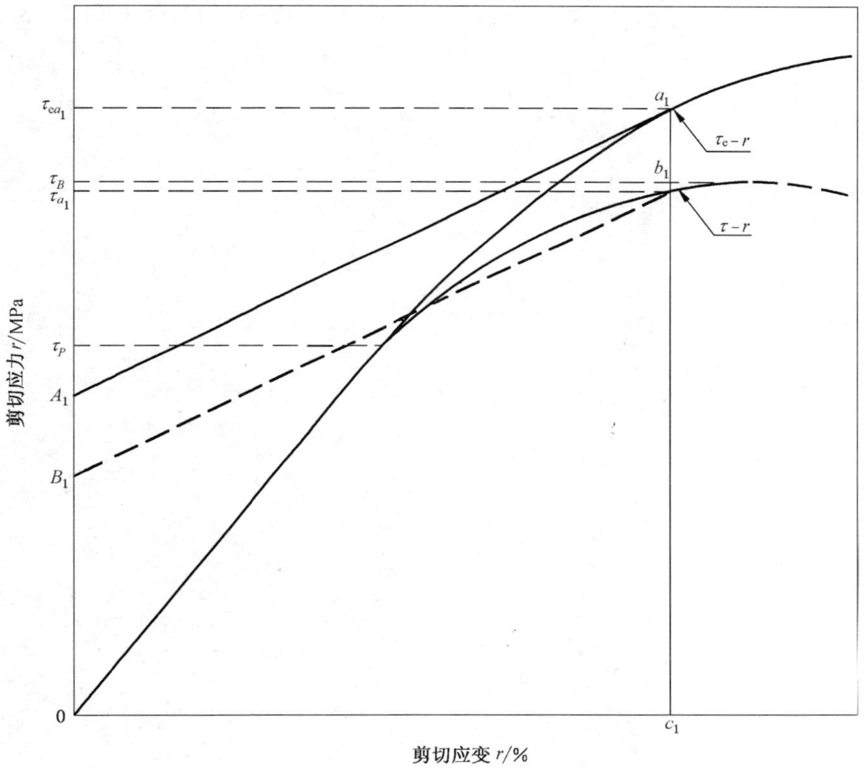

图A.1　表观剪切应力-应变(τ_e-r)曲线图

ICS 83.120
Q 23

中华人民共和国国家标准

GB/T 2573—2008
代替 GB/T 2573~2575—1989,GB/T 10703—1989

玻璃纤维增强塑料老化性能试验方法

Test method for aging properties of glass fiber reinforced plastics

2008-06-30 发布　　　　2009-04-01 实施

中华人民共和国国家质量监督检验检疫总局
中国国家标准化管理委员会　发布

前言

本标准同时代替 GB/T 2573—1989《玻璃纤维增强塑料大气暴露试验方法》、GB/T 2574—1989《玻璃纤维增强塑料湿热试验方法》、GB/T 2575—1989《玻璃纤维增强塑料耐水性试验方法》和 GB/T 10703—1989《玻璃纤维增强塑料耐水性加速试验方法》。

本标准与 GB/T 2573～2575—1989 和 GB/T 10703—1989 相比主要变化如下：

——将 GB/T 2573～2575—1989 和 GB/T 10703—1989 合并为一个标准；

——减少部分引用文件(GB/T 2574—1989、GB/T 2575—1989 和 GB/T 10703—1989 年版的第 2 章，本版的第 2 章)；

——增加自然气候老化的定义(见第 3 章)；

——增加试验原理(见 4.1.1、4.2.1、4.3.1 和 4.4.1)；

——删去大气暴露试验设备结构示意图(GB/T 2573—1989 中的 5.1)；

——增加了测定太阳辐射仪器设备(见 4.1.2.2 和 4.1.2.3)；

——修改大气暴露方向要求，并对暴露角的规定由纬度角及 45°改为根据不同暴露目的选取不同暴露角(GB/T 2573—1989 中的 5.4，本标准的 4.1.4.1)；

——修改大气暴露地点要求，增加了气候条件(GB/T 2573—1989 中的第 4 章，本标准的 4.1.4.2 和附录 A)；

——增加大气暴露阶段要求(GB/T 2573—1989 中的 6.4，本标准的 4.1.4.3)；

——增加对大气暴露试验中气象情况的记录要求(见 4.1.5.5)。

本标准的附录 A 和附录 B 均为资料性附录。

本标准由中国建筑材料联合会提出。

本标准由全国纤维增强塑料标准化技术委员会归口。

本标准起草单位：北京玻钢院复合材料有限公司、广东省建筑科研设计所、上海玻璃钢研究院。

本标准主要起草人：张海雁、尹钊、黄勇、石勇、祝启伟、周杰、汪泽霖。

本标准所代替标准的历次版本发布情况为：

——GB/T 2573—1981、GB/T 2573—1989；

——GB/T 2574—1981、GB/T 2574—1989；

——GB/T 2575—1981、GB/T 2575—1989；

——GB/T 10703—1981、GB/T 10703—1989。

玻璃纤维增强塑料老化性能试验方法

1 范围

本标准规定了玻璃纤维增强塑料大气暴露、湿热、耐水性和耐水性加速四项老化性能试验的试验原理、试验设备、试样、试验条件、试验步骤以及结果计算等。

本标准适用于评定玻璃纤维增强塑料在无外加应力状态下大气暴露、在恒定或交变湿热条件下以及在水介质条件下对其外观、物理或力学性能的影响。

2 规范性引用文件

下列文件中的条款通过本标准的引用而成为本标准的条款。凡是注日期的引用文件，其随后所有的修改单(不包括勘误的内容)或修订版均不适用于本标准，然而，鼓励根据本标准达成协议的各方研究是否可使用这些文件的最新版本。凡是不注日期的引用文件，其最新版本适用于本标准。

GB/T 1446 纤维增强塑料性能试验方法总则

GB/T 1449 纤维增强塑料弯曲性能试验方法

3 术语和定义

下列术语和定义适用于本标准。

3.1

自然气候老化 natural weather aging

指材料安装在固定角度或随季节变化角度的实验架上，在自然环境中的长期暴露。这种暴露通常用来评定环境因素对材料各种性能的影响。

3.2

湿态极限弯曲强度 wet limit flexure strength

玻璃纤维增强塑料浸水后，湿态弯曲强度随时间延长逐渐下降，当变化率趋近于零时的弯曲强度为湿态极限弯曲强度。

4 试验方法

4.1 大气暴露试验

4.1.1 试验原理

暴露件暴露在自然日光下，经规定的暴露阶段后，从暴露架上取下，测定其外观、物理或力学性能的变化，以评价材料的自然气候老化性能。

4.1.2 试验设备

4.1.2.1 实验架

实验架由框架、支持架和其他夹持装置组成。实验架应适合暴露件的类型，可将一平直的框架装于支架上，支持架固定在框架上，试验夹持装置的倾斜角和方位角应可调整。

实验架的框架、支持架和其他夹持装置应用不影响试验结果的惰性材料制成，宜用耐腐蚀的铝合金、不锈钢或陶瓷，也可用经防腐蚀剂(如铜-铬-砷混合物)适当浸渍过的木材或那些已证明不影响暴露试验的木材。暴露件直接装在框架上，或先装在支持架上再固定在框架上，实验架的框架应能安装成所规定的倾斜角，并且暴露件的任何部分离地面或其他任何障碍物的距离都应不小于0.5 m。夹持装置应牢固，尽量使试样处于小的应力状态，保证暴露件自由收缩、翘曲和扩张。

4.1.2.2 **测定太阳辐射的仪器设备**

a) 总日射表

总日射表应达到或超过世界气象组织(WMO)规定的二级仪器的要求。仪器应至少每年校准一次,校准因子可追溯到世界辐射测量基准(WRR)。

b) 直射日射表

直射日射表应达到或超过世界气象组织(WMO)规定的一级仪器的要求。仪器应至少每年校准一次,校准因子可追溯到世界辐射测量基准(WRR)。

c) 紫外总日射表

当用于确定暴露阶段时,紫外总日射表应有一光谱通带,该通带的最大吸收位于(300~400)nm波段区域的辐射,并且应作余弦校正,以包括紫外天空辐射。对商品紫外总日射表要求每年校准一次。

d) 窄谱带紫外日射表

当用于确定暴露阶段时,窄谱带紫外日射表应作余弦校正并且要求每年校准一次,如果需要保证仪器常数的稳定性则应经常校准。日射表应与日射记录仪(包括积分器)配合使用。

4.1.2.3 **其他气象测定仪**

测定空气温度、样品温度、相对湿度、降雨、潮湿时间和光照时数所需的仪器应适合于暴露试验方法并经有关方面协商同意。

4.1.3 **暴露件**

4.1.3.1 大气暴露试验用暴露件包括试样、试样板及实物。

4.1.3.2 试样按GB/T 1446的规定,其尺寸根据所测性能,按相关标准的规定确定。试样板外观质量应符合GB/T 1446的规定,其尺寸根据所测性能,按相关标准的规定确定,另加边缘(20~30)mm。实物应适合暴露场要求,按实际使用要求暴露,实物上切取的试样板尺寸和数量应根据所测性能,按相关标准的规定确定。

4.1.3.3 在暴露试验前应测定暴露件初始性能,然后按投放年限、对比组数等要求,确定投放量。建议按投放暴露量的两倍计算,即其中一半作暴露试验用,另一半作室内存放试验用,经一定期龄后,两者同时取样,并在相同条件下测定性能,以作室内外性能对比。

4.1.3.4 暴露件应随机取样、分组,具有同批性。除非另有规定,每组试样不得少于5个。

4.1.3.5 暴露件不得改换暴露面,不带背板。

4.1.3.6 除非另有规定,用于测定颜色和力学性能变化的暴露件应以无应力状态暴露。

4.1.4 **试验条件**

4.1.4.1 **暴露方向**

暴露方向应面向正南固定,根据暴露试验的目的按下列条件之一选择一个与水平面形成的倾斜角:

a) 为得到最大的年总太阳辐射,在我国北方中纬度地区,与水平面形成的倾斜角应比纬度角小10°;

b) 为得到最大年紫外太阳辐射的暴露,在北纬40°以南的地区,与水平线形成的倾斜角应为5°到10°;

c) 与水平面成10°到90°之间的任何其他特定的角度。

4.1.4.2 **暴露地点**

暴露试验地点应选择远离树木和建筑物的空地上。对于向南45°倾斜角的暴露,在东、西、南方向仰角大于20°及在北方向仰角大于45°的范围内应无障碍物。对于小于30°倾斜角的暴露,则在北方向仰角大于20°的范围内应无障碍物。除非有其他要求,推荐保持自然土壤覆盖,例如,气候温和地区的草地,或沙漠地区稳定的沙地。有植物生长应割短。

对需要暴露于包括丛林或森林的阴暗地区,应评价生物生长、白蚁和腐烂草木的影响。选择这样的地区时要保证:

a) 阴暗地点真实代表了整个试验环境；

b) 暴露设施和通道不会显著影响或改变该环境。

注1：为了获得最可靠的结果，大气暴露试验应该在多个不同的环境地点进行，特别是在接近那些预期的使用条件的地点。气候条件可参见附录A。

4.1.4.3 暴露期龄

暴露件的检测期龄一般不少于5年，可按下列期龄（年）取样：0.5，1，2，3，5，7，10…

4.1.5 试验步骤

4.1.5.1 安放暴露件

用夹持装置把暴露件装在框架上或者装在支架上。确保连接件之间和板条之间留有足够的空间，为暴露后的性能测试留出一个足够尺寸的未遮盖的测试区。暴露件应按照其形状的不同（如有缺口的、带状的等）适当加以固定，确保不会因固定方法而对试样施加应力。

在每个暴露件的背面做上不易消除的记号，应避免记号划在可能影响机械测试结果的部位。为检查方便，可以保留暴露件安放的布置图。

如果需要，可在试验期间用耐老化的不透明物盖住每个暴露件的一部分，在暴露区的旁边形成一个未暴露的遮盖区以进行相互比较。这种方法可用于检查暴露试验的进程，但报告数据应以暴露件与室内存放的对比暴露件的比较为准。

注2：常用一种或多种已知性能的材料制成的暴露件，在相同时间内暴露，监控暴露的严酷程度。

4.1.5.2 安放辐射仪

安装测量太阳辐射量的仪器，如总日射表、直射日射表等。测量每个暴露阶段的总太阳辐射量、总紫外辐射量等。

4.1.5.3 测定暴露件的初始性能

暴露试验前检查暴露件初始外观（如颜色、光泽、纤维显露情况、裂痕、孔洞、气泡等）。根据所测的性能，按相关标准的规定进行初始性能的测试。

4.1.5.4 检查记录暴露期间暴露件的变化

暴露试验期间应定期检查和保养暴露地点，记录暴露件的一般状态。

暴露试验期间的前两年每月对暴露件进行一次外观检查，以后检查间隔可适当延长，但至少每半年检查一次。检查前可用毛刷或软纱团轻抹表面，如积尘太多，可用水湿纱团轻抹表面。

除非另有规定，在暴露期间不应清洗暴露件。如果需要清洗，应用蒸馏水或等效纯度的水，避免擦伤损坏暴露件表面。

4.1.5.5 测定暴露后暴露件的性能

暴露到规定期龄后，对暴露件进行外观检查，并根据所测的性能，按相关标准的规定进行测试。

从试样板或实物上加工试样应按GB/T 1446的规定。当测试与外观有关的性能时，应说明测试面的状态；测试弯曲或冲击性能时，应将试样的暴露面作为受压面或受冲击面。

不允许在雨天取样，如遇雨天，取样时间向后适当推移。暴露件从取样到测试完毕，不得超过5天，在此期间，可保存在暴露场附近的室内。

根据早期的实验结果考虑是否调整后续的试验周期。

4.1.5.6 观察记录气象情况

记录所有的气象条件及有可能影响实验结果的变化。

4.2 湿热试验

4.2.1 试验原理

试样在恒定或交变湿热条件下，经规定的湿热试验周期后，测定其外观、物理或力学性能的变化。

4.2.2 试验箱

4.2.2.1 试验箱内温度、湿度应由装在箱内工作空间的传感器加以监测和控制。

4.2.2.2 在(1.5～2.5)h内温度变化范围应在(25±2)℃～(60±2)℃。

4.2.2.3 在温度不变或温度上升期间，相对湿度应保持在(93±3)%；在降温期间，相对湿度应保持在80%～96%。

4.2.2.4 试验箱内工作空间各处温度、湿度必须均匀，且尽量与传感器紧邻处的条件相近。箱内空气必须持续搅动，试样周围空气层内任一部位的空气流速应保持在(0.5～1.0)m/s。

4.2.2.5 试验箱在调节过程中，不得对试样产生热辐射影响。

4.2.2.6 箱壁和箱顶上的冷凝水应及时排除，不允许滴在试样上。未经纯化处理的冷凝水不得再使用。

4.2.2.7 用蒸馏水或去离子水调节箱内湿度。仲裁试验时，水的电阻率不得小于500 Ω·m。

4.2.2.8 湿球系统用水同4.2.2.7。每次试验前应更换湿球纱布，但纱布使用期不得超过30天。

4.2.3 试样

4.2.3.1 试样按GB/T 1446的规定。

4.2.3.2 试样尺寸根据所测的性能，按相关标准的规定确定。

4.2.3.3 试样应随机取样、分组，具有同批性。除测定初始性能的一组试样外，试样组数根据试验周期数和测试要求确定，每组试样不少于5个。

4.2.3.4 试样编号应清晰耐久，且不能影响试验结果。

4.2.4 试验条件

除另有规定外，可选用下列两种试验条件之一。

4.2.4.1 恒定湿热试验

4.2.4.1.1 温度(60±2)℃，相对湿度(93±3)%。

4.2.4.1.2 以24 h为一试验周期。

4.2.4.1.3 第一周期起算时间应从试验箱内的温度、湿度均达到规定值时算起。

4.2.4.2 交变湿热试验

4.2.4.2.1 以24 h为一试验周期，每一周期分为升温、高温高湿、降温和低温高湿四个连续阶段。每个阶段温度、湿度要求及控制程序如下：

a) 升温阶段

在(1.5～2.5)h内，箱内温度应从(25±2)℃连续均匀升到(60±2)℃；相对湿度除最后15 min内可不低于90%外，其余时间均应不低于95%，在此阶段试样表面应出现凝露。

b) 高温高湿阶段

箱内温度应保持在(60±2)℃；相对湿度除初始或者最后15 min内可在90%～100%外，其余时间均为(93±3)%，从循环开始算起直到(12±0.5)h为止，a、b两个阶段总时间为(12±0.5)h。

c) 降温阶段

在(1.5～2.5)h内，箱内温度应从(60±2)℃连续均匀降到(25±2)℃；相对湿度除初始15 min内可不低于90%外，其余时间均应不低于95%。

d) 低温高湿阶段

箱内温度应保持在(25±2)℃；相对湿度不低于95%，直到24 h循环结束，c、d两个阶段总时间为(12±0.5)h。

4.2.4.2.2 第一周期起算时间应从试验箱内的温度达到低温值(25±2)℃，随后开始上升时算起。

4.2.5 试验步骤

4.2.5.1 根据所测的性能，按相关标准的规定进行测试。

4.2.5.2 将已清除表面灰尘和油污的试样放入箱内，试样相互间、试样与箱壁之间不得接触。在仲裁试验时，试样与箱壁、箱底和箱顶的距离不小于15 cm。

4.2.5.3 恒定湿热试验按 4.2.4.1 进行;交变湿热试验按 4.2.4.2 进行。

4.2.5.4 在试验过程中,取放试样时,开启箱门的时间应尽可能短暂,防止试样凝结水珠。

4.2.5.5 除另有规定外,试验周期一般应从下列周期数(个)中选取:1,2,6,14,21,28。

4.2.5.6 达到规定的试验周期后,检查试样外观,测量试样尺寸,按下列两种方法之一及相关标准的规定测试力学性能:

a) 按 GB/T 1446 的规定进行试样状态调节后测试性能;

b) 试样不需状态调节,从箱中取出放在密闭的容器中,冷却至室温后进行性能测试。试样从箱中取出后应在 30 min 内测试完毕。

4.3 耐水性试验

4.3.1 试验原理

浸泡件在水介质条件下,经规定的试验浸泡周期后,测定其外观、物理或力学性能的变化。

4.3.2 试验设备

试验设备采用恒温水浴或其他适宜的恒温水装置。

4.3.3 浸泡件

4.3.3.1 浸泡件包括试样、试样板及实物。

4.3.3.2 试样按 GB/T 1446 的规定,其尺寸根据所测的性能,按相关标准的规定确定。试样板外观质量应符合 GB/T 1446 的规定,其尺寸根据所测性能,按相关标准的规定确定,同时考虑固定试样板所需面积。实物上切取的试样板尺寸和数量应根据所测性能,按相关标准的规定确定。

4.3.3.3 为测定初始性能,应事先制备与实物工艺相同的试样板。

4.3.3.4 浸泡件应随机取样、分组,具有同批性。除非另有规定,每组试样不少于 5 个。

4.3.4 试验条件

4.3.4.1 试样的浸泡条件

介质为蒸馏水,水温为(23±2)℃或(40±2)℃。仲裁试验水温应为(23±2)℃。如经有关各方同意,也可使用其他不同的试验水温。

耐水性能试验周期为 30 天,对耐水性好的材料可适当延长试验周期的天数。

测定湿态极限弯曲强度时,试验周期为 14 天。每周期取一组试样按 GB/T 1449 的规定进行测试,直至弯曲强度随时间变化率趋近零时结束。如需要,也可使用其他试验周期。

4.3.4.2 试样板的浸泡条件

将试样板固定后放入无严重污染的江、河、湖、或海中,或放入实际使用的水域中浸泡。试样板不应接触水底污泥,但应有足够深度,以避免因水位变化而露出水面。如可能和需要,定期测量水温。

试样板固定有两种方法,可任选一种:

a) 试样板用框架固定于浮船上。框架材料可采用玻璃纤维增强塑料、包覆玻璃纤维增强塑料的木材或涂防水漆的钢材。

b) 用钢材制作框架,表面涂防水漆。将试样两端(不得超过取样部位)固定在框架上,试样板相互间不接触,然后用钢丝绳将框架吊入水中。

试样板水浸泡的检测期龄一般不少于 5 年,可按下列期龄(年)取样:0.5,1,2,3,5,7,10,…

4.3.4.3 实物的浸泡条件

根据实际使用情况进行浸泡试验。当样板由实物所在地(江、河、湖、或海)取回过程中,应模拟实物浸水状态放置。如可能和需要,要定期测量水温。

除另有规定外,检测期龄同 4.3.4.2。

4.3.5 **试验步骤**

4.3.5.1 **测试初始性能**

根据所测的性能,按相关标准的规定进行测试。

4.3.5.2 **放置浸泡件**

a) 将已清除表面灰尘和油污的试样浸泡在水中,试样相互间、试样与容器壁之间不得接触。

b) 将试样板按浸泡条件浸泡。每隔(3～6)个月清理试样板,维护框架,观察试样板外观变化及编号有无脱落,如有脱落,应及时补齐。

c) 将实物按浸泡条件浸泡。

4.3.5.3 **取样测试**

a) 达到规定试验浸泡周期后,取出试样,不经状态调节,根据所测性能按相关标准的规定在30 min内测试完毕。

b) 试样板取出后随即加工测试,或先放在浸泡水的容器中,待加工时取出,加工后立即测试。试样板取出至测试完毕不超过3天。

c) 实物取出后随即加工、测试,最长不超过3天。当实物表面为单面浸水时,测弯曲强度时应使浸水面呈受压状态,或按产品使用情况确定。

4.4 **耐水性加速试验**

4.4.1 **试验原理**

试样在规定温度的水介质条件下,经规定的试验浸泡周期后,测定其外观、物理或力学性能的变化。

4.4.2 **试验设备**

试验设备采用恒温水浴或其他适宜的恒温水装置。

4.4.3 **试样**

4.4.3.1 试样按GB/T 1446的规定。

4.4.3.2 试样尺寸根据所测的性能,按相关标准的规定确定。

4.4.3.3 试样应随机取样、分组,具有同批性。除测定初始性能的一组试样外,试样组数根据试验周期数和测试要求确定,每组试样不少于5个。

4.4.3.4 试样编号应清晰耐久,且不能影响试验结果。

4.4.4 **试验条件**

4.4.4.1 介质为蒸馏水或去离子水。仲裁试验时,水的电阻率不得小于500 Ω·m。

4.4.4.2 采用(80±2)℃的水浸泡。耐温性较好的材料可采用(95±2)℃的水浸泡;耐温性较差的材料可采用(60±2)℃的水浸泡。

4.4.4.3 除另有规定,筛选试验时应采用在蒸馏水中煮沸2 h。

4.4.4.4 试样浸泡以24 h为一个周期。试样应在水温达到规定值时放入,并开始计时。

4.4.4.5 除另有规定,一般可从下列周期数(个)中选取:

a) 环氧树脂基或酚醛树脂基玻璃纤维增强塑料周期数(个)为:1,2,6;

b) 聚酯树脂基玻璃纤维增强塑料周期数(个)为:1/3,1/2,1,2,3,6。

4.4.5 **试验步骤**

4.4.5.1 **测试初始性能**

根据所测的性能,按相关标准的规定进行测试。

4.4.5.2 **放置试样**

已清除表面灰尘和油污的试样浸泡在规定温度的水浴装置中,试样相互间、试样与容器壁、加热管之间不得接触。

4.4.5.3 **取样测试**

达到规定试验浸泡周期后，取出试样检查其外观，按下列两种方法之一测试性能：

a) 试样按 GB/T 1446 的规定进行状态调节后，根据所测的性能，按相关标准的规定测试；

b) 试样不需状态调节，从水浴中取出放入室温蒸馏水或去离子水中冷却，水浸时间不得少于 15 min，试样从水浴中取出应在 30 min 内测试完毕。

5 结果计算

5.1 每组试样的算术平均值和标准差按 GB/T 1446 的规定。

5.2 性能保留率按式(1)计算，保留二位有效数字：

$$R_i = \frac{\overline{X_i}}{\overline{X_0}} \times 100 \qquad (1)$$

式中：

R_i——经 i 试验周期后性能保留率，%；

$\overline{X_i}$——经 i 试验周期后每组试样性能算术平均值；

$\overline{X_0}$——试样初始力学性能算术平均值。

5.3 **湿态极限弯曲强度按式(2)检验后确定：**

$$t = \frac{\overline{X_1} - \overline{X_2}}{\sqrt{\frac{(n_1-1)s_1^2 + (n_2-1)s_2^2}{N}} \cdot \sqrt{\frac{1}{n_1} + \frac{1}{n_2}}} \qquad (2)$$

式中：

t——检验计算值；

$\overline{X_1}$——前一次试样性能平均值；

$\overline{X_2}$——后一次试样性能平均值；

s_1——前一次试样性能标准值；

s_2——后一次试样性能标准值；

n_1——前一次试样数量；

n_2——后一次试样数量；

N——n_1+n_2-2。

若 $n_1=n_2=n$ 时，则式(2)可简化为(3)：

$$t = \frac{\overline{X_1} - \overline{X_2}}{\sqrt{\frac{s_1^2 + s_2^2}{n}}} \qquad (3)$$

当 $t \leqslant t_{0.05}$(即显著性水平为 5%，t 检验理论值可从 t 分布表中查出，参见附录 B，则此时的性能值即为湿态极限弯曲强度。

6 试验报告

试验报告应包括下列各项中的全部或部分：

a) 按 GB/T 1446 的规定；

b) 试样编号、试验前后外观状况；

c) 采用的试验条件、试验周期和试样状态调节；

d) 每组试样的数量、单值、算术平均值、标准差和性能保留率；

e) 对于大气暴露试验还应说明以下情况：

1) 暴露件的详细说明，包括暴露件来源、制备、品种和规格；暴露件编号，试验前后及试验期间的外观；

2) 暴露试验详细情况，包括暴露方式（例如倾角和方位定向）；暴露场地的位置和详细说明（例如纬度、经度、高度、每年的气候特征等）；气候类型；遮盖物、支持架和连接物（如果使用了则应说明）；测定暴露阶段的方法；总太阳辐射量、紫外总辐射量，包括测量使用的方法；清洗细节（如果有清洗则应说明）；

3) 试验结果，包括样品投放时间、使用的暴露阶段以及从暴露架上取下样品到性能测定之间的时间间隔；气象数据。

附 录 A
（资料性附录）
气 候 条 件

A.1 气候类型

我国的气候类型主要分为六种，见表 A.1。

表 A.1 我国主要的气候类型

气候类型	特 征	地 区
热带气候	气候炎热，湿度大 年太阳辐射总量(5 400～5 800)MJ/m^2 年积温≥1 500 ℃	雷州半岛以南 海南岛 台湾南部等地
亚热带气候	湿热程度亚于热带，阴雨天多 年太阳辐射总量(3 500～5 000)MJ/m^2 年积温(8 000～4 500)℃ 年降水量(1 000～1 500)mm	长江流域以南 四川盆地 台湾北部等地
温带气候	气候温和，没有湿热月 年太阳辐射总量(4 600～5 800)MJ/m^2 年积温(4 500～1 600)℃ 年降水量(600～700)mm	秦岭淮河以北 黄河流域 东北南部等地
寒温带气候	气候寒冷，冬季长 年太阳辐射总量(4 600～5 800)MJ/m^2 年积温＜1 600 ℃ 年降水量(400～600)mm	东北北部 内蒙古北部 新疆北部部分地区
高原气候	气候变化大，气压低，紫外辐射强烈 年太阳辐射总量(6 700～9 200)MJ/m^2 年积温＜2 000 ℃ 年降水量＜400 mm	青海、西藏等地
沙漠气候	气候极端干燥，风沙大，夏热冬冷，温差大 年太阳辐射总量(6 300～6 700)MJ/m^2 年积温＜4 000 ℃ 年降水量＜100 mm	新疆南部塔里木盆地 内蒙西部等沙漠地区
注：所给出的气候分类法是根据气候条件对塑料的大气老化性能的影响来确定的，预料各种不同气候条件的影响会有明显不同。作为这个区域分类的关键影响，海洋和工业条件可能会对本区域的基本气温条件产生明显不同的影响。这些特殊条件构成了试验地点的小气候。例如，在沿海地区，那里的大气可能含有微量盐，却常常是干净的，受暴露的样品可接收到较大量的太阳辐射，其老化可能比非沙漠的内陆地区更快。在工业区内，大气污染和留在样品上的灰尘减少了太阳辐射的影响，尽管污染和灰尘同时又会使湿气的影响更为明显。		

A.2 气候的观察

地区气候一般要按类型和特殊条件作说明，还应通过以下细节的观察作补充。

A.2.1 温度

a) 日最高温度的月平均值；

b) 日最低温度的月平均值；

c) 月最高温度和月最低温度。

A.2.2 相对湿度

a) 日最大相对湿度的月平均值；

b) 日最小相对湿度的月平均值；

c) 月变化范围。

A.2.3 暴露阶段的程度(数值)

a) 经过时间(年)；

b) 太阳辐射总暴露量，用 J/m^2 表示。

A.2.4 雨量

a) 月总降雨量，用 mm 表示；

b) 凝露而成的月总潮湿时间，用 h 表示；

c) 降雨而成的月总潮湿时间，用 h 表示。

A.2.5 潮湿时间

a) 日潮湿时间百分率的月平均值；

b) 日潮湿时间百分率的月变化范围。

A.2.6 其他观察

其他观察如风速和风向，任何大气污染的影响程度和性质，总紫外辐射暴露量(如果测量过)以及任何特殊的地方特征也都应记录。

附 录 B
（资料性附录）
显著性水平 5%的 t 分布表

显著性水平 5%的 t 分布表，见表 B.1。

表 B.1 显著性水平 5%的 t 分布表

N	1	2	3	4	5	6	7	8	9
$t_{0.05}$	12.71	4.30	3.18	2.78	2.57	2.45	2.37	2.31	2.26
N	10	11	12	13	14	15	16	17	18
$t_{0.05}$	2.23	2.20	2.18	2.16	2.15	2.13	2.12	2.11	2.10
N	19	20	21	22	23	24	25	26	27
$t_{0.05}$	2.09	2.09	2.08	2.07	2.07	2.06	2.06	2.06	2.05
N	28	29	30	40	60	120	∞	—	—
$t_{0.05}$	2.05	2.04	2.04	2.02	2.00	1.98	1.96	—	—

ICS 27.010
F 01

中华人民共和国国家标准

GB/T 2589—2008
代替 GB/T 2589—1990

综合能耗计算通则

General principles for calculation of the comprehensive energy consumption

2008-02-03 发布 2008-06-01 实施

中华人民共和国国家质量监督检验检疫总局
中国国家标准化管理委员会 发布

前　言

本标准代替 GB/T 2589—1990《综合能耗计算通则》。

本标准与 GB/T 2589—1990 相比，主要修改内容如下：

——修改了格式；

——更新了引用标准；

——增加了术语；

——进一步细化了能源种类；

——修改了综合能耗的分类；

——简化了计算公式；

——增加了附录。

本标准的附录 A 和附录 B 是资料性附录。

本标准由国家发展和改革委员会资源节约和环境保护司、国家标准化管理委员会工业标准一部提出。

本标准由全国能源基础与管理标准化技术委员会归口。

本标准主要起草单位：国家发展和改革委员会能源研究所、中国标准化研究院、中国节能监察信息网。

本标准主要起草人：胡秀莲、李爱仙、陈海红、辛定国、张管生、郑彬。

本标准所代替标准的历次版本发布情况为：

——GB 2589—1981；GB 2589—1990。

综合能耗计算通则

1 范围

本标准规定了综合能耗的定义和计算方法。

本标准适用于用能单位能源消耗指标的核算和管理。

2 规范性引用文件

下列文件中的条款通过本标准的引用而成为本标准的条款。凡是注日期的引用文件，其随后所有的修改单(不包括勘误的内容)或修订版均不适用于本标准，然而，鼓励根据本标准达成协议的各方研究是否可使用这些文件的最新版本。凡是不注日期的引用文件，其最新版本适用于本标准。

GB 17167　用能单位能源计量器具配备和管理通则

3 术语和定义

下列术语和定义适用于本标准。

3.1

耗能工质　energy-consumed medium

在生产过程中所消耗的不作为原料使用、也不进入产品，在生产或制取时需要直接消耗能源的工作物质。

3.2

能量的当量值　energy calorific value

按照物理学电热当量、热功当量、电功当量换算的各种能源所含的实际能量。按国际单位制，折算系数为1。

3.3

能源的等价值　energy equivalent value

生产单位数量的二次能源或耗能工质所消耗的各种能源折算成一次能源的能量。

3.4

用能单位　energy consumption unit

具有确定边界的耗能单位。

3.5

综合能耗　comprehensive energy consumption

用能单位在统计报告期内实际消耗的各种能源实物量，按规定的计算方法和单位分别折算后的总和。

对企业，综合能耗是指统计报告期内，主要生产系统、辅助生产系统和附属生产系统的综合能耗总和。企业中主要生产系统的能耗量应以实测为准。

3.6

单位产值综合能耗　comprehensive energy consumption for unit output value

统计报告期内，综合能耗与期内用能单位总产值或工业增加值的比值。

3.7

产品单位产量综合能耗　comprehensive energy consumption for unit output of product

统计报告期内，用能单位生产某种产品或提供某种服务的综合能耗与同期该合格产品产量(工作量、服务量)的比值。

产品单位产量综合能耗简称单位产品综合能耗。

注：产品是指合格的最终产品或中间产品；对某些以工作量或原材料加工量为考核能耗对象的企业，其单位工作量、单位原材料加工量的综合能耗的概念也包括在本定义之内。

3.8

产品单位产量可比综合能耗　comparable comprehensive energy consumption for unit output of product

为在同行业中实现相同最终产品能耗可比，对影响产品能耗的各种因素加以修正所计算出来的产品单位产量综合能耗。

4　综合能耗计算的能源种类和范围

4.1　能源种类

4.1.1　综合能耗计算的能源指用能单位实际消耗的各种能源，包括：

一次能源，主要包括原煤、原油、天然气、水力、风力、太阳能、生物质能等；

二次能源，主要包括洗精煤、其他洗煤、型煤、焦炭、焦炉煤气、其他煤气、汽油、煤油、柴油、燃料油、液化石油气、炼厂干气、其他石油制品、其他焦化产品、热力、电力等。

4.1.2　耗能工质消耗的能源也属于综合能耗计算种类。耗能工质主要包括新水、软化水、压缩空气、氧气、氮气、氦气、乙炔、电石等。

4.1.3　综合能耗计算包括的能源种类，应满足填报国家能源统计报表的要求。各种能源不得重计、漏计。能源的计量应符合 GB 17167 的要求。

4.2　计算范围

指用能单位生产活动过程中实际消耗的各种能源。对企业，包括主要生产系统、辅助生产系统和附属生产系统用能以及用作原料的能源。

能源及耗能工质在用能单位内部储存、转换及分配供应(包括外销)中的损耗，也应计入综合能耗。

5　综合能耗的分类与计算方法

5.1　综合能耗的分类

综合能耗分为四种，即综合能耗、单位产值综合能耗、产品单位产量综合能耗、产品单位产量可比综合能耗。

5.2　综合能耗的计算

5.2.1　综合能耗的计算

综合能耗按式(1)计算：

$$E = \sum_{i=1}^{n} (e_i \times p_i) \qquad \cdots\cdots(1)$$

式中：

E——综合能耗；

n——消耗的能源品种数；

e_i——生产和服务活动中消耗的第 i 种能源实物量；

p_i——第 i 种能源的折算系数，按能量的当量值或能源等价值折算。

5.2.2　单位产值综合能耗的计算

单位产值综合能耗按式(2)计算：

$$e_g = \frac{E}{G} \qquad \cdots\cdots(2)$$

式中：

e_g——单位产值综合能耗；

G——统计报告期内产出的总产值或增加值。

5.2.3 **产品单位产量综合能耗的计算**

某种产品(或服务)单位产量综合能耗按式(3)计算：

$$e_j = \frac{E_j}{P_j} \qquad \cdots\cdots(3)$$

式中：

e_j——第 j 种产品单位产量综合能耗；

E_j——第 j 种产品的综合能耗；

P_j——第 j 种产品合格产品的产量。

对同时生产多种产品的情况，应按每种产品实际耗能量计算；在无法分别对每种产品进行计算时，折算成标准产品统一计算，或按产量与能耗量的比例分摊计算。

5.2.4 **产品单位产量可比综合能耗的计算**

产品单位产量可比综合能耗只适用于同行业内部对产品能耗的相互比较之用，计算方法应在专业中和相关的能耗计算办法中，由各专业主管部门予以具体规定。

6 各种能源折算标准煤的原则

6.1 计算综合能耗时，各种能源折算为一次能源的单位为标准煤当量。

6.2 用能单位实际消耗的燃料能源应以其低(位)发热量为计算基础折算为标准煤量。

低(位)发热量等于 29 307 千焦(kJ)的燃料，称为 1 千克标准煤(1 kgce)。

6.3 用能单位外购的能源和耗能工质，其能源折算系数可参照国家统计局公布的数据；用能单位自产的能源和耗能工质所消耗的能源，其能源折算系数可根据实际投入产出自行计算。

6.4 当无法获得各种燃料能源的低(位)发热量实测值和单位耗能工质的耗能量时，可参照附录 A 和附录 B。

附 录 A
（资料性附录）
各种能源折标准煤参考系数

能源名称		平均低位发热量	折标准煤系数
原煤		20 908 kJ/kg(5 000 kcal/kg)	0.714 3 kgce/kg
洗精煤		26 344 kJ/kg(6 300 kcal/kg)	0.900 0 kgce/kg
其他洗煤	洗中煤	8 363 kJ/kg(2 000 kcal/kg)	0.285 7 kgce/kg
	煤泥	8 363 kJ/kg～12 545 kJ/kg (2 000 kcal/kg～3 000 kcal/kg)	0.285 7 kgce/kg～0.428 6 kgce/kg
焦炭		28 435 kJ/kg(6 800 kcal/kg)	0.971 4 kgce/kg
原油		41 816 kJ/kg(10 000 kcal/kg)	1.428 6 kgce/kg
燃料油		41 816 kJ/kg(10 000 kcal/kg)	1.428 6 kgce/kg
汽油		43 070 kJ/kg(10 300 kcal/kg)	1.471 4 kgce/kg
煤油		43 070 kJ/kg(10 300 kcal/kg)	1.471 4 kgce/kg
柴油		42 652 kJ/kg(10 200 kcal/kg)	1.457 1 kgce/kg
煤焦油		33 453 kJ/kg(8 000 kcal/kg)	1.142 9 kgce/kg
渣油		41 816 kJ/kg(10 000 kcal/kg)	1.428 6 kgce/kg
液化石油气		50 179 kJ/kg(12 000 kcal/kg)	1.714 3 kgce/kg
炼厂干气		46 055 kJ/kg(11 000 kcal/kg)	1.571 4 kgce/kg
油田天然气		38 931 kJ/m^3(9 310 kcal/m^3)	1.330 0 kgce/m^3
气田天然气		35 544 kJ/m^3(8 500 kcal/m^3)	1.214 3 kgce/m^3
煤矿瓦斯气		14 636 kJ/m^3～16 726 kJ/m^3 (3 500 kcal/m^3～4 000 kcal/m^3)	0.500 0 kgce/m^3～0.571 4 kgce/m^3
焦炉煤气		16 726 kJ/m^3～17 981 kJ/m^3 (4 000 kcal/m^3～4 300 kcal/m^3)	0.571 4 kgce/m^3～0.614 3 kgce/m^3
高炉煤气		3 763 kJ/m^3	0.128 6 kgce/kg
其他煤气	a）发生炉煤气	5 227 kJ/m^3(1 250 kcal/m^3)	0.178 6 kgce/m^3
	b）重油催化裂解煤气	19 235 kJ/m^3(4 600 kcal/m^3)	0.657 1 kgce/m^3
	c）重油热裂解煤气	35 544 kJ/m^3(8 500 kcal/m^3)	1.214 3 kgce/m^3
	d）焦炭制气	16 308 kJ/m^3(3 900 kcal/m^3)	0.557 1 kgce/m^3
	e）压力气化煤气	15 054 kJ/m^3(3 600 kcal/m^3)	0.514 3 kgce/m^3
	f）水煤气	10 454 kJ/m^3(2 500 kcal/m^3)	0.357 1 kgce/m^3
粗苯		41 816 kJ/kg(10 000 kcal/kg)	1.428 6 kgce/m^3
热力(当量值)		—	0.034 12 kgce/MJ
电力(当量值)		3 600 kJ/(kW·h)[860 kcal/(kW·h)]	0.122 9 kgce/(kW·h)
电力(等价值)		按当年火电发电标准煤耗计算	
蒸汽(低压)		3 763 MJ/t(900 Mcal/t)	0.128 6 kgce/kg

附 录 B
（资料性附录）
耗能工质能源等价值

品 种	单位耗能工质耗能量	折标准煤系数
新水	2.51 MJ/t(600 kcal/t)	0.085 7 kgce/t
软水	14.23 MJ/t(3 400 kcal/t)	0.485 7 kgce/t
除氧水	28.45 MJ/t(6 800 kcal/t)	0.971 4 kgce/t
压缩空气	1.17 MJ/m^3(280 kcal/m^3)	0.040 0 kgce/m^3
鼓风	0.88 MJ/m^3(210 kcal/m^3)	0.030 0 kgce/m^3
氧气	11.72 MJ/m^3(2 800 kcal/m^3)	0.400 0 kgce/m^3
氮气(做副产品时)	11.72 MJ/m^3(2 800 kcal/m^3)	0.400 0 kgce/m^3
氮气(做主产品时)	19.66 MJ/m^3(4 700 kcal/m^3)	0.671 4 kgce/m^3
二氧化碳气	6.28 MJ/m^3(1 500 kcal/m^3)	0.214 3 kgce/m^3
乙炔	243.67 MJ/m^3	8.314 3 kgce/m^3
电石	60.92 MJ/kg	2.078 6 kgce/kg

ICS 71.080.90
G 18

中华人民共和国国家标准

GB/T 2601—2008
代替 GB/T 2601—1981、GB/T 2604—1981

酚类产品组成的气相色谱测定方法

The chromatographic method for determination of content of hydroxybenzene

2008-05-13 发布　　　　2008-11-01 实施

中华人民共和国国家质量监督检验检疫总局
中国国家标准化管理委员会　发布

前 言

本标准是在GB/T 2601—1981《酚类产品组成的气相色谱测定方法》、GB/T 2604—1981《邻甲酚组成的气相色谱测定方法》基础上进行修订的，并将其整合为一个标准。

本标准代替GB/T 2601—1981、GB/T 2604—1981。

本标准与GB/T 2601—1981、GB/T 2604—1981相比主要变化如下：

——增加了前言、规范性引用文件等；

——增加了原理和试样采取的要求；

——用毛细管色谱柱代替填充柱，并对测定方法进行了修订；

——对试验的精密度进行了修订。

本标准由中国钢铁工业协会提出。

本标准由冶金工业信息标准研究院归口。

本标准主要起草单位：鞍钢股份有限公司、上海宝钢化工有限公司梅山分公司、冶金工业信息标准研究院。

本标准主要起草人：陶兰芬、陆辉、程亚平、关永毅、郑晓雷、赵明、李知良、蔡国霞、苏鸿、罗红妍、孙伟。

本标准所代替标准的历次发布情况为：

——GB/T 2601—1981；

——GB/T 2604—1981。

酚类产品组成的气相色谱测定方法

1 范围

本标准规定了酚类产品组成测定的原理、试剂和材料、仪器、试样采取、试验步骤、结果计算、报告和精密度。

本标准适用于焦化产品中酚类产品组成的测定。

方法一适用于焦化产品中的焦化苯酚、工业酚、邻甲酚等组成的测定；

方法二适用于焦化产品中的工业甲酚、间对甲酚、工业二甲酚等组成的测定。

2 规范性引用文件

下列文件中的条款通过本标准的引用而成为本标准的条款。凡是注日期的引用文件，其随后所有的修改单(不包括勘误的内容)或修订版均不适用于本标准，然而，鼓励根据本标准达成协议的各方研究是否可使用这些文件的最新版本。凡是不注日期的引用文件，其最新版本适用于本标准。

GB/T 1999 焦化产品轻油类取样方法

3 原理

用毛细管色谱柱将酚类产品中各组分分离，通过校正面积归一化法定量测定酚类产品中各组分的含量。以质量分数表示。

4 试剂和材料

4.1 丙酮或无水乙醇：分析纯。

4.2 苯酚：色谱纯。

4.3 邻甲酚：色谱纯。

4.4 间甲酚：色谱纯。

4.5 对甲酚：色谱纯。

4.6 2,6-二甲酚：色谱纯。

4.7 2,3-二甲酚：色谱纯。

4.8 2,4-二甲酚：色谱纯。

4.9 2,5-二甲酚：色谱纯。

4.10 3,4-二甲酚：色谱纯。

4.11 3,5-二甲酚：色谱纯。

4.12 2,4,5-三甲酚：色谱纯。

4.13 间乙基酚：色谱纯。

4.14 对乙基酚：色谱纯。

4.15 氢气：用作载气时，纯度大于 99.99%；用作燃气时，纯度大于 99.9%。

4.16 氮气：纯度大于 99.99%。

4.17 氦气：纯度大于 99.99%。

4.18 净化空气。

5 仪器

5.1 气相色谱仪：配有氢火焰离子化检测器，FID 检测限≤5×10^{-10} g/S(苯或正十六烷)。

5.2　色谱工作站或色谱数据处理器。

5.3　色谱柱：方法一用 OV-17 熔融石英毛细管色谱柱，30 m×0.53 mm×1.0 μm。

方法二用 XE-60 熔融石英毛细管色谱柱，50 m×0.25 mm×0.2 μm；RT-DIIDP 熔融石英毛细管色谱柱，30 m×0.25 mm×0.2 μm；CP-Cresol 毛细管色谱柱，50 m×0.25 mm×0.2 μm。以 RT-DIIDP 熔融石英毛细管色谱柱作为方法二仲裁柱。

5.4　微量进样器：5 μL 或 10 μL。

5.5　分析天平：感量 0.1 mg。

6　试样采取

试样采取按 GB/T 1999 规定进行。

7　试验步骤

7.1　方法一

7.1.1　校正因子的测定

7.1.1.1　标样的配制

a)　焦化苯酚、工业酚标样的配制：准确称取 3 份～5 份各为 20 g 的苯酚试剂，再分别准确称入不同质量的邻甲酚等杂质，保证标样中杂质含量涵盖焦化苯酚和工业酚产品中杂质含量的波动范围，称量时称准至 0.000 1 g。

b)　邻甲酚标样的配制：准确称取 5 份各为 20 g 的邻甲酚试剂，再分别准确称入不同质量的苯酚、间对甲酚（间甲酚和对甲酚按 2∶1 质量比混合）和 2,6-二甲酚，（称准至 0.000 1 g），保证标样中杂质含量涵盖邻甲酚产品中杂质含量的波动范围。

标样中各组分的实际含量按各试剂的组成进行换算，将标样充分混匀后备用。

7.1.1.2　标样的色谱分析

按 7.1.3 中的规定调整好色谱仪，以丙酮或无水乙醇为溶剂，对标样进行适当的稀释，使进样量为 0.05 μL～0.3 μL 时标样中各组分峰信号在仪器良好的响应范围内。每个标样平行测定 3 次～5 次，通过色谱工作站或色谱数据处理器处理并测定各组分的峰面积。

7.1.2　校正因子的计算和确定

焦化苯酚和工业酚以苯酚峰为参比峰，邻甲酚以邻甲酚峰为参比峰，计算各组分相对于参比峰的校正因子。按公式(1)计算各组分 i 相对于参比峰 r 的质量校正因子。

$$f_i = \frac{A_r \times m_i}{A_i \times m_r} = \frac{m_i/m_r}{A_i/A_r} \qquad \cdots\cdots(1)$$

式中：

f_i——i 组分的质量校正因子；

A_r——参比峰 r 的峰面积，μV·s；

m_r——参比峰 r 的质量，g；

A_i——i 组分的峰面积，μV·s；

m_i——i 组分的质量，g。

当色谱条件改变后，应重新测定校正因子，以保证定量的准确度。

7.1.3　操作条件的调节

表 1 中所列为典型的操作条件，允许根据实际情况作适当调节，但需符合下列要求：

1)　对焦化苯酚和工业酚：苯酚和邻甲酚的相对分离度 $R \geqslant 2.5$；

2)　对邻甲酚：间对甲酚和邻甲酚的相对分离度 $R \geqslant 2.5$；

3)　进样量和仪器的灵敏度应控制在苯酚、邻甲酚、间对甲酚和 2,6-二甲酚的线性响应范围内。

表 1　典型色谱操作条件(OV-17 柱)

项　　目	指　　标	项　　目	指　　标
色谱柱	30 m×0.53 mm×1.0 μm	空气流量	300 mL/min
检测器	FID	尾吹流量	30 mL/min
柱箱温度	120℃	衰减	1/2
进样器温度	260℃	最小峰面积	200 μV·s
检测器温度	250℃	斜率	20
高纯载气	N_2	半峰宽	5
载气线速度	26 cm/s	锁定时间	4.0 min
氢气流量	30 mL/min	进样量	0.2 μL

在上述规定的典型色谱操作条件下，焦化苯酚产品、工业酚产品和邻甲酚产品在 OV-17 柱上的典型色谱图如图 1、图 2、图 3 所示，各组分在 OV-17 柱上的相对保留值见表 2、表 3、表 4。

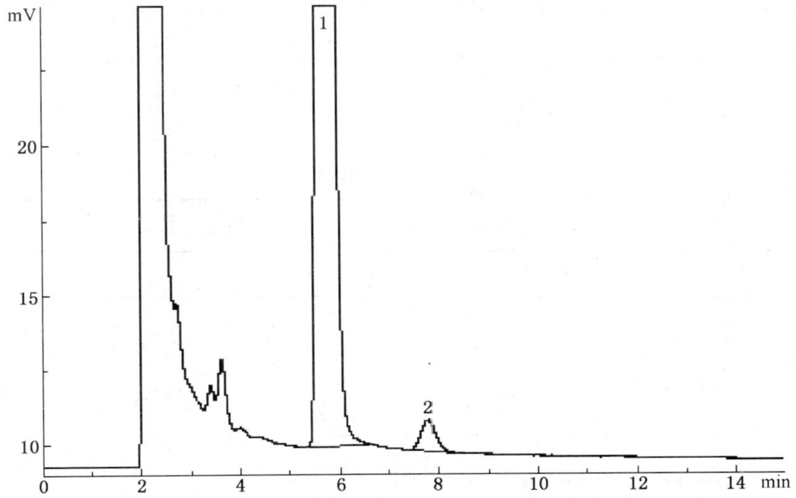

图 1　焦化苯酚产品在 OV-17 柱上的典型色谱图

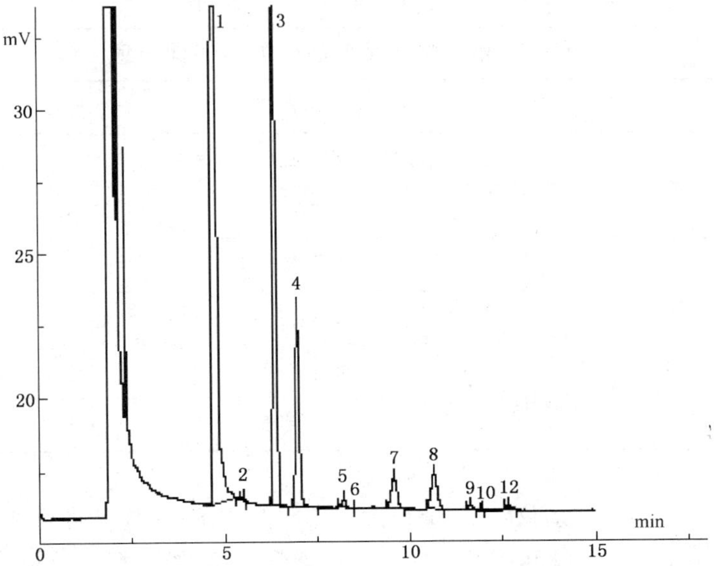

图 2　工业酚产品在 OV-17 柱上的典型色谱图

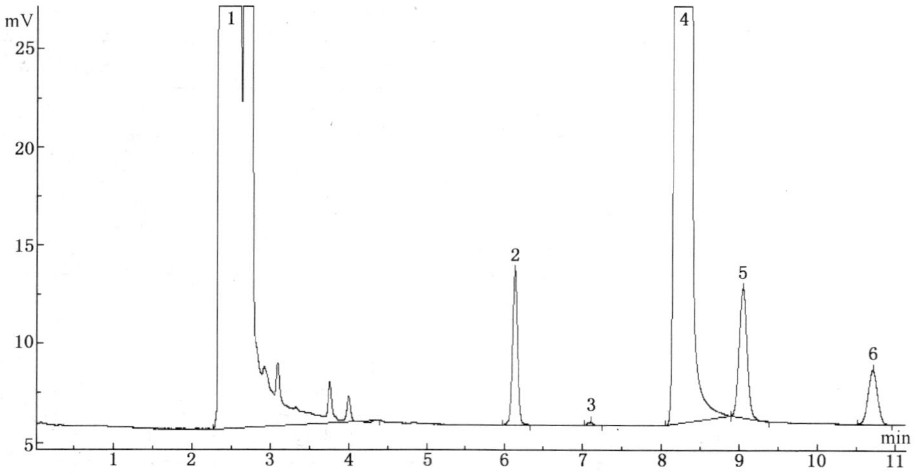

图 3　邻甲酚产品在 OV-17 柱上的典型色谱图

表 2　焦化苯酚产品各组分的相对保留值

序　　号	组 分 名 称	相对保留值
0	溶剂峰(丙酮或无水乙醇)	0.77
1	苯酚	1.00
2	邻甲酚	1.36

表 3　工业酚产品各组分的相对保留值

序　　号	组 分 名 称	相对保留值
0	溶剂峰(丙酮或无水乙醇)	0.93
1	苯酚	1.00
2	邻甲酚	1.34
3	间对甲酚	1.47
4	2,6-二甲酚	1.74
5	2,4-二甲酚+2,5-二甲酚	2.03

表 4　邻甲酚产品各组分的相对保留值

序　　号	组 分 名 称	相对保留值
1	溶剂峰(丙酮或无水乙醇)	0.28
2	苯酚	0.73
3	苯胺、甲基吡啶	0.85
4	邻甲酚	1.00
5	间对甲酚	1.10
6	2,6-二甲酚	1.30

7.1.4　样品的测定

按 7.1.3 中的要求调整好色谱仪,以丙酮或无水乙醇为溶剂,对样品进行适当的稀释,使进样量为 0.05 μL～0.3 μL 时样品中各组分峰信号在仪器良好的响应范围内,通过色谱工作站或色谱数据处理器处理并测定各组分的峰面积。每个样品平行测定两次,取两次测定的平均值作为测定结果报出。

7.2 方法二

7.2.1 校正因子的测定

7.2.1.1 标样的配制

a) 按工业甲酚(或间对甲酚)中各主要组分含量变化的比例范围准确称取3份～5份各为3 g的混合酚标样(称准至0.000 1 g),使各组分含量范围涵盖工业甲酚(或间对甲酚)产品中各主要组分的波动范围,标样中各组分的实际含量按各试剂的组成进行换算,将标样混匀后备用。

b) 按工业二甲酚中各主要组分含量变化的比例范围准确称取3份～5份各为3 g的混合酚标样,(称准至0.000 1 g),使各组分含量范围涵盖工业二甲酚产品中各主要组分的波动范围,标样中各组分的实际含量按各试剂的组成进行换算,将标样混匀后备用。

7.2.1.2 标样的色谱分析

按规定调整好色谱仪,以丙酮或无水乙醇为溶剂,对标样进行适当稀释,使进样量为0.05 μL～0.3 μL时标样中各组分峰信号在仪器良好的响应范围内。每个标样平行测定3次～5次,通过色谱工作站或色谱数据处理器处理并测定各组分的峰面积。

7.2.2 校正因子的计算和确定

7.2.2.1 选择工业甲酚(或间对甲酚)、工业二甲酚中一种主要组分峰作参比峰,计算各组分相对于参比峰的校正因子。按公式(1)计算各组分 i 相对于参比峰 r 的质量校正因子。

7.2.2.2 当色谱条件改变后,应重新测定校正因子以保证定量的准确度。

7.2.3 操作条件的调节

表5中所列为典型的操作条件,允许根据实际情况作适当调节,但需符合下列要求:

1) 间甲酚与对甲酚的相对分离度 $R \geqslant 1.5$;

2) 2,4-二甲酚与2,5-二甲酚的相对分离度 $R \geqslant 1.3$;

3) 3,5-二甲酚与对乙基酚的相对分离度 $R \geqslant 1.3$;

4) 进样量和仪器的灵敏度应控制在间甲酚、对甲酚、2,4-二甲酚、2,5-二甲酚、3,5-二甲酚等组分的线性范围内。

在上述条件下,工业甲酚(或间对甲酚)在XE-60柱、RT-DIIDP柱和CP-Cresol柱上的典型色谱图如图4、图5、图6所示。

表5 典型色谱操作条件

项目	指标		
色谱柱	XE-60	RT-DIIDP	CP-Cresol
固定液	25%氰乙基甲基聚硅氧烷	二异葵基邻苯二甲酸酯	—
柱长/m	50	30	50
柱内径/mm	0.25	0.25	0.25
膜厚/μm	0.2	0.2	0.2
检测器	FID	FID	FID
柱初温/℃	80	120	120
保持时间/min	5	45	45
一阶升温速率/(℃/min)	3.5	—	—
柱中温/℃	130	—	—
保持时间/min	15	—	—
二阶升温速率/(℃/min)	10	—	—
柱终温/℃	180	—	—
保持时间/min	4	—	—

表 5（续）

项　　目	指　　标		
色谱柱	XE-60	RT-DIIDP	CP-Cresol
气化室温度/℃	260	260	260
检测器温度/℃	250	250	250
高纯载气	N_2	He 或 H_2/N_2	He 或 H_2/N_2
载气线速度/(cm/s)	22	40～80/20～30	40～80/20～30
分流比	90∶1～200∶1	90∶1～200∶1	90∶1～200∶1
最小峰面积/(μV·s)	100	100	100
斜率	20	20	20
半峰宽	5	5	5
锁定时间/min	4	1.5	1.5

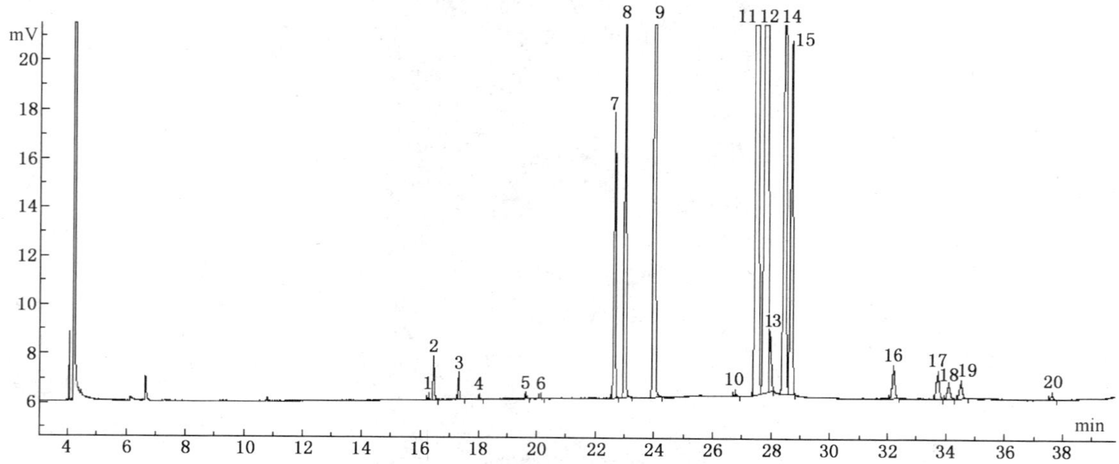

图 4　工业甲酚(或间对甲酚)产品在 XE-60 柱上的典型色谱图

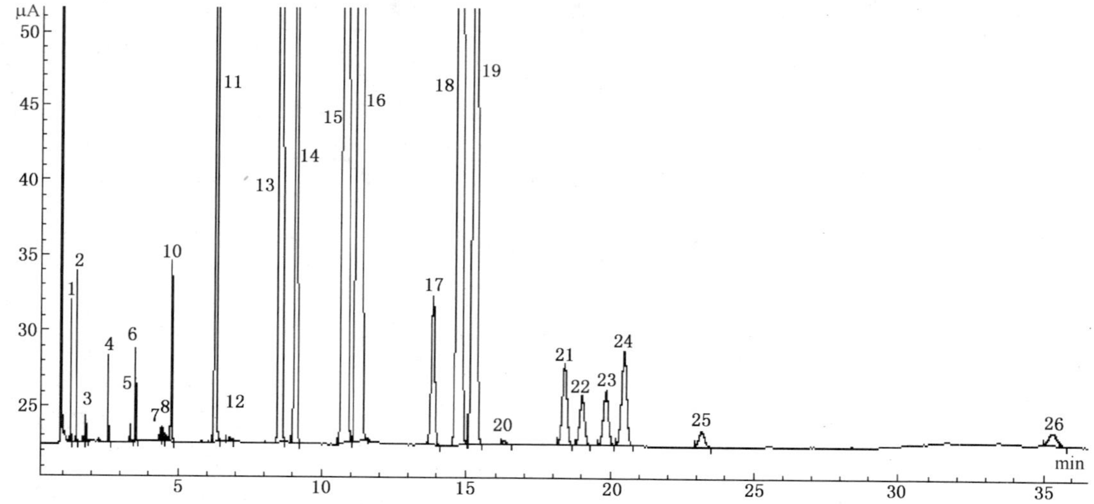

图 5　工业甲酚(或间对甲酚)产品在 RT-DIIDP 柱上的典型色谱图

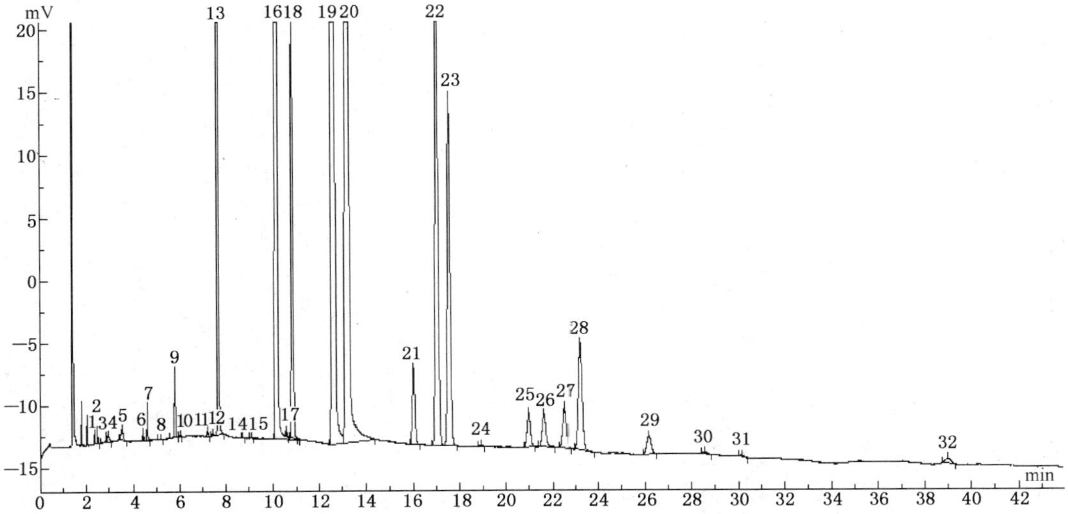

图 6　工业甲酚(或间对甲酚)产品在 CP-Cresol 柱上的典型色谱图

表 6 为工业甲酚(或间对甲酚)产品在不同色谱柱上的出峰顺序。

工业二甲酚产品在 XE-60 柱、RT-DIIDP 柱和 CP-Cresol 柱上的典型色谱图如图 7、图 8、图 9 所示。

表 7 为工业二甲酚产品在不同色谱柱上的出峰顺序。

7.2.4　样品的测定

按 7.2.3 的要求调整好色谱仪，以丙酮或无水乙醇为溶剂，对样品进行适当的稀释，使进样量为 0.05 μL～0.3 μL 时样品中各组分峰信号在仪器良好的响应范围内。通过色谱工作站或色谱数据处理器处理并测定各组分的峰面积。每个样品平行测定两次，取两次测定的平均值作为测定结果报出。

表 6　工业甲酚(或间对甲酚)产品在不同色谱柱上的出峰顺序

组分名称	峰　　号		
	XE-60 柱	RT-DIIDP 柱	CP-Cresol 柱
2,6-二甲酚	7	14	18
苯酚	8	11	13
邻甲酚	9	13	16
2,4,5-三甲酚	10	20	24
对甲酚	11	15	19
间甲酚	12	16	20
邻乙基酚	13	17	21
2,4-二甲酚	14	18	22
2,5-二甲酚	15	19	23
2,3-二甲酚	16	21	25
3,5-二甲酚	17	24	28
对乙基酚	18	22	26
间乙基酚	19	23	27
3,4-二甲酚	20	25	29

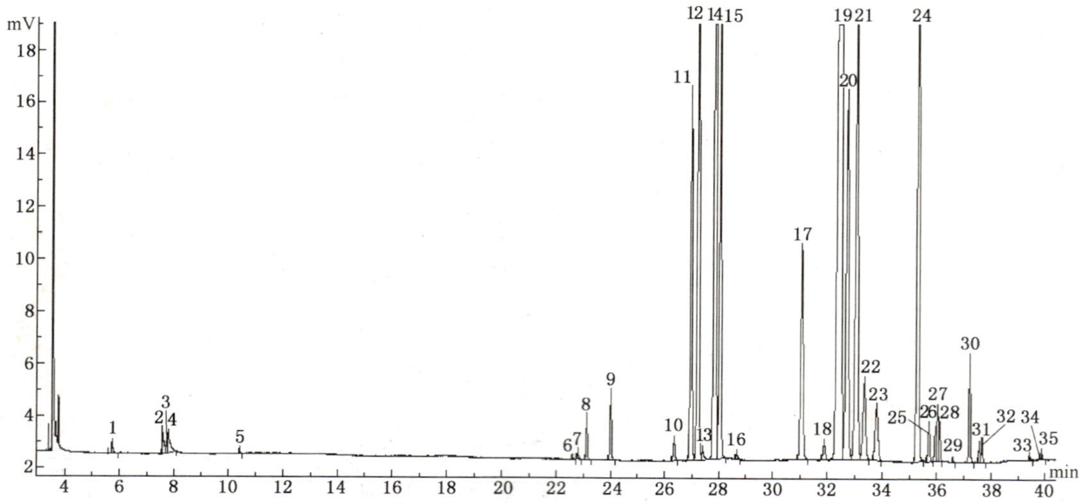

图 7 工业二甲酚产品在 XE-60 柱上的典型色谱图

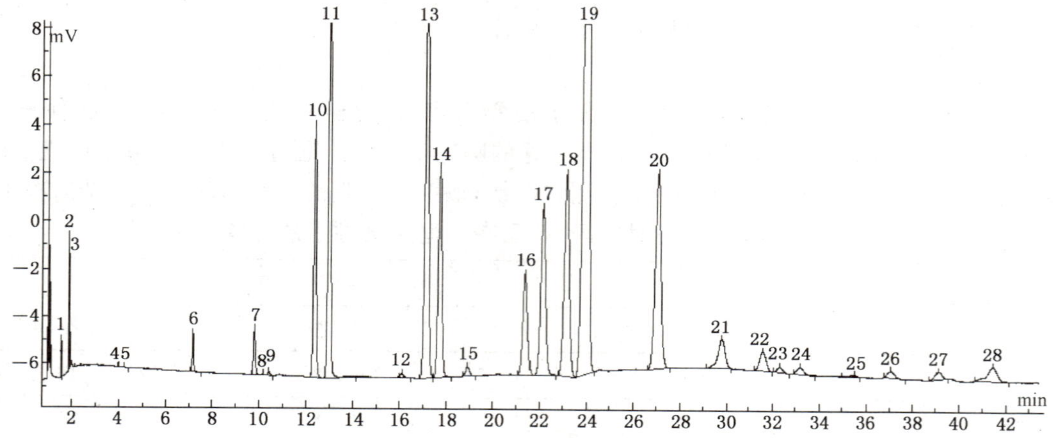

图 8 工业二甲酚产品在 RT-DIIDP 柱上的典型色谱图

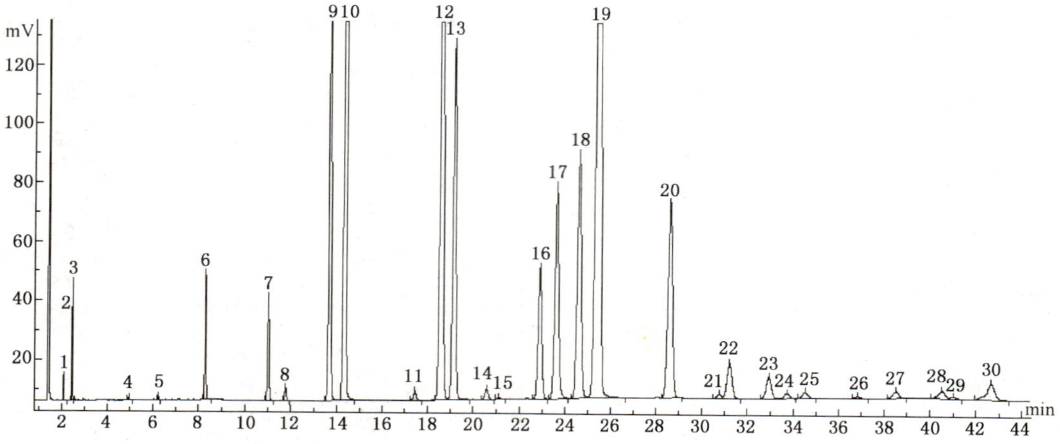

图 9 工业二甲酚产品在 CP-Cresol 柱上的典型色谱图

表 7 工业二甲酚产品在不同色谱柱上的出峰顺序

组分名称	峰号		
	XE-60 柱	RT-DIIDP 柱	CP-Cresol 柱
2-甲基吡啶	1	1	1
3-甲基吡啶	2	2	2
未知峰	3	—	—
4-甲基吡啶	4	3	3
未知峰	5	—	—
未知峰	6	—	—
2,6-二甲酚	7	9	8
苯酚	8	6	6
邻甲酚	9	7	7
2,4,5-三甲酚	10	15	14
对甲酚	11	10	9
间甲酚	12	11	10
邻乙基酚	13	12	11
2,4-二甲酚	14	13	12
2,5-二甲酚	15	14	13
2,3,6-三甲酚	16	—	—
2,3-二甲酚	17	16	16
未知峰	18	—	—
3,5-二甲酚	19	19	19
对乙基酚	20	17	17
间乙基酚	21	18	18
2-甲基，4-乙基苯酚	22	21	22
2-甲基，5-乙基苯酚	23	22	23
3,4-二甲酚	24	20	20
2,4,5-三甲酚	25	26	27
对异丙基苯酚	26	23	24
2,3,5-三甲酚	27	27	28
间异丙基苯酚	28	24	25
2-甲基，3-乙基苯酚	29	25	26
5-甲基，3-乙基苯酚	30	28	30
4-丙基苯酚	31	—	—
3,4,5-三甲酚	32	—	—

8 结果计算

按公式(2)计算酚类产品中各组分的质量分数(X_i)%。

$$X_i = \frac{A_i \times f_i}{\sum_{i=1}^{n}(A_i \times f_i)} \times 100 \quad \cdots\cdots(2)$$

式中:

X_i——i 组分的质量分数,%;

A_i——i 组分的峰面积,μV·s;

f_i——i 组分的质量校正因子;

n——试样中所检出组分总数。

参比峰和未知杂质峰以及其他低含量组分的校正因子按 1.00 计算。

9 结果报告

每个组分的测定结果报告到 0.01%。

10 精密度

同一化验室重复试验结果不得超过表 8 和表 9 中规定的允许值。

表 8 测试方法的重复性(方法一)

组分名称	同一化验室/%		
	焦化苯酚	工业酚	邻甲酚
邻甲酚	0.05	0.20	0.20
苯酚	0.10	0.30	0.05
2,6-二甲酚	—		0.05
间对甲酚	—	0.10	—

表 9 测试方法的重复性(方法二)

组分名称	同一化验室/%	
	工业二甲酚	工业甲酚(或间对甲酚)
2,6-二甲酚	—	0.20
苯酚	0.30	0.50
邻甲酚	0.30	0.50
对甲酚	0.80	0.80
间甲酚	0.80	0.80
2,4-二甲酚	0.80	0.50
2,5-二甲酚	0.50	0.50
2,3-二甲酚	0.50	—
3,5-二甲酚	0.80	—
对乙基酚	0.50	—
间乙基酚	0.50	—
3,4-二甲酚	0.50	—